建设工程专项施工方案编制

第2版

主　编　胡伦坚
副主编　陈汉昌　吴纪东
　　　　胡保刚　职晓云等

机 械 工 业 出 版 社

本书为贯彻、落实《危险性较大的分部分项工程安全管理办法》（建质［2009］87号）文件精神，防范和遏制建筑施工生产安全事故的发生，提高工程质量和施工效率，在全国范围内征集专项施工方案，从中甄选出29个典型案例，并约请相关技术人员，把各自编写的已经工程实践验证的专项施工方案整理成册，以供施工单位编写专项施工方案时参考。

本书可供建筑施工和工程监理企业人员使用，也可供相关专业人员参考。

图书在版编目（CIP）数据

建设工程专项施工方案编制/胡伦坚主编．—2版．—北京：机械工业出版社，2015.8

ISBN 978-7-111-51334-6

Ⅰ.①建… Ⅱ.①胡… Ⅲ.①建筑工程－工程施工－方案制定 Ⅳ.①TU71

中国版本图书馆CIP数据核字（2015）第202823号

机械工业出版社（北京市百万庄大街22号 邮政编码100037）
策划编辑：闫云霞 责任编辑：闫云霞 刘欣宇 责任校对：纪 敬
封面设计：路恩中 责任印制：李 洋
北京机工印刷厂印刷（三河市南杨庄国丰装订厂装订）
2015年10月第2版第1次印刷
184mm×260mm·32.75印张·810千字
标准书号：ISBN 978-7-111-51334-6
定价：98.00元

凡购本书，如有缺页、倒页、脱页，由本社发行部调换

电话服务	网络服务
服务咨询热线：010-88361066	机 工 官 网：www.cmpbook.com
读者购书热线：010-68326294	机 工 官 博：weibo.com/cmp1952
010-88379203	金 书 网：www.golden-book.com
封面无防伪标均为盗版	教育服务网：www.cmpedu.com

第2版前言

中华人民共和国住房和城乡建设部于二〇〇九年五月十三日颁发《危险性较大的分部分项工程安全管理办法》（建质［2009］87号），要求在房屋建筑和市政基础设施工程的新建、改建、扩建、装修和拆除等建筑生产活动开始前，应对危险性较大的分部分项工程专项施工方案（指施工单位在编制施工组织（总）设计的基础上，针对危险性较大的分部分项工程单独编制的安全技术措施文件），并组织专家对专项施工方案进行论证。

本书为贯彻、落实《危险性较大的分部分项工程安全管理办法》（建质［2009］87号）文件精神，在全国范围内约请相关技术人员，把各自编写并经工程实践验证过的专项施工方案汇集起来，供施工单位编写专项施工方案时参考。当前，这项工作已经在国内大多数工程中开展起来，对规范和加强危险性较大的分部分项工程安全管理，防范和遏制建筑施工生产安全事故的发生，提高工程质量和施工效率有明显的积极作用。

本书这次修订是根据国内现行标准要求和材料供应情况变化，按现行标准规定完善了相关技术措施和计算内容，对专项施工方案中相关技术术语、材料、机具均按现在的规定进行描述，以便读者将相关技术描述直接应用在自己的专项施工方案编制中。

本书可供建筑施工和工程监理企业人员使用，也可供相关专业人员参考。

本书修订过程中参考、引用了大量相关资料，并得到了河南省土木建筑学会施工专业委员会和业界同人的支持帮助，在此表示衷心感谢！

编　者

HLJ430530@163.com

目录

专项施工方案的编写与实施

胡伦坚

河南省第一建筑工程集团有限责任公司

施工方案是指导一个具体的分部（分项）工程或专项工程施工过程的指令性技术管理文件。对于简单、常规的分项工程，施工方案可以是施工组织设计的一个组成部分；对于施工工艺复杂、多工种配合作业、危险性大的分项工程，应该单独编制专项工程施工方案。

专项施工方案要起到指导施工、保证工程目标实现的作用，应该通过准备、编写、评审和实施四个阶段。尤其对于超过一定规模的危险性较大的分部（分项）工程，施工单位应组织相关专家对专项方案进行论证，然后根据专家意见修改完善专项施工方案，并认真实施。

1.1　专项施工方案的准备工作

在专项施工方案编写前，应做必要的准备工作，这些准备工作包括施工方法的选择、编写方案前的相互沟通、必要的实验验证。

1.1.1　施工方法的选择

施工方法的选择应保证承担该项施工的单位有能力实施，可以满足施工工艺的要求，并符合国家、行业标准的有关规定。

选择施工方法时应对多个方案进行比较，以保证最终的施工方案能够实现工程进度、质量、安全、环境和成本控制的目标。

【例 1】 河南省体育场记分牌外模板施工方案

河南省体育场记分牌设在体育场南端，是一座总高 25.1m 的橄榄形记分牌（图 1-1），记分牌箱体东西长 44m，高 11.1m，北立面为椭圆形。记分牌面向赛场，整体形似半个切开的橄榄球，侧立在高 14m 的支筒上。整个记分牌采用钢筋混凝土骨架，80mm 厚钢筋混凝土外壳。

由于施工图只给定了记分牌外形的控制尺寸，没有给出记分牌外壳各点的坐标和控制方

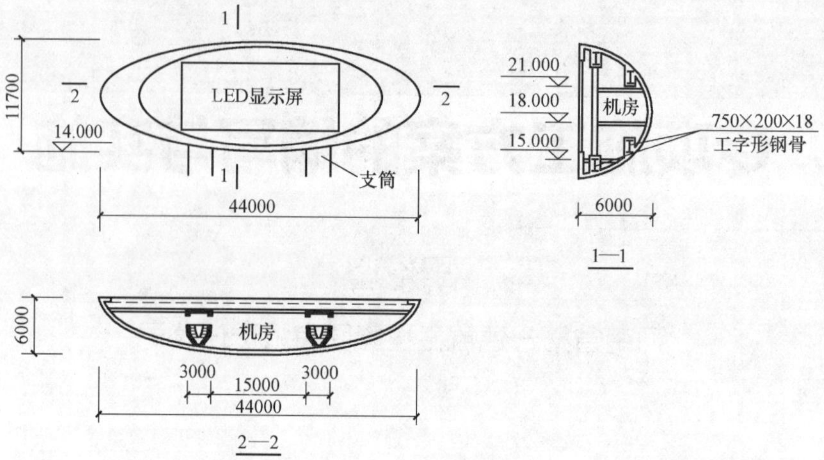

图 1-1 记分牌示意图

程，给模板制作、支设带来困难。采用钢模板，制作成本比较高；采用木模板，放样困难并且浪费木材。经协商，采用在现场按施工图给定的记分牌外形控制尺寸做出 1:1 的土胎模，经修整成形、设计确认后，由玻璃钢生产厂家在胎模上制作出玻璃钢记分牌外模（图 1-2）。完成的橄榄形记分牌如图 1-3 所示。

图 1-2 玻璃钢记分牌外模制作

图 1-3 橄榄形记分牌

此例说明，施工单位对施工方案的实施能力包括材料的供应情况和机具能力，这些保证了操作的可行性和最终的经济效果。同时，在编写施工方案时将传统的施工工艺和“四新成果”相结合，会使施工单位的优势和积极性更多地发挥出来，更好地解决施工难题。

【例2】 出料平台搭设方案

出料平台是高层建筑采用塔式起重机施工时，撤出模架材料的转运平台。通常的出料平台有两种形式：下撑式（图1-4）和上拉式（图1-5）。

从安装方法看：下撑式出料平台安装时，使用塔式起重机将出料平台吊至安装楼层，工人要在出料平台下方安装型钢支杆，有一定的危险性；上拉式出料平台安装时，也是先使用塔式起重机将出料平台吊至安装楼层，工人只要挂牢斜拉钢丝绳即可完成出料平台的安装，危险性小于下撑式出料平台的安装，速度也快一些。

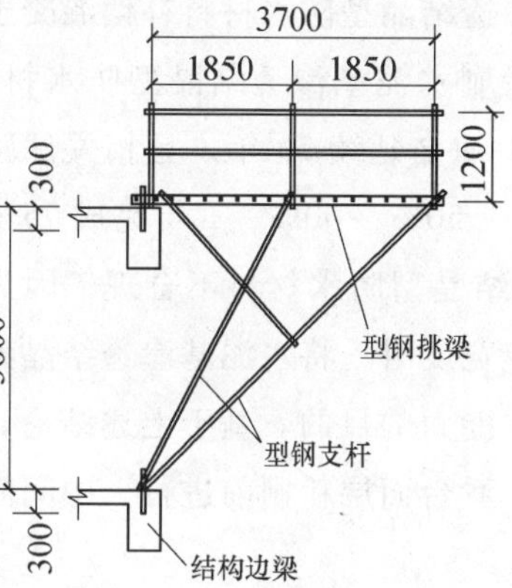

图1-4 下撑式出料平台

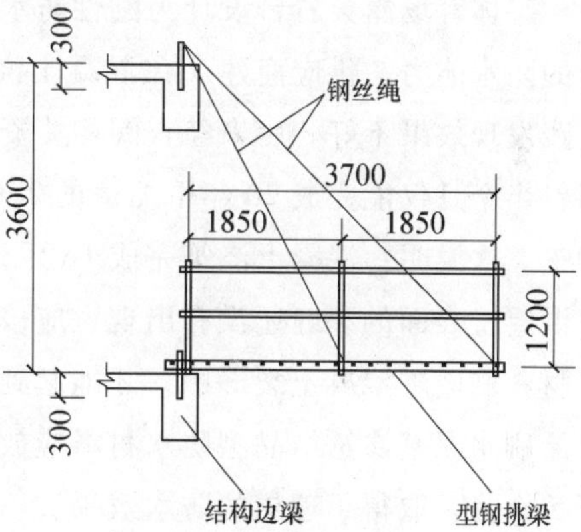

图1-5 上拉式出料平台

从材料利用的合理性看：下撑式出料平台的型钢支撑是受压构件，此例中型钢支撑的长度约5162mm，型钢支撑截面尺寸选的小，由于长细比太大，型钢支撑的强度利用率就比较低，型钢支撑截面尺寸选的大，就不经济；上拉式出料平台的斜拉钢丝绳是受拉构件，就没有长细比和强度折减的问题。

此例说明，最终施工方案编写前的多方案对比是必要的。

1.1.2 专项施工方案编写前的相互沟通

由于工程建设涉及各方面的利益和认识能力，专项施工方案的编写除了应该征得建设单位、设计单位和监理单位同意外，在基本施工方法确定前，要了解施工涉及的各方面的相关规定。例如：居民区施工有限制声、光污染和扬尘的规定；城市中心区施工有限行的规定；在城市道路上施工有保证畅通的规定；在河流上施工有防洪和航运方面的规定等。施工方法除应符合相关部门的规定，还应征得相关的主管部门的认可。

【例3】 某污水处理厂消化罐施工方案

某污水处理厂消化罐是四个独立的钢筋混凝土圆桶形构筑物，高28m，直径18m，壁厚

300mm。施工单位提出使用滑模施工方案进行罐壁施工，建设单位却一直不认可。后经了解得知建设单位主管人员对滑模施工工艺不甚了解。于是，施工单位联系到正在进行滑模施工的工程，请相关人员前往考察，使建设单位、施工单位和监理单位在滑模施工工艺上达成共识，最后，使用滑模施工顺利地完成了消化罐的施工。

1.1.3 必要的实验验证

施工单位第一次采用新技术时，往往对材料性能、工艺参数、施工方法掌握不好，这就要求在编写施工方案前做必要的实验进行验证。有些新问题尚缺少相应标准的技术支持，实验验证时，就需要借鉴相关标准，甚至开发新的施工机具来解决施工难题。

【例4】 水泥基渗透结晶型防水材料的应用

某体育场露天看台设计为刚性防水，采用涂刷水泥基渗透结晶型防水材料补偿混凝土看台的防水能力。供应商建议在混凝土浇筑完成1d后开始涂刷水泥基渗透结晶型防水材料，实践发现效果不好。后来经查阅相关资料，得知混凝土的干缩会延续20年，且相关试验表明：半个月仅能完成20年干缩值的20%～25%，3个月完成50%～60%，1年完成75%～80%。这说明：混凝土浇筑完成1d后开始涂刷水泥基渗透结晶型防水材料不合理，因为这时混凝土表面的裂缝还没有出现，应该等待裂缝开展到一定宽度时，将水泥基渗透结晶型防水材料刷嵌进混凝土裂缝中，才能起到补偿混凝土看台防水能力的目的。基于上述结论，看台涂刷水泥基渗透结晶型防水材料应放在网架安装完成后，看台面层粉刷前进行，中间间隔了5个月，取得了理想的防水效果。

【例5】 混凝土保温幕墙施工方案

混凝土保温幕墙是一种外墙保温技术，适用于各种民用建筑的混凝土外墙保温，由承重结构、内置保温板、外侧混凝土幕墙组成外墙保温体系（图1-6）。

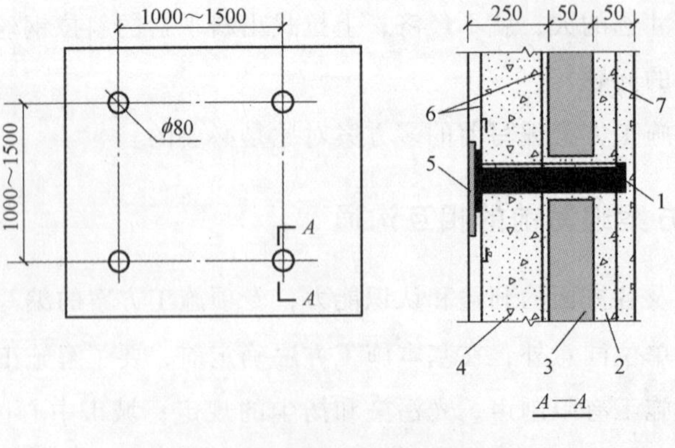

图1-6 混凝土保温幕墙构造

1—连接装置 2—混凝土幕墙 3—XPS保温板 4—承重混凝土结构
5—连接点保温措施 6—承重结构钢筋 7—混凝土幕墙钢筋

由于外侧混凝土幕墙仅有50mm厚，加上钢丝网阻挡混凝土下落，所以应采用骨料粒径为5~10mm的细石混凝土浇筑，坍落度以200~250mm为宜；而内侧承重混凝土结构应采用普通混凝土，坍落度以160~200mm为宜。

在一个工作面同时浇筑两种类型的混凝土，经工程实践证明是很困难的。若两种类型的混凝土分别浇筑，会在保温板两边产生过大的高差，造成保温板位移过大，影响工程质量。

为了解决施工难题，经过探索和现场试验，开发出了“混凝土骨料粒径选择浇筑方法”，该方法的技术方案是：

（1）配制一种骨料粒径可分离的混凝土。

（2）使用一套混凝土输送设备将骨料粒径可分离混凝土送至浇筑工作面，利用混凝土骨料粒径选择分离装置对混凝土进行分离，让小粒径骨料混凝土进入薄的一侧，让大粒径骨料混凝土进入厚的一侧。

在该混凝土浇筑方法的基础上，又研制了混凝土骨料粒径选择分离装置（图1-7）。该装置由支架、驱动电动机、进料斗、筛分筒、接浆桶和出浆槽组成。筛分筒斜装在机架上，筛分筒由筛网（孔径10mm）和上、下圆环端板组成，其转轴与驱动电动机连接；筛分筒的下部设接浆桶和出浆槽1，筛分筒下出口设出浆槽2。

混凝土浇筑时，起动电动机，筛分筒开始转动；混凝土经混凝土输送泵注入进料斗，流过筛分筒，细骨料混凝土由筛分筒的筛网流入接浆桶，通过出浆槽1进入外墙外层，其余混凝土向下通过出浆槽2进入外墙内层，从而完成混凝土骨料粒径选择分离浇筑施工。混凝土骨料粒径选择浇筑作业的情况如图1-8所示。

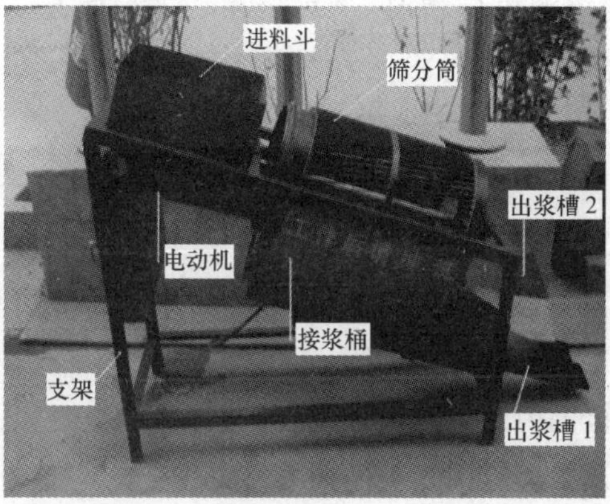

图1-7　混凝土骨料粒径选择分离装置

图1-8　混凝土骨料粒径选择浇筑作业

总之，施工是一项理论紧密结合实践的生产活动。因此，编写施工方案也需要理论结合实际，通过精细的准备工作，编写出切实可行的施工方案，并通过认真地执行施工方案，达到圆满的工程目标。上述5个例子中，例1曾获得2005年国家优质工程银质奖和2005年河南省科学技术进步二等奖；例3曾获得2002年国家优质工程银质奖；例4获得了国家级工法《水泥基渗透结晶型防水涂料工法》（YJGF 36—2002）；例5曾获得一项发明专利和一项实用新型专利。这些事例说明，好的施工方案不但保证了工程目标的实现，还能推动施工技术的进步，提高企业声誉。

1.2 专项施工方案的编写

专项施工方案应包括：编制依据、工程概况、施工安排、技术方案、施工工艺、保障措施和必要的计算书。

1.2.1 编制依据

专项施工方案应以下列内容作为编制依据：

（1）与施工方案有关的法律、法规和文件。

（2）国家现行有关标准和技术经济指标。

（3）工程施工合同或招标投标文件对施工的要求。

（4）工程设计文件。

（5）工程施工范围内的现场条件，工程地质及水文地质、气象等自然条件。

（6）与施工方案有关的资源供应情况。

（7）施工企业的生产能力、机具设备状况、技术水平等。

编制依据应选择与专项施工方案有紧密关系的在文稿中列出，例如编写“基坑支护专项施工方案”时，应列出“工程地质及水文地质”的相关资料；有些编制依据内容可以不在“编制依据”中列出，如“与施工方案有关的资源供应情况”，可放在“工程概况”中说明，“机具设备状况”放在“施工安排”中更合适。

1.2.2 工程概况

工程概况应包括工程主要情况、设计简介和工程施工条件等。

工程主要情况应包括：工程或专项工程名称，工程参建单位的相关情况，工程的施工范围，施工合同、招标文件或总承包单位对工程施工的重点要求等。

设计简介应主要介绍专项施工方案涉及工程范围内的工程设计内容和相关要求。

工程施工条件应重点说明与专项施工方案涉及工程范围相关的内容。

工程概况应通过设计简介和工程施工条件的介绍突出分部（分项）工程或专项工程的重点和难点。

通过对工程概况的正确描述，可以使阅读者对分部（分项）工程或专项工程有一个清晰的了解，对合理评审施工方案或正确执行施工方案提供帮助；还可以使施工方案编写者加深对分部（分项）工程或专项工程情况的理解，以便更好地编写施工方案。

为了正确描述工程概况，除了文字描述外，应该配一些相关的图表。如“基坑支护专项施工方案”中应配工程场地平面图，以便了解基坑与周边建筑物、管线的间距；“立交桥箱梁专项施工方案”除了应配工程场地平面图反映不同截面箱梁的位置，还应该配相关图表反映不同截面箱梁的具体截面的形状、尺寸和标高；对于斜屋面的混凝土结构施工还应该配剖面图，反映混凝土构件的倾斜程度。

平面图、剖面图可以采用 CAD 绘制，也可以采用施工图的电子版改绘。采用施工图的电子版改绘时，应注意删掉施工图电子版原图中与本次编写的施工方案无关的内容，然后添加上与本次编写的施工方案相关的内容，这样既可以减少工作量，又能比较准确地反映设计意图。

随着技术手段的进步，还可以利用电子地图截图来反映道路施工的工作区间；利用电子图像反映施工场地与周边环境的立体关系。这些技巧在后面的实例中均有所表述。

1.2.3 施工安排

施工安排是按照施工合同规定的工程进度、质量、安全、环境和成本等目标做出的工作部署，主要包括以下内容：

（1）工程管理的组织机构及岗位职责的确定。

（2）技术准备工作。

（3）施工顺序及施工流水段的划分。

（4）施工场地的分配。

（5）施工进度计划。

（6）劳动力配置计划。

（7）物资配置计划。

（8）资金使用计划。

工程管理的组织机构应根据分部（分项）工程或专项工程的规模、特点、复杂程度、目标控制和总承包单位的要求进行设置，该机构各种专业人员配备齐全，完善项目管理网络，建立健全的岗位责任制。

技术准备工作应包括：施工所需技术资料的准备、图样深化和技术交底的要求、试验检验和测试的工作计划、样板的制作计划，以及与相关单位的技术交接计划等。

施工顺序及施工流水段的划分应根据分部（分项）工程或专项工程的规模和复杂程度进行统筹安排，要有利于多工种共同施工时能交叉作业，且不窝工。

施工场地的分配是在多工种共同施工时，为了有序施工，对材料的堆放场地和加工场地、办公和作业面的合理分配。有施工场地交接使用的情况时，应该明确相关单位进行现场交接的规定。

分部（分项）工程或专项工程的施工进度计划应按照施工安排，并结合总承包单位的施工进度计划进行编制。施工进度计划可采用网络图或横道图表示，并附必要说明。对于有季节条件要求的施工内容更应该注意施工进度的控制。

劳动力配置计划应确定工程用工量，并编制专业工种劳动力计划表。对于危险性较大的分部（分项）工程，应对专职安全生产管理人员和特种作业人员的数量、资质做出明确的要求。

物资配置计划包括工程材料和设备配置计划、周转材料和施工机具配置计划，以及计量、测量和检验仪器配置计划等。施工机具应尽量使用施工现场已有的施工机具；对计量、测量和检验仪器应认真检查仪器的精度是否符合标准要求。

1.2.4 技术方案

技术方案是对施工设计结果和施工措施进行介绍，使阅读者了解施工方案的全貌，是合理评审施工方案或正确执行施工方案的关键环节。

施工设计主要包括以下内容：

（1）设计一般规定。

（2）构造要求。

（3）设计计算。

设计一般规定包括方案选型和设计参数的确定。

以基坑支护为例：首先收集地下工程的结构设计资料、工程地质和水文地质资料、场地周围的环境及地下管线的状况，为基坑支护结构的设计和施工服务；然后根据工程地质与水文地质、开挖深度、基坑的周边环境和当地的施工作业条件进行支护结构选型，确定选用原状土放坡、土钉墙、水泥土墙、地下连续墙、排桩，或上述形式的组合；最后根据相关标准确定基坑支护结构设计的侧壁安全等级和重要性系数。

构造要求也应按照相关标准规定提出要求。

以土钉墙的构造要求为例，应做到：

（1）土钉墙的墙面坡度不宜大于1:0.1。

（2）土钉必须和面层有效连接，应设置承压板或加强钢筋等构造措施，承压板或加强钢筋应与土钉进行螺栓连接或钢筋焊接连接。

（3）土钉的长度宜为开挖深度的0.5~1.2倍，间距宜为1~2m，与水平面的夹角宜为5°~20°。

（4）土钉钢筋宜采用Ⅱ级、Ⅲ级钢筋，钢筋直径宜为16~32mm，钻孔直径宜为70~120mm。

（5）注浆材料宜采用水泥浆或水泥砂浆，其强度等级不宜低于M10。

（6）喷射混凝土面层宜配置钢筋网，钢筋直径宜为6~10mm，间距宜为150~300mm；喷射混凝土强度等级不宜低于C20，面层厚度不宜小于80mm。

（7）坡面上、下段钢筋网的搭接长度应大于300mm。

（8）当地下水位高于基坑底面时，应采取降水或截水措施；土钉墙顶应采用砂浆或混凝土护面，坡顶和坡脚应设排水措施，坡面上可根据具体情况设置泄水孔。

方案要点主要是通过对施工措施的介绍来反映施工设计的结果，一般通过方案施工图和文字表述的形式进行表达。方案施工图应包括平面图、剖面图和节点图，这些方案施工图划定了施工范围和构造要求。文字表述应该表达方案施工图不能全面表达的内容和标准的要求。文字表述在表达标准要求时不应全盘照抄，而应根据本工程的实际情况做出明确要求。

下面以采用扣件式钢管作为模板立柱支撑为例进行说明。

当采用扣件式钢管作为立柱支撑时，其安装构造应符合下列规定：

(1) 钢管的规格、间距、扣件应符合设计要求。每根立柱的底部均应设置底座及垫板，垫板厚度不得小于50mm。

(2) 钢管支架立柱的间距，扫地杆、水平拉杆、剪刀撑的设置应符合《建筑施工扣件式钢管脚手架安全技术规范》(JGJ 130—2011) 第6.1.9条的规定。当立柱底部不在同一高度时，高处的纵向扫地杆应向低处延长不少于两跨，高差不得大于1m，立柱距边坡上方边缘不得小于0.5m。

(3) 立柱接长严禁搭接，必须采用对接扣件连接；相邻两立柱的对接接头不得在同步内，且对接接头沿竖向错开的距离不宜小于500mm；各接头中心距主节点的距离不宜大于步距的1/3。

(4) 严禁将上段钢管立柱与下段钢管立柱错开固定于水平拉杆上。

(5) 满堂模板和共享空间模板的支架立柱，在外侧周圈应设由下至上的竖向连续式剪刀撑；中间在纵横向应每隔10m左右设由下至上的竖向连续式的剪刀撑，其宽度宜为4～6m，并在剪刀撑的顶部、扫地杆处设置水平剪刀撑。剪刀撑杆件的底端应与地面顶紧，夹角宜为45°～60°。当建筑层高在8～20m时，除应满足上述规定外，还应在纵横向相邻的两竖向连续式剪刀撑之间增加之字斜撑，在有水平剪刀撑的部位，应在每个剪刀撑中间处增加一道水平剪刀撑。当建筑层高超过20m时，在满足以上规定的基础上，应将所有之字斜撑全部改为连续式剪刀撑。

(6) 其他规定详见《建筑施工模板安全技术规范》(JGJ 162—2008)。

在方案要点中用文字表述时，应该明确规定垫板厚度（不得小于50mm)；应该明确规定立柱距边坡上方边缘的距离（不得小于0.5m)；应该根据模板立柱支撑的高度明确规定水平剪刀撑的道数和高度；根据模板立柱支撑的范围明确规定竖向剪刀撑的具体位置和形式，并用平面图、剖面图进行描述。

对于施工中常见的技术方案，应该包括如下内容：

(1) 基坑支护与降水技术方案。基坑支护平面图、剖面图，应该说明基坑支护体系各部位的结构情况和技术要求；基坑降水平面图、剖面图，应该说明基坑降水井的布置方法和降水井的深度、构造；基坑变形观测平面图，应该说明基坑周边变形观测点的布置情况和观测要点；基坑支护施工与基础工程施工、挖土的配合关系和要求。

(2) 模板安装与支架搭设技术方案。模板支架体系平面图及剖面图、模板节点构造图，应该说明梁、柱、墙板的模板组成情况，水平施工荷载是通过什么装置传给模板支架的，模板支架的类型，模板支架系统中立杆的水平间距、水平拉杆的垂直间距、扫地杆和剪刀撑的设置位置。梁柱模板节点构造图应该描述支撑加固方式和对穿螺栓的设置部位。

（3）脚手架搭设技术方案。脚手架搭设平面图、剖面图、节点构造图，应该说明脚手架类型，架体尺寸（单排或双排脚手架的架宽、水平杆的垂直间距和总高度；满堂脚手架的立杆水平间距、水平杆的垂直间距和总高度），扫地杆、连墙件和剪刀撑的设置位置和要求，架板、栏杆与挡脚板、安全网的设置要求。

（4）吊装技术方案。吊装现场平面图应该说明构件布置和吊装路线；吊装示意图应该说明吊装时吊装机械、构件和就位点之间的空间关系，吊装索具和工具的实施要点，并应明确吊装作业和其他工序的配合。

1.2.5 施工工艺

施工工艺是实现技术方案的具体手段，直接影响施工进度、质量、安全及工程成本。施工工艺主要包括以下内容：材料要求、作业条件、工艺流程、操作要点和质量标准。

材料要求应对工程中使用的主要材料的名称、规格、主要技术指标进行明确规定。对新型材料还应提供相应的检验、检测方法。

作业条件是指本次施工开始时应该具备的基本条件，包括前导工程完成情况、技术准备完成情况、材料和施工机具准备情况和气候条件。

以玻璃幕墙施工为例，施工前应该具备以下作业条件：

（1）主体结构和湿作业已做完并验收合格。

（2）主体结构上的预埋件已按设计要求预埋。

（3）幕墙安装的施工组织设计已编制完成，并经过审批。

（4）幕墙玻璃的传热系数、遮阳系数、可见光透射比、中空玻璃露点经复验合格。

（5）保温隔热材料的导热系数、密度经复验合格。

（6）其他幕墙材料已按设计要求配套进场，并复验合格。

（7）安装幕墙所用的垂直提升机、脚手架或吊篮已准备好，并经验收合格。

（8）作业时的环境温度不应低于0℃，风力应不大于5级，风速不宜大于10m/s，不宜在雨雪天气中露天施工，雨期施工时应做好防雨措施。

工艺流程要重点讲清基本工艺过程，应该按照工艺发生的顺序或者事物发展的客观规律来编制并讲清工序间的衔接和相互之间的关系以及关键所在。工艺流程最好采用流程图来描述。对于因构件、材料或机具使用上的差异而引起的流程变化，应当有所交代。

以彩色透水性混凝土路面为例，某道路工程使用彩色透水性混凝土路面，路面构造如图1-9所示。

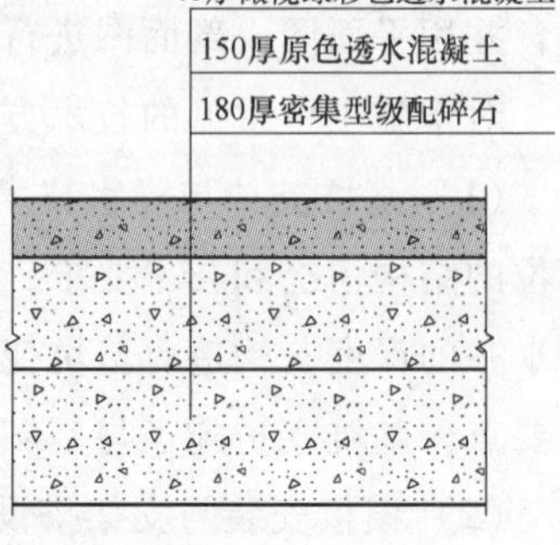

图1-9 路面构造

根据常规施工经验，底层混凝土凝固后再浇筑面层混凝土，两层混凝土黏结有一定困难。若采用面层彩色透水性混凝土与基层原色透水性混凝土同步浇筑的双层摊铺工艺，能保证底层原色混凝土和面层彩色混凝土不串色又黏结牢固，解决了分层设计的彩色透水性混凝土路面的浇筑难题。虽然两种施工方法的工艺流程都是：测量放样→路基开挖、压实→基层级配碎石摊铺、压实→立模→浇筑底层原色透水性混凝土→底层原色透水性混凝土振捣、找平→浇筑面层彩色透水性混凝土→振捣、找平、面层处理→养护→切割伸缩缝→面层保护剂。但是描述双层摊铺工艺时，应该强调面层彩色透水性混凝土必须在基层原色透水性混凝土初凝前 0.5h 浇筑完毕。

操作要点是施工过程的全面描述，对于使用文字不容易表达清楚的内容，要附以必要的图表。对于工程中推广应用的新技术、新工艺、新材料和新设备，可以采用目前国家和地方推广的，也可以根据工程的具体情况由企业创新；对于企业创新的技术和工艺，应该通过必要的试验或论证后再编写施工方案。对易发生质量通病、易出现安全问题、施工难度大、技术含量高的分项工程（工序）等应做出重点说明。对于有季节性施工要求的工序，应该根据施工地点的实际气候特点，提出具有针对性的施工措施。在施工过程中，还应根据气象部门的预报资料，对具体措施进行细化。

质量标准是根据现行的国家、地方（行业）标准对施工提出的质量要求，以便施工人员在操作时参照执行。对于现行标准中未规定的质量要求，可以根据企业的施工经验列出关键部位、关键工序的质量要求，并保证最终完成的施工产品的质量不低于国家、地方（行业）标准的要求。

1.2.6 保障措施

保障措施是根据承担专项施工的单位已有的管理和技术经验，对专项施工提出的管理和技术措施。主要有质量保障措施、环境保障措施、安全保障措施。对于施工单位首次承担的施工项目，应该对相关施工项目的管理和技术经验进行调研，以便确保本单位的保障措施到位，能顺利实现工程目标。

1. 质量保障措施

质量保障措施可参照《工程建设施工企业质量管理规范》（GB/T 50430—2007）和《质量管理体系　要求》（GB/T 19001—2000），在施工单位质量管理体系的框架内编制。

质量保障措施应包括下列内容：

（1）按照项目的具体要求确定质量目标，并进行目标分解，质量指标应具有可测量性。

（2）建立项目质量管理的组织机构并明确职责。

（3）制定符合项目特点的技术保障和资源保障措施，通过可靠的预防控制措施，保证质量目标的实现。

（4）建立质量过程检查制度，并对质量事故的处理做出相应的规定。

2. 环境保障措施

环境保障措施可参照《环境管理体系　要求及使用指南》（GB/T 24001—2004），在施工单位环境管理体系的框架内编制。

环境保障措施应包括下列内容：

(1) 应该遵照执行国家和地方（行业）有关环境保护法规中所要求的环保指标。

(2) 确定项目重要环境因素，制定项目环境管理目标。

(3) 建立项目环境管理的组织机构并明确职责。

(4) 根据项目特点，进行环境保护方面的资源配置。

(5) 制定现场环境保护的控制措施。

(6) 建立现场环境检查制度，并对环境事故的处理做出相应的规定。

(7) 必要的环保监测事项及监测方法。

3. 安全保障措施

安全保障措施可参照《职业健康安全管理体系 要求》(GB/T 28001—2011)，在施工单位安全管理体系的框架内编制。

安全保障措施应包括下列内容：

(1) 确定项目的重要危险源，制定项目职业健康安全管理目标。

(2) 建立项目安全管理组织机构并明确职责。

(3) 根据项目特点，进行职业健康安全方面的资源配置。

(4) 建立具有针对性的安全生产管理制度和职工安全教育培训制度。

(5) 针对项目重要危险源，制定相应的安全技术措施和应急预案；对达到一定规模的、危险性较大的分部（分项）工程和特殊工种的作业应制定专项安全技术措施。

(6) 根据季节、气候的变化，制定相应的季节性安全施工措施。

(7) 建立现场安全检查制度，并对安全事故的处理做出相应的规定。

确定项目的重要危险源是安全保障措施的重要环节，不同类型的施工有不同形式的危险源。以玻璃幕墙安装施工的危险源为例，主要有：

(1) 脚手架局部垮架或整体坍塌。

(2) 吊篮或施工人员高处坠落。

(3) 建筑幕墙坍塌。

(4) 玻璃爆裂或玻璃破碎。

(5) 落物伤人。

(6) 施工机具伤人。

(7) 违规操作造成碰撞。

(8) 雷击或触电。

(9) 中毒窒息。

(10) 现场火灾。

针对以上已经确定的危险源，应该制定相应的安全技术措施和应急预案。

安全技术措施是在已经确定危险源的基础上，通过分析引起危险的原因，进而制定防护措施。以玻璃幕墙安装施工中施工人员高处坠落为例，引起危险的主要原因有：

(1) 作业层防护围挡设置不安全。

(2) 作业层脚手架（吊篮）与墙的间隙过大。

(3) 在吊篮中作业时未系安全带。

(4) 脚手板搁置不稳，扎结不牢。

(5) 操作中发生的碰撞等。

理清了引起危险的主要原因，就可以制定有针对性的安全技术措施了。

对于已经有成熟施工经验、常规的专项施工（如脚手架、模架、一般的结构吊装），编制安全技术措施，对可能发生的危险进行预控就能保证施工安全。对于施工经验不足，可能影响公共安全，施工时安全隐患很大的专项施工，应编制应急预案，确保当危险发生时，能对事故进行有效的控制，将损失减少到最小。

应急预案包括危险源监控、应急领导小组的责任、应急联络方法、事故现场应急处理工作程序、善后处理工作、应急救援培训和演练。

危险源监控应根据相关标准规定设置监控点，进行定期检查。当监控点的监控值超过预警值时，应发出警报，启动应急预案。

应急领导小组的责任是：

(1) 领导应急小组的培训和演习工作。

(2) 应急预案启动后，及时到达现场指挥工作，控制事故的扩大和连续发生，并迅速向上级机构报告。

(3) 负责救险的人员组织、调配救援物资和设备。

(4) 负责组织抢险、疏散、救助、通信联络和善后处理工作。

应急通信联络是指与应急救援有关的单位和人员的联系方法，以便应急预案启动后，及时进行联络，得到必要的支持。

事故现场应急处理工作程序是根据不同危险源的已有应急救援经验制定的工作步骤和方法，应该有明确的针对性。

1.2.7 计算书

专项施工方案的计算书是对专项施工涉及的技术措施（如基坑支护、混凝土热工参数）进行的相关计算。设计计算的目的是保证技术措施既经济又安全。

涉及施工安全的重要项目（基坑支护、模板及支撑体系、脚手架等），国家或行业标准都做出了明确规定。在进行这些项目的设计计算时，一定要严格按标准规定进行方案选型、确定设计参数、明确构造要求，并通过计算保证技术措施安全可靠。

对于国家或行业标准没有做出明确规定的技术措施，可以参考《建筑施工手册》和《建筑施工计算手册》进行设计计算。

在进行专项施工的设计计算时，除了保证技术措施的刚度、强度满足相关规定外，还应该根据施工的具体情况，设定一些可行、可靠的施工构造。例如，在进行高度超过1000mm的大梁支模时(图1-10)，梁底应设置双立杆，并采用可调支托将大梁的施工荷载传给立杆。这样，既可以避免使用扣件传递大梁施工荷载时可能产生的抗滑力不足，又可以防止大梁钢筋绑扎时造成模板侧翻的危险。

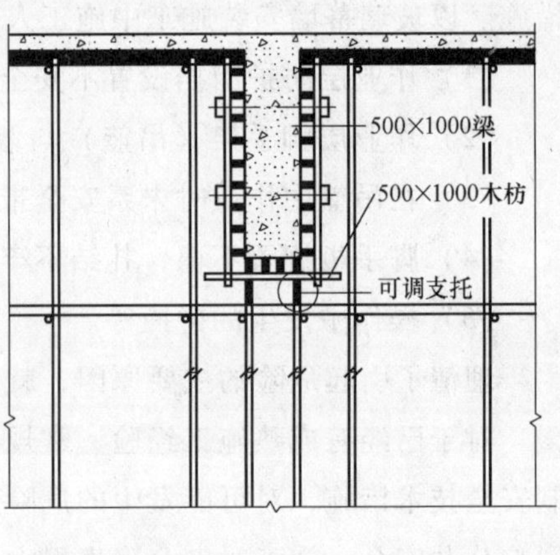

图1-10 大梁支模简图

在整理、汇总计算书时，应注意全文使用的符号、量纲要一致，并在计算内容中附计算简图，以便查阅。

1.2.8 专项施工方案文稿编写注意事项

(1) 为了使专项施工方案能起到指导专项工程施工的作用，专项施工方案编写时应注意：

1) 专项施工方案的文字叙述应是指令性的确定叙述。下面以透水水泥混凝土面层摊铺厚度为例进行说明。

《透水水泥混凝土路面技术规程》(CJJ/T 135—2009) 中规定：透水水泥混凝土拌合物摊铺时，应均匀摊铺，找准平整度与排水坡度，摊铺厚度应考虑松铺系数，其松铺系数宜为1.1。

在针对具体透水水泥混凝土面层摊铺施工工艺要点的描述中，不宜再写“摊铺厚度应考虑松铺系数，其松铺系数宜为1.1”，而应该根据具体工程的道路厚度，给出具体的松铺厚度，以便于施工操作。

2) 技术方案和施工工艺是施工方案的核心内容，这两部分的内容应占施工方案全部文稿分量的40%以上，并且应该具有针对性。否则，施工方案指导专项工程施工就可能作用有限。

(2) 为了使读者在查阅专项施工方案时一目了然，专项施工方案的文稿编写应注意以下事项：

1) 施工方案文稿的层次和标题。层次要清楚，标题要突出重点、简明扼要。标题文字一般控制在15字以内。推荐采用的层次格式见表1-1和表1-2。

表1-1 推荐采用的层次格式（一）

第1章 ×××	(标题居中)
1.1 ××××	(标题顶格，后不接排)
1.1.1 ××××	(同上)
1. ×××× ×××	(标题前空2格，标题后空1格接排)
×××……	
(1) ×××××××××	(标题前空2格，无标题，接排)
×××……	
1) ×××××××××	(标题前空2格，无标题，接排)
×××……	

表 1-2 推荐采用的层次格式（二）

1 ×××(标题顶格)	
1.1 ××××	(标题顶格,后不接排)
1.1.1 ××××	(同上)
1. ×××× ×××	(标题前空 2 格,标题后空 1 格接排)×××……
(1)×××××××××	(标题前空 2 格,无标题,接排)×××××……
1)×××××××××	(标题前空 2 格,无标题,接排)×××××……

2）名词术语。科技名词术语应全文统一，要尽可能采用全国科学技术名词审定委员会公布的名词和现行国家标准、行业标准中所规定的名词术语，若标准中未规定，应采用行业中通用的名词术语。

3）插表的规定如下：

①插表的表号应在文中引出，以先见文后见表为原则。表号一般按章编排，如第 1 章第 1 个表，可写成表 1-1；附录 A 中的表，用表 A-1、表 A-2 等；字数较少的文件，可按全文连续编号（附录除外），如表 1、表 2 等。表号与表名间空一格，表号与表名居中书写。

②表头上如有物理量需说明其计量单位时，物理量名称（或物理量符号）与计量单位之间用斜线分开。

4）插图。插图的图号应在正文中引出，以先见文后见图为原则。插图应在引出插图的正文附近，以便于阅读。

1.3 专项施工方案评审

专项施工方案编制完成后，应当由施工单位技术部门组织本单位的施工技术、安全、质量等部门的专业技术人员进行审核，保证专项施工方案的可行性、安全性、经济性符合工程目标。经审核合格后，由施工单位技术负责人签字。

对于施工单位自行审核有困难的复杂专项施工方案和超过一定规模的危险性较大的分部（分项）工程专项施工方案，施工单位应当邀请相关专家对专项施工方案进行论证。

1.3.1 可行性

专项施工方案的可行性包括下列内容：

（1）施工方案的内容是否完整、可行。

（2）施工方法能否满足相关标准的要求。

（3）为后续工程创造有利条件的可能性。

（4）利用现有施工机械的可能性。

（5）对冬、雨期施工的适应性。

（6）为现场文明施工创造有利条件的可能性。

1.3.2 安全性

专项施工方案的安全性包括下列内容：

（1）施工方案的计算书和验算依据是否符合相关标准的规定。

（2）安全施工的基本条件是否满足现场的实际需要。

（3）施工操作的安全可靠性。

1.3.3 经济性

专项施工方案的经济性包括下列内容：

（1）单项工程的施工工期是否符合工程目标。

（2）单项工程的施工成本是否合理。

（3）单项工程的劳动力消耗量是否合理。

（4）单项工程的主要材料消耗量是否合理。

审核、论证后的专项施工方案，施工单位应当根据审核、论证意见修改、完善专项施工方案，并经施工单位技术负责人、项目总监理工程师、建设单位项目负责人签字后，方可组织实施。

1.4 专项施工方案实施

1.4.1 技术交底

专项施工方案实施前，编制人员或项目技术负责人应当向现场管理人员和作业人员进行技术交底。以便现场管理人员和作业人员对施工作业的工艺流程、操作要点、质量标准和安全注意事项有明确的理解，以保证施工的质量、安全和进度。

1.4.2 条件验收

对于施工工艺复杂、多工种配合作业、危险性大的专项工程，在进行有难点和有较大危险性的作业前（如深基坑开挖前、超高模板支架搭设前和混凝土浇筑前），施工单位应该邀请对专项施工方案进行过论证的专家和监理单位、建设单位的项目负责人进行条件验收。施工单位应该提交根据审核论证意见修改完善后的施工方案、前序工程质量、准备开始工程的作业条件等，请相关人员对现场情况进行实地检查验收，以杜绝隐患，保证施工顺利进行。

条件验收合格，经施工单位项目技术负责人及项目总监理工程师签字后，方可进入下一道工序。

1.4.3 实施监控

施工单位技术负责人应当定期巡查专项施工方案的实施情况，并指定专人对专项施工方案的实施情况进行现场监督并按规定进行监测。发现不按照专项施工方案施工的，应当要求其立即整改；发现有危及人身安全的紧急情况时，应当立即组织作业人员撤离危险区域。

1.5 小结

专项施工方案是指导一个专项工程施工过程的指令性技术管理文件。通过符合实际情况的策划准备，细致周全的计算、编写，严谨的审查把关，最后通过认真地贯彻落实，实现工程预定目标。专项施工方案编写、实施的过程体现了施工单位的既有技术水平，也会使施工单位的技术水平得到进步，这是每一个施工一线的技术人员应该谨记在心的。

复合土钉墙基坑支护施工方案

陶思玉

山西冶金岩土工程勘察总公司河南分公司

2.1 工程概况

河南光彩股份有限公司拟建的光彩大厦位于郑州市郑东新区CBD起步区A—39地块，内环路西南侧，地上20层，地下3层，建筑总高度为80m，框剪结构，桩筏基础，基坑底长×宽=73.2m×53.5m，自然地面标高为-0.500～-0.900m，坑底标高为-12.100～-13.400m,局部最低标高为-16.500m，基础埋深为11.2～16.0m。

2.1.1 工程环境条件

光彩大厦东北侧为商务内环路（图2-1），建筑红线距围墙5.0m，内环路侧基坑边有三根高压线杆，影响帷幕桩的施工；东南侧为商务西八街，建筑红线距围墙5.0m；两条路上均有各种地下管线，埋深3.0m左右。西南侧为待建商业步行街及正在施工的蓝码地王大厦（桩锚支护），本基坑开挖时，已停止坑内降水，西北侧为新澳世贸大厦，其边轴线距光彩大厦边轴线15m，基坑已开挖到底（基坑较浅，土钉墙支护）。其中内环路与商务西八街交汇处有一较大地下洞室，埋深超过3.0m。

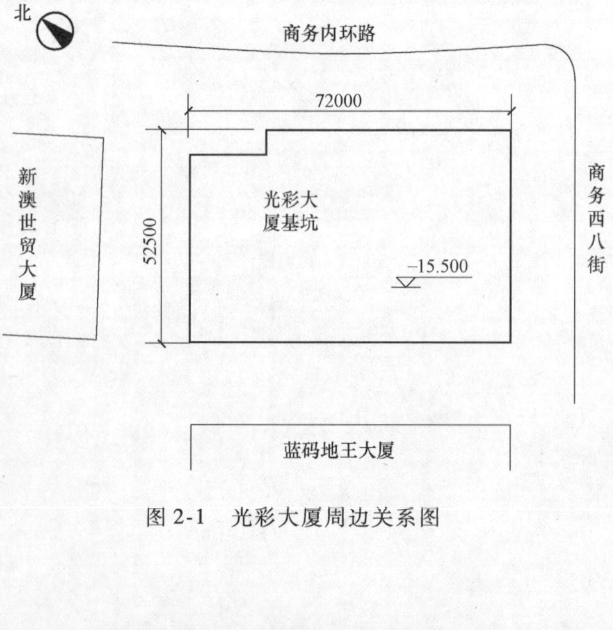

图2-1　光彩大厦周边关系图

2.1.2 工程水文地质条件

场区内主要地层为第四系土层，

与基坑支护降水有关的地层土力学参数见表 2-1。地下水位埋深：潜水水位埋深为 8.0～9.0m，承压水静止水位埋深为 10.0m 左右，潜水水位年变幅为 1.0m。

表 2-1 地层土力学参数

土层序号	土层名称	层厚平均数/m	埋深/m	重度 γ/(kN/m³)	内摩擦角 φ/(°)	黏聚力 c/kPa	承载力 f_{ak}/kPa	渗透系数 K/(m/d)
①	粉土	2.77	2.77	17.9	23.8	10.3	130	0.5
②	粉质黏土	1.53	4.30	18.9	14.5	13.6	85	
③	粉土	2.36	6.66	19.5	20.7	9.6	130	
④	粉土	3.92	10.58	19.0	21.8	8.8	140	
⑤	粉质黏土	1.49	12.07	19.3	15.4	10.9	100	
⑥	粉土	1.14	13.21	19.5	20.3	8.1	160	
⑦	粉质黏土	2.31	15.52	18.5	14.4	12.3	120	
⑧	粉土夹粉质黏土	2.06	17.58	20.1	24.1	11.2	140	
⑨	粉砂	3.63	21.25	20.2	25	0	240	8.0
⑩	细砂	8.62	29.83	20.2	25	0	340	

2.2 编制依据

(1) 光彩大厦基坑降水、支护工程设计。

(2) 场地工勘报告及有关图纸。

(3)《建筑地基基础工程施工质量验收规范》(GB 50202—2002)。

(4)《建筑地基基础设计规范》(GB 50007—2011)。

(5)《建筑基坑工程监测技术规范》(GB 50497—2009)。

(6)《钢筋焊接及验收规程》(JGJ 18—2012)。

(7)《建筑基坑支护技术规范》(JGJ 120—2012)。

(8)《复合土钉墙基坑支护技术规范》(GB 50739—2011)。

(9)《建筑与市政降水工程技术规范》(JGJ/T 111—1998)。

(10)《混凝土结构工程施工规范》(GB 50666—2011)。

(11)《施工现场临时用电安全技术规范》(JGJ 46—2005)。

(12) 郑东新区 CBD 指挥部有关基坑施工的精神。

2.3 基坑支护施工方案

基坑采用复合土钉墙进行支护（基坑支护、降水平面图如图 2-2 所示）。支护体系根据周边情况采用 8 种组合，1—1 剖面和 3—3 剖面如图 2-3 所示。

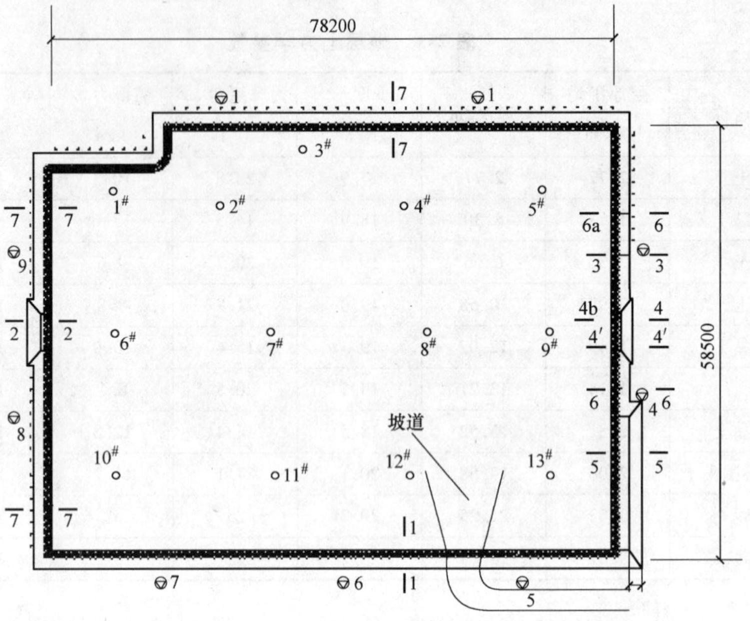

图 2-2 基坑支护、降水平面图

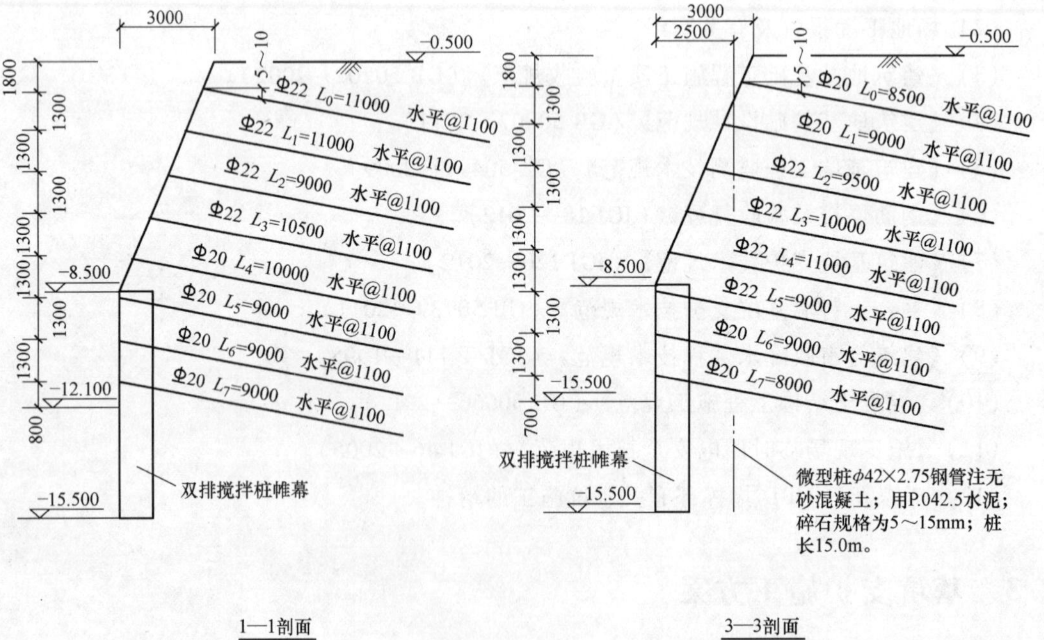

图 2-3 基坑支护剖面图

2.3.1 土钉墙

土钉墙钢筋中钉杆采用二级螺纹钢，加强筋和网筋采用一级钢筋，面层喷射混凝土强度等级为C20。注浆采用P.O42.5水泥，水灰比为0.5，注浆水泥用量为30kg/m，采用二次注浆技术，二次注浆压力不小于1.0MPa，网筋搭接长度不小于300mm。土钉墙施工土钉长度及相关参数见表2-2。

表2-2 土钉墙施工土钉长度及相关参数

剖面	1—1	2—2	3—3	4—4	5—5	6—6	7—7	4′—4′
坑深/m	11.6	11.6	12.0	12.0	10.7	10.7	11.6	10.7
计算钉杆直径 *d*/mm	20.8	20.3	21.0	20.9	18.7	19.57	20.8	20.7
有否微型桩	无	无	无	无	无	有	有	无
选用钉杆钢筋规格	Φ22/20	Φ22/20	Φ22	Φ22	Φ20	Φ20	Φ20/22	Φ22
水平间距/m	1.10	1.00	1.10	1.10	1.10	1.10	1.10	1.10
L_0/m	11	10	10	10	9	10	8.5	10
L_1/m	11	10	11	12	9	10	9	11
L_2/m	11	10	10	11.5	8.5	10	9.5	11
L_3/m	10.5	10	10	11	9	9	10	10.5
L_4/m	10	10	10	10.5	8	9	11	10
L_5/m	9	9.0	10	10	7.5	8	9	9
L_6/m	9	8.0	10	9	6.5	7	9	8
L_7/m	9	7.5	10	8			8	

2.3.2 微型桩

桩孔直径不小于150mm，桩长为15.0~16.0m，桩距为1.1m。插管规格为ϕ42mm×2.75mm钢管，插入坑底2.0~3.0m。成孔后立即插入制作好的钢管，钢管的下端做成马蹄形，从底部往上3.0m每隔0.5m打2个ϕ10出浆孔，钢管上端用两根ϕ12钢筋横向连接在一起。投石规格为5~15mm，注浆用P.O42.5水泥，水灰比为0.6~0.8，注浆水泥用量为50kg/m，注浆压力为0.4~1.0MPa，二次注浆压力为2.0MPa。

2.3.3 帷幕桩

双排深层搅拌桩帷幕挡墙参数：桩径0.5m，桩距0.35m，排距0.40m，桩顶标高-6.7~-8.5m，桩底标高-15.5m，注浆用P.O42.5水泥，水灰比0.6，注浆水泥用量不小于50kg/m，基坑周边除高压旋喷帷幕桩外的部分，总桩数约1470根，如图2-4所示。

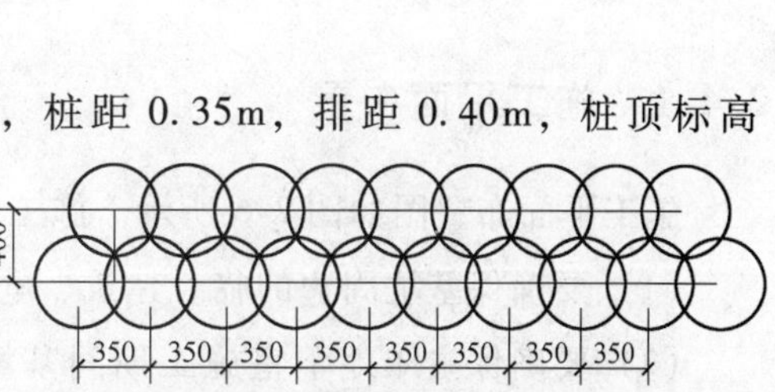

图2-4 帷幕桩详图

2.3.4 高压旋喷桩

桩径 0.60m，桩距 0.40m，采用 P.O42.5 水泥，水泥用量 200kg/m，帷幕桩顶标高 -6.7m，桩底标高 -15.5m，3 根加固用高压旋喷桩桩顶为自然地面，内插 ϕ42mm × 2.75mm 钢管，水灰比 1.0，全桩长复搅复喷，旋喷桩下沉清水成孔压力为 15.0MPa，注浆压力为 22.0MPa，位置在 3 根高压线杆旁，如图 2-5 所示。

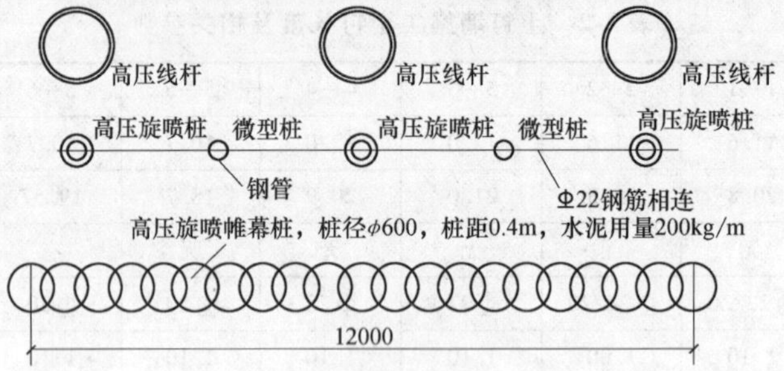

图 2-5 高压线杆加固示意

2.3.5 土方开挖

土方开挖要分层、分段进行，每层挖至下层土钉位置下 0.50m 左右为宜，分段开挖长度为 20.0m 左右，确保基坑安全并给土钉施工创造良好的条件。

2.3.6 降水井

降水井 13 眼，井深 25m，布置在基坑内；观测渗流井 9 眼，井深 23m，布置在基坑周边，孔径均为 0.6m，用水泥滤水管，米石作为滤料，备用轻型井点。

2.3.7 施工监测

施工单位应成立专业监测组承担基坑周边裂缝、位移和沉降观测，开挖前埋设各种监测点，并进行初测；基准点要距离基坑边 30.0m 以上，严格按设计进行监测。

2.4 施工部署

2.4.1 施工平面布置

施工平面布置图如图 2-6 所示。施工时应注意：

（1）要确保基坑周边的临时建筑、电线杆、变压器、道路及地下管线的安全。

（2）要确保主体地下室施工期间基坑的安全，保证主体施工的工作面满足施工要求，保证地下水位在基坑底以下 0.5～1.0m。

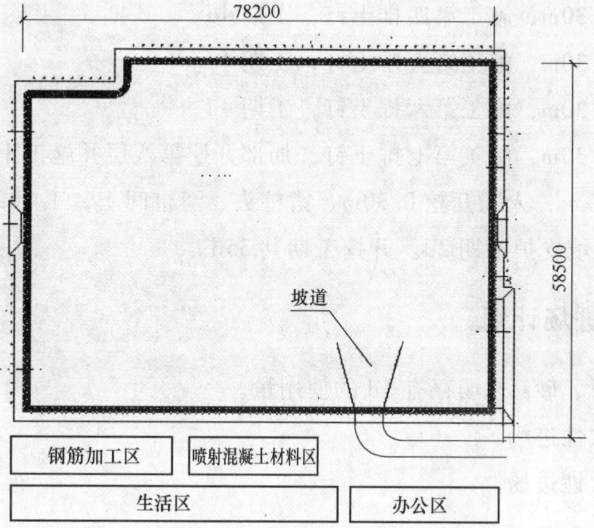

图 2-6　施工平面布置图

2.4.2　技术保证条件

（1）基坑周边有放坡的条件，基坑底线与基坑上口边线的距离最大到 3.00m，符合土钉墙、复合土钉墙的使用条件。

（2）帷幕桩既可以加固基坑底部土层，提高承载力，又可以截住基坑周边的水，确保地下水位满足施工要求。

（3）微型桩可以提高基坑侧壁的刚性，减小基坑的变形。

（4）低机架高压旋喷钻机能满足高压线杆下帷幕桩的施工条件。

（5）附近五行嘉园稍浅基坑复合土钉墙的成功施工经验。

（6）有可信赖的土方开挖队伍，能按要求分层开挖。

2.4.3　施工计划安排

1. 施工顺序

深层搅拌桩→微型桩→降水井→观测渗流井→降水运行→土方开挖第一层→施工第一排土钉→土方开挖第二层→施工第二排土钉……土方开挖第八层→施工第八排土钉→人工开挖剩余土方。

2. 施工进度计划

（1）深层搅拌桩、微型桩、降水井的施工工期为 36d。

（2）土方开挖计划。

第一步：开挖 2.45m，施工第一排土钉，工期 5d。

第二步：开挖 1.30m，施工第二排土钉，工期 4d。

第三步：开挖 1.30m，施工第三排土钉，工期 4d。

第四步：开挖1.30m，施工第四排土钉，工期4d。

第五步：开挖1.30m，施工第五排土钉，工期4d。

第六步：开挖1.30m，施工第六排土钉，工期4d。

第七步：开挖1.30m，施工第七排土钉，局部开挖第八层并施工土钉，工期6d；机械开挖至距基坑底面0.30m，人工开挖0.30m、凿桩头、清桩间土，工期2d。

第八步：坡道回填支护工期2d。开挖工期共35d。

2.4.4 施工材料进场计划

(1) 水泥、碎石、砂：现场存有5d的使用量。

(2) 钢管：一次性进场。

(3) 钢筋：一次性进场。

2.4.5 施工设备进场计划

施工设备进场计划见表2-3。

表2-3 施工设备进场计划

设备名称	型号/功率	数量	作用	进场计划
深层搅拌桩机	PH-5D/60kW	2台套	帷幕	开工前3d进场
高压旋喷桩机	XY-1型/90kW	1台套	帷幕、加固	开工前3d进场
水井钻机	回转GW-12/30kW	2台套	降水井	施工前3d进场
空气压缩机	VY-9/7/55kW	1~2台套	土钉墙	开挖前3d进场
喷混凝土机	PZ-5B/5.5kW	1~2台套	土钉墙	开挖前3d进场
注浆泵	CZJ30C/3kW	1台	土钉墙	开挖前3d进场
搅拌机	JH-350/3kW	1台	土钉墙	开挖前3d进场
电焊机	BX1-500/20kW	4台	土钉墙等	开工前3d进场
钢筋切断机		1台	土钉墙	开挖前5d进场
钢筋调直机		1台	土钉墙	开挖前5d进场
锚杆钻机	MZJ-50/10kW	2台	微型桩	施工前3d进场
注浆泵	BW-150/7.5kW	1台	微型桩	施工前3d进场
挖掘机		2台	土方	挖土前1d进场
发电机	DF-75/75kW	1台	降水	备用降水后进场
运浆车	$7m^3$	1台	降水井运浆	打降水井前进场
潜水泵	QS15-26-2.2	20台	降水井	安装前2d进场
污水泵	3PNL/22kW	2台	排污、排浆	开工前2d进场
全站仪	NTS-322	1台	施工、监测	开工前3d进场
水准仪	AL20	1台	施工、监测	开工前3d进场
轻型井点		若干组	降水	备用使用时进场
洛阳铲	100	15把	土钉墙	开工前3d进场

2.4.6 劳动力计划

帷幕施工 28 人，微型桩施工 10 人，排水施工 10 人，降水运行 6 人，支护施工 80 人，后勤服务 5 人，电工 1 人，挖掘机驾驶员 2 人。项目部配专职安全员 1 人，各施工队设兼职安全员 1 人，要求电工、焊工、司钻、驾驶员必须持证上岗。

2.5 施工工艺技术

2.5.1 作业条件

该场地两面是在建施工场地，其中西南侧为待建商业步行街及正在施工的蓝码地王大厦；两面是道路，只有蓝码地王大厦与本基坑之间的商业步行街可作为现场办公和材料加工场地，还要留基坑开挖坡道，施工平面布置图如图 2-6 所示。

2.5.2 材料的性能要求

本工程施工所用材料有钢材、地材，材料性能必须满足规范要求，进场材料必须经过复验。同一验收批号或同一炉号的钢筋，按不同规格，每 60t 取一组试件，不足 60t 按 60t 取样。检查产品合格证、出厂检验报告和进场复验报告。当发现钢筋脆断、焊接性能不良或力学性能显著不正常等现象时，应对该批钢筋进行化学成分分析或其他专项检验。

焊接件：同一焊工，同接头规格，同一钢筋级别，每 300 个接头取一组试件进行检验。

水泥采用袋装水泥，现场水泥储存量要保证 5d 使用，检测数量：同一生产厂家、同一等级、同一品种、同一批号且连续出厂的水泥每 200t 为一批，每批抽样一次。检验方法：检查产品合格证、出厂检验报告和进场复验报告。

碎石、砂：每 $400m^3$ 抽样检验一次。

钢管要有出厂合格证。

2.5.3 施工工艺流程

1. 搅拌桩施工工艺流程

放线定桩位→桩机就位→调整桩架垂直度→预搅下沉至设计深度→喷浆搅拌提升至桩顶标高→复搅下沉至桩底标高→复喷搅拌提升至桩顶标高→移机至下一桩位

2. 旋喷桩施工工艺流程

放线定桩位→桩机就位→调整桩架垂直度→清水喷射下沉至设计深度→喷射搅拌提升至桩顶标高→复喷复搅下沉至桩底标高→复喷搅拌提升至桩顶标高→移机至下一桩位

3. 微型桩施工工艺流程

测量放线定孔位→钻机就位→成孔→插钢管→投石振捣→预注浆、补石料→封堵孔口→

初次注浆→二次注浆

4. 降水井施工工艺流程

测量放线定孔位→钻机就位→成孔→下井管→投滤料→下污水泵洗井→下潜水泵降水

5. 土钉墙施工工艺流程

测量放线→开挖修坡→凿孔→安装钉杆→注浆→挂钢筋网→焊接加强筋→喷射混凝土→养护

2.5.4 施工要点及质量标准

1. 搅拌桩施工要点及质量标准

（1）桩距400mm，桩位偏差<50mm，桩位撒白灰、插竹筷作为标记；根据设计图样用导线控制法，使用全站仪和钢塔尺进行轴线放样，距离允许偏差为±5mm，角度允许偏差为±10″，轴线复验合格后测放桩位，精度要求±10mm，桩位偏差不应大于50mm，垂直度偏差不应大于1%*H*（*H*为桩长），并及时绘制测量复核签证。

（2）施工前先进行试桩，确定钻进及提升速度、注浆流量、注浆压力，搅拌桩桩径为500mm，水泥使用P.O42.5水泥，用量为50kg/m。

（3）钻机安装定位。钻机就位后，测量钻头直径不小于0.50m，使钻头对准孔位中心（竹筷），同时双向调整钻架的垂直度，使钻杆轴线与钻孔中心一致，桩位偏差<50mm，钻杆垂直度误差<1%*H*（*H*为钻杆长）。

（4）预搅下沉。开动钻机钻进至设计桩底标高以下0.1~0.2m，应特别注意砂层施工。

（5）喷浆搅拌提升至桩顶标高。当钻至预定深度后，开动水泥浆泵送浆，确认浆到底后搅拌提升，提升速度为1.0m/min，转速为50r/min，送浆流量为30L/min，送浆压力为0.2~0.3MPa（参考值）。提升至桩顶标高后，关闭水泥浆泵，浆液水灰比为0.6左右。

（6）复搅下沉。关闭水泥浆泵后复搅下沉至桩底标高。

（7）开泵送浆，复喷搅拌提升至桩顶标高，提升速度为1.0m/min，转速为50r/min，送浆流量为20L/min，送浆压力为0.2~0.3MPa（参考值）。当提升至桩顶标高后，关闭水泥浆泵，将钻具提出地面。

（8）施工顺序：两台钻机分别在各自区域内施工，互不影响。

（9）施工技术参数：水灰比0.6左右，全桩长复搅复喷，钻进及提升速度、注浆流量、注浆压力等根据试桩结果确定，参考值：提升速度1.0m/min，送浆流量20~30L/min，送浆压力0.2~0.3MPa。

（10）要特别注意出现停机故障后的上下搭接问题，要确保桩体的垂直度和桩体搭接完好，搭接长度一般大于300mm，保证帷幕的完整性。

（11）质量标准：桩长达设计要求，桩长允许偏差为±0.2m，桩位偏差<30mm，桩身垂直度≤1%*H*（*H*为桩长），桩顶标高±100mm，搭接长度>200mm，成桩合格率100%。

（12）质量控制点：桩位经监理复验；钻机对准桩位由质检员复核，钻头直径由质检员检查；开钻前双向校正机架垂直度，钻进中及时观测，如有偏斜及时调整；水灰比及单桩送浆量、泵量由质检员检查，钻进深度由深度盘和钻杆记号确定，水泥要双证齐全。

（13）施工时如因故停机3h以上，必须拆卸输浆管路，并加以清洗。

（14）资料：应在专用记录表格上如实记录各项参数，做到桩桩有记录。

2. 旋喷桩施工要点及质量标准

（1）测量放线定桩位，桩距0.40m，桩位偏差<50mm，桩位撒白灰，插竹筷作为标记。

（2）施工前先进行试桩，确定钻进及提升速度、注浆流量、注浆压力，旋喷桩桩径为600mm，桩距400mm，水泥使用P.O42.5水泥，用量200kg/m。

（3）钻机安装定位：钻机就位后，检查喷头是否堵塞，使钻头对准孔位中心（竹筷），同时双向调整钻架垂直度，使钻杆轴线与钻孔中心一致，桩位偏差<50mm，钻杆垂直度允许偏差<1%*H*（*H*为钻杆长度）。

（4）清水旋喷成孔：开动钻机钻进至设计桩底标高以下0.1~0.2m，清水喷射压力为15.0MPa。

（5）喷浆搅拌提升：钻至预定深度后，开动水泥浆泵送浆，确认浆到底后搅拌提升，提升速度为40cm/min，转速为24r/min，送浆流量为80L/min，喷射压力为20.0~22.0MPa（参考值），提升至桩顶标高。

（6）复搅下沉：复搅下沉至桩底标高。

（7）喷浆搅拌提升：喷浆搅拌提升至桩顶标高，转速为24r/min，提升速度为50cm/min，送浆流量为30L/min，喷射压力为20.0MPa（参考值）；当提升至桩顶标高后，关闭水泥浆泵，将钻具提出地面。

（8）施工技术参数：水灰比为1.0，全桩长复搅复喷，钻进及提升速度、注浆流量、注浆压力等根据试桩结果确定，喷浆压力不小于22MPa。

（9）要特别注意出现停机故障后的上下搭接问题，要确保桩体的垂直度，桩体搭接完好，搭接长度不小于300mm，保证帷幕的完整性。

（10）质量标准：桩长达到设计要求，桩长允许偏差为±0.20m，桩位偏差<30mm，桩身垂直度≤1%*H*（*H*为桩长），搭接长度>200mm，桩体直径允许偏差≤50mm，成桩合格率100%。

（11）质量控制点：桩位经监理复验；钻机对准桩位由质检员复核，钻头直径由质检员检查；开钻前双向校正机架垂直度，钻进中及时观测，如有偏斜及时调整；水灰比及单桩送浆量、泵量由质检员检查，钻进深度由深度盘和钻杆记号确定，水泥要双证齐全。

（12）施工时如因故停机3h以上，必须拆卸输浆管路，并加以清洗。

（13）资料：应在专用记录表格上如实记录各项参数，做到桩桩有记录。

3. 微型桩施工要点及质量标准

（1）测量放线定桩位，桩距1.1m，桩位偏差<50mm，桩位撒白灰，插竹筷作为标记。

（2）钻机安装定位：钻机就位后，使钻头对准孔位中心（竹筷），同时调整钻架垂直度，使钻杆轴线与钻孔中心一致，桩位偏差<50mm，钻杆垂直度偏差<1%H（H为钻杆长度）。

（3）钻进成孔：开动锚杆钻机使用清水或稀泥浆钻进成孔，钻进至设计桩底标高以下0.1~0.2m；终孔后要清孔，钻孔直径不小于150mm，钻孔深度根据基坑深度的不同为15.0~16.0m，孔距为1.10m，垂直度小于1%H（H为孔深），桩位偏差不大于50mm。

（4）成孔后应立即插入ϕ42mm×2.75mm注浆管，钢管的下端做成马蹄形，从底部往上3.0m打ϕ8~ϕ10mm的出浆孔。碎石粒径为5~15mm，边投石边振敲注浆管，预注浆补石料，封堵孔口。

（5）接通注浆管注浆，水泥采用P.O42.5水泥，水灰比为0.6~0.8，每米桩长水泥用量为50kg/m；初次注浆压力为0.4~1.0MPa，水泥初凝后进行二次注浆，注浆压力为2.0MPa。

（6）微型桩施工中应严格控制注浆压力和水泥注入量，保证注浆压力不低于设计值，水泥用量不低于30kg/m。

（7）为保证桩身的强度及密实度，碎石粒径取5~15mm级配碎石，投石时要不停振敲注浆管。

（8）桩顶横向用两根ϕ12钢筋连成一体，同网筋一起打在护顶中。

（9）施工过程中随时检查施工记录，并对照规定的施工工艺对每根桩进行质量评定，检查水泥的用量、桩长、桩径、注浆压力、石子级配及振捣是否密实。

（10）质量标准：桩长达到设计要求，允许偏差为±0.2m，桩位偏差<50mm，桩身垂直度≤1%H（H为桩长），孔径>150mm，水泥用量不低于30kg/m；成桩合格率100%。

4. 降水井、观测渗流井（轻型井点）施工及运行要点、质量标准

（1）测量放线定孔位：桩位要躲开桩、墙、柱、承台，孔位偏差为0.2~1.5m，孔位撒白灰。

（2）钻机安装定位：钻机就位后，使钻头对准孔位中心，同时调整钻架垂直度，使钻杆轴线与钻孔中心一致，钻杆垂直度误差<1%H（H为钻杆长度）。

（3）成孔：管井采用回转成孔法，使用清水或稀泥浆，孔径0.6m，降水井井深25m，观测井井深23m。在施工过程中，当钻进到设计深度后，加大泵流量冲洗，将孔内的土块及泥浆冲洗出孔口，使孔内水的含泥量不大于5%，轻型井点采用水冲法成孔，成孔直径为0.3m左右。

（4）下井管：用托盘人工下放井管，井管采用水泥无砂管，用竹竿捆绑井管，井管间缠好塑编布并扎牢，要求缓慢下放；轻型井点点管滤水器采用花管缠棕并包两层纱网，人工下入，上部用管汇联结。

（5）填砾：管井砾料采用米石，轻型井点滤料采用粗砂。填砾前应彻底换浆，然后向井管四周填砾，开始时速度不宜过快，待井管内出水后再适当加快填砾速度。井口返水突然变小时，说明滤水管已埋没，继续填砾至地面以下1.0~1.5m，改用黏土填至地面，并压实封闭孔口，以防地下水渗入。

(6) 安装污水泵洗井：管井中下放水泵至水面下3.0m，开始抽水，抽水过程中及时下放水泵，水清后提出污水泵，安装潜水泵降水，定时测定抽水量，并作好记录。

(7) 降水井的运行：降水井开始工作后，应注意以下几个问题。

1) 派专人值班，巡回检查泵的运行情况，发现工作不正常要及时换泵。

2) 开始一个星期，每天测量一次水位，以后3d测量一次水位，并作好记录。

3) 降水运行期视建筑物进展情况而定。

4) 运行期间抽出水的含砂量不大于0.5‰。

5) 现场配备75kW的发电机组，始终保持完好状态，以确保停电时能连续降水。

5. 土钉墙施工要点及质量标准

(1) 测量放线定孔位：土钉竖向间距1.30m，水平间距1.10m，孔位偏差±100mm。

(2) 凿土钉孔：采用洛阳铲人工凿孔，孔径100mm，按设计的孔位布置，进行测量画线，标出准确的孔位；然后按设计要求的孔深、孔的俯角和孔径进行凿孔，严格注意质量，逐孔进行验收记录，不合格者为废孔，必须重打。施工应符合以下规定：孔深允许偏差为±50 mm，孔径允许偏差为±5 mm，孔距允许偏差为±100 mm，成孔倾角允许偏差为±5%。当由于地下水位高无法成孔时，采用打入式注浆锚管，通常情况下锚管长度增加1.0m；如遇流沙层，为防止振动液化造成地面下沉，采用水冲成孔法，水冲成孔形成松散带，插入锚管后及时注浆，禁止插入锚管后长时间等待注浆。

(3) 钉杆安装：按照设计规定的各排钉杆的长度、直径，加工合格的钉杆，钉杆采用双面搭接焊，焊接长度大于5倍钉杆直径；土钉墙钢筋中钉杆采用螺纹钢，钢筋直径为20~22mm，每隔2.5~3m焊接一组对中支架，将钉杆安放在孔内，置于孔的中心位置，钉杆长度允许偏差为±30mm。

(4) 注浆。

1) 在安好钉杆的孔内注入水泥净浆，使用P.O42.5水泥，水灰比为0.5，压力不低于0.3MPa，注浆水泥用量为30kg/m。对打入式锚管（在水位以下土钉无法人工成孔的情况下用锚管代替土钉施工），注浆前应先用清水洗孔，洗通后再注浆；一般情况下，锚管段先挂网喷混凝土，后注浆。

2) 水泥浆应拌和均匀，随拌随用，一次拌和的水泥浆应在初凝前用完。

3) 注浆前应将孔内残留或松动的杂土清除干净，注浆开始或中途停止超过30min时，应用水或稀泥浆润滑注浆泵及其管路。

4) 确保钉杆与孔壁之间注满水泥浆，由里向外分两次注浆，需将注浆管插入孔内距孔底约0.5m处；随注浆随拔注浆管，要使注浆管始终在浆液中，注满后拔出注浆管。二次注浆时用编织袋塞住孔口，以保证注浆压力，防止浆液流出；当土钉较长时，为确保注浆管到位，应将注浆管随同土钉钉杆一同下入，注浆是否饱满是土钉墙施工的重点检查项目。

(5) 挂网。

1) 网筋采用Ⅰ级钢筋，Φ6.5@250×250，网格允许偏差为±10mm。

2）网筋的搭接长度不小于300mm，钢丝绑扎隔一个格绑一道，不允许疏漏。

3）铺设钢筋网前，先调直钢筋。

4）边壁上的钢筋网宜延伸至地面，其翻边长度不小于0.5m。

（6）加强筋焊接：加强筋采用Ⅰ级Φ12钢筋，加强筋必须与土钉主筋焊接固定，外焊挡块，挡块与钉杆同径，长50mm左右。加强筋搭接要有一定的焊接长度，达到10倍钢筋直径。钉杆外端焊接合格的挡块也是土钉施工的重点之一。

（7）喷射混凝土。

1）严格按设计要求及混凝土配合比拌制混凝土，混凝土配合比由实验室提供，施工时根据材料的含水量确定施工配合比。混合材料应搅拌均匀，颜色一致，混凝土应随拌随用。

2）喷射混凝土前，应在网筋下垫2.0～3.0cm厚的混凝土块，喷射混凝土时喷头与受喷面应保持垂直，距离为1.0m左右。

3）喷射作业应分段进行，同一分段内的喷射顺序为自下而上，一次喷射厚度不小于40mm。

4）喷射混凝土接槎处，采用斜交搭接，搭接长度为22cm以上。

（8）养护：喷射混凝土终凝8h后要在混凝土表面每天多次洒水养护，使其强度稳定，避免出现裂缝。

（9）质量标准：土钉长度允许偏差为±30mm，桩位允许偏差为±100mm，成孔倾角允许偏差为±5%，注浆量大于桩孔体积，注浆压力不小于设计值，土钉墙面层厚度允许偏差为±10mm，墙体混凝土的强度等级大于C20。

6. 土方开挖及注意事项

（1）土方开挖要分层、分段进行，第一层挖至第一排土钉下0.5m，以后每层挖至下层土钉位置下0.5m为宜，分段开挖长度20.0m左右，确保基坑安全并给土钉施工创造良好的条件。

（2）挖至桩头时，严禁碰撞桩体，以防断桩。

（3）凿桩头人员要与土方开挖人员、清桩间土人员配合好，及时将混凝土块及桩间土清运走。

（4）开挖侧壁土时留0.1m以便人工修坡。

（5）严禁超挖，留0.3m进行人工开挖，为此技术人员要跟班，及时设置开挖深度标志，指挥挖掘机开挖。

（6）挖掘机和运土车的驾驶员要特别留意降水井，不能损坏降水井。降水井施工人员要在降水井管（孔）口设置醒目标志，或派专人巡视，确保降水井的完好。

（7）要求基坑边至围墙之间的地面全部硬化；基坑在回填以前，基坑边5.0m范围内不得堆载，5.0m至一倍基坑深度范围内的堆载不得大于20kPa；基坑周边出现小裂缝时要及时灌浆；要做好雨季基坑边防水及基坑内排水工作。

2.6 施工安全保证措施

2.6.1 确保工程安全施工的组织措施

坚持“预防为主，安全第一”的方针，重视和加强安全施工管理工作，保障施工人员的生命安全和施工设备的良好运转是工地安全文明施工的重要组成部分，为此必须采取相应措施，加强安全管理。实现人身伤亡事故“零目标”，并在施工中杜绝人身死亡事故、重伤事故、重大机械和设备损坏事故，不发生火灾事故、环境污染事故、重大交通事故，轻伤事故频率小于3‰。

(1) 强化全体施工人员的安全意识，建立项目安全管理体系，设立专职安全员，负责现场安全的专业管理，各作业班组设兼职安全员。真正做到安全检查时时有人抓，采取日抓、周查、月评比的方法，把群众性安全检查管理与领导管理结合起来。

(2) 施工现场建立安全管理小组。由主管生产负责人主持安全活动，建立专业检查、职工自检相结合的制度，发现问题立即整改。建立安全资料管理台账，由专人负责，做到及时、准确、完整。落实安全检查生产岗位责任制及有关规章制度，定期对管理人员进行安全技术考核。

(3) 实行安全生产责任制。对各个班组每周进行一次评定，对安全管理先进小组进行物质奖励，对落后小组进行处罚。

(4) 建立健全职工安全培训教育制度。特殊工种人员必须做到持证上岗，要在新技术、新工艺培训的同时培训安全技术，不经培训教育或考核不合格者不得上岗作业。执行每周一安全例会制度和班前安全活动。对全体施工人员进行安全技术知识、操作规程、设备性能等安全教育，定期对管理人员进行安全技术考核。

(5) 配齐所有生产设备的安全防护装置，配齐所有生产管理人员的个人劳动防护用品，对安全整改所需的费用不得挪用。

(6) 制定安全生产奖罚措施，对重视安全生产，加强安全教育，坚持班前班后会，坚持周一安全活动日，生产无事故的班组进行奖励；对发现事故隐患及时提出整改，避免了可能发生事故的人员进行表扬奖励；对忽视安全生产，存在重大事故隐患的班组进行处罚。

(7) 加强施工现场管理。

1) 所有人员进入施工现场必须戴安全帽；严禁赤脚、穿拖鞋和残疾人进入现场，严禁酒后施工作业。

2) 机械由专人操作，特殊工种必须经过教育培训，持证上岗；施工时，操作人员要思想集中，不得擅离职守或将机械交给非操作人员操作；机械设备应由专人管理，非操作人员不得进入操作区进行操作；起落机架应有专人指挥，口号一致，机架移位应谨慎操作，避免机架发生较大的晃动；交接班时应检查主要连接部位、传动部分的防护装置是否完好，确保安全生产。

3）现场设置标志牌，禁止非生产人员入内；在现场事故多发地点设安全警示牌。

2.6.2 确保工程安全施工的技术措施

1. 临时用电安全管理办法

（1）在工程开工前必须编写临时用电施工组织设计。

（2）安装维修或拆除临时用电工程必须由持证的专业人员进行。电缆埋地深度应不小于0.6m，并在电缆上下均匀铺设不小于50mm厚的砂。

（3）施工现场必须设总配电箱，配电箱和开关箱的装设环境应符合下列要求：干燥、通风、无外力撞击和强烈振动、防雨、防尘；配电箱及开关箱应定期进行检查、维修。

（4）施工现场用电严格按照《施工现场临时用电安全技术规范》（JGJ 46—2005）的要求执行。现场所有用电设备，除作保护接零外，必须在设备负荷线的首端处设置两级漏电保护装置。遇到跳闸，应排除故障后方可继续运行。所用电缆，应架空或埋设，用电设备必须由专职电工进行安装、接电、调试，严禁无证人员私自操作，施工时现场要有电工24h值班。

2. 机械设备安全管理办法

（1）各种机具、机电设备要安装牢固，安全防护装置要齐全，保险设施性能良好，工具要经常检查，所有机械设备不能“带病运转”，设备使用严格执行各自的安全操作规程。

（2）挖掘机施工时应有专人指挥，严禁转臂范围内站人。起重机转动部分与固定设施间的距离不小于0.5m。

3. 消防措施

（1）为了保证施工现场的安全，现场实行防火责任制。组建消防小组，进行防火教育，设置防火标识，配备消防器具，负责日常消防工作。

（2）项目部所有参检人员在日常工作及生活、学习中应不断提高自身的防火意识，加强防范。

（3）生活区要合理利用煤气，严禁采用电炉取暖。

4. 制作钢筋安全技术措施

（1）钢筋加工组负责支护用钢筋的下料及制作，必须符合设计及规范要求。

（2）钢筋笼下料使用钢筋切割机，切割机必须有防护罩，切割片必须按要求上紧；切割操作时，操作人员要躲开切割片回转平面，防止切割片破碎甩出伤人；被切钢筋要抓牢，以确保下料尺寸正确并避免切割时钢筋活动伤人。

（3）用手拉葫芦拉直盘条时，一定要固定牢固，人员躲开绷弹范围，防止在拉直过程中钢筋脱开伤人。

（4）钢筋焊接严格执行以下规定：

1）焊机应有金属外壳，并采用保护接零或接地，电焊设备必须按规定安装漏电保护装置，并有防雨措施。

2）焊机应放置在防雨和通风良好的地方，焊接现场不得有易燃易爆物品。

3）按规定长度和质量使用一次侧、二次侧电源线，并加以保护。

（5）作业人员要严格使用绝缘防护用品，焊钳绝缘层损坏时不得使用，焊接及辅助操作人员应使用防护面罩及手套。

（6）不得带电持续登高作业，焊机停用1h以上或下班时应切断电源。

（7）移动电焊机、切割机或照明线路时，必须先切断电源再移动；重物压住电线时不得强拉。

2.6.3 基坑开挖应急预案

（1）设专人定时进行监控测量，及时将监测结果报项目部并分析原因，实行信息化施工管理。

（2）当出现事故征兆或达到报警值时，应首先采取稳定边坡和降水井水位的措施，根据情况采用堆沙袋、回填基坑、边坡卸荷、增设预应力锚杆、设置斜支撑、降低基坑外水位等补救措施。

（3）施工前尽可能准确地了解周围管线的埋设深度，避免打穿管线发生漏水事故。如发生漏水事故，应及时切断水源，及时堵漏，为此需做好堵漏材料的准备，如麻袋、木棍、水泥等材料。

（4）基坑开挖期间，挖掘机驾驶员要24h值班，以便及时处理安全事故。

（5）现场必须备有足够容量的发电机，以便停电时能继续不间断的降水。

2.6.4 基坑监测

成立专业监测组承担基坑周边裂缝、位移和沉降观测，监测要点如下：

（1）监测点设置

开挖前埋设各种监测点，并进行初测，基准点要远离基坑边30.0m左右（基坑沉降、位移监测点设置见图2-7）。

（2）监测仪器

1）支护结构水平面位移，使用全站仪或J_2经纬仪配铟钢尺直线投点法测定。

2）坑顶及周边柏油路面及管线井口的沉降观测，使用S_3（测微器）水准仪及变形观测专用尺采用闭合水准测量法测定。

3）地下水位测量，测量降水井和观测井的水位，采用水文绳测量。

（3）监测报警值

1）围护结构坡顶水平位移、竖向位移变化速率7mm/d或连续3d达4.9mm/d，水平位移变化累计值40mm，竖向位移变化累计值30mm。

2）地下水位高于基底以下0.5m时应报警。

(4) 监测频率

当基坑开挖深度小于5m时，1次/2d。

当基坑开挖深度大于5~10m时，1次/1d。

当基坑开挖深度大于10m时，2次/1d。

底板浇筑混凝土7d内，2次/1d。

底板浇筑混凝土7~14d，1次/2d。

底板浇筑混凝土14~28d，1次/3d，以后可逐渐减少。

(5) 当出现下列情况之一时，应加强监测，提高监测频率，并及时向相关单位报告监测结果。

1) 监测数据达到报警值。

2) 监测数据变化量较大或者速率加快。

3) 存在勘察中未发现的不良地质条件。

4) 基坑及周边大量积水、长时间连续降雨、市政管道出现泄漏。

5) 基坑附近地面荷载突然增大或超过设计限值。

6) 支护结构出现开裂。

7) 周边地面出现突然较大沉降或严重开裂。

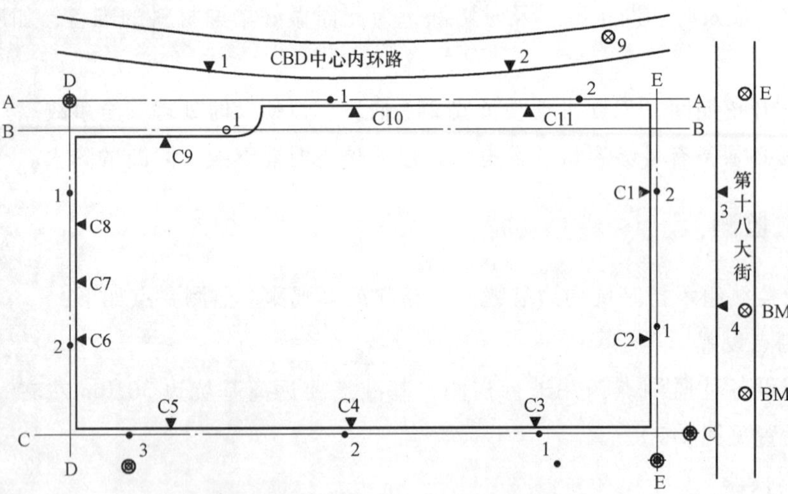

图2-7 基坑沉降、位移监测点设置平面图

▲—仪器置站控制点、沉降观测点 ⊗—水准控制基准点、位移观测点

2.7 计算书

本基坑计算依据《基坑土钉支护技术规程》(CECS 96—1997) 计算钉杆直径，使用“北京深基坑支护结构设计软件”计算土钉长度、整体稳定性、抗倾覆稳定性及内部稳定性安全系数。

1—1 剖面：基坑深度 $h=11.6\mathrm{m}$，地面荷载 $q=20\mathrm{kN/m^2}$，重度 $\gamma=18.92\mathrm{kN/m^3}$，黏聚力 $c=10\mathrm{kPa}$，内摩擦角 $\varphi=\varphi_k=20°$，黏结力 $\tau=50\mathrm{kPa}$，土钉竖向间距 $S_v=1.3\mathrm{m}$，水平间距 $S_h=1.1\mathrm{m}$。

（1）钉杆断面 d_b 计算公式：$\pi d_b{}^2 f_{yk}/4\mathrm{N} \geqslant 1.4$ 。

（2）锚固长度 L_e、孔径 d_h 的计算公式：$L_e=\mathrm{N}K_S/\pi d_h \tau$。

（3）锚杆设计内力 N 的计算公式：$N=PS_v \cdot S_h/\cos\theta$，$P=P_1+P_q$。

（4）荷载折减系数 ζ 的计算：$\zeta=\tan(\beta-\varphi_k)/2\times[1/\tan(\beta+\varphi_k)/2-1/\tan\beta]/\tan^2(45°-\varphi/2)=0.81$。

β——土钉墙坡面与水平面的夹角，侧壁 $-8.5\mathrm{m}$ 以上按 1∶0.3 放坡，$-8.5\mathrm{m}$ 以下为垂直面，相当于总体 1∶0.15 放坡，$\beta=81.5°$，按上部卸荷体积除以 1.2 所得体积计算总体放坡系数为 0.15。

当 $c/\gamma h=0.046<0.05$ 时，$P_m=0.55K_a\gamma h=59.14\mathrm{kN}$，$K_a=\tan^2(45°-20°/2)=0.49$。

$P_1=P_m=59.14\mathrm{kN}$，$P_q=K_a q=9.8\mathrm{kN}$，$P_1=68.94\mathrm{kN}$，$N=100.1\mathrm{kN}$，$\zeta N=81.1\mathrm{kN}$，锚固段长度 $L_e=7.45\mathrm{m}$，钉杆断面直径 $d_1=20.8\mathrm{mm}$，材料为Φ22 钢筋。

运用同样的方法计算出其他剖面的钉杆直径及锚固段长度，运用作图法和理正软件可确定土钉长度。

理正软件计算结果（按二级基坑计算，帷幕未参与计算）如下：

11.6m 深基坑，不设微型桩，抗滑安全系数 1.405 >1.3，抗倾覆安全系数 8.9 >1.6，内部稳定性安全系数 1.18 ~1.94（1—1 剖面）。

11.6m 深基坑，设一排微型桩，抗滑安全系数 1.405 >1.3，抗倾覆安全系数 8.9 >1.6，内部稳定性安全系数 1.132 ~1.89（3—3 剖面）。

软土基坑钢构支护方案

卢信贵

中建七局第三建筑有限公司

3.1 工程概况

3.1.1 基坑工程概况

福州红霞新城位于八一七北路与鼓东路交汇处的东南角，地上 17 层，地下 2 层，总建

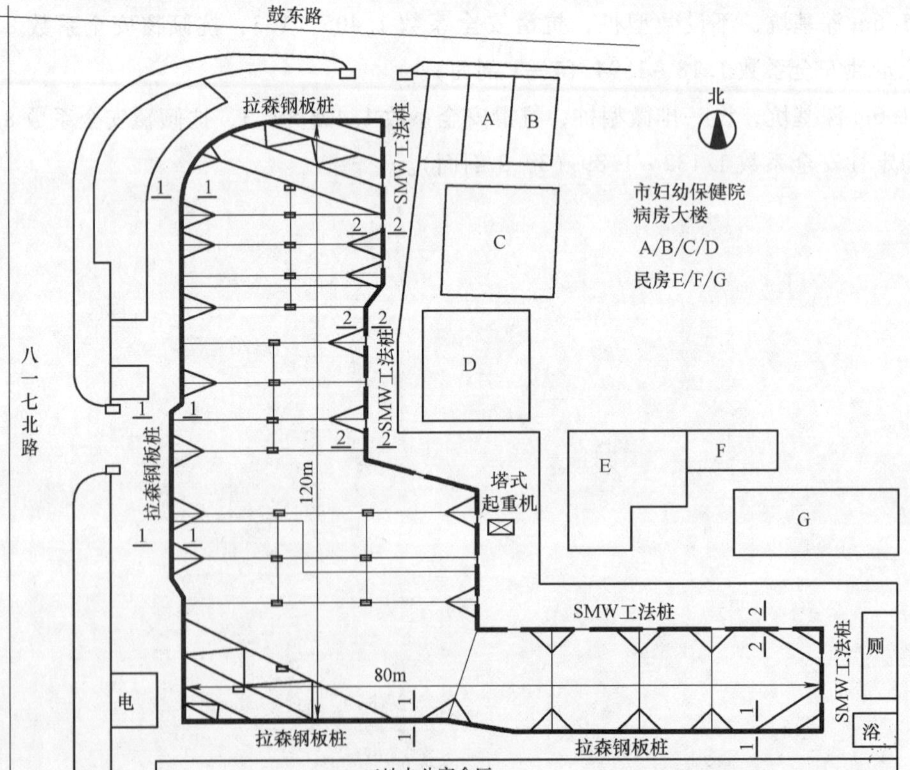

图 3-1 基坑平面图

筑面积为43500m²。基坑西面为福州市八一七主干道，基坑东面A、B、C、D建筑单体为正在使用的市妇幼医院6层病房大楼（20世纪70年代建造的无桩基础砖混结构房屋），围墙与基坑的最近距离仅为1.8m，建筑物与基坑的最近距离只有3.5m；E、F、G建筑单体为20世纪40年代建成的4层民房，对地基变形敏感。基坑平面呈不规则的L形，东西宽80m，南北长120m，周长400m，基坑面积为4000m²，开挖深度为8m。基坑等级为一级，周边道路和房屋均在基坑施工影响范围之内（图3-1）。

本工程是福州软土地区二层地下室率先采用内撑钢构支护的试点工程。基坑东面采用SMW工法桩，内插400×400H型钢，间距1m，其余采用拉森钢板桩，桩长15m，在-2.70m及-6.0m处设两道ϕ609×19钢管作为水平支撑，支撑施加轴向压力500kN，八字撑及角撑采用350×350H型钢，围檩用400×400H型钢。基坑剖面图如图3-2所示。

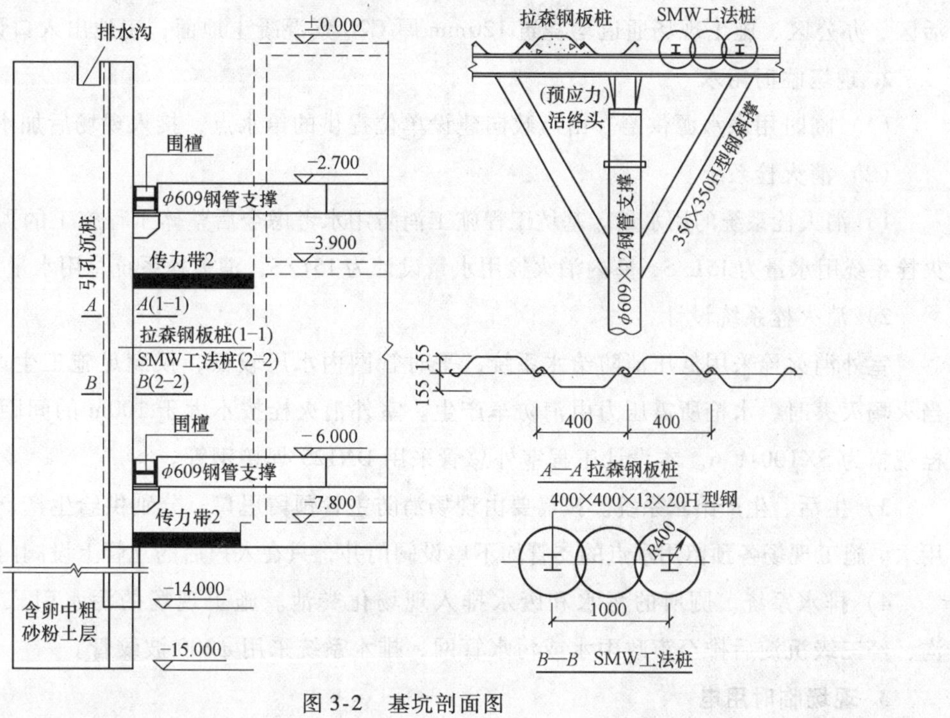

图3-2 基坑剖面图

3.1.2 工程地质概况

工程地质概况如表3-1所示，地下水主要赋存于杂填土中，对钢筋混凝土无腐蚀性。

3.1.3 施工平面布置

1. 现场临时设施布置

工地主出入口正对八一七北路，次出入口对接鼓东路。因施工条件限制，紧靠现场南边搭设一栋500m²的双层活动板房，二层作为业主、监理、总承包、分包单位的办公场所；底层作为工人宿舍及小型工具库。厕所紧邻浴室设在东南角，采用单层砖房。配电房设在西

表 3-1 工程地质概况

编号	土层名称	压缩模量/MPa	土层厚/m	密度/（kg/m^3）	泊松比	黏聚力/kPa	内摩擦角/（°）
①	杂填土	10	1.5~2.6	1850	0.25	15.0	10
②	黏土	15	0.5~0.6	1950	0.25	43	15
③	淤泥	4	3.4~7.2	1520	0.39	18	6
④	粉质黏土	18	1.2~7.1	1910	0.25	41	24
⑤	淤泥质土	8	1.1~9.3	1780	0.32	25	12
⑥	中粗砂粉土	27	1.8~9.8	1700	0.30	10	35
⑦	残积土	22	14.3~32	2100	0.25	36	31

南侧，临水接驳点在配电房附近，水电管线沿围墙边布置，然后引接到各施工作业点。

为减少现场的尘土污染，保持道路畅通，避免现场在雨季出现泥坑或积水等，本工程生活区、办公区、施工现场通道均浇筑120mm厚C20素混凝土地面，工地出入口设置洗车台。

2. 现场临时用水

（1）临时用水水源供给。由市政向建设单位提供的给水点，接入现场后加水表计量。

（2）消火栓系统。

1）消火栓系统的用水量。基坑工程施工消防用水考虑今后整体工程施工的需要，室外消火栓系统用水量为15L/S，室内消火栓用水量设计为15L/S，消火栓系统总用水量为30L/S。

2）消火栓系统设计

室外消火栓采用低压消防给水系统，平时管网内水压较低，仅满足施工生产用水即可；当火场灭火时，水枪所需压力由消防车产生。室外消火栓按不大于100m的间距布置，消火栓规格为SX100-1.6。本设计工程室外总管采用DN125焊接钢管。

3）生活、生产给水系统。按需要由现场消防主管预留甩口，分别供给生产、生活设施等用水。施工现场各预留用水点的支管均不单设阀门井，只在入户后的立管上设阀门进行控制。

4）排水系统。厕所的污水和废水排入现场化粪池。施工现场的污水引入或抽入排水沟，经三级沉淀后排至市政雨水或污水管网，排水系统采用ϕ200波纹管。

3. 现场临时用电

（1）电源。由配电房引出至工地临电室，内设一级箱1台，塔式起重机、作业区各配二级配电箱，由二级箱引出三级配电箱供施工使用。

（2）供电方式。采用TN-S三相五线制系统供电。

（3）电缆敷设。围墙上间隔5m设角铁三角支架，采用VV22型电缆沿工地围墙架设，经过大门出入口和行车道路的电缆穿铁管埋地敷设。

（4）接地及防雷。一级箱须重复接地，接地电阻小于4Ω。配电箱、电动机、机械设备等所有不带电的金属外壳均应做可靠接地，接地电阻不大于10Ω，接地体与配电室的接地系统可靠连接。

接地体采用50×50×5、长2.5m的镀锌角钢，间隔5m打入地下。接地线采用40×4的镀锌角钢与接地体焊接，保证接地体和 PE 线端子做良好的电气连接。

塔式起重机安装防雷装置，避雷针长 1 ~ 2m，所用的动力控制、照明、信号、通信等线路采用钢管敷设，并将钢管和设备的金属结构体进行电气连接，接地电阻不得大于 30Ω。

3.1.4 施工要求

（1）基坑周边的道路与房屋离基坑距离近，均在施工影响范围之内，要严格控制基坑变形（基坑分次变形报警值为 12mm，累计变形报警值为 40mm），以确保周边道路、房屋及人员的安全。

（2）钢构支护较混凝土桩支护，基坑变形相对较大，本工程是作为二层地下室基坑钢构支护试点，为本地区同类施工积累经验。钢构支护施工与地下室结构施工交替进行，必须加强施工过程中的监管和协调，确保钢构支护施工和地下室结构施工按步骤、有序进行。

（3）在钢构支护后期施工中，不仅要保证拆除回收施工的安全，而且拆除回收施工要确保已完成结构的安全。

3.1.5 技术保证条件

（1）配备齐全有力的项目管理团队，强化对项目施工全过程的动态管理，确保基坑施工安全。

（2）制定切实可行的施工方案，保证钢构支护与地下结构施工合理有序地进行。

（3）制定施工监测方案，对基坑施工进行全程监测，监测成果和信息及时传递，发现异常情况时，及时分析事故发生的原因，迅速采取有效的控制措施。

3.2 编制依据

（1）红霞新城建筑施工承包合同。

（2）福州红霞新城岩土工程勘察报告。

（3）红霞新城基坑支护施工图。

（4）中建七局第三建筑有限公司 ISO 9002 质量体系程序文件。

（5）《工程测量规范》GB 50026—2007。

（6）《建筑桩基技术规范》JGJ 94—2008。

（7）《建筑工程施工质量验收统一标准》GB 50300—2013。

（8）《混凝土结构工程施工质量验收规范》GB 50204—2002（2011 版）。

（9）《建筑施工安全检查标准》JGJ 59—1999。

（10）《施工现场临时用电安全技术规范》JGJ 46—2005。

（11）《建筑基坑支护技术规范》JGJ 120—2012。

（12）《型钢水泥土搅拌墙技术规程》JGJ/T 199—2010。

3.3 施工计划

3.3.1 施工进度计划

钢构支护内撑施工与地下室结构施工交替进行，对地下工程的整体施工进度计划作统筹安排，具体见表3-2。

表3-2 施工进度计划

标识号	任务名称	工期
1	施工准备	5工作日
2	基坑降水	45工作日
3	拉森钢板桩施工	40工作日
4	SMW工法桩	36工作日
5	-2.7以上挖土	12工作日
6	-2.7层钢支撑	12工作日
7	-2.0至-6.0层挖土	32工作日
8	-6.0层钢支撑	20工作日
9	-6.0层以下土方	36工作日
10	地下二层底板结构	32工作日
11	基坑回填传力带	12工作日
12	-6.0层钢支撑拆除	16工作日
13	-4.0以下结构	44工作日
14	外防水	20工作日
15	基坑回填传力带	16工作日
16	-2.7层钢支撑拆除	12工作日
17	±0以下结构	28工作日
18	外防水	12工作日
19	基坑回填	12工作日
20	围护桩拔除	20工作日

3.3.2 材料与设备计划

材料与设备计划见表3-3。

表3-3 材料与设备计划

序号	设备名称	型号和规格	单位	数量	进场时间
1	塔式起重机	QTZ80	台	1	基坑施工前
2	打桩机	悬挂型履带式	台	2	基坑施工前
3	汽车式起重机	20t	台	2	基坑施工前
4	电焊机	BX3-300-2	台	5	基坑施工前
5	挖掘机	日立	台	2	基坑开挖前
6	三轴搅拌机钻孔	DK-850	台	2	基坑施工前
7	拉森钢板桩	400mm×140mm×10mm	m	12000	基坑施工前
8	H型钢	400mm×400mm	m	2000	基坑施工前
9	H型钢	350mm×350mm	m	1500	基坑开挖前
10	钢管	ϕ609mm×19mm	m	600	基坑开挖前
11	普通硅酸盐水泥	32.5R	t	200	基坑施工前

3.3.3 劳动力计划

劳动力计划见表3-4。

表3-4 劳动力计划

序号	劳动力名称	单位	数量	进场时间
1	安全员	人	2	基坑施工前
2	电工	人	2	基坑施工前
3	焊工	人	8	基坑施工前
4	切割工	人	5	基坑施工前
5	起重机械司机	人	4	基坑开挖前
6	塔式起重机司机	人	3	基坑施工前
7	司索工	人	3	基坑施工前
8	信号指挥工	人	4	基坑施工前
9	安装与维修工	人	16	基坑施工前
10	普工	人	8	基坑施工前

3.4 施工工艺技术

3.4.1 作业条件

（1）桩机进场施工前，对施工场地进行初步平整，对车辆进场道路进行硬化处理。在工地大门口设置洗车台，并配备高压冲水设备。

（2）查明施工场地周边暗埋地下市政管线的具体位置，并做出标识。

（3）了解基坑周围建筑物的结构及质量状况，对施工可能造成的影响进行分析论证。

（4）将建筑物定位轴线及水准点控制点引测到安全区域。

（5）由建设单位负责与有关部门协调，对影响打桩施工安全的高压电线迁移改线，确保施工桩架与高压电线间有足够的安全距离。

（6）施工水电管线布设完毕，满足施工要求。

（7）大型施工机械进场前通过检修、检测，保证施工时能正常投入使用。

3.4.2 材料性能要求

1. 拉森钢板

拉森钢板平整顺直，桩身弯曲在规范允许范围之内，槽口宽窄一致，可焊性能良好。钢板表面的泥土杂物应清除干净，确保焊瘤不影响施工，槽口涂刷润滑油。

2. H 型钢

H 型钢平整顺直，变形偏差在规范允许范围之内，焊接性良好。端头焊瘤清除干净，割除接头处多余的对接焊接件。

3. ϕ609 钢管

ϕ609 钢管顺直，管身弯曲在规范允许范围之内，端口垂正，焊接性良好。接头端口的焊疤清除干净，接口处切出对接焊接的斜口。

4. 水泥

普通硅酸盐水泥 P. O42. 5。

3. 4. 3 工艺流程

本工程钢构支护与地下室结构施工穿插进行，钢构支护施工工艺流程如图 3-3 所示。

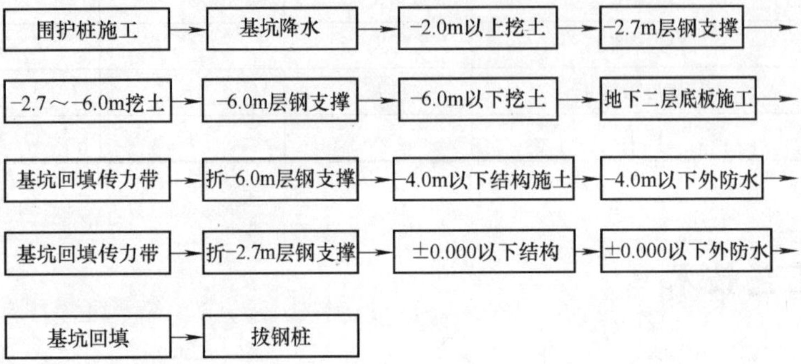

图 3-3 钢构支护施工工艺流程

3. 4. 4 施工要点

1. 施工准备

(1) 认真核对施工图样，特别是钢板桩内边与工程地下结构外边的最短距离，要保证支护桩与地下室结构之间有足够的施工工作面。

(2) 根据支护结构设计图样放线定位，按现场实际尺寸进行预排桩，对不足模数的提前进行处理。

(3) 钢板桩施打前，应将桩尖处的凹槽底口封闭，锁口应涂油脂。

(4) 清除打桩及打桩机开行范围内的障碍物，平整施工场地，修筑临时道路。

(5) 做好测量控制轴线和水准基点的引测工作。

2. 围护桩施工

(1) 主要机械的选择。钢构件装卸采用 2 台 20t 汽车运输，1 台 80TM 自升塔式起重机配合。桩机施工采用悬挂型履带式中频电动沉拔桩机 2 台，1 台用作拉森钢板桩施工，1 台用作 SMW 工法桩施工。

(2) 钢桩施工顺序。基坑南面、西面、北面采用拉森钢板桩，按顺时针顺序施工，由基坑东南角开始，南面由东往西推进，西面由南端到北端，北面由西面往东面。

基坑东面为 SMW 工法桩，施工顺序为由北端到南端。

(3) 钢桩的检验与矫正。

1) 钢桩检验。对重复使用的临时支护钢板桩进行外观检验，包括表面缺陷、长度、宽度、厚度、高度、端头矩形比、平直度和锁口形状等，应满足表 3-5 规定的质量标准，否则在打设前应予以矫正。

表 3-5　钢板桩质量检查

序号	检验项目	允许偏差	检查方法
1	桩垂直度	$<1\%L$	尺量检查
2	桩身弯曲度	$<2\%L$	
3	齿槽平直度及光滑度	无电焊渣或毛刺	用 1m 长的桩段作通过试验
4	桩长度	不小于设计长度	尺量检查

注：L 为桩长。

2) 钢桩矫正。

① 表面缺陷矫正。先清洗缺陷附近表面的锈蚀和油污，然后用焊接修补的方法补平，再用砂轮磨平。

② 端部矩形比矫正。用氧气切割桩端，使其与轴线保持垂直，然后再用砂轮对切割面进行磨平修整。当修整量不大时，也可直接采用砂轮进行修理。

③ 桩体挠曲矫正。腹向弯曲矫正是将钢板桩弯曲段的两端固定在支承点上，用设置在龙门式顶梁架上的千斤顶顶在钢板桩凹凸处进行冷弯矫正；侧向弯曲矫正通常在专门的矫正平台上进行，将钢板桩弯曲段的两端固定在矫正的支座上，用设置在钢板桩弯曲段侧面的矫正平台上的千斤顶顶压钢板桩，进行冷弯矫正。

④ 桩体扭曲矫正。这种矫正较复杂，可根据钢板扭曲情况，采用不同的方法分别矫正。

⑤ 桩体截面局部变形矫正。对局面变形用千斤顶顶压、大锤敲击与氧气焰热烘相结合的方法进行矫正。

⑥ 锁口变形矫正。用标准钢板作为锁口整形胎具，采用慢速卷扬机进行处理，或采用氧气焰热烘和大锤敲击胎具的方法进行处理。

(4) 钢桩吊运及堆放。钢桩装卸采用两点吊，每次起吊的钢板桩根数不宜多于 3 根，并应注意保护锁口免受损伤。吊运方式有成捆起吊和单根起吊。成捆起吊采用钢索捆扎，而单根吊运则应使用专用吊具。

钢桩应堆放在平坦而坚固的场地上，否则要对场地进行处理。堆放时要注意：

1) 由于施工场地的制约，钢桩进场数量以满足施工进度需要为限。

2) 材料按施工计划进场，根据平面布置图定点堆放。

3) 拉森钢板桩分层堆放，每层堆放数量不超过 5 根，各层间垫枕木，垫木间距为 3 ~ 4m，且在同一垂直线上，堆放的总高度不超过 2m。

（5）沉桩施工。

1）拉森钢板桩。

① 打导向架。为保证钢板桩沉桩的垂直度及施打板桩墙面的平整度，在钢板桩打入时，应设置导向支架。导向支架采用双面布置形式，围檩设在距地面约500mm处，双面围檩之间的净距应比插入板桩的宽度放大8～10mm。围檩支架采用20#槽钢，围檩桩的入土深度为6～8m，间距2～3m。

② 拉森钢板桩沉桩。

a. 先用起重机将钢板桩吊到插点处进行插桩，插桩时对准锁口，每插入一块即套上桩帽，轻轻加以锤击。

b. 在打桩过程中，用两台经纬仪控制纵、横两个方向的垂直度。

c. 沿打桩进行方向的钢板桩锁口处设卡板，控制锁口中心线板桩平面位移。同时在围檩上预先标记每块板桩的位置，以便随时检查校正。

d. 确保开始打设前两块钢板桩准确，每打入1m应测量一次，打至预定深度后应立即用钢筋或钢板桩与支架焊接固定，以便起到样板导向作用。

e. 当板桩墙的实际长度不是钢板标准宽度的整数倍时，采用轴线修整等方法来解决。具体步骤为：

第一步：沿长边方向打至离转角桩约尚有8块钢板时暂时停止，量出至转角桩的总长度和增加的长度。在短边方向也照此办法进行。

第二步：根据长短两边水平方向增加的长度和转角桩的尺寸，将短边方向的围檩与围桩分开，用千斤顶向外顶出，进行轴线外移，经核对无误后再将围檩和围桩重新焊接固定。

第三步：在长边方向的围檩内插桩，继续打设，插打到转角桩后，再转过来接着沿短边方向插打两块钢板桩。

第四步：根据修正后的轴线沿短边方向继续向前插打，最后一块封闭合拢的钢板桩设在短边方向从端部算起的第三块板桩的位置。

f. 单层围檩每10～20块钢板桩组成一个施工段，插入土中一定深度形成较短的屏风墙；然后先将两端1～2块钢板桩打入，严格控制其垂直度，焊接固定在围墙上，其余钢板桩按顺序分1/2或1/3板桩高度呈阶梯状打设；如此逐组进行，直至工程结束。这种方法能防止板桩过大的倾斜和扭转；能减少打入的累计倾斜误差，可实现封闭合拢；由于分段施打，不影响邻近钢板桩施工。但插桩的自立高度大，要采取措施保证墙的稳定和操作安全。

g. 基坑平面范围较广，土层厚度变化幅度大，根据地质资料进行推算，钢桩尖端部分别落在黏土层、淤泥质土层、含卵中粗砂粉土层，为避免桩机遇含砾中粗砂粉土层时产生较大振动荷载和噪音，采用钻孔引孔14m、桩端沉桩1m进入含卵中粗砂层的办法，保证围护桩嵌入基坑的长度。

2）SMW工法桩。

① 用挖掘机开挖1m宽、0.8m深的沟槽，平行放置两根钢梁定位，两幅桩之间采用有

效全孔搭接，搭接长度为600mm。

② 采用 DK-850 三轴搅拌机钻孔，垂直度偏差≤1.5%。

③ 钻杆下沉速度不大于 1m/min，提升速度不大于 2m/min，在下沉和提升过程中注入水泥浆，桩底部重复进行搅拌注浆，水泥浆液的水灰比为1.5，水泥掺量为20%。

④ 搅拌桩施工完后，吊放型钢，准确就位后用吊筋固定。

(6) 内支撑施工与土方开挖

1) 基坑排水与降水。

① 坑面四周设置排水沟，及时排除基坑积水和地面雨水。

② 土方开挖前1个月，采用管井降水，并设置检查井监测降水效果。

2) 土方开挖及支撑梁的施工

针对基坑特点，土方开挖及支撑梁形成施工方案，考虑基坑暴露后整体与局部的时空效应，尽可能使支护结构处于受力较有利状态，使基坑变形较小。

① 土方施工顺序。

a. 如图3-4所示，按地下结构三条后浇带的平面位置，划分为4个施工区，按1→2→4→3区的顺序进行。

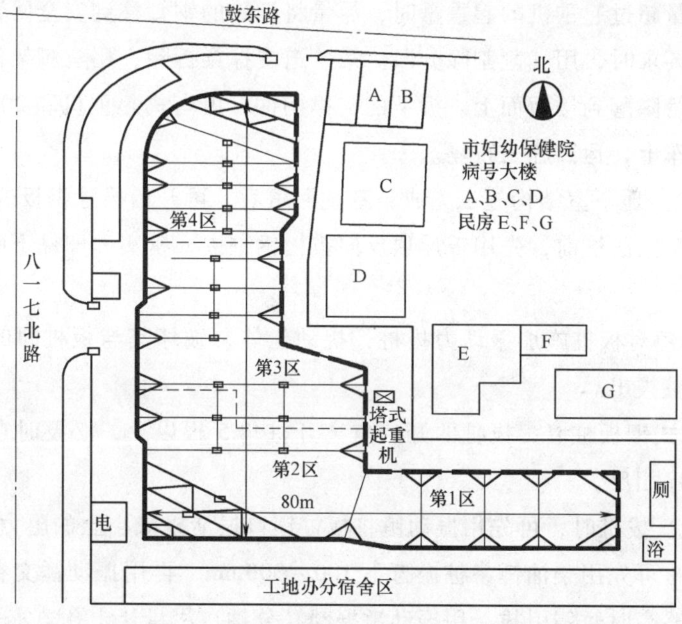

图3-4 基坑平面分区图

b. 基坑立面分自然地面至-2.7m、-2.7~-6.0m、-6.0m以下共3层，从上到下分层开挖。

② 土方开挖及支撑形成

a. -2.7m以上土方用挖掘机全面开挖，使第一道支撑梁与围护桩形成整体结构。

b. -2.7~-6.0m的土方，每段从远端向西大门方向，用挖掘机按支撑梁组成的网格退挖，快速形成第二道支撑，紧接着人工开挖前面网格 -6.0m 以下的土方，挖土挑运到后面工作面上，用挖掘机二次倒运。

c. 土方开挖时，先按支撑网格挖出基坑周边围檩及支撑梁位置的土方，及时形成支撑结构。围檩与拉森钢板桩凹面处用早强混凝土填筑，拉森钢板桩凸面及 SMW 工法桩不平处用钢板垫平或焊平，保证各构件均匀受力。

d. 土方不在场地堆积，1 台塔式起重机吊运土方无法满足工期要求，在完成 -2.7m 层支撑梁后，沿基坑中部填 500mm 厚、4000mm 宽的建筑渣土，作为汽车运土的临时道路。

e. 区段分界处留出 45°斜坡，降低土体推移力对工程桩的影响。斜坡面杂填土底处砌筑截水沟，阻止土体中未排除的滞潜水往坑底汇流。

3）内支撑拆除与基坑回填

① 每区段按规定完成后，在基坑四周填土并分层夯实，每层厚度≤300mm，回填密实度>96%。

② 传力带用早强混凝土浇筑，与围护桩接触面处垫泡沫隔离层。

③ 传力带混凝土达到设计强度后，分段对称拆除支撑梁。拆除第二层支撑时，可用铰链捆绑钢管悬挂于第一道支撑上，当端部与围檩断开后慢慢降落，钢管用木枋支垫于混凝土板面。当钢管重量超过起重机的起重量时，尽量将拆除的钢管移到安全回转半径之内，还不能满足起吊安全要求时，用气割割除分段。第一道支撑梁拆除，用三脚架作为降落架，用手动葫芦慢慢将钢管降落到楼板面上。拆下的支撑构件，由塔式起重机和 20t 汽车式起重机配合吊装到外运汽车上，运离施工现场。

4）钢桩拔除。地下室结构施工完成，基坑回填后，可开始拔除钢板桩。

① 拔除 SMW 工法桩前，先用千斤顶反向拔松钢桩嵌入密实砂卵黏土的部分，再用拔桩机拔除。

② 利用振动锤对板桩施加振动力拔桩，扰动土体，破坏其与板桩间的摩阻力和吸附力并施加吊升力将桩拔出。

③ 对于封闭式钢板桩墙，拔桩的开始点离开桩角 5 根以上，必要时还可间隔拔除。拔桩顺序与打桩顺序相反。

④ 拔桩要点。拔桩时，可先用振动锤将板桩锁口振活以减小土的阻力，然后边振边拔。对较难拔出的板桩可先用柴油锤将桩振打下 100~300mm，再用振动锤交替振打和振拔。在拔桩至基础底板略高时暂停引拔，用振动锤振动几分钟，尽量让土孔填实一部分。

起重机应随振动锤的起动而逐渐加荷，起吊力一般略小于减振器弹簧的压缩极限。

供给振动锤电源不小于电动机额定功率的 1.2~2.0 倍。

对引拔阻力较大的钢板桩，采用间歇振动的方法，每次振动 15min，振动锤连续工作时间不应超过 1.5h。

5）桩孔处理。钢板桩拔除后留下的土孔，用砂子或水泥砂浆回填密实。

（7）钢板桩施工常见问题、产生原因、预防措施及处理方法，见表 3-6。

表 3-6 钢板桩施工问题对策

常见问题	产生原因	预防措施及处理方法
打桩受阻（打桩阻力大，不易贯入）	（1）在砂层或砂砾层中打桩 （2）钢板桩连接锁口锈蚀、变形	（1）打桩前对地质情况进行详细分析，确定钢板桩可能贯入的深度 （2）打桩前对钢板桩逐根检查，剔除连接口锈蚀和严重变形的钢板桩 （3）施工时可采用引孔沉桩 （4）在钢板桩的锁口内涂油脂
桩身倾斜（钢板桩头部向打桩行进方向倾斜）	在打钢板桩时，由于连接锁口处的阻力大于钢板桩周围的阻力，打桩行进方向对钢板桩地贯入阻力小，钢板桩头部便向阻力小的方向位移	（1）施工过程中用仪器随时检查、控制、纠正钢板桩的垂直度 （2）发生倾斜时，用钢丝绳拉住桩身，边拉边打，逐步纠正
桩身扭转（钢板桩的中心线变为折线形）	钢板桩锁口是铰式连接，在下插和锤击作用下会产生位移和扭转，并牵动相邻已打入钢板桩的位置，使中心轴线成为折线形	（1）在打桩行进方向用卡板卡住钢板桩的前锁口 （2）在钢板桩与围檩之间的两边空隙内，设一只定滑轮支架，制止钢板桩下沉中的转动 （3）在两块钢板桩锁口扣搭处的两边，用垫铁和木棒填实 （4）桩身扭转严重时，可将扭转部分的钢板桩拔出，采用上述预防扭转的措施之后，重新打桩

3.4.5 质量标准

钢管形状及尺寸的允许偏差见表 3-7，围护桩施工允许偏差及检验方法见表 3-8。

表 3-7 钢管形状及尺寸的允许偏差

部位		允许偏差/mm
外径	钢管桩端	±0.5%
	钢管桩身	±0.1%
横向弯曲		<1/1000
焊接端面的平整度		≤2
焊接端面的倾斜度		≤2

表 3-8 围护桩施工允许偏差及检验方法

项目	序号	检查项目		允许偏差 单位	允许偏差 数量	检验方法
主控项目	1	焊缝上、下端部接口错口		mm	≤2	尺量检查
		焊缝咬边深度		mm	≤0.5	焊缝检查仪检查
		焊缝加强层高度		mm	2	焊缝检查仪检查
		焊缝加强层宽度		mm	2	焊缝检查仪检查
	2	桩位偏差	SMW 工法桩	mm	±10	垂直基坑边线拉线检查
					±20	沿基坑边线拉线检查
			拉森钢板桩	mm	±5	沿基坑边线拉线检查
一般项目	1	电焊结束后停歇时间		秒	>1	秒表测定
	2	节点弯曲高			<1/1000H	尺量检查
	3	桩顶标高		mm	±50	水准仪测量

注：H 为桩长。

3.5 施工安全保证措施

3.5.1 组织保障

组建责任心强且经验丰富的团队对本工程实行目标责任管理，加强同业主及现场监理工程师的沟通，对施工过程中出现的问题及时达成共识。加强对施工生产过程的监控与指导，保安全、保质、保量，按期完成施工任务。

3.5.2 技术措施

应用计算机技术对基坑施工及网络计划实施动态管理，通过控制关键线路的节点目标来保证工期目标的实现。施工中监测数据用计算机综合管理，当出现异常情况时，对各种数据进行系统地综合分析，及时采取有效的控制措施，为指导基坑施工提供技术支持。

根据总工期进度计划的要求，强化节点控制，建立“以时保日、以日保周、以周保旬、以旬保月、以月保总体”的计划管理体系。

基坑施工前对场区及周边的管线等进行探测，对基坑附近的房屋进行调查、鉴定，提前制定相应的对策，以保证基坑施工的顺利进行。

根据施工合同要求的工期，在基坑开工前编制切实可行的基坑施工专项方案，由编制人员或项目技术负责人对项目部全体管理人员及操作工人进行详细的技术交底，为支护、降水、土方开挖的施工提供技术保障，并确保每道工序一次合格，不出现返工现象。

3.5.3 应急预案

本工程基坑施工的特点是基坑深，工程地质属于沿海典型的软土地区，基坑平面狭长，土层厚度变化大；基坑周边有20世纪60年代建成的无桩基的砖混老房屋，且距离基坑较近，在基坑施工影响范围之内，对地基变形敏感；本基坑工程是福州地区二层钢构支护的试点，缺乏成熟的施工经验。根据工程特点，在做好深基坑钢构支护重大危险源的识别基础上，制定本项目发生紧急情况或事故的应急预案，并开展应急知识教育和应急演练，以提高现场操作人员的应急能力，减少突发事件造成的损失和不良影响。

1. 突发事件风险分析

本工程施工中的危险因素是深基坑施工，软土地区的地质条件复杂，钢构支护较其他混凝土支护基坑变形大，两层基坑施工工序复杂，钢构支护内钢管支撑层的形成与拆除与地下室施工穿插进行，可能产生支撑失稳造成基坑坍塌、高空坠落、高空落物伤人等危险因素。在工地已采取机电管理，安全管理等各种防范措施的基础上，还需要做好以上危险因素产生的应急方案。

2. 突发事件及风险防范措施

（1）施工前，本工程基坑专项施工方案经专家评审通过后，报监理审批同意后方可执行。

（2）钢构支护围护桩施工严格按专项方案进行，确保沉桩的入土深度。

（3）内撑钢管端部活络头加压严格控制在500kN，偏差不超过±5%。施工过程中，定期抽查内支撑的轴向压力，对轴向压力超过允许偏差的支撑及时加压补足。

（4）土方开挖严格按专项方案进行，按规定的施工次序分区、分段开挖，严格控制开挖标高。土方开挖时，先挖出支撑、围檩的位置，及时进行支撑和围檩的安装，采取“开挖暴露少，支撑形成早”的施工方法，严禁超挖。

（5）运土车辆按规定的路线行驶，严禁挖土机械在支撑梁上碾压。在挖土过程中，挖斗不得碰撞支撑梁、围檩、立柱等支护构件。

（6）基坑开挖深度超过2m后，四周设置1.2m高的栏杆，并绑扎安全密目网。

（7）基坑施工过程中，严禁施工人员在支撑上行走及攀爬，不得在支撑梁上堆积施工材料。

（8）支撑拆除应严格执行审批制度，分层、分区段对称拆除支撑梁及围檩，区段不满足要求时，必要时可采取局部加固措施。

（9）对基坑施工全过程进行监测，当变形值超过报警值时，由监理召集业主、设计、施工等单位的主要负责人召开分析会，及时采取控制基坑变形的有力措施。

3. 组织机构及职责

（1）成立以公司经理为组长的生产安全事故应急救援领导小组，负责制定和启动本单位的生产安全事故应急救援预案，并组织实施（演练）。

（2）本工程项目经理部成立以项目经理为组长的项目生产安全事故应急救援领导小组，负责制定和启动项目的生产安全事故应急预案，并组织实施（演练）。生产安全事故应急救援领导小组成员见表3-9。

表3-9 生产安全事故应急救援领导小组成员

职务		姓名	电话	备注
组长（项目经理）				
副组长				
医疗救护组	成员			
安全防护救护组	成员			
通讯联络组	成员			

（3）应急组织的分工责任

组长的职责为：

1）决定是否存在或可能存在重大紧急事故，要求应急服务机构提供帮助，并实施场外应急计划，在不受事故影响的地方进行直接控制。

2）复查和评估事故可能发展的方向，确定其可能的发展过程。

3）指挥施工现场部分停工，并与领导小组的有关人员配合指挥现场人员撤离，确保任何伤者都能得到足够的救护。

4）与场外应急机构取得联系，及时对紧急情况处理作出安排。

5）在场内实行交通管制，协助场外应急机构开展服务工作。

6）在紧急情况结束后，指挥受影响地点的恢复工作，并组织人员进行事故的分析和处理。

副组长的职责为：

1）评估事故的规模和发展趋势，建立应急步骤，确保员工的安全，减少设施和财产损失。

2）在救援服务机构来之前参与救护工作。

3）安排寻找受伤人员及安排重伤人员撤离现场到安全地带集中。

4）与应急救援中心建立通信联络，为应急服务机构提供建议和信息。

5）协助组长组织指挥，协调救援工作，组长不在现场时，代替组长的职责。

组员的职责：在组长或副组长的指挥下，负责现场的物资供应、维护、抢救、警戒等工作，具体落实执行组长或副组长下达的救援方法、措施和指令等。

4. 应急物资

应急物资是应急救援工作的重要保障，项目部根据潜在的事件性质和后果分析，配备应急救援所需要的救援手段、救援设备、交通工具、医疗设备、生活保障物资等见表3-10。

表3-10 应急物资

序号	材料设备名称	单位	数量	位置
1	编织袋	个	200	工地仓库
2	河砂	m^3	200	塔式起重机作业范围
3	铁锹	把	15	工地仓库
4	350×350H 型钢	m	50	塔式起重机作业范围
5	ϕ609×19 钢管	m	30	塔式起重机作业范围
6	电焊机	台	2	工地仓库
7	焊条	把	10	工地仓库
8	灭火器	个	50	宿舍办公区
9	麻绳	m	100	工地仓库

5. 基坑坍塌事故应急预案

（1）当出现下列情况时，应立即报警，若情况比较严重，立即停止施工，并对基坑支护结构和周边已有建筑采取应急措施，及时组织市妇幼医院及民房内的人员撤离。

1）基坑支护结构（或其后面土体）的最大水平位移大于开挖深度的1/200（1/300），或累计水平位移大于40mm时。

2）基坑底部或周围土体出现可能导致剪切破坏的迹象或其他可能影响安全的征兆，如涌土、隆起、陷落等。

3）场地周围的建筑物不均匀沉降或倾斜大于规范规定的允许值；建筑物的倾斜速率已

连续三天大于 0.0001H/d（H 为建筑物高度）。

4）场地周围地面出现宽度大于 10mm 的裂缝，且裂缝尚可能发展。

（2）当发生以上险情时，项目部立即成立抢险领导小组，尽最大努力阻止事故进一步扩大，迅速采取加固措施。

1）给影响范围内的钢管支撑加压。

2）在异常情况发生地点附近用钢管、型钢与已有的支撑焊接，加密、加强支撑。

3）在发生异常情况的支护基坑底部堆积沙袋。

（3）当无法阻止坍塌、倒塌事故发生时，不论任何人，均应立即大声呼叫在场人员紧急撤离，并立即报告应急响应指挥部。

（4）事故发生后，应急响应指挥部人员应该在第一时间赶到施工现场，有序地组织撤离所有人员，并了解和掌握事故情况，启动应急救援预案，进行抢险、抢救和维护现场秩序，并严格保护事故现场。

（5）人员疏散由组长安排的组员进行具体指挥，指挥人员疏散到安全的地方，并做好安全警戒工作。各组员和现场其他人员对现场受伤、受困的人员、财物进行抢救。人员被支架及其他物件压住时，先对支架进行观察，如需局部加固的，立即组织人员进行加固，方可进行相应的抢救，防止抢救过程中发生再次倒塌，造成二次伤害。加固或观察后，确认没有进一步的危险，立即组织人力、物力进行抢救。

（6）项目部应急响应指挥部负责人应指挥医院救护组和安全救护组到事故现场，开展施救工作。同时指挥通信联络组立即向公司应急救援指挥部汇报事故的发生情况。公司应急救援指挥部负责人应立即带领安全防护救护小组及医疗小组赶赴事故现场开展救援工作。若伤者伤情较严重，应拨打 120 或 110 电话及时向当地医疗救护机构求助，并派人到主要路口引导救护车到事故现场，尽快将伤员送到医院救治。

（7）在救护车未到达之前，安全防护救护组、医疗救护组应展开自救，对昏迷、心脏停止跳动的伤员进行人工呼吸或胸外心脏按压等；伤者流血或骨折，采取包扎止血或骨折固定措施，应注意对骨折部位的保护，使用模板平抬，避免因不正确抬运造成二次伤害。

（8）把伤者送到医院接受救治后，应急响应指挥部人员应召开会议，研究善后处理工作，做好当事人家属的接洽事宜。

（9）注意保护事故现场，协助公司和上级事故调查组开展调查。

6. 通信联系

医院急救中心：120；火警：119；匪警：110。

7. 教育训练及救援协议

在基坑施工前一周，由组长组织救援小组人员进行抢险知识教育，组织应急预案演练，全面提高应急救援能力。

项目部预先与地方医院及应急救援机构建立救援协议，以便在事故发生时得到外部救援力量和资源的援助。

3.5.4 监测监控

1. 监测目的

通过监测，可以及时掌握基坑开挖及施工过程中支护结构的实际状态及周边环境的变化情况，做到及时、准确地预报，为基坑边坡和周边环境的安全提供监控数据，防患于未然；通过监测数据与设计参数的对比，可以分析设计的正确性和合理性，科学合理地安排下一步工序，必要时及时修改设计，使设计更为合理，施工更加安全。

2. 监测内容

本工程基坑为一级基坑，根据施工规范及设计要求必须进行监测，监测内容包括：桩顶水平位移、道路沉降、周边建筑物的沉降及倾斜、深层土体位移和支撑轴向压力。

3. 监测点的设置

根据本工程的特点，基坑设27点水平位移监测点，15点深层位移监测点，房屋四周共设24点沉降观测点，四角设置20点倾斜监测点，道路路沿设7点沉降观测点，监测点的具体位置如图3-5所示。

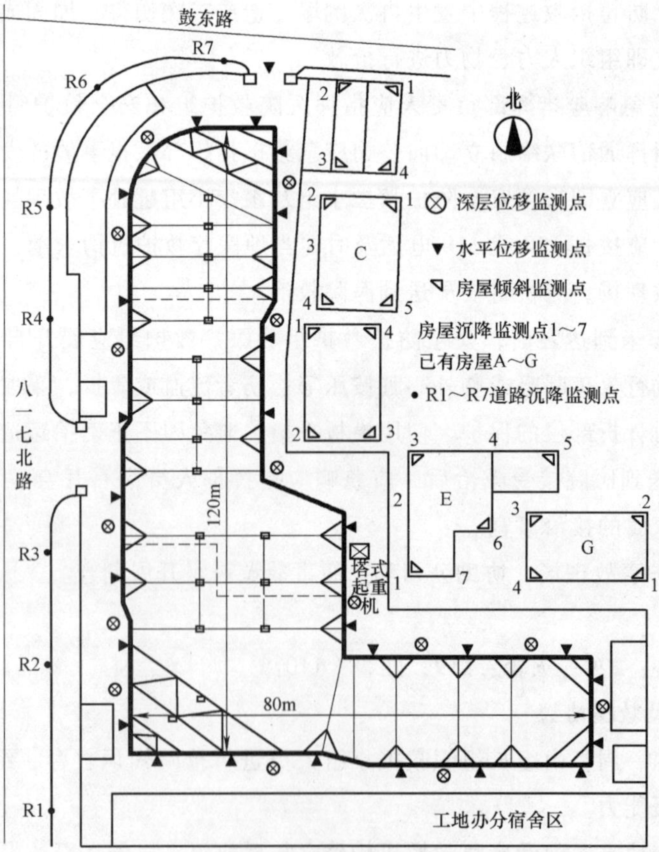

图3-5 监测点平面图

4. 监测仪器

沉降观测使用 DZ3 型水准仪，水平位移监测和房屋倾斜监测使用 DJ2 型经纬仪，土体深层位移监测使用 CTX 型测斜仪。

5. 监测频率

每层、每区段土方开挖前后最少观测一次，每层、每区支撑形成与拆除前后最少观测一次，分次变形及累计变形超过报警值时加密观测次数。若遇特殊情况，如台风、暴雨、地震等，则根据实际需要适当增加监测次数。

6. 监测预警值

（1）桩顶以及深层土体水平位移累计变形 40mm，分次变形 12mm。

（2）基坑周边土体沉降 50mm，周边建筑物、道路及管线沉降 30mm，差异沉降 3‰。

（3）钢管预压应力损失小于 20kN。

7. 监测资料

（1）将每次监测的数据，以监测通报的形式及时通报给业主、设计、施工单位。

（2）若发现异常情况，及时召开由业主、监理、设计、施工等单位的主要负责人共同参加的事故分析会，及时采取有效的控制措施。

（3）监测工作结束后，提交监测报告 5 份。

8. 基坑工程巡视

基坑工程施工和使用期内，每天均应有专人进行巡视检查：

（1）支护结构：

1）支护结构成型质量。

2）挡土结构有无裂缝出现。

3）面层有无发生变形。

（2）施工工况：

1）开挖后暴露的土质情况与岩土勘察报告有无差异。

2）基坑开挖分段长度、支撑分层设置是否与设计要求一致。

3）场地地表水排放状况是否正常。

4）基坑周边地面有无超载。

（3）周边环境：

1）周边管道有无破损，泄漏情况。

2）周边建筑有无新增裂缝出现。

3）周边道路（地面）有无裂缝、沉陷。

（4）监测设施：

1）基准点，监测点完好状况。

2）监测元件的完好及保护情况。

3）有无影响观测工作的障碍物。

3.5.5 人员要求

1. 专职安全生产管理人员

(1) 协助领导组织安全活动和检查，参与制定企业内部的安全操作规程，并进行监督检查。

(2) 负责项目安全措施的编制工作，预测发生事故的可能性。

(3) 参与制订项目有关安全生产的管理制度，负责编制项目安全技术措施和安全技术操作规程，督促落实并检查执行情况。

(4) 对生产过程进行安全巡查，及时纠正和查处违章指挥、违规操作及违反安全生产纪律的行为和人员；正确分析判断和处理各种事故隐患，负责组织编制事故安全隐患整改方案，并及时检查整改方案的落实情况；对施工现场存在重大安全隐患的项目，有权下达停工整改令。

(5) 负责本项目人员的安全意识及安全技术教育与考核工作，督促检查班组人员的三级安全教育工作。

(6) 参加机械设备和安全防护设施的检查验收。

(7) 负责项目安全设备、防护器材和急救器具的管理。

(8) 有权制止违章作业和越级上告违章指挥行为。对违章指挥作业者，有权按章进行处罚，遇有严重隐患险情，有权停止施工并及时报告有关领导部门。

(9) 参加工伤事故调查，进行伤亡事故统计分析，并按规定上报。对伤亡事故和重大未遂事故的责任者，提出处理意见。

2. 特种作业人员

(1) 本工程施工需要配备的特种作业人员有：电工、电焊工、切割工、起重机械司机、司索工、信号指挥工、安装与维修工。

(2) 特种作业人员必须接受本工种专门的安全技术培训，经安全技术考核和实际操作技能考核合格，并取得特种作业操作证后，方可上岗作业。

基坑支护、土方工程施工方案

周风斌

五矿置业有限公司

4.1 工程概况

天盛金大厦工程位于北京市东城区东直门内大街 9 号，规划用地面积 13170m^2，总建筑面积 69326m^2；其中地上 12 层，由 3 栋塔楼组成，建筑面积 45836m^2；地下 3 层联体，建筑面积 23490m^2。基底标高为 -12.950m（±0.000 绝对标高为 44.500m），现场自然地坪标高在 44.500m 左右，比场外地面平均高出 1.5m。基础采用带反梁的筏板基础，主体结构为框支剪力墙结构，建筑总高度为 38.9m。

4.1.1 工程环境条件

拟建工程地处二环路以内的城区中心地带，南侧紧邻东直门内大街，东侧紧邻东直门北中街，北侧为西羊管胡同，西侧与现有建筑物距离为 18m。施工场地狭窄，东西两侧地下结构外皮距红线平均距离为 2.0m，其中最小处仅有 1.8m。西侧现有建筑物为住宅楼，地上 14 层，地下 2 层，基础埋深 8.2m。项目施工条件在很大程度上受到外界环境和现场因素的制约，总平面布置图如图 4-1 所示。

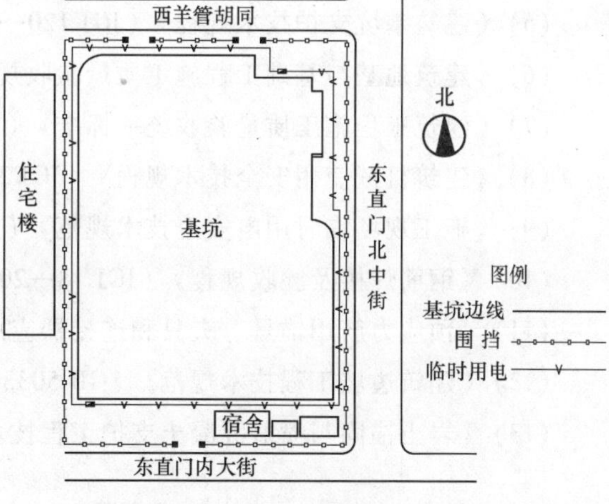

图 4-1 总平面布置图

4.1.2 工程水文地质条件

根据该工程《岩土工程勘察报告》记载，本工程位于永定河冲积扇中下部，场地内表层为杂填土，其下为一般第四纪冲、洪积层，主要为黏性土和砂土交互沉积层。根据现场地质勘探、原位测试及室内试验成果，按自上而下的顺序描述地层土力学参数，见表4-1。

表4-1 地层土力学参数

土层序号	土层名称	层厚平均数/m	埋深/m	重度 γ/(kN/m^3)	内摩擦角 φ/(°)	黏聚力 c/kPa	f_{ak}/kPa	渗透系数/(m/d)
①	杂填土	1.5	1.5	18.0	15	10.0	20.0	
②	粉土	5.0	6.5	20.2	29.2	14.0	60.0	
③	黏性土	4.5	11.0	20.1	18.0	29.0	65.0	0.5
④	细砂	3.5	14.5	19.0	35.0	0.0	70.0	
⑤	卵石	5.0	19.5	20.0	45.0	0.0	100.0	

地下水位埋深：上层局部滞水埋深为4.2~7.5m，潜水水位埋深为15m，潜水水位年变幅为1.0m。

4.2 编制依据

(1) 本工程的施工图纸及相关资料。
(2) 本工程《岩土工程勘察报告》。
(3)《工程测量规范》GB 50026—2007。
(4)《建筑与市政降水工程技术规范》(JGJ/T 111—1998)。
(5)《建筑基坑支护技术规程》(JGJ 120—2012)。
(6)《建筑地基与基础工程施工质量验收规范》(GB 50202—2002)。
(7)《建筑工程施工质量验收统一标准》(GB 50300—2013)。
(8)《建筑机械使用安全技术规程》(JGJ 33—2012)。
(9)《施工现场临时用电安全技术规范》(JGJ 46—2005)。
(10)《钢筋焊接及验收规程》(JGJ 18—2012)。
(11)《预应力筋用锚具、夹具和连接器应用技术规程》(JGJ 85—2010)。
(12)《建筑边坡工程技术规范》(GB 50330—2013)。
(13)《岩土锚固与喷射混凝土支护工程技术规范》(GB 50086—2011)。

4.3 土方开挖、排水、基坑边坡支护方案

4.3.1 基坑降水方案

根据本工程的地勘资料确定不进行基坑降水。上层埋深在4.2~7.5m范围的局部滞水部位，开挖前对于标注滞水的部位进行钻孔试验，采用在有水部位边坡的土钉墙上设置导流花管的方法，及时将土体中的存水排入基槽底部的盲沟。

4.3.2 土方开挖方案

土方开挖时，先挖掉 1.5m 厚渣土，将大部分地下管线和不明障碍物暴露出来，再进行支护。土方开挖与土钉墙护坡同步施工、分层进行，即开挖一步，做完土钉墙护坡后，再开挖下一步。

在基坑的北侧分别设一个车辆进、出口坡道，坡道宽 15m，剩余土方由马道口运出。坡道按 1∶6坡比留坡，坡道两侧边坡保持 1∶0.7 的坡度。坡道应预先进行空车碾压，如有必要，应考虑进行换填。

4.3.3 基坑支护方案

根据现场条件和本工程的《岩土工程勘察报告》，确定采用土钉墙支护与护坡桩相结合的基坑支护方案。

1. 南侧复合土钉墙（图 4-2）

自现有地面到 -11.5m 进行复合土钉墙支护，基坑放坡坡度均为 1∶0.3，基坑深度为 11.5m，按 20kPa 的附加荷载进行计算。

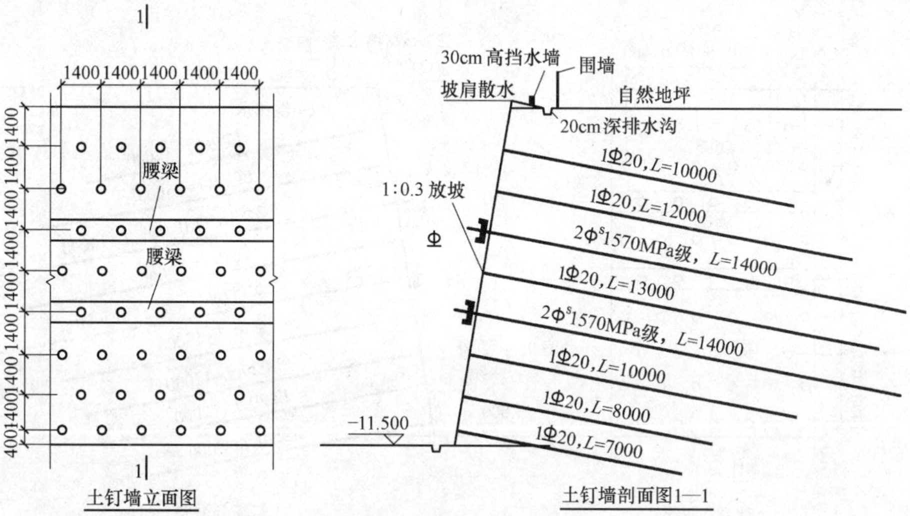

图 4-2　南侧复合土钉墙

土钉墙面层喷射 100mm 厚 C20 细石混凝土，配合比为 1∶2∶2（水泥∶砂子∶碎石），内配 Φ6.5@150×150 钢筋网片，坡肩钢筋翻上，做 1.0m 宽散水，土钉墙深入坑底不少于 20cm。土钉呈梅花形布置，面层设置Φ14 通长斜拉筋和Φ16 压筋，压筋与土钉钢筋交叉焊接固定，保证土钉面层形成一个整体。复合土钉墙设计数据见表 4-2。

2. 北侧复合土钉墙（图 4-3）

自现有地面到 -13.0m 进行复合土钉墙支护，基坑放坡坡度均为 1∶0.3，基坑深度为 13.0m，按 20kPa 的附加荷载进行计算。

表 4-2 南侧复合土钉墙设计数据

层序	垂直间距/m	水平间距/m	土钉倾角/(°)	土钉直径/mm	土钉长度/m	锚孔直径/mm	压筋	锁定荷载/t
1	1.4	1.4	10	Φ20	10	100	Φ16	
2	1.4	1.4	10	Φ20	12	100	Φ16	
3	1.4	1.4	10	2Φ^{s}1570MPa 级	14	150	18#槽钢	9
4	1.4	1.4	10	Φ20	13	100	Φ16	
5	1.4	1.4	10	2Φ^{s}1570MPa 级	14	150	18#槽钢	9
6	1.4	1.4	10	Φ20	10	100	Φ16	
7	1.4	1.4	10	Φ20	8	100	Φ16	
8	1.2	1.4	10	Φ20	7	100	Φ16	

复合土钉墙面层喷射 100mm 厚 C20 细石混凝土，配合比为 1∶2∶2（水泥∶砂子∶碎石），内配Φ6.5@150×150 钢筋网片，坡肩钢筋翻上，做 1.0m 宽散水，土钉墙深入到坑底不少于 20cm。土钉呈梅花形布置，面层设置Φ14 通长斜拉筋和Φ16 压筋，压筋与土钉钢筋交叉焊接固定，保证土钉面层形成一个整体。复合土钉墙设计数据见表 4-3。

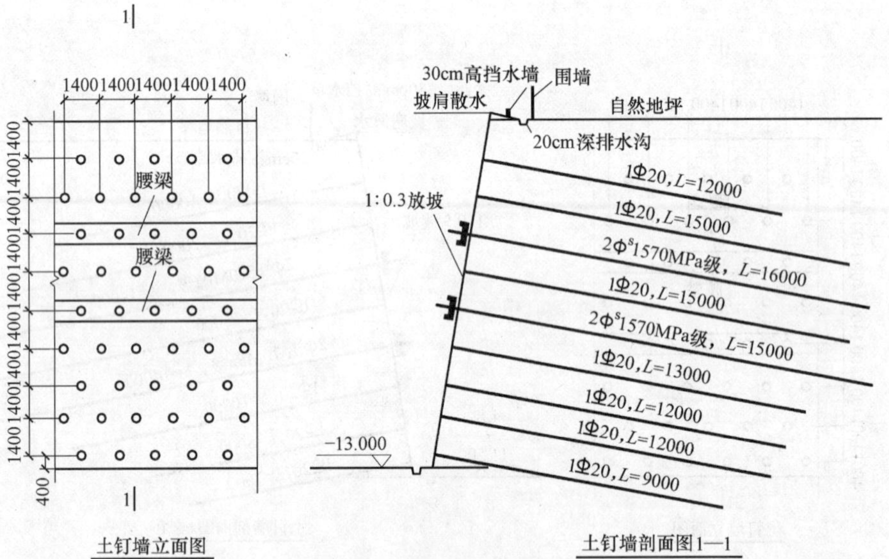

图 4-3 北侧复合土钉墙

表 4-3 北侧复合土钉墙设计数据

层序	垂直间距/m	水平间距/m	土钉倾角/(°)	土钉直径/mm	土钉长度/m	锚孔直径/mm	压筋	锁定荷载/t
1	1.4	1.4	10	Φ20	12	100	Φ16	
2	1.4	1.4	10	Φ20	15	100	Φ16	
3	1.4	1.4	10	2Φ^{s}1570MPa 级	16	150	18#槽钢	12
4	1.4	1.4	10	Φ20	15	100	Φ16	

（续）

层序	垂直间距/m	水平间距/m	土钉倾角/（°）	土钉直径/mm	土钉长度/m	锚孔直径/mm	压筋	锁定荷载/t
5	1.4	1.4	10	2 ϕ^s1570MPa 级	16	150	18#槽钢	12
6	1.4	1.4	10	Φ20	13	100	Φ16	
7	1.4	1.4	10	Φ20	12	100	Φ16	
8	1.4	1.4	10	Φ20	12	100	Φ16	
9	1.4	1.4	10	Φ20	9	100	Φ16	

3. 东、西两侧土钉墙与护坡桩复合支护

在基坑东、西两侧边坡采用土钉墙与护坡桩复合支护，现有地面距基坑底 11.5m。基坑深度 5.5m 以上采用土钉墙支护，6m 以下采用护坡桩支护（图 4-4）。

护坡桩桩径 600mm，桩中心间距 1.2m，桩长 9m，埋深 3m，桩顶设冠梁，宽 600mm，高 400mm，桩体及冠梁的混凝土强度等级均为 C20。桩配筋：主筋 11 Φ 20（内 6 外 5），箍筋Φ 6.5@250；冠梁配筋：主筋 10 Φ 18，箍筋Φ 6.5@200。在冠梁处设预应力锚杆，一桩一锚，间距 1.2m，锚杆采用 2 ϕ^S1570 钢绞线，长 17m，其中锚固段 12m，自由段 5m，锁定值为 180kN。桩间土采用插筋挂钢丝网处理，钢筋为Φ 20，长 0.5～1m，横向间距 1.2m，垂直间距 1m。

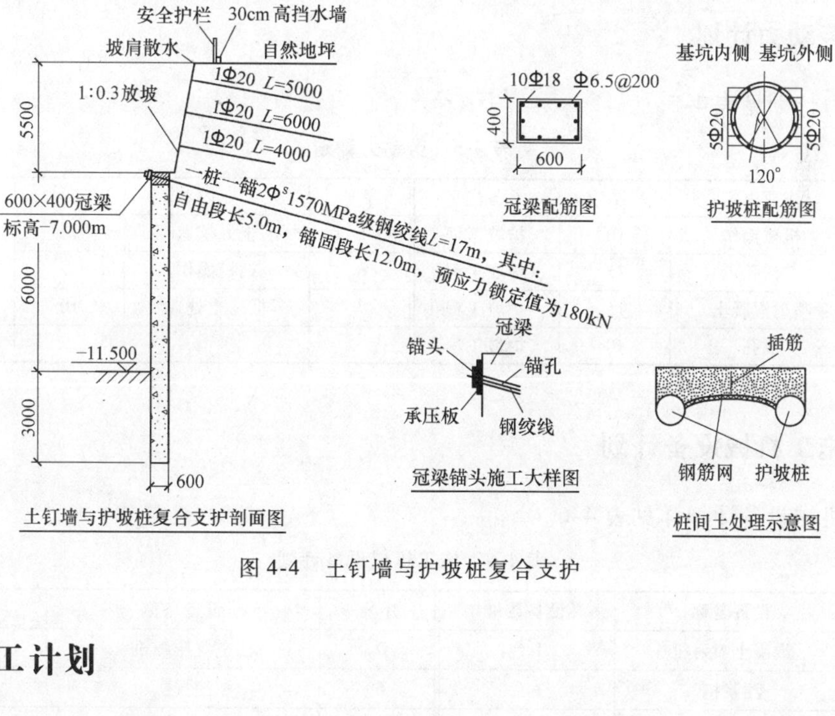

图 4-4 土钉墙与护坡桩复合支护

4.4 施工计划

4.4.1 施工进度计划

本工程土方开挖及基坑支护计划施工工期为 60d，施工进度计划见表 4-4。

表 4-4 施工进度计划

序号	工作内容	工作天数/d	2	4	6	8	10	12	14	16	18	20	22	24	26	28	30	32	34	36	38	40	42	44	46	48	50	52	54	56	58	60
1	清除1.5m杂填土	3																														
2	场地平整,放线、验线	2																														
3	护坡桩施工	15																														
4	第一步土方开挖至-2.0m	3																														
5	第一步土钉墙施工	3																														
6	第二步土方开挖至-3.4m	3																														
7	第二步土钉墙施工	3																														
8	第三步土方开挖至-4.8m	3																														
9	锚杆施工	5																														
10	护坡桩冠梁施工	4																														
11	锚杆张拉锁定	2																														
12	第三步土钉墙施工	3																														
13	第四步土方开挖至-6.2m	3																														
14	第四步土钉墙施工																															
15	第五步土方开挖至-7.6m	3																														
16	锚杆施工																															
17	锚杆张拉锁定																															
18	第五步土钉墙施工																															
19	第六步土方开挖至-9.0m	3																														
20	第六步土钉墙施工																															
21	第七步土方开挖至-10.4m	3																														
22	第七步土钉墙施工																															
23	第八步土方开挖至-11.5m	3																														
24	第八步土钉墙施工、护坡收脚																															

4.4.2 劳动力计划

劳动力计划见表4-5。

表 4-5 劳动力计划

序号	作业内容	人数/人	备注	序号	作业内容	人数/人	备注
1	机械操作	10	护坡工程	5	土方挖运	70	土方挖运
2	清孔	15	护坡工程	6	钻机操作	2	护坡桩施工
3	喷射混凝土	15	护坡工程	7	桩间土处理	10	护坡桩施工
4	成孔	40	护坡工程				

4.4.3 施工机械设备计划

施工机械设备计划详见表4-6。

表 4-6 施工机械设备计划

序号	设备名称	设备数量	序号	设备名称	设备数量
1	混凝土喷射机	1台	7	空气压缩机	1台
2	注浆机	1台	8	挖掘机	3台
3	铲车	1台	9	自卸汽车	60辆
4	长螺旋钻机	1台	10	锚杆机	1台
5	洛阳铲	30个	11	12m长臂挖掘机	1台
6	镐头机	1台			

4.5 土方挖运与基坑支护施工

4.5.1 护坡桩支护施工

1. 施工准备

（1）协调总承包单位，妥善处理支护结构范围内的地下管线和构筑物，必要时应明挖暴露，确定其准确位置。

（2）落实所需劳动力、机械设备和各种材料，以及现场临水、临电的布置工作，根据需要组织资源进场，提前组织钢筋笼加工制作。

（3）组织施工人员进行进场安全教育、培训和考核，并组织学习施工方案和有关规范、规程，对操作工人进行书面技术交底。

（4）对钻机行走范围进行平整碾压，确保钻机行走安全。

2. 工艺流程

施工准备→测量定桩位→钻机就位→钻至设计深度→清底→吊放钢筋笼→灌注混凝土→测量桩顶标高→土方开挖至冠梁底标高→冠梁施工→锚杆施工→锚杆养护→锚杆张拉及锁定→下一步土方开挖→清理桩间土→桩间挂网喷混凝土→下一步土方清运。

3. 桩体施工技术要求

（1）打桩前应准确定好桩位线，控制桩长，保证嵌固深度；钻孔完毕后及时吊放钢筋笼并灌注混凝土，达到桩顶设计标高要求。

（2）打桩前应试钻孔，以验证地质情况是否与地质勘探报告相符。

（3）遇有距桩位较近的地下管线，必须挖坑暴露施工。

（4）护坡桩采用“隔孔跳钻”法成孔，应安排专人做好施工记录。

（5）钢筋笼制作必须符合设计与规范要求，在同截面内钢筋接头不得多于主筋总根数的50%，两个接头间的距离应大于或等于30倍钢筋直径，且大于或等于50cm。

（6）桩体垂直度允许偏差小于或等于1%桩长，混凝土灌注充盈系数不小于1.2。

4.5.2 冠梁施工

1. 工艺流程

挖槽→桩头剔凿→绑扎梁筋→支模→浇筑混凝土→养护。

2. 施工技术要求

（1）桩头浮浆要剔凿干净，桩头钢筋深入冠梁长度不得小于300mm。

（2）冠梁混凝土浇筑要振捣密实，保证冠梁表面的平整与顺直。

4.5.3 土方挖运施工

1. 作业条件

（1）由总承包单位组织现场交底，建筑物的位置及定位控制线、标准水平桩及挖槽灰线尺寸等必须经验收合格，并形成书面验收记录。

（2）有总承包单位提供的开挖范围内的地下障碍物及基坑影响范围内的市政管线资料，并进行现场踏勘，对资料的精确程度进行核实；场地内的有用管线已经改移完成。

（3）基坑支护设计方案经过专家论证、审核，并经各有关单位会签审批。基坑支护所需的材料、机具设备及劳动力已经落实，并完成所有施工准备。

（4）车辆出口洗车设备已经做好，并具备使用条件；施工现场已经具备洒水降尘设施；周围居民的安抚工作已经完成，确保施工过程中不发生民扰和扰民现象。

（5）土方开挖过程中，应有总承包单位技术、测量等相关人员提供的支持，配合基底整平工作，防止超挖错挖；夜间施工应有足够的照明设施。

2. 土方挖运施工流程

挖土装车→出口处清土→清扫、冲洗轮胎→出场外运。

3. 土方开挖顺序

土方开挖方向：由南向北、由周边向马道口（基坑北侧）退挖。

基坑开挖应根据喷锚支护设计排数分步进行，每步首先开挖喷锚施工支护施工工作面，工作面宽度按该位置设计喷锚土钉长度并结合工作要求适当留置，留置宽度在15～20m为宜（图4-5）。

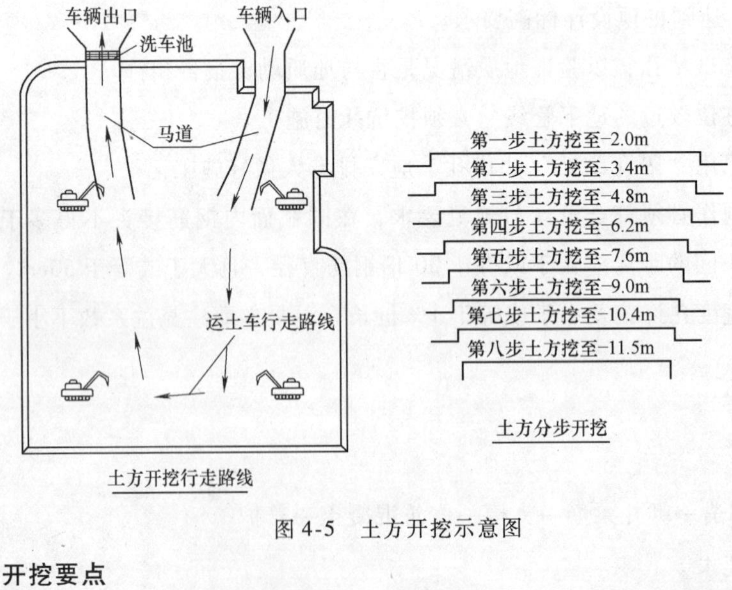

图4-5 土方开挖示意图

4. 土方开挖要点

（1）为保证土方施工的合理进行，缩短工期，可在前几步开挖时集中使用机械和车辆加快施工进度：采用1～2台反铲挖掘机，斗容不小于1.4m^3，挖深不小于5m；每台班自卸汽车 60 辆，额定载重量不小于 19t，进行突击施工。土方挖运施工期间应保证车辆状况良好，车容整洁，运土高峰期间可适当增加车次。

（2）挖掘机挖土应配合喷锚支护进行施工，每步开挖至相应喷锚施工标高，每步挖深与喷锚施工竖向间距相符。施工时首先开挖喷锚施工工作面（周边），然后向中间开挖，对于中间区域土层则可适当增加开挖深度，分 4～5 步开挖，每步挖深 3.00～4.00m。

（3）槽底沟槽、集水坑、电梯井等局部需加深的部位，土方量较大处可用挖掘机直接挖走，辅以人工清理，人工清理的土运至挖掘机旋转半径内，由挖掘机挖走。

（4）槽底预留土层厚度为 10cm，当机械挖土到设计槽底以上 10cm 时，由测量人员配合进行，标高用水准仪控制，不许超挖，以免扰动下部持力地层。

（5）土方向基坑北边马道收尾，最后一步土方挖运，用 12m 长臂挖掘机向马道口收土，边收土边装车运走。

（6）土方与喷锚施工的配合。每步土方施工要先给喷锚支护施工开挖工作面，土方开挖切坡时由支护看坡人员指挥确定边坡留土厚度，减少人工修坡工作量，提高工效。边坡上的一般障碍物可由挖掘机直接挖除，支护时再进行处理。施工中全力配合边坡支护，对边坡开挖深度控制、险情回填处理等安排应积极响应，一切为整体安全考虑。

（7）施工质量控制

1）土方开挖前，先根据总承包单位提供的放线控制桩位引线，并结合开槽图施放开挖边线，放线经监理认可验收后，方可进行开挖。

2）对于土质为饱和粉土和砂质粉土的土层，开挖时应控制挖深，一步开挖不宜过深，以免坍塌。

3）挖土时注意周边管线，开挖浅部 5～6m 厚度土层时，需有人跟铲作业，注意观察周边暗埋物的情况。

（8）标高控制。由于基础持力层直接放在槽底土层上，挖土时如标高控制不好很容易对下卧持力层造成扰动，因此在挖土时必须注意控制挖土深度，土方开挖与喷锚支护同步进行。开挖时，每步挖深与对应每排喷锚的竖向间距相符，不得超挖。前期挖土施工时，在护坡坡面上测放挖土各点标高，喷锚支护每做一排即测一层标高，及时统计挖土标高，掌握最新开挖深度。将最后一步开挖作为控制重点，开挖时由专业测量人员跟踪测量，控制挖深。

（9）预防超挖控制。当护坡做至最后一步时（最后一步土方开挖）应提前测放控制开挖的标高点。先由测量人员给出开挖深度，再由挖掘机逐步向下开挖，边开挖边测量，挖至预留人工清槽土层顶标高。对于已挖出槽底，应等间距撒出白灰点作为标志，防止超挖，已挖出的槽底禁止大型机械设备到上面作业。

（10）土方开挖过程中遇紧急情况的处理措施：

1）立即停止施工，疏散相关人员。

2）当边坡出现明显垮塌迹象时，立即进行土方回填，稳住边坡。

3）检查降水、护坡的施工情况，查明原因，制定补救方案。

4）当地面出现较大沉降时，可采用跟踪注浆的方法。沿沉降区域边缘打注浆孔，孔深根据土层压缩变形和下沉位置确定，孔径127mm，孔间距2~3m；然后向孔内注入一定配合比的水泥浆。

5）当边坡出现较大裂缝时，可对边坡进行支护加固处理。

6）当坡顶大量堆载引起险情时，必须立即清除坡顶重载。

(11）土方挖运施工注意事项

1）地上障碍物的处理：地上障碍物主要为混凝土路面、原有建筑物基础等，可采用机械拆除的方式；对于地面混凝土垫层等能够挖除的直接挖除，不能挖除的则采用破碎机破碎后挖除、运走。

2）地下障碍物的处理：对于无用或改造完毕的障碍物集中进行处理，一般砖混结构的障碍物在挖土工程中由挖掘机直接强行破碎挖除，钢筋混凝土结构的障碍物由破碎机完全破碎后再由挖掘机装车运走。考虑到基坑土方开挖过程中可能遇到含水量较大的土层，在车辆来回碾压下易变软、陷车，因此可适当留存拆除过程中产生的混凝土碎块，作为行车坡道的垫层。

3）开挖过程中对不明地下管线的保护：由于本工程地处城区中心地带，地下管线较多，因此在开挖人工填土层时，尤其在开挖上部6m范围内的土层时，必须设专人进行指挥，仔细观察，对开挖暴露出的管线要及时处理。如遇未知管线，则待明确其位置后及时通知总承包单位和有关部门，进行妥善处理后再继续开挖。

4）开挖时遇到文物古迹的处理：由于本工程处于北京市二环路以内，根据以往的市内施工记录，不排除有地下古墓、古迹等遗迹、遗址的可能。因此要注意做好参施人员的教育培训工作，如开挖遇到文物古迹时应停工等待，并及时上报总承包单位和有关文物部门，不得破坏、哄抢、私分、藏匿文物，应做好现场保护工作，严防违法现象发生。经有关部门通知许可后才能复工。

4.5.4 土钉墙支护施工

1. 工艺流程

开挖工作面→修整坡面→放线定位→用洛阳铲成孔→插筋→堵孔注浆→绑扎、固定钢筋网→压筋→喷射混凝土面层→混凝土面层养护。

2. 坡面修整

基坑开挖过程中注意加强土方开挖与边坡支护施工作业的协调，遇到问题及时沟通，确保两个工种间的密切配合。严格按设计坡比开挖，严禁超挖，及时修坡，保证坡面的平整度。坡面稳定性不好的部位应减少每步的开挖深度，或先喷射一层细石混凝土后再进行锚喷施工。

3. 土钉施工

坡面经检查合格后，放线定锚孔位置，用洛阳铲成孔（直径100mm）；检查孔深、孔径、锚筋长度合格后，及时插筋和完成注浆。锚筋和注浆管插入至距孔底 250 ~ 500mm 处，及时注水泥浆并进行二次补浆，孔口部位宜设置止浆塞；水泥浆水灰比宜为 0.45 ~ 0.50，土钉注浆压力≥0.3MPa。

土钉长度包括弯钩长度，弯钩长 20cm；弯钩处采用冷弯，与锚筋成 90°；锚筋沿长度方向每隔 2m 焊一层Φ6.5 的三角形托架，使土钉居于锚孔中心。

4. 绑扎固定钢筋网片

将Φ6.5 钢筋编成@200×200 的钢筋网片，用插入土中的钢筋固定，再用加强筋压紧与锚头焊接。钢筋网片均应在上部搭接，并给下部留槎，搭接长度不小于 20cm，接槎避免在同一直线上，经检验合格后喷射 C20 细石混凝土。

5. 喷射混凝土面层

（1）在锚筋头部做喷射混凝土厚度标记。

（2）开挖至坡脚后，喷射混凝土面层宜深于基底设计标高 300mm，以利于排水盲沟施工。

（3）每层混凝土锚喷完成，在养护 24h 后，方可进行下一步土方开挖，以确保基坑边坡的土体稳定。

（4）基坑在水平方向的开挖应分段进行，保证修整后的裸露边坡能在规定的时间内保持自立；然后在限定时间内完成支护，对稳定性不好的部位必须立即进行支护。

（5）喷射混凝土时，喷枪头距坡面宜在 0.8 ~ 1.5m 范围内，喷射方向应垂直指向喷射面，并从底部向上部喷射。

6. 土钉墙施工技术质量要求

（1）修坡应平整，在坡面喷射混凝土前，应清除坡面虚土。

（2）锚杆定位间距允许偏差为 ±100mm。

（3）成孔深度允许偏差为 ±50mm，成孔直径允许偏差为 ±5mm。

（4）喷射细石混凝土时，喷头与受喷面距离宜为 0.8 ~ 1.5m，自下而上垂直坡面喷射，一次喷射厚度不宜小于 40mm。

（5）钢筋网片与坡面土层之间的保护层厚度不宜小于 30mm。

（6）严格按施工程序逐层施工，严禁在面层养护期间抢挖下一步土方。

7. 土钉墙支护过程中可能遇到的问题及解决方案

（1）由于地质条件和施工的复杂性，基坑各边坡地坪标高不一致，基坑深度也不同，边坡土钉的实际排数，土钉长度和间距应根据实际情况由技术人员作相应调整。

（2）因地下障碍物而无法按设计孔位或设计长度进行成孔施工，可适当调整土钉的进入角度、间距和位置，以避开地下障碍物。当土钉间距调整幅度超过 500mm 或成孔深度比原设计孔深少 1000mm 以上时，现场施工技术人员应与设计人员协商解决。

（3）成孔过程中因遇地下水造成缩颈、塌孔现象，可采用如下方法解决：

1）成孔后立即下土钉并立即注浆。

2）已缩颈的土钉孔应进行二次成孔以保证孔径；若二次成孔无法保证孔径，应在相邻处补孔。

3）若现场地层情况与原勘察报告有较大出入，缩径、塌孔严重而无法用洛阳铲成孔，应及时与设计人员协商，可采用钢花管作为土钉打入土体，并灌注水泥浆。

（4）基坑开挖过程中因土质较松散而发生局部土体不稳定时，可采用以下方法进行处理。

1）视土质情况减小土方开挖深度。

2）可在土方开挖后立即喷射一层40mm厚的砂浆或混凝土，再进行土钉施工。

3）若不稳定土体已坍塌，视塌落土体的大小用编织袋或草袋等物装土填充密实后，挂钢筋网或进行压力注浆，再进行下一步施工。

（5）施工过程中边坡出水而影响边坡稳定时采取以下方法进行处理。

1）与建设单位、总承包单位密切配合，了解施工场区周边地下管线（上、下水，污水、雨水及消防等管线）是否有渗漏现象，及时切断水源并进行补漏和堵截。

2）边坡可采取设置导流花管的方法将土体中的水导出，基槽内设置盲沟和集水井，用水泵将水尽快排出基槽。

4.5.5 锚杆施工

1. 工艺流程

成孔→安放杆体→注浆→养护→张拉锁定。

2. 锚杆施工的技术要求

（1）锚杆施工根据设计倾角（护坡桩锚杆设计倾角为15°，喷锚土钉墙锚杆设计倾角为10°）进行调整，定准孔位后方可成孔。孔位布置符合设计要求，水平方向偏差不应大于50mm，垂直方向偏差不大于100mm，孔斜误差小于3°。

（2）锚杆杆体制作前对进场材料进行复验，合格后方可使用；杆体制作应在现场平坦、坚实的地面上进行。

（3）根据设计杆体长度下料，下料尺寸偏差不大于10cm。下好的料索必须顺直排列，沿杆体轴线方向每2.0m设置一个隔离架，并用绑丝将锚索与隔离架捆扎牢固。非锚固段套ϕ20软塑料管，两端用钢丝扎紧并密封。杆体下端用编织袋扎紧，以使其顺利下入孔底。

（4）杆体安放前，把注浆管插入隔离架中心孔，距孔底30~50cm，然后下入杆体；中途遇阻时，可适当提动杆体再重新下入，如处理无效，则应将杆体提出孔外，重新清孔。

（5）插入钢绞线时，孔口预留长度应≥1.0m。

（6）注浆是锚杆施工的一道重要工序，直接决定锚杆的质量，本次锚杆施工进行二次常压注浆，直至注满锚孔，孔口返出水泥浆为止。

（7）注浆材料选用水灰比为0.4~0.5的纯水泥浆，用P.O42.5水泥加水搅拌而成。施工前必须对进场材料进行原材试验，合格后方可使用。注浆5~7d后强度达到75%，即可张拉锁定锚杆，否则延迟张拉锁定时间。为缩短工期，注浆时可适量加入早强剂，缩短张拉等待时间。

(8) 注浆浆液要搅拌均匀且搅拌时间不小于2min，浆液随用随搅，不得有离析现象。

(9) 指定专人做好锚杆施工的详细记录。

4.6 边坡变形观测

4.6.1 观测前的准备工作

(1) 为保证观测工作准确无误，对全体测量人员进行施工前的培训，严格遵守施工测量放线工作中的基本准则，明确测量工作在施工中的重要作用，建立严格的测量管理制度，严格执行《工程测量规范》(GB 50026—2007) 的规定。

(2) 校检仪器、检定钢直（卷）尺。仪器的精准，钢直（卷）尺的准确是保证测量精度的基本条件。仪器检定必须到有资质的计量单位进行。

4.6.2 观测施工

1. 边坡水平位移观测

(1) 测量方法：直线法（如场地条件不允许，可考虑采用极坐标法)。

(2) 作业顺序：埋点→观测→内业处理。

(3) 使用仪器：J2 经纬仪。

(4) 作业要求：

1) 埋点：在基坑的四周设置位移观测点(图4-6)。测站点、后视点及观测点要齐全且安全，并在一条直线上。

2) 观测：采用“三定”观测，测量边坡水平位移，用仪器配合钢直（卷）尺精确量测。

3) 内业处理：制定边坡位移观测表，分析位移变形趋势，根据变形观测情况调整观测周期。

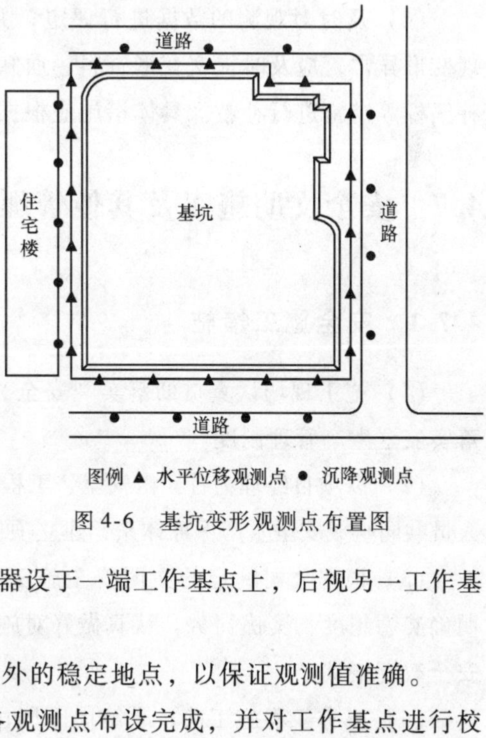

图4-6 基坑变形观测点布置图

(5) 每个观测点上设置一个标尺，观测时使每个观测点与两端工作基点布成一条准直线；将仪器设于一端工作基点上，后视另一工作基点，确定各观测点相对于准直线的垂直偏移量。

(6) 工作基点应视现场情况，布置在变形区以外的稳定地点，以保证观测值准确。

(7) 边坡水平位移变形观测在各工作基点及各观测点布设完成，并对工作基点进行校核后进行，偏差不大于2mm。

(8) 土方开挖前，在散水顶部设置位移观测点。土方开挖时每日进行观测，当位移稳定后，适当延长观测间隔时间。土方开挖时，监测频率为2次/d，经监测负责人签字后报总承包单位技术负责人。当相邻两次观测位移量大于5mm或总变形量达4.0cm时，应及时分析原因，并向有关部门报告。

(9) 当基槽开挖至设计标高10d且位移量很小时，可根据实际情况减少观测次数。

2. 沉降观测

(1) 沉降观测方法及仪器。采用DS3型水准仪，按国家三级水准测量要求施测。组成闭合水准线路，每测站高差中误差±1.0mm，环形闭合差0.6mm$\sqrt{n}$（n为测站数）。高差系统采用施工高程系统。

(2) 基准点及观测点的设置（图4-6）。在测区内，基准点根据现场情况设置在距基坑远端1倍开挖深度以外的稳定地点，共布置3个。

(3) 变形点高程中误差±1.0mm；相邻变形点高程中误差±0.5mm。

(4) 首次观测时，对各观测点连续观测两次，两次高度之差不宜大于0.1mm，取中数作为初始值，以后每次观测值均应与初始值进行比较，以求得垂直位移量。

(5) 从基坑开挖后开始观测，当基坑开挖到底板浇筑混凝土7d内，观测周期为1次/1d；底板浇筑混凝土7～14d，1次/2d；底板浇筑混凝土14d后，1次/3d，以后可逐渐减少。当相邻两次观测位移量大于5mm或竖向位移变化累计值达30mm时，应及时分析位移原因，并向有关部门报告。

(6) 及时对观测的数据进行评定，并根据变形趋势做出预测。在施工观测中，如果发现变形异常，应及时提交变形资料，通知有关负责人，分析其异常原因，并采取土方回填或补锚杆等措施进行补救。具体措施应根据实际情况而定。

4.7 安全文明施工及其他管理措施

4.7.1 安全施工措施

(1) 施工现场认真贯彻落实“安全为了生产，生产必须安全”的安全生产方针，严格落实安全生产管理制度。

(2) 以项目经理为首，由安全、工程、技术、质量、行政和专职安全员等各方面的管理人员共同组成安全生产保证体系，建立项目经理部安全工作组，领导和组织实施安全工作。

(3) 根据公司制定的文明安全施工规章制度，建立健全的安全管理人员岗位责任制，明确奖惩制度，奖优罚劣。认真做好对施工人员的技术交底工作，并对参施人员进行质量、安全教育培训。

(4) 土方工程施工前，了解周围居民的意见并提出切实可行的解决措施，确保周边居民的正常生活。

(5) 设专人定期对基坑边坡的稳定情况进行检查，发现问题及时向项目部汇报，避免事故的发生。

(6) 在基坑周围用 $\phi 48$ 钢管设置两道防护栏杆，立杆间距 4m，高出自然地坪 1.5m，埋深 0.8m，沿防护栏杆挂绿色密目安全网。施工人员严禁翻越栏杆或趴在栏杆上往坑底探看。

(7) 基坑上口周边 3m 范围内严禁堆放重物，禁止堆土、堆料和停放机具。

(8) 基坑外施工人员不得向基坑内乱扔杂物，向基坑下传递工具时要接稳后再松手。坑下人员休息要远离基坑边及放坡处。

(9) 施工机械要服从指挥，施工人员尽量远离施工机械，如有必要，则应先通知操作人员，得到回应后方可接近。

(10) 基坑开挖时，两人操作间距应大于 2.5m；多台机械开挖时，挖掘机间距应大于 10m。在挖掘机工作范围内，不许进行其他作业。

(11) 挖掘机按规定离坡边有一定的安全距离，以防塌方，造成翻车事故，一般安全距离不小于 2.5m。

(12) 挖土应由上而下，逐层进行，严禁先挖坡脚或逆坡挖土。

(13) 基坑上下应先开挖好斜坡道，采取防滑措施，禁止攀边坡上下。

(14) 所有人员进入施工现场必须戴合格安全帽，并锁好带扣；施工现场严禁吸烟；施工人员应互相配合，相互呼应，不得在现场嬉戏打闹。

(15) 布置任务时要进行详细的安全技术交底，并做好记录。施工中严格执行安全操作规程，严禁违章指挥和违章作业。

(16) 要做好基坑边坡观测，防止发生坍塌事故。

4.7.2 临时用电管理措施

(1) 严格落实现场临时用电管理制度及电工值班、巡查制度，落实临电管理人员岗位责任制。

(2) 所有电动机具、机械、电气设备必须由专职电工或持证的操作手进行操作和维修，非电工或操作手不得随意动用机电设备。

(3) 做好临电施工组织设计及安全技术交底，并进行记录。临时用电必须经项目电工检查批准后方可使用，无证人员不得擅自拉线、接灯或修理。

(4) 工地使用的所有电器必须保证质量合格，有合格证，电工要做好值班及维修记录。

(5) 现场作业区及生活区的临时用电均由指定的专职电工负责管理，电工须持证上岗，严禁非电工人员乱拉电线、乱接电源。

(6) 现场使用经国家相关部门认证的配电箱和开关箱，使用期间安排专人负责定期保养、清扫和擦拭。

(7) 临时配电箱必须全部安装漏电保护器，现场所有电气设备均应安装漏电保护装置，配电采用三相五线制。

(8) 施工现场的所有电缆必须经过无破损、龟裂检查，符合设计标准。

4.7.3 现场施工机械管理措施

（1）严格落实现场机械管理制度，建立健全的机械管理人员岗位责任制。

（2）所有机械必须由专职操作手操作和维修，操作手必须持证上岗，按操作规程操作，严禁非操作人员随意动用机械。

（3）对操作手进行安全技术交底和关于机械设备操作规程的教育培训，经考核合格后才能上岗操作。

（4）所有机械做好使用及维修保养记录，必须每天检查，确保机械设备的安全使用，操作人员应做好交接班记录。

（5）操作手每天对机械设备进行班前、班中、班后三次检查，发现问题立即停机整修，严禁带隐患工作。

（6）所有用电机械设备均应有可靠的接地装置，使用完毕后必须切断电源。

（7）钢筋加工机械的防护设备要完好、齐全，由专人按安全操作规程进行操作，加工完活现场要清理干净，机械部位润滑良好，接地可靠。

（8）电焊机、切割机等用电设备开关要灵敏，接地要可靠，电源线绝缘必须良好。

4.7.4 环境保护措施

（1）严格执行公司环境保护管理制度，减少工地扬尘和噪声污染。

（2）施工现场做到“活完料净场地清”，对扬尘点做防风、降尘处理，根据现场情况对现场及生活区进行洒水、清扫，防止扬尘。

（3）在施工现场的出入口建洗车池，并安排专人值守，防止现场内的粉尘被带入场外。运载土方最高点不超过车辆槽帮上沿，装载建筑渣土或其他散装材料不超过槽帮上沿，并进行覆盖，避免途中遗撒和运输过程中造成扬尘。

（4）清洗施工机械设备及工具的废水、废油等不得直接排放，必须集中处理，防止污染土壤和地下水。

（5）施工道路设专人洒水，堆土应有防尘措施，遵守北京市有关环境保护的要求。指定专人每天清理生活区、办公区，保证生活区、办公区的清洁卫生，做到无积水、无污物。

（6）水泥和其他易飞扬的细颗粒散体材料应安排在库内存放或严密遮盖。

（7）在施工现场设置垃圾分拣站，施工垃圾及时分拣、清扫，并洒水降尘。

（8）行政主管负责施工现场的食堂卫生，环卫员负责日常工作管理。炊事人员必须严格遵守《中华人民共和国食品卫生法》和其他有关管理规定。

（9）临时食堂设隔油池，每月清理浮油不少于三次；污水经过滤、沉淀、隔油后排入市政污水管线。

（10）建立健全的控制人为噪声的管理制度。噪声值监测执行《建筑施工场界噪声测量方法》的规定，白天的施工噪声不超过70dB，夜间不超过55dB，并且经常测试。

（11）做好施工现场环境保护的监督检查工作，每月月初、月中和月末对各项环境工作进行一次检查，对存在的问题及时采取纠正和预防措施，并做好文字记录和存档工作。

4.7.5 消防保卫措施

（1）施工现场工作坚持“预防为主，防消结合”的工作方针，认真贯彻执行《中华人民共和国消防法》和《北京市消防条例》，逐级落实防火责任制；同时将消防保卫工作纳入生产管理议事日程，与生产同计划、同布置、同检查、同落实、同评比。

（2）参加施工的所有人员，入场前都要进行“四防”教育和考试。坚持每月和重大节日、社会政治活动前教育一次，学习现场的各项规章制度和国家法规，使每个施工人员做到制度明确、安全生产、文明施工。

（3）易燃易爆物品分类专库管理，严格进、出库手续。进行易燃易爆化学危险品操作时，必须保证通风良好，禁止与明火作业交叉操作。

（4）现场要认真执行“三坚持”原则，即坚持防火安全交底制度、坚持用火申请制度和坚持特殊工种持证上岗制度。

（5）现场搭建的各种临时建筑物均不得采用易燃材料。施工现场的生活、加工、仓储、办公等区域与在施工程分开设置。

（6）加强现场明火作业管理，严格用火审批制度。现场用火证统一由消防保卫负责人签发，并有书面防火技术交底。采用明火作业时必须派专人看护。

（7）施工现场严禁吸烟。

（8）消防器材统一由保卫人员检查、维修，保证灭火器材完好、有效，不准他人擅自挪用。施工现场临时道路兼做消防通道，宽度不低于4m。

（9）对现场重点部位（如配电室、塔式起重机、仓库等）配备责任心强、技术熟练的人员进行操作和管理，建立健全的岗位责任制和交接班制度，认真做好交接班记录。

（10）建立门卫制度和巡逻护场制度，设专人两班制昼夜值班，并做好值班记录。对携带施工材料进出场的人员和车辆要开具进出门证，对进入施工现场联系业务的人员要进行登记，经门卫许可后方能进入。

（11）消防保卫负责人每天对工地用火用电等情况进行巡查，每旬参加一次文明施工检查；有权制止一切违反规定的行为，对违反治安消防规定的人员，保卫干部有权给予批评教育和处罚，直至停止施工。

（12）建立健全消防保卫档案，做好资料的收集、整理工作，对现场发生的事故和各种隐患都要认真记录、整理和备查。

4.7.6 防止扰民措施

（1）提倡文明施工，建立健全控制人为噪声的管理制度，尽量避免大声喧哗，增强全体施工人员防噪声扰民的自觉意识。

（2）在施工中积极采用新工艺、新机械、新材料，或更换、调整部分影响较严重的设施和设备，尽量降低施工影响，保证施工进度。

（3）与周围居民及有关部门进行联系与沟通，认真听取他们的要求和建议，对他们的意见、建议进行合理采纳，能够做到的要坚决去做，实在做不到的要与其及时进行沟通，取得他们的谅解。

（4）在土方施工阶段，坚持定期检测噪声，保证噪声低于临界值。

（5）合理安排施工工序，尽量将噪声污染严重的工序安排在白天施工。

（6）对人为活动噪声建立管理制度，特别要杜绝人为敲打、叫嚷、野蛮装卸等现象，最大限度地减少噪声扰民。

4.8 计算书（略）

地铁站深基坑支护施工方案

胡正红

中国中铁一局集团第四工程有限公司

5.1　工程概况

郑州大学站是郑州市轨道交通1号线的一个中间车站，车站位于中原东路与兴华北街T型交叉口，中原东路地下。车站北侧为机械研究院家属院、郑州市网通公司、郑州电信局、核五院家属院等；车站南侧为绿城广场、绿城宾馆、郑州大学以及一些住宅区。

车站起点里程右CK15+714.968，终点里程右CK15+895.000，有效站台中心里程右CK15+825.000，车站外皮长度为180m。车站主体结构为地下二层双跨结构，标准段结构宽18.5m，高13.06m，顶板覆土厚3.5m，车站底板底埋深16.46m。车站西端区间采用盾构法施工，设置盾构始发井；东端区间采用矿山法施工，设置施工竖井。郑州大学站平面图如图5-1所示。

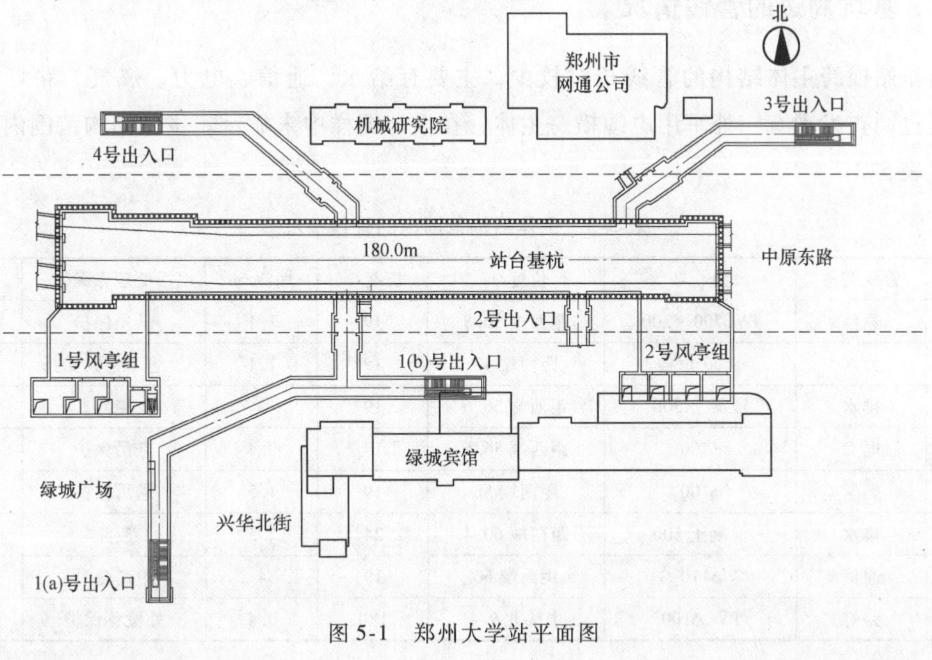

图5-1　郑州大学站平面图

5.1.1 水文地质情况

1. 水文情况

勘察期间，本站场地地下水稳定水位埋深20.2～20.5m（标高84.700～85.000m）。根据河南省环境检测院在场地附近浅层井水位的观测资料得知：2005～2008年4年间的水位变幅为1.68～3.72m，判定本场地3～5年最高水位埋深为17.2～17.5m。

2. 地质情况

工程沿线地貌类型为山前冲洪积缓倾斜平原，据地质钻探揭露，地层土力学参数见表5-1。

表5-1 地层土力学参数

地层代号	岩土名称	自地面往下的深度/m	天然密度	直接剪切试验		压缩系数	压缩模量	静止侧压力系数
				凝聚力	内摩擦角			
			ρ/(g/cm^3)	c/kPa	φ/(°)	$a_{0.1\sim0.2}$/MPa^{-1}	$E_{s0.1\sim0.2}$/MPa	K_0
(19)	粉土	1.8～6	1.72	12.0	23.8	0.15	11.2	0.46
(20)	粉土	6.1～11.3	1.72	8.1	23.5	0.12	14.5	0.46
(22)	粉土	11.4～13.9	1.78	17.9	18.4	0.20	9.2	0.40
(29)	粉土	14～16.9	1.84	22.4	24.1	0.10	15.5	0.38
(30)	粉砂	17～18.8	1.65	0	30			
(32)	粉土	18.9～20.6	1.82	25.3	19.6	0.30	13.3	0.46

5.1.2 基坑周边的管线情况

本车站横跨主体结构的管线相对较少，主要有给水、通信、电力、燃气、路灯、排水等，通过调查发现有一处军用电缆横跨主体，在设计图样中未显示。主体结构范围内的管线情况见表5-2。

表5-2 主体结构范围内的管线情况

序号	管线名称	型 号	位置/m	长度/m	埋深/m	处理方案	备注
1	通信	PVC700×300	距西端36.8	19	1.1	悬吊保护	50根
2	给水	ϕ600承插	距西端48	19	1.1	换管、钢梁支托	换管
3	排水	混凝土300	距西端56.6	19	3	废除	
4	电力	ϕ100	距西端56.6	19	0.4	悬吊保护	3根
5	燃气	ϕ100	距西端58	19	1.5	悬吊保护	
6	排水	混凝土500	距西端60.4	24	2.5	废除	
7	通信	ϕ110	距西端66	19	4	抬高悬吊	余长
8	路灯	PVCϕ100	中线北9.4	180	0.4	外拨移保护	钢网

5.1.3 基坑周边的交通及建筑物情况

1. 基坑周边的交通情况

郑州大学站是郑州市轨道交通1号线一期工程的一个中间车站，车站位于中原东路与兴华北街T型交叉口处，中原东路地下，路面交通流量及商业客流量大。车站北侧为机械研究院家属院、郑州市网通公司、郑州电信局、核五院家属院等，车站南侧为绿城广场、绿城宾馆以及一些住宅区。

2. 建筑物情况

根据有关要求，我部对郑州大学站基坑周围30m范围内的建筑物进行了初步调查，主要结构物现状见表5-3。

表5-3 主要结构物现状

序号	结构物名称	距离基坑边/m	主体结构		结构基础		建造时间
			结构形式	层数	基础形式	埋深/m	
1	机械研究院1#楼	17.6	砖砌结构	4	条形基础	1.32	1972年
2	机械研究院2#楼	24.2	砖砌结构	4	条形基础	1.32	1972年
3	73-5型住宅1#楼	21.3	砖混结构	4	条形基础	1.35	1973年
4	电信营业厅	22.4	钢筋混凝土结构	4	剪力墙基础	4.50	1998年

5.2 编制依据

(1) 郑州轨道交通1号线郑州大学站主体围护结构图。

(2)《建筑基坑支护技术规程》JGJ 120—2012。

(3)《城市轨道交通技术规范》GB 50490—2009。

(4)《钢结构焊接规范》GB 50661—2011。

(5)《地下铁道工程施工及验收规范》GB 50299—1999（2003版）。

(6)《锚杆喷射混凝土支护技术规范》GB 50086—2011。

(7)《钢筋机械连接技术规程》JGJ 107—2003。

(8)《混凝土结构工程施工质量验收规范》GB 50204—2002（2011版）。

(9)《城市轨道交通地下工程建设风险管理规范》GB 50652—2011。

(10)《建筑基坑工程监测技术规范》GB 50497—2009。

(11)《施工现场临时用电安全技术规范》JGJ 46—2005。

5.3 深基坑支护方案

郑州市轨道交通1号线郑州大学站主体部分采用明挖顺作法施工，基坑支护由中铁隧道勘测设计院设计。基坑分段参数见表5-4。车站基坑采用钻孔桩+钢支撑+桩间喷锚的支护形式。主体支护结构如图 5-2 所示。

表 5-4 基坑分段参数

断 面	里 程	长/m	基坑宽/m	基坑深/m
2—2	右 CK15 +714.968 ~ 右 CK15 +729.368	14.40	24.10	17.71
3—3	右 CK15 +729.368 ~ 右 CK15 +751.668	22.30	19.70	16.66
4—4	右 CK15 +751.668 ~ 右 CK15 +790.668	39.00	19.00	16.66
5—5	右 CK15 +790.668 ~ 右 CK15 +885.668	95.00	18.50	16.66
6—6	右 CK15 +885.668 ~ 右 CK15 +895.000	9.332	20.50	16.66

支护结构参数如下：

(1) 钻孔灌注桩。桩径 1000mm，桩间距 1.4m，C30 混凝土。

(2) 水平支撑。垂直方向设三道 $\phi609\times14$ 钢管，水平间距 3m。

(3) 冠梁。1000 × 800，C30 混凝土。

(4) 网喷混凝土为 C20。

(5) 垫层混凝土为 C20。

图 5-2 主体支护结构平面图

1—钻孔灌注桩 2—水平支撑 3—冠梁 4—网喷混凝土 5—混凝土垫层

5.4 施工部署

5.4.1 工程重点

进度控制的重点：树木迁移和交通疏解；明挖顺作法施工出土、进料能力和组织能力；旋挖钻孔桩加内支撑体系是本站施工的首道工序，必须首抓其施工进度。

安全控制的重点：大基坑和深桩基开挖过程中必须做好安全防护措施，确保基坑安全。

质量控制的重点：旋挖钻垂直度要求高，注意避免桩基侵入基坑范围；基坑喷锚界限、平整度为控制重点，以保证主体结构混凝土侧墙的厚度。

环境保护控制的重点：施工监测及文明施工；周围管线和建筑物的保护。

郑州大学站难点：横跨车站主体结构有2道通信管、1道给水管、1道煤气管和1道电力管，需要悬吊保护。悬吊管线数量多，是深基坑施工的难点。

5.4.2 施工对策

1. 深基坑开挖的变形控制

(1) 深基坑排水。由于该站地下水位深，不需要进行降水施工，只需在地面设置截水沟截排地面水，防止地表水渗入基坑，雨期施工应加强排水措施。

(2) 深基坑钢管支撑的质量控制。支护结构支撑的质量控制十分关键，支撑采用 $\phi609 \times 12mm$ 钢管；质量控制包括两个方面的内容，支撑本身的质量和支撑施工的安装质量。

(3) 钢管支撑自身质量控制。严格按设计要求选择合适的材质、直径、壁厚、螺栓、活络头形式以及焊接方式等，保证钢支撑自身质量。

(4) 合理确定结构施工段的长度，减少深基坑暴露时间，尽快进行结构施工，保证基坑变形在受控范围内。

(5) 加强对基坑开挖施工全过程的监测控制，确保基坑安全。

2. 悬吊管线对应措施

(1) 详细调查车站范围内的地下管线及地下障碍物。

(2) 对每种管线制定单独的悬吊方案，并与产权单位进行沟通。

(3) 各迁改管线队伍做好协调配合工作，悬吊期间让产权单位进行指导配合。

(4) 布置测点，监测地下管线的沉降，根据监测结果采取应对措施保护地下管线。

5.4.3 施工进度安排

郑州大学站施工进度计划见表5-5。

表5-5 郑州大学站施工进度计划

序号	项目名称	工期	2009年		2010年					
			11月	12月	1月	2月	3月	4月	5月	6月
1	钻孔围护桩施工	55d								
2	冠梁支撑梁施工	40d								
3	第一施工段	25d								
4	第二施工段	25d								
5	第三施工段	25d								
6	第四施工段	25d								
7	第五施工段	25d								
8	第六施工段	25d								
9	第七施工段	25d								
10	第八施工段	25d								
11	总工期：190d									

5.4.4 机械设备计划

根据总体施工进度要求，拟分期分批投入土方开挖设备，主要机械设备见表5-6。

表5-6 主要机械设备

序号	机械名称	型号规格	数量	用 途
1	反铲挖掘机	PC220 ($1.0m^3$)	3	挖土
2	旋转钻机	GPS-15 (30kW)	2	钻孔桩
3	泥浆泵	BW250/50	3	钻孔桩
4	潜水泵	QS20X30-3	4	钻孔桩
5	反铲挖掘机	PC35 ($0.16m^3$)	1	挖土
6	自卸汽车	EQ3141G (20t)	9	土方外运
7	龙门吊（电葫芦）	16t	1	围檩、支撑吊装
8	电焊机	BX300	6	支撑安装
9	液压千斤顶	100t	2	支撑安装
10	千斤顶油泵		2	支撑安装
11	空气压缩机（电动）	75kW ($12m^3$)	3	开凿桩头、凿毛
12	搅拌机	GS500	2	喷混凝土
13	喷浆机	TK96-1	3	喷混凝土
14	污水泵	7.5kW	5	备用
15	起重机	35t	2	配合钢支撑安装

注：基坑开挖过程中配套的小型机具根据进度情况酌情进场。

5.4.5 劳动力计划

为了加强现场管理，在保证工期的情况下拟在本项工程投入以下劳动力，如情况发生变化再进行适当调整。郑州大学站深基坑施工人员配备见表5-7，安全生产管理人员见表5-8。

表5-7 郑州大学站深基坑施工人员配备

序号	工作岗位	人数	序号	工作岗位	人数
1	生产副经理	1	9	机械修理工	2
2	技术管理人员	5	10	电 工	2
3	挖掘机驾驶员	6	11	电焊工	4
4	旋挖钻工	20	12	钢支撑加工及安装	16
5	运土车驾驶员	10	13	冠梁、喷射混凝土施工	16
6	起重机驾驶员	4	14	钢筋工	10
7	现场领工员	2	15	文明施工	10
8	装 吊 工	3			
合计：111人					

表 5-8 安全生产管理人员

序号	职位	人数	序号	职位	人数
1	安全总监	1	3	质检工程师	2
2	安质部部长	1	4	安全员	3

5.5 施工方法

5.5.1 深基坑施工工艺流程（图 5-3）

1. 施工要点

在开挖过程中按“分层、分步、对称、平衡、限时”五要点进行施工。

2. 施工原则

（1）深基坑开挖总体施工原则：“竖向分层、纵向分段、平面分块”。

（2）单个区段开挖原则：“开槽支撑、先撑后挖、分层开挖、严禁超挖”。

（3）施工过程中应掌握“先撑后挖”与“边撑边挖”相结合的原则。

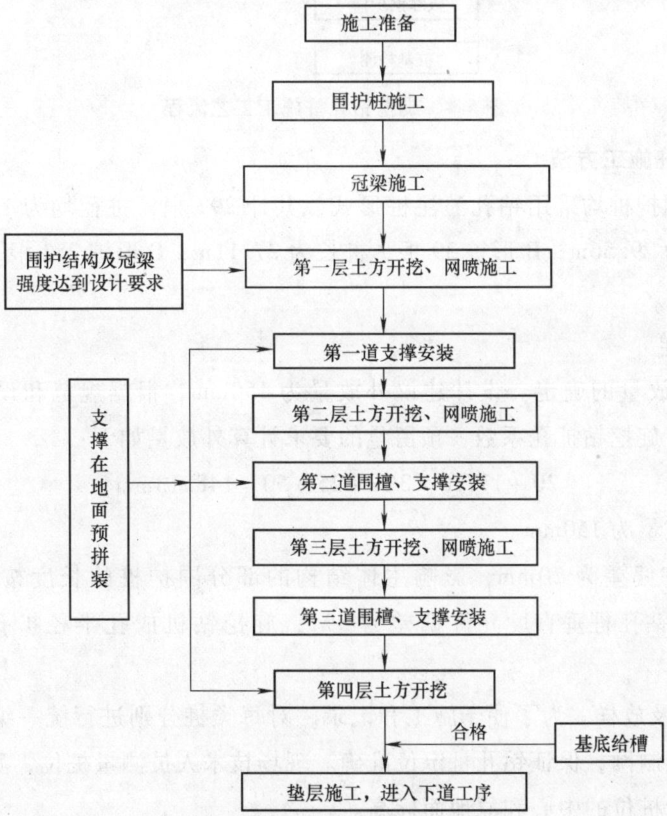

图 5-3 深基坑施工工艺流程

5.5.2 旋挖钻孔桩施工

1. 旋挖钻孔桩施工工艺流程如图 5-4 所示

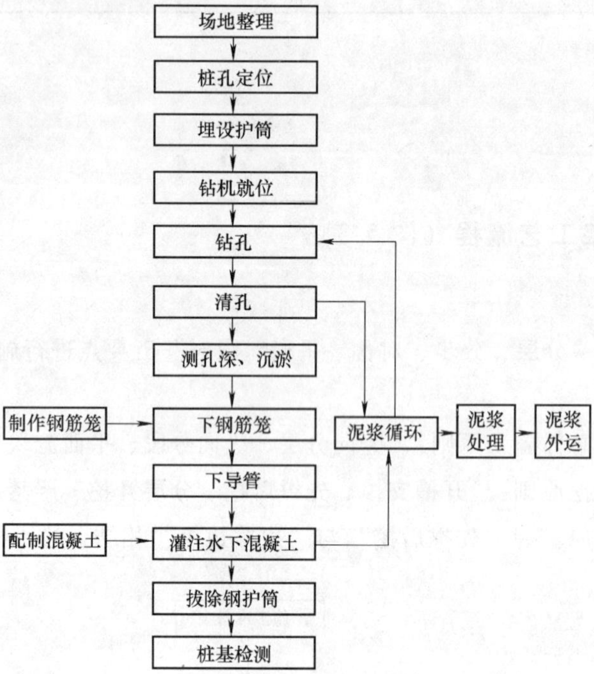

图 5-4 旋挖钻孔桩施工工艺流程

2. 钻孔灌注桩施工方法

郑州大学站围护桩均采用钻孔灌注桩形式，共计 297 根，桩径均为 1000mm；其中，A 形桩 6 根，桩长为 29.56m；B 形桩 39 根，桩长为 27.11m；C 形桩 252 根，桩长为 24.06m；共计约 7298m。

(1) 桩位放样

1) 围护桩外放量的确定。设计建议外放量为 150mm，根据规范和设计文件对桩位偏差、钻孔垂直度、旋挖钻扩孔系数、预留量的要求计算外放量如下：

$$20 + 17710 \times 3‰ + 25 + 50 = 148.13\text{mm}$$

最终确定外放量为 150mm。

桩位定位允许偏差为 20mm，影响主体结构的部分围护桩的长度按车站最深埋深考虑，为 17.71m，钻孔桩垂直度允许偏差为 3‰，旋挖钻机成孔半径扩孔 25mm，预留量为 50mm。

2) 桩位编号及放样。为了便于施工和记录，对每类桩分别进行统一编号，做桩表统一规划；建立测量控制网，保证钻孔桩定位准确。现场技术人员测量桩位，测放出桩位中心线及十字护桩，测量桩位的中心和原地面标高。

(2) 护筒的埋设。护筒采用 1cm 厚的钢板卷制，内径为 1.2m，高度不小于 3.7m，采用挖坑法埋设护筒。为防止串孔，同时开挖的2根桩中间间隔2根桩，净间距为3.2m。埋设好的护筒顶面应高出地面20cm，平面定位偏差小于5cm，垂直度偏差小于0.3%*H*（*H*为护筒高），并且护筒周围及底角紧密不透水。

护筒埋设应高出地面30cm，埋置深度不小于1.5m，且应高于钻孔内稳定后的承压水位2m以上。将护桩十字线在护筒边做上标记，施工中要保护好护桩，以便随时校核孔位。

（3）泥浆制备。为了充分利用泥浆及做好泥浆的排放工作，应根据现场具体情况合理布置泥浆循环系统。泥浆循环系统由泥浆池、临时沉淀池、泥浆泵、泥浆搅拌设备组成，并配有排水、清渣设施。

施工时开挖两个泥浆池（6m×10m×1.5m），旁边挖临时沉淀池（$4m^3$）。当灌注混凝土时，孔内排出的泥浆排入临时沉淀池中，然后用泥浆泵抽入沉淀池，经沉淀后的上层泥浆流入泥浆池后可重复使用。钻孔时的泥浆则由泥浆池通过泥浆泵抽入孔内。泥浆池、沉淀池应及时清理。

泥浆质量是钻孔桩施工的重要保证，必须予以高度重视。施工前必须配置高质量的钻孔泥浆。根据施工段的地质情况，泥浆采用膨润土或黏土或其他合格的新型材料制备，如高分子聚合物泥浆。

为提高泥浆黏度，可在泥浆中掺入适量的烧碱等，掺量经试验确定。造浆后应测试泥浆的全部性能指标。

（4）旋挖钻钻孔。

1）钻机就位。钻机垂直于围护桩所在的基坑边线，以将钻机钻进过程中的变位影响降到最低。钻机就位后，重复旋转多次，以消除底盘的不均匀沉降。地基承载力不能满足要求时，钻机底部可铺设20mm厚的钢板，钻头中心和十字护桩线交点重合，并测量钻杆垂直度，垂直度达标后，方可开钻。

2）钻孔施工。

① 成孔采用旋挖钻机跳孔钻进，控制新钻孔距已成孔净距离不小于6m，桩体混凝土强度达到70%以上，方可钻相邻孔。

② 钻进前对旋挖钻机筒式钻头进行检查，确保其成孔直径达到设计要求。

③ 初始钻进过程中，安排专人用经纬仪检查垂直围护结构边线方向的钻杆垂直度，及时调整，保证垂直度达标。

④ 施工前根据不同的地质情况选用不同类型的钻头、钻进压力、钻进速度及适当的泥浆比重。在所有设备、管路完好，所安排的人员全部就位后开始钻进。

⑤ 开孔时应慢速钻进，待钻头全部进入地层后方可加速钻进，以确保开孔准确、竖直。钻进中应始终保持孔内水头高度和合格的泥浆指标。钻进作业应连续进行，注意地层变化，适时调整钻进系数和泥浆指标，做好详细地钻进记录，发现与设计不符的地质情况及时通知有关人员，协商处理。

⑥ 钻孔作业过程中，观察主机所在地面和支腿支撑处地面的变化情况，发现下沉现象

及时停机处理。因故停机时间较长时，应及时采取措施避免塌孔。

⑦ 开始钻进时，进尺适当控制，在护筒刃角处，低档慢速钻进，使刃角处有坚固的泥皮护壁。钻至刃角下 1m 后以正常速度钻进。如护筒周围土质松软导致漏浆时，提起钻头，向孔中倒入黏土，再放入钻头倒转，使胶泥挤入孔壁堵住漏浆孔隙，稳住泥浆后即可继续钻进。

⑧ 在对细砂层的钻进过程中，钻头提升应缓慢，钻杆转速减到低档，配合聚丙烯酰胺稳定液施工，通过钻头的离心力，使该高分子材料凝聚在孔壁，形成一层富有韧性的胶合薄膜，使孔内泥浆不会渗漏，防止孔壁崩塌，达到稳定钻进的效果。

⑨ 钻孔工地要有备用钻头，发现钻头直径磨耗超过 15mm 时应及时更换或修补。更换新钻头前，先检孔到孔底，确认钻孔正常时方可放入新钻头。

⑩ 为防止由于振动导致邻孔孔壁坍塌或影响邻孔已浇筑混凝土的强度，应待邻孔混凝土抗压强度达到 70% 后方可开钻。

3）成孔检查。钻孔到达设计孔深后，及时进行成孔检查，对孔径、孔深、垂直度等指标进行量测，孔位偏差小于 5cm，孔径不小于设计值，倾斜度不大于 3‰，孔深不小于设计值，合格后方可进入下道工序。

孔径要求不小于设计孔径，此项工作主要在开钻前对钻头直径进行检查，开始钻进后，可在孔口量测外扩系数，以确定合理的钻头直径，用以控制孔径。

孔深采用测绳挂测锤测量，沿孔壁位置测三点，取平均值确定孔深，并根据测绳距离孔口的距离来确定孔的垂直度。

钻孔完成后，用电子孔斜仪或监理工程师指定的检孔器进行检孔。孔径、孔垂直度、孔深检查合格后，再拆卸钻机进行清孔工作，否则重新进行扫孔。清孔的目的是使孔底沉渣、泥浆相对密度、泥浆含钻渣量和孔壁厚度等指标符合规范要求。

4）清孔。钻孔至设计高程后及时清孔，为减少泥浆排放量，清孔采用换浆法进行，并用测锤检查孔底的沉淀情况。清孔后的泥浆指标均应符合规范要求，清孔后的泥浆相对密度为 1.03～1.1，黏度为 17～20Pa.s，含砂率小于 4%，沉淀厚度不大于 10cm。清孔完毕后应及时下放钢筋笼。

（5）钢筋笼运输与吊装。钢筋笼的纵向钢筋搭接采用闪光对焊，要求接头位置正确；定位加筋与纵筋焊接，箍筋与主筋绑扎，绑扎时注意正反扣间隔，钢筋笼中部变形较大的部位可采用焊接，确保连接牢固；外侧需设混凝土圆形垫块，保证主筋有 7cm 保护层。

钢筋笼制作完成后，及时将测斜管绑扎固定在钢筋笼内侧，测斜管接头应连接紧密，不得漏水，测斜管端部用专用管堵密封，防止泥浆进入。

清孔完成后，进行钢筋笼吊装，钢筋笼采用 45t 起重机一次吊装到位，下放时必须保证钢筋笼垂直，下放过程中不得碰撞孔壁。下放到位后焊接吊筋，用钢扁担担在方木上，不得担在钢护筒上钢扁担应能够承受钢筋笼的全部重量。方木必须放置在地面上，不得错位和沉陷。钢筋笼安放后的顶面和底面标高应符合设计要求。

（6）灌注孔桩混凝土。导管吊装前进行试拼，检查接口连接是否严密、牢固，如接口胶圈有破损，需更换后方可使用。同时检查拼装后的垂直情况，根据桩孔的总长，确定导管的拼装长度。导管吊放完毕后（导管底口离孔底 30～50cm），进行灌注混凝土前的换浆工作，然后复测孔深、检查沉渣的厚度，要求桩底沉渣厚度不得大于 10cm。在导管上端连接混凝土漏斗，其容量必须满足储存首批混凝土数量的要求，确保导管下口埋入混凝土内 100～200cm。

混凝土的灌注需连续进行，有短时间停歇时，应经常活动导管，使混凝土能保持足够的流动性。灌注过程中，边灌注混凝土边提升导管边拆除上一节导管，使混凝土经常处于流动状态，尽可能缩短拆除导管的间隔时间。根据混凝土的灌注情况和埋管深度逐节拆除导管，保证导管的埋深不小于 1m，且不大于 6m。

孔内混凝土顶面位置的探测，采用锤重不小于 3kg 的锥形探测锤进行。混凝土灌注到桩上部 5m 以内时，不再提升导管，待灌注至规定标高后一次提出导管，拔管采用慢提及反插的方法。桩顶标高应预加 0.5m，以保证桩头混凝土的强度，多余部分的混凝土在做冠梁前凿除，残余桩头应无松散层。全部混凝土灌注完成后，要清点导管数量，拔除钢护筒，清理场地。

3. 钻孔灌注桩施工注意事项

（1）加强测量、保证护桩的准确。护筒安放过程中采用护桩校核，合格后将护筒周围用黏土分层回填并夯实，边回填边校核，确保护筒埋设符合质量要求。

（2）旋挖钻在钻进过程中，安排专人用经纬仪检查垂直围护结构边线方向的钻杆垂直度，及时调整，保证垂直度达标。

（3）在钻孔过程中，观察主机所在地面的变形情况，发现下沉现象应及时停机处理。因故停机时间较长时，应及时采取措施避免塌孔。

（4）应经常检查钻头和孔径，防止因钻头磨损等原因造成缩径，钻进时应有备用钻头，轮换使用。钻头直径磨耗超过 1.5cm 时，应及时更换或修补。

（5）钻进过程中应随时检查各种机械设备的使用状况，及时进行保养和检修，防止掉钻等事故发生。

（6）根据旋挖钻钻进速度的变化和土层取样，认真做好地质情况记录，与设计不符时应及时报请监理工程师现场确认，由设计单位确定是否进行设计变更。

（7）灌注混凝土期间，配备水泵、吸泥机及高压射水管等设备，以保持孔内水位和及时处理灌注故障。

（8）水下混凝土要满足设计和规范要求的坍落度，保证在混凝土灌注过程中不出现堵管现象。

5.5.3 冠梁施工

1. 工艺流程如图 5-5 所示

2. 冠梁施工方法

（1）桩顶清理。将钻孔桩外侧 0.5m 范围内的表层土体整体开挖至冠梁设计底标高下

0.1~0.15m，并浇注垫层充当底模。人工用风镐凿除灌注桩桩顶混凝土至冠梁底标高位置，清除表面浮浆、松动的混凝土碎块等。

（2）钢筋加工及绑扎。

1）钢筋加工。钢筋加工前应检查钢筋的型号、直径、外形，锈蚀严重的钢筋应除锈，弯曲变形的钢筋应调直。钢筋应严格按照设计文件和施工图进行加工，箍筋的弯勾角度为135°，弯曲后平直区长度不小于10倍钢筋直径。

钢筋加工允许偏差：调直后局部弯曲不超过 $d/4$（d 为钢筋直径），箍筋宽和高的尺寸偏差在 -10 ~ +5mm 之间。

2）钢筋绑扎。钢筋绑扎前，应清理杂物；如在施工缝处施工，还应把接缝处的钢筋调直。钢筋连接可采用搭接焊或气压焊等焊接方法或绑扎连接，单面焊接接头长度不少于 $10d$（d 为钢筋直径）；双面焊接接头长度不少于 $5d$；焊接接头搭接面积百分率不得超过50%。在绑扎钢筋时，箍筋应与受力钢筋垂直设置，箍筋弯钩叠合处应沿受力钢筋方向错开设置。钢筋的交叉点必须绑扎牢固，不得出现变形和松脱现象。

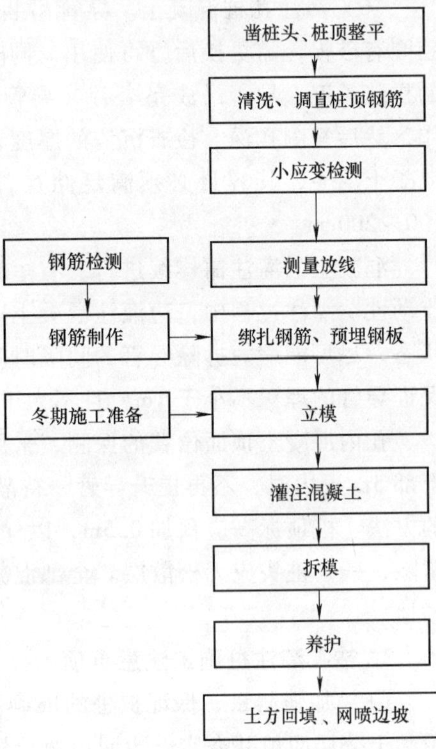

图5-5 冠梁施工工艺流程

3）模板制作及安装。冠梁采用钢模板做侧模，局部用杨木板找齐，模板制作及安装应按照规范要求进行。模板在安装前清理干净，并涂抹脱模剂，在涂抹脱模剂时不得污染钢筋及混凝土施工缝。模板在钢筋绑扎验收合格后再安装，安装时可利用槽底作为底模，如槽底不平，可用砂浆抹面找平后再立侧模。

4）混凝土浇筑。

①施工准备。浇筑混凝土前，应预先给商品混凝土供应商进行技术交底，内容包括：混凝土强度等级、水灰比、采购数量、坍落度、初凝时间、是否加抗冻剂、是否采用保暖措施、出罐温度、入模温度、浇筑时间等。在浇筑混凝土前检查施工机具，同时配备专职维修人员随时检修。做好钢筋及预埋件的隐检及模板验收工作。

②混凝土浇筑。混凝土的振捣使用振捣棒，浇筑分两层进行，每层厚度为400mm。浇筑前应在模板上标出各层顶面标高。混凝土的浇筑尽量连续进行，如必须间歇时，其间歇时间应尽量缩短，并应在前层混凝土初凝前将次层混凝土浇筑完毕。在浇筑过程中，应控制混凝土的均匀性和密实性，除钢筋稠密处采用斜向振捣外，其他部位均采用垂直振捣，振捣点的距离为300~400mm，插点距模板不大于200mm。振捣时要对称并均匀地按顺序进行，不得漏振。

浇筑混凝土时，应注意观察模板、钢筋、预埋钢板的情况。当发现有变形过大或移位时，应立即停止浇筑，并在已浇筑的混凝土初凝前矫正到位。

③混凝土的养护。混凝土浇筑12h后进行洒水养护，养护时间不少于7d。

3. 冠梁施工质量保证措施

（1）加强测量管理工作，保证放线准确

1）按施工图测放桩位轴线，在原支护桩的基础上外放15cm，放线工序完成后办理报检手续。

2）成立测控队负责对坐标进行复测，项目部总工程师负责测量管理工作。严格执行有关测量工作的监理报验程序及测量复核制度，各工序平面位置与高程待监理工程师审批、复核合格，报第三方测量复核后，方可进行下一步施工。

（2）测量技术保障措施。为保证测量精度，测出的数据必须加改正值，重要部位的点位、高程测量必须做平差处理，钢直尺量距必须有三差改正。整个测量工作从外业到内业必须做到步步有审核。测量执行的标准为：《城市轨道交通工程测量规范》（GB 50308—2008）。

（3）钢筋施工的质量保证措施

1）严把进货关，做好钢筋原材料检验工作，不合格品不得进入工地。

2）保证除锈、焊接、调直、弯制等符合设计和规范要求，并进行抽查检验。

3）钢筋加工、安装应符合设计及规范要求。

4）钢筋焊接前进行试焊，然后由鉴定合格的电焊工按试焊的参数进行焊接，并且有专职人员对焊接进行检验，合格后方可使用。

（4）混凝土质量保证措施

1）配合比设计。为保证混凝土配合比合理性，项目部与混凝土供应商共同对配合比进行设计，并对混凝土整个拌制过程进行监督管理。

2）混凝土搅拌。对混凝土搅拌建立岗位责任制，向商品混凝土站派驻内部监督员进行监督，保证混凝土的拌和质量。

3）混凝土供应及运输。本工程主体围护结构混凝土采用商品混凝土，使用混凝土罐车运输。

4）混凝土浇筑。成立混凝土作业班，定人、定岗，建立岗位责任制；混凝土浇筑实行质检工程师现场监督制。

5）混凝土养护。由于冠梁在地面以下，故采用湿水养护，养护期不少于7d。

5.5.4 土方开挖

1. 基坑土方开挖的原则

根据基坑变形理论分析计算，提出考虑基坑时空效应规律的开挖施工程序及主要施工参数，包括开挖段数、分步开挖的空间尺寸、开挖坡度、每步开挖和支撑所需的时间及支撑预应力值等参数。

基坑开挖随时根据监测结果不断进行施工参数的调整和优化，及时架设支撑和制作结构，尽量缩短围护结构的暴露时间，减少围护结构的变形，确保周边环境稳定。

结合车站的实际施工条件，严格按照“时空效应”理论分层、分段、分块开挖土方，开挖过程中，按要求进行纵向放坡，严禁掏挖。

2. 基坑土方开挖顺序

根据工期要求及主体结构的特点，基坑土方开挖的总体开挖顺序是：从西向东退后开挖，单端出土。本工程根据施工需要，共分为8个施工段，如图5-6所示。

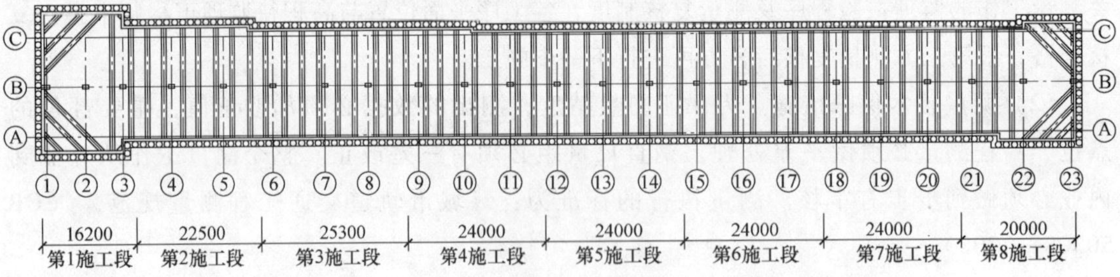

图5-6 基坑分段示意

3. 基坑土方开挖程序（图5-7）

（1）第1层土挖运。第1层土使用挖掘机挖装，自卸汽车运输。根据地质情况确定第1层的开挖深度，一般开挖至冠梁底部（深度一般为2.0~3.0m）。

（2）中间拉槽施工。采用反铲挖掘机拉槽，自卸汽车运输。两侧基坑围护结构完成的地段，在第1层钢支撑未安装之前，沿纵向在中间拉槽，到第2道钢支撑底，槽深6.0m，分两层施工，每层每段约长25m。靠围护结构每边预留2.0m土体，以便于安装第1层钢支撑，利用土体抵御围护墙后的土压力，保证围护结构的安全。分两层开挖，槽底宽4.0m，拉槽上口宽5~14m，挖深3~3.5m，边坡坡比为1:0.67~1:1.00，边挖边刷坡。开挖时，随时监测围护结构的位移情况，并做好记录。

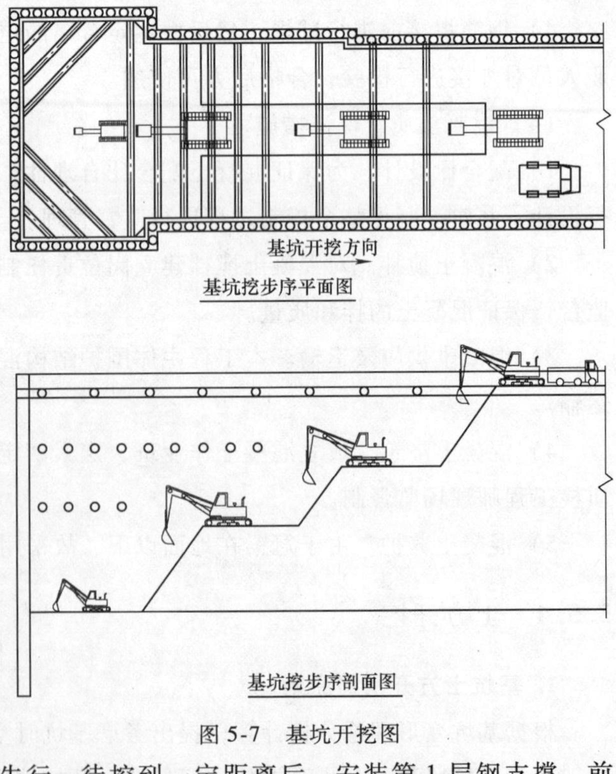

图5-7 基坑开挖图

（3）安装第1层钢支撑。中间拉槽先行，待挖到一定距离后，安装第1层钢支撑。前后两者之间距离以不影响反铲挖掘机的工作为度。

(4) 挖除两侧预留土体。第一层钢支撑安装完毕的地段，第 1 和第 2 层钢支撑之间的两侧预留土体用小型挖掘机均衡倒运到拉槽前方，供反铲挖掘机装车外运。挖和送土过程中不能破坏未安装第 1 层钢支撑段的预留土体，也不允许加深，只能整平。

(5) 小型挖掘机拉槽和送土，反铲挖掘机装土，自卸汽车运输。在第 2 层钢支撑未安装前，根据监测资料判断，用小型挖掘机沿纵向从中间向下拉槽和送土，由反铲挖掘机装车外运。拉槽到第 3 层支撑底，槽深 5.5m，分两层开挖，两侧预留顶宽 2.0m 的土体，按 1:0.67 ~ 1:1.00 的坡比放坡；中槽底部宽 5.0m，分两层施工，每层每段约长 25m。

(6) 安装第二层钢支撑、施工程序同第 1 层钢支撑安装。

(7) 用小型挖掘机将第 2、3 层钢支撑之间两侧预留土体挖送到前方，供反铲挖掘机装车外运，施工程序同本节 (4) 所述。

(8) 安装第 3 层钢支撑。

当挖掘机将第 2、3 层钢支撑之间的预留土体挖除后，立即安装第 3 层钢支撑。

(9) 马道及第 3 层钢支撑以下的土方处理。最后 1 层钢支撑以下及马道下的土方采用长臂挖掘机挖除，不能直接挖除的土方换用小型挖掘机装土，起重机吊运，自卸汽车运输。

(10) 基底整平处理。使用小型挖机挖土至高于基底标高 20 ~ 30cm 时，应停止机械开挖，而采用人工挖土以免超挖。挖到基底标高后整平，并报请监理和业主共同检查，填写隐蔽工程检查记录。

4. 基坑开挖施工注意事项

(1) 土方开挖工程中，严格控制两边的边坡坡比，根据不同的土质和不同的开挖深度，以保证坡体不滑动为原则进行放坡。如果在开挖时出现滑坡现象，则必须立即停止开挖，并对坡体进行加土（或堆沙包）护坡处理。

(2) 严格控制每段土方的开挖长度，上下两层土体交界处均应放坡，不能超挖成竖直面，以防止塌方。

5. 土方调配

郑州大学站工程的部分土方在车站开挖时进行弃除，部分土方可以堆弃在已经浇注完且达到强度的顶板之上。

5.5.5 钢支撑制作与安装

1. 钢支撑材料

钢围檩采用两根 I45b 型工字钢加缀板组焊而成，钢牛腿采用 ∟100 × 8 的等边角钢组焊而成。郑州大学站钢支撑采用直径 ϕ609mm × 14mm 的直焊缝钢管。

2. 钢支撑安装工艺见图 5-8

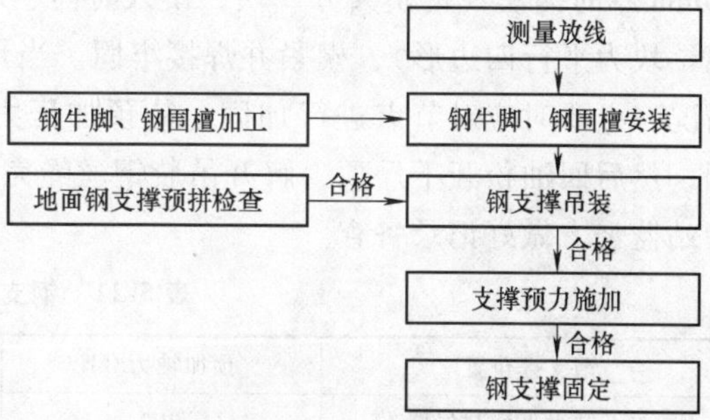

图 5-8 钢支撑安装施工工艺流程

3. 钢支撑制作

(1) 钢管支撑分节制作，每节标准长度

主要采用3m、6m和9m等多种规格，管节间采用法兰盘和螺栓连接，其端部设预加轴力装置。钢管支撑先在地面上按实测基坑的宽度进行预拼装，每根支撑的一端接一根长1.5m的活动端头（可调整余量为30cm）。

（2）加工误差：钢围檩和钢支撑的加工允许偏差见表5-9。

表5-9 钢围檩和钢支撑的加工允许偏差

项 目	钢管支撑			钢围檩		
	长度	管面对管轴的垂直度	弯曲矢高	长度	弯曲矢高	截面尺寸
允许值/mm	±3.0	d/500，且≤5.0	d/500，且≤5.0	±4.0	L/1000，且≤10.0	+5.0，-2.0

注：d为钢管直径，L为围檩长度。

4. 钢支撑安装及预应力施加

钢支撑安装采用16t龙门式起重机上的2台10t电动葫芦整体吊装（钢支撑的最大长度约23.2m，最大重量约4872kg）。支撑吊装采用两点起吊，在吊装过程中必须保持支撑平稳、无碰撞、无变形。钢管支撑吊装到位后，先不松开吊钩，将支撑两端放在钢牛腿上，用人工辅助将支撑调整到设计位置后再将支撑临时固定。对因围护桩施工误差造成支撑的端头不能与钢围檩面紧密接触处，必须在围檩面与支撑端头之间加设钢板垫块，以确保支撑轴向受力均匀。钢支撑安装允许偏差见表5-10。

表5-10 钢支撑安装允许偏差表

项 目	允许偏差/mm	项 目	允许偏差/mm
钢支撑轴线竖向偏差	±30	钢支撑两端平面位置差	1/600
钢支撑轴线水平向偏差	±30	钢支撑挠曲度	不大于1/1000
钢支撑两端标高差	20		

支撑预加轴力为设计轴力的30%～60%（表5-11），钢支撑施压时将2台100t液压千斤顶吊放入活络头顶压位置，两台千斤顶必须对称、平行安放。施加预压轴力时应注意保持两个千斤顶同步进行，预压轴力应分级、匀速施加，重复进行，每级施加压力不得超过300kN，且活络头楔入钢楔的空隙不得超过70mm。每级压力施加完毕，在活络头中楔入36mm厚的钢楔（钢楔共分3块，楔入时前、后两块为三角形，分别从上、下方向楔入，中间一块为平行四边形），楔紧并焊接牢固。当预加轴力达到设计值时，再次检查各连接点的情况，必要时应对节点进行加固；待预加压力稳定后锁定，在活络头中楔紧钢楔并焊接牢固；然后回油松开千斤顶，解开吊装钢丝绳完成该根支撑的安装。施加预应轴力时应设专人旁站监督，做好记录备查。

表5-11 钢支撑预加轴立力

钢支撑位置	预加轴力/kN	钢支撑位置	预加轴力/kN
第1道水平撑与斜撑	300	第3道水平撑与斜撑	700
第2道水平撑与斜撑	1000	第3道换撑	500

5. 钢支撑拆除

（1）钢支撑拆除条件。在底板混凝土达到设计强度后拆除第3道钢支撑；负二层侧墙、立柱、中板的混凝土达到设计强度后拆除第2道钢支撑；负一层侧墙、立柱和顶板的混凝土达到设计强度后拆除第1道钢支撑。

（2）分级逐步释放需要拆除的钢支撑的轴力，拆除时应避免预加应力瞬间释放过大而导致结构局部变形或开裂。

（3）钢支撑拆除前，先对上一层钢支撑进行一次预加轴力，达到设计要求以保证基坑安全。

（4）单根钢支撑拆除一般也分段进行，通常以两支撑点（围檩或立柱）间的支撑作为一段，逐段拆除。

5.5.6 桩间挂网喷射混凝土施工

围护桩之间挂φ6.5钢筋网，网格间距为150mm×150mm，喷射混凝土厚度为100mm。

1. 桩间喷射混凝土工艺流程

桩间喷射混凝土工艺流程：桩间土方开挖→制作钢筋网片→安装钢筋网片→拌制混凝土→调试机器→分层喷射混凝土→清理场地→对混凝土洒水养护14d。

2. 钢筋网施工

（1）钢筋加工。钢筋进场后首先应进行冷拉、调直，然后按所需长度下料。

（2）钢筋网片加工。把下好的钢筋加工成每片为1600mm×2000mm钢筋网片，节点处全部采用焊接固定或绑扎固定，网片应有较好的整体性，不得变形、松脱。

（3）钢筋网片安装。在土钉安装完成后，沿喷射好的坡面铺设钢筋网，网片应紧贴混凝土表面，且平整、牢固，网片搭接长度不小于1个网格尺寸（且不小于200mm）。

（4）在第一次挂网时应将基坑边缘向外延伸1m范围内的地面铺设钢筋网，避免坡顶被雨水冲刷。

（5）钢筋网铺设完毕后进行自检，并向监理工程师报检，合格后及时喷射混凝土。

3. 喷射混凝土施工

喷射混凝土前清理场地，清扫受喷面；设置控制喷射混凝土厚度的标志；检查机具设备和风、水、电等管线，并试运转，就绪后方可开始喷射混凝土作业。

喷射混凝土所用的骨料、水泥、外加剂必须是合格料，称量必须准确。拌和后的混凝土超过1h后不能使用。速凝剂的掺量要严格控制。喷射时，将坍落度控制在80～150mm，喷射顺序要先边墙后拱顶，由低到高，喷嘴应均匀地呈螺旋形转动。喷射操作手的喷嘴到喷混凝土面的距离约为1.0m，喷嘴尽量垂直喷混凝土面，以确保混凝土的密实效果。喷射混凝土时应严格控制风压，风压小于0.2MPa时不得开机。

4. 施工注意事项

（1）钢筋网的长度、宽度及网格尺寸的允许偏差为±10mm；网片两对角线之差小于

10mm，网格数量符合设计规定。混凝土原材料称量的允许偏差：水泥和速凝剂为±2%，砂石为±3%。

（2）运输和存放中应严防受潮的大块石等杂物混入，装入喷射机前应过筛，混合料应随拌随用，存放时间不应超过20min。

（3）喷射混凝土回弹量不宜大于15%。

（4）喷射混凝土施工区的环境温度温和混合料进入喷射机时的温度均不得低于+5℃。喷射混凝土低于设计强度的40%时不得受冻。混凝土掉落部位的补喷，应在10～15min后进行，不能立即进行。

5.6 施工安全保证措施

5.6.1 组织机构

根据本工程的特点及管理体系设置的组织机构见图5-9。

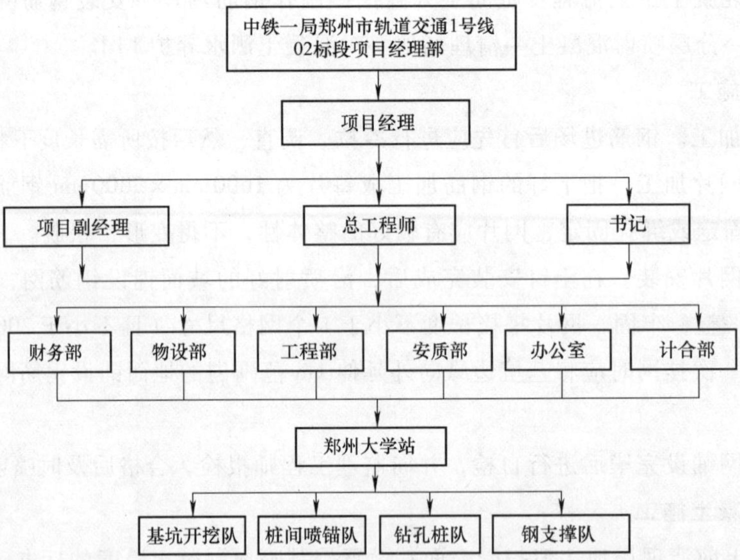

图5-9 组织机构

5.6.2 安全技术措施

1. 钻孔桩施工安全技术措施

（1）桩孔周围的地面平整、夯实，施工人员熟悉场地的地下土质和水文地质资料。

（2）全面钻孔前，有选择地先挖两个试验桩孔，分析土质、水文等有关情况，以此修正原施工方案。

（3）在地下水位比较高的区域，应注意泥浆浓度。

（4）钻孔前对施工人员进行全面的安全技术交底；操作前对机械进行安全可靠的检查和试验，确保施工安全。

2. 基坑开挖施工安全要求

（1）进入现场的施工人员必须遵守安全生产有关规定，并佩戴安全帽。

（2）挖土中发现管道、电缆及其他埋设物应及时报告现场管理人员，不得擅自处理。

（3）挖土时应派专人查看土壁的稳定性，发现有裂缝及坍塌的可能时，要立即撤离施工人员并及时处理。

（4）一般人员距离旋挖钻机周围不应小于2.5m，要在基坑1m以外堆土，堆土高度不得超过1.5m。

（5）每日或雨后必须检查土壁及支撑的稳定情况，在确保安全的情况下继续工作，并且不得将土和其他物件堆在支撑上，不得在支撑上行走或站立。

（6）挖土机械在起动之前应检查离合器、钢丝绳等，经空车试运转正常后再开始正式作业。

3. 临边防护与攀爬设施的保护措施

为保证施工安全、预防高空坠落事件的发生，基坑开挖施工过程中要做好临边防护工作。在距基坑边缘设置Φ48钢管栏杆，防护栏杆由上、下两道横杆和立柱组成；上横杆距地面1.2m，下横杆离地面0.6m，用十字扣件扣接在栏杆柱上。栏杆柱高1.2m，间距2m，其根部与固定在临时便道上的两根Φ18钢筋焊接（Φ18钢筋插入临时便道20cm），栏杆由上而下用安全网封闭。

基坑开挖施工期间，除放坡处有施工便道外，还应在个别地段设置钢便梯供人员上下基坑使用。钢便梯宽1000mm，步阶高300mm，宽400mm，安装倾斜角度为60°，钢步梯两侧、底部满挂密目式安全网。

开挖至第2层以下时，钢便梯在围檩间作“之”字形架设，在便梯转弯处搭设1.2m×1.6m平台，平台满铺2cm厚木板，下承ϕ48mm×3.5mm钢管网架，网格尺寸为0.3m×0.4m。平台通过拉杆、斜撑与钻孔灌注桩上的锚固件连接牢固，并在边缘设置1.2m高的双层钢管脚手架，外侧满挂密目式安全网。

4. 钢支撑施工保护措施

（1）对已经锈蚀的钢支撑要重新计算其承载力，合格后方能使用，对于变形的钢支撑禁止使用。

（2）钢支撑采用轴力计监测其轴力情况。

（3）钢管横撑的架设时间必须严格按设计要求进行，土方开挖时应分段、分层，按基坑开挖深度及开挖时间架设钢支撑。

（4）所有支撑连接处，均应垫紧贴密，防止钢管支撑偏心受压。

（5）端头斜撑严格按设计尺寸和角度加工焊接、安装，保证支撑为轴心受力且焊接牢固，能采取双面焊的必须双面焊，不能采取双面焊的要求采用坡口焊。

（6）基坑开挖过程中要防止挖土机械碰撞支撑体系，并注意不得在支撑上堆放荷载，以防支撑失稳造成事故。

5. 安全防护措施

(1) 非操作人员不得进入正进行施工的作业区。施工中，喷头管前严禁站人。

(2) 施工操作人员的皮肤应避免与速凝剂直接接触，喷射混凝土作业人员应采用个体防尘用具。

(3) 喷锚作业区的粉尘浓度不应大于 $10mg/m^3$。施工中，应按《岩土锚固与喷射混凝土支护工程技术规范》(GB 50086—2001) 附录E的技术要求测定粉尘浓度，测定次数为每半个月至少一次。

6. 管线保护措施

根据管线调查情况，车站施工影响范围内的所有管线按其与基坑关系主要为沿车站主体方向（东西方向）布置，少数横跨基坑（南北方向）布置。

(1) 对车站范围内的管线进行详细的调查，摸清管线现状，对于基坑外的管线，主要在管线上方采用钢筋混凝土现浇板对既有道路上的管线进行保护，对于基坑内的管线主要采取悬吊法进行保护。

(2) 根据管线的重要等级设置监控量测点，定期进行观测，如有变化应立即处理。

(3) 制定管线应急方案，积极与管线的产权单位联系，保证相互间信息畅通，确保在第一时间及时处理。

7. 钢支撑防脱措施

为了防止 $\phi609\times14$ 钢管水平支撑在施工中脱落，在 $\phi609\times14$ 钢管水平支撑就位后按图5-10安装钢筋支撑防脱钢板。每根钢管支撑每端安装2块 $-10\times150\times350$ 钢板，搭载围檩土。

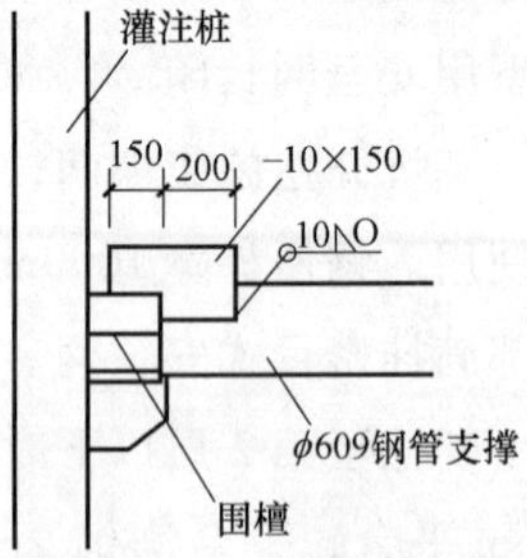

图5-10 钢支撑防脱措施

5.6.3 危险源辨识

根据本工程的施工特点及地质情况，充分考虑施工技术难度，经过分析，确定本基坑施工过程中的危险源。

1. 周边建（构）筑物调查

通过对车站周边两倍基坑深度范围内建（构）筑物的调查，制作周边建（构）筑物调查汇总表（表5-12）。

表5-12 周边建（构）筑物调查汇总

序号	结构物名称	距离基坑边	主体结构		结构基础		建造时间
		距离/m	结构形式	层数	基础形式	埋深/m	
1	机械研究所1#楼	17.6	砖砌结构	4	条形基础	1.32	1972年
2	机械研究所2#楼	24.2	砖砌结构	4	条形基础	1.32	1972年
3	73-5型住宅1#楼	21.3	砖混结构	4	条形基础	1.35	1973年
4	电信营业厅	22.4	钢筋混凝土结构	4	剪力墙基础	4.50	1998年

2. 基坑施工危险源辨识

(1) 车站范围内的地下管线众多，包括电力、给水、燃气、通信、排水、热力等各种管线，车站基坑施工可能会造成周边地层沉降或其他变形，变形过大将危机管线安全，如导致管线变形、断裂、渗漏等。

(2) 车站围护结构采用旋挖钻孔桩施工，可能会造成桩孔坍塌、高空坠落、物体打击等方面的安全问题。

(3) 车站钢支撑施工中需进行吊装支撑和换撑，因此存在施工安全隐患。

3. 针对管线危险源的预防措施

(1) 管线迁改。积极与管线产权单位联系，管线改移采取先建后拆，先铺好新管线，再将需要改移的管线拆除。施工时根据管线产权单位的具体要求，在车站顶板覆土回填时，将管线恢复原样。

对交通疏解范围内的管线采用钢筋混凝土板进行保护，混凝土板为管线外侧各 0.5m 宽，20cm 厚的 C25 钢筋混凝土板，钢筋为φ 10@100 ×100。

基坑外新管道敷设及管线恢复时应及时埋设监测点，以便在施工过程中对其进行监测，发现异常要及时采取措施处理。

(2) 管线保护。针对需要保护的管线，我部拟采取悬吊支托的方式进行保护。

根据挖探坑暴露的管线实际情况（管径、材质、包裹情况等），制作不同强度的支撑钢架（型钢或者贝雷梁等）分别支托保护管线。

(3) 管线监测。本站点管线监测保护主要针对未迁改但受车站基坑施工影响的地下管线。分为两类：柔性管线（通信、电力）和刚性管线（给水、燃气）。对于悬吊的管线，在悬吊钢梁和管道上布设监测点，对其坐标和标高进行监测。

(4) 保障措施

1) 加强施工时对管线的监控量测，根据不同的管线，建立各种管线的管理基准值。通过监控量测及时掌握管线的变形情况，及时调整施工工艺，做好注浆加固工作，确保管线保护管理在可控状态下有效进行。

2) 加强地面沉降监测，尤其对沉降敏感的管线要单独布点监测，并及时分析评估施工对管线的影响，根据施工和变形情况调节观测频率，及时反馈信息，指导施工。

3) 当施工前预测和施工中监测分析确认某些重要管线可能受到损坏时，将根据地面条件、管线埋深条件采取临时加固、支吊或者地下基础注浆等保护方案。

4. 旋挖钻孔桩及基坑开挖施工中的危险源防范措施

(1) 旋挖钻孔桩

1) 桩孔周围的地面平整、夯实，施工人员熟悉场地的地下土质、水文地质资料。

2) 全面钻孔前，有选择地先挖两个试验桩孔，分析土质、水文等有关情况，以此修正原施工方案。

3) 在地下水位比较高的区域，注意泥浆浓度。

4）钻孔前对施工人员进行全面的安全技术交底；操作前对机械进行安全可靠地检查和试验，确保施工安全。

5）施工现场的一切电源、电路的安装和拆除必须由持证电工操作，电器必须严格接地、接零并使用漏电保护器。电缆必须架空2.0m以上，严禁拖地或埋压土中，电线必须有防磨损、防潮、防断等保护措施。照明应采用安全矿灯或12V以下的安全灯，并遵守《施工现场临时用电安全技术规范》（JGJ 46—2005）的规定。

（2）基坑开挖

1）基坑开挖过程中，应严格按照设计要求结合钢支撑体系布置逐层开挖，竖向分层厚度与钢支撑标高结合，每层土方开挖至支撑以下0.5m后，及时安装钢管支撑并预加轴力。严禁超挖，以确保基坑施工的安全。

2）分层开挖后应及时进行桩间喷混凝土施工。

3）斜撑范围内的土方自基坑角点应沿垂直于斜撑方向分层、分段、限时开挖，并架设支撑。

4）基坑内横向部分开挖时，应先挖中间土体，预留两侧土体反压；然后再两侧对称开挖，有效控制围护结构的侧向位移。

5）基坑挖到设计标高以上30cm时，应采用人工开挖。

6）基坑在开挖地面以下5m范围内时，要特别注意对管线的保护，且在基坑开挖过程中有施工机械作业时，安排专人旁站指挥并监督，以免碰撞支撑体系。

7）基坑开挖过程中，应按设计和相关规范要求严格控制坑周堆载。

8）当开挖过程中遇到桩间涌水、涌砂等异常情况时，必须马上进行封堵，封堵完成后方可继续施工。

9）根据基坑监测设计方案，基坑开挖前要做好各种类型的测点布置并测得各测点的初始数据。开挖过程中，应加强观察和监控量测工作，以便能及时发现安全隐患，及早处理，确保基坑安全。

5.7 施工监控量测

5.7.1 施工监测要求

基坑监测项目的监控报警值根据有关规范及支护结构设计的要求确定。各监测项目在基坑开挖前必须测得观测值，且不得少于2次。各项监测的时间间隔根据施工进度确定，当变形超过报警值或监测结果变化速率较大时，应加密观测次数。当有事故征兆时，必须连续监测，并根据监测信息修改调整施工方法。

5.7.2 监测组织机构与流程

1. 监测组织机构

项目经理部成立专业监测小组，以项目总工程师为直接领导，监测小组人员组成见表5-13。

表 5-13 监测小组人员

序号	人员	职务	主要职责
1	邹 超	项目总工程师	负责监测筹划工作
2	胡正红	工程部长	全面负责监测工作
3	彭 江	测量工程师	负责监测管理工作
4	周恩立	技术员	负责监测方案实施，监测数据的分析
5	武世泰	技术员	负责监测方案实施，监测数据的分析

2. 监测组的主要职责

(1) 总工程师负责监测方案和监测计划的制订。

(2) 工程部部长负责监测数据的收集、整理和分析。

(3) 测量组长负责方案的实施，包括量测断面的选择、测点埋设、日常量测、资料管理等。

(4) 技术员负责监测仪器的选择和调试、仪器的保养维修工作；技术员负责及时进行量测值的计算和绘制图表，并快速、及时、准确地将信息（量测结果）反馈到施工现场，以指导施工。

(5) 现场监控量测必须按监测方案认真组织实施，并与其他环节紧密配合，不得中断施工。

3. 施工监测流程

信息化施工工艺流程如图 5-11 所示。

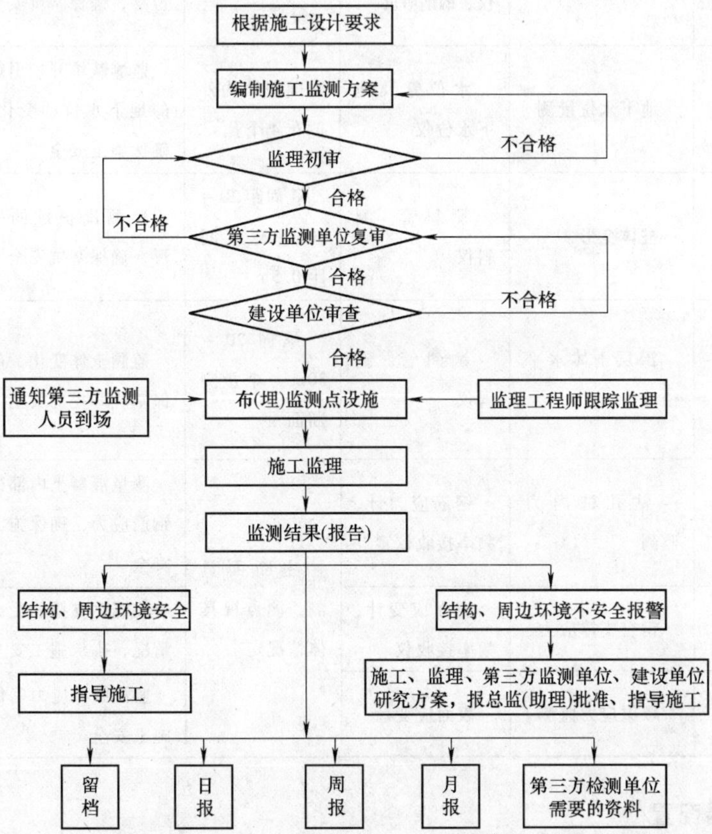

图 5-11 信息化施工工艺流程

5.7.3 监测项目及监测仪器

1. 监测项目

为确保施工期间的结构及建筑物的稳定和安全，结合该段的地形地质条件、支护类型、施工方法等特点，确定监测项目和使用的监测仪器。监测项目汇总见表5-14。

表5-14 郑州大学站监测项目汇总

序号	重点监测	监测项目	监测仪器和工具	测点布置	监测目的和要求	监测频率
1		围护结构裂缝及渗漏水观察	目测		监测桩间渗水，确保施工安全	视具体情况定
2	重点	基坑周围地表沉降	精密水准仪、铟钢塔尺	基坑外50m范围内，测点间距5~15m	监测基坑开挖引起的地表和建筑物变形情况，确保基坑安全	基坑外10m内1~2次/d，基坑外10~20m内1次/2d，基坑外20~30m内1次/3d，基坑外30m内1次/周
3	重点	基坑周围建筑物沉降及倾斜	精密水准仪、铟钢塔尺			
4	重点	基坑周围地下管线沉降	精密水准仪、铟钢塔尺			
5	重点	围护桩桩顶水平位移及垂直位移	经纬仪、水准仪、铟钢塔尺	沿围护结构布点，测点间距5~15m	检测基坑的变形及位移，确保基坑安全	1次/1~2d
6	重点	地下水位量测	水位管及地下水位仪	围护结构外侧布4个孔	监测基坑开挖引起的地下水位的变化，确保施工安全	
7	重点	桩体变形	测斜管、测斜仪	孔间距20~30m，测点间距0.5m	监测围护桩的变形，确保基坑安全	
8	重点	深层土体水平位移	测斜管、测斜仪	纵向20~30m一个量测断面	监测土体变化，确保基坑开挖的安全	埋设一周内1次/1~2d，埋设一周后1次/周
9	重点	钻孔桩内力监测	钢筋应力计、频率接收仪	主断面量测，测点视具体情况定	测量混凝土内部的钢筋应力，确保施工安全	1次/1~2d
10	重点	钢管支撑应力	表面应变计、频率接收仪		监测钢支撑的受力情况，确保施工安全	
11		腰梁应力监测	表面应变计		监测腰梁应力确保施工安全	

2. 监测仪器配置

（1）从可靠性、坚固性、通用性、经济性、测量原理和方法、精度和量程等方面综合考虑选择监测仪器。

（2）监测仪器和元件在使用前应进行检定和调试。

（3）由监测小组指定专人做好监测仪器和元件的保管和管理工作。

（4）郑州市轨道交通1号线郑州大学站施工监测仪器汇总见表5-15。

表5-15 施工监测仪器汇总

仪器名称	规格型号	精度指标	数量	单位
全站仪	TC802	2″	1	台
精密水准仪	DINI12	0.3mm/km	1	台
铟钢塔尺	3m		2	把
振弦读数仪	406	±0.1Hz	1	台
轴力计	250T	≤2.0%FS	43	个
测斜仪	801A	2.8″	1	台
收敛仪	SLJ-2	0.01mm	1	个
水位仪	SWJ	±1mm	1	台
钢筋计或应变仪	GJJ	最大压应力：100MPa 最大拉应力：200MPa 分辨力：≤0.20%FS	84	个

5.7.4 监测控制标准和预警值

施工中的监测数据应及时进行分析处理和信息反馈，以确保围岩、围护结构、地面建筑物的稳定和安全。

根据具体情况，结合设计规定和相关规范要求，当发现异常情况时，应及时报告主管工程师和监理工程师，并将情况通报给业主和有关部门，共同研究控制措施。监控量测变形控制标准见表5-16。

表5-16 监控量测变形控制标准

监测项目	限值	报警值
周围建筑物变形	沉降限值0.1%*H*，倾斜不超过1‰	沉降0.08%*H*
周围地下管线变形	变形限值按有关规范执行	
基坑周围地表沉降	最大限值0.15%*H*	0.08%*H*
围护结构水平位移	最大限值0.15%*H*，且不大于30mm	25mm或0.10%*H*中的最小值
桩顶沉降	最大限值0.1%*H*	
内支撑轴力	80%的设计允许最大值	80%设计轴力值

注：*H*为基坑深度。

明沟基坑支护施工方案

申金生　袁建伟

中国建筑技术集团有限公司郑州分公司

6.1　工程概况

本工程为纱厂明沟改造工程——五里堡派出所施工段——基坑支护工程。纱厂明沟改造工程为郑州市市政雨污水管网改造工程，新建雨污水箱涵埋深约为6m，基坑开挖途经郑州市五里堡派出所，开挖边线距派出所办公楼外墙仅2m。派出所结构为地上两层，地下一层，门厅处基础为独立基础，办公楼下部基础为条形基础，基底埋深约为3.5m。施工场地为硬化水泥地面，拟开挖基坑边线处存在正在使用的排水沟。排水沟的结构形式及地下管线分布情况不明，施工难度较大。在基坑开挖前，需要对派出所办公楼采取支护措施（图6-1～图6-3）。

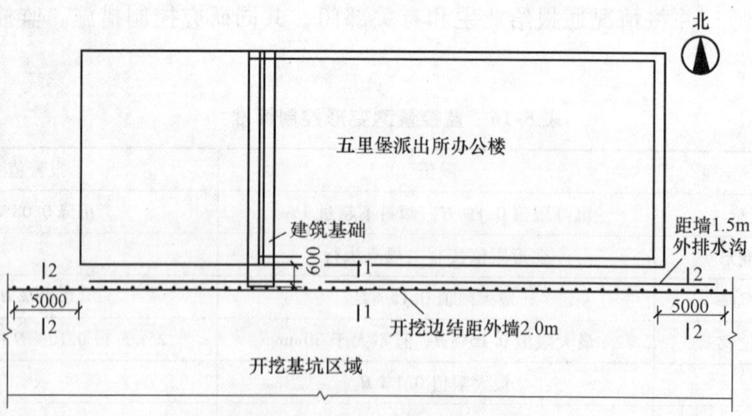

图6-1　基坑平面图

根据本工程相关地质勘察报告的数据，拟建场地地质分布及相关岩性参数的情况见表6-1。

图 6-2 由东向西方向

图 6-3 由西向东方向

表 6-1 土层分布

层号	土类名称	层厚/m	重度（kN/m^3）	黏聚力/kPa	内摩擦角/（°）
1	素填土	1.00	18.0	5.00	15.00
2	粉土	2.50	18.0	13.00	17.00
3	粉土	2.50	18.3	20.00	23.00
4	粉土	15.00	17.8	18.00	24.00

拟建场地地下水位历史最高值为地表以下 15m，本工程开挖深度为 6m，故本基坑开挖无须考虑地下水的影响。

6.2 编制依据

（1）《五里堡派出所结构设计图样》。
（2）拟建工程场地岩土勘察报告。
（3）《建筑基坑支护技术规程》（JGJ 120—2012）。
（4）《建筑地基基础工程施工质量验收规范》（GB 50202—2002）。
（5）《复合土钉墙基坑支护技术规范》（GB 50739—2011）。
（6）《建筑基坑工程监测技术规范》（GB 50497—2009）。
（7）《建筑地基处理技术规范》（JGJ 79—2012）。
（8）《混凝土结构工程施工质量验收规范》（GB 50204—2002）（2011 版）。
（9）《钢筋焊接及验收规程》（JGJ 18—2012）。
（10）《施工现场临时用电安全技术规范》（JGJ 46—2005）。

6.3 支护方案

6.3.1 基坑的安全等级

通过对基坑周边环境的分析，本工程北侧边坡变形位移如果过大，将会给派出所办公楼带来巨大危险，造成的危害将十分严重，故该基坑的基坑侧壁安全等级确定为一级，基坑侧壁重要性系数 γ 取 1.10。

6.3.2 支护设计方案

1. 微型桩 + 土钉墙 + 预应力锚索支护（图 6-4）

（1）微型桩布置。水平间距为 1000mm，长度为 9m，孔径为 150mm。

（2）土钉布置。水平间距为 1300mm，垂直间距为 1300mm，倾角为 10°，孔径为 100mm。

（3）布筋网。分布筋ф6.5@300mm×300mm，加强筋Φ12@1300mm×1300mm，纵横布置。

（4）土钉、锚索的长度及钢筋直径（自上而下）。第一排：$L=20$m，2S15.2 钢绞线，预应力为 200kN（距地面 4m，上部土体采用钉网筋、摩擦土钉挂网喷护）。第二排：$L=6$m，Φ18 钢筋

2. 微型桩 + 土钉墙支护（图 6-5）

（1）微型桩布置。水平间距：1000mm，长度：9m，孔径：150mm。

（2）土钉布置。水平间距：1300mm，垂直间距：1300mm，倾角：10°，孔径：100mm。

（3）布筋网。分布筋：ф6.5@300×300，加强筋：Φ12@1300×1300 纵横布置。

（4）土钉长度及钢筋直径（自上而下）。第一排：$L=9$m，Φ18；第二排：$L=9$m，Φ18；第三排：$L=6$m，Φ18；第四排：$L=6$m，Φ18。

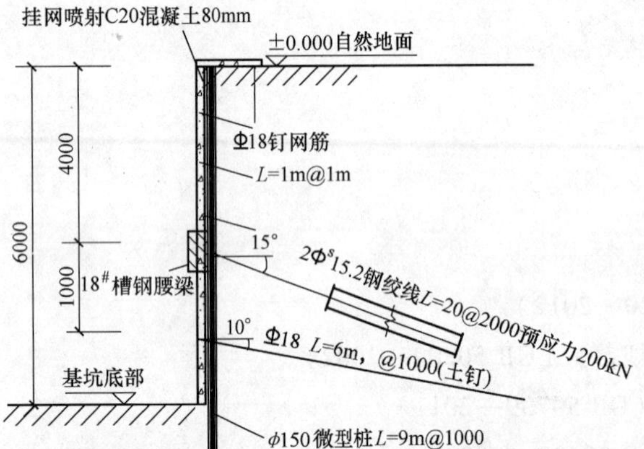

图 6-4 微型桩 + 土钉墙 + 预应力锚索支护

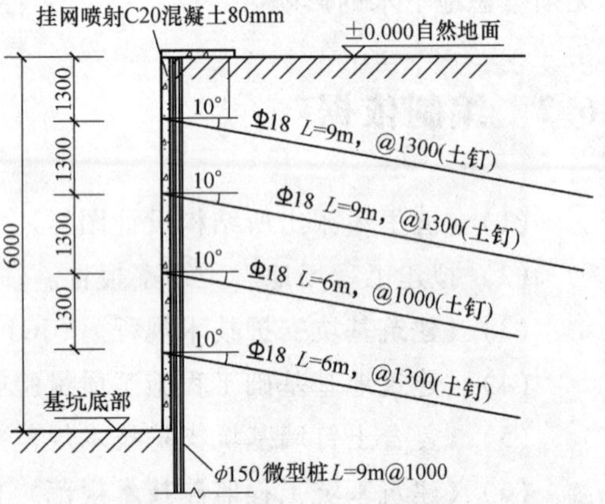

图 6-5 微型桩 + 土钉墙支护

6.4 施工组织计划

6.4.1 施工区域平面布置（图 6-6）

6.4.2 施工准备

1. 现场准备

（1）设备进场前进行施工现场踏勘，了解场地情况及周围的环境。

(2) 了解水源、电源的位置及最大可供数量，并将水、电接入表箱后接至施工地点。

(3) 请业主进行地下障碍物及管线交底。

(4) 选择合适的位置搭设临时水泥仓库及摆放设备。

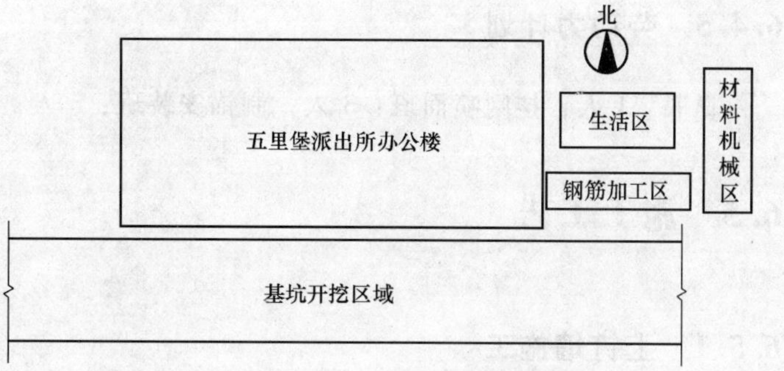

图 6-6　施工区域平面布置

2. 技术准备

(1) 组织技术和管理人员全面熟悉图样，领会设计意图，明确施工质量要求。

(2) 参加图样交底会议，做好图样会审工作。

(3) 做好对机组人员的技术和安全交底工作。

3. 机械设备准备

机械进场前做好维修工作，保证设备机械的完好性。

4. 材料准备

落实材料供货单位，根据施工进度制定材料供货计划，以确保备料充分。

6.4.3　施工组织机构

本工程采用项目经理制组织施工，工地设项目经理一名，全面负责人员组织、质量、进度、安全等工作，并负责与其他部门的协调工作。

现场组织机构及施工人员配备如图 6-7 所示。

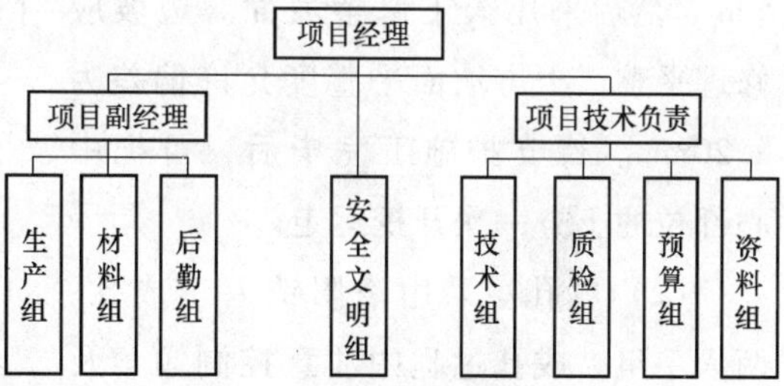

图 6-7　施工组织机构

6.4.4　设备机械计划（表 6-2）

表 6-2　设备机械计划

用途	设备名称	规格型号	单 位	数 量
支护设备	空压机	103	台	1
	混凝土喷射机	$5m^3$	台	1
	注浆机	GBJ1.8	台	1
	搅拌机	200L	台	1
	切割机	J3G-40	台	1
	电焊机	BX1-250	台	1
	高压注浆机	BW-150	台	1
	洛阳铲	ϕ100	把	25
	锚索张拉机	YC20D	台	1

6.4.5 劳动力计划

队长：1人；挂网喷面班：3人；制锚安装班：3人；注浆班：2人；造孔班：8人。

6.5 施工工艺

6.5.1 土钉墙施工

1. 土钉墙施工工艺流程（图6-8）

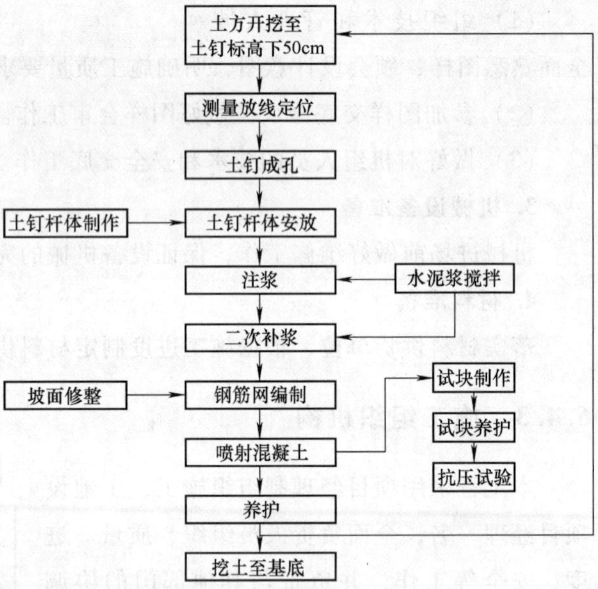

图6-8 土钉墙施工工艺流程

2. 技术要求

（1）边坡修整。土方开挖必须同支护紧密配合，按要求分层开挖。第一层的开挖深度不超过2.0m，以下可沿基坑支护侧分层开挖6m宽土钉及锚索施工沟槽。每层开挖至土钉设计标高下0.5m，坡面开挖的余土厚度应小于5cm，然后采用人工修整坡面。边坡应修理平整，土方坡面平整度允许偏差为±20mm。待支护施工完毕后，可把中心部位的土方一次开挖运走。

（2）成孔。采用洛阳铲人工成孔，两人一组。成孔过程中注意控制倾角及孔径。成孔后对孔深、孔径和倾角进行检查验收，并做好施工记录及隐检记录。土钉墙施工允许偏差见表6-3。

表6-3 土钉墙施工允许偏差

序号	项 目	允许偏差	序号	项 目	允许偏差
1	土钉孔深	±50mm	3	土钉孔距	±100mm
2	土钉孔径	±5mm	4	土钉成孔倾角	±1°

（3）土钉杆体制作安放。按设计要求制作土钉杆体，钢筋焊接采用双面焊时的搭接长度为$5d$，单面焊时为$10d$，并按设计要求加焊定位支架，钢筋保护层应大于25mm。

（4）注浆。按设计要求的水泥强度等级、水灰比拌制水泥浆。注浆时，注浆管应插至孔底，进行一次注浆。

（5）二次注浆。在一次注浆完成2h内进行二次注浆，补浆后将孔口封堵。

（6）钢筋网片的制作与安装。钢筋网片按设计要求制作，网片规格为Φ6.5@300×300，允许偏差为10mm。网节点采用焊接或绑扎固定，网片搭接长度不少于300mm。扎丝绑扎隔一个格绑一道，成梅花形布置。网筋搭接处绑2道扎丝或焊接固定。

加强筋采用Φ12钢筋，加强筋必须与土钉主筋焊牢，外焊挡块将钢筋网片与土钉加强筋固定在一起。加强筋搭接长度为10*d*（单面焊）。

（7）土钉头焊接。土钉钢筋按设计要求焊接在钢筋网片的加强筋上，保证土钉钢筋的焊接外露长度不小于10mm。

（8）面层喷射混凝土。喷射混凝土层的厚度为80mm，喷射混凝土的强度等级为C20。

喷射混凝土施工过程中严格计量配比（水灰比：0.4~0.5，配合比：水泥:砂:石子=1:2:2）。喷射作业分段进行，同一分段内的喷射顺序为自下而上，喷射时喷头与受喷面应保持垂直。在施工中应掌握喷射角度、喷枪水量及供风压力，减少回弹量及混凝土流淌现象。喷射射距为0.8~1.5m，喷射混凝土终凝2h后进行喷水养护。冬期施工时应采用表面棉毡覆盖。

喷射前安放厚度标识。喷射混凝土厚度的允许偏差为±20mm。

每班喷射混凝土施工时，留一组混凝土试块，养护28d后进行检验。

6.5.2 微型桩施工

1. 工艺流程

定位→成孔→DN50钢管的制作与安放→密封孔口→注浆。

2. 施工工艺

（1）定位。成孔前根据设计要求和土层条件定出孔位，做出标记。

（2）成孔。采用洛阳铲人工成孔或采用水冲成孔。

3. DN50钢管的制作与安放

将两根钢管用引弧焊焊接，在接口处采用帮条焊连接起来（ϕ12钢筋、3根、长度为220mm），钢管头部做成锥形，在钢管下部2m范围内用电焊机引弧制作ϕ15小孔，间距为0.5m左右。

4. 密封孔口

用水泥袋将钢管与孔口密封，准备注浆。

5. 填石、注浆

采用BW-150型注浆机，浆液采用水灰比为0.8~1.0的纯水泥浆，注浆压力不小于0.8MPa。接通注浆管注浆，返水后边注浆边投入5~15mm的碎石，直至投石至孔口并返上水泥浆。注浆过程中随时观察压力表的读数，达到或超过2.0MPa时，方可终止注浆。

6.5.3 锚索施工

1. 锚索施工工艺流程（图6-9）

2. 施工工艺

（1）锚索成孔的施工允许偏差见表6-4。

（2）锚索杆体的制作与安放。锚索杆体制作时应比设计值长出1.0～1.5m，以满足锁定需要。定位骨架间距为2.0m，钢绞线用钢丝均匀捆在骨架周围，二次注浆管固定于定位骨架中心。在锚索自由段，以塑料套管包裹，以保证钢绞线与水泥浆体无黏结。将制作好的杆体及二次注浆管缓慢放入锚索孔内。

表6-4 锚索成孔的施工允许偏差

序号	项目	允许偏差
1	锚索孔径	±5mm
2	锚索孔距	±100mm
3	锚索成孔倾角	±3%

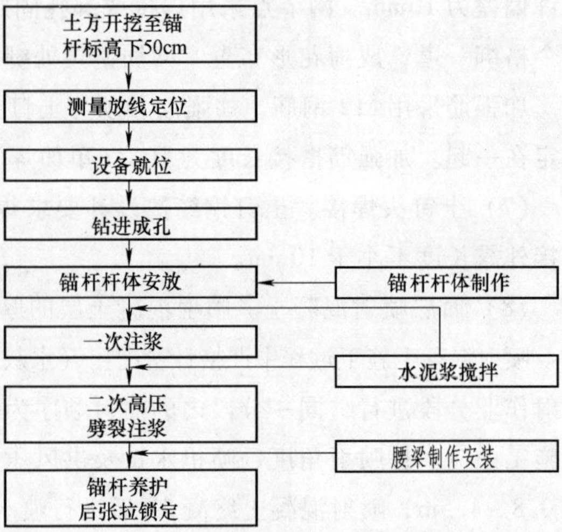

图6-9 锚索施工工艺流程

（3）一次注浆。水泥采用P. O42.5水泥，水灰比为0.5。清孔完后将一次注浆管插至孔底，用高压泵进行一次注浆。注浆应慢速、连续，直至钻孔内的水及杂质被完全置换出孔口，孔口流出水泥浓浆为止，随即将一次注浆管拔出。

（4）二次高压注浆。一次注浆完成4h后进行二次高压注浆，注浆压力为1.5～2.0MPa。

（5）腰梁安装。腰梁采用两根18b槽钢，应连成一体，保证整体发挥作用。

（6）锚索张拉锁定。锚索腰梁安装完毕和锚固体强度达15MPa后，对锚索进行张拉、锁定。锚索张拉采用500kN级穿心千斤顶，张拉设备在锚索张拉前须经计量部门标定，锁定荷载为设计荷载的1.05倍。

6.6 监测方案

基坑工程监测是基坑工程信息化施工中的一个重要环节，根据《建筑基坑工程监测技术规范》（GB 50497—2009）的要求和规定编制基坑监测方案，指导现场施工。基坑监测平面布置如图6-10所示。

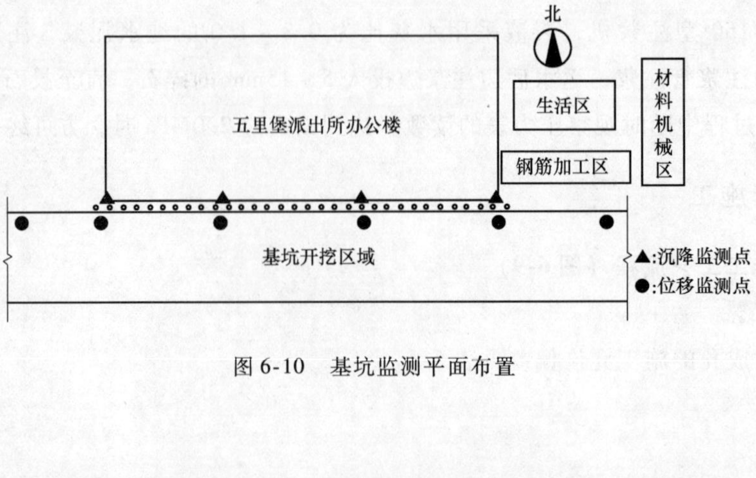

图6-10 基坑监测平面布置

6.6.1 监测项目

1. 基坑周边的坡顶位移

2. 微型桩的桩顶位移

3. 基坑周边的建筑沉降

6.6.2 监测要求

(1) 采用仪器观测为主、目测为辅、仪器观测与目测相结合的原则。

(2) 对于距基坑不超过45m的建筑物均应进行观测，基准点距基坑的距离不小于70m，每天测量1次。

(3) 坡顶及支护桩顶的位移观测：观测点间距为20m，且中间至少设1个观测点，每天至少测量1次。

6.6.3 监控指标

根据实际监测数据对基坑工程做出险情预报是一个极其严肃的技术问题，必须根据本工程的具体情况，综合考虑各种实际因素，在实测数据的基础上及时作出判断。报警标准有两种指标：一是设计允许值（累计变形），二是变化速率。这两种指标中有任何一种达到警戒限值都需要及时作出判断，形成决策。

根据《建筑基坑工程监测技术规范》（GB 50497—2009），结合郑州市类似基坑工程的监测经验，本工程监测项目的监控安全域、警戒域和危险域范围见表6-5。

表6-5 基坑监测变形范围

项目	安全域/mm	警戒域/mm	危险域/mm	备注
支护结构水平位移	≤30	30~50	>50	<2mm/d
周边建筑物	≤10 (B‰)	10~15	>15	<1mm/d
周边路面、管道	<20	20~30	>30	<1mm/d

6.7 确保工程质量的技术组织措施

坚持“质量第一”的观点，是做好各项工作的一个基本指导思想。把“质量第一”的指导思想放在经济决策的重要地位，加强质量检查，健全专职机构体系，强化管理职能，强化职工的质量意识，制订创优方针，开展全面质量管理，加强施工过程中的检查，促进质量提高，创出优良工程。

6.7.1 建立健全的质量保证体系

(1) 建立项目经理与技术负责人、项目专职质量检查人员、班组质量管理员三个层次的现场管理组织系统，并由技术负责人负责质量管理，开展系统地组织、督促和检查落实工作。

（2）建立信息反馈系统，实现管理业务标准化，管理流程程序化。质量管理的许多活动都是重复性的，具有一定的规律性。对原材料的复验、质量检查、施工工艺、技术革新等方面的信息要及时收集、处理、传递和保存。

6.7.2 建立健全的质量管理责任制

建立健全的质量管理责任制，使项目部的每位职工都有明确的责任，形成一个严密的质量管理体系。组织进行工序质量自检、互检和工序间的交接检查。经常开展质量动态分析，针对质量通病等薄弱环节采取技术组织措施。

1. 项目经理的岗位职责

（1）负责贯彻执行省市有关部门和我院制定的各项规章政策和制度。

（2）负责工程的全面管理，以及人员、设备的调配。

（3）负责与业主、监理单位的协调。

（4）组织制定本工程施工的各项规章制度和施工管理办法。

（5）组织召开各种会议，对施工质量、安全文明生产负领导责任。

2. 项目副经理的岗位职责

（1）协助项目经理做好各项管理工作，项目经理缺席时行使项目经理的权力。

（2）在项目经理的领导下抓好施工进度安排并监督实施；负责原材料的采购和查检；协调工作班组进行有条不紊的施工，抓好泥浆外运工作及环保工作。

（3）主持召开生产活动分析会和安全文明生产活动会。

（4）完成项目经理交办的其他工作。

3. 项目技术负责人的岗位职责

（1）对工程的施工质量负责，监督各项技术措施的实施，认真贯彻执行国家规范，规程，行使质量一票否决权。

（2）组织工程施工技术攻关，负责推选新技术、新方法、新工艺和新材料的试验及应用。

（3）组织领导“QC”小组活动。

（4）指导监督各技术人员和质检人员的工作，把好各工序、各环节的质量关。

（5）定期审查各种技术及质量报表，并提出指导性意见。

（6）主持编写工程竣工报告。

4. 质检员的岗位职责

（1）对施工中各环节的工程质量负责，监督并检查土钉制作、成孔、注浆、编网、喷混凝土等工序的质量情况。

（2）监督全体施工人员认真执行施工规范及设计要求；对于出现质量不合格的施工环

节，有权中止施工并进行处理。

（3）负责整个支护过程的各工序记录的验收工作。

（4）做好试块的制作、编号、送检工作。

（5）经常与业主、监理单位进行联系，做到及时签证。

5. 技术员的岗位职责

（1）对施工过程中各环节的技术负责，随时解决各环节发生的一切技术问题，重大技术问题应及时向技术负责人汇报。

（2）监督和检查各生产组的技术要求执行情况。

（3）严格监督成孔、成桩等全过程，杜绝违犯技术规定的现象发生。

6. 钢筋笼、钉杆制作班长的岗位职责

（1）在技术人员的指挥下，按照施工规范和设计要求，组织全班人员制作钢筋笼和钉杆。

（2）对钢筋笼、钉杆的制作质量负责。

（3）负责原材料的检查。

（4）负责电焊机等有关电器设备的检修和保养。

7. 班长的岗位职责

（1）在技术人员的指导下，组织全班人员优质高效地工作。

（2）指挥工人进行具体的支护操作，负责支护设备的检修和保养；能及时排除施工过程中发生的各种故障。

（3）及时发现支护过程中的事故苗头，排除施工过程中的事故隐患。

（4）对支护结构的质量及安全文明工作负全面责任。

8. 电工的岗位职责

（1）负责施工现场的电力系统的安装、检查和维修。

（2）检查动力线路的设置情况，对发现的任何不符合电器操作规程的隐患必须及时处理。

（3）对机器设备的安全运行负全部责任。

9. 资料员的岗位职责

（1）对各工作班的施工技术资料进行督促、检查、整改和归档。

（2）各种技术资料，须如实认真、详细的整理，不得弄虚作假。

（3）负责工程竣工验收技术资料的移交工作。

6.7.3 建立健全的各项管理制度

（1）技术交底制度

项目技术负责人向组（班）长及职能人员进行技术交底，并结合具体操作部位，尤其是关键部位的质量要求、操作要点、注意事项、新技术推广项目予以落实。组（班）长接到交底单后，应组织人员进行技术要求、质量标准、注意事项等有关内容的讨论会，使每人都做到心中有数。

（2）材料试验检验制度

应按照相关标准、规范、规程和设计要求，对材料进行试验和检验，并将试验结果存入工程档案。经检验不合格的材料严禁使用，进场的不合格材料限期清理出场。混凝土试块应按现行规范要求制作、养护和试验。

（3）技术复核制度

重要环节应进行复查、校核，以避免重大差错的发生。复核的项目按照有关规定进行。

（4）质量检查验收制度

为保证工程质量，建立“三检”与“专检”相结合的全面质量检查制度。在施工过程中，对每道工序都要进行验收，并将验收资料列入工程档案。对不符合质量要求的工序要认真进行处理，未经检查者不能进行下道工序施工。

（5）技术档案制度

从施工准备开始到交工为止，应加强技术资料的取证、记录和整理工作。各项技术资料要如实反映情况，经有关人员审定后严加管理，不得丢失和损坏，保证在交工前存有完整的技术资料。

6.8 确保安全施工的技术组织

认真贯彻执行国家安全生产的方针政策和法规，加强安全施工管理工作，保障人身和财产安全，预防伤亡事故的发生。没有安全就没有效益，做好安全管理，是一项不容忽视的工作。

（1）在项目经理部建立安全生产保证体系，设置安全生产管理机构，配备专职安全监督管理人员，并赋予一定的管理权限。建立健全的安全生产责任制，严格执行安全生产的法律、法规、标准和企业安全规章制度，确保安全生产。

（2）在施工现场建立安全管理小组，由主管生产负责人主持安全活动，建立专业检查、职工自检和安全值日巡回检查制度，发现隐患，立即整改。安全技术管理资料，应由专人管理，做到及时、准确、齐全。

（3）进行各级经济承包时，应明确经济承包中的安全生产指标，对现场作业人员必须进行书面与口头相结合的安全技术交底，交底人和被交底人均应履行签字手续，未作安全技术交底时，生产班组作业人员有权拒绝接受任务。

（4）建立健全的职工安全培训制度，特殊工种作业人员持证上岗，凡未经安全培训的施工人员不得上岗作业。执行“每周一安全例会”制度和班前安全活动制度，对全体参与施工的管理及操作人员进行安全教育，贯彻有关安全文明精神，落实安全生产岗位责任制及现场安全规章制度，并定期对管理人员进行安全技术考核。

（5）加强安全保证措施

1）操作人员必须遵守安全操作规程。

2）施工现场必须按照规定设置安全防护设施，保证施工现场及相邻区域的人员和设施的安全。

3）施工现场道路保持平整、畅通，在出入口等易看到的地方设置安全标志和警示牌。

4）进入施工现场的人员必须戴安全帽，严禁赤脚、穿拖鞋、残疾人及童工进入现场，严禁酒后施工作业。

5）非机电作业人员不准动用机电设备。机电设备的防护装置应齐全，操作人员穿绝缘鞋、戴绝缘手套。

6）机械作业时，操作人员思想要集中，不得擅自离岗或将机械交给非本机操作人员操作；严禁无关人员进入作业区。

7）施工现场所有用电设备，除作保护接零外，必须在设备负荷线的首端处设置两极漏电保护装置。

6.9 确保文明施工的管理措施

为维护城市市容、市貌，创建全国卫生城市，建成文明施工示范工地，项目经理部根据工程的具体情况，制定下列管理措施：

（1）项目经理部设置文明施工管理机构，实行文明施工岗位责任制。在施工中，严格按照国家、省市文明施工的规定进行，确保文明施工达标。

（2）现场道路畅通，场地平整，材料及构件堆放整齐，并标明标识。

（3）库存袋（箱）装材料码成垛，小、散材料上架存放，易燃易爆物品设专库隔离存放，墙上悬挂材料管理制度和材料员岗位职责。各作业面的材料堆放整齐，做到“工完料尽、脚下清”。

（4）加强施工现场用水、用电管理，严禁乱拉、乱接电线，无长流水、长明灯现象。

6.10 应急措施

基坑支护和土方开挖过程中，由于地质条件及场地周边环境比较复杂，常常会出现一些特殊的问题，如不及时采取措施，可能会给基坑边坡支护及周边建筑物的安全带来很大的危害。预测基坑施工中可能出现的意外情况，结合我们在该地区施工的实践经验，编制如下施工应急预案。

6.10.1 挖土应急措施

（1）土方开挖过程中，若基坑变形突然加大，应立即停止开挖，并及时回填土方或用沙包反压坡脚，或增加预应力锚索；待土体稳定后再进行下一步开挖，也可以在其背后进行挖土卸荷，以保证基坑的稳定。

（2）开挖过程中，若局部存水，可采用明排集中，用潜水泵抽到地面排水系统。

6.10.2 支护应急措施

（1）因局部土体含水量过大而出现的不能成孔情况。在这种情况下，采取钢花管替代土钉。钢花管加工采用 D50 钢管，锚固段等间隔 0.50m 加工一个对称 ϕ10mm 小孔，小孔位用钢管切割斜角焊成倒刺，钢花管头部加工成圆尖状，自由段不加工小孔。用 150 型花管机将加工好的钢花管对准设计位置，按 5～10 度倾角打入土层中，钢花管连接采用 3 根 300mm 长 ϕ16mm 钢筋，前部切割成斜边后进行帮条焊。注浆时，将注浆管插入钢管孔底，将孔口封堵后，开始注浆。浆液配合比为 1∶0.45，边缓慢注浆，边将注浆管拔出。钢花管土钉水泥用量不得小于 35kg/m。钢花管第一次常压注浆，第二次高压注浆。

（2）如边坡局部土质较差，可采用超前锚杆或锚管进行加固支护。

（3）土质条件不好时采取“先喷后锚”的方法进行施工。

（4）对于局部土体剥落的位置，可及时采用土袋填充，随后喷射混凝土进行封闭，在混凝土终凝后注浆填实。

（5）准备高压注浆设备及水玻璃等相关堵漏、止水材料备用。对可能出现的漏水情况进行及时堵漏处理。

（6）如在基坑开挖后，地下管线的位移沉降较大，可在管线靠近基坑一侧打树根桩进行封闭处理。

6.10.3 应急材料准备

（1）速凝剂：400kg。

（2）水玻璃：200kg。

（3）钢管：100 根。

排水板固结法软土地基处理方案

陈政
上海宝冶集团有限公司

7.1 工程概况

7.1.1 地理位置和地形地貌

上海虹桥国际机场扩建工程位于规划仙霞西路以南、规划七莘路以东、青虹路以北。该工程由货运站、综合办公楼及相应的停车坪等组成，建筑占地面积为39297.8m²，总建筑面积为45705m²，建设用地约为24.55万m²。其中货运站为1层门式钢架，基础采用桩基，最大荷重（标准值）为3000kN，该货运站占地面积为8.73万m²，需要堆载预压区（图7-1）。

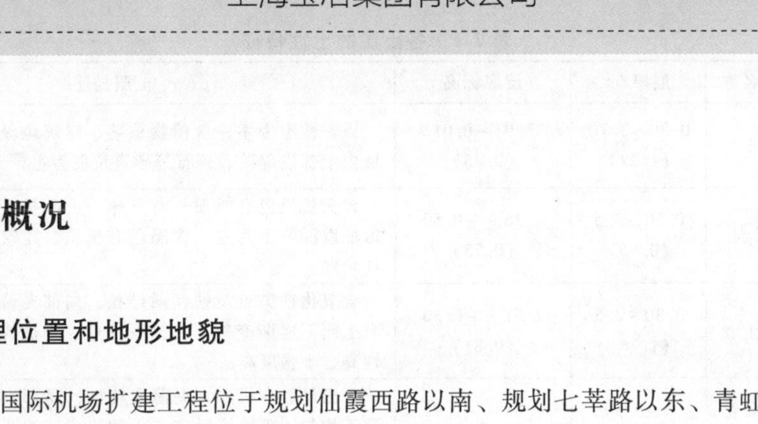

图7-1　地基处理施工区域平面图

该工程位于长江三角洲入海口东南前缘，属三角洲冲积平原，地貌形态较单一，属于滨海平原地貌类型。场地以农田为主，场地原始自然地面地势较为平缓，地表水较发达，分布有多处明浜、明溏及暗浜，浜底土质极其松软。场地地面标高一般在3.08~5.03m之间，自然地面平均标高为3.70m。

7.1.2 工程地质条件

勘察结果表明，本场地位于古河道沉积区，在所揭露深度65.30m范围内的地基土均属第四纪全新世、上更新世沉积物，主要由饱和黏性土、粉性土和砂土组成，一般呈水平层理分布，各层分布比较稳定。根据地基土的成因、形成年代及物理力学性质的差异可划分为7个主要层次，其中第⑥层资料缺失。根据土性差异，其中第③层中分布有第③夹层，第⑤层又可分为第$⑤_{1-1}$层、第$⑤_{1-2}$层及第$⑤_{3-1}$层、第$⑤_{3-2}$层和第$⑤_{3-3}$层。

1. 各土层的土性特征（表7-1）

表7-1 各土层的土性特征

土层层号	土层名称	层厚/m	层底标高	土层描述
①	填土	0.30~3.70 (1.22)	3.91~0.01 (2.45)	以黏性土为主，含植物根茎、建筑垃圾等杂质，局部区域内上部以碎砖、碎石等建筑垃圾为主，土质不均
$①_2$	浜淤泥	0.10~3.5 (0.96)	2.36~-0.59 (0.73)	含大量黑色有机质，有臭味，土质极其软弱。该层暗浜区域以浜填土为主，含黑色有机质、建筑垃圾等杂质，土质软弱
②	黏土	0.30~2.5 (1.76)	2.51~-0.36 (0.81)	含氧化铁斑点及铁锰质结核，局部夹薄层粉性土，土质自上而下逐渐变软，无摇振反应，土面光滑、有光泽，韧性高、干强度高
③	淤泥质粉质黏土	0~5.50 (2.45)	1.03~-5.92 (-2.96)	含云母、有机质，夹薄层粉砂，局部夹淤泥质黏土，土质不均匀，无摇振反应，土面光滑、有光泽，韧性高、干强度高
$③_{夹}$	粉砂	0.5~3.3 (1.71)	0.62~-2.67 (-1.06)	含云母，局部夹粉性土及黏性土，颗粒成分以石英、长石为主
④	淤泥质黏土	2.5~6.2 (4.53)	-7.08~-10.21 (-8.57)	含云母、有机质，夹贝壳碎屑，夹薄层粉砂，局部夹淤泥质黏土，无摇振反应，土面光滑、有光泽，韧性高、干强度高
$⑤_{1-1}$	黏土	7.7~11.1 (9.64)	-16.31~-19.68 (-18.24)	含云母、有机质，钙质结核，局部夹粉砂及粉质黏土，土质均匀，土面光滑、有光泽，韧性高、干强度高
$⑤_{1-2}$	粉质黏土	3.0~8.30 (5.21)	-21.08~-25.48 (-23.49)	含云母、有机质，腐殖质及钙质结核，夹黏土及薄层粉砂，无摇振反应，土面光滑、有光泽，韧性中等、干强度中等
$⑤_{3-1}$	粉质黏土	4.6~28.8 (14.37)	-30.48~-52.24 (-37.91)	含云母、有机质，腐殖质，夹黏土及薄层粉砂，局部砂性较重，土质不均匀。无摇振反应，土面光滑、无光泽，韧性中等、干强度中等
$⑤_{3-1t}$	粉质黏土	4.8	-37.19	含云母、有机质，夹粉质黏土，土质不均。摇振反应慢，土面粗糙、无光泽，韧性低等、干强度低等
$⑤_{3-2}$	粉质黏土	04.0~15.9 (9.97)	-45.38~-59.96 (-51.99)	含云母，夹薄层黏性土，土质不均。摇振反应慢，土面粗糙、无光泽，韧性低等、干强度低等
$⑤_{3-3}$	粉质黏土夹黏质粉土	2.2~11.4 (5.08)	-53.696~-60 (-56.82)	含云母，底部夹多量粉土团块，土质不均。无摇振反应，土面无光泽，韧性中等、干强度中等
$⑦_2$	粉砂	4.2~14 (7.86)	-59.18~-60.96 (-60.06)	颗粒成分以石英，长石为主，局部夹薄层黏性土及粉性土
$⑧_3$	粉质黏土	未钻穿	未钻穿	含氧化铁斑点，夹粉土团块，土质不均。无摇振反应，土面光滑、无光泽，韧性中等、干强度中等

2. 各土层的物理力学性质

对各土层的物理力学性能指标进行了分层统计，见表7-2。

表7-2 各土层的物理力学性能指标

土层层号	土层名称	含水量 W（%）	重度 γ（kN/m^3）	相对密度 G	饱和度 S_r（%）	孔隙比 e	黏聚力 c/kPa	内摩擦角 φ	水平向固结系数 $C_v\times10^{-3}cm^2/s$	垂直向固结系数 $C_h\times10^{-3}cm^2/s$	比贯入阻力 P_s/MPa
①	填土										
①$_2$	浜淤泥										
②	黏土	33.7	18.3	2.75	96	0.964	22	15.5	3.18	3.73	0.63
③	淤泥质粉质黏土	40.9	17.5	2.73	97	1.151	12	20	4.22	4.73	0.50
③$_夹$	粉砂	29.8	18.7	2.69	96	0.834	0	33.5	10.69	10.75	2.43
④	淤泥质黏土	49.6	16.8	2.74	97	1.397	14	12	4.18	4.26	0.51
⑤$_{1-1}$	黏土	40.9	17.5	2.75	97	1.165	16	12.5	2.02	1.95	0.73
⑤$_{1-2}$	粉质黏土	33.8	18.2	2.73	95	0.964	16	20	3.71	4.36	0.94
⑤$_{3-1}$	粉质黏土	32.6	18.3	2.73	95	0.939	18	21		5.76	1.55
⑤$_{3-1t}$	粉质黏土	30.7	18.5	2.71	95	0.879	10	27.5			3.76
⑤$_{3-2}$	粉质黏土	24.6	19.4	2.71	95	0.704	7	28.5			7.56
⑤$_{3-3}$	粉质黏土夹黏质粉土	25.8	19.3	2.72	95	0.736	20	23.5			3.08
⑦$_2$	粉砂	25.5	19.2	2.69	94	0.728	0	34.5			12.68
⑧$_3$	粉质黏土	23.1	19.8	2.73	95	0.665	47	16.5			

注：1. 表中给出的各项指标均为平均值。
2. 表中固结快剪试验确定的土的内摩擦角 φ 和黏聚力 c 为峰值指标。
3. 静探 P_s 场地平均值为最小平均值。
4. 表中标准贯入击数 N 值为实测标贯值。

3. 地下水

场地勘探深度范围内的地下水类型为浅部土层潜水和深部第⑦层中的承压水。由于本工程基坑开挖深度较浅，承压水的埋深相对较深，故对本工程有影响的主要为浅部的潜水。上海地区浅部土层中的潜水埋深一般为距地面0.3～1.5m，年平均地下水位为距地面0.5～0.7m。因潜水与大气降雨的关系十分密切，故水位呈季节性波动，因此潜水水位的高低主要取决于降雨量的大小和雨期的持续时间。

7.2 编制依据

（1）本工程招标文件及相关补疑文件。

(2) 本工程设计说明及施工图样，本工程地质勘察资料。

(3) 施工现场实地踏勘察获得的自然条件资料。

(4)《工程测量规范》(GB 50026—2007)。

(5)《地基处理技术规范》(DGJ 08-40-2010)。

(6)《地基基础设计规范》(DGJ 08-11-2010)。

(7)《建筑地基处理技术规范》(JGJ 79-2012)。

(8)《塑料排水板施工规程》(JTJ/T 256—1996);

(9)《塑料排水板质量检验标准》(JTJ/T 257—1996)。

(10)《建筑地基基础工程施工质量验收规范》(GB 50202—2002)。

7.3 施工部署

7.3.1 项目部组织机构设置(图7-2)

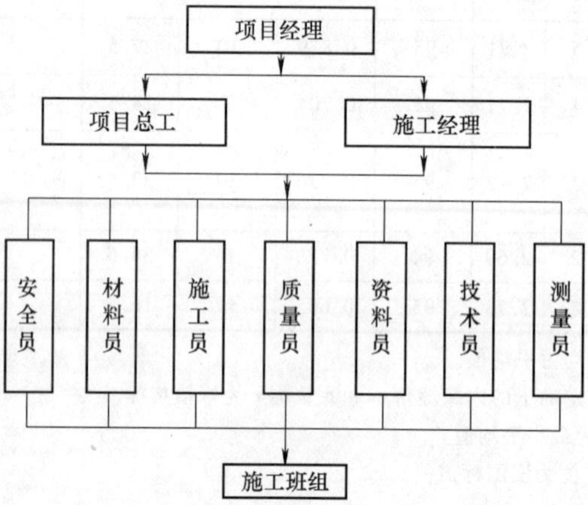

图7-2 项目部组织机构设置

7.3.2 劳动力组织计划(表7-3)

表7-3 劳动力组织计划

序号	工种	数量	序号	工种	数量
1	管理人员	8	5	插板机操作工	10
2	测量工	2	6	普工	20
3	电工	2	7	合计	44
4	压路机驾驶员	2			

7.3.3 主要施工设备计划（表7-4）

表7-4 主要施工设备计划

序号	机械名称	型 号	单位	数量	备注
1	插板机	IJB—30	台	10	
2	压路机	YZ18/21	台	2	78kW
3	发电机		台	2	75kW
4	全站仪	Leica—TCA1800	套	1	
5	水平仪	Leica NA2	台	2	
6	经纬仪	Theo 010B	台	1	
7	镝灯		盏	6	4kW
8	碘钨灯		盏	10	1kW

注：本工程采用两班作业制施工，夜间施工需要照明，故需要配置镝灯、碘钨灯。

7.3.4 工作内容

堆载预压区地基处理工程计划工期为198d，堆载预压荷载保持时间为78d，检测42d，塑料排水板实际施工时间计划为12d。要求完成塑料排水板680434m以及700多套PHC（AB）管桩，堆载方量为30.53万m^3。

7.3.5 施工进度计划

根据材料和设备的进场情况及障碍物清除情况，塑料排水板施工计划从2008年9月23日开始，2008年10月4日完成，各分区进度计划见表7-5。

表7-5 塑料排水板施工各分区进度计划

序号	区段	开始时间	完成时间	序号	区段	开始时间	完成时间
1	A－1	2008.9.23	2008.9.30	6	B－3	2008.9.28	2008.10.4
2	A－2	2008.9.23	2008.9.30	7	C－1	2008.9.23	2008.9.30
3	A－3	2008.9.23	2008.9.30	8	C－2	2008.9.23	2008.9.30
4	B－1	2008.9.28	2008.10.4	9	C－3	2008.9.23	2008.9.30
5	B－2	2008.9.28	2008.10.4				

7.3.6 塑料排水板的布设原则

（1）避开排水盲沟，以免盲沟被破坏；避开桩基工程的桩位进行布置，以免在压桩时使塑料排水板产生扭板，造成压桩困难。对排水盲沟、预压区与正常区交接范围内的塑料排水板渐变衔接处理要进行深化设计。

(2) 施工便道的布置应避开桩基工程的桩位，以免造成对桩基的破坏。

(3) 塑料排水板施工应在砂垫层施工完成后进行，主要是因为此时可以将排水板头直接插入砂垫层的内部，有利于两者更好地连接在一起，形成良好的排水通道；若塑料排水板先施工，在砂垫层施工时，排水板头容易被压入地表土，排水板不能与砂垫层很好的连接在一起，从而影响排水的效果。

(4) 监测仪器的布设安排在塑料排水板施工结束后进行，避免排水板施工时破坏监测仪器。砂垫层铺设与监测仪器布设，形成流水施工，砂垫层铺筑完成，检测仪器布设随后就完成，开始铺设砂垫层后的第一次原始监测。

7.3.7 施工分区及施工方向的确定

1. 堆载预压区施工分区

本工程堆载预压处理面积为8.73万m^2。按照面积大小，平均分为三个区，即A区、B区、C区，每个区又分为3个小区，每个小区的面积约为9700m^2。塑料排水板施工分区如图7-3所示。

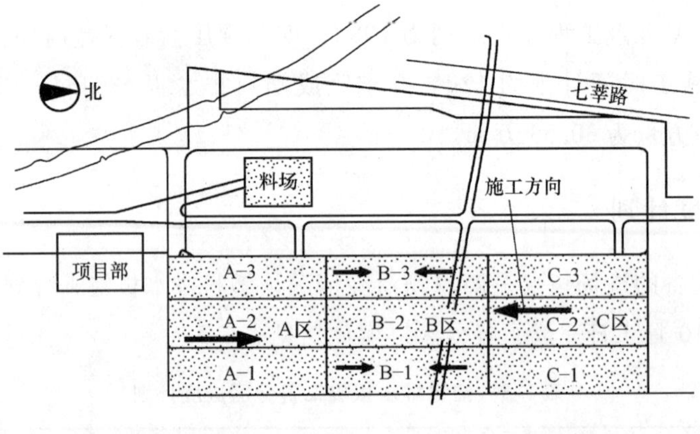

图7-3 塑料排水板施工分区及施工方向示意

2. 施工方向

按照A区→C区→B区的施工顺序展开分层流水施工，流水步距为4天；各分区的施工方向为：A区由南向北施工，C区为由北向南，B区由两边向中间（图7-3）。

7.3.8 塑料排水板的确定

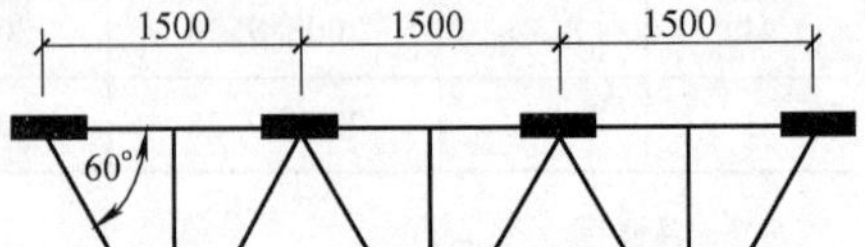

图7-4 塑料排水板平面布置图

排水板需要穿透淤泥质黏土层，并继续向下插入0.5~1.0m，根据该工程的地质勘查报告，排水板需要穿透第④层，并继续向下插入第$⑤_{1\text{-}1}$层，经过计算得出长度近15m，因此根据附录A常用塑料排水板型号及性能指标中的规定我们选用A型塑料排水板。塑料排水板呈等边三角形平面布置，间距1.5m，长度15m（图7-4、图7-5）。

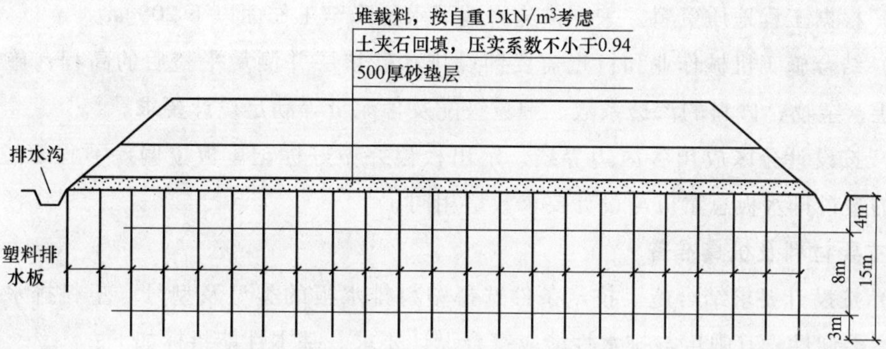

图 7-5 堆载预压布置剖面示意图

7.4. 施工方案

7.4.1 施工准备

1. 施工技术人员的准备工作

（1）对现场施工条件进行全面了解，掌握施工现场的全面情况及特点。

（2）熟悉设计文件及地质资料。

（3）接收建设单位移交的测量控制基准点，控制桩、边线桩及高程控制桩等已进行复核，确认无误。

（4）划分出面积为（0.5～3)万 m^2 的施工区段，并标出分界线，按设计要求与地形、地质条件确定排水孔的平面位置及施插排水板的顺序。

（5）根据地质情况和打设机的接地压力、行走特性等编制地基表层处理方案。

（6）根据现场与周边的环境条件、交通状况与道路交通管理部门研究制定交通疏导或导行方案，并实施完毕。施工中会影响或阻断既有人行交通时，应在施工前采取措施，保障人行交通的畅通、安全。

（7）已对作业层队伍进行全面技术、安全、质量、环保内容的交底。

2. 塑料排水板施工现场的准备工作

（1）拆除施工作业区及周围的障碍物。

（2）平整场地并根据建设单位提供的测量控制基准点进行场地高程的测量。

（3）布设施工测量基线按施工图布放施工区域边界线并办理验收手续。

（4）施工用水、用电已经接通。根据工程规模和环境条件铺设施工机械进出现场的施工便道，临时施工道路应满足施工机械调运和行车的安全要求，且不得妨碍施工。

（5）设置排水沟、集水坑，及时将场地内的积水排走，确保场地内无积水。

（6）对埋深较浅的既有地下管线，作业中可能受损时，已向建设单位、设计单位提出加固或挪移方案，并办理手续，实施完成。

(7) 根据工程地质资料，采取措施将地下水位降至工作面以下200cm。

(8) 结合施工机械作业和行走需要铺设排水砂垫层并测量平整后的高程；施工中避免混入泥土、杂物；砂料的渗透系数、颗粒级配及含泥量等满足设计要求。

(9) 按设计分区放出各区边界线，定出板位并做好标记。板位偏差不宜超过±30mm，每区段的塑料排水板总量应与设计要求数量相同。

3. 主要材料及机具准备

(1) 按设计要求结合施工技术条件选择塑料排水板的类型及型号。塑料排水板应具有耐腐性、柔韧性，其强度与排水性能应符合设计要求。基本性能指标如下：

1) 拉伸强度的选择不得小于1kN。

2) 延伸率2%~10%。

3) 抗撕裂度应超过300N。

4) 透水性大于或等于10^{-3}mL/s。

5) 滤膜渗透系数不小于4.2×10^{-4}cm/s（此外还要考虑排水板的抗变形性、保土性和长期排水效果）。

(2) 施打排水板的主要施工机具：

1) 机械：IJB-30型插板机、推土机、起重机械、自卸汽车等。

2) 检测设备：标准贯入度仪、土工常规试验仪器等。

3) 工具：手推车、铁锹、全站仪、水准仪、钢直尺等。

7.4.2 塑料排水板施工工艺流程

施工测量→场地清理、整平→试验段施工→摊铺砂垫层→定桩位→施打塑料排水板→灌砂填孔→摊铺上层砂垫层→埋设沉降观测点→堆载。

7.4.3 塑料排水板施工要点

1. 放样

按设计图要求的塑料排水板布置形式和间距画大样布置图，按塑料排水板布置图进行现场放样。按大样图放出排水板的点位，间距误差应小于15cm。

2. 平整场地及铺设第一层砂垫层

首先对加固的地段进行排水疏干、清除表层草皮和杂物，然后人工铺设第一层砂垫层。砂垫层总厚度为50cm（压实后），分两层铺筑。第一层铺设25cm，然后施打塑料排水板，最后再铺设25cm，并压实到要求的密实度（≥90%）。由于地表较软弱，运输车辆应采用轻型车辆，且尽量减少对地基的扰动，最好将砂堆放于处理地段以外，然后用小型运输工具运入施工地段。摊铺做到均匀、平整、形成双向横坡，同时注意避免泥土、杂物混入砂层。压实机具应采用自重60~100kN的压路机进行，不得进行振动碾压，压路机静压4~6遍。铺设后的砂垫层要求表面平顺，形成坡度为2%~3%的路拱，以利于塑料插板排出的水能迅速从该垫层中渗出。

3. 插板点布设（放点）

（1）首先根据设计图样给定的处理长度、宽度及板距计算出布设的排数和列数。由于塑料排水板布设的原则为等边三角形（梅花形）设置，故：排数 = 处理长度 ÷ 设计板距 × sin60° + 1，列数 = 处理宽度 ÷ 设计板距 + 1。

（2）根据计算结果画出布点图，标明排、列的编号。每排插板点的轴线应垂直于路线中心线，曲线上应为法线方向布设。同时应绘制一张较大的插板点图交施工人员打设时使用，每施打一根在图上相应位置标出，以免遗漏。应注意两个三角形地带的布点，不要超布桩或遗漏。

（3）根据插板点图在铺设好的第一层砂垫层上放出具体的点位（根据控制桩，用测绳定出每根塑料排水板的位置，并用石灰或竹片桩进行标识）。桩位定出后进行自检，然后再报请监理工程师进行验收，合格后才允许进行插板施工。每次放点位不宜过多，以免施工时丢失。施工中应注意检查和保护点位，丢失的及时补上。

4. 施打排水板

（1）铺设枕木、轨道，插板机就位。机械进入加固地段时不要损坏已铺设并压实的砂垫层，防止局部塌陷。插板顺序为从低处往高处进行，定位时要保证桩锤中心与地面定位在同一点上，并用经纬仪或其他观测方法控制桩锤或塔架的垂直。安设套管时，套管顶端应有便于起吊的吊钩或吊环，并在套管上划出控制标高的刻度线。如套管接长时，在打设前要试接，要求连接口平顺、密闭。

（2）将排水板装入卷筒，通过门架上的滑轮将排水板引入插杆中。

（3）将排水板从插入杆端头引出、折回，夹上短钢筋（桩位放样时插在桩位上），用订板机订好。

（4）塑料板与桩尖连接。先在塔架卷筒上安置塑料板，然后将塑料板通过套管从管靴穿出，固定在桩尖上，并一起贴紧管靴、对准板位。

（5）开启振动将插入杆压入地基。打拔桩机利用振动锤的震动锤击力和卷扬机的拉力进行沉管，所以开始沉管时要缓慢进行，防止套管突然出现偏斜。套管入土深度距设计标高约 2m 时，要减慢沉管速度，注意观察，防止超深或碰上基岩时能及时采取应变措施。

（6）到达设计深度后将插入杆拔出，则排水板被短钢筋锚固于孔底。

（7）沉管达到设计深度后即可拔管，拔管要连续、缓慢地进行，中途不得放松吊绳，防止因套管下坠而损坏塑料板。套管拔出后，在砂垫层上 30cm 处剪断塑料板。

（8）移动插板机，重复以上步骤，直至完成塑料排水板的打插工作。

（9）排水板的施插要求：

1）保持排水板入土的连续性，发现断裂应重新施插。

2）连接排水板的上下搭接长度不小于 10cm，并应连接牢固。

3）施插排水板到达设计入土深度后方能拔管。

4）完成排水板的施插并切断后，露出地面的“板头”长度不能小于15cm。

5）塑料排水板的应直顺，深度符合设计规定，超过孔口的长度应伸入砂垫层不小于50cm。

5. 灌砂填孔

（1）用砂回填排水板打设形成的孔洞，不得用土块堵塞。

（2）将施工中形成的坑凹填平，填坑时应将排水板扶正。

（3）将排水板端头向路线外侧压倒平贴于砂垫层上并用砂覆盖，待全部排水板施打完后铺设上层砂垫层。

6. 检查与记录

根据打插深度要求确定管长，并在插管上由插管下端起，与垫层厚度和打插深度两者总厚度相等长度的位置做好标记，控制打插深度符合设计要求。作好施工现场的记录，必须做到打设一根，记录一根，检查一根，充分反映现场的实际情况（主要内容有：桩号、要求深度、实打深度等）。

7. 监理验收

请监理工程师现场验收，在施工记录上签字，作为隐蔽工程签证。

8. 塑料排水板施工的注意事项

（1）与桩位重合的位置不得布设塑料排水板。

（2）平整好场地，插板机调整好垂直度，使打设垂直度偏差不大于1.5%。

（3）排水板滤水膜在转盘和打设过程中应避免损坏，防止淤泥进入板芯堵塞输水孔，影响排水效果。

（4）排水板与桩尖连接要牢固，避免拔管时脱开，将排水板带出。桩尖与插管配合要适当，避免错缝，防止淤泥在打设过程中进入插管，增大对排水板的阻力，甚至将排水板带出。

（5）排水板需接长时，为减小板与插管的阻力，应采用滤水膜内平搭接的方法；为保证输水畅通并具有足够的强度，搭接长度不得小于20cm。

9. 铺设上层砂垫层

待塑料排水板施打完毕，再铺设其余的25cm厚的砂垫层，并压实到要求的密实度（≥90%），施工要点同第一层砂垫层施工。

10. 监测仪器埋设与十字板剪切试验

监测仪器埋设包括孔隙水压力计、地下水位观测仪、分层沉降监测点、地面沉降观测桩的埋设。

（1）埋设时间。在场地平整后进行原位十字板剪切试验；在塑料排水板施工结束后，埋设各监测仪器。

（2）布设密度。孔隙水压力监测点布设密度为每2000m^2一点；地下水位监测点布设密度为每2000m^2一点；地面沉降监测点布设密度为每800m^2一点；分层沉降监测点布设密度

为每 $2000m^2$ 一点；原位十字板检测点布设密度为每 $2000m^2$ 一点，如图 7-6 所示。

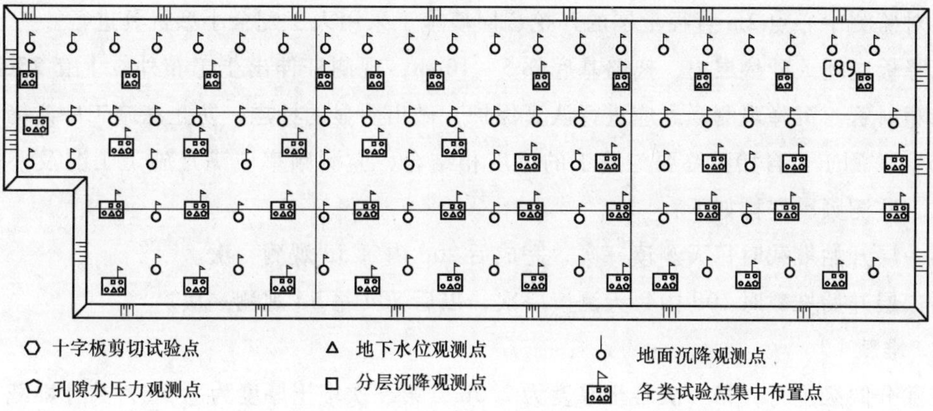

图 7-6　堆载预压区监测点平面布置

（3）埋设技术要点

1）地面沉降：沉降观测桩采用底板和金属测杆垂直焊接而成。底板采用 500mm × 500mm 的钢板，厚度不小于 6mm，测杆用 ϕ80mm 镀锌铁管（壁厚为 5mm），埋在砂垫层下。测杆露出堆载顶面的高度应大于 0.5m，测杆应垂直、稳定。本工程共布置 110 个地面沉降监测点。

2）孔隙水压力：孔压传感器埋设于第③层淤泥质粉质黏土及第④层淤泥质黏土。每孔埋设 2 ~ 4 个孔隙水压力计。管周围回填中粗砂，孔口部及土层分层处分用黏土球填实，防止地表水流入水位管影响测值。由于孔隙水压力计的埋设将不可避免地改变地基土中早前的孔隙水压力，为了减少对所测孔压值精度的影响，应在进行前（约一个星期前）先埋设好孔压传感器。孔隙水压力监测点用来监测采用塑料排水板处理后的地基的超静孔隙水压力的消散及地基的固结情况，本工程共布置 44 个。

3）地下水位：在孔隙水压力监测点附近布置地下水位监测孔，孔深与塑料排水板入土深度相同。地下水位观测采用 SWG96 系列水位管，本工程共布置 44 个地下水位监测点。

4）分层沉降：采用 SH-30 型钻机，按预定标高设置磁环，分段连接送入土中，使磁环脚爪插入土中；再于管周回填黏土球，用水冲实，使磁环与土能共同变形。分层沉降管高于地面 50cm 并设管口盖。每个分层沉降监测点设 4 ~ 6 个沉降环。对第③层淤泥质粉质黏土和第④层淤泥质黏土分层沉降进行重点监测，本工程共布置 44 个分层沉降监测点。

5）十字板剪切试验：原位十字板剪切试验在堆载预压开始前和结束后分别进行，以了解各土层（特别是第③层淤泥质粉质黏土和第④层淤泥质黏土）经过堆载预压后的效果。采用贯入电测十字板法，试验间距为 1m，每一深度测两点，本工程共布置 44 个原位十字板监测点。

(4) 施工期间，对监测范围用红白相间的标杆和旗帜进行标识，夜间采用红色警示灯标识。对监测中心点2m直径范围的开挖、回填施工采用人工配合小型机具进行。

沉降板应埋入砂垫层内，离路基底部5~10cm，观测杆伸出土工布外，上套25cm长的聚乙烯塑料管。沉降观测标志应进行认真保护，做出明显的标志，防止在施工中碰撞。

(5) 监测工作自始至终要与施工的进度相结合，监测频率应满足施工工况及环境保护的要求，监测频率安排如下：

第一层开始堆载时每天测读一次，完成后20d内每5d观测一次。

第二层开始堆载时10d内每天测读一次，以后80d每5d观测一次。

11. 堆载

堆载分两级进行，第一次堆土厚度为2.0m，第二次堆土厚度为1.5m，共计堆载方量为30.53万m^3。

7.5 塑料排水板工程质量保证措施

7.5.1 原材料控制

1. 砂

用作砂垫层的砂应具有良好的透水性，不含有机质、黏土块和其他有害物质。采用中粗砂，黏粒含量不大于3%，砂中可混有少量粒径小于50mm的砾石。砂垫层的干密度大于1.5g/cm^3，其渗透系数不小于1×10^{-2}cm/s。对不同来源的砂应分别取样进行颗粒分析和渗透性试验。

2. 塑料排水板

塑料排水板应具有很好的耐腐蚀性和足够的柔性，并符合《塑料排水板施工规程》(JTJ/T 256—1996)及其他相关规范的规定。

(1) 任何一批塑料排水板必须经过指定检验部门的试验和检验，且附有产品出厂合格证及产品试验、检验报告，并由监理工程师认可后方可进场施工。

(2) 存放在现场的塑料排水板应加以遮盖，避免阳光直接照射和长时间暴露在空气中老化。塑料排水板进入施工现场和打设前由专人检查质量，发现破损和污染部分应剪除。

(3) 排水板在装运和储存期间要包上厚保护层；在施工现场存放时要注意防晒，并避免泥浆、灰尘污染或其他物体的碰撞破坏。

(4) 使用前必须按规定进行检验，各项技术指标满足设计要求后方可使用。同批次生产的塑料排水板，每20万m进行一次抽样检验；少于20万m时，也检验一次；不同批次的塑料排水板分批次抽检。厚度>4.5mm，厚度允许偏差为+0.5mm；宽度为100mm，宽度允许偏差为±2mm。

7.5.2 塑料排水板施工前的质量控制

（1）施工前应详细分析施工场地的岩土工程条件，根据设计图样及相关的施工技术规范、规程和标准，制定出严密的施工质量管理及质量保证体系。

（2）开工前对现场技术人员、施工机组人员进行技术交底。

（3）插板施工前，施工单位的技术人员应充分阅读并了解本工程的地质资料，以及时应对施工过程中出现的地质突变情况，确保插板深度达到设计要求。

（4）各施工设备在施工前由专业技工进行检查、维护，特别是加强对监控设备的率定。

（5）施工前准确丈量钻杆长度，在钻架上设置插打深度标尺，便于深度的控制。

7.5.3 塑料排水板施工过程中的质量控制

为了确保工程的施工质量，在施工过程中主要从以下几个方面对施工质量进行控制。

（1）按设计图要求的塑料排水板布置形式和间距画大样布置图，按塑料排水板布置图进行现场放样。按大样图放出排水板的点位。间距误差应小于15cm。

（2）填筑预拱土并按设计分区开挖排水沟，为了利于排水，中间部分应比四周高出20cm。

（3）在预拱土上铺设至少25cm厚的砂垫层并碾压密实，提供合格的操作场地。为了保证砂垫层具有良好的透水性能和在插板过程中的支承性能，砂垫层应采用含泥量小于5%的中粗砂，且不含有机杂质，碾压密实达到设计要求。进行砂垫层施工时应避免被污染，以免降低沙砾的排水性能。

（4）桩尖与套管要配套，避免淤泥进入套管，一经发现，必须及时清除，以免塑料板与套管壁间的摩擦力增大以致带出塑料板。插入过程中，导轨应垂直，钢套管不得弯曲，透水滤套不应被撕破和污染。排水板底部应有可靠的锚固措施，以免拔出套管时将芯板带出。

（5）为了避免淤泥进入板芯以致堵塞排水通道，影响排水效果，防止塑料排水板被带出，底部端头的塑料排水板应反折回一定长度，与“-”或“H”形锚销可靠连接，并且锚销与导管下端口密封要严密。为了防止打设过程中土层与插板直接接触而损伤排水板，应尽量采用“H”形锚销。

（6）为确保塑料排水板的打设深度，在插板机塔架上应设有明显的进尺标记，以控制排水板的打设深度。

（7）打设过程中，当塑料排水板的长度不够而需要接长时，应采用滤膜内平搭法，芯板对扣，凹凸对齐，搭接长度不小于20cm，滤套包裹，用可靠措施固定。接长塑料排水板必须符合《塑料排水板施工规程》（JTJ/T 256—1996）附录C及其他相关规范的规定，以确保排水性能满足要求。

当排水板所定尺寸长度不够时，不允许使用搭接延续。因为塑料板由芯板和外套滤膜组成芯板的两面有数个2.5mm×1.6mm的排水槽，不管以任何一种方式搭接延续，芯板的排水沟槽都不能很好地贯通，而影响到排水性能。

通过以往施工实践，我们对芯板搭接延续过的塑板进行细致观察，发现排水量很少，而且与搭接的深浅位置有很大关系。为防止出现搭接和塑板的浪费，应根据不同的区域和加工深度，先计算出每根排水板打设深度，再确定每盘塑板打设根数及总长度，提供给厂家每盘长度按此值生产产品。

每根塑板的长度是根据打设深度、露出地面长度、蛇形弯曲和板靴挂入量来计算确定。因此我们在施工中使用以下公式来计算确定每一根塑料排水板的长度。该公式为：

$$S = S_d + S_y + S_s + S_b$$

式中 S——每根排水板的长度（m）；

S_d——打设深度（m）；

S_y——预留出地面长度（m），取0.2～0.3m；

S_s——蛇形弯曲量（m）；

S_b——板靴挂入量（m），取0.3m。

上式中蛇形弯曲量应根据不同的地质条件及打设深度经现场试验检测确定。施工中测得的实际数据经汇总分析，蛇形弯曲量 $S_s = 0.011S_d$。

（8）严格控制塑料排水板的打入深度。打入深度应考虑上拔时的跟带（排水板被导管往上带）长度，如果打入深度达不到设计要求或跟带长度在50cm以上且跟带的根数超过总打设根数的5%的排水板应废弃，并在废弃排水板附近及时补打。打入地基的塑料排水板宜为整板，塑料排水板外露长度应达到200mm。

（9）在施打塑料排水板的过程中严禁出现扭结、断裂和撕破滤膜等现象，若出现此种情况，应在插点附近补插。

（10）在未达设计标高并确实无法再插深的情况下，要向现场设计代表和监理工程师报告。当实际插板标高与设计要求差距较大时，应及时对附近地区进行地质探摸，并与设计人员商讨解决方案。

（11）塑料排水板在插设过程中，必须设专人做好施工日志等各项记录。塑料排水板施工允许偏差及检验方法见表7-6。

表7-6 塑料排水板施工允许偏差及检验方法

序号	项目	允许偏差	检验单元	数量	单元测点	检验方法
1	平面位置	±100mm	每根排水板	检查10%	1	用经纬仪、拉线和尺量纵、横两个方向，取最大值（水上：打设时测量套管位置与船位）
2	外露长度	陆上±50mm 水上±100mm		陆上：逐件检查 水上：抽查10%		用钢直尺量
3	垂直度	±1.5%		抽查10%		用经纬仪或吊线、尺量打设套管的倾斜度

（12）为保持砂垫层良好的排水性能和塑料排水板滤膜的透水性，不得将插打过程中带

出的泥浆用水冲入孔内，以免污染塑料排水板滤膜或封堵在砂垫层部位，影响垫层排水。应将泥土彻底清除，排除在路基以外。

(13) 为保证塑料排水板设施良好的工作性能，塑料排水板打设完成后，应尽快铺设第二层砂垫层。砂垫层经整平并压实后报监理工程师检查，合格后方可进入下道工序进行施工。

(14) 每根排水板插设完毕后外露的排水板不得遭到污染。检查合格后应及时清除排水板周围带出的泥土并用砂将井眼填实；然后将砂垫层表面刮平，再将高出砂垫层的排水板割断，使其与砂垫层顶面持平，并予以保护，以防在打桩机移动、车辆的进出或下雨时受到损坏而降低排水效果。保证塑料排水板的顶部伸入砂垫层至少30cm，使其与砂垫层连通，保证排水畅通。

(15) 施工结束后，施工单位需及时提交以下竣工资料：现场施工原始记录、施工日志、竣工平面图和断面图、分项工程质量检验评定表、塑料排水板试验报告、工程竣工总结等。

7.6 塑料排水板施工安全文明措施和方法

(1) 塑料排水板插打机械在现场组装完成后，要严格检查钻机的安全性能。钻机钻架较高，施工过程中的振动力较大，钻架要有足够的稳定性，以确保施工安全。要对卷扬机钢丝绳、电路接线及电路保护装置进行全面自检，合格后报安全监理工程师检验合格后才能使用。在便道及机械施工的50m范围内设置警戒线，确保施工安全。钻机上挂好机械操作规程、安全警示牌和施工告示牌。

(2) 插板机桩架较高，台风来袭时，倒架的可能性较大，因此，应每天听天气预报，在台风到来前做好如下准备。

1) 在井架2/3高处拉设四根缆绳，缆绳设地锚，地锚埋深2m以上，并用沙袋压顶，确保地锚的稳定。

2) 在插板机平面机身上堆载沙袋，进行压载，防止倾覆。

3) 把插管打入地下2/5深，形成负摩阻力，打桩锤悬于空中，以增加桩机的稳定性。

(3) 因本工程堆载预压区的地质比较软弱，在桩机和插板机施工过程中易因受震动而液化，加之强度低、沉降量大，施工中陷车、倒架的可能性较大。所以施工中一般在轨道或履带行车部位垫枕木，枕木下设置竹笆2~3层，保证机械施工中机械的正常行驶。

(4) 塑料排水板的施工过程中易产生飘带、卷带等现象，施工人员爬到插板机架子上排除此类情况时，一定要在安全员的监护下，系好安全带和安全绳后方可进行。

(5) 在干燥、通风的环境下储存排水板，防止曝晒、远离火源。

(6) 应立放或平放排水板，不得倾斜或交叉横压，堆放高度不应超过3层，且避免重物堆压。

(7) 要贯彻执行施工现场临时用电的相关技术规范，避免事故发生。

(8) 将废弃的物品进行集中堆放，然后按照监理工程师指定的方法进行处理。

复合土钉墙深基坑支护方案

杨俊才

吉林省一建集团

8.1 工程概况

长春富苑盛世城位于长春市新民广场西南侧，北邻工农大路，南为延安大街，西为同德路（图 8-1 长春富苑盛世城基坑支护平面）。总建筑面积为 159155m^2，地上 7 层，地下 3 层，基坑周长近 800m，场地最大高差近 8m，基坑开挖深度为 8.5～16.0m。因施工场地比较狭窄，无法放坡，故采用垂直支护，根据场地地质条件和基坑周边环境等因素，选用复合土钉墙支护（图 8-1）。

8.2 编制依据

（1）本工程的施工图样及相关资料。

（2）本工程的岩土工程勘察报告。

（3）《建筑与市政降水工程技术规范》（JGJ/T 111—1998）。

（4）《建筑基坑支护技术规程》（JGJ 120—2012）。

（5）《建筑地基与基础工程施工及验收规范》（GB 50202—2002）。

（6）《建筑工程施工质量验收统一标准》（GB 50300—2013）。

（7）《建筑基坑工程监测技术规范》（GB 50497—2009）。

（8）《复合土钉墙基坑支护技术规范》（GB 50739—2011）。

（9）《钢筋焊接及验收规程》（JTJ 18—2012）。

（10）《预应力筋用锚具、夹具和连接器应用技术规程》（JGJ 85—2010）。

（11）《建筑边坡工程技术规范》（GB 50330—2013）。

（12）《岩土锚固与喷射混凝土支护工程技术规范》（GB 50086—2011）。

（13）《建筑机械使用安全技术规程》（JGJ 33—2012）。

（14）《施工现场临时用电安全技术规范》（JGJ 46—2005）。

8.3 工程水文地质条件

地下水位埋深为 1.9 ~ 7.4m，地下水的补给源主要是降雨，水位随季节变化略有升降。基坑周边的降水工作已全面展开。地层土力学参数见表 8-1。

表 8-1 地层土力学参数

序号	名称	状态	天然重度/（kN/m^3）	黏聚力/kPa	内摩擦角/（°）	液性指数 I_L	摩阻力标准值/kPa
1	填土层	松散	18.5	8.0	5.0		20
2	粉质黏土	可塑状	19.7	32.5	18.5	0.35	55
3	粉质黏土	可塑状	19.3	28.0	17.90	0.37	53
4	粉质黏土	硬塑状	19.8	45.7	19.3	0.15	65
5	粉质黏土	可塑状	19.5	28.8	17.7	0.36	55
6	粉质黏土	硬塑状	19.8	45.7	19.4	0.17	70

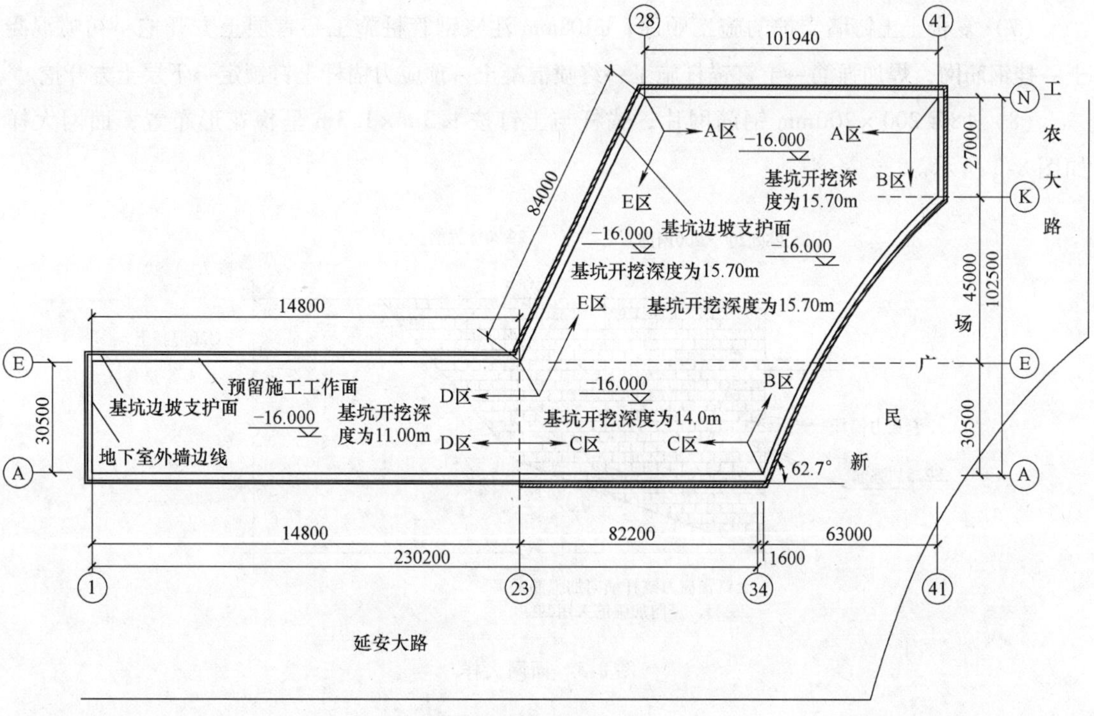

图 8-1 长春富苑盛世城基坑支护平面 1∶850

8.4 施工要求

（1）超前钢管桩成孔孔径为 ϕ150mm，采用 ϕ108mm 钢管、壁厚 3mm，孔内压力注浆，注浆完成后桩间采用 2 根Φ20 螺纹钢焊牢，超前注浆钢管桩顶连接大样如图 8-2 所示。

（2）螺纹钢筋土钉孔径为 130mm，预应力锚杆孔径为 130mm，预加应力为 150kN，预应力锚杆自由段长5m，采用塑料布包裹，锚杆注浆强度达到设计强度的70%后方可进行锁定。

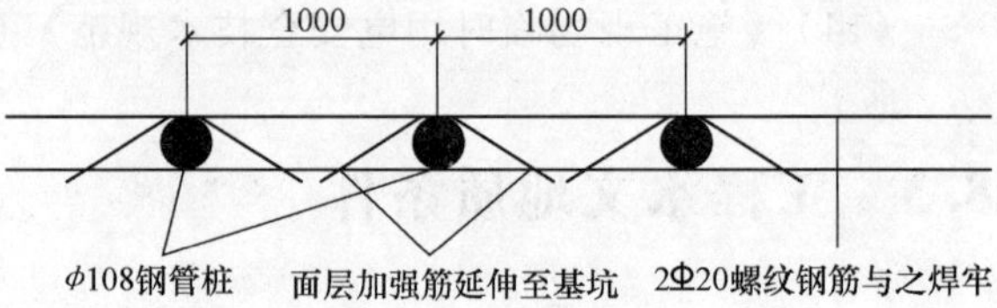

图8-2 超前注浆钢管桩顶连接大样

(3) 注浆材料采用P.O 42.5水泥净浆，水灰比为0.45，注浆方式采用底部压力注浆，压力为0.4~0.6MPa。

(4) 喷射混凝土的强度等级为C20，掺3%的速凝剂；砂采用干净的中砂，含水量小于6%；石子采用干净的碎石，粒径不大于10mm。混凝土的喷射厚度为12cm，喷射面要求平整，无干斑及滑移、流淌现象。上层锚杆和喷射面的强度达到设计强度的70%后方可进行下层土方开挖。坡面开挖完后立即进行初喷混凝土的施工。

(5) 坡面开挖后如有渗水，应设置φ50mmPVC泄水管，长度不小于500mm。基坑开挖过程中，必须做好坑底的排水工作，防止积水或雨水渗入护坡内。

(6) 基坑开挖时，应自上而下，分段、分层进行，并及时支护，严禁超挖。

(7) 复合土土钉墙支护的施工顺序：φ108mm注浆钢管桩施工→首层土方开挖→初喷混凝土→挂钢筋网，焊加强筋→土钉锚杆施工→终喷混凝土→预应力锚杆土钉锁定→下层土方开挖。

(8) Φ8@200×200mm钢筋网片，锚杆与土钉按1.3m×1.3m呈梅花形布置，面网大样如图8-3所示。

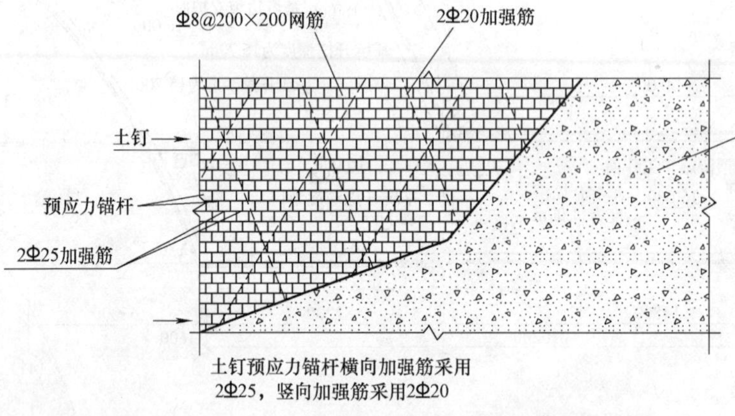

图8-3 面网大样

(9) 土钉墙顶做1.5m宽C20钢筋混凝土地面，并对回填土部分进行注浆硬化。

8.5 施工工艺

8.5.1 钢管桩施工

(1) 成孔。钻机选用XY-100地质钻机，采用正循环回转钻孔成孔，泥浆维护孔壁稳定；钻进时随时校正主动杆，发现底座不平随时纠正，保证垂直度偏差≤桩长的0.5%。钻进过程中发生斜孔、塌孔时应停钻，待采取相应措施后再进行钻进。

(2) 钢管制安。钢管接头采用内接管进行连接，两端搭接10cm，钢管与内接管采用焊接固定。标准段钢管每50cm对称开2孔，孔径为20mm，作为出浆孔。安放钢管采用钻机卷扬机下放，必须将钢管落至孔底。

(3) 钢管桩注浆。灌浆水泥净浆采用水下灌注，从孔底由下往上采用“不拆管灌注”至孔口，灌注时注浆管距孔底10～20cm；水泥净浆的水灰比为0.45，水泥采用32.5R普通硅酸盐水泥；水泥净浆灌满后，在初凝之前进行复灌，保证灌满。

8.5.2 土钉墙施工

土钉墙施工应遵守下列顺序：开挖工作面→修整边坡→埋设喷射混凝土厚度控制标高→初喷混凝土→绑扎、固定钢筋网，设置加强筋→安装土钉（包括钻孔，插筋，注浆等）→终喷混凝土→养护。

(1) 基坑降、排水。土方开挖前应提前降水，当分层开挖时，要求地下水位低于开挖层底标高0.5～0.8m，土钉墙顶做C20钢筋混凝土护面，并设置排水沟和集水井等排水设施。

(2) 土方开挖。土方开挖必须紧密配合土钉墙施工，开挖出的护坡面必须符合设计要求，具体要求如下：

1) 上层土钉砂浆及喷射混凝土面达到设计强度的70%后，方可开挖下层土方及进行下层土钉墙施工。

2) 基坑开挖应按设计要求自上而下、分段、分层进行，且要及时支护，严禁超挖。

3) 机械开挖后应辅以人工修整坡面，坡面平整度允许误差为±50mm，坡面大小和坡面平整度应达到设计要求。

(3) 初喷混凝土。初喷混凝土的主要目的是为护坡钢筋提供足够的保护层，具体方法如下：

1) 将开挖出的护坡面修理平整后，埋设好控制喷层厚度的标志。

2) 喷射混凝土的配合比由试验确定，先将水泥、砂、碎石按配合比干拌均匀后，再过筛装入喷射机，然后开始喷射第一层混凝土。喷射混凝土应分段、分片依次进行，同一段内按自下而上的顺序喷射。喷射混凝土时，喷头和受喷面应垂直，并保持0.8～1m的距离，施工人员应控制好水灰比，保持喷射面平整、湿润、光滑，无干斑及流淌现象。

3) 混凝土初喷厚度控制在3～5cm，喷射混凝土终凝2h后开始洒水养护，养护时间应根据土钉面的条件确定，宜为3～7d。

4) 喷射混凝土的其他要求可参照《岩土锚固与喷射混凝土支护工程技术规范》(GB 50086—2011) 的相关内容。

(4) 钢筋网的铺设应符合下列规定：

1) 钢筋网宜在喷射一层混凝土后铺设，钢筋与坡面的间距不宜大于20mm。

2) 钢筋网应与土钉和其他锚固装置连接牢固，喷射混凝土时钢筋网不得晃动。

3）钢筋网可焊接或绑扎，钢筋网格的允许偏差为±10mm，钢筋网连接时的搭接长度不小于30mm，焊接长度不应小于网筋直径的10倍。

（5）土钉成孔采用机械成孔方式，具体的参数及要求如下：

1）按设计要求定出孔位，允许偏差为±5cm；

2）土钉孔径为130mm，孔径的允许偏差为±20mm。

3）孔深的允许偏差为±20cm，孔倾角的允许偏差为±2°。

（6）土钉制作与要求（土钉与面层的连接如图8-4所示）。

1）土钉墙体钢筋的规格、直径应符合设计要求，采用Φ25和Φ28钢筋。钢筋接头采用帮条焊或双面焊的搭接长度为5d。

2）给土钉轴线上每隔2m设置一个对中支架，且要对称，对中支架采用ϕ8钢筋制作。

3）土钉制作完成后将注浆管捆扎在土钉上，注浆管端头距土钉端头约20cm，并编号登记，以备安装。

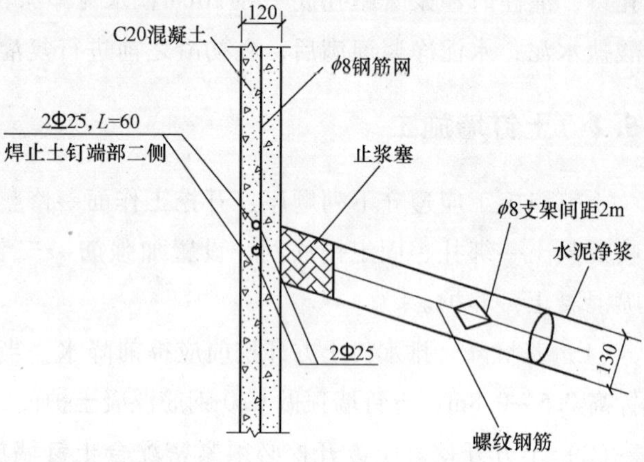

图8-4 土钉与面层的连接

（7）注浆施工应遵守下列规定：

1）注浆前先清孔，用清水将孔内残渣清理干净，直至孔内流出清水为止。

2）水泥采用普通硅酸盐水泥，水泥强度等级为32.5R。土钉注浆可采用压力注浆，压力为0.4～0.6MPa，孔口应设置止浆袋。注满后保持压力3～5min，注浆孔附近的面层混凝土应有抵抗注浆引起的压力扩散作用。

（8）锁紧土钉。先将横向加强筋焊接固定于土钉上、下两侧，再在土钉筋体端部两侧尚长度方向焊2根Φ25、长为60mm的锁定筋。

（9）终喷混凝土。检查钢筋网的铺设、连接，符合要求后立即进行终喷混凝土到设计厚度，终喷混凝土的施工工艺与初喷混凝土相同。

（10）预应力锚杆施工（预应力锚杆与面层连接如图8-5所示）。

1）在进行锚杆施工前，应根据实际情况选取一定数量的锚杆进行钻孔、注浆、张拉及锁定的试验性作业，检验设计的合理性及施工工艺与设备的适应性。

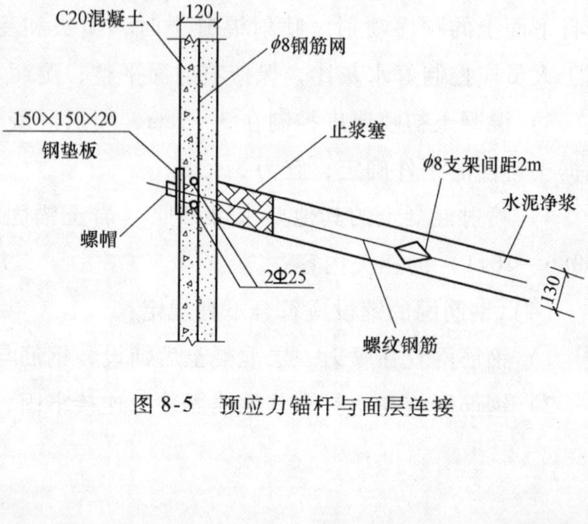

图8-5 预应力锚杆与面层连接

2）锚杆的下料长度应考虑锚杆的成孔深度及张拉锁定设备所需要的长度。锚杆张拉头与钢筋接头采用帮条焊或双面焊的搭接长度为5d。杆体自由段包塑料布或塑料管，并应扎牢。

3）预应力锚杆采用二次注浆，压力为1.0～1.5MPa。一次注浆初凝后方可进行二次注浆。

4）张拉前对张拉设备进行标定，锚固体达到设计强度的70%时方可进行张拉；锚杆承压面应平整，并与锚体的轴线垂直。

5）锚杆锁定值应符合设计应力值的要求，锚杆张拉与锚定作业应有详细、完整的记录。

8.6 质量检查

（1）每批原材料到达工地后，必须经检查合格后方可使用。检查锚杆与土钉施工所用的水泥浆及喷射混合料的配合比及拌和均匀性。

（2）采用人工观测检查锚喷支护外观，锚喷支护面不应有漏喷、裂缝、空鼓、钢筋网及锚杆顶端外露等现象。

（3）每喷射50m^2混凝土混合料制作一组试件，采用“喷大板”的方法制作，按相关规范要求进行抗压强度试验。

（4）面层强度检验采用回弹仪检测；喷射混凝土厚度检查采用凿孔法，检查数量为每100m^2取一组，每组不少于3个点，其合格条件为：全部检查孔的厚度平均值不小于设计厚度，最小厚度不小于设计厚度的80%。

8.7 施工观测

8.7.1 观测内容

（1）支护结构的顶部位移与沉降，以及支护结构的变形。

（2）基坑周边的地表沉降，周围建筑物的变形、沉降。

8.7.2 观测点布置

在距基坑边缘20～30m的相对稳定的地方，沿基坑边线延长线的方向设置测量观测基准点，用水泥桩固定。

土钉墙坡顶的水平位移观测点在基坑顶部布设，测点间距20m，点位用水泥钉固定，并做好标记，予以保护。

土钉变形观测点设置在土钉锚头上，用红漆做标记。

周围建筑物的沉降观测及变形观测的观测点设置在原建筑物的墙上，用水准仪、经纬仪进行观测。

8.7.3 观测方法

采用方向法进行观测，从基坑开挖开始观测，至基坑回填施工完成时结束。土方开挖期间、降水期间和雨后，要每天早、晚各观测一次，其他时间可每2~3d观测1次，观测周期为7~10d，并做好记录。

设专人使用水准仪或经纬仪观测变形情况，记录要准确、工整，严禁涂改，每次观测结果均应详细地记入汇总表。

如地面变形产生裂缝时，应增设观测点，随时观测裂缝的变化。

基坑开挖完成15d后，如边坡稳定不再继续变形，经过业主、监理、设计三方同意后方可停止观测。

8.7.4 观测质量保证措施

施工前对原场地进行全面调查，查清有无原始裂缝和其他异常现象并作好文字和图像记录。

观测点和基准点要经常检查和校核，并采取有力的保护措施，每次观测应使用相同的观测方法和观测线路。

观测期间限使用一种仪器，一个人操作，不能更换。

8.8 应急预案

8.8.1 基坑开挖前的应急准备工作

（1）基坑降水应有充分的时间保证。

（2）准备止水、堵漏的必要器材。

（3）准备基坑位移和沉降的监测措施。

（4）准备加固用的钢材、水泥、草袋等。

8.8.2 应急措施

1. 土方开挖、支护施工的应急措施：

（1）局部土体含水量过大或砂层性质较差等不能成孔情况，及时采用同长度的ϕ48mm钢管替代钉杆，压力注浆形成锚钉。

（2）对于边坡自稳性能差的土层，可以采取如下措施：

1）减少开挖深度和长度。

2）在两根土钉之间增加短土钉。

3）开挖后可以先喷射混凝土，且在混凝土中掺入速凝剂。

4）设置超前土钉。

（3）对于局部土体剥落的情况，应立即停止开挖，并及时采用土袋填充，随后喷射混凝土封闭，在混凝土终凝后注浆填实。

（4）对因开挖造成边坡，地面变形，用高压注浆法，对其进行跟踪注浆加固来控制其变形。

（5）现场准备一定数量的沙袋及砂土，必要时可对被动区采取压重法，可有效减少基坑变形和抵抗基坑隆起。

（6）挖土时分层开挖，严格控制坑内外地下水。

（7）地面超载应控制在设计范围以内。

2. 降、排水应急防范措施：

（1）若基坑内存在积水，应使用排污泵将基坑内水及时排出。

（2）若开挖时地下水位与勘察报告不符，应及时采取辅助降水措施。

8.9 劳动力计划和主要机械设备计划

8.9.1 土钉墙施工劳动力计划

修坡组10人；成孔组20人；钢筋绑扎与压网组10人；注浆组4人；制锚组4人；喷射混凝土组10人；杂工班10人。

8.9.2 机械设备计划（表8-2）

表8-2 机械设备计划

序号	名称	型号	数量	单位
1	锚杆钻机	MGJ-50型	3	台
2	地质钻机	XY-100型	3	台
3	挤压泵	UBJ-2型	2	台
4	高压污水泵	250型	2	台
5	混凝土喷射机		2	台
6	电焊机	BX-300-50	4	台
7	水泵	VP50/12	14	台
8	全站仪	SET2B2100	1	台
9	水准仪	DS3	1	台
10	钢筋切断机		2	台
11	钢筋煨弯机		1	台
12	泥浆泵	2PN	5	台
13	空压机		2	台

8.10 安全文明施工及其他管理措施

8.10.1 安全文明施工措施

（1）施工现场认真贯彻落实“安全为了生产，生产必须安全”的方针，严格落实安全生产管理制度。

（2）以项目经理为首，由安全、工程、技术、质量、行政等各部门的管理人员和专职安全员共同组成安全生产保证体系，建立项目经理部安全工作组，领导和组织实施安全工作。

（3）根据公司制定的安全文明施工的规章制度，建立健全的安全文明管理人员岗位责任制，明确奖惩制度，奖优罚劣。认真做好对施工人员的技术交底工作，并对施工人员进行质量、安全教育培训。

（4）土方工程施工前，了解周围居民的意见并提出切实可行的解决措施，确保周边居民的正常生活。

（5）设专人定期对基坑边坡的稳定情况进行检查，发现问题及时向项目部进行汇报，避免事故的发生。

（6）在基坑周围用 ϕ48 钢管设置两道防护栏杆，立杆间距为 4m，高出自然地面 1.5m，埋深 0.8m，沿防护栏杆挂绿色密目安全网。严禁任何人翻越栏杆，或趴在栏杆上往坑底探看。

（7）基坑上口周边 3m 范围内严禁堆放重物或停放机具。

（8）施工人员不得向基坑内乱扔杂物；向基坑下传递工具时要接稳后再松手；坑下人员休息时要远离基坑边及放坡处。

（9）施工机械要服从指挥，人员尽量远离施工机械，如必须接近机械时应先通知操作人员，待回应后方可接近。

（10）基坑开挖时，两人操作间距应大于 2.5m。多台机械开挖时，挖掘机间距应大于 10m。在挖掘机工作范围内，不许进行其他作业。

（11）挖掘机应距坡边有一定的安全距离，以防塌方而造成翻车事故，安全距离一般不小于 2.5m。

（12）挖土应由上而下，逐层进行，严禁先挖坡脚或逆坡挖土。

（13）开挖好斜坡道，并采取防滑措施，禁止攀边坡上下基坑。

（14）所有人员进入施工现场必须戴合格安全帽，锁好带扣。施工现场严禁吸烟。施工人员应互相配合，相互呼应，不得在现场嬉戏打闹。

（15）布置任务时要进行详细的安全技术交底，并做好记录。施工中严格执行安全操作规程，严禁违章指挥或违章作业。

（16）注意做好基坑边坡观测，防止发生坍塌事故。

8.10.2 临时用电管理措施

（1）严格落实现场临时用电管理制度及电工值班、巡查制度，落实临时用电管理人员岗位责任制。

（2）所有电动机具、机械、电气设备必须由专职电工或持证的专业操作人员进行操作和维修，非电工或专业操作人员不得随意动用机电设备。

（3）做好临时用电施工组织设计及安全技术交底，并进行记录。临时用电必须经项目电工检查、批准后方可使用，无证人员不得擅自拉线、接灯或修理。

（4）工地使用的所有电器必须保证质量合格，有合格证，电工要做好值班及维修记录。

（5）现场作业区及生活区的临时用电均由指定的专职电工负责管理，电工须持证上岗，严禁非电工人员乱拉电线、乱接电源。

（6）只能使用经国家相关部门认证的配电箱和开关箱，使用期间安排专人负责定期保养。

（7）每个临时配电箱必须安装灵敏的漏电保护器，现场所有的电气设备均应安装漏电保护装置，配电线采用三相五线制。

（8）所有电缆必须检查，确保无破损、龟裂现象，并符合设计标准。

8.10.3 现场施工机械管理措施

（1）严格落实现场机械管理制度，建立健全的机械管理人员岗位责任制。

（2）所有机械必须由专业操作人员操作和维修，操作人员必须持证上网，按操作规程操作，严禁非操作人员随意动用机械。

（3）对操作人员进行安全技术交底和关于机械设备操作规程的教育培训，经考核合格后才能上岗操作。

（4）做好使用及维修、保养记录，必须每天检查，确保机械设备的安全使用，操作人员应做好交接班记录。

（5）操作人员应每天对机械设备进行“班前、班中、班后”三检，发现问题立即停机整修，严禁带隐患工作。

（6）所有用电机械必须有可靠的接地装置，使用完毕后必须切断电源。

（7）钢筋加工机械的防护设备要完好、齐全；加工完成后的现场要清理干净；机械部位润滑良好，接地可靠。

（8）电焊机、切割机等用电设备要开关灵敏，接地可靠，电源线必须绝缘良好、无漏电现象。

8.10.4 环境保护措施

（1）严格执行公司环境保护管理制度，减少工地扬尘、噪声污染。

（2）施工现场应做到“活完料净场地清”，对扬尘点做防风、降尘处理，根据实际情况对现场及生活区进行洒水、清扫。

(3) 现场的出入口处建洗车池，并安排专人值守，防止现场内的粉尘被带入场外。运载土方最高点不得超过车辆槽帮上沿，装载建筑渣土或其他散装材料时不得超过槽帮上沿，并进行覆盖，避免途中遗撒和运输过程中造成扬尘。

(4) 清洗施工机械、设备及工具的废水、废油等不得直接排放，必须集中处理，防止污染土壤和地下水。

(5) 施工道路设专人洒水，堆土应有防尘措施。指定专人每天清理生活区、办公区，保证生活区、办公区的清洁卫生，做到无积水、无污物。

(6) 水泥和其他易飞扬的细颗粒、散体材料应安排在仓库内存放或严密遮盖。

(7) 在施工现场设置垃圾分拣站，施工垃圾要及时分拣、清扫，并洒水降尘。

(8) 行政主管负责食堂卫生，环卫员负责日常工作管理。炊事人员必须严格遵守《食品卫生法》和其他有关管理规定。

(9) 食堂设隔油池，每月清理浮油不少于三次；污水经过滤、沉淀、隔油后排入市政污水管线。

(10) 建立健全的控制人为噪声的管理制度。噪声值监测按照《建筑施工场界噪声测量方法》(GB 12524—1990) 的规定进行，确保白天施工噪声不超过70分贝，夜间不超过55分贝。

(11) 做好施工现场环境保护的监督、检查工作，每月月初、月中和月末对各项环境工作进行一次检查，对存在的问题及时采取纠正和预防措施，并做好记录和存档工作。

8.10.5 消防保卫措施

(1) 施工现场工作坚持“预防为主，防消结合”的工作方针，认真贯彻执行《中华人民共和国消防法》，逐级落实防火责任制；同时将消防保卫工作纳入生产管理的议事日程，与生产同计划、同布置、同检查、同落实、同评比。

(2) 参加施工的所有人员在入场前都要进行“四防”教育和考试。坚持每月和重大节日、社会政治活动前教育一次，学习各项规章制度和国家法规，使每个施工人员做到制度明确、安全生产、文明施工。

(3) 易燃、易爆化学危险品分类、专库管理，严格进出库手续。进行易燃、易爆化学危险品操作时，必须保证通风良好，禁止与电、气焊等明火作业交叉操作。

(4) 现场要认真执行“三坚持”制度，即坚持防火安全交底制度，坚持用火申请制度和坚持特殊工种持证上岗制度。

(5) 现场搭建的各种临时建筑均不得采用易燃材料。施工现场的生活、加工、仓储、办公地点要分开设置。

(6) 加强现场明火作业管理，严格用火审批制度。现场用火证统一由消防保卫负责人员签发，并有书面防火技术交底。采用明火作业时，必须派专人看护。

(7) 施工现场严禁吸烟。

(8) 消防器材统一由消防保卫人员进行检查、维修，保证灭火器材完好、有效，不准他人擅自挪用。施工现场临时道路兼做消防通道，宽度不得低于4m。

(9) 对现场重点部位（如配电室、仓库等）配备责任心强、技术熟练的人员进行操作和管理，建立健全的岗位责任制和交接班制度，认真做好交接班记录。

(10) 建立门卫制度和巡逻护场制度，设专人两班制昼夜值班，并做好值班记录。对携带施工材料进出场的人员和车辆要开出门证，对进入施工现场的联系业务的其他人员要进行登记，经门卫许可后方能进入。

(11) 消防保卫工作负责人每天对工地用火、用电等情况进行巡查，每旬进行一次文明施工检查；有权制止一切违反规定的行为，对违反治安消防规定的人员，保卫干部有权给予批评教育和处罚。

(12) 建立健全的消防保卫档案，做好资料的收集、整理工作，对现场发生的事故和各种隐患都要认真记录、整理。

8.10.6 防止扰民措施

(1) 提倡文明施工，建立健全的控制人为噪声的管理制度，尽量避免人为的大声喧哗，增强全体施工人员防噪声扰民的自觉意识。

(2) 在施工中积极采用新工艺、新机械、新材料，并更换、调整部分扰民影响较严重的设施和设备，尽量降低施工影响，保证施工进度。

(3) 随时与周围的居民及有关部门进行联系与沟通，认真听取他们的要求和建议。对他们的意见、建议进行合理采纳，能够做到的要坚决去做，实在做不到的要与其及时进行沟通，取得他们的谅解。

(4) 在土方施工阶段，坚持定期检测噪声，保证噪声低于规定值。

(5) 合理安排施工工序，尽量将噪声污染严重的工序安排在白天施工。

(6) 对人为活动噪声建立管理制度，特别要杜绝人为敲打、叫嚷、野蛮装卸等现象，最大限度地减少噪声扰民。

8.11 计算书（略）

箱梁模板支架专项施工方案

史瑞

河南省第一建筑工程集团有限责任公司

9.1 工程概况

郑州市京广路—沙口路快速通道工程第三标段（桩号范围 K9 + 199.000 ~ K10 + 292.000）位于油脂北路北 356m 至农业路北 560m。主线桥总长 1093m，农业路立交 4 座匝道桥，桥长 1498.9m。如图 9-1、图 9-2 所示。

图 9-1　京沙快速通道农业路立交桥工程效果图

高架桥箱梁结构情况如下：

（1）主线高架桥为 11 联、36 跨，箱梁分 3 种截面形式，结构设计参数详见表 9-1，截面形式如图 9-3 ~ 图 9-5 所示。

（2）A 匝道桥为 7 联、23 跨，结构设计参数详见表 9-2，截面形式如图 9-6 所示。

（3）B 匝道桥为 2 联、7 跨，结构设计参数详见表 9-3，截面形式如图 9-6 所示。

表 9-1　主线桥箱梁的结构设计参数（单位：m）

截面编号	箱梁顶宽	箱梁底宽	梁高	顶板厚度	底板厚度	中腹板厚度	边腹板厚度	翼板端部厚度	支架高
1	19.05	10.35	2	0.25	0.25	0.45	0.50	0.20	7.78 ~ 21.47
2	23.11	18.41	2.2	0.25	0.25	0.85	0.85	0.20	11.04 ~ 15.07
3	27.18	20.06	2.4	0.25	0.45	0.45	0.50	0.20	15.27 ~ 13.16

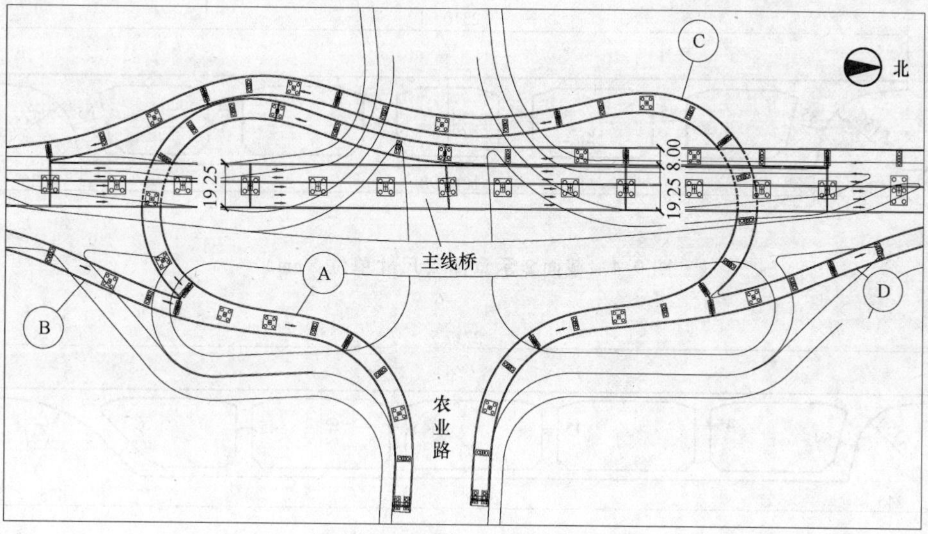

图 9-2 京沙快速通道农业路立交桥工程平面图

表 9-2 A 匝道桥箱梁的结构设计参数（单位：m）

截面编号	箱梁顶宽	箱梁底宽	梁高	顶板厚度	底板厚度	边腹板厚度	翼板端部厚度	支架高
4	7.80	3.20	2	0.25	0.25	0.45	0.20	2.22 ~ 15.13

表 9-3 B 匝道桥箱梁的结构设计参数（单位：m）

截面编号	箱梁顶宽	箱梁底宽	梁高	顶板厚度	底板厚度	边腹板厚度	翼板端部厚度	支架高
4	7.80	3.20	2	0.25	0.25	0.45	0.20	6.32 ~ 11.63

（4）C 匝道桥为 7 联、26 跨，结构设计参数详见表 9-4，截面形式如图 9-6 所示。

表 9-4 C 匝道桥箱梁的结构设计参数（单位：m）

截面编号	箱梁顶宽	箱梁底宽	梁高	顶板厚度	底板厚度	边腹板厚度	翼板端部厚度	支架高
4	7.80	3.20	2	0.25	0.25	0.45	0.20	1.73 ~ 16.30

（5）D 匝道桥为 3 联、10 跨，结构设计参数详见表 9-5，截面形式如图 9-6 所示。

表 9-5 D 匝道桥箱梁的结构设计参数（单位：m）

截面编号	箱梁顶宽	箱梁底宽	梁高	顶板厚度	底板厚度	边腹板厚度	翼板端部厚度	支架高
4	7.80	3.20	2	0.25	0.25	0.45	0.20	5.52 ~ 12.12

桥梁上部结构采用预应力混凝土（或普通混凝土）斜腹式连续箱梁。匝道桥横坡由梁体的旋转形成，梁高保持不变。全标段的现浇箱梁截面形式有以下 4 种：

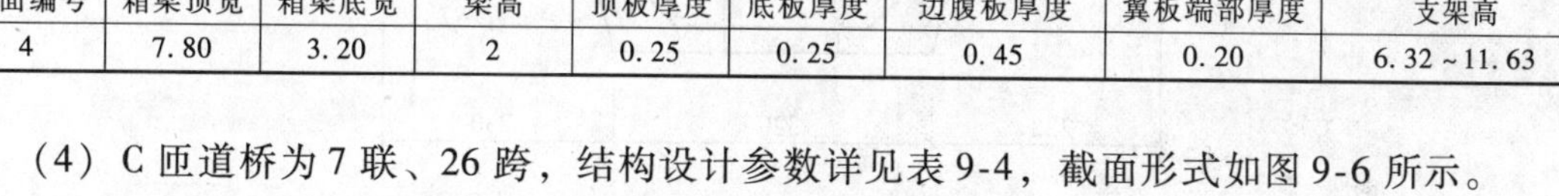

图 9-3 截面 1 示意图（尺寸单位：cm）

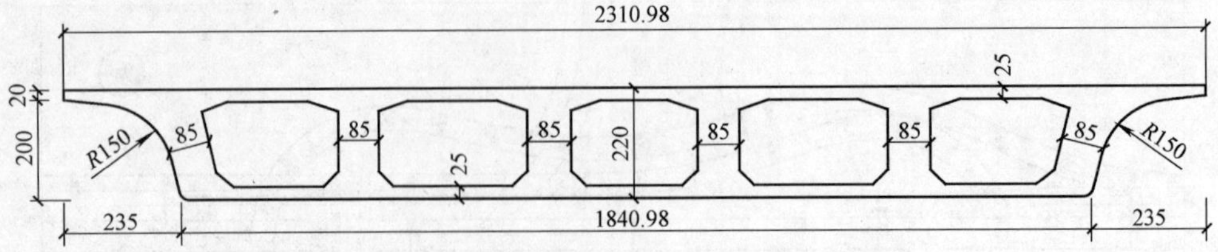

图 9-4　截面 2 示意图（尺寸单位：cm）

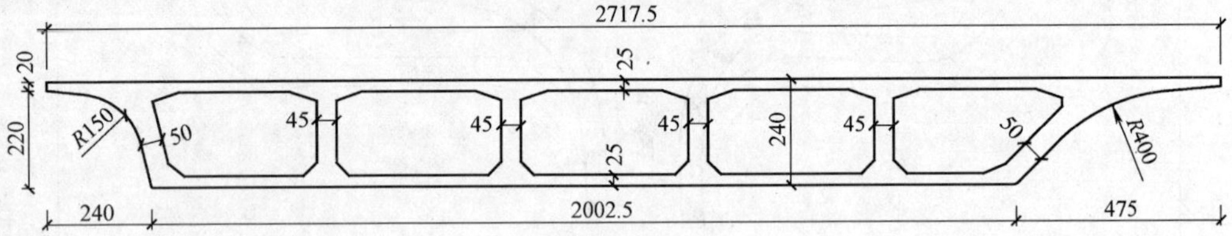

图 9-5　截面 3 示意图（尺寸单位：cm）

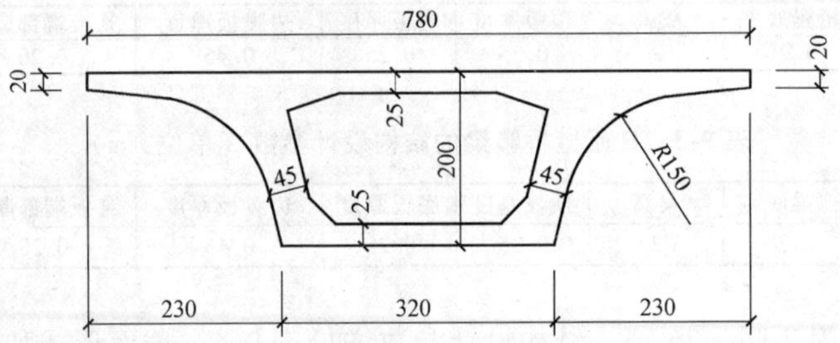

图 9-6　截面 4 示意图（尺寸单位：cm）

9.2　编制依据

(1) 郑州市京沙快速通道工程第三标段结构施工图。

(2)《建筑施工碗扣式脚手架安全技术规范》(JGJ 166—2008)。

(3)《建筑施工模板安全技术规范》(JGJ 162—2008)。

(4)《建筑施工扣件式钢管脚手架安全技术规范》(JGJ 130—2011)。

(5)《建筑结构荷载规范》(GB 50009—2012)。

(6)《钢结构设计规范》(GB 50017—2003)。

(7)《钢管满堂支架预压技术规程》(JGJ/T 194—2009)。

(8)《混凝土结构工程施工质量验收规范》(GB 50204—2002)(2011 版)。

(9)《建筑施工安全检查标准》(JGJ 59—1999)。

(10)《施工现场临时用电安全技术规范》(JGJ 46—2005)。

(11)《危险性较大的分部分项工程安全管理办法》建质 (2009) 87 号。

9.3 箱梁模板支架系统方案

9.3.1 箱梁模板

（1）箱梁底模板采用12mm厚双面覆膜竹胶合板拼接而成，模板次棱顺横桥向铺设，采用50mm×100mm方木，间距为200mm；主棱顺纵桥向铺设，每道采用两根ϕ48mm×3.5mm钢管，间距为600mm和900mm。

（2）箱梁悬挑翼模板采用9mm厚双面覆膜竹胶合板拼接而成，模板次棱顺横桥向铺设，采用50mm×100mm方木，间距为200mm；主棱顺纵桥向铺设，采用ϕ48mm×3.5mm钢管加工的定型钢架，顺桥方向间距600mm和900mm。

（3）箱梁内腹模板采用12mm厚双面覆膜竹胶合板，模板竖棱（次棱）采用50mm×100mm方木，间距为200mm；横棱（主棱）采用两根ϕ48mm×3.5mm钢管，间距不大于600mm；通过Φ16钢筋对拉螺栓对内腹板模板进行拉结、加固，对拉螺栓竖向间距同双钢管主棱间距，水平间距不大于600mm。

9.3.2 箱梁支架

本工程箱梁模板支架采用碗扣式满堂支架。箱梁梁底龙骨与立杆钢管之间使用可调托撑连接传递施工荷载。

（1）箱梁截面1支架搭设方案如图9-7所示。箱梁搭设宽度为21.0m，支架立杆横向间

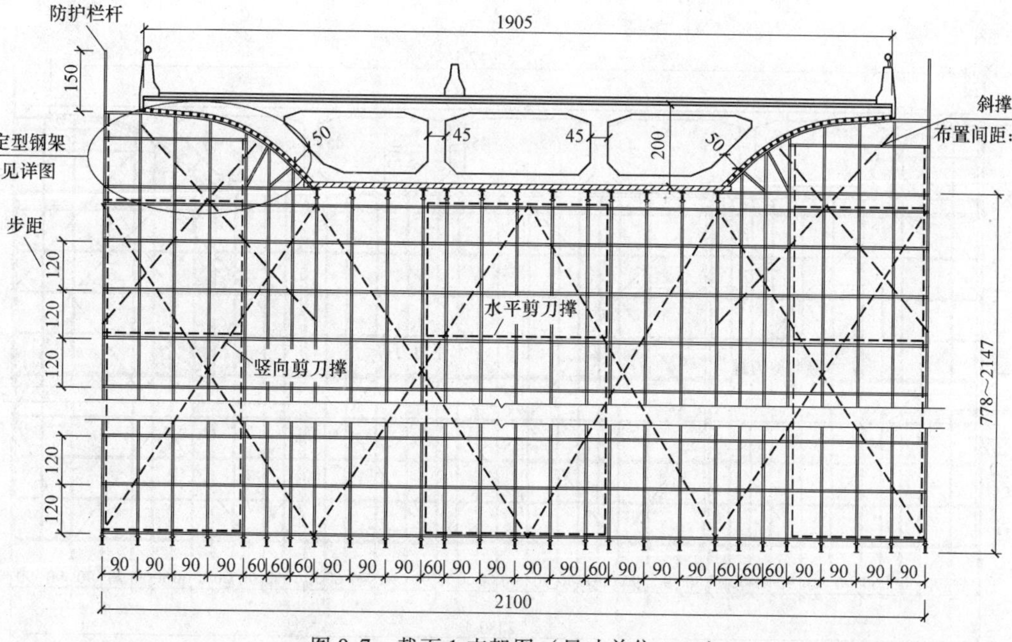

图9-7 截面1支架图（尺寸单位：cm）

距见图9-7，支架立杆纵向间距为：横梁下为0.6m、其余为0.9m。水平杆步距为1.2m，模板顶部支架两步水平杆步距采用0.6m。

竖向剪刀撑沿模架外侧，由下至上的竖向连续搭设，中间纵向布置间距为9.0m，横向布置6道；水平剪刀撑布置间距为4.8m，顶部和底部必须设置水平剪刀撑。

（2）箱梁截面2支架搭设方案如图9-8所示。箱梁搭设宽度为25.2m，立杆横向间距如图9-8所示，支架立杆纵向间距、水平杆步距、剪刀撑设置同箱梁截面1。

（3）箱梁截面3支架搭设方案如图9-9所示。箱梁搭设宽度为28.8m，立杆横向间距如

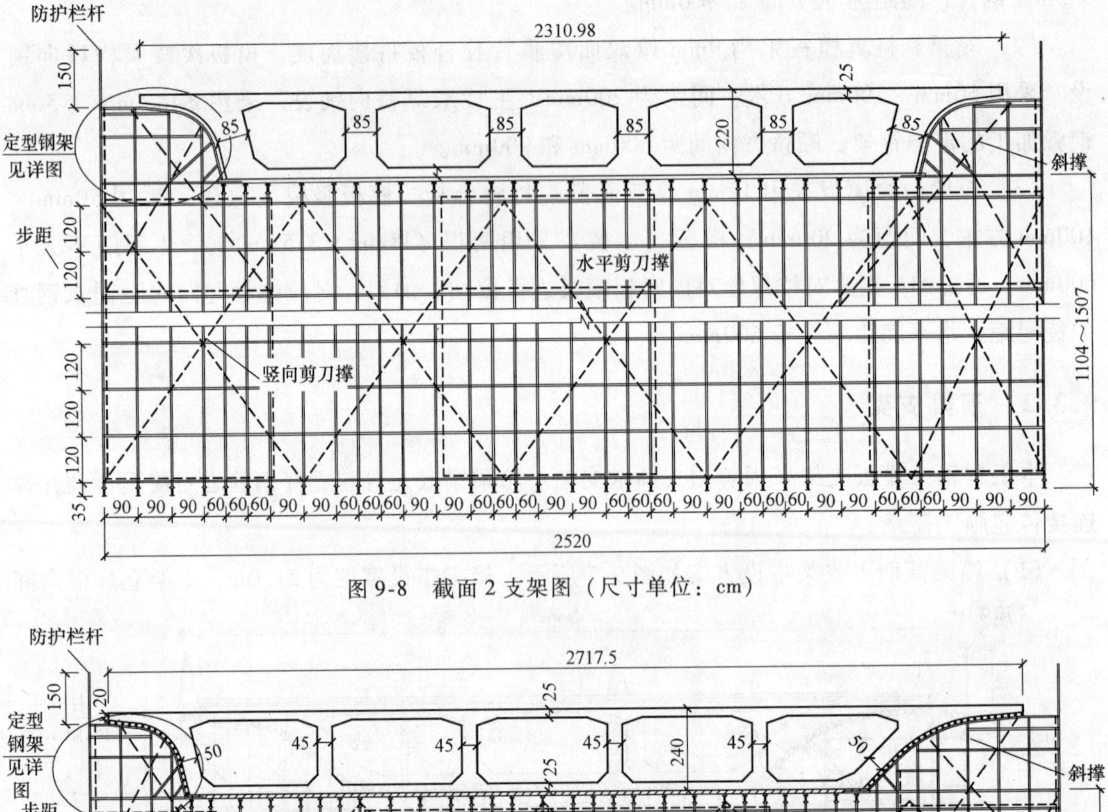

图9-8 截面2支架图（尺寸单位：cm）

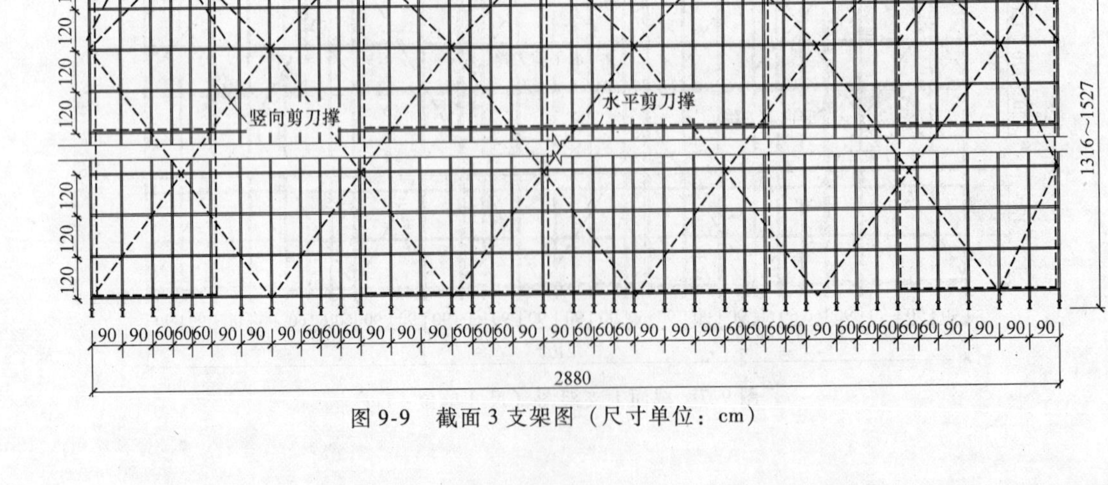

图9-9 截面3支架图（尺寸单位：cm）

图 9-9所示，竖向剪刀撑沿模架外侧由下至上的竖向连续搭设，中间纵向布置间距为 9.0m，横向布置 7 道；支架立杆纵向间距、水平杆步距、水平剪刀撑设置同箱梁截面 1。

（4）箱梁截面 4 支架搭设方案如图 9-10 所示。箱梁搭设宽度为 9.3m。

立杆横向间距如图 9-10 所示。竖向剪刀撑沿模架外侧由下至上的竖向连续搭设，中间纵向布置间距为 6.0m，横向布置 3 道；支架立杆纵向间距、水平杆步距、水平剪刀撑的设置同箱梁截面 1。

（5）箱梁悬挑翼缘板搭设方案如图 9-11 所示。

次棱顺横桥向铺设，采用 50mm × 100mm 方木，间距为 200mm；主棱顺纵、横桥向铺设，采用 $\phi 48$ 钢管定型钢架，顺桥方向间距分别为 600mm（横梁处）和 900mm（箱体处）。

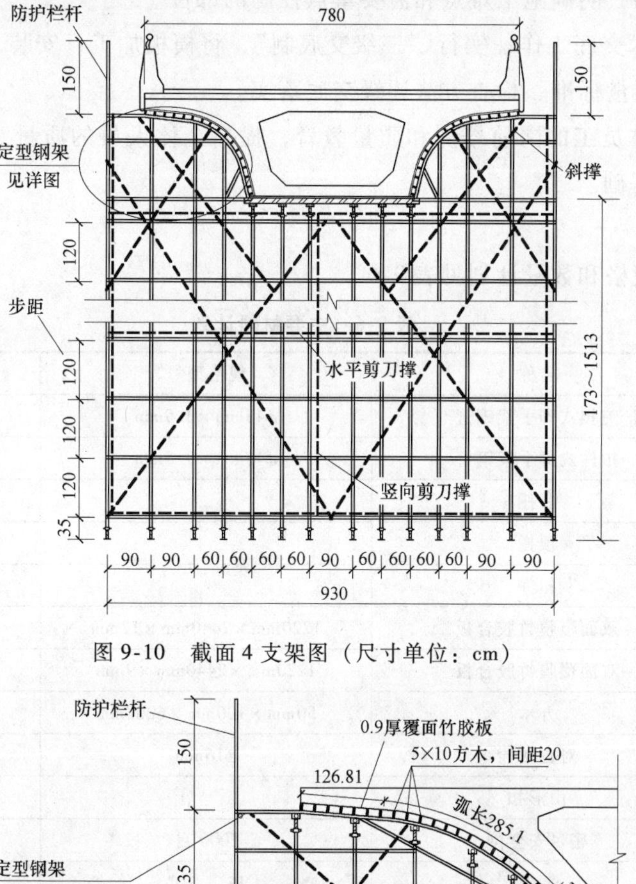

图 9-10　截面 4 支架图（尺寸单位：cm）

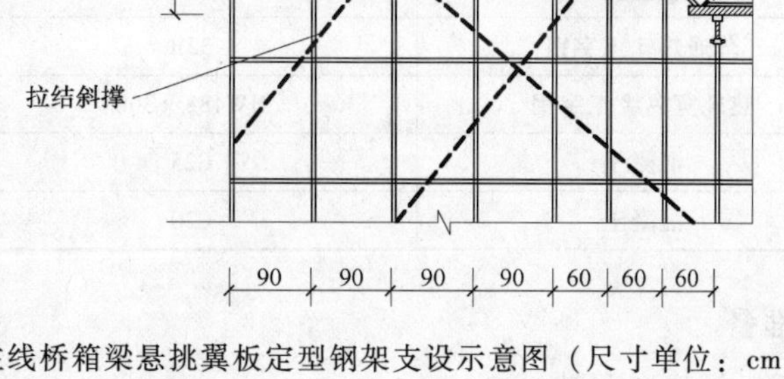

图 9-11　主线桥箱梁悬挑翼板定型钢架支设示意图（尺寸单位：cm）

9.4 箱梁支架搭设

9.4.1 施工准备

1. 技术准备

(1) 根据施工需要做好施工技术指导文件的准备工作，上部结构施工前应组织参与施工的管理人员认真熟悉施工图样，理解设计意图；掌握结构构件的设计尺寸、标高，以及各构件间的相互关系，明确施工难点和需要重点控制的部位。

(2) 做好技术交底工作，实行“三级交底制”，将模板加工、安装及支架搭设的施工方法和工艺要求、质量标准、检查方法逐级交底落实。

(3) 加强全体员工的岗前培训和质量教育，提高全体人员的质量意识，为实现“过程精品”打好坚实基础。

2. 材料准备

主要材料的规格和数量计划见表9-6。

表9-6 主要材料计划

序号	名称	规格型号	单位	数量
1	碗扣式脚手架钢管	ϕ48mm×3.5mm	t	3000
2	扣件式脚手架钢管	ϕ48mm×3.5mm	t	1000
3	底托		个	25000
4	顶托		个	50000
5	扣件		个	30000
6	双面覆膜竹胶合板	1220mm×2440mm×12mm	m^2	35000
7	双面覆膜竹胶合板	1220mm×2440mm×9mm	m^2	41000
8	方木	50mm×100mm×6000mm	m^3	10000
9	对拉螺栓	ϕ16mm	m	8000
10	山形扣		个	50000
11	密目安全网	2000目	m^2	25000
12	钢丝	18#、20#	kg	3000
13	钢管立柱	D609mm×16mm	t	300
14	普通热轧工字钢	32b	t	450
15	热轧宽翼缘工字钢	HW488×300	t	100
16	混凝土	C25	m^3	550
17	混凝土	C20	m^3	1600

3. 机械设备准备

施工现场主要机械设备见表9-7。

表 9-7 主要机械设备计划

序号	设备名称	型号规格	数量/台	用途
1	塔式起重机	QTZ80	2	垂直运输
2	汽车起重机	25t	3	垂直运输
3	反铲挖掘机	SK07-N2	2	平整场地
4	铲车	ZLM50	2	平整场地
5	压路机	18t	1	地基处理
6	打夯机	/	3	地基处理
7	木工电锯	MJ104	3	模板加工
8	木工电刨	MB106	3	模板加工
9	手提电锯	/	20	模板加工
10	砂轮切割机	CJ-1	4	钢管切割
11	交流电焊机	BX-330	6	架体焊接
12	全站仪	NTS352R	2	测量放线
13	经纬仪	LT200	3	测量放线
14	水准仪	DSZ2	6	高程控制

9.4.2 支架搭设工艺流程

地基处理→测量定位→安放底座→支架搭设→安装顶部可调托撑→剪刀撑搭设→铺设主棱→铺设次棱→铺钉模板。

9.4.3 施工要点

1. 基础处理

基础处理分三种情况：

（1）处于现有路面上的箱梁支架可直接搭设，低洼部分用 C20 素混凝土找平，保证同一跨内的支架基础处于同一标高上。

（2）处于房屋拆迁范围内的箱梁支架基础，先清除建筑垃圾，将剩余的砖渣、瓦块分层填筑、碾压密实，压实度不小于 0.94，填筑厚度不小于 30cm，找平后浇筑 20cm 厚 C20 素混凝土垫层。

（3）处于现状绿化范围内的箱梁支架基础，先整平场地，局部软弱层采用换填砖渣进行处理，地形整平后将上部 30cm 拌为 3:7灰土，用压路机碾压密实，压实度不小于 0.94；然后浇筑 20cm 厚 C20 素混凝土垫层，混凝土强度达到设计要求后搭设箱梁支架。

所有基础处理的宽度，为桥梁投影宽度外每边加宽 150cm。垫层做 0.5% 的找坡，保证雨水能够排走，严禁雨水浸泡支架。

在混凝土垫层四周设置排水沟，以便及时排除雨水。

2. 测量定位

支架搭设前，应先测设桥跨中线并引出控制桩，同时在桥两侧的端部和跨中设标高控制桩，用以控制支架的搭设高度。

根据支架立杆的顺桥向和横桥向间距进行现场预排定位，在基础表面弹出控制线作为搭设支架的控制依据。

3. 放置可调底座

在处理合格的基础上，在测放好的支架立杆定位点上放置立杆底托。

4. 支架搭设

搭设支架时应保证立杆的垂直度偏差小于架体高度的1/400，待第一步架体拼装完成后，应调整所有立杆的垂直度和水平杆的平整度，待全部调整完毕后方可拼装上一步架体。

搭设支架时，立杆应采用不同的长度，以使立杆的接头得以错开。立杆接长必须采用立杆连接销，接头应交错布置，相邻两根立杆的接头不应设置在同一步架内；同步架内相隔立杆的接头在高度方向错开的距离不小于500mm，各接头中心至主节点的距离不大于步距的1/3。

底层纵、横向水平杆作为扫地杆，距地面的高度应小于或等于350mm。

立杆顶部可调托撑的可调螺杆伸出钢管顶层不得大于200 mm。

剪刀撑采用扣件将钢管扣在碗扣式满堂支架上构成。剪刀撑杆件的底端应与地面顶紧，夹角宜为45°~60°；剪刀撑的斜杆用旋转扣件与架体立杆或横向水平杆逐个扣紧，旋转扣件中心线至主结点的距离不宜大于150mm；剪刀撑斜杆的接长采用搭接，搭接长度不小于500mm，应采用不少于2个旋转扣件分别在离杆端不小于100 mm处进行固定。扣件的扭紧力矩应控制在40~65N·m之间。

5. 安装箱梁悬挑翼缘板定型钢架

将定型钢架放置在需要的位置，通过水平钢管将定型钢架连接为一体；通过定型钢架钢管立杆与下部满堂支架立杆之间连接的可调托撑调整定型钢架的高度，拉线校平；然后将顶托拧紧，加设抗滑移斜撑。

6. 铺设主棱和次棱

调整立杆顶部的可调托撑顶面标高到设计标高后，在可调托撑上铺设主棱，主棱顺纵桥向铺设，主棱接头处应放置在托撑的支撑处，严禁主棱的端头悬空。铺设完成后应检查主棱的顶部标高。

主棱铺设完并检查合格后，在主棱上按照预设间距铺放次棱，次棱顺横桥向铺设，次棱铺放过程中应随时检查上面标高，保证箱梁底板标高和曲面变化符合设计要求。次棱方木上平面对接处进行压刨平处理。主、次棱铺设完成后，应分段组织检查验收，验收合格后方可在次棱上铺钉模板。

7. 箱梁模板安装

箱梁由底板、腹板、翼板和顶板构成，箱梁模板由底模、侧模、内侧模以及内顶模四部分组成。先施工底板和腹板，施工缝留设位置如图9-12所示。箱梁模板分两次安装。先安装底板、腹板、翼板的模板，浇筑完底板、腹板和翼板混凝土，其强度达到设计强度的30%后，拆除内侧模板；然后安装顶模板，浇筑顶板混凝土，在顶板混凝土强度达到设计强度80%以上时拆除内顶模。

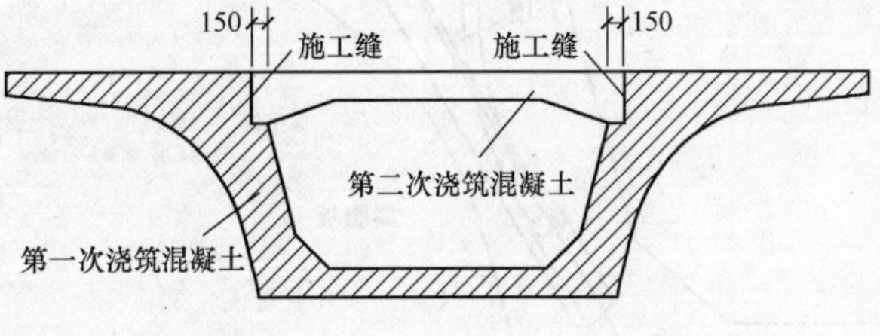

图 9-12　箱梁混凝土施工缝留设位置示意（尺寸单位：mm）

（1）箱梁底模、箱体内模采用12mm厚覆面竹胶板，箱梁悬挑弧形翼板采用9mm厚覆面竹胶板，模板长边顺横桥向铺设。箱梁底模板拼缝必须与箱梁轴线平行或垂直，并使得模板拼缝沿纵、横桥向均为直线。检查箱梁底模板的标高和曲面变化符合设计要求，两相邻模板的表面高差不超过2mm，表面平整度偏差不超过3mm，最后将模板钉牢在此棱上。

（2）箱室内模由箱室内侧模板和箱室内顶模板组成（图9-13），箱室内腹板侧模采用9mm厚覆面竹胶板，对拉螺栓加固，钢管支架进行支撑。模板组装必须牢固，拼缝必须严密，在浇筑混凝土时保证不位移、不变形、不漏浆。模板拼缝间隙不得大于2mm，且缝隙处必须粘贴海绵胶条，防止漏浆影响外观；相邻模板拼缝错台不得超过2mm。箱室内顶模板采用9mm厚覆面竹胶板，待箱室内侧模板拆除后方能开始施工顶模板。

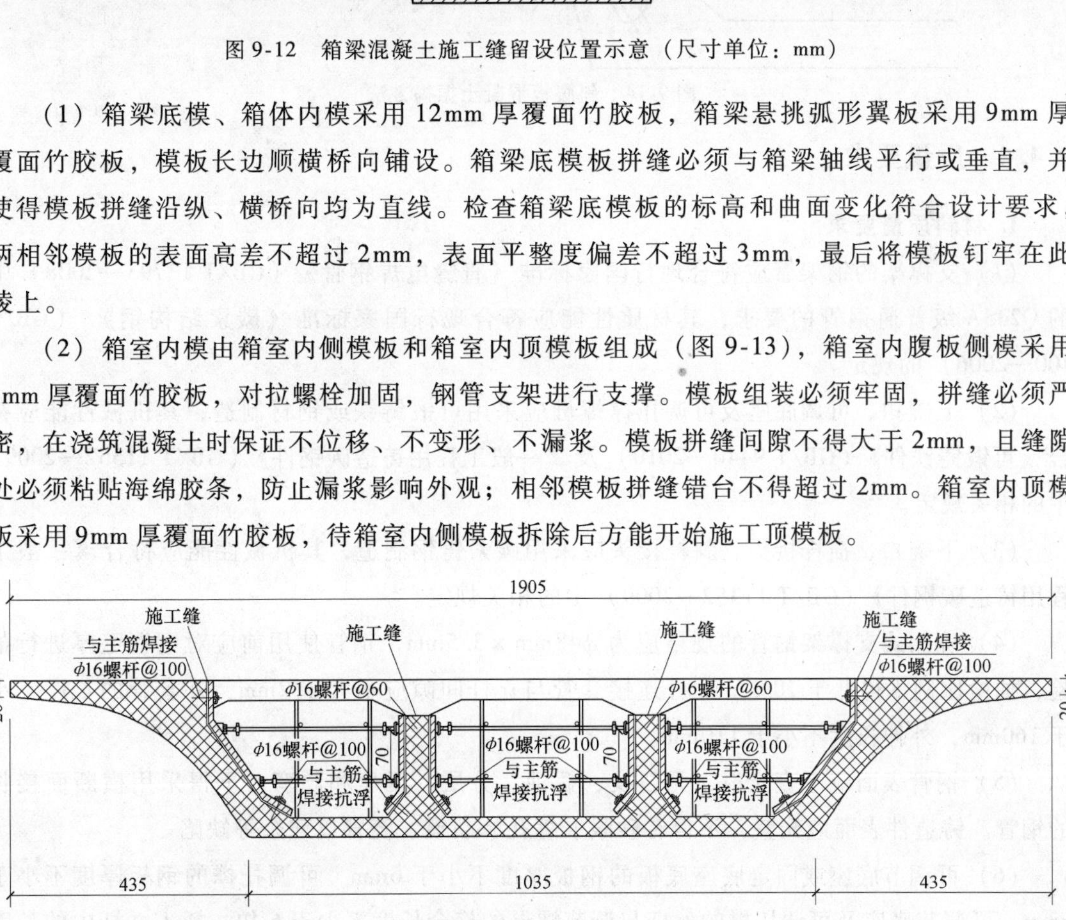

图 9-13　箱梁内腹板模板支设示意（尺寸单位：cm）

（3）翼板底模与底板底模一样，在支撑架上安装主、次棱，在次棱方木上安装底模，底模的各种接缝要严密，在模板接缝处粘贴海绵胶条，防止漏浆。

8. 箱梁斜腹板混凝土振捣方法

为保证箱梁斜腹板混凝土的振捣密实、防止出现漏振现象，采用ϕ150mm软胶管制作一个振捣棒下行通道，振捣棒通过此通道能够顺利地下到斜腹板的底部，保证斜腹板底部的混凝土能够振捣密实（图9-14）。

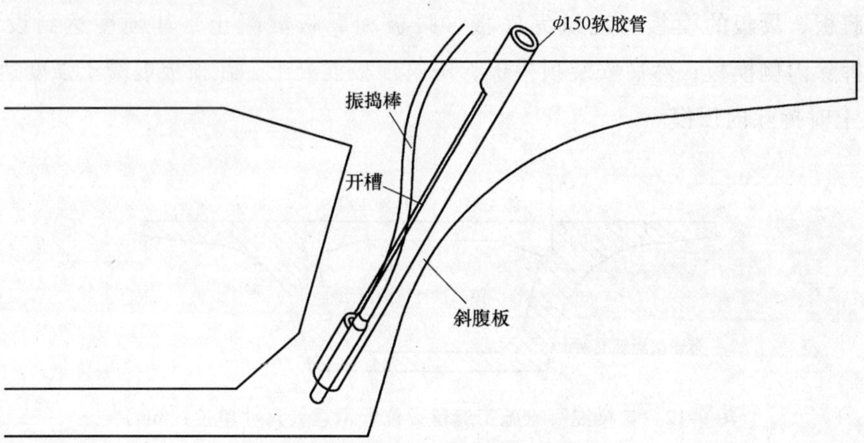

图9-14 斜腹板混凝土振捣方法

9.4.4 质量要求

1. 材料质量要求

（1）支撑架的钢架管应符合现行国家标准《直缝电焊钢管》（GB/T 13793—2008）中的Q235A级普通钢管的要求，其材质性能应符合现行国家标准《碳素结构钢》（GB/T 700—2006）的规定。

（2）上碗扣、可调底座及可调托撑螺母应采用可锻铸铁或钢材制造，其机械性能应符合《可锻铸铁件》（GB/T 9440—2010）及《一般工程用铸造碳钢件》（GB/T 11352—2009）中的相关规定。

（3）下碗扣、横杆接头、斜杆接头应采用碳素铸钢制造，其机械性能应符合《一般工程用铸造碳钢件》（GB/T 11352—2009）中的相关规定。

（4）碗扣式支撑架钢管的规格应为ϕ48mm×3.5mm，钢管使用前应对钢管壁厚进行抽检，抽检比例不得低于10%。立杆连接套管与立杆间隙应不大于2mm，外套管的长度不小于160mm，外伸长度不小于110mm。

（5）钢管表面应平直光滑，无裂纹、锈蚀、分层、压痕和硬弯，不得采用横断面接长的钢管。铸造件表面应光整，不得有砂眼、缩孔、裂痕、浇冒口残余等缺陷。

（6）可调节底座或固定底座底板的钢板厚度不小于6mm，可调托撑的钢板厚度不小于6mm。可调节底座及可调托撑的丝杆与调节螺母的旋合长度不少于6扣，插入立杆内的长度不小于150mm。

（7）扣件应采用可锻铸铁制作的扣件，其材质应符合现行国家标准《钢管脚手架扣件》（GB 15831—2006）的规定；采用其他材料制作的扣件，应经试验证明其质量符合该标准的规定后方可使用。扣件在螺栓扭紧力矩达65N·m时，不得发生破坏。

2. 支架搭设的质量标准

（1）架体的纵向直线度偏差应不大于纵向长度的1/400。

（2）横杆的水平度偏差应小于横杆间距的1/400。

（3）立杆与横杆的直角度偏差应小于3.5°。

（4）立杆的垂直度偏差应小于全高的1/400。

（5）剪刀撑斜杆与地面的夹角应控制在45°～60°之间。

（6）扫地杆：扣件式支撑架，距搭设支撑面的高度不大于200mm；碗扣式支撑架，距搭设支撑面的高度不大于350mm。

（7）可调节底座的调节高度应小于250mm。

（8）操作面临边应设置护栏，护栏高度不得小于1.5m，水平栏杆不少于两道，底层水平栏杆距操作面的高度为0.6m。

（9）支撑架施工的允许偏差见表9-8。

表9-8　脚手架搭设的技术要求允许偏差与检验方法

<table>
<tr><th>项次</th><th colspan="2">项目</th><th>技术要求</th><th colspan="2">允许偏差/mm</th><th>检查方法与工具</th></tr>
<tr><td rowspan="5">1</td><td rowspan="5">地基基础</td><td>表面</td><td>坚实平整</td><td colspan="2" rowspan="4">—</td><td rowspan="5">观察</td></tr>
<tr><td>排水</td><td>不积水</td></tr>
<tr><td>垫板</td><td>不晃动</td></tr>
<tr><td rowspan="2">底座</td><td>不滑动</td></tr>
<tr><td>不沉降</td><td colspan="2">-10</td></tr>
<tr><td rowspan="3">2</td><td rowspan="3">立杆垂直度</td><td rowspan="2">搭设中检查偏差的高度/m</td><td colspan="3">总高度</td><td rowspan="3">用经纬仪或吊线和钢卷尺（中间档次用插入法）</td></tr>
<tr><td>30m</td><td>20m</td><td>10m</td></tr>
<tr><td>$H=2$
$H=10$
$H=20$
$H=30$</td><td>±7
±33
±66
±100</td><td>±7
±66
±100</td><td>±7
±100</td></tr>
<tr><td>3</td><td>间距</td><td>步距
纵距
横距</td><td>—</td><td colspan="2">±20
±50
±20</td><td>钢直尺</td></tr>
<tr><td>4</td><td colspan="2">双排脚手架横向水平杆外伸长度偏差</td><td>外伸500mm</td><td colspan="2">-50</td><td>钢直尺</td></tr>
<tr><td rowspan="2">5</td><td rowspan="2">纵向水平杆高差</td><td>一根杆的两端</td><td>—</td><td colspan="2">±20</td><td rowspan="2">水平仪或水平尺</td></tr>
<tr><td>同跨内两根纵向水平杆的高差</td><td>—</td><td colspan="2">±10</td></tr>
<tr><td rowspan="5">6</td><td rowspan="5">扣件安装</td><td>主节点处各扣件中心点的相互距离</td><td>≤150mm</td><td colspan="2">—</td><td>钢直尺</td></tr>
<tr><td>同步立杆上两个相隔对接扣件的高差</td><td>≥500mm</td><td colspan="2">—</td><td>钢卷尺</td></tr>
<tr><td>立杆上的对接扣件至主节点的距离</td><td>≤$h/3$</td><td colspan="2">—</td><td>钢卷尺</td></tr>
<tr><td>纵向水平杆上的对接扣件至主节点的距离</td><td>≤$l_a/3$</td><td colspan="2">—</td><td>钢卷尺</td></tr>
<tr><td>扣件螺栓拧紧扭力矩</td><td>≥40N·m</td><td colspan="2">—</td><td>扭力扳手</td></tr>
<tr><td>7</td><td colspan="2">剪刀撑斜杆与地面的倾角</td><td>45°～60°</td><td colspan="2">—</td><td>角尺</td></tr>
<tr><td rowspan="2">8</td><td rowspan="2">脚手板外伸长度</td><td>对接</td><td>130～150mm</td><td colspan="2" rowspan="2">—</td><td>钢卷尺</td></tr>
<tr><td>搭接</td><td>≥100mm</td><td>钢卷尺</td></tr>
</table>

9.4.5 箱梁模板支撑架验收

1. 支架及模板相关环节验收

(1) 项目部各部门、公司各部门、监理工程师分别对方案进行审批。

(2) 请专家对方案进行论证审查。

(3) 架体搭设过程及完成后，由工程项目负责人组织安全部、工程部、技术部、施工作业队长等相关专业人员进行验收。

(4) 监理工程师全程参与验收，并在验收结论上签字。

2. 构配件的检查与验收

(1) 检查工字钢、圆钢立柱、顶托、底托、角钢的产品合格证和检测报告。

(2) 检查普通钢管架钢管产品质量合格证。

(3) 检查碗扣架钢管产品质量合格证。

(4) 检查钢管外观：平直、光滑，无裂痕、结疤、分层、错位、硬弯、飞边、压痕和深的划道。

(5) 检查钢管的外径、壁厚、端面的偏差是否满足规范要求。

(6) 检查钢管表面锈蚀深度是否满足规范要求。

(7) 检查扣件的生产许可证、法定检测单位的检测报告和产品合格证。

(8) 检查扣件的进场抽样检测报告。

(9) 检查扣件的实体质量，不得有裂痕、变形，螺栓不得有滑扣。

(10) 材料进场抽验方案：对于每次进场的钢管、扣件、碗扣等周转材料，各选取一组三件送具有相关资质的检测单位进行检验，符合要求的使用，不合格的退场。

3. 架体检查与验收

(1) 模板支架在搭设过程中应对杆件的设置、连接件、构造措施进行跟踪检查。

(2) 支架搭设完毕，在支设模板前，对支架进行验收，必须满足本方案的设计构造要求及规范要求。

(3) 在浇筑混凝土前，对模板系统，模板支架系统进行验收。

(4) 在混凝土浇筑过程中，检查是否超载。

(5) 每步检查验收必须做好记录。

9.5 箱梁底模板支架预压

9.5.1 支架预压的目的

根据设计要求和施工需要，支架体系搭设完成后，应进行支架体系的堆载预压。支架预压已越来越被证实是非常重要的，因为计算支架沉降量的计算公式均是近似的，精度有限，通过预压后可以消除非弹性变形，得出弹性变形的较准确的数值。为所施工的结构更接近于设计提供了有利条件，并保证了施工期间的结构安全。

预压期间测量人员按测设的观测点进行测量复核，待荷载卸下后，再对原测设的观测点进行复核，并将历次所测结果进行分析比较，计算出支架受压后的压缩变形，包括两部分的变形：永久变形和弹性变形。

永久变形经过预压试验后可消除，不致使箱梁浇筑后造成箱梁裂缝。而对于弹性变形可根据测量结果在支设模板时适当抬高底模标高即可，保证在箱梁浇筑混凝土后，箱梁的底板标高能达到设计标高。

9.5.2 支架预压布置

为保证支架预压达到预期的效果，针对箱梁变截面的设计特点、架体高度、施工先后顺序和地基情况的不同，全桥选取两个具有代表性的部位进行分段预压，两个部位具体位置如下：

(1) 主线桥第六联跨农业路预应力连续箱梁（图9-15），箱梁支架采用碗扣式钢管满堂支架，架体高度从地面算起约21.47m。

(2) A匝道桥第六联普通混凝土连续箱梁（图9-16），箱梁支架采用碗扣式钢管满堂支架，最先施工，架体处于现状绿化花坛内。

9.5.3 预压荷载值

预压前应根据箱梁支架参数计算出箱梁底板、腹板、顶板的重量并附加施工荷载作为模板重量，支架预压荷载是支架承受的混凝土结构恒荷载与模板重量之和的1.1倍。

1. 主线桥第六联跨农业路预应力连续箱梁的预压

(1) 预压范围：$9.0\text{m}\times9.3\text{m}$

(2) 预压荷载值：$6.44\times9\times2.6\times1.1+0.035\times9\times9.3\times1.1=168.9\text{t}$

2. A匝道桥第六联普通钢筋混凝土连续箱梁的预压

(1) 预压范围：$3.9\text{m}\times9.3\text{m}$

(2) 预压荷载：$3.41\times9\times2.6\times1.1+0.035\times3.9\times9.3\times1.1=89.17\text{t}$

9.5.4 预压方法

(1) 支撑架预压采用9m长直条钢筋作为堆载物，待箱梁底模板的主楞铺好后铺上模板，将计算好重量的钢筋吊放在模板上；加载时，宜从混凝土结构跨中开始向两侧对称布载。

(2) 支架预压应按预压单元进行分3级加载，依次加载为60%、80%、100%的预压荷载值。

(3) 每级加载后应先停止下一级加载，并应间隔12h对支架沉降量进行一次观测，当支架检测点的沉降量平均值小于2mm时，可进行下一级加载，并做好详细记录；待全部加载后的监测中，其监测数据满足下列条件之一时，应判定支架预压合格。

1）各监测点最初24h的沉降量平均值小于1mm。

2）各监测点最初72h的沉降量平均值小于5mm。

（4）在加载过程中应密切观察支架的变化，如有异常立即停止加载，待处理完毕后再继续进行。在加载过程中，严格模拟箱梁荷载的实际作用范围，对腹板、横梁按照实际荷载换算出应加载的重量和高度对箱梁进行科学、有效地预压。

（5）支架预压可一次性卸载，预压荷载应对称、均衡、同步卸载。

9.5.5 沉降观测方式

1. 预压观测点布置

主线桥第六联跨农业路箱梁支架预压观测点布置如图9-15所示。

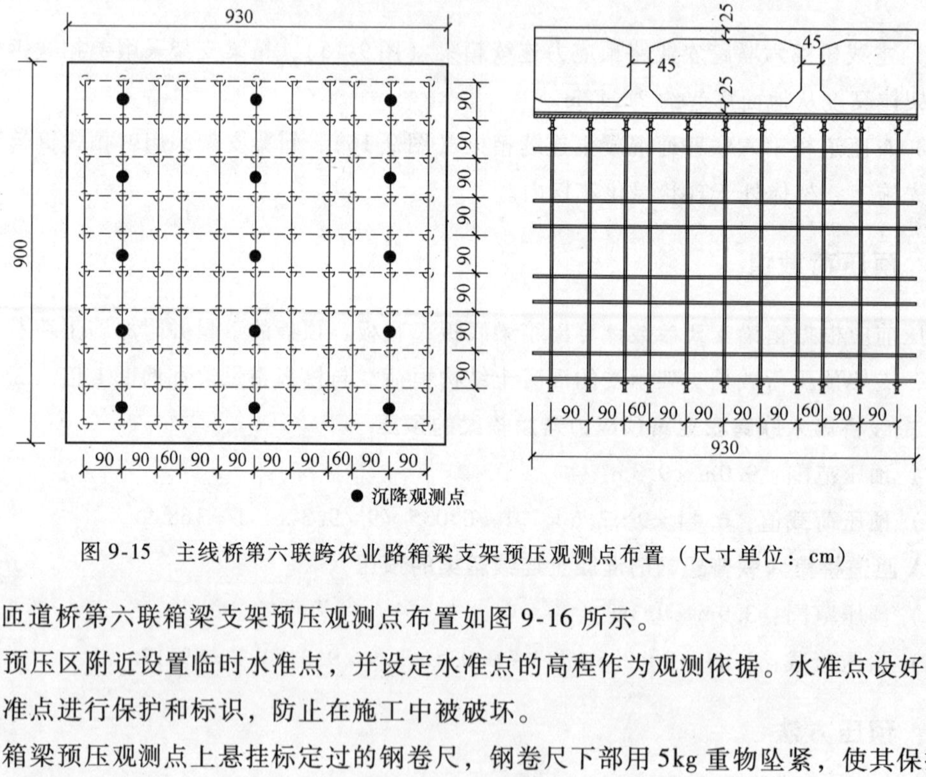

图9-15 主线桥第六联跨农业路箱梁支架预压观测点布置（尺寸单位：cm）

A匝道桥第六联箱梁支架预压观测点布置如图9-16所示。

在预压区附近设置临时水准点，并设定水准点的高程作为观测依据。水准点设好后应及时对水准点进行保护和标识，防止在施工中被破坏。

在箱梁预压观测点上悬挂标定过的钢卷尺，钢卷尺下部用5kg重物坠紧，使其保持垂直状态，不得随意摆动。

2. 预压观测

（1）在预压荷载施加前，应监测并记录支架顶部监测点的初始标高。

（2）每级荷载施加完成时，应监测各监测点标高，并计算沉降量。

（3）在全部预压荷载施加完毕后，每间隔24h应监测一次，并记录各监测点的标高，当支架预压符合要求时可进行支架卸载。

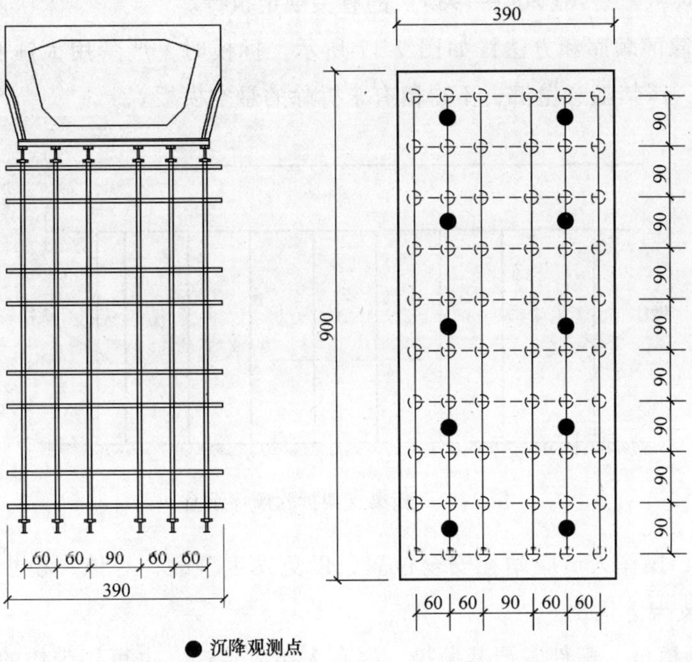

图 9-16 A 匝道桥第六联箱梁支架预压观测点布置（尺寸单位：cm）

（4）卸载 6h 后，应监测各监测点的标高，并计算支架各监测点的弹性变形量。

9.6 箱梁模板及支架拆除

9.6.1 箱梁模板及支架的拆除原则

（1）箱梁支架应待箱梁预应力钢绞线张拉完成且混凝土强度达到设计要求后才能开始拆除。

（2）支架拆除前应对拟拆除的支架进行全面检查，并根据检查结果编制具体的拆除方案报监理单位审批，待批准后组织实施。

（3）支架拆除施工应按照先拆除翼缘板支架、后拆除箱室支架的顺序进行。

（4）拆除箱室支架时应先拆除各跨跨中附近的支架，然后再由跨中向两边延伸，最后拆除墩台等支点处的支架，各跨支架均应对称拆除（图 9-17）。

（5）模板拆除前必须申请办理拆模手续，待混凝土强度报告出来后，确定混凝土达到拆模强度方可拆除。

（6）模板拆除前要向操作班组进行安全技术交底，在作业范围设安全警戒线并悬挂警示牌，拆除时派专人看守。

（7）侧模应以能保证混凝土表面及棱角不受损坏时方可拆除，底模应按《钢筋混凝土工程施工及验收规范》（GBJ 204—1983）的有关规定执行。

（8）支架拆除的顺序和方法详如图9-17所示。拆模时，严禁用大锤和撬棍硬砸硬撬；模板要随拆随运，严禁随意抛掷；不得留有未拆除的悬空模板。

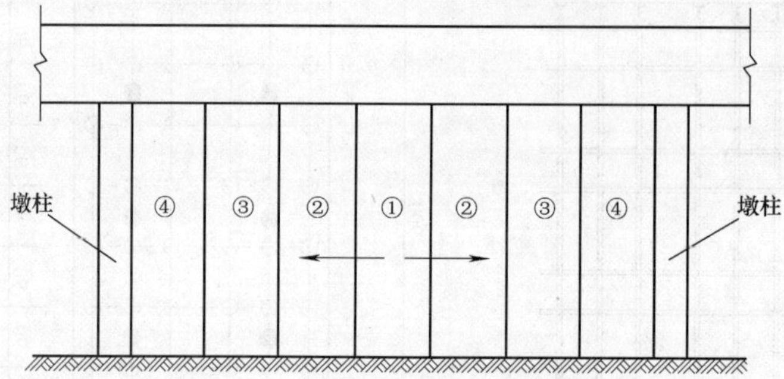

图9-17 箱梁支架拆除顺序示意

（9）拆模时，操作人员应站在安全位置，以免发生事故；等该片模板全部拆除后，再将模板、配件、支架等运出。

（10）拆下的模板、配件等严禁抛扔，要有人接应传递，也可用带钩的绳子往下送，应防止模板变形和损坏。

（11）模板拆除后，要运至指定地点，并做到及时清理、维修和涂刷隔离剂；修整好的模板要按编码堆放整齐，以备待用；模板堆放高度不得超过1.60m。

（12）拆除模板作业比较危险，为防止落物伤人，应设置警戒线，且有明显标志，并设专职监护人员。

9.6.2 箱梁模板及支架拆除施工

（1）拆除时应划分作业区，周边设围栏竖立警戒标志，地面应设专人指挥，禁止非作业人员进入。

（2）拆除支架的作业人员应戴安全帽、系安全带、扎裹腿、穿软底防滑鞋。

（3）拆除架体应遵守先外后内、由上而下的顺序。应先将内外剪刀撑、模板撑杆拆除掉后，再开始拆除悬挑翼板的支撑架，而后再拆除箱室底板的支撑架。拆除支架时应一步一清、依次进行，严禁上下同时进行拆除作业。

（4）拆除立杆时，要先抱住立杆再拆开连接横杆的最后一个碗扣，防止立杆坠落。

（5）拆除架体时要统一指挥，上下呼应，动作协调，当解开与另一人有关的结扣时，应先通知对方，以防坠落。

（6）在拆除时，不得中途换人，如必须换人时，应将拆除情况交代清楚后方可进行。

（7）拆下的材料要采用起重设备吊运至地面，严禁抛掷。运至地面的材料应在指定地点分类堆放，当天拆、当天清，拆下的扣件和钢丝要集中回收处理。

（8）运送至地面的杆件应及时按类堆放、整理、保养。

（9）当天离岗时，应及时加固尚未拆除的部分，防止存留隐患造成复岗后的人为事故。

（10）如遇强风、雨、雪等特殊气候，应停止进行脚手架的拆除；严禁夜间进行拆除施工。

（11）翻掀垫铺竹笆时应注意站立位置，并应自外向里翻起竖立，防止竹笆内未清除的残留物从高处坠落伤人。

9.7 安全施工措施

9.7.1 模板施工

1. 模板作业场地

（1）模板作业场地的布置。木料、模板半成品的堆放，废料堆集和场内道路的修建，应做到统筹安排，合理布局。

（2）作业场地应搭设简易作业棚，修有防火通道，配备必需的防火器具；四周应设置围栏，作业场内严禁烟火。

（3）木材应堆放平稳，方木垛高不得超过3m，垛距不得小于1.5m；成品垛高一般不得超过4m，每增加0.5m应加设横木，垛距不得小于1m；作业场地应避开高压线路。

（4）下班前应将锯末、木屑、刨花等杂物清除干净，并运出场地进行妥善处理。

2. 模板制作

（1）制作模板时应细致选料。制作钢模不得使用扭曲严重、孔洞过多、有开裂现象的材料。木模不得使用腐朽、扭裂和有大横节疤的木料。

（2）用旧木料制作模板时，应将钉子、扒钉拔掉并收集好，不得随地乱扔。

（3）制作中应随时检查工具，如发现松动、脱落现象，应立即修好。

3. 模板支立及拆除

（1）用人工搬运、支立较大模板时，应有专人指挥，所用的绳索要有足够的强度，绑扎牢固。支立模板时，底部固定后再进行支立，防止滑动倾覆。

（2）吊运模板时，应先检查机械设备和绳索的安全性和可靠性，起吊后模板下面不得站人或通行，模板下放至距地面1m时，作业人员方可靠近操作。

（3）高处作业应将所需工具装在工具袋内，工具不得抛掷或将工具放在平台和木料上，更不得插在腰带上。

（4）在用斧、锤作业时，应注意四周和上下的安全，防止误伤他人。斧头刃口应装入皮套内。

（5）拆除模板时，应制定安全措施，按顺序分段拆除，不得留有松动或悬挂的模板，严禁硬砸或用机械大面积拉倒。拆下带钉木料时，应随即将钉子拔掉。

（6）拆除模板不得双层作业。3m以上的模板在拆除时，应用绳索拉住或用起吊设备拉紧，缓慢送下。

9.7.2 支架施工

（1）支架所用的垫木、钢管杆件应详细检查，不得使用腐朽、劈裂、有大节疤的圆木及锈蚀、扭曲严重的钢管等。

（2）地基承载能力应符合设计标准，否则应采取加固措施，使其达到设计要求。

（3）支架连接材料应使用扣件，接头应错开，螺栓要紧固；立杆底端需使用立杆底座；不得使用钢丝和白麻绳连接钢脚手架。

（4）作业层的竹胶板要铺满、绑牢，无探头板，并要牢固地固定在支架的支撑上；支架的任何部分均不得与模板相连。

（5）支架顶端要设置栏杆，敷设的安全设施应经常检查，确保操作人员安全通行。

（6）拆除支架时，周围应设置护栏或警戒标志，并应从上而下地拆除，不得上、下双层作业。拆除的钢管等应用人工传递，严禁随意抛掷。

9.7.3 用电安全注意事项

（1）电焊机应安设在干燥、通风良好的地点，周围严禁存放易燃易爆物品。

（2）电焊机应设置单独的开关箱，作业时应穿戴防护用品，施焊完毕，拉闸上锁；雨天应停止露天作业。

（3）在潮湿地点工作时，电焊机应放在木板上，操作人员应站在绝缘胶板或木板上操作。

（4）焊把线、地线不得与各种管道、金属构件等接触，不得用这些物件代替接地线。

（5）移动电焊机及焊把线时，必须切断电源，检查现场，清除焊渣，电线全部卷起，不得在钢管上或钢筋等部位随意拖拉，以免造成线体绝缘部分破损。

（6）在高空焊接时，必须系好安全带；焊接作业区周围应备有消防设备。

（7）焊接模板中的钢筋、钢板时，施焊部位下面应垫石棉板或铁板。

9.7.4 支架施工的重大危险源辨识及防范

1. 高处作业注意事项

（1）高处作业人员要定期或随时体检，发现有不宜登高的病症，不得从事高处作业；严禁酒后登高作业。

（2）高处作业人员不得穿拖鞋或硬底鞋。所需的材料要预先准备齐全，工具应放在工具袋内。

（3）高处作业所用的梯子不得缺档和垫高，同一架梯子不得两人同时上下，在通道处（或平台）使用梯子应设置围栏。

（4）高处作业区与地面联系，应由专人负责，或配有通信设备。

2. 物体打击注意事项

（1）强化安全教育，提高安全防护意识，提高工人的安全操作技能。

（2）正确使用“三宝”（安全帽、安全带、安全网）。

（3）合理组织交叉作业，采取防护措施。

（4）拆除作业有监护措施，有施工方案，有交底。

（5）起重吊装作业应制定专项安全技术措施。

（6）对起重吊装工进行安全交底，落实“十不吊”措施。

（7）安全通道口、安全防护棚应搭设双层防护设施，并符合安全规范要求。

（8）加强安全检查，严禁向下抛掷物品。

（9）材料堆放控制高度，特别是临边作业时。

（10）高处作业应进行交底，工具入袋，严禁抛物。

（11）模板作业有专项安全技术措施，有交底，有检查，严禁大面积撬落。

9.8 文明施工及环境保护措施

（1）设立文明施工及环境保护领导小组，建立健全的管理体制，制定文明施工及环境保护措施，严格按照文明施工、环境保护保障体系组织施工。

（2）对参与施工的人员进行文明施工、环境保护教育，组织学习环境保护法规。

（3）箱梁施工的钢管、钢筋、模板等材料按项目部要求统一部署，合理、整齐地堆放；砂、石等易于扬尘的材料场派专人不定期进行洒水或用彩条布覆盖。

（4）支架基础土方施工时，挖出的土方合理调配，运输车用彩条布覆盖，道路常清理、常洒水。

（5）混凝土浇筑时为减少噪声污染使用高频振捣棒。

（6）所有木工机具均在木工房内施工，将噪声降到最低程度。

（7）所有模板、钢筋等材料应统一堆放在指定地点，并由材料部门负责检查回收。

（8）建筑垃圾堆放在指定地点，当天的垃圾当天清净，严格做到“工完料尽场地清”。

（9）施工区域内的污水不得随意排放和倾倒。

9.9 安全应急预案（略）

9.10 模板支架计算书（略）

体育场看台施工方案

职晓云

河南省第一建筑工程集团有限责任公司

10.1 工程概况

河南省体育场是一座集体育比赛、办公、宾馆及电视转播于一体的多功能体育建筑，可容纳5万人，建筑面积69153m²。体育场南北长273m，东西宽262m，由12座独立看台构成椭圆环形结构（图10-1）。看台为现浇混凝土框架结构，框架柱为直径800～1000mm圆形钢筋混凝土柱，框架梁截面尺寸多为400mm×1400mm，梁柱、梁梁节点多为斜交，混凝土强度等级为C30（图10-2）。看台上表面为刚性防水，看台下部为各种功能用房。看台环向长度为65m，看台径向最大长度约54.5m，看台板厚度为80～100mm，看台上表面为40mm厚C20纤维细石混凝土找坡（图10-3）。

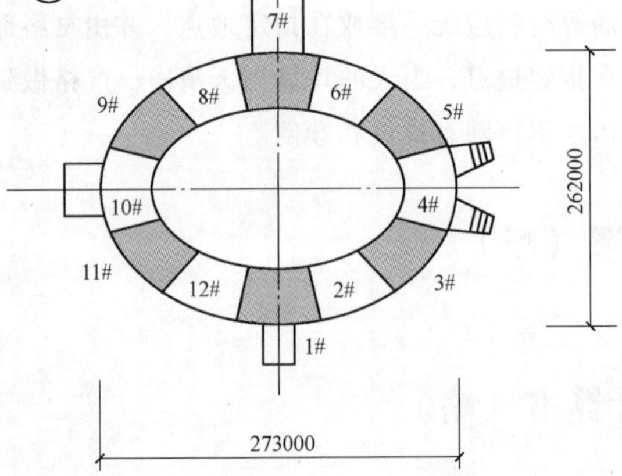

图10-1　看台分区平面图

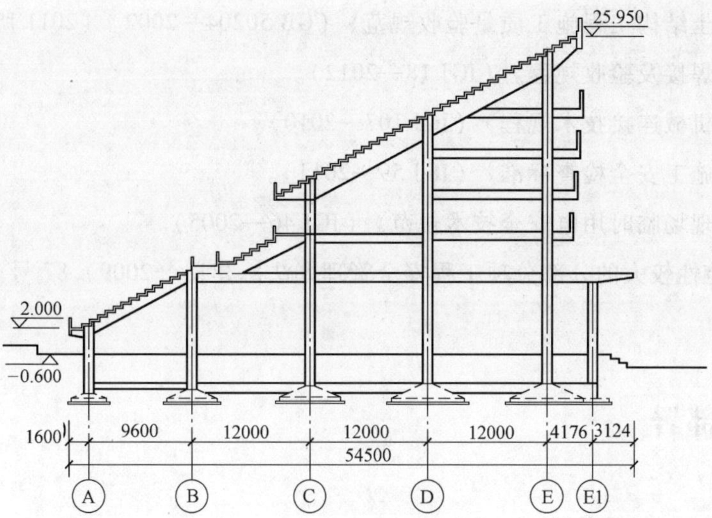

图 10-2 看台剖面图

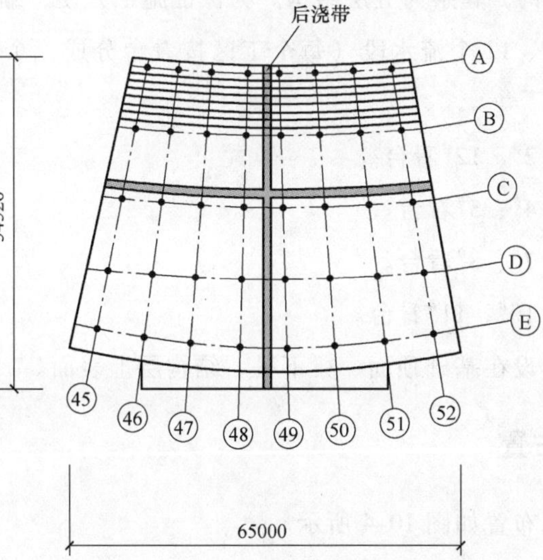

图 10-3 7 号看台平面图

10.2 编制依据

（1）河南省体育场工程施工图。

（2）《建筑工程施工质量验收统一标准》（GB 50300—2013）。

（3）《建筑施工模板安全技术规范》（JGJ 162—2008）。

（4）《建筑施工扣件式（钢透）脚手架安全技术规程》（JGJ 130—2011）。

（5）《混凝土结构工程施工质量验收规范》（GB 50204—2002）（2011 版）。

（6）《钢筋焊接及验收规程》（JGJ 18—2012）。

（7）《钢筋机械连接技术规程》（JGJ 107—2010）。

（8）《建筑施工安全检查标准》（JGJ 59—2011）。

（9）《施工现场临时用电安全技术规范》（JGJ 46—2005）。

（10）《危险性较大的分部分项工程安全管理办法》建质（2009）87 号。

10.3 施工部署

10.3.1 施工区段划分

本工程根据主体结构变形缝划分为 12 个独立看台（图 10-1），其中 3#、4#、5#、9#、10#、11#看台为两层结构，其余为五层结构。为保证施工方便，缩短工期，均衡作业，将体育场施工分为 4 个工区、12 个流水段（每个工区按看台分成三个流水段）组织施工。具体分配如下。

（1）一工区：1#、2#、12#看台。

（2）二工区：3#、4#、5#看台。

（3）三工区：6#、7#、8#看台。

（4）四工区：9#、10#、11#看台。

水平施工缝分别留设在基础顶面、梁下平、结构层上表面。

10.3.2 施工平面布置

本工程施工总平面布置如图 10-4 所示。

（1）现场布置 6 台 QT80 塔式起重机（一、三工区各 2 台，二、四工区各 1 台），用于钢筋、模架、网架杆件的垂直运输。

（2）现场设 4 台混凝土拖式泵，1 台混凝土汽车泵，用于混凝土的垂直与水平运输。

（3）混凝土搅拌站设在场地南端，混凝土由混凝土输送车送至工作面附近，用混凝土拖式泵或混凝土汽车泵泵送至工作面。

10.3.3 进度计划

看台施工进度计划见表 10-1。

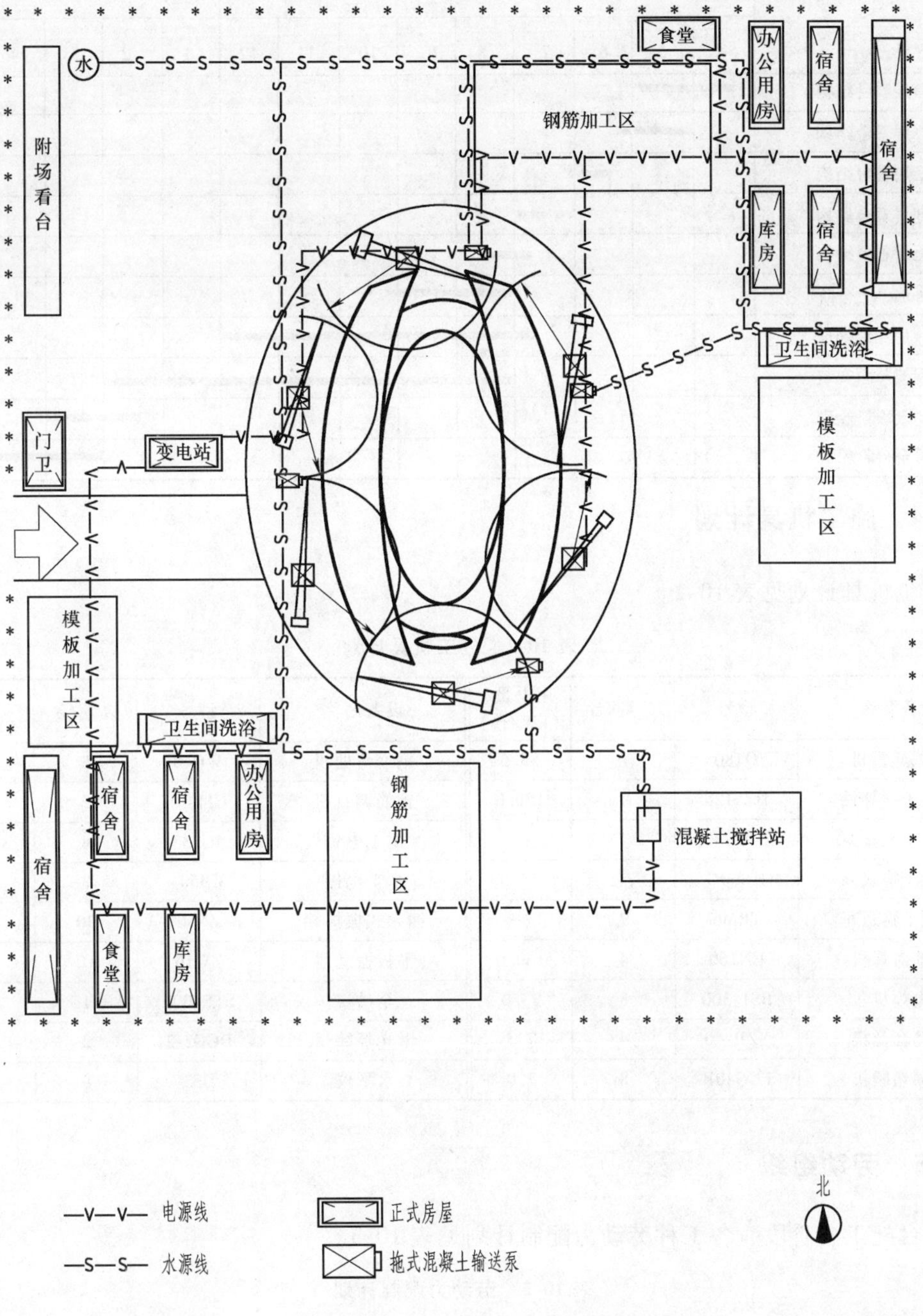

图 10-4　施工总平面布置

表 10-1 看台施工进度计划

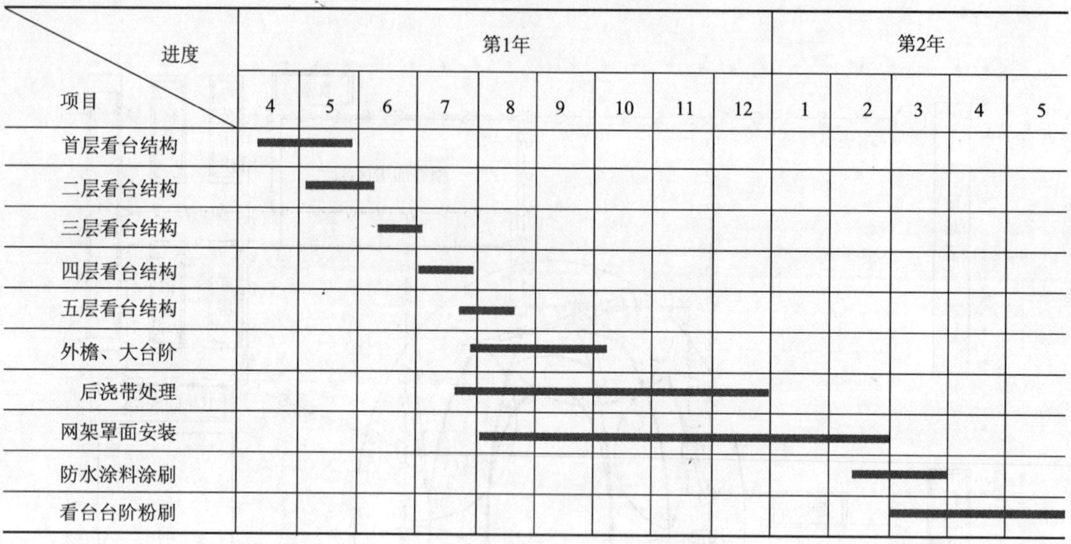

10.3.4 施工机具计划

施工机具计划见表 10-2。

表 10-2 施工机具计划

设备名称	型号	数量/台	用电量/（kW/台）	设备名称	型号	数量/台	用电量/（kW/台）
塔式起重机	QT80	6	55.5	钢筋弯曲机	WG40	8	3.0
混凝土搅拌站	HZS120	1	170.0	钢筋调直机	GJ4-14	2	3.5
混凝土汽车泵	NR5240	1	—	木工电锯	MJ235	8	3.5
混凝土拖式泵	HB60C	4	75.0	木工电刨	MB504	8	5.5
混凝土输送车	TRM6	7	—	插入式振捣棒	ZN50	30	1.1
钢筋对焊机	UN160	4	160.0	平板振动器	ZW10	10	1.1
电焊机	BS1-300	8	23.0	全站仪	STE4000	1	—
钢筋套丝机	YZR-40	4	7.5	激光经纬仪	DGG2-2	2	—
钢筋切断机	FGQ40B	8	7.0	水平仪	DS3	8	—

10.3.5 劳动组织

看台施工各阶段、各工种劳动力配制计划见表 10-3。

表 10-3 劳动力配制计划

工种名称 \ 年月	日用工数													
	第1年									第2年				
	4	5	6	7	8	9	10	11	12	1	2	3	4	5
木工	200	200	200	200	200	50	50	50	50	50				
钢筋工	220	220	220	220	100	30	30	30	30					

（续）

年 / 月 / 工种名称	日用工数													
	第1年									第2年				
	4	5	6	7	8	9	10	11	12	1	2	3	4	5
混凝土工	300	300	300	300	100	20	20	20	20					
架子工	100	100	100	100	100	100	100	100	100	100	50			
粉刷工											100	100	100	50
电焊工	10	20	20	20	20	10	10	10	10	10	10			
网架工						100	100	100	100	100	100			
日平均用工数	830	840	840	840	520	310	310	310	310	260	260	100	100	50

10.4 施工方法

10.4.1 关键技术

（1）看台的结构表面系数大，长度远超过规范允许的最大长度值（35m），有出现裂缝的可能性；看台板比较薄，板面没有柔性防水层，容易渗漏，而本工程的特点是不允许看台出现渗透的；因此，裂缝控制及可靠的防水措施是体育场看台施工的技术关键。

（2）梯形看台每步高差400mm，板厚100mm，若混凝土浇筑方法不当，易造成跑模变形。

10.4.2 钢筋工程

看台框架柱主筋为Φ25，箍筋为Φ12@100螺旋配置；梁主筋为Φ25～Φ32，箍筋为Φ12；现浇板配筋为Φ10～Φ12。

（1）钢筋绑扎工艺流程如下：

钢筋加工→柱钢筋绑扎→梁钢筋绑扎→板钢筋绑扎→水电管线配合→板上层剪力墙钢筋绑扎钢筋定位固定。

（2）柱、梁内直径≥20mm的钢筋在钢筋加工厂采用闪光对焊配料，现场连接钢筋直径≥18mm的采用直螺纹接头，钢套筒的连接强度满足一级接头的要求，每个断面的接头数量不超过50%。现场连接钢筋直径≤16mm的采用绑扎连接，两根钢筋间要绑扎3道，搭接长度为HPB300级和HRB335级钢筋45d，HRB400级钢筋50d（d为钢筋直径）。柱螺旋箍筋施工前应详细放样预制，并编号就位绑扎。

（3）钢筋绑扎前，应注意各类钢筋的就位关系，水平结构钢筋由上至下分别是楼板钢筋上铁、次梁上铁、主梁上铁、楼板钢筋下铁、次梁下铁、主梁下铁；墙体水平筋位于主筋外侧。

(4) 柱内钢筋绑扎前，应先对竖向插筋进行矫正；然后套上螺旋箍筋，用螺纹连接器连接竖向钢筋，按箍筋间距绑扎螺旋箍筋；最后绑扎保护层垫块。柱钢筋绑扎过程中应注意竖向钢筋的垂直度和成笼直径。

(5) 梁内钢筋绑扎应在梁底模支设完成后进行。梁内主筋现场接头按“上铁在跨中，下铁在支座”的原则进行连接。绑扎箍筋前，梁内主筋要预排钢筋间距，梁底弹位置线，跟线绑筋。梁端第一个箍筋距支座结构边50mm起步。箍筋间距按图样要求尺寸正确绑扎，要先用粉笔划好位置线。箍筋开口方向应在梁上，绑扎时开口位置要一左一右间隔布置，箍筋绑扎要使角部受力筋与箍筋角抱紧，保证135°弯钩平直段为10d且平行。梁封模前，应将梁底、梁侧的垫块固定好。

(6) 板钢筋绑扎前首先排筋，要求钢筋位置和间距符合图样要求；然后在模板上弹出墨线，按线绑扎。

(7) 板钢筋绑扎完成后，应在钢筋上弹出上部剪力墙钢筋定位线，并按线在板面钢筋上焊接固定两道Φ12钢筋；剪力墙钢筋插入后，应与这两道钢筋焊接牢固。剪力墙水平钢筋的间距应制作控制杆进行控制。

(8) 钢筋绑扎过程中应及时清理模板内的杂物。

10.4.3 模板工程

1. 圆形混凝土柱

采用玻璃钢模板，工艺流程如下：

清理柱基杂物→弹线定位→矫正柱插筋→绑扎柱钢筋→安放预埋件→模板下口找平→模板就位→用螺栓将柱模组合→矫正柱模→固定拉筋→搭设脚手架→浇筑混凝土→拆除模架→养护混凝土。

模板就位前，应在柱脚处摊铺护脚砂浆找平，然后将模板对准定位轴线就位。

模板就位后，用螺栓将模板扣紧，按图10-5所示固定拉筋。每根柱3根Φ6钢筋，上端固定在柱高2/3处，下端固定在楼板上，垂直矫正后，将拉筋拉紧。

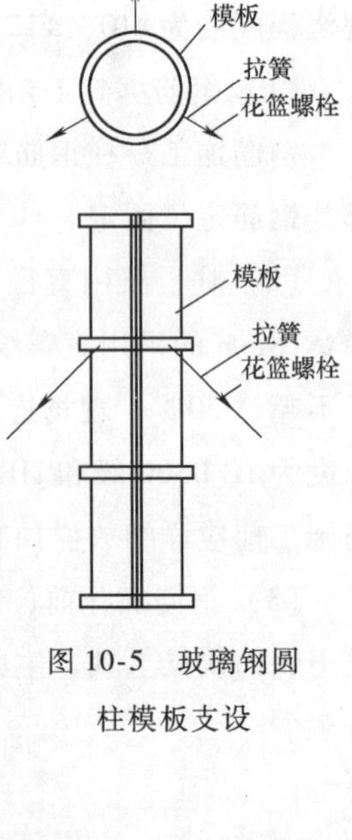

图10-5 玻璃钢圆柱模板支设

2. 梁

梁底采用50mm厚木模，梁侧模采用竹面胶合板，龙骨采用50mm×100mm方木，龙骨间距200mm。工艺流程如下：

梁轴线标高复合→搭设模架→安装梁底模板→梁底起拱→绑扎钢筋→安装梁侧模→矫正模板位置→固定梁侧模腰棱及对拉螺栓→与相临模板连接。

由于看台斜梁与梯形看台相交，这部分三角形梁侧模应放样配制定形模板。

梁模板支架（图 10-6）立杆采用 2ϕ48mm×3mm 钢管，沿梁纵向间距 600mm，水平杆间距 1200mm，并与其他模架相连。梁侧模设 ϕ14mm 对拉螺栓 2 道，沿梁纵向间距 500mm。梁荷载通过可调支托传递到 2ϕ48mm×3mm 钢管立杆。

梁侧模封模前，应将管线、预埋件固定好，并将模板内的杂物清理干净。

3. 梯形看台

采用竹面胶合板模板，支设方法见图 10-7，工艺流程如下：

弹线定位→搭设模架→安装底模→绑扎钢筋→安装外侧吊模→固定吊模围桁及对拉螺栓→矫正模板位置→支设斜向支撑。

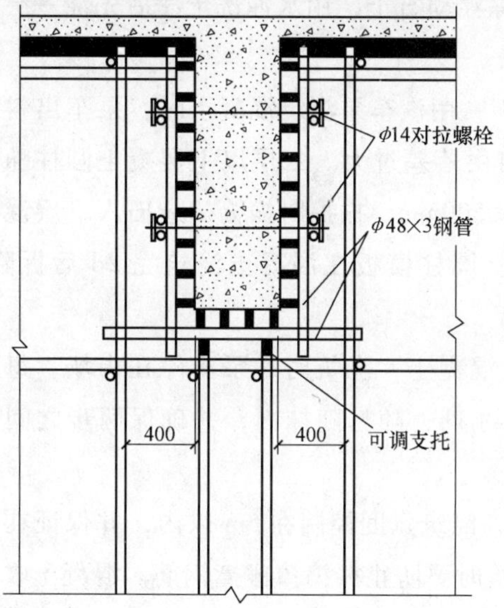

图 10-6　梁模板和支架

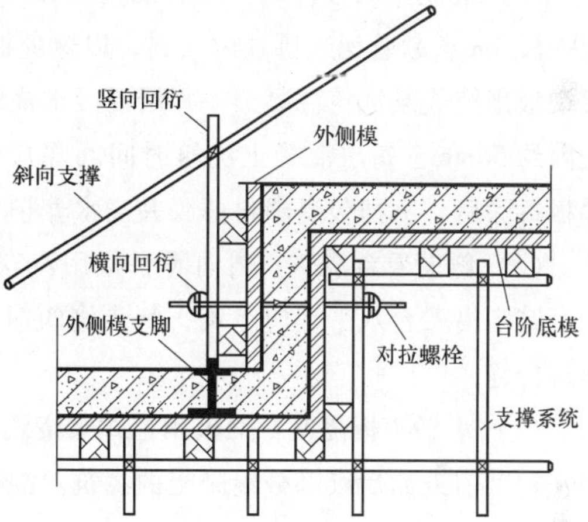

图 10-7　梯形看台支模详图

每步看台板下设 2ϕ48mm×3mm 钢管立杆，沿看台板纵向间距 1000mm，水平杆间距 1200mm。模架搭设时应注意与其他模架相连。

模板支设中，外侧吊模应支设牢固，要求对拉螺栓内侧应固定在模架立杆上，吊模围桁、斜向支撑与外侧吊模应固定牢固。

4. 水平现浇板

采用竹面胶合板模板，龙骨采用 50mm×100mm 方木，龙骨间距 200mm。工艺流程如下：

弹线定位→搭设模架→安装龙骨→安装底模。

模架立杆双向间距 1000mm，水平杆间距 1200mm。

5. 剪刀撑

模架外侧周圈设由下至上的竖向连续式剪刀撑；中间在纵横向应每隔 6m 左右设剪刀撑。模架的顶部、扫地杆处设置水平剪刀撑，间距小于 6m。

各部分模板支设完成后，均应涂刷脱模剂。

10.4.4 混凝土浇筑

（1）作业条件：模板、钢筋、预埋件及管线均已安装完毕，经检查符合设计要求，并办理完隐检手续。混凝土输送泵、泵管、振捣机具准备就绪。

（2）混凝土输送方法：混凝土由混凝土输送车送至工作面附近，首层圆柱混凝土及斜向看台混凝土由汽车泵泵送至工作面，其余部分混凝土用混凝土拖式泵浇筑。

（3）施工缝留设部位：基础顶面、首层柱顶、各层楼面上平。

（4）施工缝处理：施工缝处混凝土强度≥1.2MPa时，才允许继续浇筑上层混凝土；在继续浇筑混凝土前，施工缝混凝土表面应凿毛并剔除浮动石子，用水冲洗干净后先浇一层水泥浆，然后再浇筑混凝土。

（5）混凝土圆柱浇筑：首层混凝土圆柱约5m高，用汽车泵浇筑混凝土时，泵车出料口接一段3m长软管深入圆柱内放料，以避免混凝土自由落差过大。二层以上混凝土圆柱随各层梁板用拖式泵浇筑混凝土。每层混凝土浇筑厚度≤500mm，振捣时振捣棒应插入下层混凝土内约50mm。每层混凝土浇筑时间间隔应≥0.5h。圆柱模板在混凝土浇筑完2d后拆除，模板拆除后，立即包裹塑料薄膜并浇水养护14d。

（6）斜向看台浇筑：斜向看台板用汽车泵浇筑混凝土，浇筑时，泵车停在内场，每次一个踏步沿看台水平环向浇筑，每步浇筑时间间隔约1h，随打随抹面，并确保两步之间不出现冷缝。

（7）水平梁板浇筑：梁板用拖式泵浇筑混凝土，浇筑宽度控制在5m以内，并保证在混凝土初凝前开始后续部分混凝土的浇筑。混凝土浇筑时要防止振捣棒碰撞钢筋。混凝土收面初凝后，应进行洒水并覆盖塑料薄膜进行养护，养护时间应≥7d。

10.4.5 后浇带施工

（1）看台结构尺寸大于35m的部位均留设800mm宽后浇带（参见图10-3）。后浇带留设在梁板L/3范围内，后浇带处的钢筋不应断开。

（2）后浇带模板：水平后浇带底模应与两侧的主体结构底模同时支设（后浇带2m范围内，梁底模架立杆间距400mm，板底模架立杆间距500mm），并且在水平后浇带浇筑混凝土之前不得拆除；后浇带分隔侧模应支设牢固；垂直后浇带外模可以在浇筑后浇带混凝土之前重新支设，但应确保后浇带与两侧结构平滑过渡。

（3）后浇带在结构施工完90d后浇筑混凝土。

（4）后浇带混凝土浇筑前，应认真检查后浇带处模架系统是否牢固，并清理模板内的杂物；混凝土结合面处凿毛，清除钢筋表面的锈迹；浇筑混凝土前24h用压力水冲洗干净。

（5）后浇带混凝土强度等级比原结构混凝土提高一级，并掺加水泥用量10%的PNC膨胀剂。

（6）后浇带混凝土浇筑抹面后，应立即覆盖塑料薄膜养护14d。

10.4.6 水泥基防水涂料施工

（1）看台结构施工完成180d后，开始水泥基防水涂料涂刷施工。本工程采用的水泥基防水涂料为XYPEX浓缩剂。

（2）基层处理：用钢丝刷清除看台表面的浮浆、返碱、尘土、油污，以及表面涂层等杂物，并使光滑的混凝土表面变成粗糙面，然后用清水冲洗干净。

（3）对蜂窝结构及疏松结构应凿除，将所有松动的杂物用水冲刷掉，直至见到坚硬的混凝土基层，并在潮湿的基层上涂刷一层XYPEX浓缩剂；随后用防水砂浆或防水细石混凝土填补并捣固密实；最后再涂刷一层浓缩剂灰浆。

（4）后浇带两侧应凿成U形槽，槽宽20mm，深25mm。用水冲刷干净并除去表面的积水，再涂刷XYPEX浓缩剂灰浆到U形槽内，让灰浆达到初步固化（施工后1～2h之间）；然后用锤子将XYPEX浓缩剂或堵漏剂的半干燥团料填满U形槽并捣实；最后再涂刷一层浓缩剂灰浆（图10-8）。

（5）水泥基防水涂料涂刷前24h，基层应充分湿润，但不得有明水。涂刷作业采用半硬性鬃毛刷用力反复涂刷，涂料用量控制在0.8～1kg/m^2。要求涂刷两道，即在第一层涂料达到初步固化（约1～2h）后，即可进行第二道涂料涂刷。当第一道涂料干燥过快时，应浇水湿润后再进行第二道涂料涂刷。

（6）当XYPEX涂层固化时（约2h）开始养护，养护时间不少于72h，每天洒水至少3次（天气热时，应增加喷水次数）或用潮湿的粗麻布覆盖。养护过程中，XYPEX涂层必须避免雨水、大风、日晒、霜冻和泥浆的侵害。

（7）养护期满后，应立即进行纤维混凝土保护层的施工。

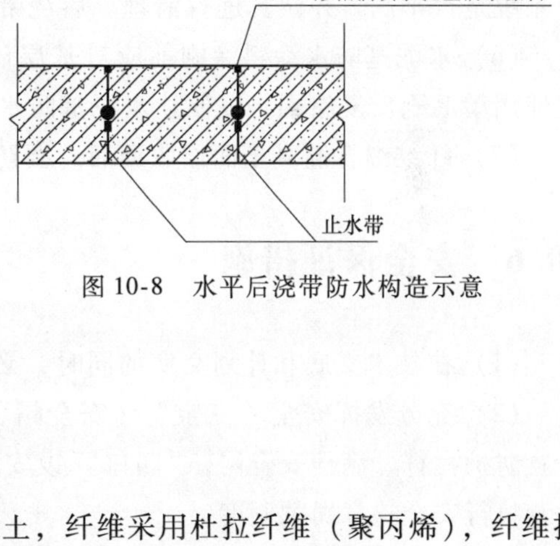

图10-8 水平后浇带防水构造示意

10.4.7 纤维混凝土面层施工

（1）看台面层为40mm厚C20纤维细石混凝土，纤维采用杜拉纤维（聚丙烯），纤维掺量0.8kg/m^3。

（2）纤维细石混凝土中部设置ϕ2@200钢丝网。

（3）纤维细石混凝土应充分搅拌，注意纤维应分散均匀。

（4）纤维细石混凝土摊铺前，基层应进行润湿。

（5）纤维细石混凝土摊铺时，应注意看台水平面有0.5%的坡度，并注意钢丝网应保持在面层中部。

（6）纤维细石混凝土层抹面后，应及时覆盖塑料薄膜养护7d。

10.5 质量保证措施

(1) 使用全站仪对每根看台框架柱中心坐标进行定位，每座看台、每层控制标高的水准点不少于2个。柱顶和墙顶标高用红漆标在钢筋上，浇筑混凝土时不准超过。墙、柱拆模后，及时弹出50cm水平标高控制线。

(2) 梁柱钢筋的接头位置必须符合设计要求。焊接接头应保证焊缝长度和高度，并不得有夹渣、咬肉现象。直螺纹接头应及时给外露的螺纹戴上保护帽，防止螺扣被碰伤或锈蚀。钢筋绑扎前应熟悉图样，按配料单检查已加工钢筋的品种、规格、数量和形状是否符合要求。绑扎时要保证钢筋的数量、位置符合施工图与施工规范的要求。

(3) 各种模板使用前必须涂刷隔离剂；浇筑混凝土前，模板应进行浇水润湿；拆模后应清理干净，码放整齐；玻璃钢圆柱模板表面不得用尖利工具刮伤。模板拼缝应严密，两块模板拼接处应垫泡沫胶条堵缝防止漏浆。梁柱模板要求双面吊线找正，柱模固定用架子应与浇筑混凝土工作架分离。混凝土浇筑时，应有木工维护模板。

(4) 混凝土浇筑前，要求对混凝土输送设备进行检查；混凝土浇筑时，应随时观察混凝土的坍落度，不得随意加水；标养试块和同条件养护试块应同步按计划留置，并及时送检。混凝土要求分层浇筑，振捣密实，防止漏浆。拆模后要及时进行养护。

(5) 水平后浇带底模不得随意拆除。后浇带混凝土浇筑前，应认真检查后浇带处的模架系统是否牢固，并认真进行清理。后浇带混凝土浇筑完后，应及时进行养护。

(6) 水泥基防水涂料涂刷前应对基层认真进行处理并充分润湿；对混凝土表面裂缝处应使用鬃毛刷反复涂刷，以便让水泥基防水涂料进入裂缝中。

(7) 纤维细石混凝土面层收面后，要防止风吹日晒，加强养护，防止开裂。

10.6 安全保证措施

(1) 在技术交底和计划交底的同时，必须做好安全交底。

(2) 充分发挥安全“三宝”（安全帽、安全带、安全网）的作用。结构施工外架必须设置防护栏杆、满挂安全网，“四口”设安全围拦网，进入施工现场的人员一律戴安全帽，强制执行安全违章罚款制度。

(3) 各类模架搭设完毕必须经安全技术人员验收合格后方可交付使用。

(4) 后浇带混凝土达到规定强度前，后浇带所在结构区域内不得堆放任何材料。

(5) 现场严禁乱拉接电线，每台用电机具均应配装漏电保护器。

(6) 夜间施工应确保施工部位的规定照度。

(7) 加强消防安全工作，现场严禁生火，电气焊施工必须设专人看火，冬期施工保温生火必须有专人负责。

(8) 交叉施工时，上下层用小眼安全网隔离，人员出入口搭设安全防护棚。网架和罩棚施工时，施工区下方20m内严禁人员作业或通行。

混凝土斜屋面模板支架施工方案

胡保刚

河南省第一建筑工程集团有限责任公司

11.1 工程概况

郑东新区 CBD 丹尼斯环湖商业街 G 区工程位于郑东新区商务西一街与众意路之间。建筑物呈偏北东西走向，东西长 104.106m，南北宽 46.6m，建筑高度 20.5m，地下 2 层，地上 3 层，框架结构，总建筑面积 27777.2m^2。

屋盖板为现浇钢筋混凝土结构（图 11-1），屋盖板厚 120 mm，梁截面分别为 450mm × 1000mm、450mm × 950mm、400mm × 900mm、400mm × 700mm、350mm × 900mm、350mm × 800mm、350mm × 700mm、300mm × 600mm、300mm × 500mm、250mm × 400mm、250mm × 300mm，共 11 个规格。

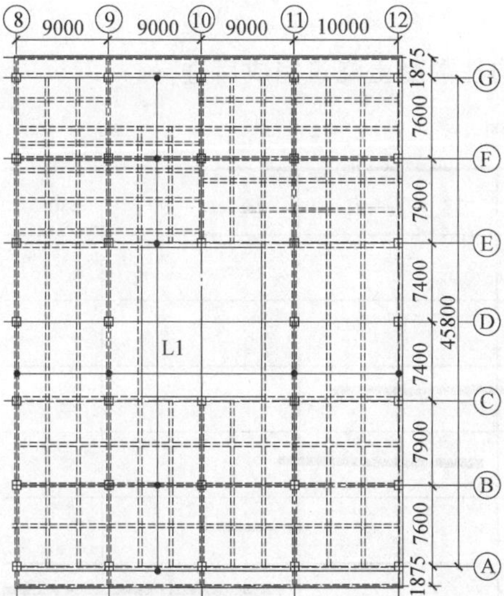

图 11-1 屋顶结构平面图

注：未标出的梁为 L2。

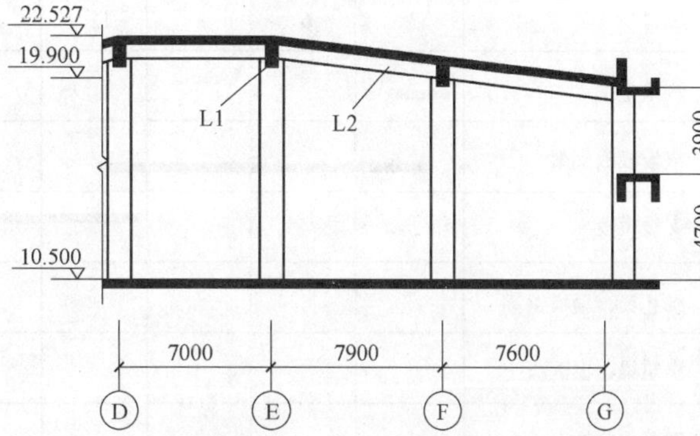

图 11-2 顶层结构剖面图

将梁划分为两类，梁高≥700mm 的为一类，记为 L1，取最大梁截面 450mm×1000mm 为代表配模板支架；梁高≤600mm 的为一类，记为 L2，取最大梁截面 300mm×600mm 为代表配模板支架，支架高 11.9m（图 11-2）。

11.2 编制依据

（1）工程项目施工图。
（2）《建筑工程施工质量验收统一标准》（GB 50300—2013）。
（3）《建筑施工模板安全技术规范》（JGJ 162—2008）。
（4）《建筑施工扣件式（钢管）脚手架安全技术规程》（JGJ 130—2011）。
（5）《混凝土结构工程施工质量验收规范》（GB 50204—2002）（2011 版）。
（6）《建筑施工安全检查标准》（JGJ 59—1999）。
（7）《施工现场临时用电安全技术规范》（JGJ 46—2005）。
（8）《危险性较大的分部分项工程安全管理办法》建质（2009）87 号。

11.3 施工部署

11.3.1 施工平面布置

本工程搭设模板支架所需钢管、扣件及模板材料等，均在现场塔式起重机的覆盖范围内，此部分周转材料堆在在建工程 4m 以外，可以随时采用塔式起重机的转运。

11.3.2 施工进度计划

施工进度计划见表 11-1。搭设模板支架在 3 层结构柱混凝土浇筑完成后进行。

表 11-1 施工进度计划

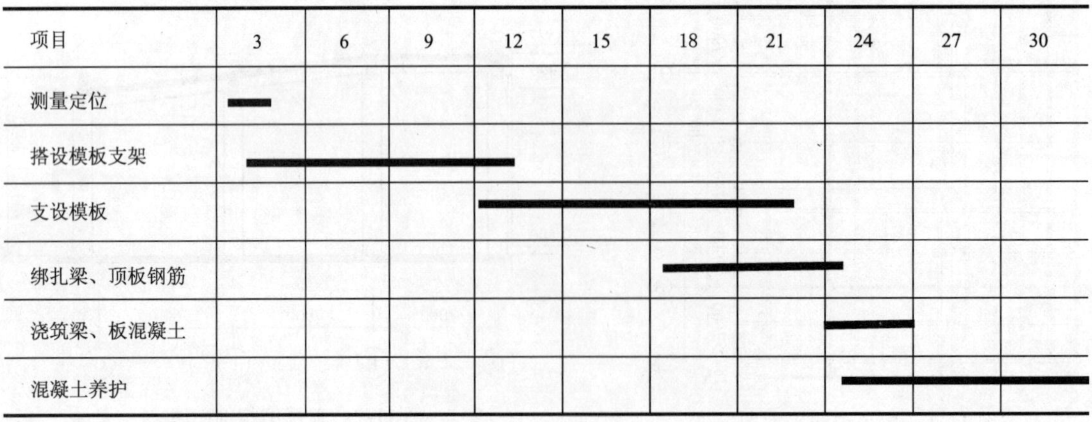

11.3.3 机械设备与材料计划

机械设备计划见表11-2，材料计划见表11-3。

表11-2 机械设备计划

序号	设备名称	规格	数量	用途	序号	设备名称	规格	数量	用途
1	交直流电焊机	BX1-500-1	2台	焊接施工	5	氧乙炔焊		2套	局部尺寸修正
2	水准仪	DS3-D2MM	1台	标高尺寸控制	6	塔式起重机		2台	吊装周转材料
3	经纬仪	J1	1台	垂直度控制	7	混凝土泵	HBT80	1台	浇筑混凝土
4	千斤顶	10t	2台	局部尺寸矫正					

表11-3 材料计划

序号	名称	规格	单位	数量	序号	名称	规格	单位	数量
1	扣件式脚手架钢管	ϕ48mm×2.8mm	m	18000	7	方木	50×100×4000	m^3	60
2	可调升降头		个	1100	8	对拉螺栓	M14	个	3000
3	直角扣件		个	30000	9	3型扣		个	6000
4	旋转扣件		个	3000	10	密目安全网	2000目	m^2	3000
5	对接扣件		个	3100	11	铁丝	20#	kg	400
6	胶合板	1.22×2.44×15	m^2	4000					

11.3.4 劳动力计划

劳动力配置计划见表11-4。

表11-4 劳动力配置计划

序号	工种	人数	负责项目或工作内容	备注
1	架子工	60	现场架子搭设	
2	木工	40	现场模板配置、安装	
3	钢筋工	50	现场钢筋制作、绑扎	
4	塔式起重机司机	2	现场吊装	
5	电焊工	5	现场焊接	
6	管理人员	5	全面组织施工	

11.4 模板支架搭设方案

11.4.1 模板

屋面板模板采用12mm厚胶合板，次龙骨采用50mm×100mm方木，间距为350mm；主龙骨采用1ϕ48mm×3.0mm钢管，间距为1100mm；梁底采用15mm厚胶合板与50mm×100mm方木组合；梁侧模板采用15mm厚胶合镜面板，梁侧龙骨采用50mm×100mm方木，M14对拉螺栓加固（沿梁高度等分布置，沿梁纵向间距550mm）。

11.4.2 模板支架

模板支架采用钢管扣件式满堂支架（钢管规格ϕ48mm×3.0mm）。

屋面板模板支架的立杆间距为1.1m×1.1m，水平拉杆步距为1.5m，最顶两步距水平拉杆步距为0.8m；主龙骨与立杆钢管之间使用扣件连接传递施工荷载。垂直剪刀撑在模架外围由下至上、竖向连续设置，模架内部垂直剪刀撑间距小于6m且由下至上、竖向连续设置；水平剪刀撑按图11-3、图11-4所示位置设三道，高度分别为扫地杆上部、架体中部、顶层水平杆下部。

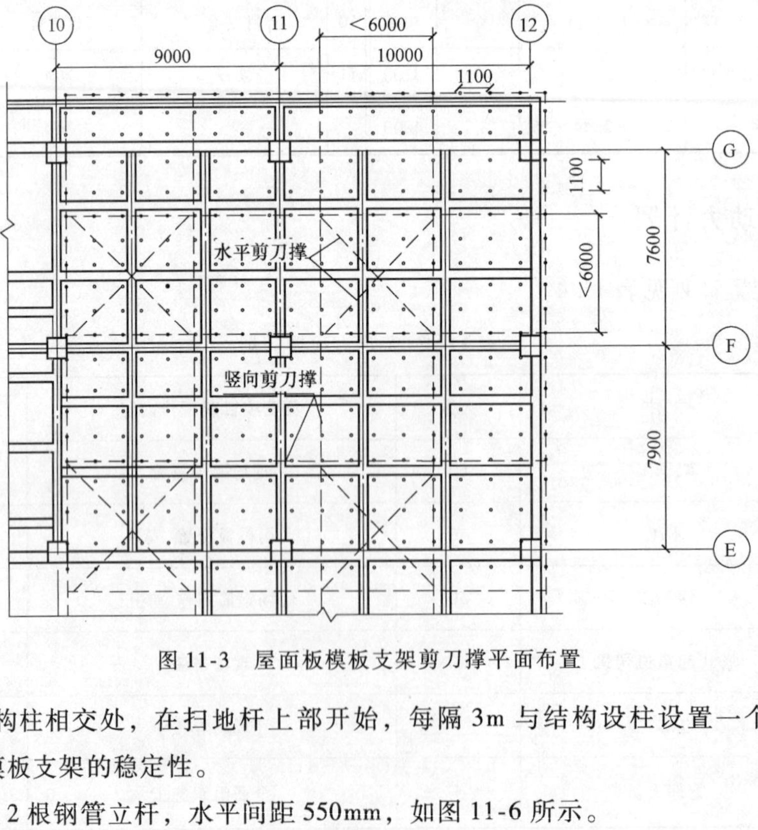

图11-3 屋面板模板支架剪刀撑平面布置

架体与结构柱相交处，在扫地杆上部开始，每隔3m与结构设柱设置一个拉结点（图11-5），增加模板支架的稳定性。

L1下部设2根钢管立杆，水平间距550mm，如图11-6所示。

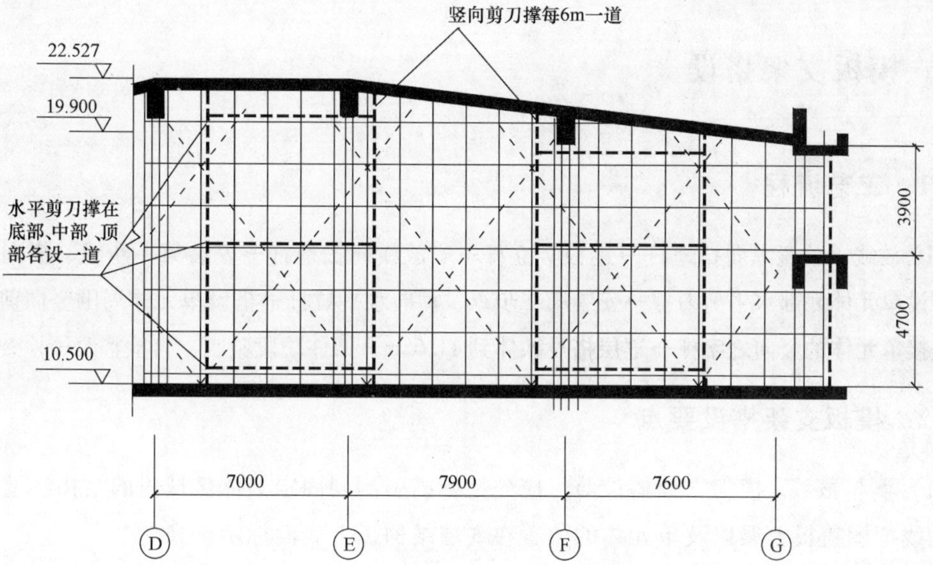

图 11-4　屋面板模板支架剪刀撑剖面图

L2 下部设 1 根钢管立杆，水平间距 550mm，如图 11-7 所示。

梁底龙骨与立杆钢管之间使用可调支托连接传递施工荷载（图 11-8）。

三层楼面结构下应设置与上部立杆相对应的钢管架体予以支撑。

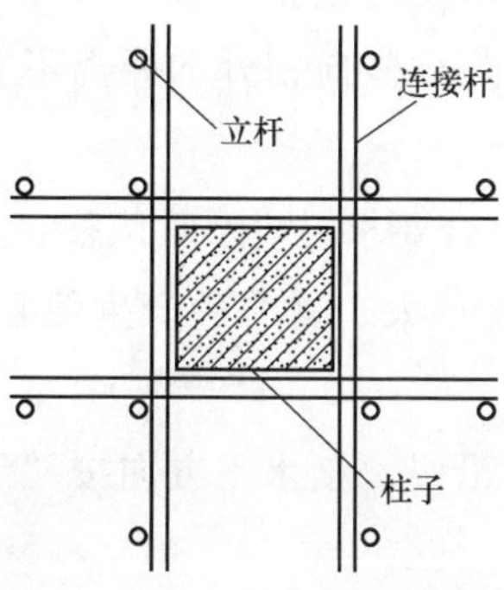

图 11-5　满堂架水平杆与柱拉结示意图

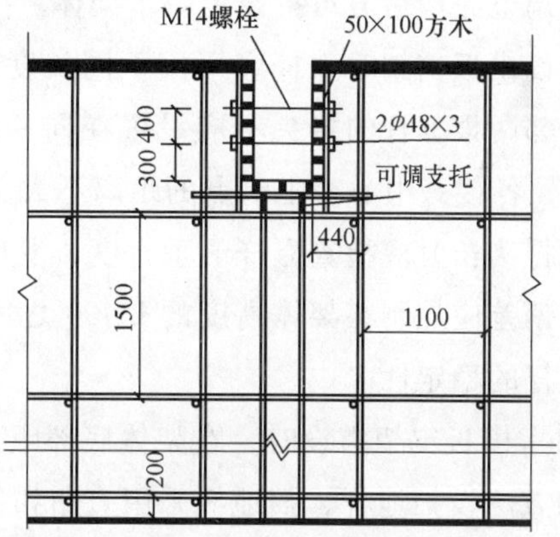

图 11-6　L1 模板支架

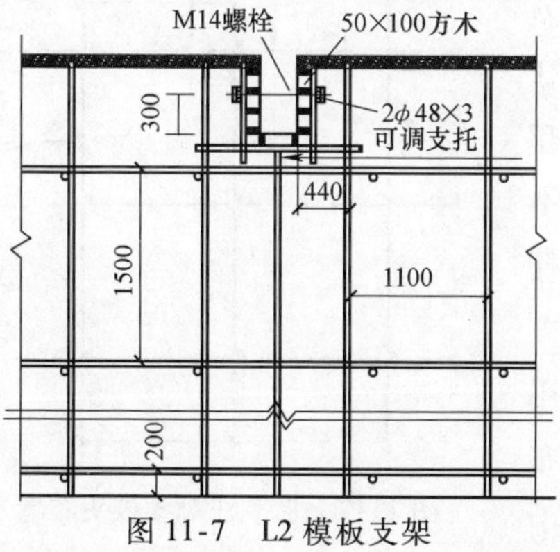

图 11-7　L2 模板支架

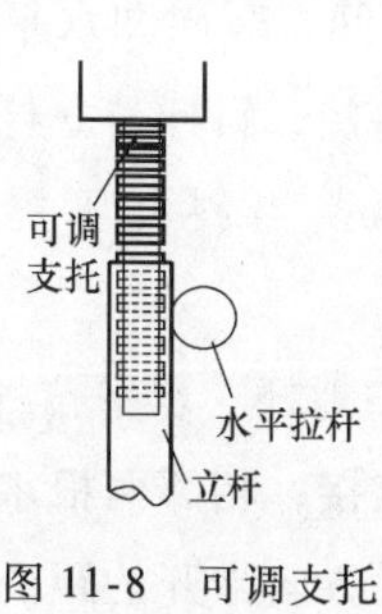

图 11-8　可调支托

11.5 模板支架搭设

11.5.1 工艺流程

测量放线→放置纵向扫地杆→逐根竖立杆→安放横向扫地杆→安装第一步纵、横向水平拉杆→搭设单元体底部水平剪刀撑→安装第二步纵、横向水平拉杆→搭设单元体周围竖向剪刀撑→搭设连接单元体的竖向之字撑→逐层搭设架体到11.65m→架体阶段验收、自检整改→检查验收 。

11.5.2 模板支架搭设要点

(1) 测量放线。模板支架搭设前，应先把标高引测到固定架体区域内的结构柱上，同时根据轴线把屋盖板上梁以及单元体的位置在3层结构板上表面标示出来。

根据模板支架立杆的纵向和横向间距进行现场预排定位，在3层结构板上表面弹出控制线作为搭设模板支架的控制依据，保证模板支架立杆位置准确。

(2) 搭设模板支架时应保证底层立杆的垂直度，搭设底层水平拉杆的同时要注意检查立杆是否垂直；待第一步架体搭设完成后，应调整所有立杆的垂直度和水平拉杆的平整度；待全部调整完毕后方可搭设上一步架体。

搭设模板支架时立杆应采用不同长度的钢管，接长必须采用对接扣件；接头应交错布置，相邻两根立杆的接头不应设置在同一步架内，且对接接头沿竖向错开的距离不宜小于500mm，各接头中心至主节点的距离不大于步距的1/3。

立杆接长时应检查立杆的垂直度，发现立杆的垂直度不符合要求时应及时调整。立杆的垂直度偏差应控制在架体高度的1/400之内，防止立杆倾斜度过大，受力后产生偏心弯矩，影响立杆的稳定性。

(3) 模板支架搭设时，在架体底部距地面200mm高处，沿纵、横水平方向按“纵下横上”的方法设扫地杆，扫地杆采用直角扣件与立杆连接。

(4) 竖向剪刀撑、水平剪刀撑随着架体的搭设同步进行，竖向剪刀撑杆件的底端应与地面顶紧，夹角宜为45°~60°，水平剪刀撑杆件与水平拉杆的夹角应控制在45°~50°之间。竖向和水平剪刀撑的斜杆应采用旋转扣件与立杆扣接，斜杆与立杆的扣接点距节点的距离应不大于150mm。当斜杆不能与立杆扣接时，应与横杆扣接。

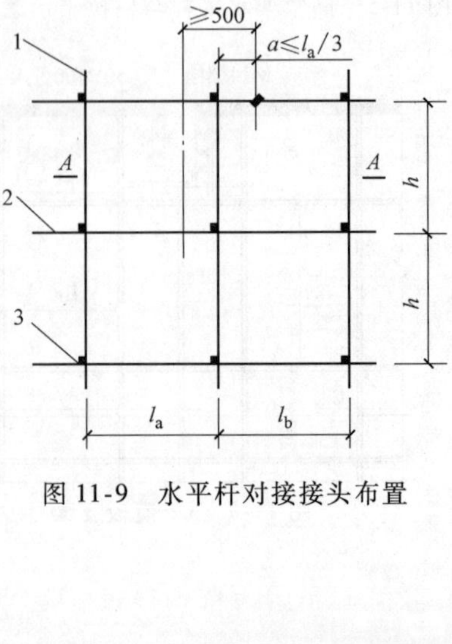

图 11-9 水平杆对接接头布置

(5) 扫地杆、水平拉杆必须拉通，杆件接长宜采用对接扣件连接，相邻两根水平杆件的对接扣件应交错布置，在水平方向错开的距离不应小于500mm；各接头中心至最近主节点的距离不宜大于纵距的1/3（图11-9）。

剪刀撑连接应采用搭接，搭接长度不得小于500mm，用两个旋转扣件分别在距杆端不小于100mm处进行固定。

(6) 扣件的扭紧力矩应控制在40~65N·m。

(7) 支架搭设高度根据屋面的柱、梁、板的实际高度进行控制，由于整个屋面板呈坡面，每块板的标高各不一样，其搭设的支架高度也不同，应根据屋面标高计算出各个板处的支撑架搭设标高。并根据屋面板模板及棱木的尺寸确定主龙骨和梁下可调节托撑顶面的标高。

(8) U形可调支托与梁底龙骨应紧密结合，可调支托的螺杆伸出钢管顶部不得大于200mm，螺杆与立柱钢管的间隙不得大于3mm，安装时应保证上下同心。可调支托底部的立柱顶端应沿纵、横向设置一道水平拉杆。

(9) 主龙骨铺设完并检查顶部标高合格后，在主龙骨上铺设次龙骨。次龙骨应严格按照预设间距进行铺设，次龙骨铺设过程中应随时检查上口标高。主、次龙骨铺设完成后，应分段组织检查验收，验收合格后方可铺设模板。

(10) 模板应铺设牢固、严密，防止漏浆，并便于拆模。

(11) 施工时，在已安装好的模板上的实际荷载不得超过设计值。已承受荷载的支架和附件，不得随意拆除或移动。

11.5.3 质量标准

1. 原材料、构配件验收

(1) 钢管。

1) 有产品质量合格证、质量检查记录，进场质量检测合格。

2) 检查钢管外观：平直、光滑，无裂痕、错位、硬弯、飞边、压痕和深的划痕。

(2) 扣件。

1) 有生产许可证、法定检测单位的检测报告和产品合格证。

2) 进场抽样检测合格。

3) 检查扣件的实体质量：不得有裂痕、变形，螺栓不得有滑丝。

(3) 方木、模板。有质量合格证，外观尺寸符合要求，无裂缝和翘皮。

(4) 可调支托。有质量合格证，外观无变形，螺杆伸缩灵活。

2. 架体检查与验收

(1) 模板支架搭设的允许偏差见表11-5。

(2) 模板支架应在下列阶段进行检查：

1) 模板支架搭设完成。

2) 混凝土浇筑前。

3) 遇有六级大风与大雨后、寒冷地区解冻后。

表 11-5 支架施工允许偏差

<table>
<tr><th>项次</th><th colspan="2">项目</th><th>技术要求</th><th>允许偏差/mm</th><th>检查方法与工具</th></tr>
<tr><td rowspan="2">1</td><td rowspan="2">立杆垂直度</td><td>搭设中检查偏差的高度/m</td><td colspan="2">总高度按照 12m 标准</td><td rowspan="2">用经纬仪或吊线和钢卷尺(中间档次用插入法)</td></tr>
<tr><td>$H=11.65$</td><td></td><td>±7</td></tr>
<tr><td>2</td><td>间距</td><td>步距 1.5m
纵距 1.1m
横距 1.1m</td><td>—</td><td>±20
±20
±20</td><td>钢板尺</td></tr>
<tr><td rowspan="2">3</td><td rowspan="2">纵横水平拉杆高差</td><td>一根杆的两端</td><td>—</td><td>±20</td><td rowspan="2">水平仪或水平尺</td></tr>
<tr><td>同跨内两根纵向水平拉杆的高差</td><td>—</td><td>±10</td></tr>
<tr><td rowspan="5">4</td><td rowspan="5">扣件安装</td><td>主节点处各扣件中心点的相互距离</td><td>≤150mm</td><td>—</td><td>钢直尺</td></tr>
<tr><td>同步立杆上两个相隔对接扣件的高差</td><td>≥500mm</td><td>—</td><td>钢直尺</td></tr>
<tr><td>立杆上的对接扣件至主节点的距离</td><td>$\leqslant h/3$</td><td>—</td><td>钢直尺</td></tr>
<tr><td>纵向水平杆上的对接扣件至主节点的距离</td><td>$\leqslant l_a/3$</td><td>—</td><td>钢直尺</td></tr>
<tr><td>扣件螺栓拧紧扭力矩</td><td>≥40N · m</td><td>—</td><td>扭力扳手</td></tr>
<tr><td>5</td><td colspan="2">剪刀撑斜杆与地面的倾角</td><td>45°~60°</td><td>—</td><td>角尺</td></tr>
<tr><td rowspan="2">6</td><td rowspan="2">脚手板外伸长度</td><td>对接</td><td>130~150mm</td><td>—</td><td>钢卷尺</td></tr>
<tr><td>搭接</td><td>≥100mm</td><td>—</td><td>钢卷尺</td></tr>
</table>

4）停用超过一个月。

（3）模板支架检查验收时应根据下列技术文件：

1）施工组织设计及变更文件。

2）技术交底文件。

（4）在浇筑混凝土时应随时检查支架的扣件是否松动、模板和龙骨是否变形、模板支架是否摇动、模板系统是否跑模漏浆。发现大的变形和跑模漏浆时，立即通知作业班组和当班管理人员停止浇筑，查明原因并进行加固和验收后，方可继续浇筑混凝土。

11.6 屋面结构混凝土浇筑要点

屋面结构呈坡形，在浇筑混凝土时会对架体产生水平推力，影响架体的稳定与安全。屋面结构浇筑要遵循以下几个原则：

（1）混凝土坍落度控制在 160mm 以内。

（2）沿两个屋面坡度方向对称浇筑混凝土以平衡侧向水平力。严禁一侧的混凝土过度堆载而造成架体局部荷载过重和侧向压力过大。

（3）浇筑时，混凝土的堆放高度不超过2倍板厚。

11.7 拆除模板

（1）屋面结构混凝土达到设计强度后可以拆除模板。

（2）模板的拆除工作应设专人指挥。作业区设专业围栏，其内不得有其他工种作业，并设专人负责监护。拆下的模板、零配件严禁抛掷。

（3）拆模前检查所使用的工具是否有效可靠，扳手等工具必须装入工具袋或系挂在自己身上，并检查拆模场所范围内的安全措施。

（4）拆模的顺序和方法。采取先支的后拆，后支的先拆，先拆非承重模板，后拆承重模板，并从上而下进行拆除。拆下的模板不得抛扔，应按指定地点堆放。

（5）多人同时操作时，明确分工，统一信号或行动，具有足够的操作面，人员站在安全处。

（6）高处拆除模板时，符合有关高处作业的规定；严禁使用大锤和撬棍；操作人员应做好自身安全防护，避免安全事故的发生。

（7）在提前拆除互相搭连并涉及其他后拆模板的支撑时，严格设置临时支撑。拆模时逐块拆卸，不得成片撬落或拉倒。

（8）拆模如遇中途停歇，将已松动、悬空、浮吊的模板或支架进行临时支撑牢固或相互连接稳固；对活动部件必须一次拆除。

（9）拆除有洞口的模板时，严格采取防止操作人员坠落的措施；洞口模板拆除后，按国家现行标准《建筑施工高处作业安全技术规范》（JGJ 80—1991）的有关规定及时进行保护。

11.8 安全文明措施

11.8.1 模板支架施工

（1）支架所用的钢管杆件、扣件应详细检查，不得使用锈蚀、扭曲严重的钢管和破损、螺扣锈蚀的扣件等。

（2）支架连接应使用扣件，接头应错开，螺栓要紧固。立杆底端需使用立杆底座。

（3）作业层的竹胶板要铺满、绑牢，无探头板，并要牢固地固定在支架的横杆上。支架的任何部分均不得与模板相连。

（4）作业层的竹胶板的安全情况应经常检查，确保操作人员安全通行。

（5）拆除支架时，周围应设置护栏或警戒标志，并应从上而下地拆除，不得上下双层作业。拆除的钢管等应用人工传递，严禁随意抛掷。

11.8.2 模板施工

（1）模板作业场地的布置。木料、模板半成品的堆放，废料堆集和场内道路的修建，应做到统筹安排，合理布局。

（2）作业场地应搭设简易作业棚，修有防火通道，配备必需的防火器具。四周应设置围栏，作业场内严禁烟火。

（3）木材应堆放平稳，方木垛高不得超过3m，垛距不得小于1.5m。

（4）下班前应将锯末、木屑、刨花等杂物清除干净，并要运出场地进行妥善处理。

（5）制作模板时应细致选料，木模不得使用腐朽、扭裂和有大节疤的木料。

（6）用旧木料制作模板时，应将钉子、扒钉拔掉收集好，不得随地乱扔。

（7）制作中应随时检查工具，如发现松动、脱落现象，应立即修好。

（8）支设较大的模板时，应有专人指挥，所用的绳索要有足够的强度，绑扎牢固。支立模板时，底部固定后再进行支立，防止滑动倾覆。

（9）高处作业应将所需工具装在工具袋内；传递工具不得抛掷或将工具放在平台和木料上，更不得插在腰带上。

（10）在用斧（锤）作业时，应注意四周和上下的安全，防止误伤他人。斧头刃口装入皮套内。

（11）拆除模板时，应制订安全措施，按顺序分段拆除，不得留有松动或悬挂的模板，严禁硬砸或用机械大面积拉倒。拆下带钉木料，应立即将钉子拔掉。

（12）拆除模板不得双层作业。3m以上的模板在拆除时，应用绳索拉住或用吊装设备拉紧，缓慢送下。

11.8.3 安全用电

（1）电焊机应安设在干燥、通风良好的地点，周围严禁存放易燃易爆物品。

（2）电焊机应设置单独的开关箱，作业时应穿戴防护用品，施焊完毕，拉闸上锁。遇雨天应停止露天作业。

（3）在潮湿地点工作时，电焊机应放在木板上，操作人员应站在绝缘胶板或木板上操作。

（4）焊把线、地线不得与各种管道、金属构件等接触，不得用这些物品代替接地线。

（5）移动电焊机及焊把线时，必须切断电源，检查现场，清除焊渣；电线全部卷起，不得在钢管上或钢筋等部位随意拖拉，以免造成线体绝缘部分破损。

（6）在高空焊接作业时，必须系好安全带。焊接作业区周围应备有消防设备。

（7）焊接模板中的钢筋、钢板时，施焊部位下面应垫石棉板或铁板。

11.8.4 混凝土浇筑

（1）应在浇筑完毕后的12h内，对混凝土加以覆盖，并保湿养护。

（2）混凝土浇水养护的时间：对采用普通硅酸盐水泥或矿渣硅酸盐水泥拌制的混凝土，不得少于7d；对掺用缓凝型外加剂或有抗渗要求的混凝土，不得少于14d。

（3）浇水次数应能保持混凝土处于湿润状态，混凝土养护用水应与拌制用水相同。

（4）采用塑料布覆盖需养护的混凝土，其敞露的全部表面应覆盖严密，并应保持塑料布内有凝结水。

（5）混凝土强度达到1.2MPa前，不得在其上踩踏或安装模板及支架。

（6）现场电气装置和机具应符合施工用电和机械设备安全管理规定。

（7）现场人员佩戴安全帽，禁止不戴安全帽的人员进入现场。

（8）电缆线不准拖挂、缠绕在钢筋、钢管及地面上。

（9）不准从作业面上向下抛掷任何杂物。

（10）不准穿硬底、带钉、易滑的鞋作业，振捣工操作时应戴绝缘手套。

（11）在混凝土运输车出入口设立清洗区，确保混凝土不会遗洒在道路上。

（12）场地及时洒水，减少过往车辆产生的灰尘。

（13）为保持周围环境的清洁，施工期间派专人负责施工现场周围道路杂物的清理工作。

11.8.5 环境保护

（1）设立文明施工环境保护领导小组，建立健全的管理体制，制定文明施工与环境保护措施，严格按照文明施工环境保护保障体系组织施工。

（2）对参与施工的人员进行文明施工、环境保护教育，组织学习环境保护法规。

（3）钢管、钢筋、模板等材料按项目部统一部署，合理、整齐堆放；砂、石等易于扬尘的材料存放场所派专人不定期进行洒水或用彩条布覆盖。

（4）运送周转材料的车辆应覆盖，并在出厂前清洗车轮，防止对市政道路进行污染；场内道路常清理、常洒水，防止扬尘。

（5）混凝土浇筑时为减少噪声污染使用高频振捣棒。

（6）所有木工机具均在木工房内施工，将噪声降到最低程度。

（7）建筑垃圾堆放在指定地点，当天的垃圾当天清净，严格做到“工完料尽场地清”。

11.9 安全应急预案

11.9.1 危险源分析

模板支架的施工过程中主要存在以下危险源：模板支架坍塌；消防火灾；高空坠落。

11.9.2 危险源控制

1. 模板支架坍塌控制

(1) 所用支架的材料应详细检查，不得使用腐朽、劈裂、锈蚀、扭曲严重的钢管和扣件。

(2) 支架要按设计要求施工，应有足够的承载能力和稳定性，防止失稳和变形。

(3) 水平拉杆拉结应符合要求，剪刀撑设置正确，扣件的力矩为40～65N·m。

(4) 做好支架搭设、混凝土浇筑、拆架等工序的安全技术交底和施工现场的检查、监督工作。

2. 火灾控制

(1) 对现场的电焊及电渣压焊等施工要实行审批制度，并且派专人进行跟踪监督。

(2) 要做好现场安全技术交底，对潜在的火灾隐患进行预控。

(3) 现场设置消防器材，加强消防安全教育。

(4) 现场的施工用电要严格按照规范执行。

3. 高空坠落控制

(1) 强化安全教育，提高安全防范意识。

(2) 作业前，正确使用“三宝”（安全帽、安全带、安全网）。

(3) 对起重吊装作业要制定专项安全技术措施。

(4) 加强安全技术检查，严禁向下抛掷物品。

11.9.3 事故应急处理领导小组组成（图11-10）

事故应急处理领导小组分工如下。

(1) 组长。项目经理王××（手机：139××××1387），领导应急处理小组，全面负责事故处理的一切事宜。

(2) 项目副经理。苏××（手机：158××××3666）许××（手机：139××××0381），负责及时收集事故总体情况，汇总成文字材料上报上级主管部门。

(3) 生产经理。蔡×（手机：138××××3856）、张××（手机：1360××××371），负责指挥处理事故现场的工作以及事故的善后工作。

(4) 薛×（手机：1392××××0031）、李×（手机：1583××××751），负责事故人员的急救工作，联系急救车，迅速将伤员送到就近医院救治。

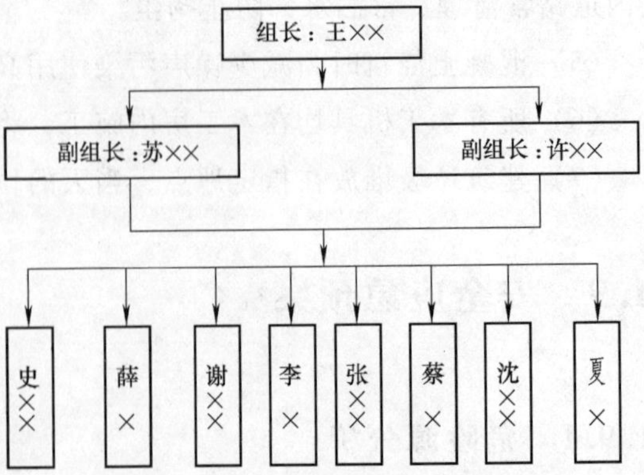

图11-10 事故应急处理领导小组

（5）史××（手机：152××××6838）、沈××（手机：152××××5795），负责及时了解事故发生的全过程，详细填写伤亡事故等级表并上报公司工程安技科，参与事故的调查与处理。

（6）谢××（手机：182××××9455）、夏×（手机：138××××9580），负责保护好事故现场，撤离与事故无关人员，维护秩序；稳定作业人员的思想情绪，协助保卫部门保护好现场，提供事故发生的相关情况。

11.9.4 各项事故的处理预案

1. 触电事故

（1）首先切断电源。

（2）现场施工人员应迅速通知应急处理小组，并上报公司安全处。

（3）电工快速赶往事发地点，根据触电情况选择抢救的方法。

（4）拨打120急救电话。

（5）在急救车到来之前，抢救工作不间断。

（6）将触电人员送往医院。

（7）安技人员应立即填写安全事故登记表，并上报公司。

2. 模板支架坍塌事故

（1）现场施工人员应迅速通知应急处理小组，并上报公司安全处。

（2）维护好事发地点，无关人员不得靠近或擅自进入。

（3）检查坍塌作业面，及时进行坍塌作业面的加固工作，防止发生二次坍塌。

（4）视坍塌的严重程度选择合理的急救措施，如发现现场人员掩埋事故应迅速挖救，但不应使用铁锹等高硬度工具，以免发生二次伤害。

（5）拨打120急救电话，及时将重伤人员送往医院。

3. 坠落事故

（1）现场施工人员应迅速通知应急处理小组，并上报公司安全处。

（2）维护好事发地点，外人不得擅自进入。

（3）对轻伤人员立即进行治疗。

（4）拨打120急救电话；及时将重伤人员送往医院。

（5）安技人员应立即填写安全事故登记表，并上报公司。

4. 火灾事故

（1）火灾事故发生时，应及时辩明火灾的真实情况，立即切断电源，全力进行灭火、救人工作，力争把火灾危害减少到最低程度。及时报火警119，报警者应说明起火的详细地址及火灾燃烧物，并派人到路口接应消防车辆。

（2）当消防队到达现场后，现场负责人简明介绍火灾情况，协助消防队灭火。对火灾现场，应派人警戒，防止无关人员进入现场，影响灭火和救援工作。

（3）火灾事故发生后，各有关部门要协助公安消防部门开展事故调查，查找事故原因，追查事故责任，吸取火灾事故的教训。

11.9.5 安全应急预案的启动与终止

（1）当事故的评估预测达到启动应急救援预案的条件时，由应急处理领导小组组长启动应急预案启动令。

（2）对事故现场经过应急救援预案实施，引起事故的危险源得到有效控制、消除，所有现场人员均得到清点，不存在其他影响应急救援预案终止的因素，应急处理领导小组组长确认事故得到有效控制，可以下达应急预案终止令。

（3）应急预案实施终止后，应采取有效措施防止事故扩大，保护事故现场和物证，经有关部门认可后方可恢复施工生产。

（4）对应急救援预案实施的全过程认真地进行总结，完善应急预案中的不足和缺陷，为今后的预案建立、制订、修改提供经验和完善的依据。

11.10 模板支架体系设计计算书

11.10.1 荷载取值和架体材料力学性能

荷载取值见表11-6，架体材料力学性能见表11-7。

表11-6 荷载取值表

序号	荷载名称	计算部位	单位	标准值	分项系数
1	模板自重标准值 G_{1K}	模板、次龙骨	kN/m^2	0.3	1.2
		主龙骨		0.5	1.2
		支架系统		1.5	1.2
2	新浇筑混凝土自重标准值 G_{2K}	模板、支架	kN/m^3	24.0	1.2
3	钢筋自重标准值 G_{3K}	楼板模板	kN/m^3	1.1	1.2
		梁底、板支架	kN/m^3	1.5	1.2
4	新浇混凝土侧压力标准值 G_{4K}	梁侧模板	kN/m^2	计算值	1.2
5	施工人员及设备荷载标准值 Q_{1K}	模板、次龙骨	kN/m^2	2.5	1.4
		主龙骨		1.5	
		支架系统		1.0	
6	振捣荷载标准值 Q_{2K}	梁底、梁支架	kN/m^2	2.0	1.4
		梁侧模板		4.0	
7	倾倒混凝土水平荷载标准值 Q_{2K}	对拉螺栓	kN/m^2	2.0	1.4

11.10.2 屋面板模板、支架验算

满堂钢管支架系统采用 ϕ48mm×3.0mm 钢管，设立杆纵距为1.1m、横间距为1.1m，水平拉杆步距为1.5m，搭设高度为11.65m。

表 11-7　架体各配件力学性能

序号	材料规格	力学性能	
1	钢管 ϕ48mm×3.0mm	截面面积(A)	424mm^2
		回转半径(r)	15.5mm
		惯性矩(I)	1.078×10^5mm^4
		截面模量(W)	4500mm^3
		每米长质量	0.034kN/m
		弹性模量(E)	2.06×10^5N/mm^2
		抗弯强度(f)	205N/mm^2
2	直角扣件、旋转扣件	抗滑承载力设计值	8.00kN
3	方木	弹性模量(E)	10000N/mm^2
		抗弯强度设计值(f_m)	17N/mm^2
		抗剪强度设计值(f)	1.7N/m^2
4	竹面胶合板	抗弯强度设计值(f_{jm})	35N/mm^2
		弹性模量(E)	9898N/mm^2

1. 荷载组合

120mm 厚楼板（立杆间距为 1.1m×1.1m，方木次龙骨间距为 350mm）

模板自重标准值：0.30kN/m^2

钢筋混凝土自重标准值：（24+1.1）×0.12kN≈3kN/m^2

施工荷载标准值：2.5kN/m^2

2. 模板板面计算（模板宽度 1000 mm）

$W=bh^2/6=1000\times12^2/6\text{mm}^3=2.4\times10^4\text{mm}^3$

$I=1000\times12^3/12\text{mm}^4=1.44\times10^5\text{mm}^4$

（1）强度验算。按两端简支板考虑，其计算跨度取支撑面板的次龙骨间距 $L=350$mm。

荷载设计值（计算宽度 1000mm）$G_{1K}+G_{2K}+G_{3K}+Q_{1K}$

按均布施工荷载：

$q_1=[1.2\times(3+0.3)+1.4\times2.5]\times0.9\text{kN/m}=6.71\text{kN/m}$

$M_1=qL^2/8=6.71\times350^2/8\text{N}\cdot\text{mm}=1.027\times10^5\text{N}\cdot\text{mm}$

按集中施工荷载：

$q_2=1.2\times0.3\times0.9\text{kN/m}=0.324\ \text{kN/m}$

$P=1.4\times2.5\times0.9\text{kN}=3.15\ \text{kN}$

$M_2=q_1L^2/8+PL/4=(0.324\times350^2/8+3.15\times10^3\times350/4)\text{N}\cdot\text{mm}=2.81\times10^5\text{N}\cdot\text{mm}$

$M_2>M_1$

$\sigma_j=M_2/W=[1.38\times10^5/(2.4\times10^4)]\text{N/mm}^2=11.69\text{N/mm}^2<f_m=35\text{N/mm}^2$，强度满足要求。

（2）挠度验算。仅考虑永久荷载标准值（计算宽度 1000mm）$G_{1K}+G_{2K}+G_{3K}$

荷载设计值 $q=(3+0.3)=3.3\text{kN/m}$

$v=5qL^4/384EI=5\times3.3\times350^4/(384\times9898\times1.44\times10^5)\text{mm}$

$=0.45\text{mm}<[v]=L/250=350/250=1.4\text{mm}$，挠度满足要求。

（3）板底方木次龙骨验算（方木 50mm×100mm）。

$W=bh^2/6=50\times100^2/6\text{mm}^3=8.33\times10^4\text{mm}^3$

$I=bh^3/12=50\times100^3/12\text{mm}^4=4.17\times10^6\text{mm}^4$

1）强度验算。

按两端简支考虑，其计算跨度取支撑次龙骨的立杆间距 $L=1100\text{mm}$。

荷载设计值（计算宽度 350mm）$G_{1K}+G_{2K}+G_{3K}+Q_{1K}$

按均布施工荷载：

$q_1=[1.2\times(3+0.3)+1.4\times2.5]\times0.9\times0.35\text{kN/m}=2.35\text{kN/m}$

$M_1=qL^2/8=2.35\times1100^2/8\text{N}\cdot\text{mm}=3.56\times10^5\text{N}\cdot\text{mm}$

按集中施工荷载：

$q_2=1.2\times0.3\times0.9\text{kN/m}=0.324\text{kN/m}$

$P=1.4\times2.5\times0.9\text{kN}=3.15\text{kN}$

$M_2=q_1L^2/8+PL/4=0.324\times1100^2/8+3.15\times10^3\times1100/4\text{N}\cdot\text{mm}=9.15\times10^5\ \text{N}\cdot\text{mm}$

$M_2>M_1$

$\sigma_{\text{m}}=M_2/W=9.15\times10^5/(8.33\times10^4)\text{N/mm}^2=10.99\text{N/mm}^2<f_{\text{jm}}=17\text{N/mm}^2$，强度满足要求。

2）挠度验算

仅考虑永久荷载标准值，荷载设计值（计算宽度 350mm）$G_{1K}+G_{2K}+G_{3K}$

荷载设计值 $q=(3+0.3)\times0.35\text{kN/m}=1.16\text{kN/m}$

$v=5qL^4/384EI=5\times1.16\times1100^4/(384\times10000\times4.17\times10^6)\text{mm}$

$=0.53\text{mm}<[v]=L/250=1100/250=4.4\text{mm}$，挠度满足要求。

（4）板底钢管主龙骨验算（ϕ48mm×3.0mm@1100mm）。

1）强度验算。按三跨简支考虑（图 11-11），其计算跨度取支承主龙骨的立杆间距，$L=1100\text{mm}$。

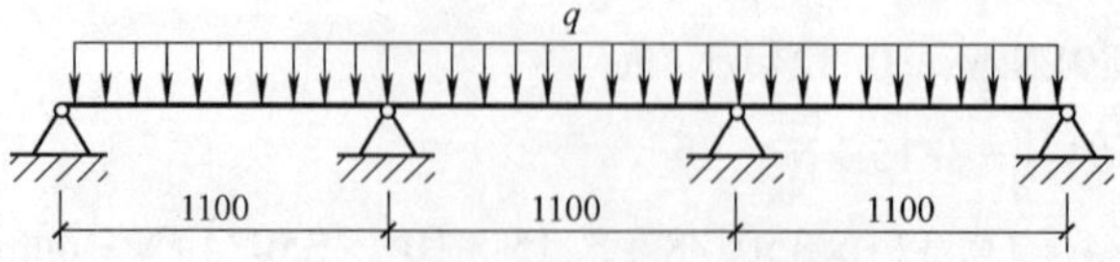

图 11-11 主龙骨荷载简图

荷载设计值（计算宽度 1100mm）$G_{1K}+G_{2K}+G_{3K}+Q_{1K}$

$q=[1.2\times(3+0.5)+1.4\times1.5]\times0.9\times1.1\text{kN/m}=6.24\text{kN/m}$

$M=0.1qL^2=0.1\times6.24\times1100^2\text{N}\cdot\text{m}=7.55\times10^5\text{N}\cdot\text{m}$

$\sigma=M/W=7.55\times10^5/4500\text{N/mm}^2=168\text{N/mm}^2<f=205\text{N/mm}^2$，强度满足要求。

2）挠度验算。仅考虑永久荷载标准值，荷载设计值（计算宽度 1000mm）$G_{1K}+G_{2K}+G_{3K}$

荷载设计值 $q=(3+0.5)\times1.1\text{kN/m}=3.85\text{kN/m}$

$v=0.677qL^4/(100EI)$

$=0.677\times3.85\times1100^4/(100\times2.06\times10^5\times1.078\times10^5)\text{mm}$

$=1.72\text{mm}<[v]=L/250=1100/250\text{mm}=4.4\text{mm}$，挠度满足要求。

（5）扣件抗滑承载力验算。主龙骨通过扣件向立杆传递荷载。

主龙骨支座荷载 $R=[1.2\times(3+0.5)+1.4\times1.5]\times1.1^2\text{kN}=7.62\text{ kN}\leqslant R_c=8\text{kN}$，单扣件抗滑承载力的设计计算满足要求。

(6)板底立杆强度验算：荷载 $G_{1K}+G_{2K}+G_{3K}+Q_{1K}$

荷载设计值 $N=[1.2\times(3+1.5)+1.4\times1.0]\times0.9\times1.1^2\text{kN}=7.4\text{kN}$

立杆承载力验算按《建筑施工扣件式钢管脚手架安全技术规程》JGJ 130-2011 规定。模板支架高度：8m < H < 10m，按表 5.4.6，$k=1.185$。

立杆计算长度：

设模板支架剪刀撑按普通型设置，立杆间距 1100mm × 1100mm，$a=500\text{mm}$。

根据附录 C，$\mu_1=1.298$，$\mu_2=2.089$。

顶部立杆段：$l_0=k\mu_1(h+2a)=1.185\times1.298(800+2\times500)=2769.6\text{mm}$。

非顶部立杆段：$l_0=k\mu_2h=1.185\times2.089\times1500=3713.2\text{mm}$。

取 $l_0==3713.2$ mm 进行模板支架立杆强度验算。

$\lambda=l_0/r=3713.2/15.5=239.6$，按表 A.0.6，$\varphi=0.127$。

支架立杆稳定性：$\sigma=\text{N}/\varphi\cdot\text{A}=7400/(0.127\times424)=137.4\text{N/mm}^2<f=205\text{N/mm}^2$

模板支架立杆承载力符合要求。

11.10.3 框架梁 L1 模板、支架验算

L1 截面尺寸为 450mm × 1000mm，模板支架见图 11-6。

1. 梁侧对拉螺栓验算

设对拉螺栓（M14）沿梁高 0.30m，0.70m 设置，沿梁纵向间距 0.55m 新浇混凝土侧压力标准值

$$F=0.22\gamma_c t_0\beta_1\beta_2V^{\frac{1}{2}}=0.22\times24\times1.2\times1.15\times4.44\times1^{1/2}\text{kN/m}^2=32.35\text{kN/m}^2$$

$$F=\gamma_cH=24\times0.7=16.8\text{kN/m}^2$$

取 $G_{4K}=16.8\text{ kN/m}^2$

式中　F——新浇混凝土对模板的侧压力计算值（kN/m^2）；

γ_c——混凝土的重力密度（24kN/m³）；

t_0——新浇混凝土的初凝时间（4.44h）；

β_1——外加剂修正系数，取1.2；

β_2——混凝土坍落度影响修正系数，取1.15；

V——混凝土的浇筑速度（1m/h）；

H——侧压力计算位置处至新浇混凝土顶面的总高度（m）；

G_{4K}——新浇混凝土侧压力标准值（16.8kN/m²）。

新浇混凝土侧压力计算值：

$$F_s = 0.95\,(r_G G_{4k} + r_Q Q_{3k})$$
$$= 0.95 \times (1.2 \times 16.8 + 1.4 \times 2)\ \text{kN/m}^2 = 21.81\text{kN/m}^2$$

对拉螺栓最大轴力计算值：

$N = abF_s = 21.81 \times 0.55 \times 0.5 = 6\text{kN} < f_t^b = 17.8\text{kN}$，对拉螺栓承载力符合要求。

2. 梁侧模板次龙骨验算（顺梁轴线方木50mm×100mm@150mm）

（1）强度验算。按三跨简支考虑（图11-12），其计算跨度取支撑次龙骨的对拉螺栓间距$L = 550\text{mm}$。

梁底线均布荷载（计算宽度150mm）：$G_{4K} + Q_{2K}$

$$q = 0.15 \times (1.2G_{4K} + 1.4 \times Q_{2K}) \times 0.9$$
$$= 0.15 \times (1.2 \times 16.8 + 1.4 \times 4) \times 0.9\text{kN/m} = 3.48\text{kN/m}$$

$$M = 0.1qL^2 = 0.1 \times 3.48 \times 550^2\text{N} \cdot \text{m} = 1.05 \times 10^5\text{N} \cdot \text{m}$$

$$W = bh^2/6 = (50 \times 100^2/6)\text{mm}^3 = 8.33 \times 10^4\text{mm}^3$$

$\sigma = M/W = 1.05 \times 10^5/(8.33 \times 10^4)\text{N/mm}^2 = 1.26\text{N/mm}^2 < f_{jm} = 17\text{N/mm}^2$，强度满足要求。

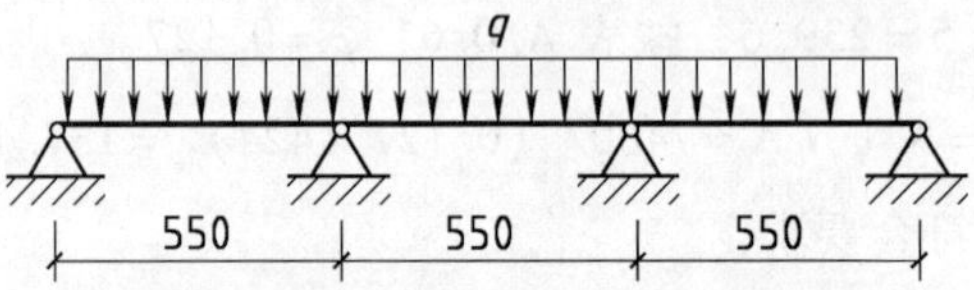

图11-12 梁底、梁侧模板次龙骨荷载简图

（2）挠度验算。仅考虑永久荷载标准值，荷载设计值（计算宽度150mm）G_{4K}

荷载设计值$q = 0.15G_{4K} = 0.15 \times 16.8\text{kN/m} = 2.52\text{kN/m}$

$$I = bh^3/12 = 50 \times 100^3/12\text{mm}^4 = 4.17 \times 10^6\text{mm}^4$$

$$v = 0.677qL^4/100EI = 0.677 \times 2.52 \times 550^4/(100 \times 10000 \times 4.17 \times 10^6)\text{mm}$$
$$= 0.038\text{mm} < [v] = L/250 = 550/250\text{mm} = 2.2\text{mm}$$，挠度满足要求。

3. 梁底模板次龙骨验算（顺梁轴线3根50mm×100mm方木）

（1）强度验算。按三跨简支考虑（图11-11），其计算跨度取支撑次龙骨的立杆间距$L = 550\text{mm}$。

梁底线性均布荷载（计算宽度450mm）：$G_{1K} + G_{2K} + G_{3K} + Q_{2K}$

$q=[1.2\times(0.5+24+1.5)\times1\times0.45+1.4\times2\times0.45]\times0.9\text{kN/m}=13.77\text{kN/m}$

$M=0.1qL^2=0.1\times13.77\times550^2\text{N}\cdot\text{m}=4.17\times10^5\text{N}\cdot\text{m}$

$W=3bh^2/6=3\times50\times100^2/6\text{mm}^3=25\times10^4\text{mm}^3$

$\sigma=M/W=4.17\times10^5/(25\times10^4)\ \text{N/mm}^2=1.67\text{N/mm}^2<f_{jm}=17\text{N/mm}^2$，强度满足要求。

（2）挠度验算。仅考虑永久荷载标准值，荷载设计值（计算宽度450mm）：$G_{1K}+G_{2K}+G_{3K}$。

荷载设计值 $q=(0.5+24+1.5)\times1\times0.45\text{kN/mm}=11.7\text{kN/m}$

$I=3bh^3/12=3\times50\times100^3/12\text{mm}^4=12.5\times10^6\ \text{mm}^4$

$v=0.677qL^4/(100EI)$

$=0.677\times11.7\times550^4/(100\times10000\times12.5\times10^6)\ \text{mm}$

$=0.06\text{mm}<[v]=L/250=550/250\text{mm}=2.2\text{mm}$，挠度满足要求。

4. 梁底立杆强度验算：荷载 $G_{1K}+G_{2K}+G_{3K}+Q_{2K}$

立杆采用每排 2ϕ48mm×3.0mm 钢管，水平拉杆步距 1.5m，U 形可调支托传递全部大梁荷载到立杆，立杆排距沿梁纵向 550mm 设置。

荷载设计值

$N=[1.2\times(1.5+24+1.5)\times1\times0.45+1.4\times2.0\times0.45]\times0.9\times0.55\text{kN}=7.84\text{kN}$

立杆采用每排 2ϕ48×3.0 钢管，水平拉杆步距 1.5m，最顶两步距水平拉杆步距 0.8m，U 型可调支托承传递全部大梁荷载到立杆，立杆排距沿梁纵向 550mm 设置。

立杆承载力验算按《建筑施工扣件式钢管脚手架安全技术规程》JGJ 130—2011 规定。模板支架高度：$8\text{m}<H<10\text{m}$，按表 5.4.6，$k=1.185$。

立杆计算长度：

设模板支架剪刀撑按普通型设置，立杆间距 1100mm×1100mm，$a=500\text{mm}$。

根据附录 C，$\mu_1=1.298$，$\mu_2=2.089$。

顶部立杆段：$l_0=k\mu_1(h+2a)=1.185\times1.298(800+2\times500)=2769.6\ \text{mm}$

非顶部立杆段：$l_0=k\mu_2h=1.185\times2.089\times1500=3713.2\ \text{mm}$

取 $l_0=3713.2$ mm 进行模板支架立杆强度验算。

$\lambda=l_0/r=3713.2/15.5=239.6$，按表 A.0.6，$\varphi=0.127$。

支架立杆承载力：$[N]\ \sigma=2\varphi\cdot A\cdot f=2\times0.127\times424\times205=22.08\text{kN}\ [N]=22.08\text{kN}>N=7.84\ \text{kN}$

梁底立杆承载力符合要求。

11.10.4 框架梁 L2 模板、支架验算（略）

桁架支撑混凝土板模块支架施工方案

黄延铮

中国建筑七局(集团)公司

12.1 工程概况

鹤壁市体育馆工程位于河南省鹤壁市朝歌路与兴鹤大街向北200m，建筑面积16666m^2。体育馆共分3层，首层主要为赛时功能用房，层高5.1m；二层为观众入口层，层高9m；三层为贵宾包厢、评论员室，层高9.0m；屋顶最高点的高度为30.19m。

首层训练馆建筑面积1640m^2，13.965m标高处楼板是桁架支撑现浇钢筋混凝土板（图12-1），地面是200mm厚C20混凝土。支撑系统高13.815m，横向最大跨度62.55m，纵向最大跨度26.22m，13.965m标高处板厚150mm（图12-2、图12-3）。

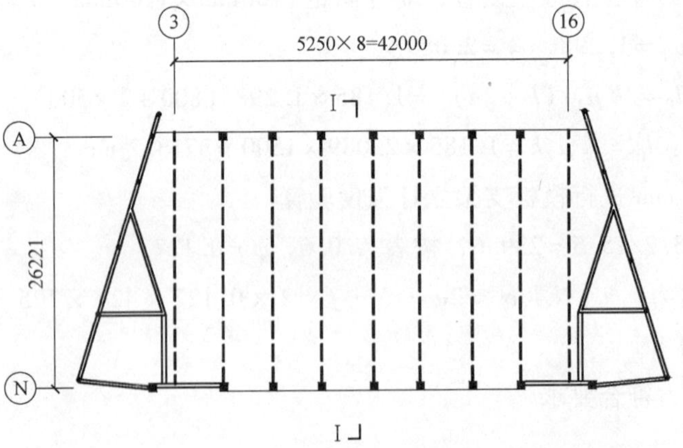

图12-1 训练馆楼板平面图

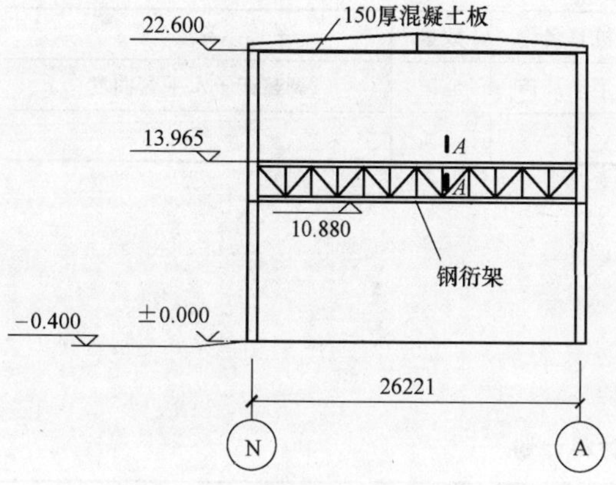

图 12-2 训练馆剖面图Ⅰ—Ⅰ

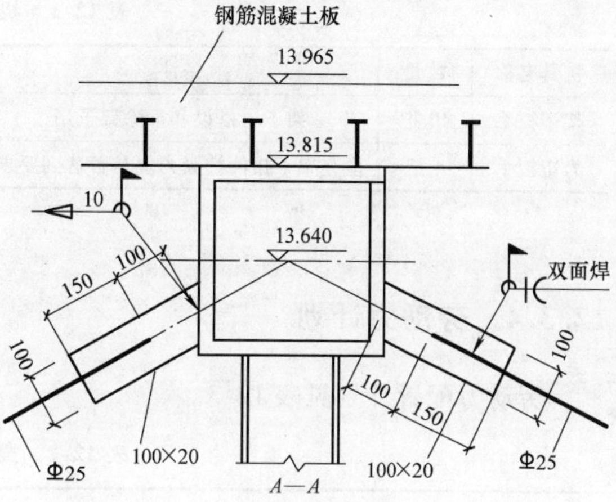

图 12-3 桁架与混凝土板交接节点示意

12.2 编制依据

（1）工程项目施工图。

（2）《建筑工程施工质量验收统一标准》（GB 50300—2013）。

（3）《建筑施工模板安全技术规范》（JGJ 162—2008）。

（4）《建筑施工扣件式（钢管）脚手架安全技术规程》（JGJ 130—2011）。

（5）《混凝土结构工程施工质量验收规范》（GB 50204—2002）（2011 版）。

（6）《建筑施工安全检查标准》（JGJ 59—1999）。

（7）《施工现场临时用电安全技术规范》（JGJ 46—2005）。

（8）《危险性较大的分部分项工程安全管理办法》建质（2009）87 号。

12.3 施工部署

12.3.1 施工进度计划

训练馆 13.965 标高处桁架支撑现浇钢筋混凝土板施工工期 14d，其中脚手架工程 8d，模板安装 3d、钢筋绑扎 2d、混凝土浇筑 1d。

12.3.2 设备计划

机械设备计划见表 12-1。

12.3.3 周转材料计划

周转材料计划见表 12-2。

表 12-1 机械设备计划

机具名称	数量	备注	机具名称	数量	备注
架子扳手	40 把	架子工搭设和拆除架子用	手动葫芦	5 套	调整架子水平弯曲度
力矩扳手	4 把	检查架子扣件拧紧力度是否达到要求			

12.3.4 劳动力计划

劳动力配置计划见表 12-3。

表 12-2 周转材料计划

序号	名称	规格	单位	数量
1	扣件式脚手架钢管	ϕ48mm × 2.8mm	m	16000
2	可调升降头		个	2000
3	直角扣件		个	20000
4	旋转扣件		个	3000
5	对接扣件		个	2100
6	胶合镜面板	1.22mm × 2.44mm × 18mm	m^2	1800
7	方木	50mm × 100mm × 4000mm	m^3	40

表 12-3 劳动力配置计划

技术管理	1 人	质量检查	2 人	木工	25 人
安全监督	2 人	测量放线	2 人	架子工	35 人

12.4 模板支架搭设方案

12.4.1 模板

模板采用 18mm 厚胶合镜面板，次龙骨采用 50mm × 100mm 方木，间距为 250mm；主龙骨采用 2ϕ48mm × 3.0mm 钢管，间距为 1000mm。

12.4.2 模板支架

模板支架采用钢管扣件式满堂支架（钢管规格 ϕ48mm × 3.0mm）。立杆间距 1.0m × 1.0m，水平拉杆步距 1.8m，最顶两步距水平拉杆步距 0.9m；主龙骨与立杆钢管之间使用可调支托连接传递施工荷载。垂直剪刀撑在模架外围由下至上竖向连续设置，模架内部垂直剪刀撑间距小于 6m 且由下至上竖向连续设置；水平剪刀撑设 3 道，高度分别为扫地杆上部、架体中部、顶层水平杆下部，水平剪刀撑间距小于 6m（图 12-4）。

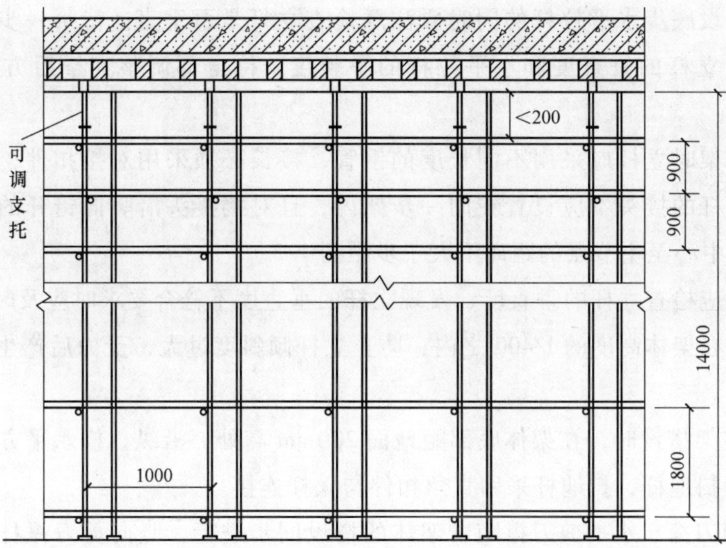

图 12-4 模板支架示意

12.4.3 模板支架基础

（1）模板支架地基土分层压实，压实度≥95%。

（2）按设计要求浇筑 200mm 厚 C20 混凝土地面，养护 14d 后开始搭设模板支架。

12.5 模板支架搭设施工

12.5.1 工艺流程

测量放线→放置立杆垫木→放置扫地杆→逐根竖立杆→安装第一步纵、横向水平拉杆→搭设单元体底部水平剪刀撑→安装第二步纵、横向水平拉杆→搭设单元体周围竖向剪刀撑→逐层搭设架体到 14m→检查验收。

12.5.2 模板支架搭设条件

（1）13.815m 标高处楼板桁架吊装完毕，验收合格。

（2）室内 200mm 厚 C20 混凝土地面浇筑完成，养护 14d。

12.5.3 模板支架搭设要点

（1）测量放线。根据模板支架立杆的纵向和横向间距在室内地面上弹出立杆位置控制线，作为搭设模板支架的控制依据，保证模板支架立杆位置准确。

（2）搭设模板支架前，按立杆位置放置通长立杆垫木。搭设模板支架时应保证底层立杆的垂直度，搭设底步水平拉杆的同时要注意检查立杆是否垂直。待第一步架体搭设完成后，应调整所有立杆的垂直度和水平拉杆的平整度，待全部调整完毕后方可搭设上一步架体。

搭设模板支架时立杆应采用不同长度的钢管，接长必须采用对接扣件，接头应交错布置，相邻两根立杆的接头不应设置在同一步架内，且对接接头沿竖向错开的距离不宜小于500mm，各接头中心至主节点的距离不大于步距的1/3。

立杆接长时应检查立杆的垂直度，发现立杆的垂直度不符合要求时应及时调整。立杆的垂直偏差应控制在架体高度的1/400之内，防止立杆倾斜度过大，受力后产生偏心弯矩，影响立杆的稳定性。

（3）模板支架搭设时，在架体底部距地面200mm高处，沿纵、横水平方向应按“纵下横上”的方法设扫地杆，扫地杆采用直角扣件与立杆连接。

（4）竖向剪刀撑、水平剪刀撑随着架体的搭设同步进行，竖向剪刀撑杆件的底端应与地面顶紧，夹角宜为45°～60°；水平剪刀撑杆件与水平拉杆的夹角应控制在45°～50°。竖向和水平剪刀撑的斜杆应采用旋转扣件与立杆扣接，斜杆与立杆的扣接点距节点的距离应不大于150mm；当斜杆不能与立杆扣接时，应与横杆扣接。

（5）扫地杆、水平拉杆必须拉通，杆件接长宜采用对接扣件连接；相邻两根水平杆件的对接扣件应交错布置，在水平方向错开的距离不应小于500mm；各接头中心至最近主节点的距离不宜大于纵距的1/3（图12-5）。

剪刀撑应采用搭接，搭接长度不应小于1m，应等间距设置3个旋转扣件固定，端部扣件盖板边缘至搭接水平杆件杆端的距离不应小于100mm（图12-6）。

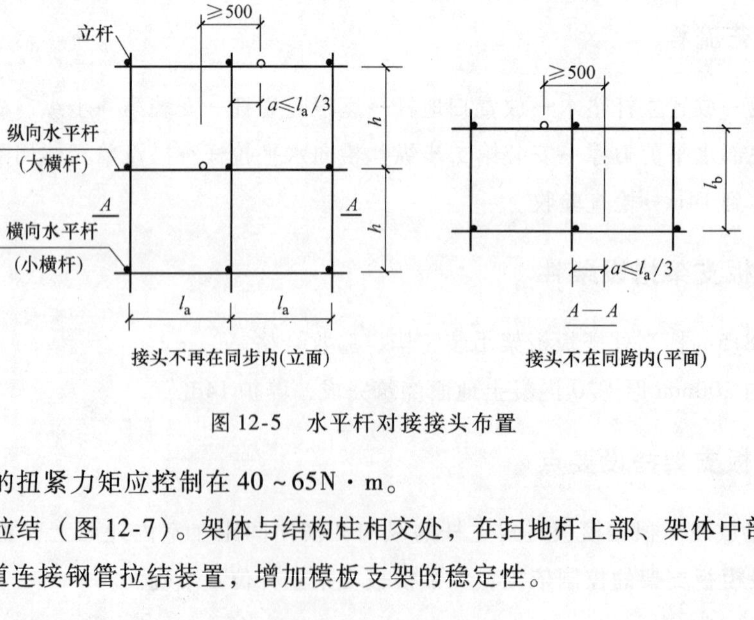

图12-5 水平杆对接接头布置

（6）扣件的扭紧力矩应控制在40～65N·m。

（7）周边拉结（图12-7）。架体与结构柱相交处，在扫地杆上部、架体中部、顶层水平杆下部设置3道连接钢管拉结装置，增加模板支架的稳定性。

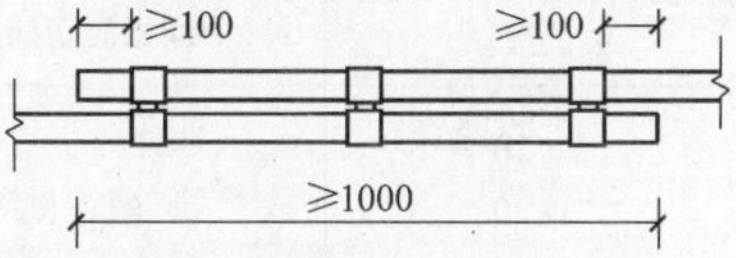

图 12-6 剪刀撑搭接接头

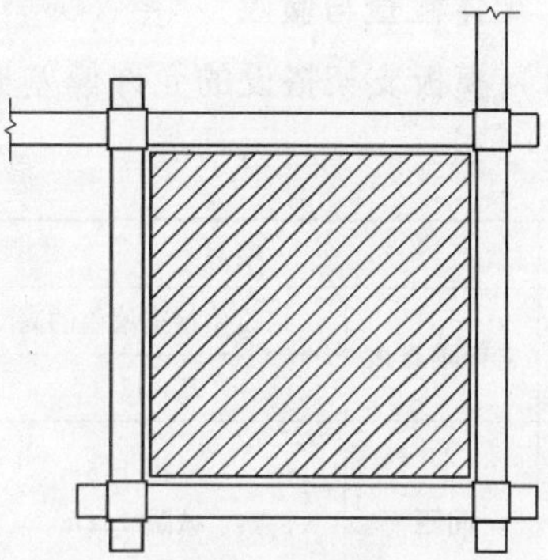

图 12-7 模板支架与柱拉结示意图

(8) 支撑架搭设高度根据楼板桁架高度进行控制，完成的模板顶面与楼板桁架顶面标高一致。

(9) U 形可调支托与板底龙骨应紧密结合，可调支托的螺杆伸出钢管顶部不得大于 200mm，螺杆与立柱钢管的间隙不得大于 3mm，安装时应保证上下同心。可调支托底部的立柱顶端应沿纵、横向设置一道水平拉杆。

(10) 主龙骨铺设完并检查顶部标高合格后，在主龙骨上铺放次龙骨。次龙骨应严格按照预设间距进行铺设，次龙骨铺设过程中应随时检查上口标高。主、次龙骨铺设完成后，应分段组织检查验收，验收合格后方可铺设模板。

(11) 模板应铺设牢固、严密，防止漏浆，并便于拆模。

(12) 施工时，在已安装好的模板上的实际荷载不得超过设计值。已承受荷载的支架和附件，不得随意拆除或移动。

12.5.4 质量标准

1. 原材料、构配件验收

(1) 钢管。

1) 有产品质量合格证、质量检查记录，进场质量检测合格。

2) 检查钢管外观：平直、光滑，无裂痕、结疤、分层、错位、硬弯、飞边、压痕和深的划痕。

(2) 扣件。

1) 有生产许可证、法定检测单位的检测报告和产品合格证。

2) 进场抽样检测合格。

3) 检查扣件的实体质量：不得有裂痕、变形，螺栓不得有滑扣。

(3) 方木、模板。有质量合格证，外观尺寸符合要求，无裂缝和翘皮。

(4) 可调支托。有质量合格证、外观无变形，螺杆伸缩灵活。

2. 架体检查与验收

(1) 模板支架搭设的允许偏差见表12-4。

表12-4 支架施工允许偏差

项次	项目		技术要求	允许偏差/mm	检查方法与工具
1	立杆垂直度	搭设中检查偏差的高度/m	总高度按照12m标准		用经纬仪或吊线和卷尺(中间档次用插入法)
		$H=11.65$		±7	
2	间距	步距1.5m 纵距1.1m 横距1.1m	—	±20 ±20 ±20	钢直尺
3	纵横水平拉杆高差	一根杆的两端	—	±20	水平仪或水平尺
		同跨内两根纵向水平拉杆高差	—	±10	
4	扣件安装	主节点处各扣件中心点相互距离	≤150mm	—	钢直尺
		同步立杆上两个相隔对接扣件的高差	≥500mm	—	钢直尺
		立杆上的对接扣件至主节点的距离	$\leqslant h/3$	—	钢直尺
		纵向水平杆上的对接扣件至主节点的距离	$\leqslant l_a/3$	—	钢直尺
		扣件螺栓拧紧扭力矩	≥40N·m	—	扭力扳手
5	剪刀撑斜杆与地面的倾角		45°~60°	—	角尺
6	脚手板外伸长度	对接	130~150mm	—	钢卷尺
		搭接	≥100mm	—	钢卷尺

(2) 模板支架应在下列阶段进行检查：

1) 模板支架搭设完成。

2) 混凝土浇筑前。

3) 遇有六级大风与大雨后及寒冷地区解冻后。

4) 停用超过一个月。

(3) 模板支架检查验收时应根据下列技术文件：

1) 施工组织设计及变更文件。

2) 技术交底文件。

(4) 在浇筑混凝土时应随时检查扣件是否松动、模板和龙骨是否变形、模板支架是否摇动、模板系统是否跑模漏浆。发现大的变形和跑模漏浆时，立即通知作业班组和当班管理人员停止浇筑，查明原因并进行加固和验收后，方可继续浇筑混凝土。

12.6 混凝土浇筑要点

（1）隐蔽工程、模板工程均验收合格后，根据商品混凝土采购单，正式施工前24h电话再次确认混凝土搅拌站的材料储备、供应能力等相关信息，确保混凝土浇筑正常进行。

（2）根据实验室混凝土配合比，派相关人员在搅拌站进行监督和检测。

（3）开盘前检查混凝土配合比报告，实测混凝土坍落度，符合要求方可进行浇筑，浇筑过程中按相关要求进行抽查。

（4）混凝土浇筑前输送管线的布置方式符合方案要求，浇筑过程中应控制混凝土堆放高度不超过2倍板厚。

12.7 拆除模板

（1）屋面结构混凝土达到设计强度后才可以拆除模板。

（2）模板的拆除工作应设专人指挥。作业区设专业围栏，其内不得有其他工种作业，并设专人负责监护。拆下的模板，零配件严禁抛掷。

（3）拆模前检查所使用的工具是否有效可靠，扳手等工具必须装入工具袋或系挂在自己身上，并检查拆模场所范围内的安全措施。

（4）拆模的顺序和方法采取先支的后拆，后支的先拆，先拆非承重模板，后拆承重模板，并从上而下进行拆除。拆下的模板不得抛扔，应在指定地点堆放。

（5）多人同时操作时，明确分工，统一信号或行动，具有足够的操作面，人员站在安全处。

（6）高处拆除模板时，应符合有关高处作业的规定。严禁使用大锤和撬棍，操作人员应做好自身安全防护，避免安全事故的发生。

（7）在提前拆除互相搭连并涉及其他后拆模板的支撑时，应严格设置临时支撑。拆模时逐块拆卸，不得成片撬落或拉倒。

（8）拆模如遇中途停歇，应将已拆松动、悬空、浮吊的模板或支架进行临时支撑牢固或相互连接稳固，对活动部件必须一次拆除。

（9）拆除有洞口的模板时，严格采取防止操作人员坠落的措施。洞口模板拆除后，按国家现行标准《建筑施工高处作业安全技术规范》（JGJ 80—1991）的有关规定及时进行保护。

12.8 环境保护措施

12.8.1 安全警示标志牌

（1）所有施工和生产现场必须按照相关施工规范的标准和规定的要求进行作业，在重要部位设置齐全的安全文明生产标志。

(2) 安全文明标志牌由安全色、几何图形和图形符号组成，要能表达特定的安全信息。

(3) 如安全文明标志在使用中要用其他补充文字说明时，要与安全文明标志平行悬挂在一处，让操作人员明确其含义。

12.8.2 现场围挡

搭、拆模板时必须进行围挡并派专人看守。

12.8.3 场容场貌

(1) 进入现场的一切材料必须按施工现场平面布置图指定位置一次性放置到位，各类材料分类码放，按要求挂牌，控制高度符合要求，保持现场材料整齐统一。

(2) 建筑物内外的零散料及时清理，施工及生活垃圾要分开堆放，及时外运，做到“活完场清”。

(3) 通道等处严禁堆放材料或其他物品，进场的成品采取相应的保护措施。

12.8.4 材料堆放

(1) 现场工人操作做到“活完料净脚下清”。

(2) 现场施工垃圾集中堆放，及时分拣、回收、清运。施工作业面的建筑垃圾及时清理。

(3) 现场余料及时回收，堆放整齐。

12.8.5 环保措施

(1) 施工中的垃圾采用容器吊运至封闭垃圾站，并及时清运。

(2) 定期对施工作业人员进行文明施工教育，对施工生产有关管理人员定期进行文明施工现场对噪声控制要求的考核。

(3) 施工阶段的噪声在白天不超过70dB，夜间不超过55dB，并经常测试。强噪声机械，如电锯、电刨等，须在封闭工棚内使用，尽量选用低噪声或备有消声降噪设备的施工机械；对使用时不能封闭的机械，如振捣棒等，应严格控制工作时间。

(4) 施工期间，尤其是夜间施工尽量减少撞击声、哨声，禁止乱扔模板、拖铁器及大声喧哗等人为噪声。

(5) 在夜间22:00以后进行噪声抽测。

12.9 安全管理措施

12.9.1 重大危险源辨识

本模板工程涵盖了钢筋、混凝土、模板等工程，施工过程中存在的主要危险源有以下几点。

1. 机械伤害

形成原因：机械存在缺陷或误操作，防护不到位。

应采取的控制措施：

（1）设专人负责，按规范操作，经常检查电锯、电刨等的防护罩、分料器、推料器等设施，确保安全有效。

（2）停机时要拉闸、断电、上锁。

2. 触电

形成原因：漏电保护器失效，违规接送电源。

应采取的控制措施：

（1）机械设备必须做到“一机一闸一漏电”。

（2）安、拆电源应由专业电工操作。

（3）开关必须灵敏有效。

（4）电缆布设规范。

（5）设备必须使用按钮开关，严禁使用倒顺开关。

3. 火灾

形成原因：明火。

应采取的控制措施：

（1）严禁烟火。

（2）严禁存放易燃易爆物品。

（3）必须配齐消防器材。

4. 物体打击

形成原因：模板搬运违章作业、支模设施、设备存在缺陷。

应采取的控制措施：

（1）轻拿慢放，规范作业，注意安全。

（2）经常检查所用工具，确保安全有效。

5. 高处坠落

形成原因：高处支模防护不到位。

应采取的控制措施：脚手架作业面应采取铺板或平挂安全网等防护措施，且工人应规范操作，不得猛拉猛撬。

6. 坍塌

形成原因：木料等堆放不规范，支撑体系基础不满足受力要求。

应采取的控制措施：

（1）分散放料，并严格控制堆放高度，严禁超过规定载荷。

（2）基础符合设计要求，达到设计承载力，检测条件缺乏的情况下，可做堆载试验。

7. 起重伤害

形成原因：模板等吊运不规范。

应采取的控制措施：

(1) 吊装时应把被吊物绑牢。

(2) 信号工及吊装司机必须持证上岗，密切配合，严格遵守“十不吊”规定。

(3) 被吊物严禁从人上方通过，人员严禁在被吊物下方停留。

(4) 常检查吊装工具，并且保持安全有效。

(5) 6级以上强风、大雨、大雾等天气时严禁吊装作业。

12.9.2 安全管理措施

(1) 应遵守高处作业安全技术规范的有关规定。

(2) 模板及其支撑系统在安装过程中必须设置防倾覆的可靠临时设施。施工现场应搭设工作梯，工作人员不得爬模板上下。

(3) 装拆模板时，上、下要有人接应，随拆随运，并应把活动的部件固定牢靠，严禁堆放在脚手板上或抛掷。

(4) 装拆模板时，必须搭设脚手架。装拆施工时，除操作人员外，下面不得站人。高处作业时，操作人员要系好安全带。

(5) 对于预拼模板，当垂直吊运时，应采取两个以上的吊点，水平吊运应采取四个吊点，吊点要合理布置。

(6) 对于预拼模板应整体拆除。拆除时，先挂好吊索，然后拆除支撑及拼装两片模板的配件，待模板离开结构表面后再起吊。起吊时，下面不准站人。

(7) 在支撑搭设、拆除和浇筑混凝土时，无关人员不得进入作业区，应在适当位置挂设警示标志，并指定专人监护。

(8) 搭设应由专业持证人员安装；安全责任人应向作业人员进行安全技术交底，并做好记录。

(9) 模板拆除时，混凝土强度必须达到设计要求，严禁混凝土未达到设计要求时拆除模板。

12.9.3 应急预案

1. 组织机构

项目部成立重大模板坍塌事故应急处理工作领导小组及主办机构，明确有关人员的职责，公布联系方式。

项目部成立由王强项目经理任领导小组组长的模板坍塌事故应急处理工作领导小组（名单及分工略）。

外部公用应急电话：

急救：120

就近医院：鹤壁市京立医院电话：0392－3377120

2. 应急设备

急救药物、担架、绷带等。

3. 事故现场的应急措施

（1）呼救。当有模板坍塌迹象时，最先发现情况的人员应大声呼叫，呼叫内容要明确，将信息准确传出。现场混凝土浇筑要立即停止，防止继续增加荷载导致事故变大。

听到呼叫的任何人，均有责任将信息报告给最近的项目部管理人员或抢救小组成员，使消息迅速报告到现场负责人（项目经理）。

现场负责人（项目部经理）负责现场工作。

（2）报警。报警员负责拨打急救电话120，将工程所在位置、工程名称、联系人、事故种类、伤害情况等通报医务人员，遇特殊情况应拨打110通知警方前来协助抢救人员。报告发生伤亡伤害的地点、伤害类型，同时必须告知工程附近醒目的标志建筑，以利急救中心迅速判断方位。

安全员负责将伤亡伤害情况及时统计，经项目经理报公司安全环保部。

（3）接车。接车员迅速到路口接车，引领急救车从具备使用条件的道路迅速到达现场。

4. 事故报告

根据国务院第493号令《生产安全事故报告和调查处理条例》的要求，重、特大事故发生后，项目部应立即上报公司，公司重大安全事故应急处理工作领导小组应立即赶赴现场，了解情况后立即将发生特大事故的情况，报告上级行政管理部门（建委）和所在地人民政府，并报告所在地的省、自治区、直辖市人民政府和国务院相关管理部门。

在24h内写出事故报告并上报相关部门。特大事故报告应包括下列内容：

（1）事故发生的时间、地点、单位。

（2）事故的简要经过、伤亡人数，直接经济损失的初步估计。

（3）事故发生原因的初步判断。

（4）事故发生后采取的措施及事故控制情况。

（5）事故报告单位

5. 事故处理

（1）公司重大安全事故应急处理工作领导小组到现场后，应根据现场情况，由应急领导小组组长组织，专人分工负责组织抢救、抢险工作，统一调派所需的车辆、人员、物资、派人协助指挥交通、疏散人群，努力将事故造成的损失减少到最低限度。

（2）派专人协助重、特大事故调查组进行调查。

（3）派专人协助公司进行事故善后处理事宜。

（4）根据事故调查组认定的事故原因分析，举一反三，采取积极有效的措施防止类似的事故发生；根据事故责任分析报告对有关责任人进行处理，触犯法律的将依法移交司法部门处理。

12.10 模板支架体系设计计算书

12.10.1 模板支架体系构成

满堂钢管支架系统采用 ϕ48mm×3.0mm 钢管，设立杆纵距 1.0m、横间距 1.0m，水平拉杆步距 1.8m，搭设高度为 14.0m。

12.10.2 荷载取值和架体材料力学性能

荷载取值见表 12-5，架体材料力学性能见表 12-6。

表 12-5 荷载取值

序号	荷载名称	计算部位	单位	标准值	分项系数
1	模板自重标准值 G_{1K}	模板、次龙骨	kN/m^2	0.3	1.2
		主龙骨		0.5	1.2
		支架系统		1.5	1.2
2	新浇筑混凝土自重标准值 G_{2K}	模板、支架	kN/m^3	24.0	1.2
3	钢筋自重标准值 G_{3K}	楼板模板	kN/m^3	1.1	1.2
4	施工人员及设备荷载标准值 Q_{1K}	模板、次龙骨	kN/m^2	2.5	1.4
		主龙骨		1.5	
		支架系统		1.0	

表 12-6 架体材料力学性能

序号	材料规格	力学性能	
1	钢管 ϕ48mm×3.0mm	截面面积(A)	424mm^2
		回转半径(r)	15.5mm
		惯性矩(I)	1.078×10^5mm^4
		截面模量(W)	4500mm^3
		每米长质量	0.034kN/m
		弹性模量(E)	2.06×10^5
		抗弯强度(f)	205N/mm^2
2	直角扣件、旋转扣件	抗滑承载力设计值	8.00kN
3	方木	弹性模量(E)	9000N/mm^2
		抗弯强度设计值(f_m)	15N/mm^2
		抗剪强度设计值(f)	1.4N/mm^2
4	木合模板	抗弯强度设计值(f_m)	15N/mm^2
		弹性模量(E)	6000N/mm^2

12.10.3 模板面板验算

模板面板为受弯构件，按 3 跨连续梁对面板进行验算其抗弯强度和刚度（图 12-8）。计算宽度 1000mm。

模板面板的截面惯性矩 I 和截面抵抗矩 W 为：

$$W = 1000 \times 18^2/6\text{mm}^3 = 5.4 \times 10^4\text{mm}^3$$

$$I = 1000 \times 18^3/12\text{mm}^4 = 4.86 \times 10^5\text{mm}^4$$

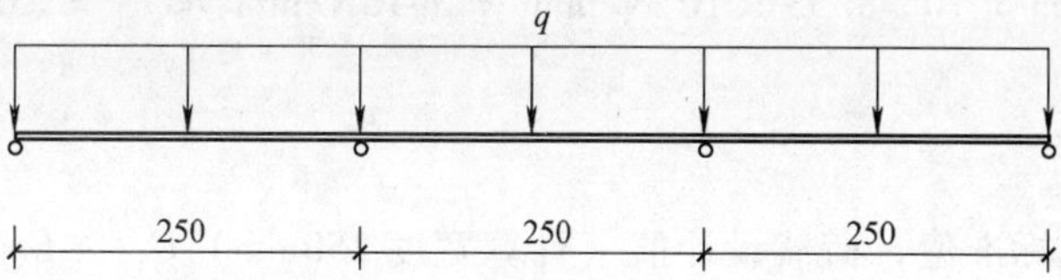

图 12-8 模板面板计算简图

1. 荷载组合

（1）模板自重标准值：0.30kN/m^2。

（2）钢筋混凝土自重标准值：$(24+1.1)\times 0.15\text{kN/m}^3 = 3.77\text{kN/m}^3$。

（3）施工荷载标准值：2.5kN/m^2。

2. 板板面计算

1）强度验算。计算跨度取支撑面板的次龙骨间距 $L = 250\text{mm}$。

荷载设计值（计算宽度 1000mm）$G_{1K}+G_{2K}+G_{3K}+Q_{1K}$

$$q = 1.2 \times (3.77+0.3) + 1.4 \times 2.5\text{kN/m} = 8.38\text{kN/m}$$

$$M = 0.1qL^2 = 0.1 \times 8.38 \times 250^2\text{N}\cdot\text{m} = 5.24 \times 10^5\text{N}\cdot\text{m}$$

$\sigma_j = M/W = 5.24 \times 10^5/5.4 \times 10^4\text{N/mm}^2 = 9.70\text{N/mm}^2 < f_m = 15\text{N/mm}^2$，∨强度满足要求。

2）挠度验算。仅考虑永久荷载标准值（计算宽度 1000mm）$G_{1K}+G_{2K}+G_{3K}$

荷载设计值 $q = 1.2 \times (3.77+0.3)\text{kN/m} = 4.88\text{kN/m}$

$v = 0.677qL^4/(100EI) = 0.677 \times 4.88 \times 250^4/(100 \times 6000 \times 4.86 \times 10^5)\text{mm}$

$= 0.044\text{mm} < [v] = L/250 = 250/250\text{mm} = 1.0\text{mm}$，∧挠度满足要求。

12.10.4 板底方木次龙骨验算

方木次龙骨按照两跨连续梁计算（图 12-9），截面惯性矩 I 和截面抵抗矩 W 分别为：

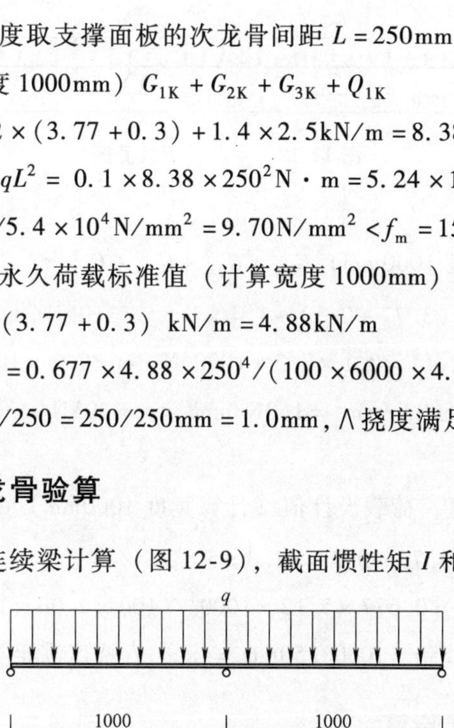

图 12-9 次龙骨计算简图

$$W = bh^2/6 = 50 \times 100^2/6\text{mm}^3 = 8.33 \times 10^4\text{mm}^3$$

$$I = bh^3/12 = 50 \times 100^3/12\text{mm}^4 = 4.17 \times 10^6\text{mm}^4$$

1. 强度验算

计算跨度取支撑次龙骨的立杆间距 $L = 1000\text{mm}$。

荷载设计值（计算宽度250mm） $G_{1K} + G_{2K} + G_{3K} + Q_{1K}$

$$q = [1.2 \times (3.77 + 0.3) + 1.4 \times 2.5] \times 0.25\text{kN/m} = 2.1\ \text{kN/m}$$

$$M = qL^2/8 = 2.1 \times 1000^2/8\text{N} \cdot \text{m} = 2.63 \times 10^5\text{N} \cdot \text{m}$$

$\sigma_m = M/W = 2.63 \times 10^5/8.33 \times 10^4\text{N/mm}^2 = 3.16\text{N/mm}^2 < f_m = 15\text{N/mm}^2$，∧强度满足要求。

2. 挠度验算

仅考虑永久荷载标准值，荷载设计值（计算宽度250mm） $G_{1K} + G_{2K} + G_{3K}$

荷载设计值 $q = 1.2 \times (3.77 + 0.3) \times 0.25\text{kN/m} = 1.22\text{kN/m}$

$$v = 0.521qL^4/(100EI) = 0.521 \times 1.22 \times 1000^4/(100 \times 9000 \times 4.17 \times 10^6)\text{mm}$$
$$= 0.17\text{mm} < [v] = L/250 = 1000/250\text{mm} = 4.0\text{mm}$$，∧挠度满足要求。

12.10.5 板底钢管主龙骨验算（ϕ48mm×3.0 @1100mm）

按3跨简支梁考虑（图12-10），其计算跨度取支撑主龙骨的立杆间距 $L = 1000\text{mm}$。

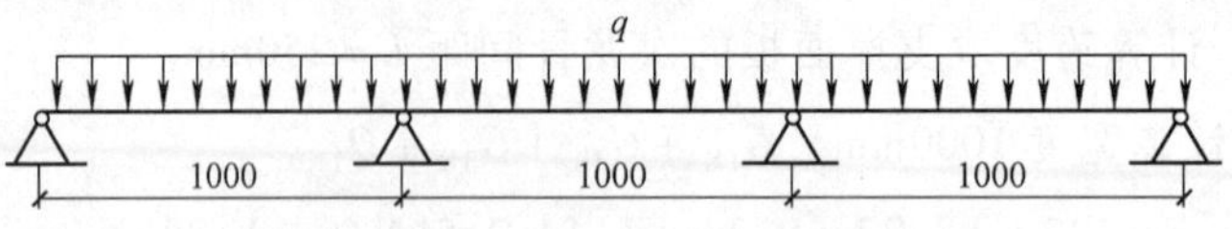

图12-10 主龙骨荷载简图

1. 强度验算

荷载设计值（计算宽度1000mm） $G_{1K} + G_{2K} + G_{3K} + Q_{1K}$

$$q = [1.2 \times (3.77 + 0.5) + 1.4 \times 1.5] \times 1.0\text{kN/m} = 7.2\text{kN/m}$$

$$M = 0.1qL^2 = 0.1 \times 7.2 \times 1000^2\text{N} \cdot \text{m} = 7.2 \times 10^5\text{N} \cdot \text{m}$$

$\sigma = M/W = 7.2 \times 10^5/4500\text{N/mm}^2 = 160\text{N/mm}^2 < f = 205\text{N/mm}^2$，强度满足要求。

2. 挠度验算

仅考虑永久荷载标准值，荷载设计值（计算宽度1000mm） $G_{1K} + G_{2K} + G_{3K}$

荷载设计值 $q = 1.2 \times (3.77 + 0.5) \times 1.0 = 5.12\text{kN/m}$

$$v = 0.677qL^4/(100EI) = 0.677 \times 5.12 \times 1000^4/(100 \times 2.06 \times 10^5 \times 1.078 \times 10^5)\text{mm}$$
$$= 1.56\text{mm} < [v] = L/250 = 1000/250\text{mm} = 4\text{mm}$$，∧挠度满足要求。

12.10.6 板底立杆强度验算

荷载 $G_{1K} + G_{2K} + G_{3K} + Q_{1K}$

荷载设计值 $N=[1.2\times(3.77+1.5)+1.4\times1.0]\times1.0^2\text{kN}=7.72\text{kN}$

立杆承载力验算按《建筑施工扣件式钢管脚手架安全技术规程》（JGJ 130—2011）规定。模板支架高度：$10\text{m}<H<20\text{m}$，按表5.4.6，$k=1.217$。

立杆计算长度：

设模板支架剪刀撑按普通型设置，立杆间距1000mm×1000mm，$a=500\text{mm}$。

根据附录C，$\mu_1=1.165$，$\mu_2=1.75$。

顶部立杆段：$l_0=k\mu_1(h+2a)=1.217\times1.165\ (900+2\times500)=2693.8\ \text{mm}$

非顶部立杆段：$l_0=k\mu_2 h=1.217\times1.75\times1800=3833\ \text{mm}$

取 $l_0=3713.2\ \text{mm}$ 进行模板支架立杆强度验算。

$\lambda=l_0/r=3833/15.5=247.3$，按表A.0.6，$\varphi=0.12$。

支架立杆稳定性：$\sigma=N/\varphi\cdot A=7720/\ (0.12\times424)=151.7\text{N/mm}^2<f=205\text{N/mm}^2$

模板支架立杆承载力符合要求。

12.10.7 立杆底基础承载力验算

$$
\begin{aligned}
p&=\frac{N}{A}\\
&=7.72\times10^3/(1000\times100)\text{N/mm}^2\\
&=0.0772\ \text{N/mm}^2=77.2\ \text{kPa}<m_f f_{ak}=1\times90=90\ \text{kPa}
\end{aligned}
$$

式中 p——立杆底垫木的底面平均压力（kPa）；

N——上部立杆传至垫木顶面的轴向力设计值（7.72kN）；

A——垫木底面面积（$1000\times100\text{mm}^2$）；

f_{ak}——地基土承载力设计值（90kPa）；

m_f——立柱垫木地基土承载力折减系数。

现浇混凝土梁板模架施工方案

耿琳

河南省第一建筑工程集团有限责任公司

13.1 工程概况

河南省体育中心游泳跳水馆工程位于河南省郑州市北环长兴路38号省体育中心院内。总面积为28910m²，内设3000座观众席。

本工程10～13/A～W轴为陆上训练区（图13-1），筏板地面标高为-2.2m，屋面顶标

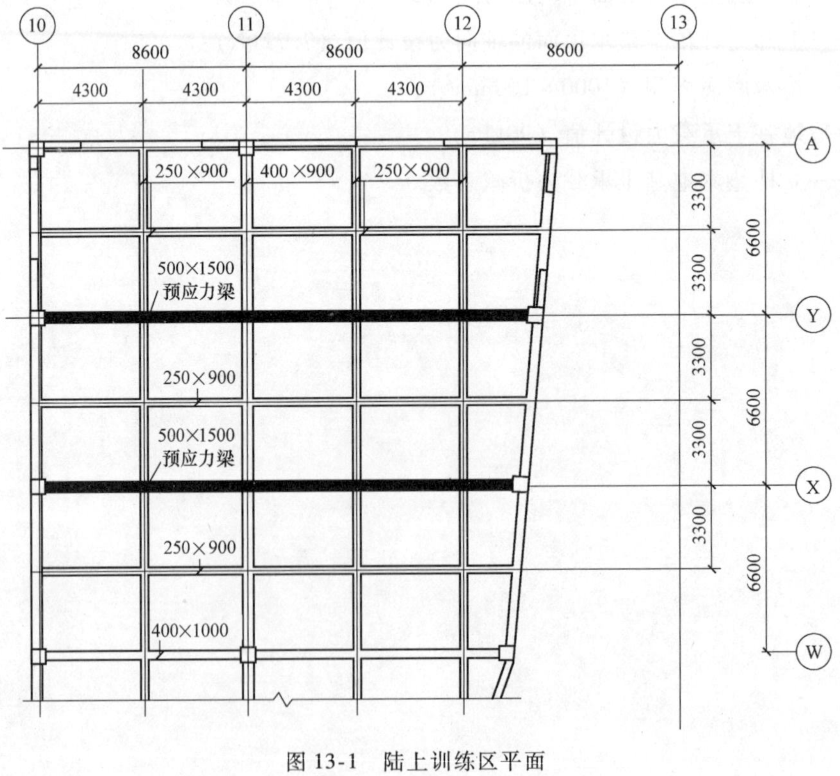

图13-1　陆上训练区平面

高为9.6m，陆上训练区的屋顶梁跨度最大为20.69m；主梁截面为500mm×1500mm，次梁截面为400mm×900mm、250mm×900mm，屋面板厚120mm，屋面梁、板混凝土强度等级为C30，预应力梁及相邻的10倍板厚范围内的混凝土强度等级为C40。

13.2 编制依据

(1) 工程施工图样及现场概况。
(2)《建筑工程施工质量验收统一标准》(GB 50300—2013)。
(3)《建筑施工模板安全技术规范》(JGJ 162—2008)。
(4)《建筑施工扣件式钢管脚手架安全技术规程》(JGJ 130—2011)。
(5)《混凝土结构工程施工质量验收规范》(GB 50204—2002)(2011版)。
(6)《混凝土模板用胶合板》(GB/T 17656—2008)。
(7)《建筑施工安全检查标准》(JGJ 59—1999)。
(8)《施工现场临时用电安全技术规范》(JGJ 46—2005)。
(9)《危险性较大的分部分项工程安全管理办法》建质(2009)87号。

13.3 支架搭设方案

模板支架采用扣件式钢管满堂支架(钢管规格 ϕ48mm×3.0mm)。支架搭设平面布置见图13-2。

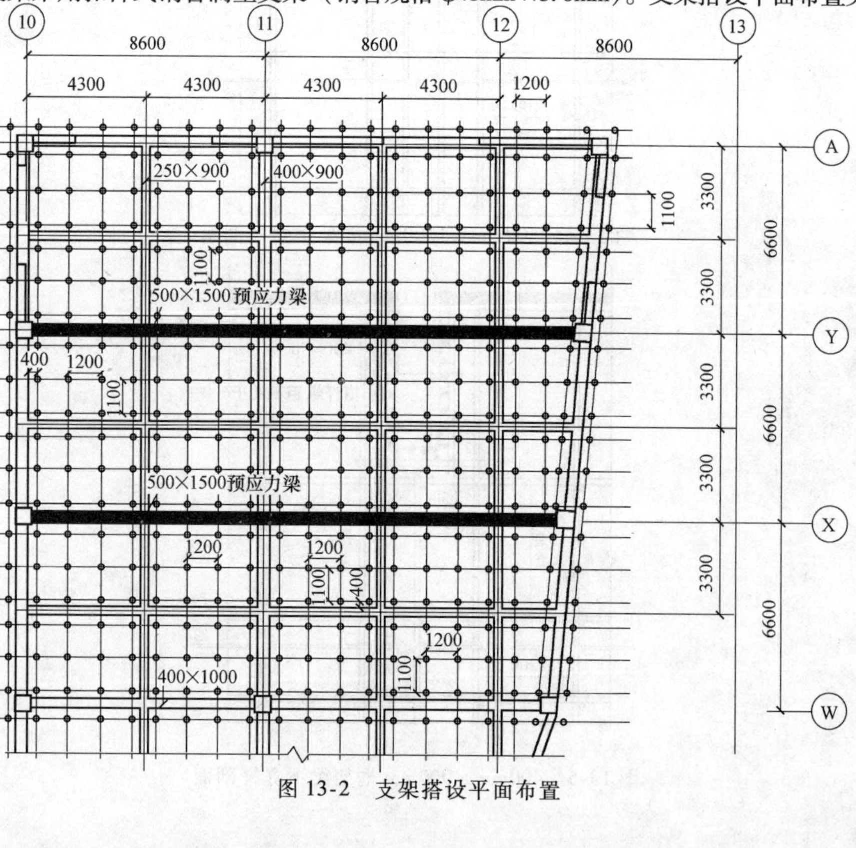

图13-2 支架搭设平面布置

(1) 满堂模架立杆横距不大于1.2m，纵距不大于1.1m。

(2) 立杆下部200mm高处设置纵、横向两道扫地杆。

(3) 立杆与主龙骨用可调支托连接（图13-3）。

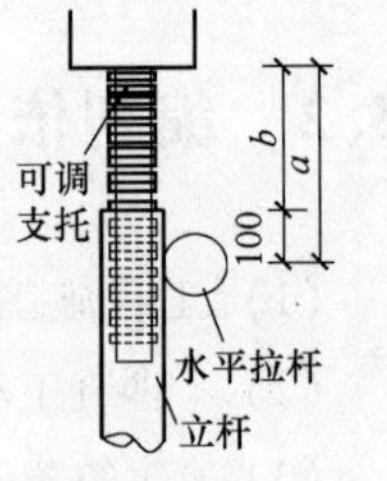

图13-3 支托连接

(4) 500mm×1500mm 框架梁下部设两根顶撑，横距不大于480mm，纵距不大于600mm（图13-4）。400mm×900mm 和 250mm×900mm 框架梁下部设一根顶撑，纵距不大于600mm（图13-5）。框梁两侧立杆距梁边0.4m。

(5) 水平杆步距 h 为1.8m。

(6) 剪刀撑布置如图13-6所示，在模架周圈设由下至上的竖向连续式剪刀撑；中间部分纵、横向间距不大于6m设一道由下至上的竖向连续式剪刀撑；模架的顶部、中间、扫地杆处各设置一道水平剪刀撑。

(7) 模架周圈有结构柱的部位，立杆按竖向间距2~3m与建筑结构设置一个拉结点。

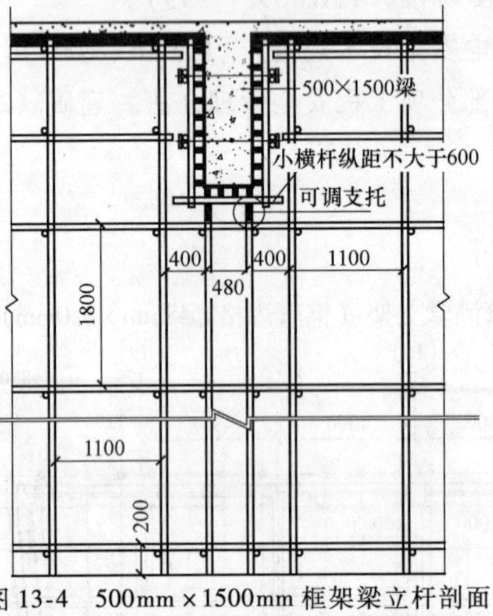

图13-4 500mm×1500mm 框架梁立杆剖面

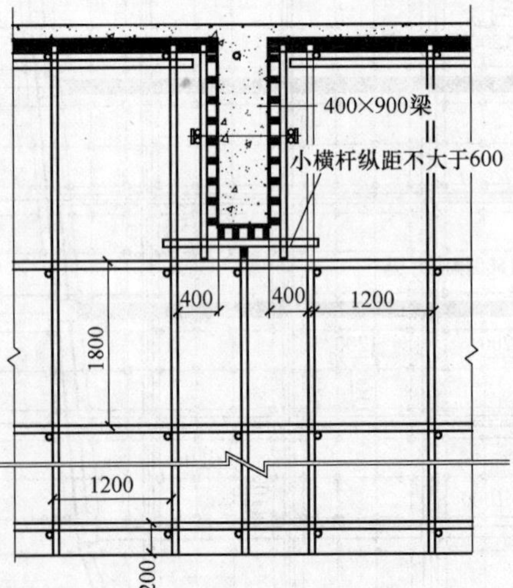

图13-5 400mm×900mm 框架梁下立杆剖面

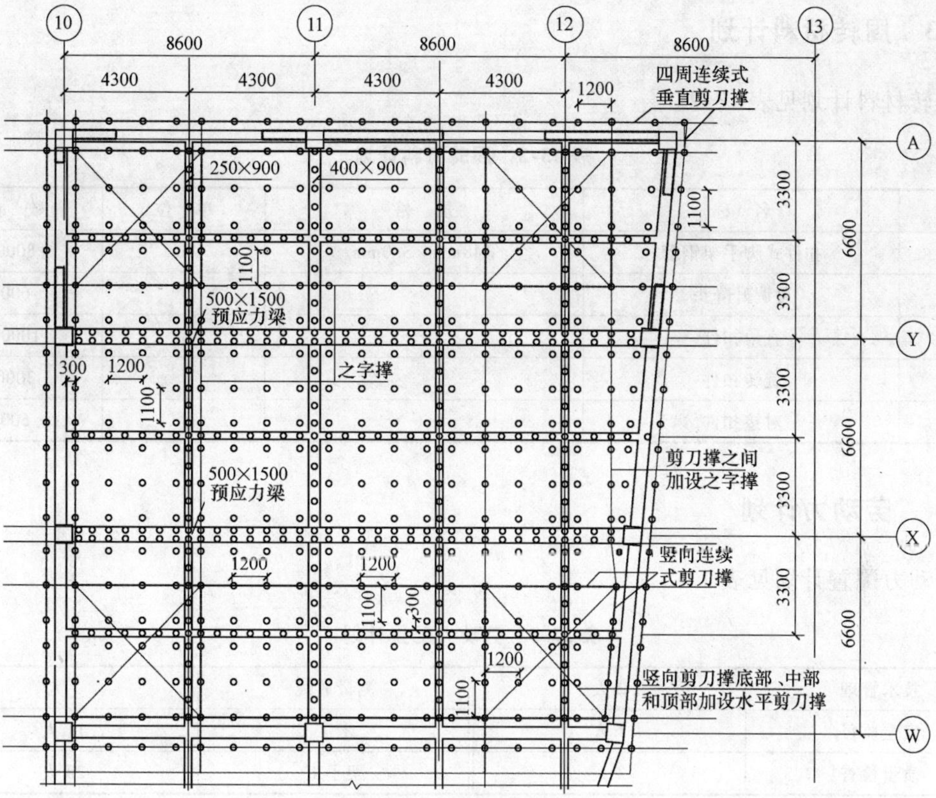

图 13-6　剪刀撑布置图

13.4　施工部署

13.4.1　施工进度计划

陆上训练区钢筋混凝土屋面板施工工期 9d，其中模架工程 4d，模板安装 2d、钢筋绑扎 2d、混凝土浇筑 1d。

13.4.2　设备计划

机械设备计划见表 13-1。

表 13-1　机械设备计划

机具名称	数　量	备　注
架子扳手	40 把	架子工搭设和拆除架子用
力矩扳手	4 把	检查架子扣件拧紧力度是否达到要求
手动葫芦	5 套	调整架子水平弯曲度

13.4.3 周转材料计划

周转材料计划见表13-2。

表13-2 周转材料计划

序号	名 称	规 格	单 位	数 量
1	扣件式脚手架钢管	ϕ48mm×3.0mm	m	8000
2	可调升降头		个	600
3	直角扣件		个	10000
4	旋转扣件		个	3000
5	对接扣件		个	600

13.4.4 劳动力计划

劳动力配置计划见表13-3。

表13-3 劳动力配置计划

技术管理	2人	测量放线	3人
安全监督	1人	木工	11人
质量检查	2人	架子工	28人

13.5 模架搭设施工

13.5.1 支架搭设流程

摆放扫地杆→竖立杆并与扫地杆扣紧→装扫地杆→与立杆扣紧→安一步横向水平杆并与各立杆扣紧→安一步纵向横杆→安二步横向水平杆→安二步纵向水平杆→安三、四步横向水平杆→安三、四小纵向水平杆→安装可调支托→同步加设剪刀撑。

13.5.2 架体搭设注意事项

（1）施工准备。

1）在安装前做好地面的找平、定位工作。

2）用水准仪把建筑物水平标高根据实际标高的要求，直接引测到模板安装位置。在无法直接引测时，用水准仪将水平标高先引测到过渡引点，作为上一层结构构件模板的基准点，用来测量和复查标高位置。

3）进行中心线和位置线的放线，梁、柱模板放线时，先清理好现场，然后根据施工图用墨线弹出模板内边线的中心线。根据梁、柱中心线定出脚手架立杆位置。

（2）同步内隔一根立杆的两个相隔接头在高度方向错开的距离不宜小于500mm。立杆与纵向水平杆必须用直角扣件扣紧，不得隔步设置。

（3）立杆对接：相邻杆要错开对接位置，并布置在不同步距内，其接头距横杆的距离不大于1/3步距，采用对接，不得搭接。

（4）水平杆设置的长度不宜小于3跨。

（5）水平杆接长采用对接扣件或搭接连接，水平杆的接头应交错布置，两根相邻纵向水平杆的接头不宜设置在同步或同跨内。不同步或不同跨的两个相邻接头在水平方向错开的距离不应小于500mm，各接头中心与相近立杆的距离不宜大于纵距的1/3。

（6）剪刀撑杆件的底端应与地面顶紧，夹角宜为45°~60°。

（7）剪刀撑的斜杆用旋转扣件与架体立杆或横向水平杆逐个扣紧，旋转扣件中心线至主结点的距离不宜大于150mm。

（8）剪刀撑斜杆的接长宜采用搭接，搭接长度不小于1m，应采用不少于3个旋转扣件固定。

13.5.3 质量标准

1. 原材料与构配件验收

（1）钢管。

1）有产品质量合格证、质量检查记录，进场质量检测合格。

2）检查钢管外观：平直、光滑，无裂痕、结疤、分层、错位、硬弯、飞边、压痕和深的划痕。

（2）扣件。

1）有生产许可证、法定检测单位的检测报告和产品合格证。

2）进场抽样检测合格。

3）检查扣件的实体质量：不得有裂痕、变形，螺栓不得有滑扣。

（3）方木与模板。有质量合格证，外观尺寸符合要求，无裂缝和翘皮。

（4）可调支托。有质量合格证、外观无变形，螺杆伸缩灵活。

2. 架体检查与验收

（1）模板支架搭设的允许偏差见表13-4。

表13-4 支架搭设的允许偏差

项次	项目		技术要求	允许偏差/mm	检查方法与工具
1	立杆垂直度	搭设中检查偏差的高度/m	总高度按照12m标准		用经纬仪或吊线和卷尺（中间档次用插入法）
		$H=11.65$	—	±7	
2	间距	步距 1.5m 纵距 1.1m 横距 1.1m	—	±20 ±20 ±20	钢直尺

（续）

项次	项目		技术要求	允许偏差/mm	检查方法与工具
3	纵、横水平拉杆高差	一根杆的两端	—	±20	水平仪或水平尺
		同跨内两根纵向水平拉杆高差	—	±10	
4	扣件安装	主节点处各扣件中心点相互距离	≤150mm	—	钢直尺
		同步立杆上两个相隔对接扣件的高差	≥500mm	—	钢直尺
		立杆上的对接扣件至主节点的距离	$\leqslant h/3$	—	钢直尺
		纵向水平杆上的对接扣件至主节点的距离	$\leqslant l_a/3$	—	钢直尺
		扣件螺栓拧紧扭力矩	≥40N·m	—	扭力扳手
5	剪刀撑斜杆与地面的倾角		45°~60°	—	角尺
6	脚手板外伸长度	对接	130~150mm	—	钢卷尺
		搭接	≥100mm	—	钢卷尺

（2）模板支架应在下列阶段进行检查：

1）模板支架搭设完成。

2）混凝土浇筑前。

3）遇有六级大风与大雨后、寒冷地区解冻后。

4）停用超过一个月。

（3）模板支架检查验收时应根据下列技术文件：

1）施工组织设计及变更文件。

2）技术交底文件。

（4）在浇筑混凝土时应随时检查扣件是否松动、模板和龙骨是否变形、模板支架是否摇动、模板系统是否跑模漏浆。发现大的变形和跑模漏浆时，立即通知作业班组和当班管理人员停止浇筑，查明原因并进行加固和验收后，方可继续浇筑混凝土。

13.6 拆除模板

（1）屋面结构混凝土达到设计强度后才可以拆除模板。

（2）模板的拆除工作应设专人指挥。作业区设专业围栏，其内不得有其他工种作业，并设专人负责监护。拆下的模板、零配件严禁抛掷。

（3）拆模前检查所使用的工具是否有效可靠，扳手等工具必须装入工具袋或系挂在自己身上，并检查拆模场所范围内的安全措施。

（4）拆模的顺序和方法采取先支的后拆，后支的先拆，先拆非承重模板，后拆承重模板，并从上而下进行拆除。拆下的模板不得抛扔，应在指定地点堆放。

（5）多人同时操作时，明确分工，统一信号或行动，具有足够的操作面，人员站在安全处。

(6) 高处拆除模板时，应符合有关高处作业的规定。严禁使用大锤和撬棍，操作人员应做好自身安全防护，避免安全事故的发生。

(7) 在提前拆除互相搭连并涉及其他后拆模板的支撑时，应严格设置临时支撑。拆模时逐块拆卸，不得成片撬落或拉倒。

(8) 拆模如遇中途停歇，应将已拆松动、悬空、浮吊的模板或支架进行临时支撑牢固或相互连接稳固，对活动部件必须一次拆除。

(9) 拆除有洞口的模板时，严格采取防止操作人员坠落的措施。洞口模板拆除后，按国家现行标准《建筑施工高处作业安全技术规范》（JGJ 80—1991）的有关规定及时进行保护。

13.7 施工安全保证措施

13.7.1 组织措施

(1) 建立健全的施工组织系统，完善管理制度、岗位责任制度、安全检查制度、维修保养制度，并组织有关人员进行安全、技术交底。

(2) 设专人负责协调模架的搭设、使用、拆除、材料堆放。

13.7.2 安全技术措施

(1) 模板及其支架必须具有足够的强度、刚度和稳定性，其支架的支撑部分必须有足够的支撑面积。

(2) 登高作业时，各种配件应放在工具箱或工具袋中，严禁放在模板或脚手架上；各种工具应系挂在操作人员身上或放在工具袋中，不得掉落。

(3) 高层建筑施工时，应有防雷措施。

(4) 装拆模板时，上、下应有接应，随拆随运，并应把活动部件固定牢靠，严禁堆放在脚手板上和抛掷。

(5) 高空作业时，作业人员应挂上安全带，严禁投掷材料，下面严禁站人。

(6) 搭设模架人员必须是考核合格的专业架子工。

(7) 搭设人员在进行搭设作业时必须正确佩戴安全帽、系好安全带、穿防滑鞋。

(8) 搭设模架时，地面应设围栏和警戒标志，并派专人看守，严禁非操作人员入内。

(9) 在脚手架使用期间，严禁拆除主节点处的纵、横向扫地杆。

(10) 拆除后的各构配件严禁抛掷在地面，运至地面的构配件应按品种、规格随时码堆存放。

(11) 严格建立模板和立柱的拆除申请、批准制度，防止盲目拆模。

(12) 严格控制施工荷载，上料要分散，不要集中。

(13) A 轴外的斜柱脚手架外侧满搭密目网，作业层处脚手架上满铺脚手板，人行通道的上方脚手架满铺脚手板。

13.8 模架计算书

13.8.1 模架搭设参数

模架搭设参数见表 13-5。

表 13-5 模架搭设参数

梁截面宽度	0.5m	梁截面高度	1.5m
模架高度	11.55m	板厚度	0.12m
板模架立杆间距	0.6m	钢管类型	ϕ48mm×3.0mm
梁两侧与梁底立杆	梁下 2 根立杆，沿梁跨度方向间距 0.6m		
水平杆最大步距	1.8m	立杆伸出水平杆长度	0.2m
板底次龙骨	50mm×100mm 方木，跨度 1200mm		
板底主龙骨	钢管 ϕ48mm×3.0mm，跨度 1100mm		
梁底板主龙骨	50mm×100mm 方木，4 根		
梁侧次龙骨	50mm×100mm 方木，间距 200mm		
梁侧主龙骨	双钢管 ϕ48mm×3.0mm，间距 500mm		
穿梁螺栓	穿梁螺栓直径 12mm，间距 500mm×600mm		

13.8.2 荷载取值和支架材料力学性能

荷载取值见表 13-6，支架材料力学性能见表 13-7。

表 13-6 荷载取值

序号	荷载名称	计算部位	单位	标准值	分项系数
1	模板自重标准值 G_{1K}	模板、次龙骨	kN/m^2	0.3	1.2
		主龙骨		0.5	1.2
		支架系统		1.5	1.2
2	新浇筑混凝土自重标准值 G_{2K}	模板、支架	kN/m^3	24.0	1.2
3	钢筋自重标准值 G_{3K}	楼板模板	kN/m^3	1.1	1.2
		梁底、板支架	kN/m^3	1.5	1.2
4	新浇混凝土侧压力标准值 G_{4K}	梁侧模板	kN/m^2	计算值	1.2
5	施工人员及设备荷载标准值 Q_{1K}	模板、次龙骨	kN/m^2	2.5	1.4
		主龙骨		1.5	
		支架系统		1.0	
6	振捣荷载标准值 Q_{2K}	梁底、梁支架	kN/m^2	2.0	1.4
		梁侧模板		4.0	
7	倾倒混凝土水平荷载标准值 Q_{3K}	对拉螺栓	kN/m^2	2.0	1.4

表 13-7　支架材料力学性能

序号	材料规格	力学性能	
1	钢管 $\phi48mm\times3.0mm$	截面面积(A)	$424mm^2$
		回转半径(r)	15.5mm
		惯性矩(I)	$1.078\times10^5mm^4$
		截面模量(W)	$4500mm^3$
		每米长质量	0.034kN/m
		弹性模量(E)	2.06×10^5
		抗弯强度(f)	$205N/mm^2$
2	直角扣件、旋转扣件	抗滑承载力设计值	8.00kN
3	方　木	弹性模量(E)	$10000N/mm^2$
		抗弯强度设计值(f_m)	$17N/mm^2$
		抗剪强度设计值(f)	$1.7N/mm^2$
4	12mm 厚胶合板	抗弯强度设计值(f_{jm})	$12.5N/mm^2$
		弹性模量(E)	$4500N/mm^2$

13.8.3　屋面板模架验算

1. 荷载组合

（1）120mm 厚楼板（方木次龙骨间距为 350mm）。

（2）模板自重标准值：$0.30\ kN/m^2$。

（3）钢筋混凝土自重标准值：$(24+1.1)\times0.12kN/m^2=3kN/m^2$。

（4）施工荷载标准值：$2.5kN/m^2$。

2. 模板板面计算

（1）强度验算。

按两端简支板考虑，其计算跨度取支撑面板的次龙骨间距 $L=350mm$，荷载设计值（计算宽度 1000mm）$G_{1K}+G_{2K}+G_{3K}+Q_{1K}$。

$q=1.2\times(3+0.3)\ +1.4\times2.5kN/m=7.46kN/m$

$M=qL^2/8=7.46\times350^2/8N\cdot m=1.142\times10^5N\cdot m$

$W=bh^2/6=1000\times12^2/6mm=2.4\times10^4mm^3$

$\sigma_j=M/W=1.142\times10^5/(2.4\times10^4)N/mm^2=4.76N/mm^2<f_m=12.5N/mm^2$，强度满足要求。

（2）挠度验算。

仅考虑永久荷载标准值，荷载设计值（计算宽度 1000mm）$G_{1K}+G_{2K}+G_{3K}$。

$q=1.2\times(3+0.3)\ kN/m=3.96kN/m$

$I=1000\times12^3/12mm^4=1.44\times10^5mm^4$

$v\ =5qL^4/(384EI)=5\times3.96\times350^4/(384\times9898\times1.44\times10^5)mm$

$=0.54\text{mm}<[v]=L/400=350/400=0.88\text{mm}$，挠度满足要求。

3. 板底模方木次龙骨验算

（1）强度验算。

按两端简支考虑，其计算跨度取支承次龙骨的立杆间距 $L=1200\text{mm}$，荷载设计值（计算宽度 350mm）$G_{1K}+G_{2K}+G_{3K}+Q_{1K}$。

$q=[(1.2\times(3+0.3)+1.4\times2.5)]\times0.35\text{kN/m}=2.61\text{kN/m}$

$M=qL^2/8=2.61\times1200^2/8\text{N}\cdot\text{m}=4.7\times10^5\text{N}\cdot\text{m}$

$W=bh^2/6=50\times100^2/6\text{mm}^3=8.33\times10^4\text{mm}^3$

$\sigma_m=M/W=4.7\times10^5/(8.33\times10^4)\text{N/mm}^2=5.64\text{N/mm}^2<f_{jm}=17\text{N/mm}^2$，强度满足要求。

（2）挠度验算。

仅考虑永久荷载标准值，荷载设计值（计算宽度 350mm）$G_{1K}+G_{2K}+G_{3K}$。

$q=1.2\times(3+0.3)\times0.35\text{kN/m}=1.39\text{kN/m}$

$I=b\times h^3/12=50\times100^3/12\text{mm}^4=4.17\times10^6\text{mm}^4$

$v=5qL^4/(384EI)=5\times1.39\times1200^4/(384\times10000\times4.17\times10^6)\text{mm}$

$=0.9\text{mm}<[v]=L/250=1200/250\text{mm}=4.8\text{mm}$，挠度满足要求。

4. 板底钢管主龙骨验算（$\phi48\text{mm}\times3.0\text{mm}$ @ 1100mm）

（1）强度验算。

按三跨简支梁考虑（图 13-7），其计算跨度取支撑主龙骨的立杆间距 $L=1100\text{mm}$，荷载设计值（计算宽度 1200mm）$G_{1K}+G_{2K}+G_{3K}+Q_{1K}$。

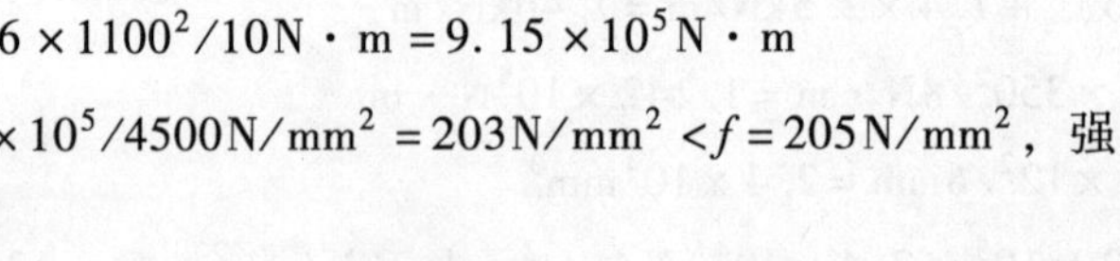

图 13-7 主龙骨荷载简图

$q=[1.2\times(3+0.5)+1.4\times1.5]\times1.2\text{kN/m}=7.56\text{kN/m}$

$M=0.1qL^2=7.56\times1100^2/10\text{N}\cdot\text{m}=9.15\times10^5\text{N}\cdot\text{m}$

$\sigma=M/W=9.15\times10^5/4500\text{N/mm}^2=203\text{N/mm}^2<f=205\text{N/mm}^2$，强度满足要求。

（2）挠度验算。

仅考虑永久荷载标准值，荷载设计值（计算宽度 1200mm）$G_{1K}+G_{2K}+G_{3K}$

$q=1.2\times(3+0.5)\times1.2\text{kN/m}=5.04\text{kN/m}$

$v=0.677qL^4/(100EI)=0.677\times5.04\times1100^4/(100\times2.06\times10^5\times1.078\times10^5)\text{mm}$

$=2.25\text{mm}<[v]=L/250=1100/250\text{mm}=4.4\text{mm}$，挠度满足要求。

5. 板底立杆强度验算

荷载设计值 $G_{1K}+G_{2K}+G_{3K}+Q_{1K}$。

$N=[1.2\times(3+1.5)+1.4\times1.0]\times1.1\times1.2\text{kN}=8.98\text{kN}$

立杆承载力验算按《建筑施工扣件式钢管脚手架安全技术规程》JGJ 130—2011 规定。模板支架高度：$10\text{m}<H<20\text{m}$，按表 5.4.6，$k=1.217$。

立杆计算长度：

设模板支架剪刀撑按普通型设置，立杆间距 1100mm × 1200mm，$a=500\text{mm}$。

根据附录 C，$\mu_1=1.165$，$\mu_2=1.75$。

顶部立杆段：$l_0=k\mu_1(h+2a)=1.217\times1.165(900+2\times500)=2693.8\ \text{mm}$。

非顶部立杆段：$l_0=k\mu_2h=1.217\times1.75\times1800=3833\ \text{mm}$。

取 $l_0=3713.2\ \text{mm}$ 进行模板支架立杆强度验算。

$\lambda=l_0/r=3833/15.5=247.3$，按表 A.0.6，$\varphi=0.12$。

支架立杆稳定性：$\sigma=N/\varphi\cdot A=8980/(0.12\times424)=176.5\text{N/mm}^2<f=205\text{N/mm}^2$。

模板支架立杆承载力符合要求。

13.8.4 梁模架验算

1. 荷载组合

（1）500 × 1500 预应力梁（方木次龙骨间距为 170mm）。

（2）模板自重标准值：0.30kN/m^2。

（3）钢筋混凝土自重标准值：$(24+1.5)\times1.5=38.25\text{kN/m}^2$。

（4）施工荷载标准值：2.5kN/m^2。

2. 梁模板板面计算

（1）强度验算。按两端简支板考虑，其计算跨度取支撑面板的次龙骨间距 $L=170\text{mm}$，荷载设计值（计算宽度 1000mm）$G_{1K}+G_{2K}+G_{3K}+Q_{1K}$。

$q=1.2\times(38.25+0.3)+1.4\times2.5\text{kN/m}=49.76\text{kN/m}$

$M=qL^2/8=49.76\times170^2/8\text{N}\cdot\text{m}=1.8\times10^5\text{N}\cdot\text{m}$

$W=bh^2/6=1000\times12^2/6\text{mm}^3=2.4\times10^4\text{mm}^3$

$\sigma_j=M/W=1.8\times10^5/(2.4\times10^4)\text{N/mm}^2=7.5\text{N/mm}^2<f_m=12.5\text{N/mm}^2$，强度满足要求。

（2）挠度验算。

仅考虑永久荷载标准值（计算宽度 1000mm），荷载设计值 $G_{1K}+G_{2K}+G_{3K}$。

$q=1.2\times(38.25+0.3)\text{kN/m}=46.26\text{kN/m}$

$I=1000\times12^3/12\text{mm}^4=1.44\times10^5\text{mm}^4$

$v=5qL^4/(384EI)=5\times46.26\times170^4/(384\times9898\times1.44\times10^5)\text{mm}$

$=0.353\text{mm}<[v]=L/400=170/400\text{mm}=0.425\text{mm}$，挠度满足要求。

3. 梁板底模方木次龙骨验算

（1）强度验算。

按两端简支梁考虑，其计算跨度取支撑次龙骨的立杆间距 $L = 600\text{mm}$，荷载设计值（计算宽度 170mm）$G_{1K} + G_{2K} + G_{3K} + Q_{1K}$。

$q = [1.2 \times (38.25 + 0.3) + 1.4 \times 2.5] \times 0.17\text{kN/m} = 8.46\text{kN/m}$

$M = qL^2/8 = 8.46 \times 600^2/8\text{N} \cdot \text{m} = 3.81 \times 10^5\text{N} \cdot \text{m}$

$W = bh^2/6 = 50 \times 100^2/6\text{mm}^3 = 8.33 \times 10^4\text{mm}^3$

$\sigma_m = M/W = 3.81 \times 10^5/(8.33 \times 10^4)\text{N/mm}^2 = 4.57\text{N/mm}^2 < f_{jm} = 17\text{N/mm}^2$，强度满足要求。

（2）挠度验算。

仅考虑永久荷载标准值，荷载设计值（计算宽度 170mm）$G_{1K} + G_{2K} + G_{3K}$。

$q = 1.2 \times (38.25 + 0.3) \times 0.17\text{kN/m} = 7.86\text{kN/m}$

$I = b \times h^3/12 = 50 \times 100^3/12\text{mm}^4 = 4.17 \times 10^6\text{mm}^4$

$v = 5qL^4/(384EI) = 5 \times 7.86 \times 600^4/(384 \times 10000 \times 4.17 \times 10^6)\text{mm}$

$= 0.32\text{mm} < [v] = L/250 = 600/250\text{mm} = 2.4\text{mm}$，挠度满足要求。

4. 梁板底钢管主龙骨验算（$\phi 48\text{mm} \times 3.0\text{mm}@500\text{mm}$）

（1）强度验算。

按一跨简支梁考虑（图 13-8），其计算跨度取支撑主龙骨的立杆间距 $L = 500\text{mm}$，荷载设计值（计算宽度 600mm）$G_{1K} + G_{2K} + G_{3K} + Q_{1K}$。

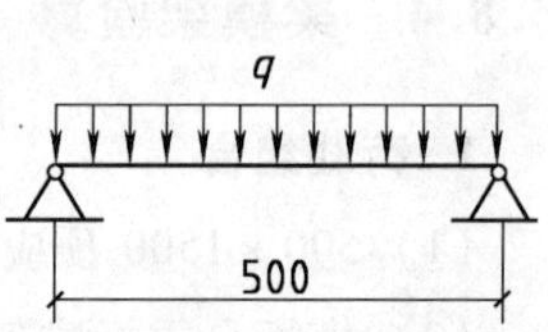

图 13-8 主龙骨荷载简图

$q = [1.2 \times (38.25 + 0.5) + 1.4 \times 1.5] \times 0.6\text{kN/m} = 29.16\text{kN/m}$

$M = qL^2/8 = 29.16 \times 500^2/8\text{N} \cdot \text{m} = 9.11 \times 10^5\text{N} \cdot \text{m}$

$\sigma = M/W = 9.11 \times 10^5/4500\text{N/mm}^2 = 203\text{N/mm}^2 < f = 205\text{N/mm}^2$，强度满足要求。

（2）挠度验算。

仅考虑永久荷载标准值，荷载设计值（计算宽度 600mm）$G_{1K} + G_{2K} + G_{3K}$。

$q = 1.2 \times (38.25 + 0.5) \times 0.6\text{kN/m} = 27.9\text{kN/m}$

$v = 0.677qL^4/(100EI) = 0.677 \times 27.9 \times 500^4/(100 \times 2.06 \times 10^5 \times 1.078 \times 10^5)\text{mm}$

$= 0.53\text{mm} < [v] = L/250 = 500/250 = 2\text{mm}$，挠度满足要求。

5. 梁底立杆强度验算

荷载设计值 $G_{1K} + G_{2K} + G_{3K} + Q_{1K}$。

$N = [1.2 \times (38.25 + 1.5) + 1.4 \times 1.0] \times 0.5 \times 0.6/2 = 7.37\text{kN}$

立杆采用每排 $2\phi 48 \times 3.0$ 钢管，水平拉杆步距 1.8m，最顶两步距水平拉杆步距 0.9m，U 型可调支托承传递全部大梁荷载到立杆，立杆排距沿梁纵向 600mm 设置。

立杆承载力验算按《建筑施工扣件式钢管脚手架安全技术规程》（JGJ 130—2011）规定。模板支架高度：$10\text{m} < H < 20\text{m}$，按表 5.4.6，$k = 1.217$。

立杆计算长度：

设模板支架剪刀撑按普通型设置，立杆间距 $1100\text{mm} \times 1200\text{mm}$，$a = 500\text{mm}$。

根据附录 C，$\mu_1=1.165$，$\mu_2=1.75$。

顶部立杆段：$l_0=k\mu_1(h+2a)=1.217\times1.165(900+2\times500)=2693.8$ mm。

非顶部立杆段：$l_0=k\mu_2h=1.217\times1.75\times1800=3833$ mm。

取 $l_0=3713.2$ mm 进行模板支架立杆强度验算。

$\lambda=l_0/r=3833/15.5=247.3$，按表 A.0.6，$\varphi=0.12$。

支架立杆承载力：　[N] $\sigma=2\varphi\cdot A\cdot f=2\times0.12\times424\times205=20.86$kN [N] = 20.86kN > N = 7.37 kN

模板支架立杆承载力符合要求。

6. 梁侧对拉螺栓验算

荷载设计值 $G_{4K}+Q_{3K}$。

对拉螺栓（M12）沿梁高 0.5m 设置，沿梁纵向间距 0.6m。

（1）新浇混凝土侧压力标准值

$F=0.22\gamma_c t_0\beta_1\beta_2V^{\frac{1}{2}}=0.22\times24\times1.2\times1.15\times4.44\times1^{1/2}\text{kN/m}^2=32.35\text{kN/m}^2$

$F=\gamma_cH=24\times0.7\text{kN/m}^2=16.8\text{kN/m}^2$

取 $G_{4K}=16.8\text{kN/m}^2$

式中　F——新浇混凝土对模板的侧压力计算值（kN/m^2）；

γ_c——混凝土的重力密度（24kN/m^3）；

t_0——新浇混凝土的初凝时间（4.44h）；

β_1——外加剂修正系数，取 1.2；

β_2——混凝土坍落度影响修正系数，取 1.15；

V——混凝土的浇筑速度（1m/h）；

H——侧压力计算位置处至新浇混凝土顶面的总高度（m）；

G_{4K}——新浇混凝土侧压力标准值（kN/m^2）。

新浇混凝土侧压力计算值：

$F_s=0.95(r_GG_{4k}+r_QQ_{3k})=0.95\times(1.2\times16.8+1.4\times2)=21.81\text{kN/m}^2$

（2）对拉螺栓最大轴力计算值

$N=abF_s=21.81\times0.6\times0.5\text{kN}=6.54\text{kN}<f_t^b=12.9\text{kN}$，对拉螺栓承载力符合要求。

高层建筑转换层施工方案

胡保刚

河南省第一建筑工程集团有限责任公司

14.1 工程概况

绿云小区高层住宅工程建筑面积 18920m²，东西长 37.2m，南北宽 26.3m，地下 1 层，地上 23 层，总高度 79.5m（图 14-1）。地下 1 层为停车场、水泵间和变电所，地上 1、2 层为商场，3～21 层为住宅，22～23 层为设备用房。建筑物围护墙采用 200mm 厚加气混凝土砌块砌筑，所有外墙均做内保温，保温材料为建筑粉刷石膏加膨胀珍珠岩。屋面保温层为 1:8的水泥珍珠岩，屋面防水层为 4mm 厚的 SBS 改性沥青卷材。

本工程地下室为附建式人防地下室，人防抗力等级为 6 级（60kN/m²）；采用钢筋混凝土箱型结构，顶板厚 250mm，混凝土强度等级为 C45，配钢筋Φ14@150 双层双向。地上 1、2 层采用大空间框架剪力墙结构，柱网间距 6300～9600mm，采用 C45 钢筋混凝土，活荷载

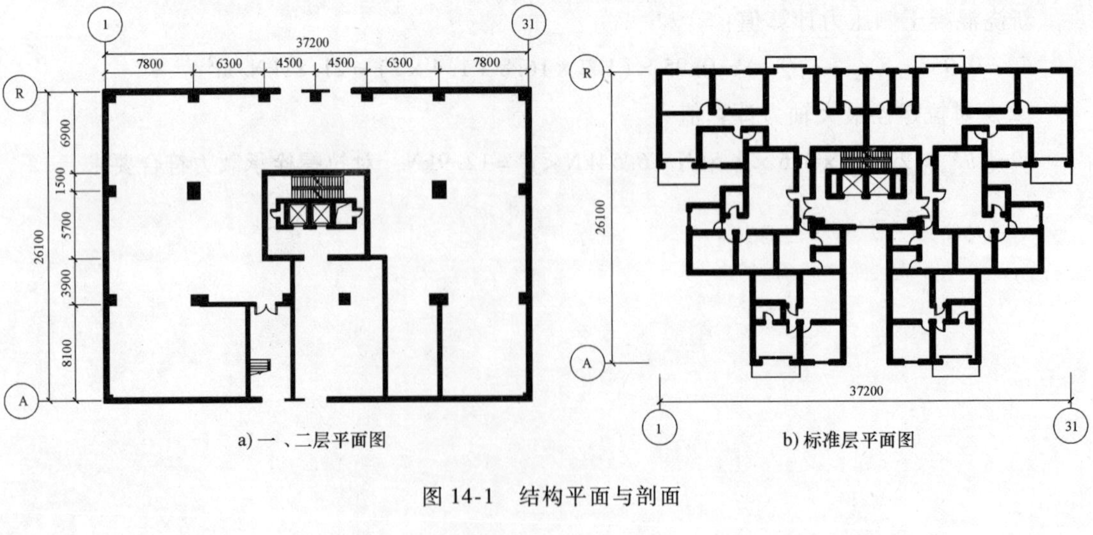

图 14-1　结构平面与剖面

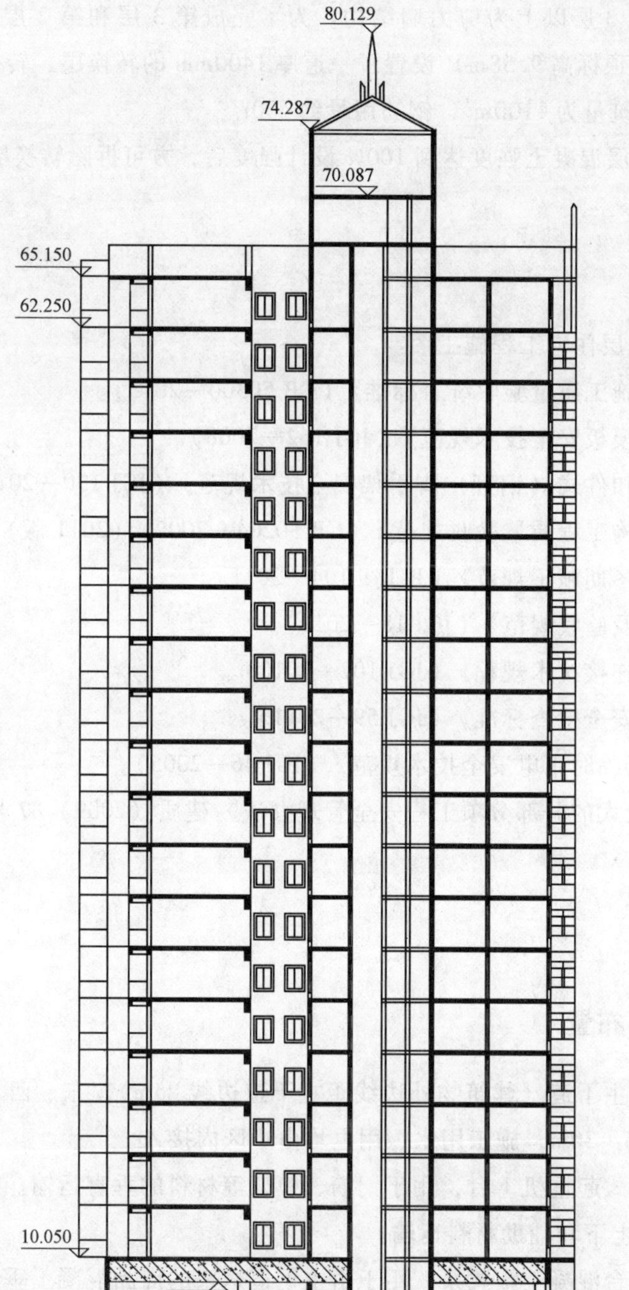

c) 剖面图

图 14-1 结构平面与剖面（续）

标准值为3.5kN/m^2；3层以上为剪力墙结构。为了完成第3层和第2层之间的荷载传递，在3层结构平面（板顶标高9.58m）设置了一道厚1400mm的转换层，转换层混凝土强度等级为C45，混凝土浇筑量为1100m^3，钢筋用量约400t。

施工要求：转换层混凝土强度达到100%设计强度后，方可拆除转换层模架系统。

14.2 编制依据

(1) 绿云小区高层住宅工程施工图。

(2)《建筑工程施工质量验收统一标准》(GB 50300—2013)。

(3)《建筑施工模板安全技术规范》(JGJ 162—2008)。

(4)《建筑施工扣件式（钢管）脚手架安全技术规范》(JGJ 130—2011)。

(5)《混凝土结构工程质量验收规范》(GB 50204—2002)(2011版)。

(6)《建筑工程冬期施工规范》(JGJ/T 104—2011)。

(7)《钢筋焊接及验收规范》(JGJ 18—2012)。

(8)《钢筋机械连接技术规程》(JGJ 107—2010)。

(9)《建筑施工安全检查标准》(JGJ 59—2011)。

(10)《施工现场临时用电安全技术规范》(JGJ 46—2005)。

(11)《危险性较大的分部分项工程安全管理办法》建质（2009）87号。

14.3 施工部署

14.3.1 施工平面布置

本工程北临城市主干道（建筑物外边线距主干道边线25m），东、西、南三面为已交付使用的住宅，间距25~30m，施工用水、用电均由小区内接入。

建筑物南面设塔式起重机1台，用于钢筋、模架等材料的垂直运输。东北角设施工电梯1台，用于施工人员上下和辅助材料运输。

建筑物北面设2台混凝土拖式泵，用于由主干道送来的商品混凝土垂直运输。钢筋加工厂、模板加工厂设在建筑物南面，办公室、库房设在建筑物西面，备用发电机机房设在建筑物东面。

施工平面布置如图14-2所示。

14.3.2 施工工期

计划开始施工时间为11月1日，用40d完成转换层施工（表14-1）。

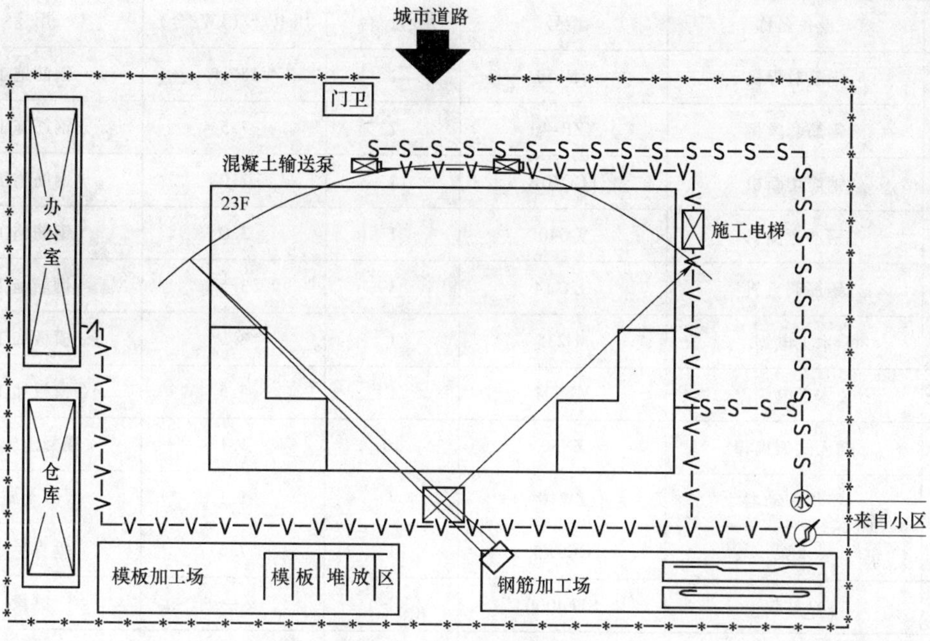

图 14-2 施工平面布置图

表 14-1 转换层施工进度计划

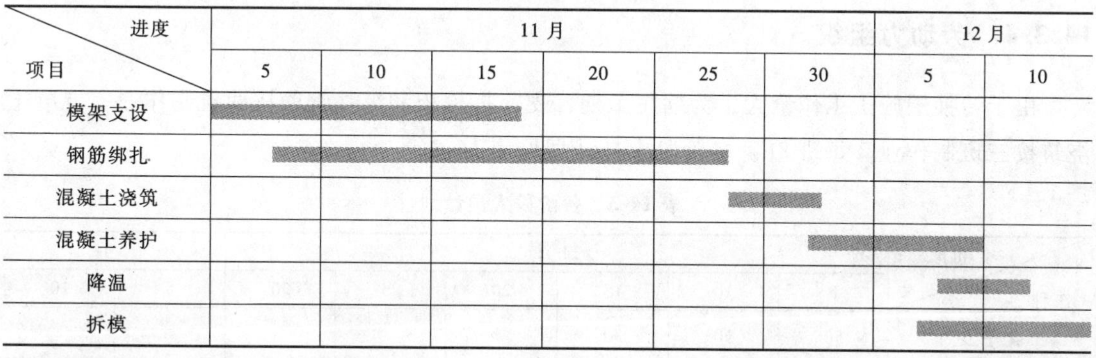

14.3.3 施工机具计划（表 14-2）

表 14-2 施工机具计划

序号	设备名称	型号	数量/台	用电量/(kW/台)	用途
1	塔式起重机	QT80	1	55.5	垂直运输
2	施工电梯	SCD200/200	1	7.5	垂直运输
3	发电机	250KVA	1		停电备用
4	混凝土拖式泵	HBT60C	4	75.0	混凝土输送
5	电焊机	BS1-300	2	21.0	焊接作业

（续）

序号	设备名称	型号	数量/台	用电量/(kW/台)	用途
6	钢筋对焊机	UN150	1	150.0	钢筋施工
7	钢筋套丝机	YZR-40	2	7.5	钢筋施工
8	钢筋切断机	FGQ40B	1	7.0	钢筋施工
9	钢筋弯曲机	WG40	1	3.0	钢筋施工
10	钢筋调直机	GJ4-14	1	3.5	钢筋施工
11	木工电锯	MJ235	1	3.5	模板加工
12	木工电刨	MB504	1	5.5	模板加工
13	插入式振捣棒	ZN50	10	1.1	混凝土施工
14	平板振动器	ZW10	4	1.1	混凝土施工
15	水泵	GC5X5	1	7.5	垂直供水
16	全站仪	STE4000	1	—	测量
17	激光经纬仪	DGG2-2	1	—	测量
18	水平仪	DS3	2	—	测量

14.3.4 劳动力组织

由于转换层施工工作量大，为缩短工期，支、拆模板和绑扎钢筋按两班制作业，混凝土浇筑按三班制作业，每班8h。各阶段人员计划见表14-3。

表14-3 各阶段人员计划

工种＼进度	11月						12月	
	5	10	15	20	25	30	5	10
架子工	50	50	30					
木工		30	30	10	10	5	5	20
钢筋工		30	30	30	30	5		
混凝土工						100		
电焊工		4	4	4	4			
电工	2	2	2	2	2	2		
其他用工		10	10	10	10	5	5	5
日平均用工数	52	126	106	56	56	117	10	25
日高峰用工数	55	130	110	60	60	120	10	30

14.4 施工方法

14.4.1 关键技术措施

1. 技术要点

(1) 采取有效措施，减少新浇筑混凝土结构内部温度梯度，避免转换层表面开裂。

(2) 采取可靠的模架系统，将转换层自重和施工荷载传至地基。

2. 技术措施

(1) 保温方案。为了保证转换层新浇混凝土内外温差不大于10℃，拟采用袋装珍珠岩保温，保温层厚度δ：

$$\delta = 0.5h\lambda K(T_a - T_b)/\lambda_1(T_{max} - T_a)$$
$$= 0.5 \times 1400 \times 0.047 \times 1.3 \times (60-5)/[2.3(67-60)]\text{mm} = 146.1\text{mm}$$

式中 h——转换层厚度（mm），$h = 1400\text{mm}$；

λ——保温材料导热系数，$\lambda = 0.047\text{W}/(\text{m}\cdot\text{K})$；

λ_1——混凝土导热系数，$\lambda_1 = 2.3\text{W}/(\text{m}\cdot\text{K})$；

T_{max}——混凝土内部最高温升（℃），$T_{max} = 67$℃；

T_a——保温层下表面温度（℃），$T_a = 60$℃；

T_b——养护期环境平均温度（℃），$T_b = 5$℃；

K——热传导系数修正值，$K = 1.3$。

本工程采用150mm厚袋装珍珠岩做保温层，上、下各铺一层塑料薄膜防风雨影响。

(2) 模架方案。

1) 模板采用300mm×1200mm×55mm定形钢模，龙骨采用ϕ48mm×3mm钢管，间距400mm。

2) 模板系统荷载取值见表14-4。

3) 2层结构承受的施工荷载q：

$$q = K_1[q_1 + (q_2 + q_3)h] + K_2(q_4 + q_5)$$
$$= 1.2 \times [1.1 + (24.0 + 1.1) \times 1.4] + 1.4(1+2)\text{kN/m}$$
$$= 47.7\text{kN/m}^2$$

式中 h——转换层厚度（m）。

表14-4 转换层模板系统荷载取值

荷载名称	计算部位	单位	标准值	分项系数
模板自重 q_1	模板及支撑系统	kN/m^2	1.1	$K_1 = 1.2$
混凝土自重 q_2	模板及支撑系统	kN/m^2	24.0	$K_1 = 1.2$
钢筋自重 q_3	模板及支撑系统	kN/m^2	1.1	$K_1 = 1.2$

（续）

荷载名称	计算部位	单位	标准值	分项系数
振捣荷载 q_4	模板及支撑系统	kN/m^2	2.0	$K_2=1.4$
施工荷载 q_5	模板	kN/m^2	2.5	$K_2=1.4$
	龙骨	kN/m^2	1.5	$K_2=1.4$
	立杆	kN/m^2	1.0	$K_2=1.4$

4）在1、2层采用2ϕ48mm×3mm钢管搭设模架，立杆双向间距≤600mm，水平横杆步距≤1200mm，龙骨与立杆连接采用降落头传递荷载（图14-3）；1、2层立杆位置应基本对应，确保模架荷载的可靠传递。

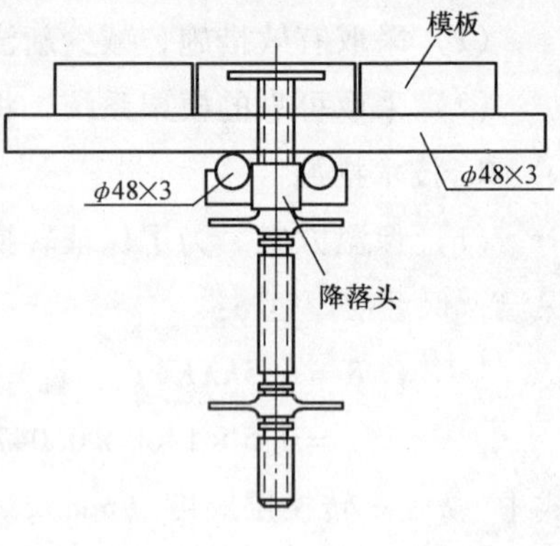

图14-3 降落头用于龙骨与立杆连接

经计算，地下室顶板承载能力为60kN/m²，地下室顶板下可以不设支撑。

模架外侧周圈设由下至上的竖向连续式剪刀撑；中间在纵、横向应每隔6m左右设由下至上的竖向连续式剪刀撑。模架的顶部、扫地杆处设置水平剪刀撑，间距小于6m。

14.4.2 模架搭设

（1）弹线。模架由±0.000（首层结构顶面）分两层搭至8.18m（3层结构底面）。为保证荷载传递不造成对2层结构的不利影响，模架搭设前应在1、2层结构平面上弹线，以保证上、下两层立杆轴线垂直对正。立杆下端垫100mm×100mm×4mm钢板，2层楼面立杆下除垫钢板外，尚应加铺100mm×50mm方木垫板。

（2）沿各层架体南北、东西方向间隔10m左右各设两道剪刀撑，剪刀撑斜杆与地面夹角为45°~50°。

（3）模架搭设完成后，在距龙骨下500mm处满铺竹胶板，板上铺装转换层下的保温层（先铺袋装珍珠岩，再铺一层塑料薄膜，以防止施工用水浇湿保温层）。

（4）水平模板下应至少设置两根龙骨，并满扣回形销。侧面模板通过上、下两道扁铁拉条与转换层内的粗直径螺纹钢筋焊接固定，水平间距≤1m。模板外部用双钢管做背棱，山形扣固定。

（5）垂直穿越转换层的预留穿管，下端应与底模紧密接触，并用定位块定位；管道上口标高应高出转换层上表面200mm，并焊接固定封口板；管道应与转换层内的粗直径螺纹钢筋焊接固定（图14-4）。

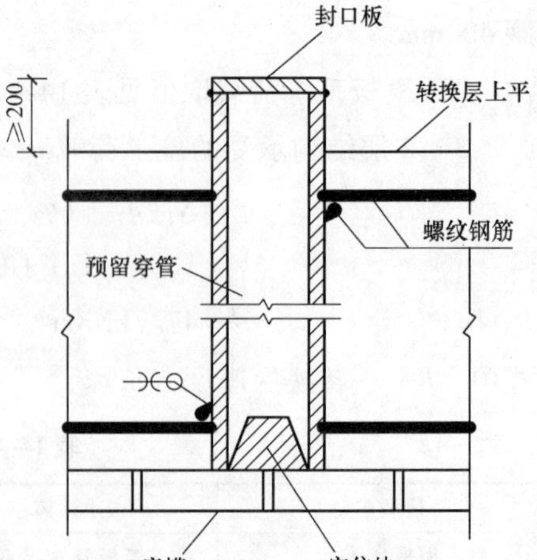

图14-4 预留穿管固定

（6）钢筋绑扎完成后，铺装转换层侧面保温层。

14.4.3 钢筋绑扎

转换层内钢筋由板钢筋和暗梁钢筋组成，板钢筋为上、下两层Φ25@100双向网片，暗梁钢筋为Φ25～Φ32钢筋，暗梁箍筋为ϕ12焊接封闭箍，加上柱插筋、转换层上部剪力墙插筋，共约400t。

（1）钢筋绑扎工艺如下：

钢筋加工→梁钢筋绑扎→板下层钢筋绑扎→水、电管线配合→板上层钢筋支架安装→板上层钢筋绑扎→板上层剪力墙钢筋定位固定。

（2）由于梁、板钢筋直径均≥25mm，长度为24～36m，为了施工方便，每根钢筋分为2～3段，在钢筋加工厂用闪光对焊连接成每段12～14m；现场绑扎时，用直螺纹接头将钢筋连成整体（带拐头不能转动的钢筋用可调式直螺纹接头连接）；每个断面的接头数量不超过25%。注意施工前详细放样，并编号就位绑扎。

（3）暗梁箍筋按施工图要求，采用单面搭接焊封闭箍，搭接长度为120mm，用E4303焊条焊接；焊接完成后应及时清除焊渣。

（4）由于钢筋整体重量很大，故采用Φ25钢筋头做钢筋保护层垫块，在下层钢筋绑扎时同步垫入。

（5）板底预留、预埋管件应与下层钢筋绑扎同步施工，下层钢筋绑扎完成后，应及时进行板内预埋管线配合。所有预埋管件均应与临近钢筋连接固定。

（6）上层钢筋网片支架采用∟40×5（图14-5）。

（7）转换层内上层粗直径钢筋相互交叉处，与柱钢筋及∟40mm×5mm钢筋支架交叉处，必须有50%交叉点用焊接固定，以保证钢筋的整体稳定，也便于做侧面模板的拉接锚固点。

（8）上层钢筋绑扎完成后，应在钢筋上弹出上部剪力墙钢筋定位线，并按线在板面钢筋上焊接两道Φ12钢筋，剪力墙钢筋插入转换层后，应与这两道钢筋焊牢。

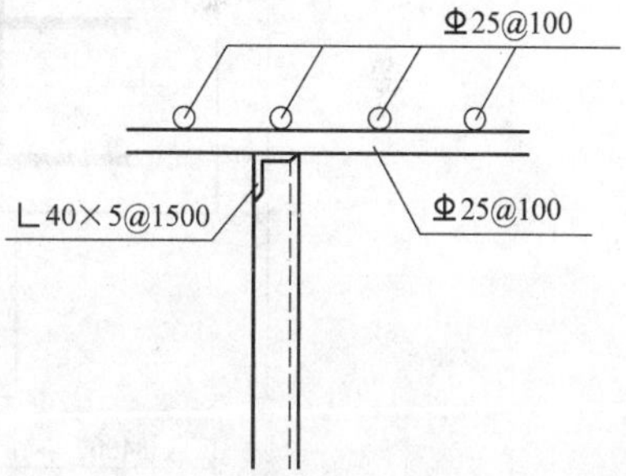

图14-5 上层钢筋网片支架

（9）钢筋绑扎过程中应及时清理模板内的杂物。

14.4.4 混凝土浇筑

（1）本工程采用商品混凝土，要求混凝土运输车到场时间间隔为10～15min，如有意外发生，应及时采取措施，保证混凝土泵送的连续性。混凝土保持$50m^3/h$以上的浇筑速度，约24h浇筑完成。

（2）水泥选用42.5级矿渣硅酸盐水泥（水化热461J/kg），粗骨料选用10～25mm级配碎石，细骨料选用普通中砂。砂、石含泥量应严格控制在1%以内。掺加水泥用量5%的Ⅱ级粉煤灰增加其可泵性。

(3) 混凝土坍落度控制在16～18cm。掺加减水剂、缓凝剂以减少用水量并改善混凝土的和易性，并保证混凝土初凝时间延长到5h以上。

(4) 混凝土输送泵管道与拖式输送泵接口部位受到的冲击力最大，采用埋入地下的混凝土墩固定。泵管进入楼层后，在门口处采用架料钢管夹住门口两侧，并通过木楔固定泵管。泵管在首层由水平管变成立管处，通过架料钢管借助上、下楼板将泵管固定。垂直管在每层楼板表面通过木楔将泵管在楼板预留洞处塞死固定。水平泵管通过架杆支撑在板面钢筋上。

(5) 由于转换层混凝土浇筑过程中不允许留施工缝，浇筑由南至北分四个区（图14-6），每个区分两层（图14-7）进行浇筑。每层浇筑间隔时间不应超过4h。每层下料后，用插入式振捣棒振捣密实，上层混凝土浇筑时，振捣棒应插入下层混凝土内50mm左右，以利于上下层混凝土紧密结合。在梁端及梁柱结合部钢筋密集处，应使用30mm插入式振捣棒进行振捣，或将上层钢筋解开，撬出空间，待下面混凝土浇筑完成后，再将钢筋复原，以保证这些部位的混凝土的密实性。

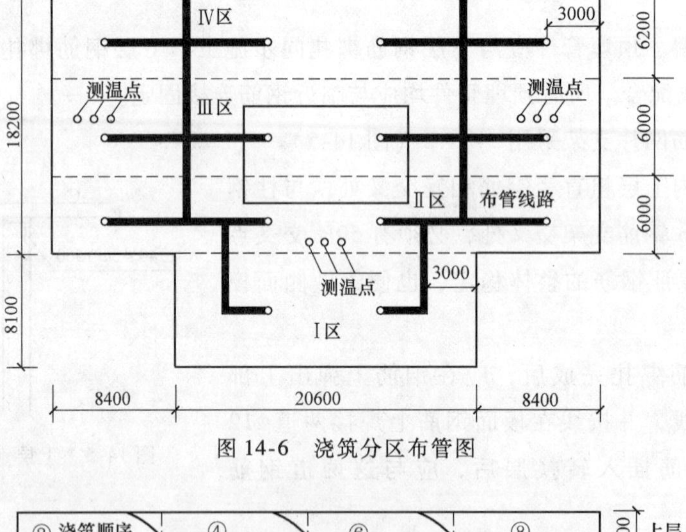

图14-6 浇筑分区布管图

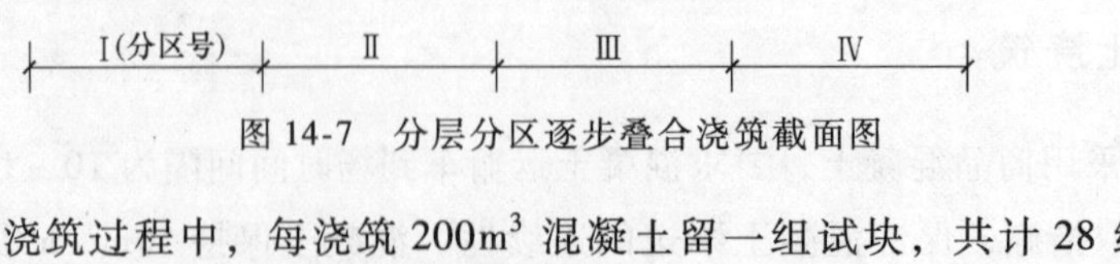

图14-7 分层分区逐步叠合浇筑截面图

(6) 混凝土浇筑过程中，每浇筑200m³混凝土留一组试块，共计28组试块。其中12组试块做标准养护，用于交验收报告；16组试块做同条件养护，用于监测实体混凝土强度。

(7) 混凝土浇筑完毕后应及时收面。混凝土表面初凝2～3h后，在混凝土表面均匀洒水，并覆盖保温层，保温层为150mm厚袋装珍珠岩，上、下各铺一层塑料薄膜。覆盖完成的保温系统如图14-8所示。

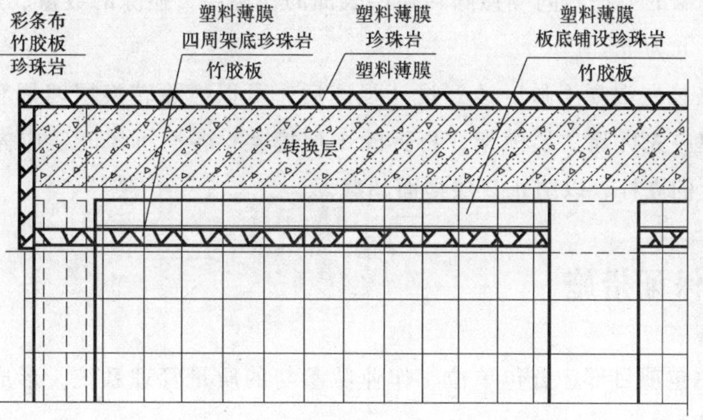

图14-8 转换层保温系统

（8）转换层上留设3组测温点（图14-6），分别测量板底、板中、板面的温度。大体积混凝土温度采用JDC-2电子测温仪与测温线进行测量记录，测温线埋置深度分别为表面下150 mm、混凝土中部和混凝土底部上150mm。测温线预埋时用钢筋等杆件作支承物，将测温线按照纵向测温点距离绑在支承物上，温度传感器与支承物之间采用20mm厚EPS板做隔热处理。在浇筑混凝土时，将绑好测温线的支承物植入混凝土中，温度传感器处于测温点位置，插头留在混凝土外面并用塑料袋罩好，避免潮湿，保持清洁。为便于操作，留在外面的导线长度应大于20cm。将测温线插头插入主机插座中，主机显示屏上即可显示相应测温点的温度。注意在保温层外设置一个测温点，测量环境温度。

14.4.5 混凝土养护

（1）混凝土养护时间。保温条件下，转换层混凝土块体平均温度在50℃以上。按混凝土成熟度推算，养护温度 $T=50$℃时，等效系数 $\alpha_T=3.16$，等效 $t=28$d标准养护条件的持续时间 $t_T=t/\alpha_T=28/3.16\approx8.86$d。即转换层保温养护时间约为9d。

（2）养护期间应注意保温层的维护，发现破损、敞开的部位应及时修补。养护期间温度升高后，严禁向混凝土表面浇水，以防止热震现象发生。

（3）养护期间要做好测温工作，测温从保温层覆盖完毕后开始，每2h测量1次；用温度表分别测板中、板底、板面的温度和环境温度，并建表记录。若发现板内温度梯度差别过大（板中心与板面温差>25℃），应尽快采取有效的保温措施。

14.4.6 降温与拆模

（1）从养护第6d开始，每天试压1组同条件养护试块；若试块强度达到90%设计强度后，每天试压2组同条件养护试块；同条件养护试块达到设计强度后，尚应在转换层表面用回弹仪验证转换层混凝土实体强度是否达到了设计强度。

（2）当同条件养护试块达到90%设计强度时（约第7d），开始对转换层混凝土块体进行降温处理。降温的方法是间隔撤除转换层表面的保温层，撤除的数量、速度以面层混凝土降温速度为1℃/h为准。

（3）确认转换层混凝土强度达到设计强度后，可以撤除转换层四周和下部的支撑，并开始拆模。拆模应先拆除2层模架，再拆除1层模架；各层拆模时，应先拆除板面上的立杆，后拆除梁上的立杆，以防止2层楼面超载。

14.5 质量保证措施

（1）建立总包项目部、分包单位、作业队参与的质量管理系统，形成全面的全员参与的质量保证体系。

（2）施工过程中按图14-9开展全面质量管理。

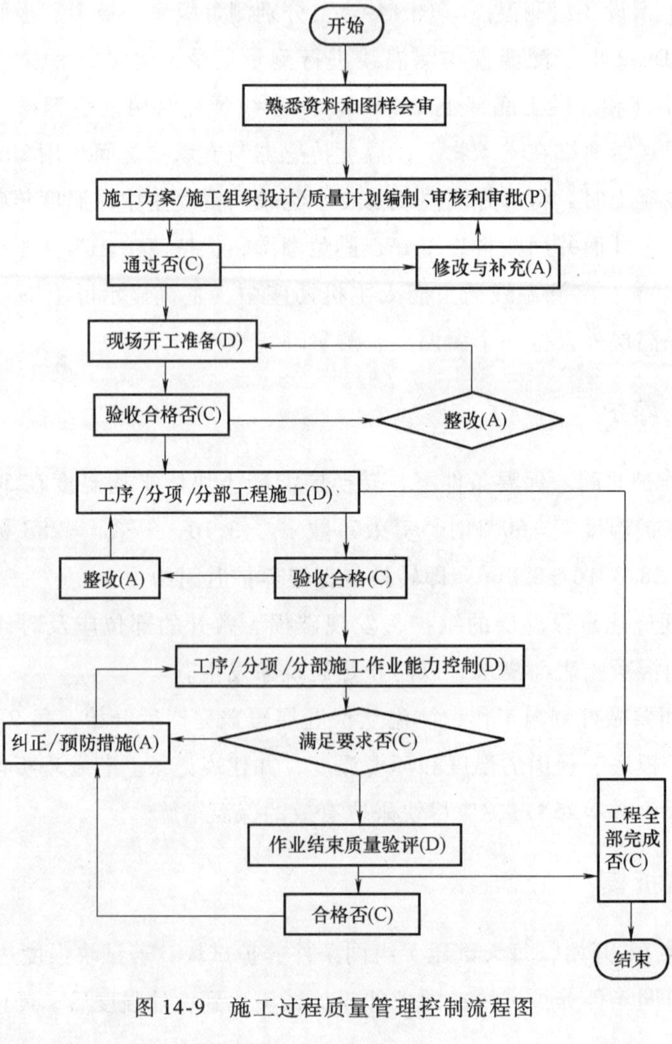

图14-9 施工过程质量管理控制流程图

1）计划阶段（P）：总包项目部根据对工程特点、技术质量要求、影响工程质量的潜在因素等的分析，提出具体的质量目标、计划和要求，施工单位根据要求编制具体的实施方案和保证措施，由总包项目部审批后付诸实施。

2）实施阶段（D）：施工作业单位根据确定的方案、标准、计划、要求等进行施工，完成既定的目标。

3）检查阶段（C）：总包项目部、施工单位等相关部门检查方案、标准、计划、要求等的落实情况；利用关系图、排列图、因果分析图、分布图、控制管理图、调查表等有关工具进行分析，找出存在的问题和主要影响因素，制定具体的改进和处理方案。

4）处理阶段（A）：施工单位根据检查阶段发现的问题制定处理方案，对存在的问题进行改进。

（3）全体施工人员要认真熟悉施工图样和施工方案，以保证施工中正确搭设模架，确保结构和模架安全；贯彻“内降外保”的大体积混凝土施工措施，减小大体积混凝土内部的温差，防止转换层混凝土开裂。

（4）严格控制工程变更和材料代用，凡工程变更及材料代用一律由设计单位发正式变更通知单及材料代用通知单。

（5）模架搭设应先搭设 1 层模架，以便减少 2 层结构承受的施工荷载。立杆间距应≤600mm，水平横杆步距≤1200mm，剪刀撑间隔≤6m。所有扣件扣紧程度应认真检查。2 层模架应做预压试验（预压荷载 $50kN/m^2$）。

（6）所有预埋管件应固定牢固，混凝土浇筑时，振捣棒不得碰撞预埋管件。

（7）保温层应认真铺装，施工中应注意检查维护。

（8）钢筋绑扎应注意钢筋规格、外形、接头百分比，尤其是可调式直螺纹接头连接钢筋的正反扣不得放混。

（9）混凝土浇筑应严格按浇筑方案进行，施工中要注意浇筑的连续性，防止出现冷缝；浇筑完毕应及时进行收面。

（10）混凝土养护期间应注意测温，撤除保温层时应严格控制降温速度。

14.6 安全保证措施

（1）在技术交底和计划交底的同时，必须做好安全交底。

（2）充分发挥安全“三宝”（安全帽、安全带、安全网）的作用。结构施工外架必须设置防护栏杆、满挂安全网，“四口”设安全拦网，进入施工现场的人员一律戴安全帽，强制执行安全违章罚款制度。

（3）各类架子搭设完毕必须经安全技术人员验收合格后方可交付使用。

（4）现场电源必须按施工平面布置图设置，严禁乱拉乱接电线。

(5) 加强夜间施工照明管理，确保施工部位的规定照度。

(6) 上层钢筋绑扎过程中应注意将钢筋同步固定牢固，防止上层钢筋塌落。

(7) 加强消防安全工作，现场严禁生火。电、气焊施工必须设专人看护。冬期施工保温生火必须有专人负责。

(8) 交叉施工时，上、下层用密目安全网隔离，人员出入口搭设安全防护棚。

混凝土挑檐模板支架方案

张志强

河南省第一建筑工程集团有限责任公司

15.1 工程概况

河南省农产品质量安全综合检测中心工程位于郑州市农业路与东三街交叉口西北角，总建筑面积为22798m²，地下1层，地上主体12层，建筑总高度约54m，在屋顶以上标高51.2~53.9m，四周设斜向挑檐，挑出长度距建筑物外边5.5m（图15-1）。

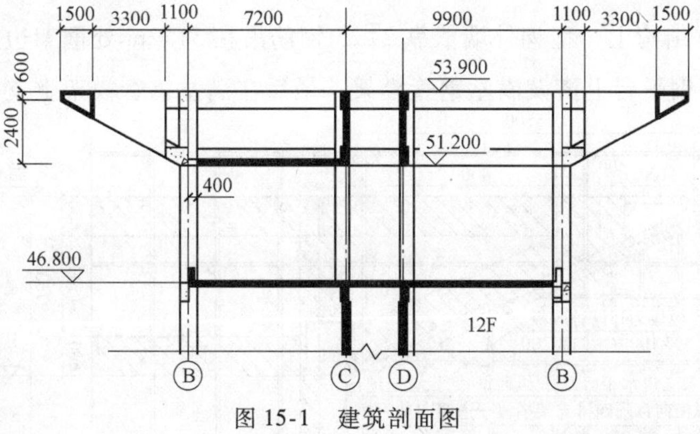

图15-1　建筑剖面图

挑檐为钢筋混凝土梁板结构（图15-2），由上层水平梁（350mm×650mm）、下层斜梁

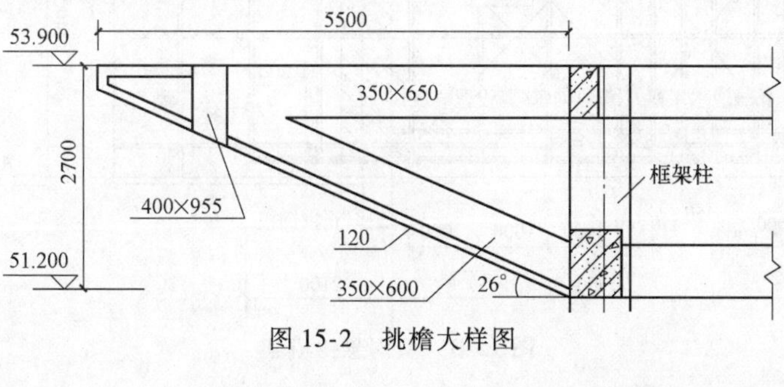

图15-2　挑檐大样图

（350mm×600mm）和120mm厚钢筋混凝土斜板形成倾斜角度为26°的斜向挑檐，挑檐外侧设400mm×955mm封边梁。

15.2 编制依据

（1）施工图纸、会审纪要和设计变更单。

（2）《建筑工程施工质量验收统一标准》（GB 50300—2013）。

（3）《建筑施工模板安全技术规范》（JGJ 162—2008）。

（4）《建筑施工扣件式钢管脚手架安全技术规程》（JGJ 130—2011）。

（5）《混凝土结构工程施工质量验收规范》（GB 50204—2002）（2011版）。

（6）《建筑施工高处作业安全技术规范》（JGJ 80—1991）。

（7）《建筑施工安全检查标准》（JGJ 59—1999）。

（8）《施工现场临时用电安全技术规范》（JGJ 46—2005）。

（9）《危险性较大的分部分项工程安全管理办法》建质（2009）87号。

15.3 搭设方案

采用型钢悬挑模架支设方案（图15-3）。[20a型钢挑梁沿框架边梁排列，型钢里端支撑在46.8m处主体结构上，型钢外端依靠2Φ25钢筋吊在51.2m处框架边梁上，最终形成悬挑模架平台。在型钢平台上搭设满堂钢管模架，最后在满堂钢管模架上支设挑檐模板。

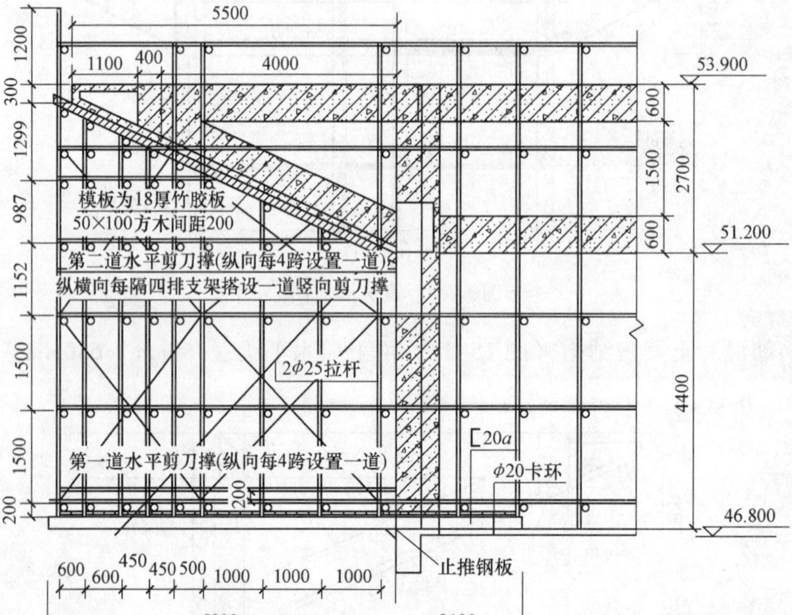

图15-3 型钢悬挑模架

[20a 型钢挑梁平面布置如图 15-4 所示。

[20a 型钢挑梁沿框架边梁按间距 1100mm 排列，在靠近结构边沿处设止推钢板，防止型钢向内滑移。为增加型钢挑梁的侧向稳定性，在型钢挑梁上按间距 1000mm 布置 3 道[12 型钢拉条。为保证 2ϕ25 钢筋吊杆节点受力明确，节点构造如图 15-5、图 15-6 所示。型钢挑梁平台上满铺脚手板。

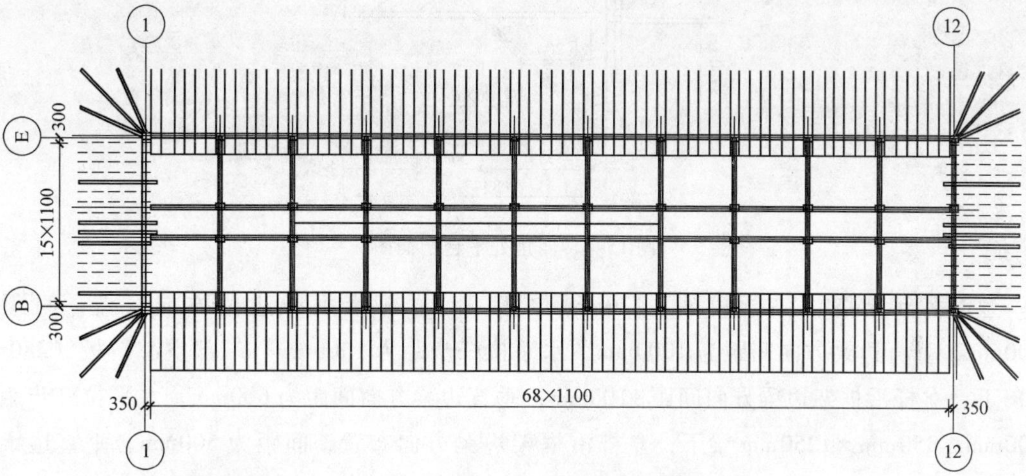

图 15-4 型钢挑梁平面布置

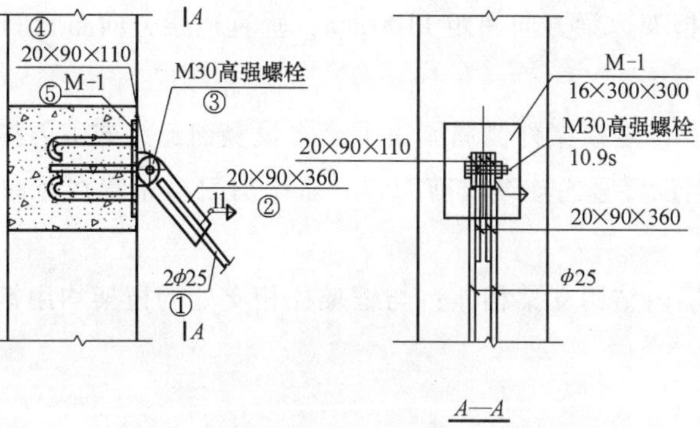

图 15-5 ①节点构造（ϕ25 拉杆上端连接）

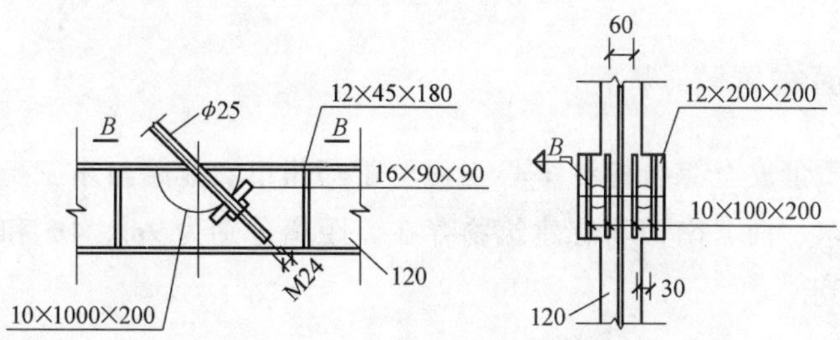

图 15-6 ②节点构造（ϕ25 拉杆下端连接）

建筑物四角：采用上拉下撑的方式，四角处平台剖面图如图15-7所示。

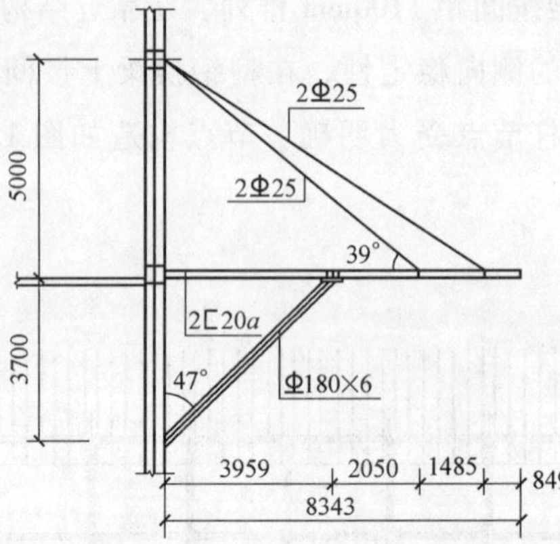

图15-7 四角处平台剖面图

型钢平台上搭设满堂模架。120mm厚板下，立杆沿框架边梁方向布置，间距为1100mm，垂直边梁方向间距为1000mm，水平拉杆步距为1500mm；端部空心斜板（250mm厚）下，立杆沿框架边梁方向间距1100mm，垂直边梁方向间距为600mm，水平拉杆步距为1500mm；350mm×1250mm梁下，立杆沿框架边梁方向布置，间距为500mm，垂直边梁方向间距为500mm，水平拉杆步距为1500mm；400mm×955mm梁下，立杆沿框架边梁方向布置，间距为550mm，垂直边梁方向间距为450mm，水平拉杆步距为1500mm；250mm×500mm梁下，立杆沿框架边梁方向间距1100mm，垂直边梁方向布置间距为500mm，水平拉杆步距为1500mm。

竖向剪刀撑布置：满堂模架外侧周圈由下至上设竖向连续式剪刀撑，中间纵、横向每隔4排支架立杆由下至上设置竖向连续式剪刀撑；水平剪刀撑布置在竖向剪刀撑部位的顶部斜板和扫地杆处。

模架每步均与楼层内结构支架相连；与框架柱相交处的模架均用钢管间隔1000mm将框架柱与模架连接牢固。

15.4 施工部署

15.4.1 施工平面布置

河南省农产品质量安全综合检测中心工程位于郑州市农业路与东三街交叉口西北角，施工场地狭小，在其东、西、南面均有建筑物存在，距离分别为9m、4m和12m。施工现场平面布置如图15-8所示。

15.4.2 施工进度计划

施工进度计划见表15-1。

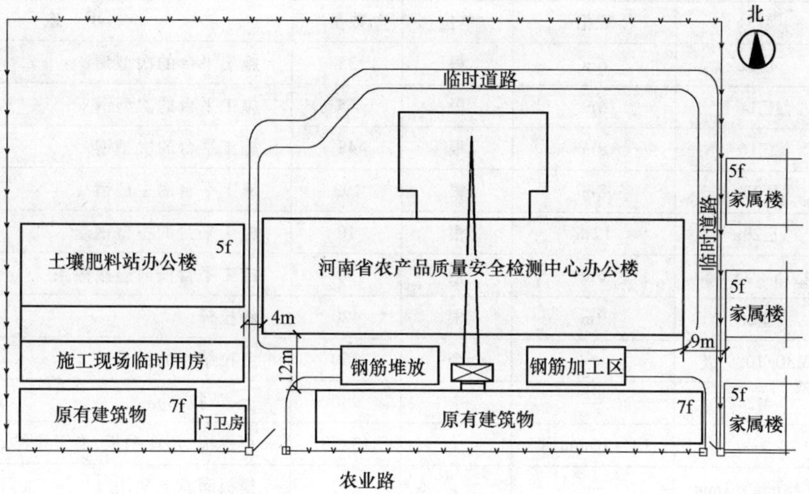

图 15-8　施工现场平面布置

表 15-1　施工进度计划

序号	工作内容	第1月		第2月		第3月		第4月		第5月		第6月	
		15	30	15	30	15	30	15	30	15	30	15	30
1	层面混凝土浇筑,卡环、下斜撑预埋	■	■										
2	层顶一层花架,上吊点预埋			■	■								
3	型钢进场制作、预埋、平台搭设				■	■	■						
4	挑檐模板支架,混凝土浇筑						■	■					
5	挑檐模板拆除							■					
6	装饰支架调整								■				
7	挑檐氟碳漆施工及验收										■	■	
8	装饰支架拆除											■	
9	型钢平台拆除												■

15.4.3　材料计划

材料用量计划见表 15-2。

表 15-2　材料用量计划

名称	型号	规格	单位	数量	用　途
工字钢	Ⅰ20a	9m	根	60	施工平台的主型钢
	Ⅰ20a	12m	根	4	施工平台的主型钢

（续）

名称	型号	规格	单位	数量	用途
槽钢	[12	6m	根	35	施工平台的次型钢
	[14	6m	根	45	施工平台的次型钢
	[16	8m	根	48	施工平台的次型钢
	[20a	8m	根	193	施工平台的主型钢
	[20a	12m	根	10	施工平台的主型钢
角钢	∟75×75×5	6m	根	80	施工平台横向连接檩条
钢筋	Φ25	9m	根	420	斜拉杆
螺栓	M30/10.9级	—	个	260	上拉结点的销子
螺母	M24	—	个	980	上、下拉结点
钢板	—	10~16mm厚	t	13.53	止推板、预埋钢板、上下拉结点的构造
钢管	ϕ48mm×3mm	—	t	287	模板满堂支架用
扣件	马铁	—	个	74360	模板满堂支架用
立网	阻燃型	1.8m×6m	m^2	3700	施工平台平面、脚手架外立面防护
平网	—	2m×6m	m^2	1500	施工平台上铺安全防护
脚手板	竹串片	—	m^2	1700	施工平台上铺安全防护

15.4.4 设备计划

塔式起重机1台，电焊机6台，施工升降机1台，手动葫芦4个。

15.4.5 劳动力计划

搭设人员要求全部持证上岗。劳动力计划见表15-3。

表15-3 劳动力计划

序号	工种	数量	备注	序号	工种	数量	备注
1	专职安全员	3	作业队2人，项目部1人	4	电工	2	持证上岗
2	架子工	15	全部持证上岗	5	塔式起重机司机	2	持证上岗
3	电焊工	6	持证上岗	6	司索工	2	持证上岗

15.5 施工工艺

15.5.1 作业条件

（1）施工方案编制完成，并经过专家论证。

（2）屋面钢筋混凝土结构施工完成。

（3）边梁混凝土强度达到 C30。

15.5.2 工艺流程

型钢挑梁加工→型钢挑梁定位→预埋型钢挑梁卡环→预埋斜拉杆上部预埋件→安装型钢平台→铺设防护网→搭设模架→模板支设→钢筋绑扎→检查验收→混凝土浇筑与养护→模板拆除，架体调整为装饰用脚手架→装饰施工→架体拆除→平台拆除。

15.5.3 施工要点

1. 预埋件安装

第 12 层顶板（46.8m）施工时，进行型钢挑梁定位和型钢挑梁卡环预埋（卡环采用 ϕ20 钢筋），埋入板内，锚固长度为 30*d* 且不小于 60cm；在端部弯 180°弯钩，弯钩平直段长度为 3*d* 且不小于 100mm。51.2m 边梁施工时，预埋斜拉杆上部预埋件（图 15-9）；花架梁混凝土强度达到 C30 后，可以开始进行型钢平台安装。挑梁定位环埋设构造如图 15-9 所示。

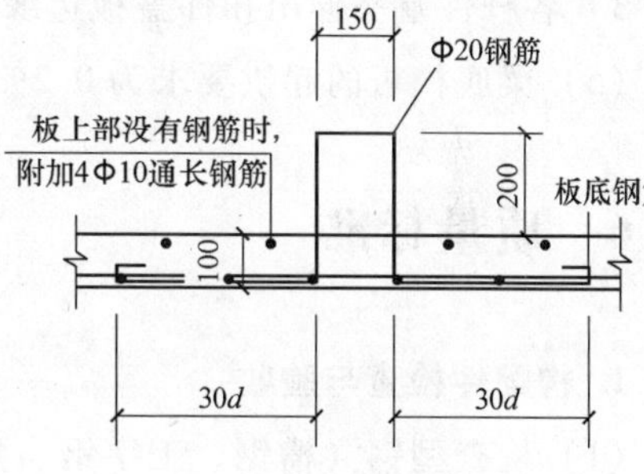

图 15-9 挑梁定位环埋设构造

2. 悬挑模架平台安装要点

（1）平台施工按照先中间后四角的顺序，先安装中间一跨，然后由两个班组向相反方向逐跨安装。安装前在楼层面上弹出型钢位置线和控制边线。

（2）将[20a 型钢从预埋卡环穿过，按照控制线将型钢向外推到建筑物边。将 2ϕ25 拉杆挂在 51.2m 处的预埋件上，后端钢板销入花架边框梁预埋钢板的耳板上，2ϕ25 拉杆下端穿过型钢拉点预留孔，并套上螺母拧至预紧位置。然后继续向外推运型钢至指定位置，焊接止推钢板。待相临型钢安装后，用[12 拉条临时固定相邻型钢形成平台。通过逐根调节拉杆端头，使型钢平面平整，标高一致。

（3）[20 型钢卡环处用方木楔紧。

（4）逐跨由内向外铺脚手板，将[12 拉条与[20a 型钢焊接固定，铺安全网，形成悬挑模架平台。

3. 模板支架施工要点

（1）立杆的安装。立杆插入[20 型钢上焊接的 5cm 长ϕ25 钢筋上。立杆接长接头，采用对接扣件连接，立杆上的对接扣件应交错布置，两根相邻立杆的接头不应设置在同步内，同步内隔一根立杆的两个相隔接头在高度方向错开，距离不宜小于 500mm，各接头中心至主节点的距离不宜大于步距的 1/3。梁的每根立杆底部必须设置在型钢上。

（2）水平拉杆的安装。扫地杆采用直角扣件固定在距底座上皮不大于 200mm 处的立杆上。水平拉杆步距 1500mm，水平杆接头错开在不同的框格层中。

（3）剪刀撑、横向斜撑的设置。

1）竖向剪刀撑布置：纵、横向均设置，满堂架外侧周圈应由下至上设置竖向连续式剪刀撑，中间纵、横向每隔4排支架立杆由下至上设置竖向连续式剪刀撑，其宽度为4根立杆的距离，斜杆与地面的倾角宜为45°~60°。

2）水平剪刀撑布置：在竖向剪刀撑部位的顶部斜板和扫地杆处设置水平剪刀撑。剪刀撑应随立杆、水平杆同步搭设。剪刀撑应采用搭接，搭接长度不得小于500mm，用两个旋转扣件分别在离杆端不小于100mm处进行固定。

（4）扣件安装。

1）扣件螺栓拧紧，扭力矩不应小于40N·m。

2）主节点处扣件的中心线距主节点的距离不应大于150mm。

3）各杆件端头伸出扣件盖板边缘的长度不应小于100mm。

（5）梁底模板的起拱要求为0.2%。

15.6 质量标准

1. 构配件检查与验收

（1）检查型钢（槽钢、工字钢、角钢）、钢筋、螺栓等材料的产品合格证和检测报告。

（2）检查钢管产品的质量合格证。

（3）检查钢管外观：平直、光滑，无裂痕、结疤、分层、错位、硬弯、飞边、压痕和深的划痕等缺陷。

（4）检查钢管的外径、壁厚是否满足规范要求。

（5）检查钢管表面的锈蚀深度是否满足规范要求。

（6）检查扣件的生产许可证、法定检测单位的检测报告和产品合格证。

（7）检查扣件的实体质量，不得有裂痕、变形，螺栓不得有滑扣。

2. 钢平台检查与验收

（1）搭设前对边梁进行验收，混凝土强度等级不小于设计强度。

（2）钢平台原材料试验验收，套扣、焊缝力学性能检测。

（3）钢平台的稳定性验收，拉杆受力检查，进行预压验收。

（4）型钢平台的技术要求、允许偏差与检验方法见表15-4。

表15-4 型钢平台的技术要求、允许偏差与检验方法

项次	项目	技术要求	允许偏差/mm	检查方法与工具
1	焊接材料的品种、规格、性能	符合设计和规范要求	—	检查焊接材料的质量合格证明文件、中文标志及检验报告等
2	材料匹配(焊条等)	符合设计和规范要求	—	检查质量证明书

（续）

项次	项目		技术要求	允许偏差/mm	检查方法与工具
3	焊工证书		合格、有效	—	检查焊工的岗位证书的认可范围、有效期
4	焊接材料的外观质量		外观不应有药皮脱落、焊芯生锈等缺陷	—	观察检查
5	焊缝外观质量（三级）	未焊满	$\leqslant 0.2\text{mm}+0.04t$，且$\leqslant 2.0\text{mm}$	每100焊缝内缺陷总长≤25.0	尺量检查
		根部收缩	$\leqslant 0.2\text{mm}+0.04t$，且$\leqslant 2.0\text{mm}$	—	尺量检查
		咬边	$\leqslant 0.1t$，且$\leqslant 1.0\text{mm}$	—	尺量检查
		弧坑裂纹	允许存在个别长度≤5.0mm的弧坑裂缝	—	尺量检查
		电弧擦伤	允许存在个别电弧擦伤	—	观察检查
		接头不良	缺口深度$0.1t$，且≤1.0mm	每100焊缝不应超过1处	尺量检查
		表面夹渣	深$\leqslant 0.2t$，长$\leqslant 0.5t$，且≤20.0mm	—	尺量检查
		表面气孔	每50mm焊缝长度内允许直径$\leqslant 0.4t$，且≤3.0mm的气孔有2个，孔距≥6倍孔径	—	尺量检查
6	焊缝尺寸偏差	搭接焊	搭接长度	±5	尺量检查
			焊脚尺寸	不小于$t/4$	
		T形焊	T形接头缝隙	1.5	尺量检查
			焊脚尺寸	不小于$t/4$	
7	焊缝外观		外形均匀，成型较好，焊道与焊道、焊道与基本金属间过渡较平滑，焊渣和飞溅物基本清除干净	—	观察检查
8	拉杆质量	套丝质量	原材料质量合格	—	检查质量证明文件
			丝扣加工良好；丝扣与螺母匹配	—	观察检查
			螺栓实物最小荷载检验的抗拉强度满足要求	—	拉力试验
9		拉杆受力情况	拉杆不得有弯曲现象 拉杆顺直，只受沿杆向拉力	—	观察检查
10	斜撑钢管	材料质量	符合设计要求	—	检查质量证明文件
		直径d	—	$\pm d/500$，±5.0	用钢直尺检查
		构件长度L	—	±3.0	
		管口圆度	—	$d/500$，且不应大于5.0	
		管面对管轴垂直度	—	$d/500$，且不应大于3.0	用焊缝量规检查
		弯曲矢高	—	$L/1500$，且不应大于5.0	用拉线和钢直尺检查
		对口错边	—	$t/10$，且不应大于3.0	

3. 模架检查与验收

（1）模板支架在搭设过程中应对杆件的设置、连接件、构造措施进行跟踪检查。

（2）模板支架搭设完毕在支设模板前，对架体进行验收，必须满足本方案的设计构造要求及规范要求。

（3）在浇筑混凝土前，对模板支架系统进行预压验收。

（4）在混凝土浇筑过程中严禁超载。

（5）模架施工技术要求、允许偏差与检验方法见表15-5，每步检查验收必须做好记录备查。

表15-5 模架施工技术要求、允许偏差与检验方法

项次	项目		技术要求	允许偏差/mm	检查方法与工具
1	立杆垂直度	搭设中检查偏差的高度(m)	总高度按照10m标准		用经纬仪或吊线和卷尺（中间档次用插入法）
		$H=6.7$	误差	±7	
2	间距	步距 1.5m 纵距 1.1m 横距 1.1m	—	±20 ±20 ±20	钢直尺
3	纵横水平拉杆高差	一根杆的两端	—	±20	水平仪或水平尺
		同跨内两根纵向水平拉杆高差	—	±10	
4	扣件安装	主节点处各扣件中心点相互距离	≤150mm	—	钢直尺
		同步立杆上两个相隔对接扣件的高差	≥500mm	—	钢直尺
		立杆上的对接扣件至主节点的距离	≤$h/3$	—	钢直尺
		纵向水平杆上的对接扣件至主节点的距离	≤$l_a/3$	—	钢直尺
		扣件螺栓拧紧扭力矩	≥40N·m	—	扭力扳手
5	剪刀撑斜杆与地面的倾角		45°~60°	—	角尺
6	脚手板外伸长度	对接	130~150mm	—	钢卷尺
		搭接	≥100mm	—	钢卷尺

15.7 型钢平台的拆除

型钢平台待大挑檐装饰施工完成后全部拆除，具体方法为：装饰施工完成后，按照由外向内的顺序，逐排拆除水平杆、立杆，操作人员要将安全带挂在未拆除的水平杆上。脚手架拆除过程中，随即将外跨的脚手板移进楼层内并拆除各悬挑槽钢之间的连接杆件。最后，在悬挑型钢上焊接拉环，通过型钢上的拉环将型钢拉入楼层内，然后放松上部斜拉钢筋。将型钢运送至料台位置，由塔式起重机吊运至地面。

15.8 施工安全保证措施

15.8.1 组织保障

施工前建立施工安全保证体系领导小组和岗位责任制度。公司级：由公司总工程师领导公司质量技术处、安全管理处、工程管理处对施工进行指导、方案审批、专家论证、过程检查和监督。项目级：成立由项目经理任组长，项目生产副经理、项目技术负责人、项目专职安全员任副组长，生产部长、技术质量部长、施工班组长、劳务队专职安全员任组员的安全施工领导小组，对施工全过程的安全进行检查、落实。重点做到安全责任的落实，谁施工谁负责、谁签字谁负责、谁管理谁负责。项目部与管理人员、施工班组长，班组长与施工人员层层签订施工安全责任书，把责任统一到项目部整体高度又分解到具体的每个施工人员身上。专职安全员和施工技术人员每天跟班作业，做到防患于未然，及时发现问题，及时解决问题。

15.8.2 技术措施

1. 高空作业安全技术措施

(1) 必须有完善的安全防护措施，按规定设置安全网、安全护栏、安全挡板等。脚手架在操作层下面留设一步脚手板以保证安全。

(2) 遇有6级以上大风或大雾天气应暂停高处作业，雨雪后操作要注意防滑。

(3) 进入施工现场的人员，必须戴好安全帽、系好安全带和备好劳动防护用品。

(4) 施工前由项目部组织施工班组认真学习研究技术交底和施工方案。

(5) 患有高血压、心脏病，晕高或视力不好及其他不适合登高作业的人员，不得从事搭设作业。

(6) 穿紧身紧袖衣服，穿防滑鞋，正确佩戴安全带，并与固定物挂牢。

(7) 操作人员对操作环境有权向项目部提出改善的建议。

(8) 有紧急情况时及时报告项目部管理人员。

2. 型钢平台施工安全技术措施

(1) 使用的槽钢、钢筋，使用前要作荷载检验，必须满足相关规范的要求。

(2) 设专人指挥塔式起重机作业。

(3) 屋面以上，待51.17m标高处的结构混凝土浇筑15d后，将外防护双排架拆除至屋面处，然后开始放置悬挑槽钢。

(4) 按照施工要点，对工人进行安全、技术交底。将型钢前端吊点和后上方钢筋斜拉吊点安装后，工人在楼层内将槽钢逐步递送出去。

(5) 一跨内的型钢定位后，将型钢后端与预埋卡环之间用楔形块固定牢固，焊工站在12层处的外双排架上焊接止推钢板，佩戴的安全带与主体结构相连接。

(6) 放好槽钢后，从内向外铺设脚手板，调整型钢前端螺栓，并焊接纵向三道连接型钢，保证平台的整体稳定性。在脚手板上先铺大眼网，然后铺密目安全网作为施工模板支架的操作平台。

(7) 型钢平台的施工，从一跨开始，向两边逐跨进行，确保安全。

(8) 型钢平台拆除时，逐跨进行，将待拆除的某跨型钢平台的连接构件取走后，工人向楼层内拉悬挑出去的槽钢，直至重心完全放到楼层上后，将钢筋拉杆收起，运送型钢至能够吊装的位置，由塔式起重机吊运至地面。

（9）平台搭设和拆除的过程中，工人操作始终在楼层内和有防护保证的平台上施工。

3. 模板支架施工安全技术措施

（1）搭设和拆除前，对工人进行施工技术交底和安全交底。施工过程中，施工现场要有专人全过程监控施工，随时解决施工中的问题。

（2）设专人指挥塔式起重机作业。

（3）搭设时从楼层内开始，向外逐排施工，每施工一排，要与楼层内的主体结构进行可靠连接。待脚手架搭设完成并检查无误后，按跨平铺方木和模板，然后在其上施工钢筋工程和混凝土工程。

（4）脚手架搭设过程中，现场应有技术人员进行过程监督，随时解决施工中的问题；脚手架搭设完成后，由项目部组织现场施工人员进行预验收，然后请公司各相关部门组织验收。

（5）未搭设完的脚手架，在离开时不留未固定的杆件和扣件。

（6）在脚手架搭设和使用过程中，必须随时进行检查，清除架上的垃圾，注意控制架上荷载，禁止在架上堆放材料和多人挤在一起，禁止随意拆改。

（7）风、雨、雪后应对脚手架进行详细检查，发现有接头松动、架子歪斜等情况应及时处理。

（8）必须有良好的避雷装置，脚手架等均应可靠接地。

（9）拆除时分为两个步骤：第一步拆除模板和部分立杆、水平杆，将结构支架调整为装饰脚手架，具体做法为：将最上层的水平杆均匀下落30cm，将方木取出，然后逐跨逐块将模板取出。按照纵、横间距约为1500mm有计划地拆除部分立杆，按照现场的结构形式搭设成台阶形装饰架，净高控制在1700mm左右。第二步，待大挑檐部分装饰施工完成后全部拆除，具体做法为：装饰施工完成后，按照由外向内的顺序逐渐排拆除立杆、水平杆，操作人员要将安全带挂在未拆除的水平杆上。

（10）拆除脚手架前，班组成员要明确分工，统一指挥，操作过程中精力要集中，不得东张西望和开玩笑，工具不用时要放入工具袋内。

（11）拆除脚手架的大横杆和剪刀撑时，应先拆中间扣，再拆两头扣，由中间操作人员往下递送，不得往下乱扔。

（12）拆除过程中最好不要中途换人，如需换人时，应将拆除情况交代清楚。

（13）拆除过程最好不要中断，如必须中断应将拆除部分处理完毕，并检查是否会倒塌，确认安全后方可停歇。

（14）拆除的脚手架杆、脚手板、钢管、扣件等材料应往里传递或用绳索吊下，不得往下投扔，以免伤人。拆除完成后应将材料分类堆放，堆放地点要平坦，下设支垫，排水良好。

4. 安全网的安装

(1) 安装前必须对安全网、立杆、横杆、锚固点进行检查，确认无误后方可开始安装。

(2) 安全网安装以系结方便、连接牢固又易解开、受力后不会散脱为原则。多张安全网连接使用时，相邻部分应紧靠或重叠。

5. 荷载控制

(1) 施工作业平台上严禁堆放杂物。

(2) 模板施工时严禁将吊运的成捆方木、模板集中堆放在支架上。

(3) 钢筋施工时严禁将钢筋集中堆放。

(4) 混凝土施工时采用布料机输送混凝土，严禁将混凝土成堆放置，尤其注意板内混凝土先浇筑，梁内混凝土后浇筑，并在梁、板交接处安装钢丝网，严禁梁内混凝土无限制地流到板上。

(5) 施工时，尤其是混凝土施工时，作业人员要划分施工区域，严禁扎堆。

(6) 施工时做好现场指挥管理工作，上述禁止事件不得发生。

6. 监测监控

(1) 型钢平台施工过程中的监测监控

1) 型钢平台的原材料质量复试。

2) 预埋件的锚固深度。

3) 焊接构件的焊缝质量，螺栓连接的套扣质量。

4) 搭设时定位准确。

5) 搭、拆过程中均有防坠落措施，工人在楼层内作业。

6) 作业平台横向之间焊接连接牢固，保证整体稳定。

7) 进行施工平台预压，按三等水准测量，填写平台沉降观测表，并对预压验收表签字认可。

8) 施工过程中，在型钢平台的主型钢跨中设观测点，观测型钢平台的挠度值，控制在25mm以内。出现较大的变形趋势时，及时通知各作业面暂停施工，确保隐患排除后再进行施工。

9) 派专人观测吊环和钢筋拉杆各锚固点的情况，发现异常及时处理。

(2) 钢管脚手架施工过程中的监测监控

1) 所用材料均应满足要求，不同直径的钢管严禁混用，壁厚不小于3mm，扣件质量确保合格。

2) 搭设前保证施工平台已防护到位。

3) 脚手架边搭设边与主体结构连接牢固。

4) 严格按施工方案进行搭设。

5) 搭、拆过程中防止发生高空坠落事故。

6）脚手架搭设完成后，钢筋混凝土施工前进行支架预压，支架沉降监测点应在支架顶部、底部对应位置分别布置，预压监测采用三等水准测量，填写支架沉降监测表，并对预压验收表签字认可。

7）派专人检查架体的受力情况、变形情况以及扣件有无松动等现象，发现类似情况及时通知各作业面暂停施工，确保隐患排除后再继续施工。

15.9 型钢平台计算书（略）

轨道箱梁高支模施工方案

尹振宇　王福全

中铁建工集团有限公司深圳分公司

16.1　工程概况

郑州东站位于郑州市东新区东风南路东侧。站房建筑共三层，分别为地面层、站台层和高架层。东西长502.7m，南北宽245.2m，最高点距地面52.3m，总建筑面积402731m²。站台层设正线桥两条（徐兰正线与石武正线，设16个站台32条铁路线路），分别为R轴轨道梁和J、H轴轨道梁。正线桥站房范围内桥梁立面如图16-1所示，其中1、2、3、4及8、9、10、11跨为跨度20m简支桥梁；5、6、7跨为24m+30m+24m连续刚构桥。简支梁混凝土方量为320m³，连续刚构桥混凝土方量为1200m³。轨道梁体采用单箱三室槽形梁（图16-2）。箱梁高3.92m（全梁等高），宽12.5m，箱梁底板采用折线形，箱梁顶板厚0.5m，底板厚0.6m，腹板厚1.0m，梁顶以上槽型梁腹板厚0.85m，高1.89m。

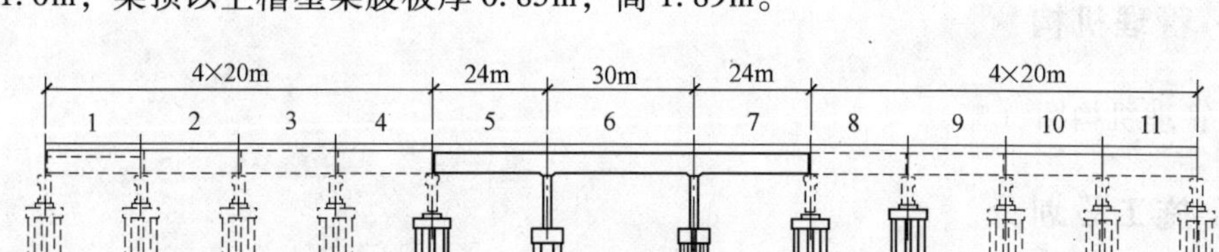

图16-1　正线桥站房范围内桥梁立面图

线路经过黄淮冲积平原，均为第四系地层，总厚度大于100m。表层为第四系全新统冲洪积粉土、粉质黏土、淤泥质粉质黏土、粉细砂及中砂等地层，呈夹层或互层状；下伏第四系上更新统冲洪积粉质黏土、粉土、粉砂~中砂，偶夹薄层砾石及钙质胶结层。

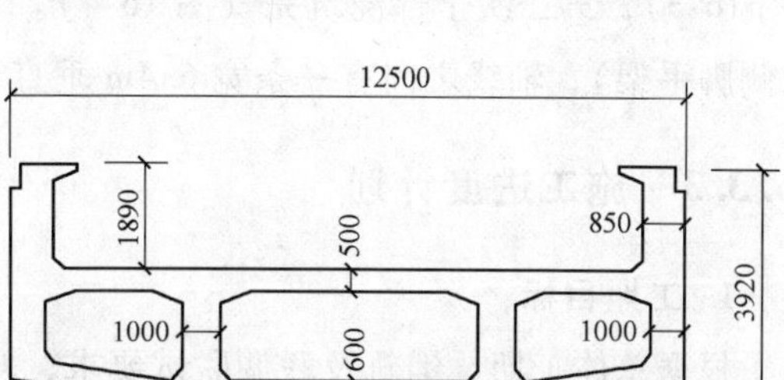

图16-2　正线桥箱形梁断面图

地表零星分布人工杂填土。地表水较发育，环境水水质较好，对混凝土一般无腐蚀性。局部地铁反梁处及承台与地铁顶板处理措施见施工工艺地基处理部分。

16.2 编制依据

（1）郑州东站正线大桥施工图纸。

（2）《客运专线铁路桥涵工程施工质量验收暂行标准》铁建设［2005］160号。

（3）《客运专线铁路桥涵工程施工技术指南》（TZ 213—2005）。

（4）《建筑施工模板安全技术规范》（JGJ 162—2008）。

（5）《建筑施工扣件式钢管脚手架安全技术规范》（JGJ 130—2011）。

（6）《建筑施工碗扣式脚手架安全技术规范》（JGJ 166—2008）。

（7）《建筑工程大模板技术规程》（JGJ 74—2003）。

（8）《钢管满堂支架预压技术规程》（JGJ/T 194—2009）。

（9）《混凝土结构工程质量验收规范》（GB 50204—2002）（2011版）。

（10）《建筑施工安全检查标准》（JGJ 59—1999）。

（11）《施工现场临时用电安全技术规范》（JGJ 46—2005）。

（12）《危险性较大的分部分项工程安全管理办法》建质（2009）87号。

16.3 施工计划

徐兰正线桥与石武正线桥分别独立施工，根据施工场地的情况，两条正线桥按照相同的施工顺序施工。首先施工1、3、9、11跨，再施工2、5、6、7、10跨，最后施工4、8跨。

16.3.1 管理机构

施工管理机构图（略）。

16.3.2 施工段划分

正线轨道支架高度为8.1m，分两次浇筑。第一次浇筑至箱梁顶板底，浇筑高度为2.0m（图16-3），第二次全部浇筑完（图16-4）。每条轨道梁支架搭设范围为238m×14.5m（含两侧脚手架），轴线之间有一条宽6.4m垂直于轨道的支架相连。

16.3.3 施工进度计划

1. 工期目标

根据总体工期、铺轨及联调联试要求，郑西正线桥、石武正线桥轨道梁施工自2010年6月28日至2010年10月15日完成，总工期110d。进度计划图（略）。

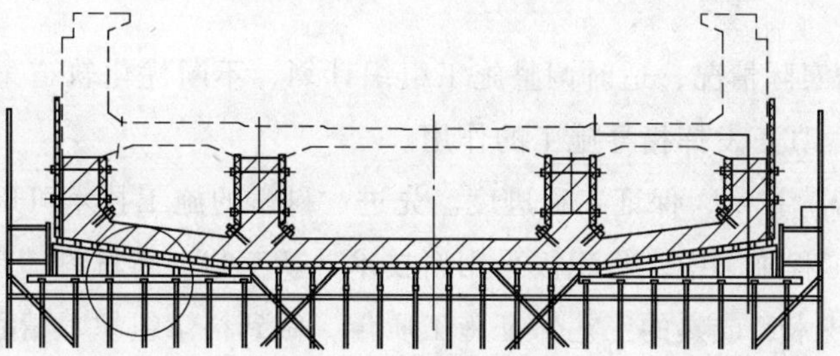

图 16-3　第一次浇筑示意图

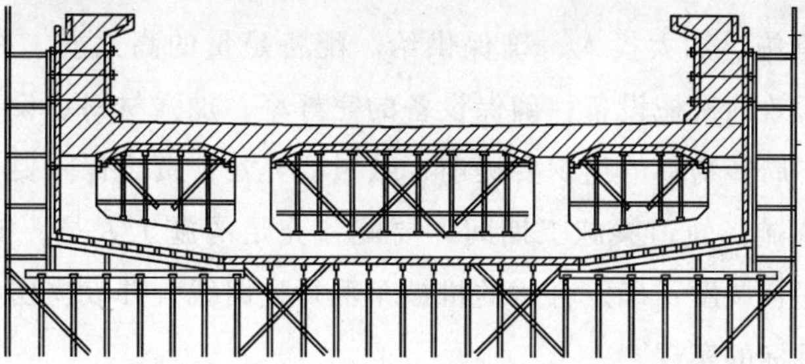

图 16-4　第二次浇筑示意图

2. 进度保证措施

（1）组织措施。强化组织机构，项目经理部各部室间要加强沟通，团结协作，实行科学、有效的施工管理和过程控制。

根据轨道梁具体施工情况划分施工区段，部署各区段的攻坚任务，各负其责，责任到人，建立并落实施工质量和进度奖罚制度。

（2）进度计划措施 。施工期间，建立进度控制组织系统，按轨道梁施工的结构、进展阶段进行目标分解，确定其进度目标，编制月、周作业计划，做到以日保周，以周保月，并做好施工进度记录。

（3）技术措施。

1）施工前，项目总工程师组织有关技术人员认真进行图纸审核，编制分项分部施工技术方案，特殊工序的作业指导书应超前策划，超前准备；提前编制各类材料、设备需求计划，确保工程按计划进行。

施工中利用网络技术进行工期控制，重点抓好关键工序的施工管理，确保关键工序的施工进度。对影响总工期的工序和作业环节给予人力和物力的充分保证，确保总进度目标的实现。

做好总体部署，合理安排工序，为加快施工进度创造条件。

切实实行技术交底制度，施工技术人员要在施工前及时向班组做好详尽的技术交底，并加强施工过程控制，杜绝技术责任事故的发生。

加强质量通病的预防，对易出现质量问题的部位，提前制定预防措施，保证工程的施工质量。

2）根据施工的实际情况，适时调整施工组织计划，不断优化轨道梁施工方案，使其更加合理，切实可行，真正发挥指导施工的作用。

3）采用“四新”技术，保证工程进度。先进、科学的施工技术可以确保施工质量，缩短施工工期。在本工程施工中，将积极采用新技术、新工艺、新材料、新设备，并充分利用我公司积累的先进技术和成熟的工艺保证施工质量，做到科学组织、精心施工，运用科学的管理方法和先进的施工技术，不断提高机械利用率和机械化施工的综合水平，不断降低施工成本，提高劳动生产率。

(4) 资源保障措施。加大投入，确保供给。配备足量的高素质、有丰富施工经验的劳务人员；投入精良高效的机械设备，确保设备的完好率；加强材料、设备的计划、采购、供应及现场使用管理；周转物料的组织要提前，数量要充足；资金保障要得以落实。

(5) 时间保障措施。轨道梁施工期间，要配备充足的施工人员，安排三班人员昼夜施工，现场设专人指挥、调度；确定合适的机械车辆行进路线，并设立明显标志，防止相互干扰碰撞，保证工期目标的实现。

(6) 环境措施。积极与相关方沟通协调，营造良好的外部建设环境，为工程施工创造良好的条件，使轨道梁施工按期完工得到切实可靠的保障。

16.3.4 材料与设备计划

1. 机械

主要施工机械设备见表16-1。

表16-1 主要施工机械设备

序号	名 称	规格型号	产地	单位	数量	现状
1	搅拌机	HSL220	青岛	台	2	完好
2	发电机	GF-300	江苏	台	3	完好
3	混凝土输送泵车	臂长37m	三一重工	台	1	完好
4	混凝土输送泵车	臂长44m	三一重工	台	1	完好
5	混凝土输送泵车	臂长46m	三一重工	台	1	完好
6	装载机	ZLC50C	柳州	台	3	完好
7	电焊机	BX-500	天津	台	12	完好
8	电焊机	500型	浙江	台	14	完好
9	混凝土运输车	$8m^3$/车	北京	台	15	完好
10	温控系统			套	1	完好
11	张拉千斤顶	YDC5000	柳州	台	4	完好
12	张拉千斤顶	YDC3000	柳州	台	4	完好
13	单根张拉千斤顶	YCW270	柳州	台	2	完好
14	压浆泵		开封	套	2	完好

（续）

序号	名　称	规格型号	产地	单位	数量	现状
15	真空泵		开封	台	2	完好
16	起重机	25t	湖南	台	4	完好
17	提浆机	14m	广东	台	4	完好
18	钢筋弯曲机	GW-40	山东	台	12	完好
19	钢筋切断机	GQ-40	甘肃	台	12	完好
20	高压液压泵	ZB4-500	柳州	台	8	完好
21	卷扬机	3.5t	柳州	台	4	完好
22	振捣棒	38、40 棒	河南	台	60	完好
23	空气压缩机	75L	浙江	台	2	完好

2. 物资

（1）模板及支架。本工程正线轨道层施工基于工期的要求，不考虑周转，一次性投入。

（2）其他材料。砂石料的储备：搅拌站设 48m×80m 料场（带雨棚），堆料平均高度以 1.5m 计，可储料 $21000m^3$。水泥采用散装水泥，搅拌站设 6 个 200（t/个）的水泥罐，矿粉和粉煤灰分别设 2 个 150（t/个）的储存罐；外加剂采用液体外加剂，储料约 2×50t；钢材料场设 $2m\times5000m=10000m^2$ 储料场。

16.3.5 劳动力计划

劳动力配置计划见表 16-2。

表 16-2　劳动力配置计划

序号	班　组	人数	序号	班　组	人数
1	钢筋工	200	5	预应力工	50
2	模板工	240	6	架子工	160
3	混凝土工	120	7	安装工程（水电专业）	30
4	养护工	30	8	普工	160

16.4 模板支架搭设方案

鉴于线路经过区域的地基承载力不足 180kPa，计划对地基处理后再搭设模板支架。

16.4.1 支架基础处理

支架基础处理范围：桥梁宽每边增加 1.5m 以内，承载力不足 180kPa 的区域均进行 CFG 桩复合地基处理，采用 CFG 桩+褥垫层处理方式，上部再浇筑 250mm 厚钢筋混凝土。桩径 400mm，桩长 12.8m，最大桩间距不超过 1500mm。

地基处理完毕后，需要进行桩的完整性检验，抽检10%进行低应变试验。

CFG桩顶设100mm厚褥垫层，褥垫层施工完后进行试验检测，检测结果应符合验收标准：地基承载力≥180kPa。

褥垫层上浇筑250mm厚钢筋混凝土（钢筋为单层双向ϕ12@200，钢筋铺设在底层，保护层40mm，混凝土为C20）。施工时采用平板振动器进行振捣，人工整平，保湿养护7d。混凝土强度达到75%后方可进行支架搭设，浇筑结构混凝土前基础混凝土强度应达到100%。

排水措施：混凝土面层设置双向0.5%的横坡，支架基础施工完毕后在基础外两侧1.5m处各挖设一条排水沟（0.4m宽、0.3m深，砂浆抹面），排水沟穿过施工便道处安设*D*400钢筋混凝土管，排水引至一处集中处理，保证施工期间基础无积水。

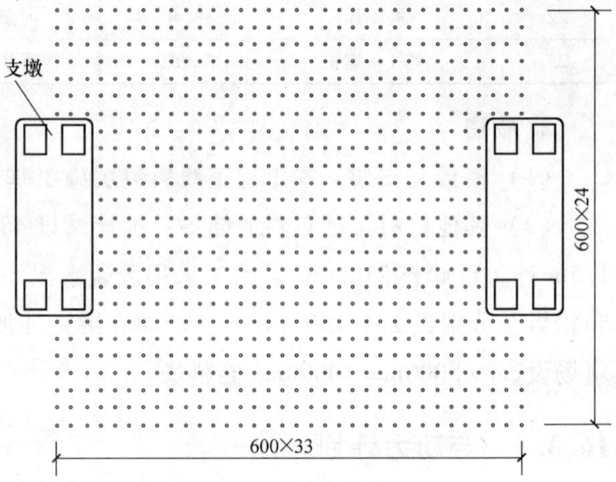

图16-5 模板支架立杆布置图

16.4.2 支架搭设

模板支架采用碗扣式脚手架搭设，立杆间距为600mm×600mm（图16-5），横杆间距为1200mm（图16-6）；支架下方设置150mm×150mm底托，垫板采用厚5cm、宽20cm、长400cm的松木板；支架上方设置可调顶托，用以微调模板标高，顶托上方纵向设置2根[10槽钢，槽钢上方横向设置100mm×100mm方木（间距250mm）；底模采用18mm厚竹胶板。

剪刀撑采用ϕ48mm×3mm钢管，用扣件扣紧在碗扣支架节点附近，竖向剪刀撑沿模架

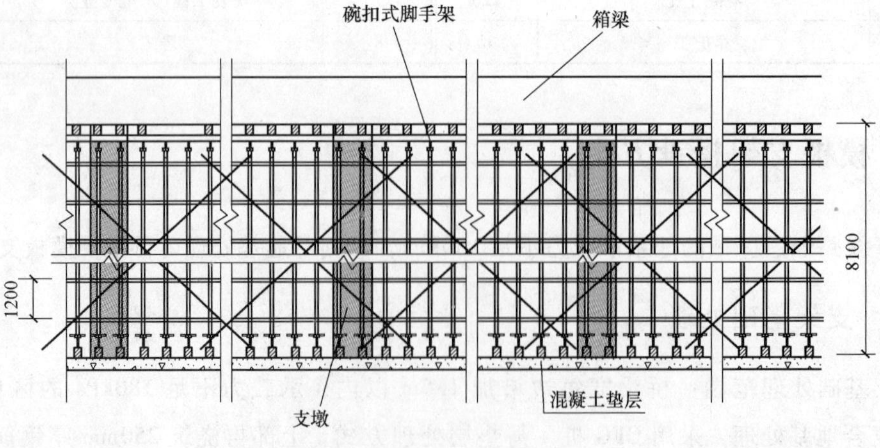

图16-6 模板支架立面图

外侧周由下至上竖向连续搭设，中间纵向布置间距为8m；水平剪刀撑布置间距为4m，顶部和底部必须设置水平剪刀撑。

16.5 施工工艺技术

16.5.1 轨道箱梁施工工艺流程（图16-7）

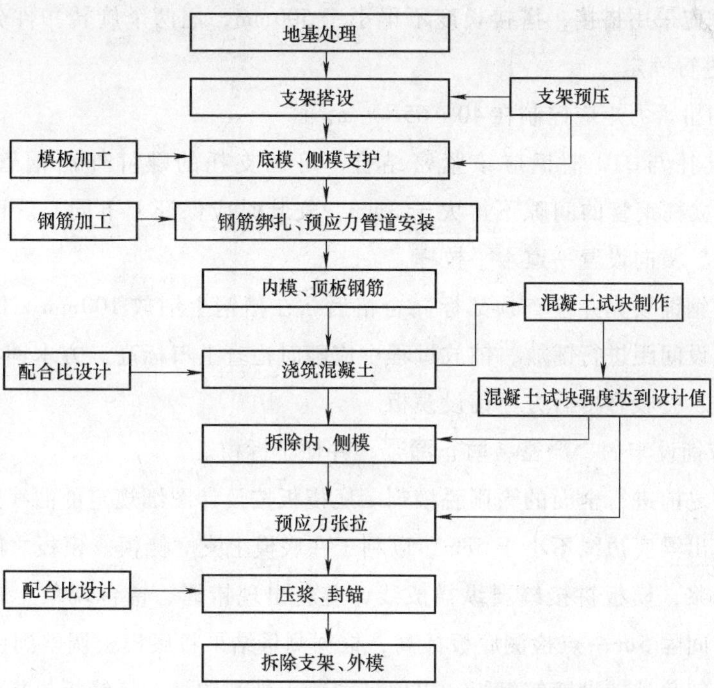

图16-7 轨道箱梁施工工艺流程

16.5.2 施工要点

（1）测量放线。模板支架搭设前，应先把标高引到架体区域内的支墩上。然后根据模板支架立杆的纵向和横向间距进行现场预排定位，在混凝土垫层上弹出控制线作为搭设模板支架的控制依据，保证模板支架立杆位置准确。

（2）搭设模板支架时应保证底层立杆的垂直度，搭设第一步水平横杆的同时要注意检查立杆是否垂直；第一步架体搭设完成后，应调整所有立杆的垂直度和水平拉杆的平整度，待全部调整完毕后方可搭设上一步架体。

搭设模板支架时应采用不同长度的立杆，相邻两根立杆的接头不应设置在同一步架内。

立杆接长时应检查立杆的垂直度，发现立杆的垂直度不符合要求时应及时调整。立杆的垂直偏差应控制在架体高度的1/500之内，防止立杆倾斜度过大，受力后产生偏心弯矩，影响支架的稳定性。

(3) 模板支架搭设时，在架体底部距地面350mm高处沿纵、横水平方向按纵下横上的程序设扫地杆。

(4) 竖向剪刀撑、水平剪刀撑随着架体的搭设同步进行，竖向剪刀撑杆件的底端应与地面顶紧，夹角宜为45°~60°，水平剪刀撑杆件与水平拉杆的夹角应控制在45°~50°之间。竖向剪刀撑和水平剪刀撑的斜杆应采用旋转扣件与立杆扣接，斜杆与立杆的扣接点距节点的距离应不大于150mm。当斜杆不能与立杆扣接时，应与横杆扣接。

(5) 剪刀撑应采用搭接，搭接长度不得小于500mm，用两个旋转扣件分别在距杆头不小于100mm处进行固定。

(6) 扣件的扭紧力矩应控制在40~65N·m。

(7) 可调支托与⊏10槽钢应该紧密结合，可调支托的螺杆伸出钢管顶部不得大于150mm，螺杆与立柱钢管的间隙不得大于3mm，安装时应保证上下同心。可调支托底部的立柱顶端应沿纵、横向设置一道水平拉杆。

(8) ⊏10槽钢铺设完并检查顶部标高合格后，在槽钢上铺放100mm×100mm方木，方木应严格按照预设间距进行铺放，铺放过程中应随时检查上口标高。方木铺设完成后，应分段组织检查验收，验收合格后方可铺设模板。

(9) 模板应铺设牢固、严密，防止漏浆，并便于拆模。

模板在安装之前进行全面的涂刷脱模剂。底模板按设计图纸规定的曲线进行铺设，梁底两侧模板要各超出梁底边线不小于5cm，以利于在底模上支立侧模。模板之间连接部位采用海绵胶条以防漏浆，模板拼接缝要纵横成线，避免出现错缝、错台现象。底模板铺设完毕后，按纵、横向间隔5m一点检测底板标高，根据测量结果将底模板调整到设计标高。

侧模与底模转角处铺设镀锌钢板，以保证混凝土外观顺滑。翼缘板模板根据测量放样定出大梁底板边缘线，在底模板上弹上墨线，然后安装侧模板。侧模板与底模板接缝处粘贴海绵胶条防止漏浆。在侧模板外侧设木方作为竖棱，间距30cm，用双排钢管作为横棱，间距40cm，侧模和内模采用对拉杆与双排钢管牢固连接，用以支撑侧模板，拉杆采用Φ14钢筋，间距按40cm×60cm布置。

箱室内模板与其他部位的模板一次性安装完成。内侧模板采用木方作为竖棱，间距40cm，采用双排钢管做横棱，每个室内根据腹板高度按等间距设置3道横棱；再用钢管做横向支撑，两端采用顶托进行支撑，并拉通线校正模板的位置和整体线型。腹板加固采用双排钢管和对拉杆系统，拉杆采用Φ14钢筋，布置间距为60cm×60cm。

(10) 施工时，已安装好的模板上的实际荷载不得超过设计值。已承受荷载的支架和附件不得随意拆除或移动。

(11) 拆模。预应力工程施工完毕后，开始进行卸架，卸架时应按“先跨中后两边”的顺序均匀拆除，严禁野蛮施工。卸架后的支架应堆放整齐，以便以后的施工。

16.6 支架预压

16.6.1 预压方案

支架搭设加固完成后，选取两跨进行支架预压，预压荷载取1.2倍箱梁自重，以检查支架的承载能力。为保证压载重量准确，要做好加载重量记录，并按箱梁的结构形式合理布置预压荷载。压载采用5级加载，前两次为总重的30%，后三次分别为总重的20%，并对各级加载认真观测，确保记录数据精确。卸载采取逐级卸载，并逐级观测。卸除预压钢筋后，调整支架施工预拱度，调整支架底模高程，并开始箱梁相关工序施工。在支架的底模下面布置测量观测点，每5m一个截面设置5个点（图16-8），在每跨的L/2、L/4及墩柱处、基坑回填处等地基薄弱的位置加设沉降观测点。

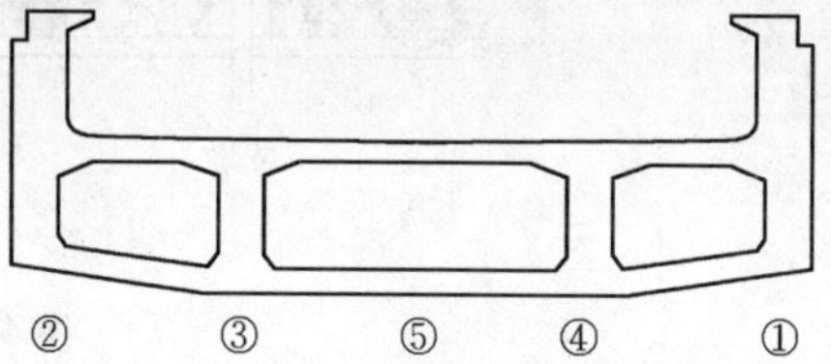

图16-8 测量观测点布置

16.6.2 预压施工步骤

（1）预压前测量各点的顶面标高 H_1 值。

（2）按设计的堆载高度，第一次加载预压，进行观测，取得各点观测值，然后加载到120%进行观测，直至各点变形基本稳定，取得预压过程中各点各时段的沉降值和最后的稳定值 H_2。

（3）稳定值的确定。支架日沉降量不大于1.0mm，表明支架已基本沉降到位，可以卸载。

（4）预压卸载后测量各点标高 H_3 值。

（5）根据测量成果进行资料整理，支架弹性变形为 H_3-H_2；支架塑性变形为 H_1-H_3。

（6）支架日沉降量不大于1.0mm，一般预压时间为3～5d即可以进行卸载，取得弹性变形数据，用来设置箱梁的预拱度。

（7）预压完成后要根据预压成果通过可调顶托调整支架的标高。

16.6.3 预压注意事项

（1）每次观测后均找监理工程师进行抽检，并将观测结果报监理工程师认可。第一次加载后，每两个小时观测一次，连续两次观测沉降不超过3mm，且日沉降量小于2mm时，进行第二次加载，按此步骤，直至第五次加载完毕。特别注意，加载要分层、对称、均匀进行。第五次加载沉降稳定后，经监理工程师同意，可进行卸载。

（2）预压时要做到预压荷载堆放均匀，严禁由一端向另一端满堆（图16-9）。

（3）模板支架预压验收记录表见表16-3。

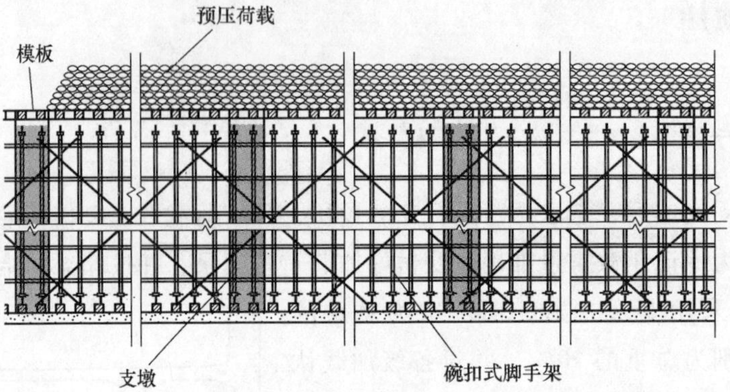

图 16-9 支架预压立面图

表 16-3 模板支架预压验收记录表

序号	验收项目	验收情况记录
1	预压范围	
2	预压采用的材料	
3	观测点位的布置情况	
4	分级加载情况	
5	满载状态下各部位的预压荷载分布	
6	最后3d预压观测的稳定情况	
7	分级加载过程中各时段的沉降、位移监测情况	

（4）卸载时，人工配合起重机对称卸载，卸载的同时继续观测。卸载完成后记录好观测值，以便计算支架及地基的综合变形。根据各观测点的标高，计算支架的弹性变形和非弹性变形，考虑预拱度，调整可调顶托，将支撑平台的标高准确调整到施工标高，然后开始下一工序施工。

16.7 质量标准

16.7.1 原材料、构配件验收

1. 碗扣式脚手架钢管

（1）有产品质量合格证、质量检查记录，进场质量检测报告合格。

（2）检查钢管外观：平直、光滑，无裂痕、错位、硬弯、飞边、压痕和深的划痕。

2. 扣件

（1）有生产许可证、法定检测单位的检测报告和产品合格证，进场抽样检测合格。

（2）检查扣件的实体质量：不得有裂痕、变形，螺栓不得有滑扣。

3. 方木、模板

有质量合格证，外观尺寸符合要求，无裂缝和翘皮。

4. 槽钢

（1）有产品质量合格证、质量检查记录。

（2）外观检查：平直、光滑，无裂痕，无严重锈蚀。

5. 可调支托

有质量合格证、外观无变形，螺杆伸缩灵活。

16.7.2 架体检查与验收

（1）模板支架搭设的允许偏差见表16-4。

（2）模板支架应在下列阶段进行检查：

1）模板支架搭设完成。

2）混凝土浇筑前。

3）浇筑混凝土时应随时检查扣件是否松动、模板和龙骨是否变形、模板支架是否摇动、模板系统是否跑模漏浆。发现大的变形和跑模漏浆时，立即通知作业班组和当班管理人员停止浇筑，查明原因并进行加固和验收后，方可继续浇筑混凝土。

表16-4 支架搭设的允许偏差

项次	项目		技术要求	允许偏差/mm	检查方法与工具
1	立杆垂直度		—	±15	用经纬仪或吊线和钢卷尺（中间档次用插入法）
2	杆件间距		—	±10	钢直尺
3	水平拉杆高差	一根杆的两端	—	±20	水平仪或水平尺
		同跨内两根纵向水平拉杆高差	—	±10	
4	扣件安装	主节点处各扣件中心点相互距离	≤150mm	—	钢直尺
		扣件螺栓拧紧扭力矩	≥40N·m	—	扭力扳手
5	剪刀撑斜杆与地面的倾角		45°~60°	—	角尺

16.7.3 模板安装检查与验收

（1）模板安装的允许偏差见表16-5。

（2）模板应在下列阶段进行检查：

1）模板支架搭设完成。

2）混凝土浇筑前。

表 16-5 模板安装的允许偏差

序号	项 目	允许偏差/mm	检验方法
1	侧、底模板全长	±10	尺量检查,不少于3处
2	底模板宽	+5 0	尺量检查,不少于5处
3	底模板中心线与设计位置的偏差	2	拉线量测
4	桥面板中心线与设计位置的偏差	10	
5	腹板中心线位置偏差	10	拉线量测
6	隔板中心线位置偏差	5	
7	模板垂直度	每米高度3	吊线尺量检查,不少于5处
8	侧、底模板平整度	每米长度2	1m靠尺和塞尺检查,不少于5处
9	桥面板宽度	±10	尺量检查,不少于5处
10	腹板厚度	+10,0	
11	底板厚度	+10,0	
12	顶板厚度	+10,0	
13	隔板厚度	+10,-5	
14	端模板预留预应力孔道偏离设计位置	3	尺量检查

16.8 质量保证措施

16.8.1 质量保证体系

1. 建立健全的质量管理组织机构

现场设质检部，属于项目部质量监察部的分支，在项目质量监察部指导下工作。为了做到人人有事干，人人有责任，根据施工工艺工序控制，每道工序设置负责人员。作业人员进场后，及时对关键工种的施工人员进行岗前培训。对持证人员进行现场指导和技术交底，重点部分可以采用多媒体进行培训。

2. 质量保证体系

贯彻公司质量标准，以保证和提高工程质量为目标，以强化责任和管理、施工过程控制为手段，建立一个从工程计划到施工质量、安全环保、综合协调、物资设备采购，再到工程试验检验、项目施工保证的质量保证系统，把质量管理各阶段、各环节的质量职能严密组织起来，形成一个既有明确任务、职责、权限，又能互相协调、促进的质量保证体系。

16.8.2 施工质量保证措施

(1) 开工前做好施工调查，认真复核设计文件、施工图纸；对采用的新技术、新工艺、新材料、新设备认真研究，并对有关人员进行岗前培训。

(2) 加强现场施工过程中的质量管理工作，严格按设计和规范要求控制每道工序，实行工序三检制、复核签认制等现场管理制度。做到层层把关，层层检查，使各项工序始终处于受控状态。

(3) 大力开展克服质量通病活动，把克服质量通病作为质量管理和创优的基础性工作，结合工程实际情况，把质量工作抓紧抓好，落到实处。

(4) 制度保证措施。

1) 质量责任制。为确保施工质量，自上而下逐级建立工程质量责任制，签订质量责任书，明确工作岗位的质量职责和义务，建立完善的质量责任制，以确保施工质量得到有效控制。

2) 质量目标管理制度。根据本工程的总体质量目标进行量化分解，落实到每个分部分项工程、每一个施工环节和施工工序。

3) 施工过程的质量检测制度。施工过程的质量检测按三级进行，即“跟踪检测”“复测”“抽检”三级。通过对施工过程的质量检测及时解决问题，以便为验收时的质量检验打下良好的基础。

4) 原材料、成品和半成品进场验收制度。采购进场的原材料、成品及半成品要有出厂合格证，由质检工程师组织质量、技术、保障部门及施工队的有关人员进行验收后，请项目部有关人员及监理工程师复检，合格后方可使用。

5) 技术交底制度。各分项工程开工前，在认真熟悉设计图样和规范标准的基础上，由主管工程师向全体施工人员进行技术交底，讲清该项工程的设计要求、技术标准、功能作用、与其他分项工程的关系、施工方法、工艺和注意事项等，要求全体人员明确标准，做到人人心中有数。

交底分三级进行，即施工技术部→作业班组→作业人员，进行层层交底、层层落实。每项交底均由交底人向被交底人进行讲解，有必要时进行现场操作演练或现场指导，让被交底人充分领会和理解交底内容和目的。

6) 测量复核制度。技术部、测量组对每次测量放样进行复核，无误后由项目技术部报监理工程师审查，合格后方可用于施工。对中线桩、水准点建立定期复测检查制度，测量与施工建立联系制度，监控测量的数据应及时反馈到施工方案中，并根据反馈信息及时调整施工方法，确保施工质量。

7) “三检”制度。施工中坚持“自检、互检、交接检”制度，上道工序不合格不准进入下道工序，坚持上道工序为下道工序提供质量保证。对工序施工现场实行标示牌管理，标明责任人、作业内容、质量要求等，作业前进行核定，作业过程中进行严格监控。

8) 施工资料记录整理和追溯制度。由施工部记录整理施工大事记和晴雨表；对项目部、监理关于工程质量的指示，包括电话、传真和书面指示分类列入工程档案，对图片、录像按日期和地点分类归档。分管工程施工的施工员每天记录工程日志，真实记录施工过程，施工班组按规定坚持填写自检记录。

9) 质量责任追究制度。强化施工现场管理，建立质量责任追究制度，明确分工，责任到人，奖罚分明，做到突出重点、分批落实、规范施工、注重实效。

16.9 施工安全保证措施

16.9.1 支架安全检查验收

1. 检查验收的程序

安全技术交底→班组自检、互检→专业施工员过程控制→项目部检查、整改，技术、安全部门联合检查验收→监理验收确认→进行下道工序。

2. 检查验收的主要内容

依据专项施工方案，确认构件截面尺寸和施工荷载值，核实支架系统、剪刀撑的布置方式，测量立杆间距、横杆步距，检查节点处理措施。

16.9.2 施工安全措施

（1）施工人员要熟知本工种的安全操作规程，坚守岗位，严禁精神不振、注意力涣散者进入施工现场，严禁酒后操作施工机械设备。

（2）所有进入施工现场的人员必须按规定配戴安全帽和其他防护用品，遵章守纪，听从指挥。

（3）高空作业必须设防护与安全网，施工人员系安全带，戴安全帽，穿防滑鞋，上下交叉作业时，采取隔离措施。

（4）电工、电焊工、混凝土工、起重工、钢筋工等施工人员，必须经过专门培训，熟练掌握操作要领。

（5）遇有暴雨或六级以上大风天气时，停止一切高空和吊装作业。混凝土搅拌站等大型设备设避雷针。

（6）吊装作业各机械司机必须持证上岗，服从指挥。模板吊装前仔细检查钢丝绳，并确认绑扎牢固后方可起吊；起吊时下层作业人员必须保持在安全距离以外。起吊前认真检查吊环、吊钩及钢丝绳是否牢固；钢丝绳无脱丝、刻痕、硬弯，要求钢丝绳的安全系数满足要求；严禁起重设备下站人；设专人指挥，司机与指挥人员保持高度警觉，动作协调，按口令、旗语操作。

（7）高空作业中的工具及物品必须放在完好的工具袋内，并将工具袋系好，不得直接放在支架上，以免妨碍通行及高空坠物。每道工序完成后，作业面上不准留有杂物，以免通行时将杂物踢下发生坠落打击事故。禁止在高空抛掷任何物件。

（8）加强对支架的沉降观测，若有险情立即启动应急救援预案。

（9）运输车辆严禁人、料混装；运送混凝土作业时，车辆行驶速度不宜过快。为确保运输车就位良好和安全进出，应派专人指挥。在平交道口和狭窄的施工场地，设置“缓行”

标志，必要时安排人员指挥交通。

（10）夜间施工时，应加强照明。

（11）梁体支架必须经过受力验算，经过预压后方可进行上部结构施工。

（12）预应力钢绞线下料应在清理干净的硬化场地进行，场地内严禁动用电焊设备，防止电焊弧击伤钢绞线，造成钢绞线在张拉时断裂伤人。

（13）夹片、锚具进场后仔细检查夹片、锚具的硬度和圆锥度，以及夹片有无裂纹、锈蚀现象，以保证夹具具有足够的自锚能力，防止夹片、锚具弹出伤人。

（14）采用油顶、油位计相互匹配的预应力张拉设备；在使用一定时间或次数后及时校验，防止因油顶、油位计不匹配造成张拉力控制不准确，产生安全事故。

（15）锚垫板的安装角度、位置必须符合设计要求，并采取锚筋与梁体钢筋焊接的方法确保锚垫板的角度、位置准确，以防应力过大，造成锚垫板松动，进而造成预应力施工安全事故。

（16）在张拉施工时，精确调整油顶位置，确保油顶、工具锚、锚具、锚垫板位于同一条线上，确保预应力施工安全。

（17）张拉油顶采用安全可靠的钢支架配合手动葫芦吊挂，以防油顶掉落，伤及张拉操作人员。

（18）张拉作业区设立钢筋栅栏及安全防护网，并设立安全防护标志，严禁非作业人员进入。

（19）张拉或退锚时，张拉油顶后面严禁站人，并在张拉作业区后方设置木防护板，以防预应力筋拉断或锚具、夹片弹出伤人。

（20）张拉作业时设专人负责指挥，测量伸长量时应停止油顶张拉。

（21）张拉设备的液压系统的高压油管接头应加防护套，以防漏油伤人。高压油管在正式使用前应进行油管承压检查，保证油管的正常使用。

16.10 应急救援预案

16.10.1 施工现场管理及救援组织机构

1. 应急预案领导小组

组　长：黄××。

副组长：（略）。

成　员：（略）。

组长职责：负责事故应急救援的全面组织、指挥、协调工作，负责向上级报告并调集抢险救援所需的人力、物力。

副组长（即现场管理者）职责：协助组长组织、指挥、协调救援工作，组长不在现场时代行组长的职责。

组员职责：在组长或副组长的指挥下，负责现场的维护、抢救、警戒等工作，具体落实组织或副组长下达的指令。

2. 专项负责小组

(1) 伤员营救组。

1) 使重度受害者优先得到外部救援机构的救护。

2) 协助外部救援机构转送受害者至医疗机构，并指定人员护理受害者。

3) 在外部救援机构到达前，对受害者进行必要的抢救（如人工呼吸、包扎止血、防止受伤部位受污染感染等）。

(2) 保卫疏导组。

1) 设置事故现场警戒线，维持工地内抢险救护的正常运作。

2) 保持抢险救援通道通畅，引导抢险救援人员及车辆进入。

3) 抢险救援结束后，封闭事故现场直到收到明确的解除指令。

4) 保护受害人的财产。

5) 事故引发火灾，执行防火方案中应急预案程序。

(3) 抢险抢修组。

1) 寻找受害者并转移至安全地带。

2) 抢险抢修或救援结束后，直接报告最高管理者并对结果进行复查和评估。

3) 实施抢险抢修的应急方案和措施，并不断加以改进。

4) 在事故有可能扩大时，高度注意避免意外伤害。

(4) 后勤保障组。

1) 提供合格的抢险抢修或救援的物资及设备。

2) 保障系统内各组人员必需的防护、救护用品及生活物资的供给。

3) 保持通信设施和设备处于良好状。

4) 确保与最高管理者和外部联系畅通、内外信息反馈迅速。

5) 负责应急过程的记录与整理及对外联络。

(5) 技术支持组。

1) 指导抢险抢修组实施应急方案和措施，且组织演练。

2) 修补应急方案和措施存在的缺陷。

3) 提出抢险抢修及避免事故扩大的临时应急方案和措施。

4) 绘制事故现场平面图，标明重点部位，向外部救援机构提供准确的抢险救援信息资料。

16.10.2 施工现场按规定放置救护品

(1) 通信设备：包括固定电话、移动电话、对讲机。

（2）交通工具：供指挥、联系、救援用的车辆。

（3）急救药品及器材：安全带、安全帽、安全网和防护网、救护担架、医药箱、小夹板、止血带、氧气袋，以及各种常用的救护用品。

16.10.3　通信联系（略）

16.10.4　应急救援预案启动的条件

发生下列情况时，应启动应急救援预案。

（1）在施工过程中，造成人身伤亡或财产损失达一定数额时。

（2）对施工的场区有明显破坏时。

（3）模板火灾。

（4）浇筑混凝土时，模板支架明显变形。

（5）模板坍塌。

（6）应急救援小组认为必须启动应急救援预案时。

16.10.5　应急响应

应急响应程序如图 16-10 所示。

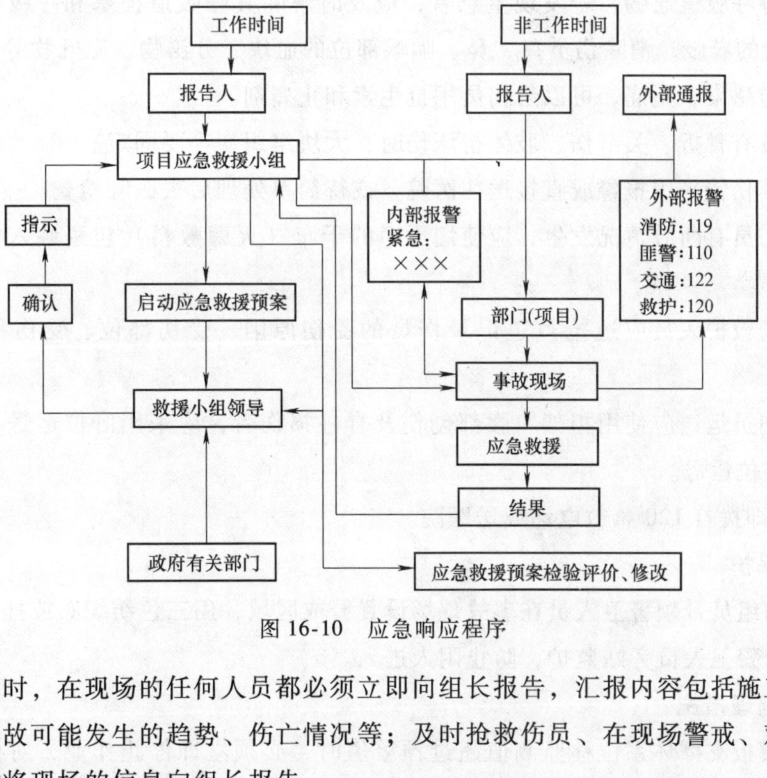

图 16-10　应急响应程序

出现事故时，在现场的任何人员都必须立即向组长报告，汇报内容包括施工的位置、事故的程度、事故可能发生的趋势、伤亡情况等；及时抢救伤员、在现场警戒、观察事故发生的动态并及时将现场的信息向组长报告。

组长接到报告后，立即赶赴现场并组织、调动救援的人力、物力，展开救援工作，并立即向公司汇报，事故的情况由公司向上级主管部门汇报。

16.10.6 高支模应急救援预案的具体措施

1. 有关人员的安排

组长、副组长接到通知后马上到现场全程指挥救援工作，立即组织、调动救援的人力、物力赶赴现场展开救援工作，并立即向公司救援领导负责人汇报事故情况及需要公司支援的人力、物力。组员立即进行抢救。

2. 人员的疏散、救援方法

人员的疏散由组长安排的组员进行具体指挥。具体指挥人员安排在危险区域的人员疏散到安全的地方，并做好安全警戒工作。各组员和现场其他的人员对现场受伤害、受困的人员、财物进行抢救。人员被支架的构件或其他物品压住时，先对支架进行观察，如需局部加固的，立即组织人员进行加固后方可进行相应的抢救，防止抢险过程中再次倒塌，造成进一步的伤害。

3. 伤员救护

（1）迅速将伤员带离危险场地，移至安全地带。

（2）有效止血，包扎伤口。

（3）保持呼吸道通畅，若发现窒息者，应及时解除其呼吸道梗塞和呼吸机能障碍，应立即解开伤员的衣服，消除伤员口、鼻、咽喉部位的血块、分泌物、呕吐物等。

（4）预防感染、止痛，可以给伤员用抗生素和止痛剂。

（5）伤员有骨折、关节伤、肢体挤压伤时，大块组织伤都要固定。

（6）视其伤情采用报警或直接送往医院，或待简单处理后去医院检查。

（7）若伤员有断肢情况发生，应使用干净的干布（灭菌敷料）包裹装入塑料袋内，随伤员一起转送。

（8）现场救护人员应边抢救边记录伤员的受伤原因、受伤部位、受伤程度等第一手资料。

（9）重伤员运送应使用担架，腹部创伤及脊柱损伤者，应采用卧位运送；胸部受伤者一般采取半卧位运送。

（10）立即拨打120急救电话或送医院。

4. 现场保护

由具体的组员带领警卫人员在事故现场设置警戒区域，用三色纺织布或挂有彩条的绳子圈围起来，由警卫人员旁站监护，防止闲人进入。

5. 其他处理措施

（1）当模板支撑体系位移监测值超过预警值时，必须立即停止作业，对模板支撑体系进行加固后方可继续施工；当监测值超出控制值时，应立即撤离作业人员。

（2）当模板发生火灾时，应立即通知项目部义务消防队员进行灭火；当火灾有蔓延趋势或无法控制火灾现场时，应立即组织所有人员撤离同时拨打 119 救援。

（3）当施工现场作业人员发生触电时应迅速断开电源，同时检查触电者的呼吸、心跳情况，就地抢救，及时进行人工呼吸和胸外心脏按压，然后拨打 120 求救或在不中断抢救的前提下送往医院急救。

（4）当事故有扩大、自救无法控制时，应按预案的措施，启动受影响区域的疏散机制，包括事故发生后的疏散、警戒、交通管制。在确保施工现场和受影响区域的人员安全的前提下，按应急救援预案确定的路线和方向疏散、撤离，对事故区域周边进行警戒隔离以保护事故现场、维护现场秩序，防止外来干扰。如有必要，协助交通部门对事故现场的周边道路实施有效地管制，为应急救援工作提供畅通的道路。

劲性混凝土梁屋面施工方案

焦有浩

河南省第一建筑工程集团有限责任公司

17.1 工程概况

宋庆龄雕塑工程位于郑东新区九如东路与黄河东路交叉口，由报告厅、雕塑及南广场组成。报告厅设在雕塑下部，工程效果图如图 17-1 所示。

图 17-1　工程效果图

报告厅屋面南北长 39.2m，东西宽 19.6m（图 17-2），呈四面坡棱台形，屋面高度 9.717 ~ 15.782m。报告厅为框架结构，屋面框架梁由北至南依次为 KL1 ~ KL5，沿 KL1 ~ KL4 轴线下部设置拉梁（YLG1 ~ YLG4），KL1 ~ KL5 之间设 KLa ~ KLc 拉结，屋面板厚 250mm。KL1 ~ KL5，YLG1 ~ YLG4 为劲性混凝土梁，KLa ~ KLc 和屋面板所用材料为钢筋混凝土。梁之间的空间关系如图 17-3、图 17-4 所示，屋面梁的截面参数见表 17-1。

表 17-1　屋面梁的截面参数

梁编号	梁截面尺寸/m×m	梁顶标高/m	钢骨架规格/mm	跨度/m	支架高度/m
KL1	1.0×1.2	7.474	H900×600×35×35	19.6	9.18
KL2	1.0×1.2	9.759	H900×600×35×35	19.6	14.37
KL3	1.0×1.2	10.582	H900×600×35×35	19.6	16.05
KL4	1.0×1.2	8.021	H900×600×35×35	19.6	12.16
KL5	0.6×(2.4~3.4)	5.895	H900×600×35×35	15.2	8.45
YLG1	0.7×0.7	4.143	H500×500×35×35	15.2	9.18
YLG2	0.7×0.7	2.936	H500×500×35×35	19.6	7.99
YLG3	0.7×0.7	4.127	H500×500×35×35	19.6	9.18
YLG4	0.7×0.7	4.600	H500×500×35×35	19.6	9.65
KLa	0.4×1.0	7.832	—	—	13.33
KLb	0.4×1.0	10.582	—	—	16.05
KLc	0.4×1.0	7.165	—	—	12.67

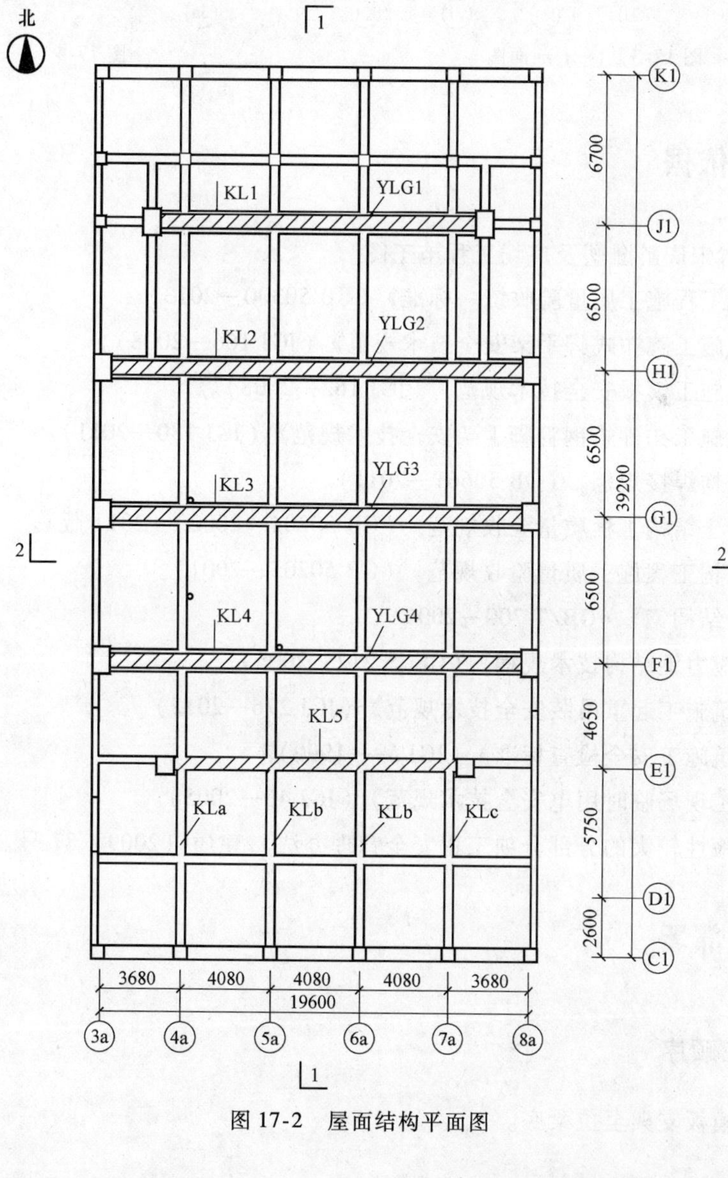

图 17-2　屋面结构平面图

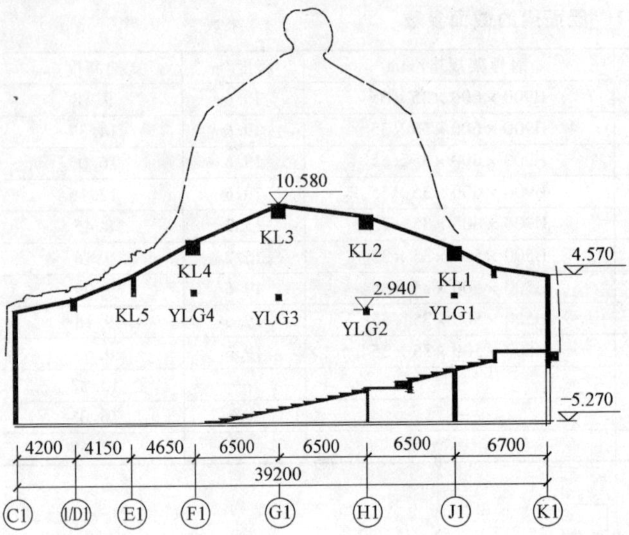

图 17-3 1—1 剖面图

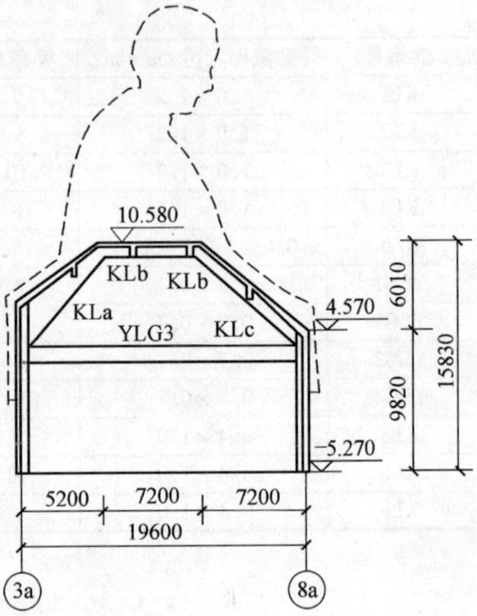

图 17-4 2—2 剖面图

17.2 编制依据

（1）河南省宋庆龄雕塑及广场工程施工图。

（2）《建筑工程施工质量验收统一标准》（GB 50300—2013）。

（3）《建筑施工碗扣式脚手架安全技术规范》（JGJ 166—2008）。

（4）《建筑施工模板安全技术规范》（JGJ 162—2008）。

（5）《建筑施工扣件式钢管脚手架安全技术规范》（JGJ 130—2011）。

（6）《钢结构焊接规范》（GB 50661—2011）。

（7）《混凝土结构工程质量验收规范》（GB 50204—2002）（2011 版）。

（8）《钢结构工程施工质量验收规范》（GB 50205—2001）。

（9）《碳素结构钢》（GB/T 700—2006）。

（10）《预应力钢结构技术规程》（CECS 212：2006）。

（11）《建筑施工起重吊装安全技术规范》（JGJ 276—2012）。

（12）《建筑施工安全检查标准》（JGJ 59—1999）。

（13）《施工现场临时用电安全技术规范》（JGJ 46—2005）。

（14）《危险性较大的分部分项工程安全管理办法》建质（2009）87 号。

17.3 施工部署

17.3.1 施工顺序

（1）搭设模板支架至拉梁底。

（2）吊装劲性钢骨架。

（3）劲性混凝土柱（剪力墙）钢筋混凝土施工。

（4）劲性混凝土拉梁钢筋混凝土施工。

（5）搭设模板支架到屋面梁板底。

（6）屋面梁板钢筋混凝土施工。

17.3.2 施工平面布置

本工程搭设模板支架所需钢管扣件及模板材料等均在现场塔式起重机覆盖范围内，此部分周转材料堆在现场东南侧，可以随时采用塔式起重机转运。

门式钢架的拼装安排在现场进行，采用轮式起重机进行吊装。拼装场地在现场西侧，轮式起重机站位位于报告厅西侧邻基坑部位。

施工现场平面布置图如图 17-5 所示。

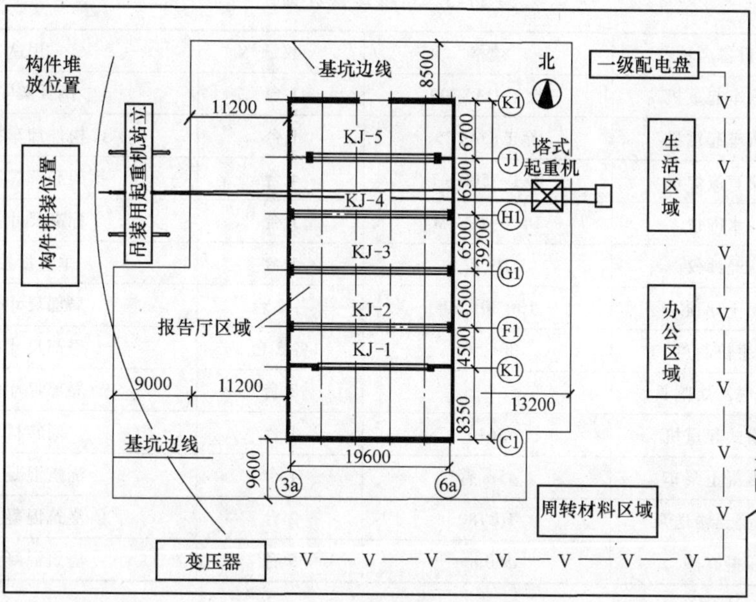

图 17-5 施工现场平面布置图

17.3.3 施工进度

施工进度计划 80d，详见表 17-2。

17.3.4 机械设备与周转材料

机械设备计划见表 17-3。

表 17-2 施工进度计划

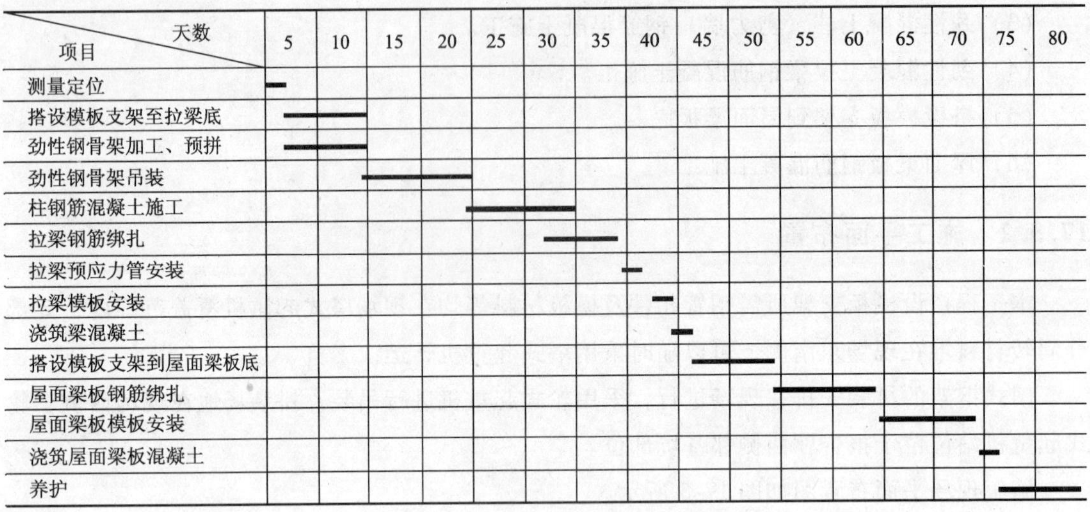

表 17-3 机械设备计划

序号	设备名称	规格	数量	用途
1	汽车起重机	徐工 QAY300	1台	钢骨架安装
2	汽车起重机	徐工 QAY25	1台	构件卸车拼装
3	交直流焊机	BX1—500—1	4台	钢架局部焊缝施焊
4	水准仪	DS3—D2MM	1台	标高尺寸控制
5	经纬仪	J1、T2	1台	垂直度控制
6	千斤顶	10t、30t、50t	各2台	局部尺寸校正
7	手拉葫芦	30t、50t	各2台	局部尺寸校正
8	氧气乙炔割具		3套	局部尺寸修正
9	塔式起重机	5616	1台	周转材料
10	混凝土泵车	45m 臂	1台	浇筑混凝土用
11	混凝土输送泵	HBT80	2台	浇筑混凝土用
12	振捣棒	ϕ50mm	5台	浇筑混凝土用

周转材料计划见表 17-4。

表 17-4 周转材料计划

序号	名称	规格型号	单位	数量
1	扣件式脚手架钢管	ϕ48mm×2.8mm	t	362
2	可调升降头	—	个	1000
3	直角扣件	—	个	4000
4	旋转扣件	—	个	1000
5	对接扣件	—	个	1000
6	胶合镜面板	0.915m×1.83m×15mm	m^2	1800

（续）

序号	名称	规格型号	单位	数量
7	方木	40mm × 85mm × 4000mm	m^3	360
8	对拉螺栓	ϕ14mm	个	1700
9	3 形扣	—	个	3000
10	密目安全网	2000 目	m^3	1200
11	钢丝	20#	kg	400

17.3.5 劳动力组织

劳动力配置计划见表 17-5。

表 17-5 劳动力配置计划

序号	工种	人数	负责项目或工作内容	序号	工种	人数	负责项目或工作内容
1	架子工	15	现场架子搭设	4	起重工	15	构件拼装、安装、校正
2	木工	20	现场模板配置、安装	5	电焊工	10	构件现场焊接
3	钢筋工	20	现场钢筋制作、绑扎、安装	6	管理人员	5	全面组织施工

17.4 模板与支架施工

17.4.1 模板与支架搭设方案

屋面结构模板均采用 15mm 厚胶合板，屋面现浇板次楞采用 40mm × 85mm 方木，顺着报告厅的纵向铺设，间距为 200mm；主楞采用 ϕ48mm × 2.8mm 钢管，顺着报告厅横向铺设，间距为 800mm；采用 U 形可调支托将主楞荷载传递到钢管立杆顶端。

屋面现浇板模板支架采用钢管扣件式搭设（图 17-6）。立杆间距 0.8m × 0.8m，水平拉杆步距 1.5m，模板支架顶部水平拉杆步距 0.8m（图 17-7）。

模板支架外侧四周采用连续式竖向剪刀撑，每个剪刀撑跨 7 根立杆；在报告厅架体平面位置的四角及长边中段靠外侧设置 6 个加固单元体（图 17-6），单元体平面尺寸为 4.8m × 4.8m，单元体四周采用由下至上的连续式竖向剪刀撑，单元体之间采用之字斜撑（图 17-7）；单元体的底部（扫地杆部位）、顶部及支架位置，设置水平剪刀撑。

屋面斜坡处设置斜顶杆，间距为 0.8m × 0.8m，一端固定在主楞钢管上，另外一端固定于相应的水平拉结杆上（图 17-7）。

屋面框架梁、拉梁模板均采用 15mm 厚胶合板，梁底、梁侧的次楞采用 40mm × 85mm 的方木，间距为 100mm；梁底主楞采用 ϕ48mm × 2.8mm 钢管，间距为 800mm；梁侧模板采用 M14 对拉螺栓进行拉结加固，其竖向间距为 500mm，水平间距为 800mm（图 17-8）。梁下部

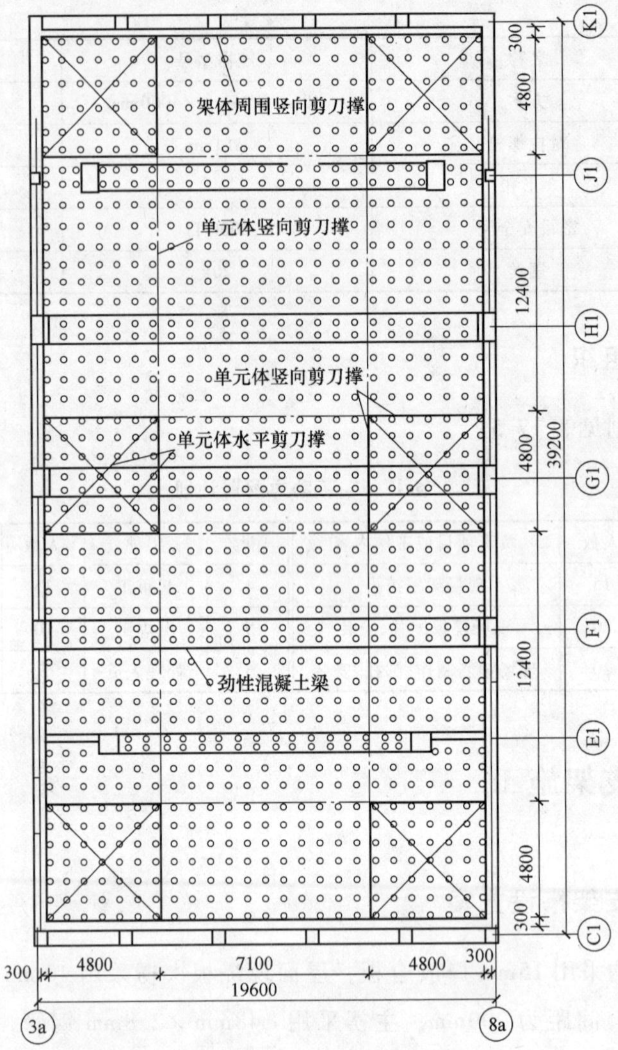

图 17-6 模板支架平面布置图

支架采用 2ϕ48mm×2.8mm 钢管，排距 0.8m，水平拉杆步距 1.5m，与屋面现浇板模板支架拉通。

为保证坐落在看台上的模板支架安全，在施工看台现浇混凝土板时，设看台下部的模架支架系统的立杆间距为 0.8m×0.8m，水平拉杆步距为 1.5m，看台模架支架系统待屋面结构施工完成后拆除（图 17-7）。

模板支架四周外侧与剪力墙相交处设置锚固点（图 17-9），水平间距 5.6m，竖向间距 3m。

17.4.2 模板与支架施工工艺

1. 工艺流程

测量放线→放置纵向扫地杆→逐根竖立柱→安放横向扫地杆→安装第一步纵向水平杆和

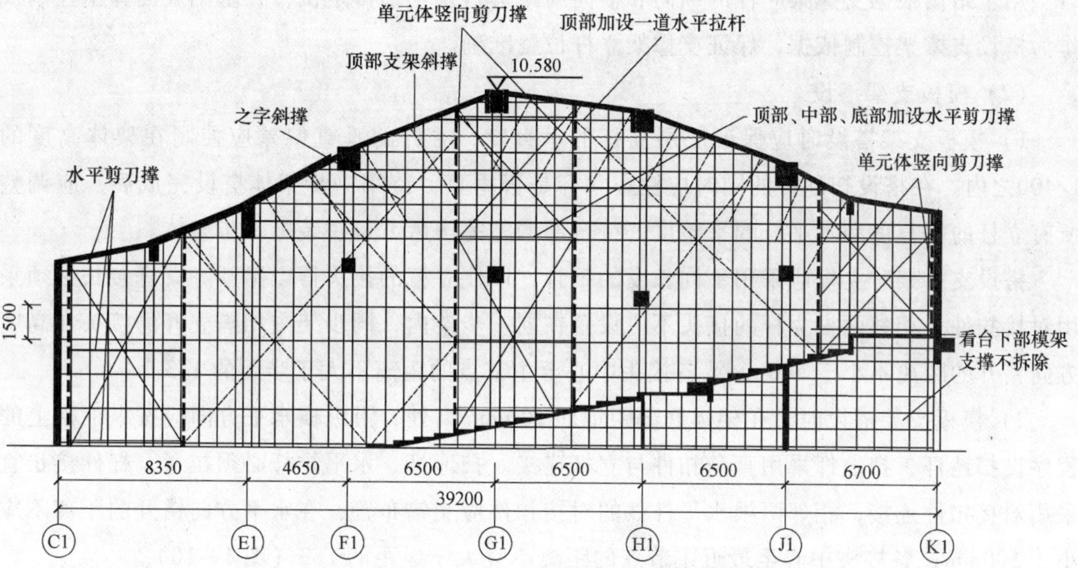

图 17-7　模板支架剖面图

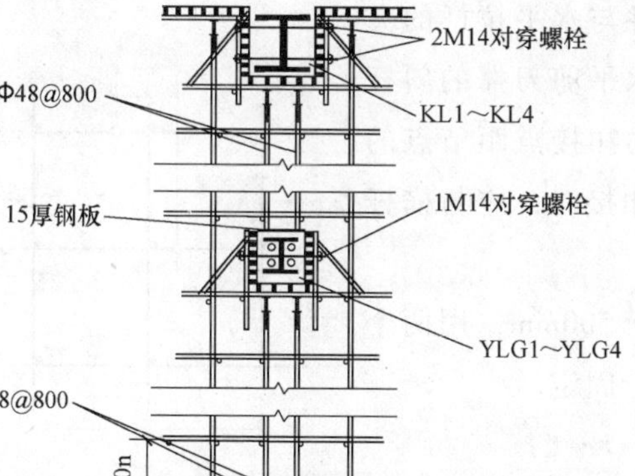

图 17-8　梁下支架系统构造图

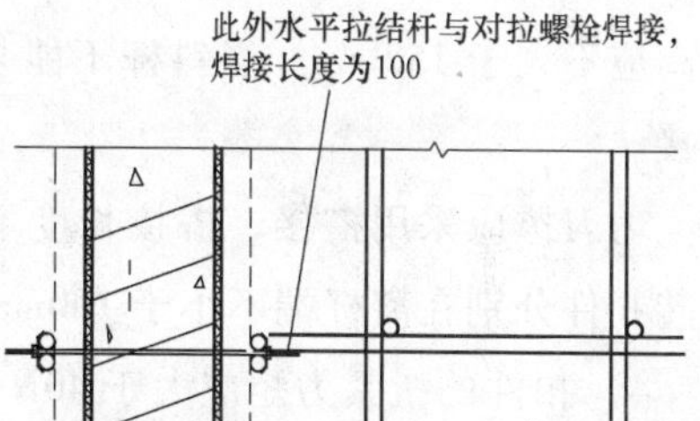

图 17-9　架体锚固示意图

横向水平杆→搭设单元体底部水平剪刀撑→安装第二步纵向水平杆和横向水平杆→搭设单元体周围竖向剪刀撑→搭设连接单元体的竖向之字撑→逐层搭设架体到 7.7～13.7m（5～9 步）→架体阶段验收→拉梁钢骨架吊装→拉梁钢筋绑扎及模板安装→浇筑拉梁混凝土→搭设满堂架子到 9.55～16.05m（6～10 步）→屋面框架梁钢骨架吊装→屋面框架梁钢筋绑扎及模板安装→浇筑屋面框架梁混凝土→检查验收。

2. 模板与支架施工要点

（1）测量放线。支撑架搭设前，应先把标高引测到报告厅架体区域内，同时根据轴线把屋盖板上梁以及单元体的位置在地基上标示出来。

用全站仪根据支撑架立杆的纵向和横向间距进行现场预排定位，在基础表面弹出控制线作为搭设支撑架控制依据，保证支撑架立杆位置准确。

（2）模板支架搭设。

1）模板支架搭设时应保证底层立杆的垂直度，立杆的垂直偏差应控制在架体高度的1/400之内。在搭设扫地杆的同时应检查立杆是否垂直，待第一步架体搭设完成后，应调整所有立杆的垂直度和水平杆的平整度，待全部调整完毕后方可拼装上一步架体。

搭设支撑架时立杆应采用不同长度的钢管，以使立杆的接头得以错开。立杆接长必须采用对接扣件，相邻两根立杆的接头不应设置在同一步架内，同步架内相隔立杆的接头在高度方向错开的距离不小于500mm，各接头中心至主节点的距离不大于步距的1/3。

2）模板支架搭设时，在架体底部距地面200mm高处，沿纵横水平方向应按纵下横上的程序设扫地杆，扫地杆采用直角扣件与立杆连接。扫地杆、水平拉杆必须拉通，杆件接长宜采用对接扣件连接，相邻两根水平杆件的对接扣件应交错布置，在水平方向错开的距离不应小于500mm；各接头中心至最近主节点的距离不宜大于纵距的1/3（图17-10）。

3）竖向剪刀撑、水平剪刀撑随着架体同步进行搭设，竖向剪刀撑杆件的底端应与地面顶紧，夹角宜为45°~60°，水平剪刀撑杆件与水平拉杆的夹角应控制在45°~50°之间。竖向剪刀撑和水平剪刀撑的斜杆应采用旋转扣件与立杆扣接，斜杆与立杆的扣接点距节点的距离应不大于150mm。当斜杆不能与立杆扣接时，应与横杆扣接。

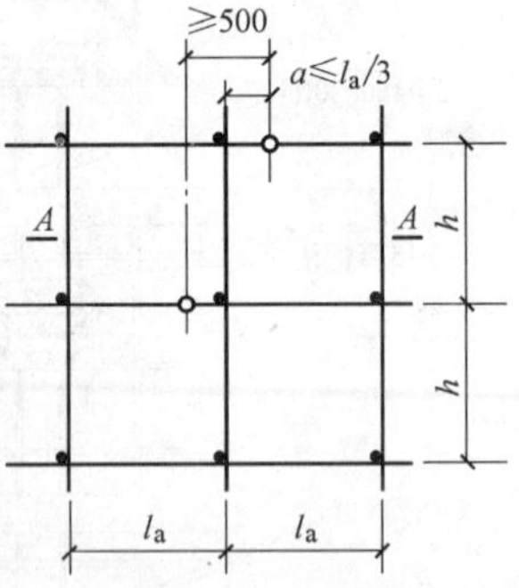

图17-10 水平杆对接接头布置

剪刀撑应采用搭接，搭接长度不得小于500mm，用两个旋转扣件分别在离杆端不小于100mm处进行固定。

4）扣件的扭紧力矩应大于40N·m。

5）U形可调支托与龙骨应该紧密结合，可调支托的螺杆伸出钢管顶部不得大于200mm，螺杆外径与立柱钢管内径的间隙不得大于3mm，安装时应保证上下同心。可调支托底部的立柱顶端应沿纵横向设置一道水平拉杆。

3. 模板安装

1）在U形可调支托上铺设主楞，主楞接头处应放置在托撑的支撑处，严禁主楞的端头悬空。在主楞上铺放次楞，次楞应严格按照预设间距进行铺放，次楞铺放过程中应随时检查上口标高。主次楞铺设完成后，应分段组织检查验收，验收合格后方可铺设模板。

2）模板应铺设牢固、严密，防止漏浆，并便于拆模。

17.4.3 模板与支架检查与验收

1. 原材料、构配件检查与验收

（1）钢管。

1）检查钢管产品质量合格证、进场质量检测报告、质量检查记录。

2）检查钢管外观：平直、光滑，无裂痕、结疤、分层、错位、硬弯、飞边、压痕和深的划道。

3）检查钢管的外径、壁厚、端面等的偏差是否满足规范要求。

4）检查钢管表面锈蚀深度是否满足规范要求，保证钢管的强度。

（2）扣件。

1）检查扣件的生产许可证、法定检测单位的检测报告和产品合格证。

2）检查扣件的进场抽样检测报告。

3）检查扣件的实体质量，不得有裂痕、变形，螺栓不得有滑丝，保证工程的需要。

（3）方木、模板。

1）检查方木、模板质量合格证，外观质量，确保周转材料的使用率。

2）本工程所用的模板为 15mm 镜面板，规格 915mm × 1830mm，方木的规格为 40mm × 85mm。

（4）可调支托：检查质量合格证、外观质量。

2. 架体检查与验收

（1）模板支架搭设的允许偏差见表 17-6，现浇结构模板安装的允许偏差见表 17-7。

（2）模板与支架应在下列阶段进行检查：

1）模板与支架施工完成。

2）混凝土浇筑前。

3）遇有六级大风、大雨后与寒冷地区开冻后。

4）停用超过一个月。

（3）模板与支架检查验收时应根据下列技术文件：

1）施工组织设计及变更文件。

2）技术交底文件。

（4）模板与支架在混凝土浇筑时应随时检查扣件是否松动，模板和龙骨是否变形，模板支架是否摇动，模板系统是否跑模漏浆。发现大的变形和跑模漏浆，立即通知作业班组和当班管理人员停止浇筑，查明原因，进行加固和验收后，方可继续浇筑混凝土。

表 17-6　模板支架搭设的允许偏差及检验方法

项次	项目		技术要求	允许偏差/mm	检查方法与工具
1	立杆垂直度	搭设中检查偏差的高度/m	总高度按照 10m 标准		用经纬仪或吊线和钢卷尺（中间档次用插入法）
		$H=10$ $H=20$	误差	±7 ±50	
2	间距	步距　1.5m 纵距　0.8m 横距　0.8m	—	±20 ±50 ±50	钢直尺

（续）

项次	项目		技术要求	允许偏差/mm	检查方法与工具
3	纵横水平杆高差	一根杆的两端	—	±20	水平仪或水平尺
		同跨内两根纵向水平杆高差	—	±10	
4	扣件安装	主节点处各扣件中心点相互距离	$a \leqslant 150\text{mm}$	—	钢直尺
		同步立杆上两个相隔对接扣件的高差	$a \geqslant 500\text{mm}$	—	钢卷尺
		立杆上的对接扣件至主节点的距离	$a \leqslant h/3$	—	钢卷尺
		纵向水平杆上的对接扣件至主节点的距离	$a \leqslant l_a/3$	—	钢卷尺
		扣件螺栓拧紧扭力矩	≥40N·m	—	扭力扳手
5	剪刀撑斜杆与地面的倾角		45°~60°	—	角尺
6	脚手板外伸长度	对接	$a = 130 \sim 150\text{mm}$ $l \leqslant 300\text{mm}$	—	钢卷尺
		搭接	$a \geqslant 100\text{mm}$ $l \geqslant 200\text{mm}$	—	钢卷尺

表17-7 现浇结构模板安装的允许偏差及检验方法

项 目		允许偏差/mm	检验方法
轴线位置		5	钢直尺检查
底模上表面标高		±5	水准仪或拉线、钢直尺检查
截面内部尺寸	柱、墙、梁	+4，-5	钢直尺检查
层高垂直度	大于5m	8	经纬仪或吊线、钢直尺检查
相邻两板表面高低差		2	钢直尺检查
表面平整度		5	2m靠尺和塞尺检查

17.4.4 模板拆除

模板的拆除措施严格经技术主管部门或负责人批准，拆除模板的时间按现行《混凝土结构工程施工质量验收规范》（GB 50204—2002）的有关规定执行。

后张预应力混凝土的侧模在第一次张拉前拆除，在第一次张拉前（报告厅屋盖浇筑完毕，且混凝土强度达到100%），把预应力梁上部的梁底杆升降头松动，使其不对预应力梁本身施加荷载，避免对预应力梁造成破坏。底模在第二次张拉后拆除。

拆模前检查所使用的工具，保证其有效可靠，扳手等工具必须装入工具袋或系挂在自己身上，并检查拆模场所范围内的安全措施。

模板的拆除工作应设专人指挥。作业区设专业围栏，其内不得有其他工种作业，并设专人负责监护。拆下的模板、零配件严禁抛掷。

拆模的顺序和方法采取先支的后拆，后支的先拆，先拆非承重模板，后拆承重模板，并从上而下进行拆除。拆下的模板不得抛扔，应按指定地点堆放。

多人同时操作时，明确分工，统一信号或行动，具有足够的操作面，人员站在安全处。

高处拆除模板时，符合有关高处作业的规定。严禁使用大锤和撬棍，操作人员应做好自身安全防护，避免安全事故发生。

在提前拆除互相搭连并涉及其他后拆模板的支撑时，严格设置临时支撑。拆模时逐块拆卸，不得成片撬落或拉倒。

拆模如遇中途停歇，将已拆松动、悬空、浮吊的模板或支架进行临时支撑牢固或相互连接稳固。对活动部件必须一次拆除。

已拆除模板的结构，在混凝土强度达到设计强度值后方可承受全部设计荷载。

拆除有洞口的模板时，严格采取防止操作人员坠落的措施。洞口模板拆除后，按《建筑施工高处作业安全技术规范》（JGJ 80—1991）的有关规定及时进行保护。

17.5 钢骨架吊装制作与吊装施工

17.5.1 钢骨架厂内制作

1. 制作分段

考虑到构件的运输及安装条件，将构件分解为柱钢骨架、拉梁钢骨架及梁钢骨架（图 17-11）进行分段制作。本工程构件 KJ-3 的门式刚架矢高为 6.4m，KJ-4 门式刚架的矢高为 5.6m，这两榀钢架的劲性梁在现场搭设钢平台进行拼接。钢骨架分段制作完成后，必须在厂内进行结构预拼装以保证结构精度。

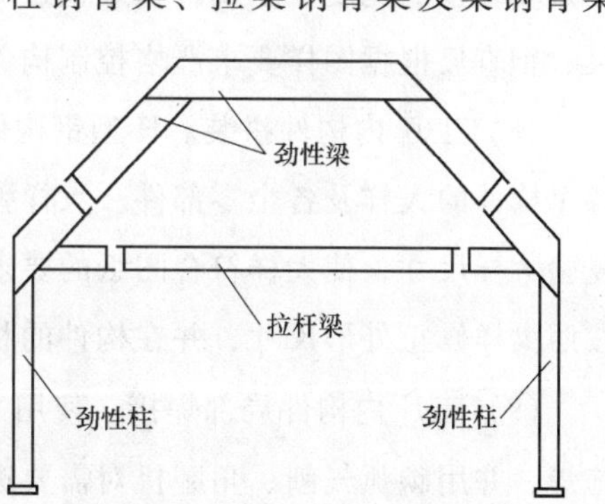

图 17-11 钢骨架制作分解图

2. 制作工艺流程

施工详图绘制→材料排版→下料→刨削→打坡口→H 型钢组立成型→自动埋弧焊→翼缘校正→构件拼装→局部焊接→安装预拼装→栓钉焊接→入库堆放。

3. 制作要点

（1）施工详图绘制。根据蓝图使用 AutoCAD 软件对各构件进行施工详图绘制，明晰构件尺寸和施工方法，以便于施工人员进行生产制作。从而保证工程质量和施工工期。深化详图报设计院确认后，才能下料施工。

（2）材料排版。总体考虑所有构件板材规格，根据购进钢板尺寸在微机上进行排版。以减少材料损耗和对接焊缝以保证工程质量。排版长度需根据构件长度放出 20～10mm 的切割余量，排版宽度要预留切口（每条切口5mm），同时钢板两边要留出各边尺寸（齐边宽度为15~20mm）便于切割。

（3）钢材下料。为保证下料精度，所有板材均在数控切割机上进行下料。异型及大型孔洞使用微机编程切割。切割下料时，必须先调整好割具的火焰风线，保证切割时能割透钢板。

（4）坡口切割。本工程焊缝要求为一级，为保证焊接质量，对接部位及腹板焊接部位均要保证双面坡口，加劲板厚度大于或等于20mm的需打双面坡口，加劲板厚度小于20mm的打单面坡口。对坡口表面不光滑的部位使用手提角磨机、钢钎进行处理。

（5）H型钢组立成型。把构件的板材在H型钢组立机上组立成型，组立时使用直角尺、钢直尺、钢卷尺根据图纸要求严格控制构件的外形尺寸，并根据构件组立逐步成型在构件两边同时实施定位焊，焊点间隔20~40cm。

（6）自动埋弧焊施焊。首先使用磨光机、钢钎清理在H型钢构件组立过程中产生的药皮及焊渣。在H型钢构件两端按照构件板材的厚度设置不少于150mm的引弧板，根据H型钢构件的板厚及坡口形式调整好焊接电流和焊接速度，分多次进行H型钢构件纵向T形焊缝的施焊工序。

（7）翼缘校正。在H型钢构件自动埋弧焊完成后，构件会产生焊接变形，需要在校正机上进行校正。进行校正前待焊缝充分冷却后，首先把焊缝上的药皮清理干净，根据腹板厚度及翼缘板的宽度、厚度调整好校正机的各个压紧机构，再进行校正作业。校正时使用直角尺、钢直尺根据图样要求严格控制构件的外形尺寸。

（8）工厂内构件拼装。H型钢构件生产线制作完成后，在钢平台上按照1:1的比例弹出各个构件的大样及各个零部件。大样弹出后，使用钢卷尺由质检、生产和施工班组三方联合复验大样尺寸，使大样符合图纸的要求。大样尺寸复验无误后将H型钢构件放置在大样上，按照大样修正外形尺寸，并在构件的相应部位定位焊上加劲板、补强板、柱底板等零部件。

（9）工厂内构件局部焊接。使用CO_2气体保护焊机对构件各个梁段上需要焊接的部位施焊，并用碳弧气刨、角磨机对需要进行清根的部位进行清理。所有焊缝的施焊严格按照图纸设计要求的等级进行操作。

（10）工厂内构件预拼装。构件制作完成后，在钢平台上按照1:1大样将焊接好的各个构件预拼装在一起，完成后使用水平仪、经纬仪、钢卷尺对构件尺寸进行复合，对安装对接位置的各个尺寸提前进行修正以方便现场安装。

（11）栓钉焊接。按照图样设计的尺寸要求，在构件表面标示出各个栓钉的位置。然后由专业人员操作栓钉焊接机将栓钉焊接在构件表面的相应位置上。

（12）构件入库堆放。构件完成制作后转入专门的堆放区域，按照种类、编号进行堆放。还须采取一些必要的措施加以保护，如架设支撑、枕木、垫块等防止构件变形。

17.5.2 现场拼装及安装方案

1. 现场拼装及安装施工工艺流程

钢平台搭设→放样→构件拼装→尺寸校验→构件焊接→地面场地及技术准备→测量定位、放线→搭设脚手架→试吊→轮式起重机站位→柱钢骨架安装、固定→拉梁钢骨架安装、焊接→梁钢骨架安装、焊接。

2. 现场拼装施工工艺

（1）搭设钢平台。对现场拼装场地进行平整、清扫，使用20mm厚钢板铺设临时拼装钢平台，使用水准仪对平台进行找平。拼装时使用25t轮式起重机。

（2）放样。根据构件尺寸在钢平台上按照1∶1的比例进行放样，使用墨斗、钢直尺等工具弹出构件轮廓尺寸。

（3）构件拼装。根据钢平台上的大样拼装构件，复核尺寸后对构件使用交流电焊机施焊使其紧固成整体。

（4）尺寸校验。使用钢直尺、水准仪等工具对构件进行尺寸校验，发现问题及时修正。

（5）构件焊接。构件焊接应考虑构件的焊接变形。采用对称焊等形式减少变形。根据现场条件，使用交流电焊机进行焊接。由专业焊工对构件各个梁段上需要焊接的部位施焊，并用碳弧气刨、角磨机对需要进行清根的部位进行清理。所有焊缝的施焊严格按照图纸设计要求的等级进行操作。

3. 现场安装施工工艺

（1）场地准备。

1）吊装前3d应检查起重机工作位置的地基承载力，必要时采取加固或铺设钢板的措施。

2）确保钢骨架就位位置的四周有足够的空间。

3）各个构件应加焊吊耳（根据工程图纸的技术要求确保吊耳的质量满足吊装要求）。

4）吊装施工现场应在四周安装防护栏及安全网。

5）在安装施工期间应设置施工禁区，其他无关人员不得入内。

（2）吊装前的技术准备。

1）认真阅读与安装方案有关的技术资料，核对构件的空间就位尺寸及其相互的关系，掌握待吊构件的长度、宽度、高度、质量、型号及数量等，主要构件的质量及构件间的连接方法。

2）掌握吊装场地范围内的地面、高处及周边的环境情况。

3）了解已选定的起重、运输及其他机械设备的性能及使用要求。

4）技术人员应细致、认真、全面地对现场施工人员进行安全技术交底。

5）顺序组织施工人员、机械设备、构件进场，并对主要吊装设备进行必要的检查、维修、试车。

6）准备吊装用的绳索、吊具及常用的起重工具的检查，确保承载力满足要求。

（3）测量定位、放线。构件吊装前，根据图样所示的轴线、标高，用经纬仪、水准仪复核构件就位位置的轴线尺寸，在劲性柱基础上弹出轴线尺寸，使用调平螺母预先确定柱底标高。

（4）试吊。

1）空载试吊：为了保证吊装的顺利进行，吊装重物前先按设计好的吊装参数试验一次，看看吊装是否会受到干扰，角度是否能满足要求。下列各试验动作须重复进行且不少于3次：吊臂、吊钩达到起落、起降的给定的极限位置；回转机构向左右各回转360°；前进、后退，在原地向左右各90°转弯；各仪表、信号应显示正常，安全控制装置应灵敏有效，运转部位应无异响、过热现象。

2）满载试吊：试吊荷载11.8t，构件吊离地面不高于0.2m，经检查确认稳妥后并用围绳牵住构件保持平稳，方可指挥起吊运行。要求试吊3次方可正常吊装。

3）起吊构件应有专人负责，统一指挥。指挥时不准戴手套，手势要清楚，信号要明确，不得远距离指挥吊物。

4）大型构件及分段翻身吊运前，应划出警戒区，检查各点受力情况及吊耳的焊接质量，并经试吊，确认安全可靠，方可指挥起吊翻身。

5）吊运构件上的零星物件必须清除，防止吊运过程中坠落伤人。

6）在试吊安全无任何隐患的情况下，由负责人下令起吊。

（5）搭设脚手架。由于需要高处安装、焊接作业，需要在梁钢骨架下500mm处搭设满堂脚手架，脚手架上满铺竹架板，在需要现场焊接的相应位置铺设操作平台。

（6）柱钢骨架安装。吊点绑扎在劲性柱上部，劲性柱绑扎后，轮式起重机起吊前，应认真检查，确保轮式起重机吊钩悬挂点和劲性柱架重心在一条竖直线上，轮式起重机吊钩上的钢丝绳应保持竖直，严禁偏拉斜吊。吊起构件离地面20~30cm时，检查机身是否稳定，吊点是否稳固，支腿基座是否沉陷，在情况良好的前提下，方可继续工作。

轮式起重机吊起劲性柱，通过旋转、起落臂使构件落至构件就位位置，在起落臂、旋转的过程中，有专人指挥，注意工作幅度、起吊高度和主臂伸出长度满足要求。

落钩时，依照支座上已弹好的两侧纵向边线和横向中线用撬杠轻撬构件，使构件在纵横两个方向位置校正，使误差不超过允许范围，满足规范要求。劲性柱就位后，应对外观进行检查，保证构件的平面位置，根据图纸标高，用经纬仪抄螺母上平，检查劲性柱柱底中心线是否有误差，调整柱底压板和螺母，以保证柱底标高。调整符合要求后将柱底压板与柱底板、螺栓与螺母焊接牢固。如果不符合要求，应将构件提升，重新进行落位。

最远的柱钢骨架吊装工况见表17-8。

Ⓗ1/Ⓢa轴线劲性柱钢骨架重7.3t，吊装时，起重机工作幅度47m，吊臂与地面夹角30°，吊臂长54.3m。吊装时使用1根6m长，公称直径ϕ33mm（6×61，$\sigma=1550N/mm^2$）的钢丝绳和1个25t卡环固定在预先焊好的吊耳上进行吊装，在柱底板上部及牛腿外端50cm处设置2道溜绳以控制起重机吊运劲性柱钢骨架时的方向及稳定性。

（7）梁钢骨架安装。先安装拉梁钢骨架，再安装屋面梁钢骨架。

根据构件重心进行绑扎，并且在构件两端绑上棕绳作溜绳，以控制空中构件的方向。

轮式起重机吊起重物，通过旋转、起落臂使构件落至待安装位置，在起落臂、旋转的过程中，有专人指挥，注意工作幅度、起吊高度和主臂伸出长度满足要求。

当构件距就位位置 200～300mm 时，对准位置，缓慢落钩，准确就位。落钩时，依照轴线用撬杠轻撬劲性梁，使构件在纵横两个方向位置校正，使误差不超过允许范围，满足规范要求。构件就位后，应对外观进行检查，保证构件的平面位置，符合要求后再进行焊接紧固。如果不符合要求，应将构件提升，重新进行落位。构件就位，必须连接平稳牢固后，方可摘除吊钩，抽出钢丝绳，进行下一构件的安装。

在构件吊装、紧固完成，经外形尺寸确认无误后，由专业焊工对构件各个梁段上需要焊接的部位施焊，并用碳弧气刨、角磨机对需要进行清根的部位进行清理。所有焊缝的施焊严格按照图纸设计要求的等级进行操作。

表 17-8　最远的柱钢骨架吊装工况

部位	吊装工况	说明
Ⓗ1/⑧a 轴线劲性柱钢骨架安装	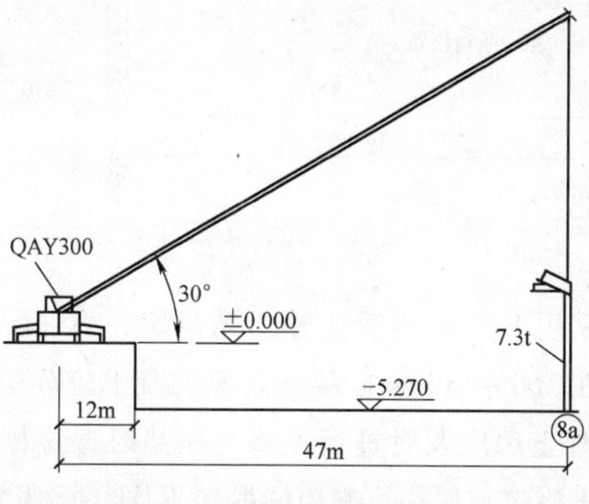	劲性柱钢骨架重 7.3t，起重机工作幅度 47m

最重梁钢骨架吊装工况见表 17-9。

表 17-9　最重梁钢骨架吊装工况

部位	吊装工况	说明
Ⓒ1 轴线劲性梁钢骨架安装	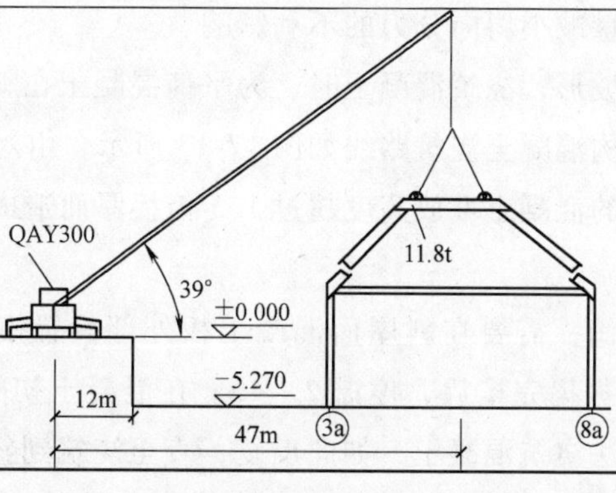	劲性梁钢骨架重 11.8t，起重机工作幅度 36m

ⓒ轴线劲性梁钢骨架重 11.8t，吊装时，起重机工作幅度 36m，吊臂与地面夹角 39°，吊臂长 46.2m。吊装时使用 2 根长度 6m，公称直径 ϕ33mm 的钢丝绳，用 2 个 25t 卡环固定在预先焊好的吊耳上进行吊装，2 根钢丝绳的夹角不大于 50°。在劲性梁两端 50cm 处设置 2 道溜绳以控制起重机吊运劲性梁时旋转的方向及稳定性。

17.6 混凝土浇筑施工方案

混凝土浇筑分为三个阶段，第一阶段浇筑到墙柱的 -0.45m 处；第二阶段浇筑到钢骨架起坡处（5.567m）；第三阶段浇筑完成（图 17-12）。

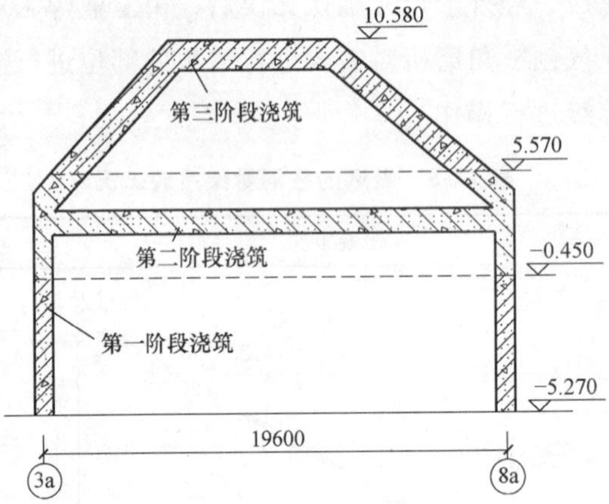

图 17-12 混凝土浇筑阶段划分

第一、第二阶段混凝土采用 HBT80 混凝土输送泵浇筑，第三阶段混凝土采用混凝土泵车浇筑。混凝土坍落度控制在 160 ~ 180mm。第一阶段混凝土应分层浇筑，每一层的浇筑厚度不得大于 600mm。浇筑混凝土后应及时进行振捣，振捣时振捣棒要快插慢拔。要在柱子内钢骨架两边均匀进行混凝土浇筑和振捣，避免漏振和不均匀振捣。

第二阶段混凝土浇筑，除了注意钢骨架两边均匀进行混凝土浇筑和振捣，避免漏振和不均匀振捣外，尚应注意保护拉梁内预埋波纹管不位移、不破损。

第三阶段混凝土浇筑为整个屋面的浇筑，采用两台混凝土泵车，分别位于报告厅东西两侧。两边对称分层浇筑，尽量减小斜向分力的不利影响。

由于报告厅屋面呈四面坡形，浇筑混凝土时，为平衡混凝土在斜面处流动对模板、架体产生水平推力冲击，屋面结构混凝土浇筑路线如图 17-13 所示，由对称两个方向的浇筑来平衡侧向水平力，并严禁一侧的混凝土堆放高度超过 1.5 倍板厚而造成架体局部荷载过重和侧向压力过大。

为防止斜屋面混凝土流淌，需要在斜屋面混凝土板外部设置模板，构造如图 17-14 所示。模板高度 900mm，浇筑振捣完毕后，停滞 2 ~ 4h，在混凝土初凝前，拆除该部分模板，向上安装外模继续按上述方法浇筑混凝土，如此反复，直至浇筑到斜坡顶面。

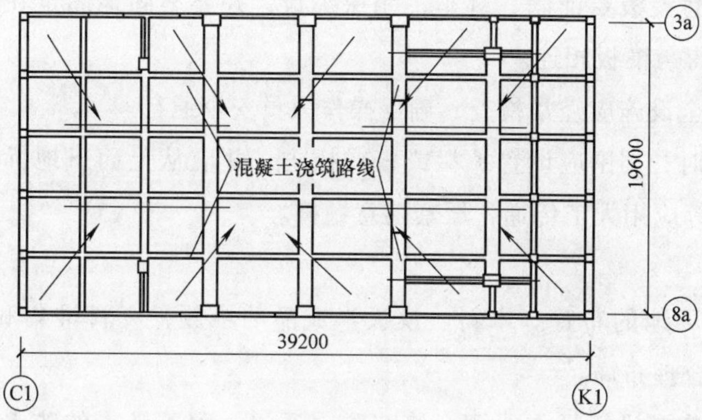

图 17-13　屋面结构混凝土浇筑路线

斜屋面混凝土振捣时，为避免插入式振捣棒碰触钢筋、预应力预埋管，应采取引导振捣（图 17-15）。

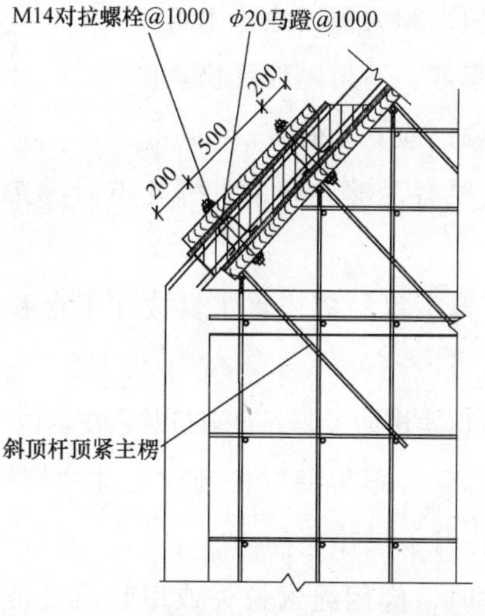

图 17-14　斜屋面混凝土浇筑示意图

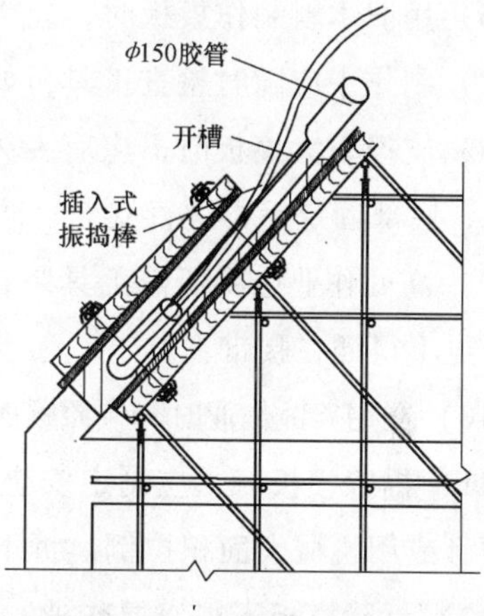

图 17-15　屋面斜坡处混凝土振捣方法示意图

混凝土浇筑成型即进行收面，收面完成覆盖塑料薄膜。混凝土终凝后洒水保持湿润 7d。

17.7　安全文明施工措施

1. 模板支架施工

（1）支架所用的垫板、钢管、杆件应详细检查。不得使用腐朽、劈裂、大节疤的圆木及锈蚀、扭曲严重的钢管等。

（2）架体地基为 300mm 厚的筏板，承载能力经计算符合安全要求。

（3）支架连接材料应使用扣件，接头应错开，螺栓要紧固。立杆底端需使用立杆底座。钢丝和白麻绳不得连接钢脚手架。

（4）作业层的竹夹板要铺满、绑牢，无探头板，并要牢固地固定在支架的支撑上。支架的任何部分均不得与模板相连。

（5）敷设的安全设施应经常检查，确保操作人员安全通行。

（6）拆除支架时，周围应设置护栏或警戒标志，并应从上而下地拆除，不得上下双层作业。拆除的钢管等应用人工传递，严禁随意抛掷。

2. 模板施工

（1）模板作业场地的布置。木料、模板半成品的堆放，废料堆集和场内道路的修建，应做到统筹安排，合理布局。

（2）作业场地应搭设简易作业棚，修有防火通道，配备必需的防火器具。四周应设置围栏，作业场内严禁烟火。

（3）木材应堆放平稳，方木垛高不得超过3m，垛距不得小于1.5m。

（4）下班前应将锯末、木屑、刨花等杂物清除干净，并运出场地进行妥善处理。

（5）制作模板时应细致选料，木模不得使用腐朽、扭裂和大横节疤等木料。

（6）用旧木料制作模板时，应将钉子、扒钉拔掉收集好，不得随地乱扔。

（7）制作中应随时检查工具，如发现松动、脱落现象，应立即修好。

（8）支设较大模板时，应有专人指挥，所用的绳索要有足够的强度，绑扎牢固。支立模板时，底部固定后再进行支立，防止滑动倾覆。

（9）高处作业应将所需工具装在工具袋内。传递工具不得抛掷或将工具放在平台和木料上，更不得插在腰带上。

（10）在用斧锤作业时，应照顾四周和上下的安全，防止误伤他人。斧头刃口装入皮套内。

（11）拆除模板时，应制定安全措施，按顺序分段拆除，不得留有松动或悬挂的模板，严禁硬砸或用机械大面积拉倒。拆下带钉木料，应随即将钉子拔掉。

（12）拆除模板不得双层作业。3m以上模板在拆除时，应用绳索拉住或用起吊设备拉紧，缓慢送下。

3. 安全用电

（1）电焊机应安设在干燥、通风良好的地点，周围严禁存放易燃、易爆物品。

（2）电焊机应设置单独的开关箱，作业时应穿戴防护用品，施焊完毕，拉闸上锁。遇雨天，应停止露天作业。

（3）在潮湿地点工作，电焊机应放在木板上，操作人员应站在绝缘胶板或木板上操作。

（4）焊把线、地线不得与各种管道、金属构件等接触，不得用这些物件代替接地线。

（5）更换场地，移动电焊机及焊把线时，必须切断电源，检查现场，清除焊渣，电线全部卷起，不得在钢管上或钢筋等部位随意拖拉。以免造成线体绝缘部分破损。

（6）在高处焊接时，必须系好安全带。周围应备有消防设备。

（7）焊接模板中的钢筋、钢板时，施焊部位下面应垫石棉板或铁板。

4. 混凝土浇筑

（1）应在浇筑完毕后的12h以内，对混凝土加以覆盖，并保湿养护。

（2）混凝土浇水养护的时间：对采用硅酸盐水泥、普通硅酸盐水泥或矿渣硅酸盐水泥拌制的混凝土，不得少于7d；对掺用缓凝型外加剂或有抗渗要求的混凝土，不得少于14d。

（3）浇水次数应能保持混凝土处于湿润状态，混凝土养护用水应与拌制用水相同。

（4）采用塑料布覆盖养护的混凝土，其敞露的全部表面应覆盖严密，并应保持塑料布内有凝结水。

（5）混凝土强度达到$1.2N/mm^2$前，不得在其上踩踏或安装模板及支架。

（6）现场电气装置和机具应符合施工用电和机械设备安全管理规定。

（7）现场人员佩戴安全帽，禁止不戴安全帽人员进入现场。

（8）电缆线不准拖挂、缠绕在钢筋、钢管及地面上。

（9）不准从作业面上向下抛掷任何杂物。

（10）不准穿硬底、带钉、易滑鞋作业，振捣手操作时应戴绝缘手套。

（11）在混凝土运输车出入口设立清洗区，确保混凝土渣不洒在道路上。

（12）场地及时洒水，减少过往车辆产生的灰尘对空气造成污染。

（13）为保持周围环境的清洁，施工期间派专人负责施工现场周围道路杂物的清理工作。

5. 钢结构吊装

（1）吊装时强化安全教育，提高安全防护意识，提高工人安全操作技能。

（2）吊装时正确使用“三宝”（安全帽、安全带、安全网）。

（3）吊装要合理组织交叉作业，采取防护措施。

（4）吊装作业有监护措施，有施工方案，有技术交底。

（5）起重吊装作业制定专项安全技术措施。

（6）对起重吊装工进行安全交底，落实“十不吊”措施。

（7）安全通道口、安全防护棚搭设双层防护，符合安全规范要求。

（8）加强安全检查，严禁向下抛掷任何杂物。

（9）高处作业应进行技术交底，工具入袋，严禁抛物。

17.8 环境保护施工措施

（1）设立文明施工环境保证领导小组，建立健全管理体制，制定文明施工、环境保护条例，严格按照文明施工、环境保护保障体系组织施工。

（2）对参与施工的人员进行文明施工、环境保护教育，组织学习环境保护法规。

（3）架体施工的钢管、钢筋、模板等材料按项目部统一部署，合理、整齐堆放，砂、石等易于扬尘的材料及场所派专人不定期进行洒水或用彩条布覆盖。

（4）运送周转材料的车辆应覆盖，并在出厂前清洗车轮，防止对市政道路造成污染，场内道路常清理、常洒水，防止扬尘。

(5) 混凝土浇筑时为减少噪声污染应使用高频振动。

(6) 所有木工机具均在木工房内施工，将噪声降到最低程度。

(7) 所有模板、钢筋等材料应统一堆放在指定地点，并由材料部门负责检查回收。

(8) 建筑垃圾堆放在指定地点，当天的垃圾当天清净，严格做到工完料尽场地清。

(9) 施工区域内的污水不得随意排放和倾倒。

17.9 安全应急预案

高架支模施工与门式刚架吊装是一项工序复杂、危险性较大的施工工序，各种突发性和不可预测的重大伤亡事故时有发生，事故所造成的人员伤亡和财产损失巨大，教训十分深刻，为做好安全事故的防范，最大限度地减小事故损失，确保迅速、正确地处理突发事故，结合本现场实际情况，特制定以下应急预案。

17.9.1 危险源分析

根据对高架支模和门式刚架的施工过程的分析，主要存在以下几个危险源：

1. 脚手架坍塌

2. 高处坠落

3. 火灾

17.9.2 危险源监控措施

1. 脚手架坍塌监控措施

(1) 所用支架的材料应详细检查，不得使用腐朽、劈裂、锈蚀、扭曲严重的钢管和扣件等。

(2) 支撑架要按方案设计要求施工，应有足够的承载能力和稳定性，防止不均匀沉落(降)、失稳和变形。

(3) 水平杆拉结是否符合要求，剪刀撑设置是否正确，扣件的力矩是否满足要求。

(4) 做好支架搭设、预压、浇筑、拆架等工序的安全技术交底和施工现场的检查、监督工作。

2. 高处坠落

(1) 强化安全教育，提高安全防范意识。

(2) 作业前，要正确使用“三宝”(安全帽、安全带、安全网)。

(3) 对起重吊装作业要制定专项安全技术措施。

(4) 加强安全技术检查，严禁向下抛掷物品。

3. 消防火灾监控措施

(1) 对现场的焊接、切割及电渣压焊等施工要实行审批制度，并且派专人进行跟踪监督。

(2) 要做好现场安全技术交底，对潜在的火灾源进行预控。

（3）现场设置消防器材及设施，加强消防安全教育。

（4）现场的施工用电要严格按照规范布置铺设。

17.9.3 应急救援组织机构

1. 应急处理领导小组组成（图 17-16）

2. 应急处理领导小组分工

（1）组长：于××（手机：1365××6351）统领应急处理领导小组，全面负责事故处理的一切适宜。

（2）副组长：张××（手机：1383××0680）、刘××（手机：1383××5721）为指挥组，负责领导指挥处理事故现场工作以及事故的善后工作，同时及时快速收集事故总体情况，汇总成文字材料上报上级主管部门。

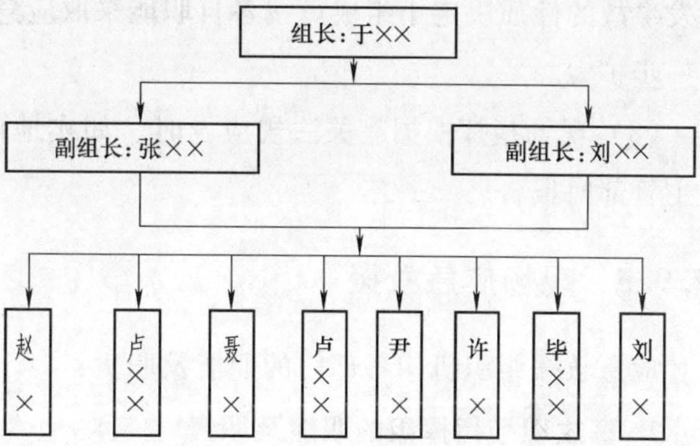

图 17-16 事故应急处理领导小组

（3）赵×（手机：1341××2805）、聂×（手机：1373××3468）为现场伤员营救组，负责事故人员的急救工作，联系急救车，迅速将伤员送到附近医院救治。

（4）尹×（手机：1301××1959）、刘×（手机：1301××2151）为保卫疏导组，负责保护好事故现场，撤离与事故无关人员，维护秩序。

（5）卢××（手机：1598××2815）为后勤供应组，迅速组织后勤必须供给的物品，并及时输送后勤物品到抢险人员手中。

（6）许×（手机：1383××2009）为技术处理组，制定其可能出现而必须运用建筑工程技术解决的应急反应方案，整理归档，为给事故现场提供有效的工程技术服务做好技术储备。

（7）毕××（手机：1360××7015）、卢××（手机：1513××2681）为善后工作组，稳定作业人员的思想情绪，参与护送救治工作，做好伤亡人员及家属的稳定工作，确保事故发生后受伤人员及伤亡人员家属思想能够稳定，大灾之后不发生大乱。

17.9.4 启动程序、联系电话

建设工地发生安全事故时启动程序：

（1）二级应急反应指挥部负责指挥工地抢救工作，向各抢救小组下达抢救指令任务，协调各组之间的抢救工作，随时掌握各组最新动态并做出最新决策。

（2）在第一时间向110、119、120发出求救信号，并迅速将伤员送往最近医院。

（3）向集团公司报告事故情况及救援情况。

（4）向当地政府安监部门报告事故情况及救援情况。

（5）在事故发生时，在项目部应急事故现场指挥没有抵达事故现场前，施工现场经理即为临时现场指挥。

（6）集团公司的安全监察处是事故报告的一级应急反应指挥部，当发生突发事件时，事发单位必须在最短时间内报集团公司的安全监察处。

（7）安全监察处接到报告后及时向副总指挥报告，视情况同时报告总指挥。总指挥按突发事故的性质决定小组成员按各自职能采取应急措施准备，及时赶赴事故现场，防止事故进一步扩大。

（8）现场指挥根据有关法规应及时、如实地向负责安全生产监督管理的部门、建设行政主管部门报告。

17.9.5 现场应急救援

应急救援组织机构各部门的职能及职责：

1. 事故现场指挥组的职能及职责

（1）所有施工现场的操作和协调，包括与指挥中心的协调。

（2）现场事故评估。

（3）保证现场人员和公众应急反应行动的执行。

（4）控制紧急情况。

（5）做好与消防、医疗、交通管制、抢险救灾等各公共救援部门的联系。

2. 现场伤员营救组的职能与职责

（1）引导现场作业人员从安全通道疏散。

（2）将受伤人员营救至安全地带。

3. 保卫疏导组的职能和职责

（1）对场区内外进行有效的隔离和维护现场应急救援通道畅通。

（2）疏散场区内外人员，使其撤出危险地带。

4. 后勤供应组的职能及职责

（1）迅速调配抢险物资器材至事故现场。

（2）提供和检查抢险人员的装备和安全防护。

（3）及时提供后续的抢险物资。

（4）迅速组织后勤必须供给的物品，并及时输送后勤物品到抢险人员手中。

5. 技术处理组的职能和职责

（1）结合现场实际情况，制定其可能出现而必须运用建筑工程技术解决的应急反应方案，整理归档，为给事故现场提供有效的工程技术服务做好技术储备。

（2）应急预案启动后，根据事故现场的特点，及时向应急总指挥提供科学的工程技术方案和技术支持，有效地指导应急反应行动中的工程技术工作。

6. 善后工作组的职能和职责

(1) 做好伤亡人员及家属的稳定工作，确保事故发生后受伤人员及伤亡人员家属思想能够稳定，大灾之后不发生大乱。

(2) 做好受伤人员医疗救护的跟踪工作，协调处理医疗救护单位的相关矛盾。

(3) 与保险部门一起做好伤亡人员及财产损失的理赔工作。

17.9.6 应急救援预案的启动、终止

(1) 当事故的评估预测达到启动应急救援预案条件时，由应急总指挥下达启动应急救援预案令。

(2) 事故现场经过应急救援预案实施后，引起事故的危险源得到有效控制、消除；所有现场人员均得到清点；不存在其他影响应急救援预案终止的因素；应急救援行动已完全转化为社会公共救援；应急总指挥认为事故的发展状态必须终止的，应急总指挥下达应急救援预案终止令。

(3) 应急救援预案实施终止后，应采取有效措施防止事故扩大，保护事故现场和物证，经有关部门认可后可恢复施工生产。

(4) 对应急救援预案实施的全过程，认真科学地做出总结，完善应急救援预案中的不足和缺陷，为今后的预案建立、制定、修改提供经验和完善的依据。

17.10 计算书（略）

钢梁混凝土板模板支架施工方案

梅晓放　尹朝莺

北京住总集团

18.1　工程概况

新疆大厦位于新疆维吾尔自治区人民政府驻北京办事处。总建筑面积 60692 ㎡，框架剪力墙结构，地下 3 层，地上由 11 层办公楼、20 层酒店和办公楼与酒店之间的 4 层裙房组成。其中 3 层裙房设计为宴会厅。

宴会厅长 42m，宽 25.5m，净高 8.9m，建筑面积 1000m^2。

宴会厅顶部由 14 根 1300mm × 450mm 工字钢梁托着 150mm 厚的现浇混凝土顶板。工字钢梁长 25.2m，在现场进行拼接安装就位。

宴会厅结构平面图如图 18-1 所示。宴会厅钢梁剖面图如图 18-2 所示。

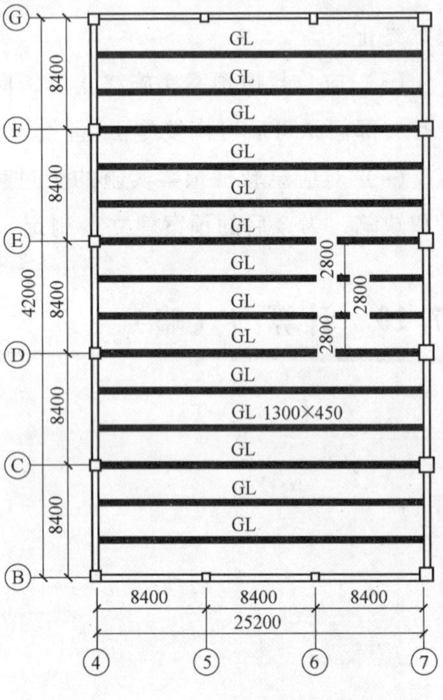

图 18-1　宴会厅结构平面图

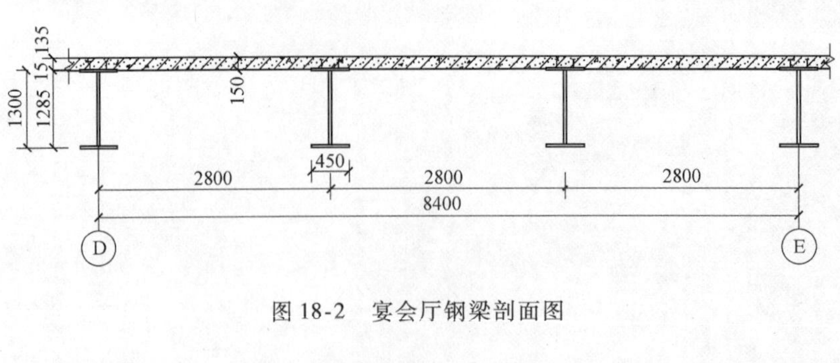

图 18-2　宴会厅钢梁剖面图

18.2 编制依据

(1) 新疆大厦工程施工图样。

(2)《建设工程安全生产管理条例》国务院第 393 号令。

(3)《危险性较大的分部分项工程安全管理办法》建质［2009］87 号。

(4)《建筑工程施工质量验收统一标准》(GB 50300—2013)。

(5)《建筑施工模板安全技术规范》(JGJ 162—2008)。

(6)《建筑施工碗扣式脚手架安全技术规范》(JGJ 166—2008)。

(7)《建筑施工扣件式钢管脚手架安全技术规范》(JGJ 130—2001)。

(8)《高层建筑混凝土结构技术规程》(JGJ 3—2002)。

(9)《混凝土结构工程施工质量验收规范》(GB 50204—2002)(2011 版)。

(10)《建筑施工高空作业安全技术规范》(JGJ 80—1991)。

(11)《建筑施工安全检查标准》(JGJ 59—1999)。

(12)《施工现场临时用电安全技术规范》(JGJ 46—2005)。

18.3 架体搭设方案

工字钢梁（GL）现场拼接就位处采用单独的碗扣支撑体系做墩式支撑。立杆间距 300mm×300mm，水平杆步距 600mm，立杆长度为 3m、3.6m。立杆下加 50mm 厚脚手板，扫地杆距地 300mm，可调支撑规格 0～500mm，可调托杆旋出立杆高度小于 200mm。最上一排水平杆距工字钢梁底不大于 400mm。不单独搭设竖向和水平向剪刀撑(图 18-3)。

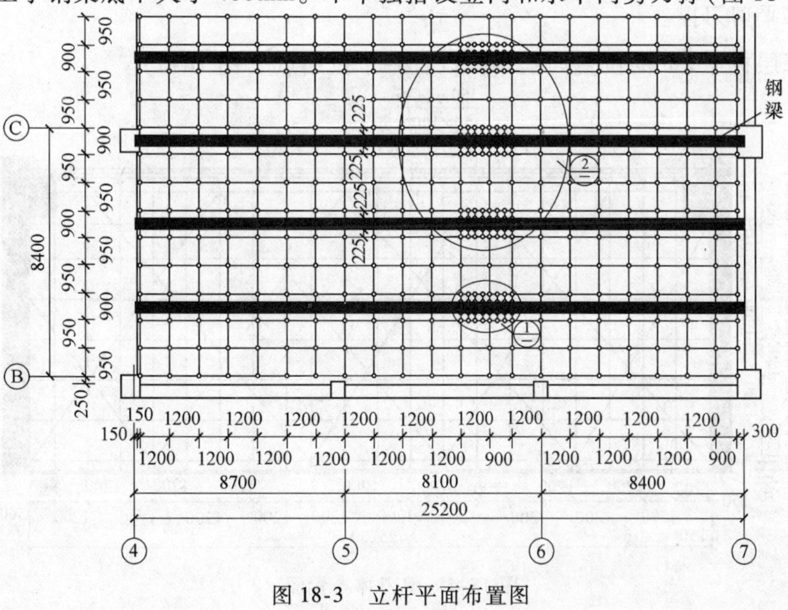

图 18-3 立杆平面布置图

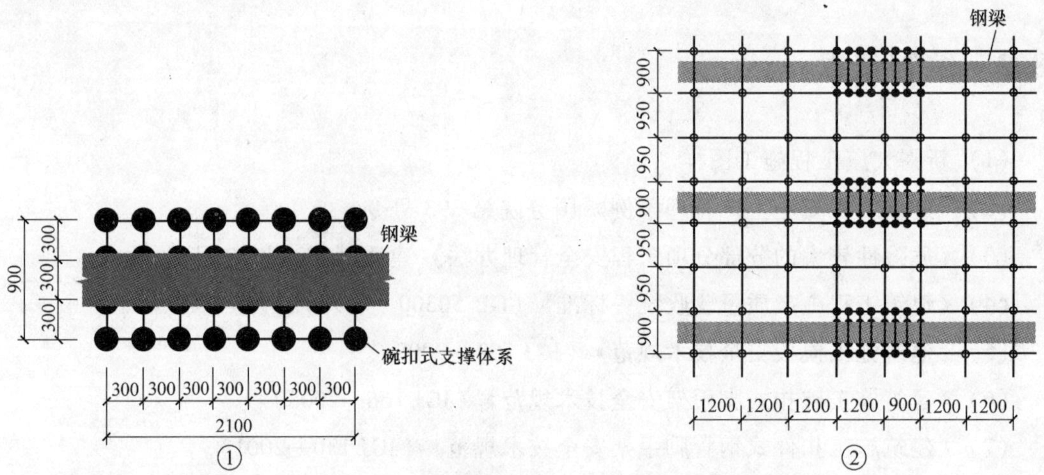

图 18-3 立杆平面布置图（续）

顶板模板支撑架体系采用48根钢管搭设。GL下立杆间距为900mm×1200mm（GL两侧225mm处设置立杆），GL之间的立杆间距为950mm×1200mm（图18-3）。水平杆步距为1200mm，最顶两步距水平杆步距为600mm。扫地杆距地200mm。立杆下设底座，底座下垫50mm厚通长脚手板。扣件式模板支撑架顶部支撑点与支架顶层横杆的距离不应大于400mm。

根据施工组织，先架设钢梁墩式支撑，吊装钢梁，分段钢梁连接成整体后，墩式支撑不再受力，再搭设顶板支撑。根据计算，支撑钢梁的墩式支撑，立杆间距450mm即可承受钢梁荷载，但市场没有450mm的碗扣式脚手架拉杆，故采用300mm×300mm的立杆。

剪刀撑布置图如图18-4所示，在模架周围设由下至上的竖向连续式剪刀撑；中间部分纵横向间距不大于6m设一道由下至上的竖向连续式剪刀撑；模架的顶部、中间、扫地杆处各设置一道水平剪刀撑。

立杆在每层板下2m的位置与框架柱设置一个拉结点（图18-5）。

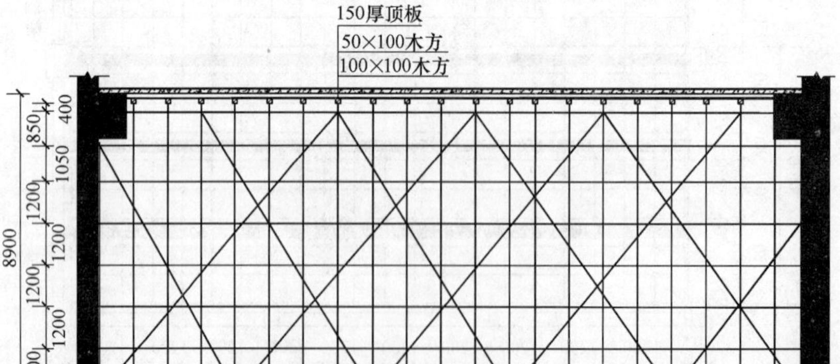

图 18-4 剪刀撑布置图

18.4 施工计划

18.4.1 进度计划

（1）宴会厅架子由柱墩式钢梁接头碗扣支撑及操作架子和满堂式顶板模板 ϕ48mm 钢管支撑架子两部分组成。架子施工安排在三层顶板结构施工完毕后开始，计划用 3 个星期完成。

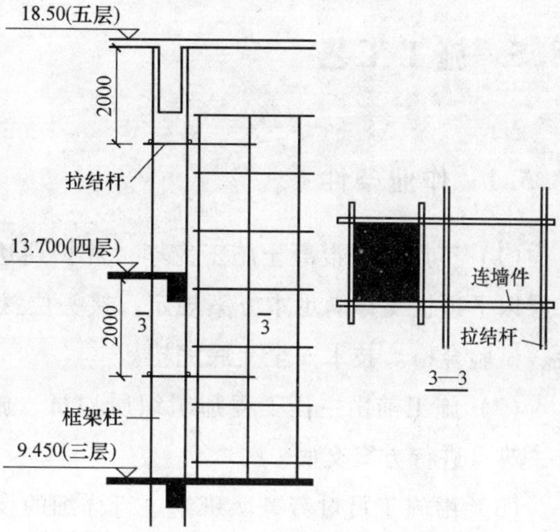

图 18-5 架体立杆与框架柱拉结

（2）新疆大厦宴会厅架子具体工期计划：搭柱墩、摞底、顶板架子至梁底约 10d。架子工 10 人。钢梁吊装、螺栓连接、焊接 15d，钢结构分包专业施工。顶板支撑至标高约 2d。土建木工班组施工，12 人。

18.4.2 劳动力计划（表 18-1）

表 18-1 劳动力计划

序号	工种	人数	兼职安全员	班组名称	工作内容
1	架子工	10	2	河南林县架子工队	柱墩搭设
2	木工	12	2	四川紫阳劳务公司	顶板支撑搭设
3	钢结构	15	2	钢结构专业公司	钢梁吊装及连接
4	专职安全员	2		项目部安全组	安全监督

18.4.3 材料准备计划（表 18-2）

表 18-2 材料准备计划

序号	材料名称	规格型号	单位	数量
1	脚手管	1m 2m 4m 6m 7m	m	2000 1000 4000 3000 2000
2	旋转扣件	—	个	2500
3	十字扣件	—	个	3500

序号	材料名称	规格型号	单位	数量
4	连接扣件	—	个	1500
5	可调支托	500mm	个	2200
6	底座	—	个	2000
7	脚手板	50mm 厚	m^2	1000
8	碗扣立杆	3m 3.6m	根	1000 1000
9	碗扣横杆	0.3m	根	7546

18.5 施工工艺

18.5.1 作业条件

(1) 三层顶板混凝土施工完毕，养护期达到14d。钢梁大样加工图得到设计签字认可。三层以下顶板支撑满足本方案规定。接头位置放线完毕，验收手续完成。架子材料进场且检验、试验合格。技术安全交底完毕。

(2) 施工前由主任工程师组织质检员、施工员、安全员、劳务队管理人员对方案的重点、难点进行方案交底。

(3) 由施工员对劳务队班组进行详细的技术交底和安全交底。

(4) 宴会厅高大模板的架子由架子工搭设第一步，即 ϕ48mm 管搭设至7.5m，碗扣式钢管搭设至7m，7m和7.5m以上再接立杆和支设模板由木工完成。

(5) 架子施工人员应取得架子工特种作业上岗操作证，且必须熟悉和严格遵守安全技术操作规程，并佩带劳动保护用品。

(6) 架子施工人员在施工员进行技术交底和安全交底后，认真学习，明确分工。在开始操作前，施工员、安全员、架子班组长应对施工现场环境及所需防护用具做检查，消除隐患后方可进行操作。

18.5.2 材料检验控制措施

1. 材料性能要求

(1) 钢管规格为 ϕ48mm×3.5 mm，钢管壁厚允许偏差为+0.25mm。钢管壁厚使用游标卡尺进行检测。

(2) 碗扣式支撑架钢管直线度应小于1.5L/1000（L 为钢管长度），使用小线和直尺检测。

(3) 碗扣式支撑架立杆连接处外套管与立杆间隙应小于等于2mm，外套管长度不得小于160mm，外伸长度不得小于110mm。使用卡尺和直尺检测。

(4) 可调托钢板厚度不得小于5mm。

(5) 可调托丝杠与调节螺母啮合长度不得小于6个螺纹，插入立杆内的长度不得小于150mm。使用直尺检测。

(6) 扣件应符合《可锻铸铁件》（GB/T 9440—2010）的规定。

(7) 木脚手板应采用杉木或松木制作，厚度不小于5cm，宽23~25cm，两端应设直径为4mm的镀锌钢丝箍两道，脚手板不得使用腐朽或有裂缝、斜纹及大横透节的板材制作。

2. 材料管理规定

(1) 钢管、扣件进场，应有钢管、扣件生产或租赁企业的营业执照、生产许可证、法定检验机构出具的按规定标准检验合格的钢管、扣件及碗扣架钢管等检验报告、商标注册证明、铸有商标图案的本企业扣件产品照片等资料。

（2）模板支撑架用钢管必须有产品合格证及检测报告。

1）表面应平直光滑、不应有裂纹、分层、压痕、划道和硬弯。

2）外径偏差不大于 -0.5mm，壁厚偏差不大于 -0.5mm。

3）端面应平整，偏差不超过 1.7mm。

4）钢管锈蚀深度应小于 0.5mm，不得使用严重锈蚀的钢管。

（3）扣件必须有产品合格证及检测报告。

1）扣件与钢管的贴合面必须严格整形，应保证与钢管扣紧时接触良好。

2）扣件活动部位应能灵活转动，旋转扣件的两旋转面间隙应小于 1mm。

3）扣件表面应进行防锈处理，“T”字螺栓上要有垫片。

18.5.3 工艺流程

放线→架子摞底→架子支搭到钢梁梁底→钢梁安装→架子支搭到板底→模板安装→架子验收。

18.5.4 施工要点

（1）支撑体系统一放线，确定立杆位置，先做墩式支撑碗扣脚手架摞底，再做顶板支撑 ϕ48mm 钢管模板支撑架摞底，经过摞底验收后才可向上搭设。

（2）宴会厅所在的平面范围内，下两层的模板支撑不得拆除，待宴会厅顶部模架拆除时同步拆除。

（3）搭设前在架子立杆的底部应铺设通长脚手板，脚手板尺寸选用 50mm 厚的木板，平行长向铺设。

（4）在架子的底部设置扫地杆，扫地杆应距楼地面 300mm。

（5）沿高度方向第一根立杆和扫地杆放好后，要进行摞底验收。

（6）架体分两步进行搭设，第一步：ϕ48mm 管搭设至 GL 下，搭设高度为 7.5m；GL 拼接处碗扣式钢管搭设高度为 7m。待钢结构施工完后，搭设第二步：在原架子的每根 ϕ48mm 管立杆上接一根 0.9m 长的碗扣式钢管（立杆采用 0.9m 长的碗扣式钢管，横杆采用 ϕ48mm 管），在局部加强处碗扣式钢管上接一根 1.5m 长的碗扣式钢管，进行顶板模板铺设。两个体系的架子同时搭设，碗扣架要与周围 ϕ48mm 钢管顶板支撑架连成整体。

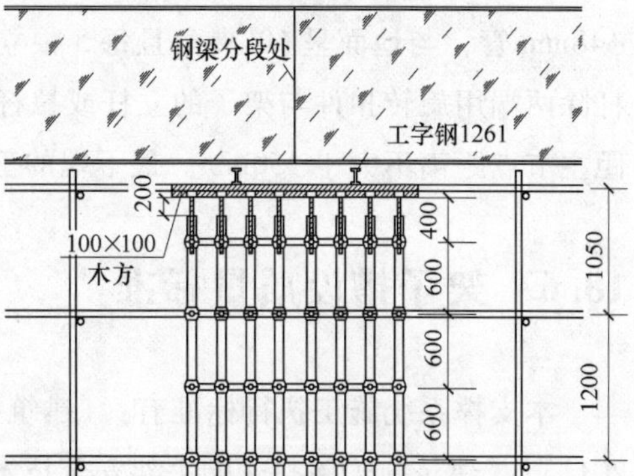

图 18-6 钢梁支撑处详图

（7）GL 处架体立杆间距为 300mm 双向，水平杆步距 600mm（图 18-6），与四周的 ϕ48mm

管水平拉杆连接成一个整体。在每根碗扣式钢管的顶部插可调支托，并沿东西向放置100mm×100mm的木方，100mm×100mm的木方上面放置工字钢（图18-7）。

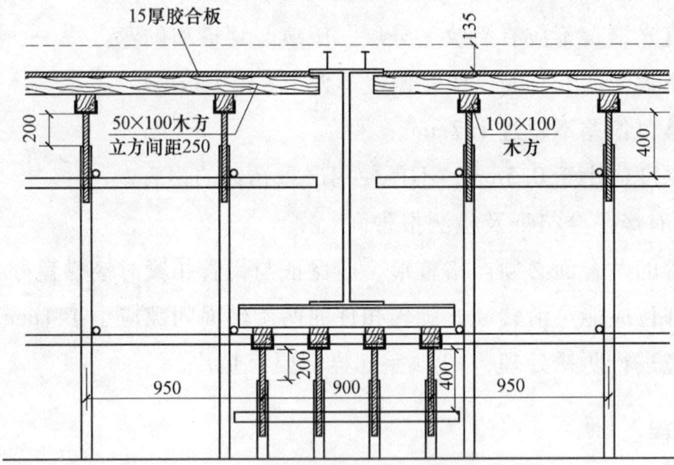

图18-7 钢梁支撑与顶板支撑处详图

（8）立杆下部200mm高处设置纵、横向两道扫地杆，以确保脚手架底部的稳定。

（9）立杆与纵向水平杆必须用直角扣件扣紧，不得隔步设置。

（10）立杆对接位置，相邻杆要错开，并布置在不同步距内，其接头距横杆的距离不大于1/3步距，采用对接，不得搭接。

（11）立杆与主龙骨用可调支托连接（图18-8）。

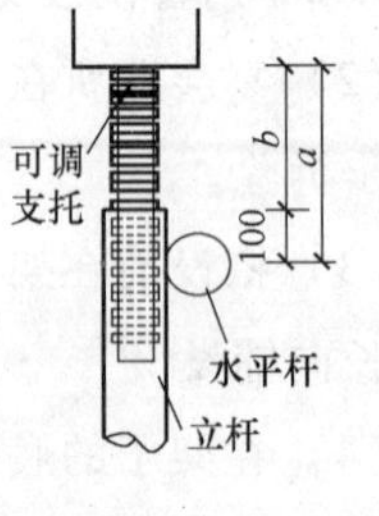

图18-8 可调支托使用详图

同步内隔一根立杆的两个相隔接头在高度方向错开的距离，不宜小于500mm。

（12）架子搭设完后，在最上端的水平拉杆下面满挂大眼网。

（13）为保证宴会厅架子的整体性，沿④~⑦轴方向设置三排剪刀撑，间距8400mm。沿B~G轴方向设置五排剪刀撑，间距8400mm。剪刀撑采用ϕ48mm管，与地面呈60°夹角且每5根立杆设一道，剪刀撑应沿架高连续布置，剪刀撑的斜杆除两端用旋转扣件与架子的立杆或拉杆扣紧外，在其中间应增加3个扣结点。所有固定点距主节点距离不大于150mm。最下端的剪刀撑的底部要插到脚手板处。

18.6 架子搭设质量标准

本支撑系统施工执行标准有：《建筑施工扣件式钢管脚手架安全技术规范》（JGJ 130—2011）；《建筑施工碗扣式脚手架安全技术规范》（JGJ 166—2008）。

顶板支撑架搭设检查验收表见表18-3。

表 18-3　顶板支撑架搭设检查验收表

钢管扣件	扣件抗滑移试验			符合要求	
	进场前质量验收情况			符合要求	
	材质、规格与方案的符合性			符合要求	
	使用前质量检测情况			符合要求	
	外观质量检查情况			符合要求	
检查内容		允许偏差	方案要求	实际质量情况	符合性
立杆间距	墩支撑	+20mm	+20mm		
	板支撑	+20mm	+20mm		
步距		+20mm	+20mm		
立杆垂直度		≤0.75%且≤60mm	按规范要求		
扣件螺栓拧紧扭力矩		≥40N·m			
立杆基础			不小于 50mm 厚×200mm 宽垫板		
扫地杆设置			距地 200mm 双向设置		
拉结点设置					
立杆搭接方式			对接接头		
纵、横向水平杆设置			双向拉杆		
垂直剪刀撑双向			东向 4 道，南北向 2 道		
水平剪刀撑 2 道					
承重楼板加固			三层承载立杆@1400mm		

18.7　施工安全保证措施

18.7.1　项目部安全保障组织机构

（1）组长：秦占坡（项目经理）。

（2）副组长：张昌旭（项目副经理）、唐华（项目安全经理）。

（3）组员：翟永昌（施工人员安全）、周连（施工现场安全）、崔长福（材料管理安全）、苗祥泽（施工机械安全）、王平军（临时用电安全）、王建讯（交通消防安全）。

18.7.2　安全技术措施

1）支撑架施工人员必须是架子工而不是木工，应经培训考核，持证上岗。上岗人员定期体检，合格者方可持证上岗，患有不适宜从事此项工作疾病的施工人员不得进入施工现场。

2）支搭、拆除支撑架及模板前，要向班组进行详细的安全技术交底，并留存记录。

3）搭设模板支撑架的施工人员必须戴安全帽、系安全带、穿防滑鞋。

4）支搭支撑架、安装模板由作业组长指挥，作业人员协调一致。支撑架支搭过程中架设临时支撑，下班前必须将已安装的模板、支撑架固定牢固。

5）支撑架可调支托、底托安装前，经润滑，确认旋转正常。安装后防止砂浆、水泥浆、泥土等杂物填塞螺栓，并设专人维护。

18.7.3 防高处坠落

（1）进入施工范围必须佩戴安全帽，高处作业系安全带。

（2）临边设置防护栏杆，栏杆立柱间距不得大于2m，以扣件固定于下部支撑架（或焊接）。防护栏杆，上杆离地面高度为1.2m，下杆离地面高度为50～60cm。

（3）施工操作平台满铺木板时必须钉牢，严禁出现探头板。

（4）在进行钢梁吊装施工时，在钢梁安装支撑架四周搭设不低于1.2m高的带防护网的护栏。

18.7.4 防触电措施

（1）施工现场严格执行三相五线制，配电系统实行三级配电逐级漏电保护。

（2）严格电工值班、安全员检查制度，随时消除隐患。

（3）围挡照明和夜间照明使用24V低压电。

18.7.5 其他措施

（1）钢管有严重锈蚀、压扁或裂纹的不得使用，禁止使用有脆裂、变形、滑螺纹等现象的扣件。

（2）搭设过程中划出工作标志区，禁止行人进入，统一指挥、上下呼应、动作协调，严禁在无人指挥下作业。当解开与另一人有关的扣件时必须先告诉对方，并得到允许，以防坠落伤人。

（3）高处作业人员严禁酗酒上架作业，施工操作时要精力集中、禁止开玩笑和打闹。

（4）登高作业时，连接件必须放在箱盒或工具袋内，严禁放在模板或脚手架上，扳手等各类工具必须系挂在身上或放置于工具袋内。

（5）在搭设过程中应由安全员、架子班长等随时对架子的搭设进行检查，配备力矩扳手检查扣件螺栓是否拧紧，保证扣件螺栓扭力矩达到40N·m以上。

（6）架子拆除时应划出作业区，周围设绳绑围栏，地面设专人围护，禁止非作业人员进入。

（7）拆除时统一指挥、上下呼应、动作协调，当解开与另一人有关的扣件时必须先告诉对方并得到允许，以防坠落伤人。

（8）在拆除过程中，凡松开连接的杆、配件应及时拆除运走，避免误扶、误靠已松脱的杆件。拆除的杆、配件严禁向下抛掷，应吊至地面，同时做好配合协调工作，禁止单人进行拆除较重杆件等危险性作业。

18.8 应急预案

18.8.1 危险源分析

本施工项目危险源主要有：高处坠落、物体打击、架子材料不合格、架子搭设不合格、扣件拧紧力矩不够、剪刀撑设置不符合方案要求，架子搭设构造节点不符合规范和方案要求。

18.8.2 监测监控

施工期间，在现浇模板施工区域设置若干个监测点，每个监测点位配备足够数量的消防器材，各监测点位根据不同施工阶段安排2~5人，负责模板支撑系统在搭设、钢梁安装、混凝土浇捣过程中、混凝土终凝前后过程中，模板支撑体系位移、消防的监测监控工作。各区域监测点位人员，要坚守岗位、细致检查、严禁随意脱岗，在完成本区域监测工作的同时，与相邻及其他区域协同作业。在明显位置悬挂标牌，注明报警电话、值班负责人及职责，严格执行交接班制度并填写值班记录。

18.8.3 应急预案

1. 建立应急预案领导小组

本工程施工本着“安全第一、预防为主”的方针及“管生产必须管安全”的原则，项目部建立安全应急预案领导小组，全面处置各类安全突发事件。

(1) 应急预案领导小组。

组 长：秦占坡（项目经理）。

副组长：张昌旭（副经理）、尹朝莺（总工程师）、唐华（安全负责人）。

成 员：崔长福、刘建华、梁建民（报案组），李大凯、庞玉、耿凯、梁冰磊（急救抢救组），闫宏江、石德忠（后勤保障组），王斌、王红树、刘建生（维护秩序组），苑雪延、刘宇（对外接待组），薛经川、李晓雷（善后处理组）。

组长职责：全面负责处置各类突发性事故工作，及时召集应急预案领导小组成员研究处置方案，布置任务，下达命令，启动应急救援预案，调查处理事故原因。

报案组职责：现场发生突发性事故，现场事故发现人要立即向报案组汇报，由报案组拨打相应急救电话，告知事故种类、事态、地点、联系人等，同时紧急通知急救抢救组、维护秩序组、后勤保障组等启动应急救援预案，协助事故的调查与处理工作。

急救抢救组职责：施工现场如果发生人员伤亡事故时，有急救证的救护人员要第一时间到达现场进行人员的救护工作。没有人员伤亡时，在接到报案组通知后，也要立即赶赴现场，根据现场事故种类，立即组织抢救，协助事故的调查与处理工作。

后勤保障组职责：根据事故现场需要，一切机械设备必须保证车况良好，随时听候调遣，保证应急救援设备和器材正常运转，服从现场指挥；保证将各种救援材料、物品及时运往事故现场进行及时的救护，努力将事故的损失降到最低点。

维护秩序组职责：一旦发生安全事故，接到报案组通知后，立即赶到事故现场，根据现场实际情况，设立隔离区，立即组织人员疏散和物资转移，维护现场秩序并保护现场，为急救中心救援车辆和现场急救车辆开辟畅顺通道，保证最大限度地减少人员伤亡和财产损失；协助事故的调查与处理。

对外接待组职责：主要负责发生事故时接待上级领导、急救车辆的工作，使上级领导、急救车辆能够在第一时间到达现场，有条不紊地展开指挥与抢救工作，并协助事故的调查与处理。

（2）施工现场建立应急救援小分队。

队 长：唐友忠。

副队长：彭大勇。

成 员：成员由20人组成。

应急救援小分队职责：应急救援小分队在现场发生事故后要及时赶到现场，服从在场的救援负责人的指挥，按照发生事故的不同种类，采取不同的抢救措施。在抢救过程中，救护人员要保证自身的安全。

2. 应急救援预案抢救措施

施工现场一旦发生安全事故，应急救援领导小组及应急救援小分队成员应迅速到达现场展开工作。

（1）触电事故：发现事故现场发生触电事故，首先切断事故电源，然后对伤员进行抢救（人工呼吸或心脏按压法），保护现场，同时拨打急救中心电话并疏散现场围观人群，派人去路口迎接急救车辆，伤员送往医院途中抢救工作不能停止。

（2）高处坠落事故：发生高处坠落事故，现场医务人员立即对伤员进行包扎止血。抢救人员必须对事故发生现场设围栏，疏散闲杂人员，以防再次伤人，同时拨打急救中心电话，直至将伤员送往医院。

（3）倒塌事故：发生倒塌事故，首先抢救伤员并保护现场，拨打急救中心电话，为抢救工作创造一切便利条件，维护秩序组立即疏散现场人员，集中人力进行紧急抢救。急救车辆到达现场之前，由现场医务人员对伤员进行抢救处理。

（4）物体打击事故：发生物体打击造成事故时，首先由现场医务人员根据伤员情况进行包扎抢救，拨打急救中心电话，为抢救工作创造一切便利条件，确保在极短时间内，把伤员送往医院。

（5）治安消防、交通事故：发生火灾事故时，抢救人员必须及时到达火灾现场进行扑救，抢救人员必须在上风处灭火，防止烧伤自己。维护秩序组及时维护现场、疏散人员，将事故损失降到最低点。发生治安、交通事故时，要及时保护好现场，由报案组拨打急救电话，发现人员受伤时，通知急救抢救组进行抢救。

（6）易燃易爆事故：如遇易燃易爆有害气体时，事故中心区要严禁火种，电工负责切断电源，抢救人员要穿戴好劳动防护用品，维护秩序组在现场进行维护，周边设置警戒线，禁止闲杂车辆与人员进入，防止发生爆炸伤亡事故。

3. 安全应急救援联系电话

火警电话：119，匪警电话：110，急救中心：120、999，交通事故：122。

18.9 计算书（略）

大桥混凝土V形墩施工方案

焦宁艳　杨玉龙

中国中铁四局集团建筑工程有限公司

19.1　工程概况

泉河大桥全长710m，中心里程为MK1+080.5，起点里程为MK0+671，终点里程为MK1+381，全桥为左右双幅分离式，每幅宽度15.0m，中央分隔带2.0m，两幅中心线距离17m；全桥均位于直线段内；主桥上部为（77m+110m+77m）三跨预应力混凝土单箱斜腹式连续刚构桥。主桥9#、10#主墩位于泉河大堤内河岸两侧漫滩上。主墩（9#、10#）是为V形预应力混凝土实体墩，两个斜腿和其顶部主梁及0#段组成倒三角结构。

V形墩斜腿为板式钢筋混凝土结构，内设预应力钢绞线。V形墩与上部箱梁、下部承台固结。墩高分别为13.08m和12.76m，下部竖直墩身高分别为4.6m和4.29m，截面尺寸4.5m（纵）×5.0m（横）。两侧斜腿轴线与墩中心竖直轴夹角38°，法向截面尺寸为矩形，尺寸为2.1m（纵）×5.0m（横），斜腿与下部竖直墩、上部0#段相交处，两斜腿之间以$R=100$cm，斜腿与0#块间以$R=1000$cm圆弧连接。斜腿内设钢劲性骨架，支撑钢筋及钢绞线。预应力钢绞线下端为固定锚。设计混凝土强度为C60，墩底高程为23.000m。箱梁0#段纵向长24.4m、高度5m、顶板宽15m、底宽5m，顶板设1.5%的单向横坡，底板横向保持水平。两翼悬臂长3.75m，顶板厚0.4m（箱梁中心线处），斜腹板厚0.7m，斜率4:1，底板厚0.8m。主桥箱梁在与V形墩两斜腿顶对应处设置厚1.8m的横隔板，横隔板内设人孔。箱梁采用纵、横、竖三向预应力体系，设计为C60混凝土。

V形墩及箱梁0#段结构形式、尺寸、与承台围堰的关系如图19-1所示。

19.1.1　结构设计要求

（1）V形墩内预埋型钢劲性骨架，劲性骨架由施工单位自行设计，征得设计认可后施工。

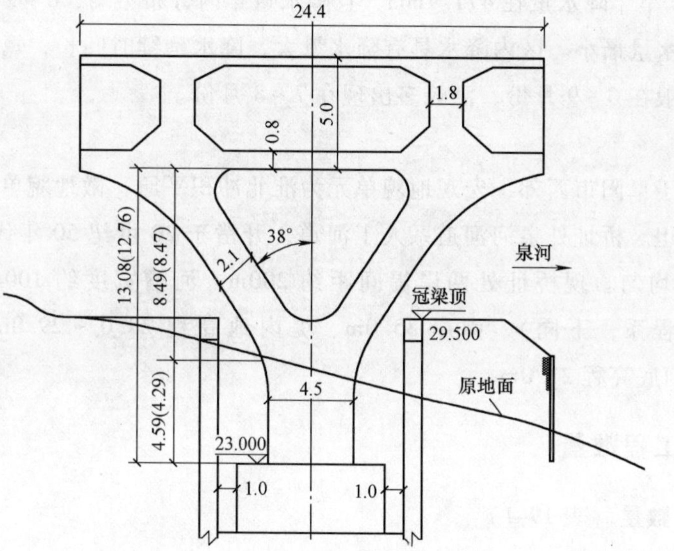

图 19-1　V 形墩及箱梁 0#段结构形式、尺寸与承台围堰的关系

注：单位以 m 计，括号内为 10#墩数据。

(2) 采用在 V 形墩旁设托（支）架立模浇筑 V 形墩及墩顶 0#梁段。

(3) 支架不得直接支承在 V 形墩斜腿上。

(4) 0#段浇筑混凝土前对托（支）架进行 1.15 倍一期恒载预压。

(5) 0#块混凝土体积较大，浇筑混凝土应采取减少水化热的有效措施，控制箱梁混凝土的内外温差，避免产生温度收缩裂缝。

19.1.2　水文、气象、地形

1. 水文

泉河的汛期与雨季一致，6～8 月份为丰水期，11 月～翌年 2 月为枯水期。汛期淮河水位升幅较大，常淹没两岸的低洼地区。河道最高水位多出现在 7～8 月份，最低水位多出现在 11 月～翌年 2 月份。本桥区域泉河上下游设有水闸，水流流速极缓。

泉河大桥桥位处河岸两侧为漫滩地形，两岸大堤距离约 200m，主河槽居于航道中央，桥梁轴线与航道正交，要求通航等级为 V 级，通航要求为 80m×5m。泉河 50 年一遇洪水位为 34.09m。桥位处设计最高通航水位为 29.6m。

2. 气象

桥位区位于淮河以北，属暖温带半湿润季风气候，区内总的气候特征：气候温和、四季分明、雨量适中、光照充足、无霜期较长等。

区内年平均气温为 14.5～15.3℃。极端最高气温为 42℃，极端最低气温为 －22℃。区内日照时数为 2173.7～2425.3h，年无霜期在 210～222d。

区内雨量充沛，降水量年际变化较大，多年平均降水量在 821.3～985.3mm，丰水年降水量在1583mm，旱年降水量在471.9mm，且降水量年内分布不均，6~9月降水量较大，11月~翌年2月降水量最小。区内降水具有降水量大，降水延续时间长，短时间降水强度大等特征。主汛期一般在6~9月份，洪峰多出现在7~8月份。

3. 地形地貌

本标段桥位于阜阳市西郊，宏观地貌单元为淮北冲积平原，微地貌单元为泉、颍河高漫滩，区域地势平坦。桥址处泉河河道系人工河道，开凿于20世纪50年代，河道岸线平直，槽滩分明，宽度均匀。现桥址处两岸堤间距约200m，河槽宽度约100m；北岸堤顶高程34.5m（黄海高程系，下同）、南岸35.0m、堤内地高程28.0~29.0m、堤外滩地高程26.5~28.3m、河底高程21.0m。

19.1.3 主要工程数量

1. 主体工程数量（表19-1）

表19-1 V形墩及0#段工程数量

序号	项目	单位	数量			单幅合计	全桥总量（双幅共4个）
			竖腿	斜腿	0#段		
1	C60混凝土	m^3	150	200	499.6	1699.2	3398.4
2	带肋钢筋	t	49.5		78.1	127.6	255.2
3	钢绞线	t	10.2		21.0	62.4	124.8
4	15—17锚具	套	20/20		—	40/40	80/80
5	15—11锚具	套	20/20		—	40/40	80/80
6	15—19锚具	套	—		16	32	64
7	15—12锚具	套	—		16	32	64
8	波纹管	m	621.7		1349	2698	5396

注：9#、10#墩共4个独立墩，数量相同。

2. 施工措施工程数量

本桥为左右幅分离式，9#及10#墩共4处。

每处V形墩体内劲性骨架主要工程量见表19-2。

V形墩及0#段模板数量见表19-3。

V形墩及0#块支架数量见表19-4。

表19-2 每处V形墩体内劲性骨架工程量

编号	型号	长度/m	重量/t
1	[14a	123	2.3
2	∟63×6	390.5	1.2
3	∟90×6	15	0.09

表19-3 V形墩及0#段模板数量

墩号	模板	数量
9#墩	墩座斜腿模板	1套/435.5m^2
	0#块模板	1套/963.5m^2
10#墩	墩座斜腿模板	1套/430.8m^2
	0#块模板	1套/963.5m^2

表 19-4 V 形墩及 0#块支架数量

材料	单根长度/m	数量	重量/t	材料	单根长度/m	数量	重量/t
ϕ529mm×8mm 钢管	13.9	10 根	18.4	I25a	15	88 根	14.8
ϕ406mm×9mm 钢管	4.5	3 根	1.2	ϕ15.24mm 钢绞线	17	16 根	0.374
ϕ406mm×9mm 钢管	5.7	6 根	3.0	金属波纹管	3.1	4 根	—
ϕ406mm×9mm 钢管	11	4 根	3.9	15—5 锚具	—	8 个	—
I36c	26.4	2 根×3	11.3	碗扣式脚手架	—	1000m^3	—
I50a	26.4	2 根×2	9.9				

19.2 编制依据

（1）《公路桥涵施工技术规范》（JTJ 041—2000）。

（2）《泉河大桥施工图设计》第一册。

（3）《阜阳市南京路泉河大桥工程地质勘查报告》。

（4）泉河大桥招标答疑资料。

（5）现场调查资料。

19.3 施工部署

19.3.1 施工分段

主桥 V 形墩处于河漫滩上，承台设计顶面标高（23.000m）处于施工周期正常水位（经调查，历年 4～7 月份平均水位在 28.17～28.98m）以下 5m 左右。施工时间正处于雨季，水量充沛，施工期间受到洪水影响的可能性较大，再加上 V 形墩及箱梁 0#段混凝土强度高、体积大，钢筋、预应力筋、劲性骨架及各种预埋件多，施工难度较大。综合考虑以上各种因素，采用独立的型钢及钢管支架；合理分段；采用低水化热的高强度混凝土设计和施工控制方案及特殊部位设置临时钢筋和预应力钢绞线的相应措施。

根据设计要求和监控单位的监控方案，在 V 形墩和 0#段施工过程中。配合监控单位预埋应力、应变监测元件；配合监控的实施；按反馈的监测数据和监控单位的要求，及时修正施工措施，确保工程处于受控状态。

V 形墩身及箱梁 0#段施工共分四步进行（图 19-2）。

（1）施工直立的墩座部分：浇至斜腿根部圆弧段以上 20cm 位置，内侧标高至 30.3m（10#标高），混凝土方量约为 150m^3。该部分与普通直墩区别不大，采用定型钢模板施工。在施工时特别注意斜腿部分的各种预埋件（含劲性骨架、预应力管道、钢绞线和固定锚端），要仔细检查，防止遗漏或预埋位置不准确。分界面宜采用活动临时模板，做成与斜腿轴线垂直的斜面，以利于衔接面受力。

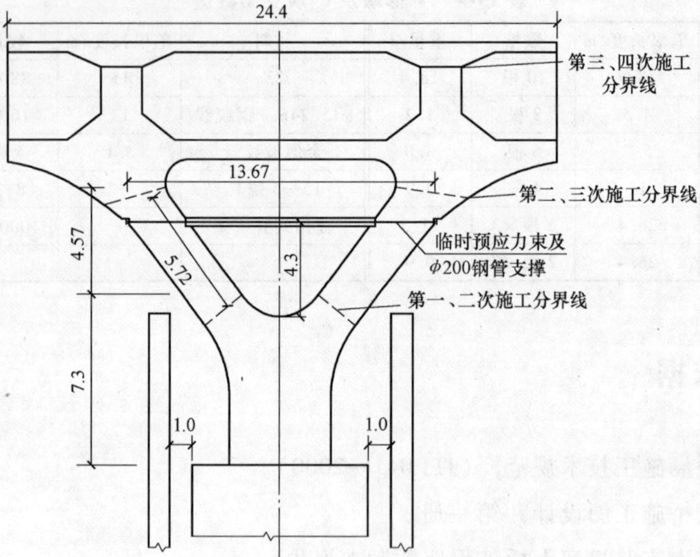

图 19-2 V 形墩施工分步图

（2）施工斜腿：浇筑至梁底以下 1.75m，内侧标高 34.88m（9#墩标高为 34.56m），混凝土方量约为 $130m^3$，两个斜腿各 $65m^3$，模板支立于墩座模板外侧的型钢斜梁，型钢斜梁与直腿部分顶部设置的倒三角形支架用拉杆拉住，形成模板支撑系统，浇筑混凝土。等混凝土强度达到设计强度的 90% 后，拆除斜腿部分模板，张拉临时水平预应力束，每束加力 600kN，共布 4 束，同时在 V 形墩两斜腿间对应位置用直径 200mm、壁厚 10mm 钢管内撑，采用外拉内撑的办法使 V 形墩形成一个临时的稳定三角形结构。

（3）施工剩余部分斜腿顶部及 0#段底板：待临时预应力束张拉完成，V 形墩形成一个稳定的三角形结构后，拆除模板支架，拆除影响支架搭设部分围护桩（桩顶向下约 3m），搭设 ϕ529mm 钢管与型钢构成与 V 形墩分离的稳定桁架式支撑。0#段总长 24.4m，混凝土总方量为 $499.6m^3$，底板腹板部分混凝土方量约为 $430m^3$。

（4）施工 0#段顶板：0#段底板腹板施工完成后，绑扎顶板钢筋，待强度达到 75% 后，浇筑腹板和顶板混凝土。

为保证施工进度，4 个 V 形墩同步交叉平行施工，先施工 9#、10#左幅墩身，然后施工右幅墩身。

19.3.2 施工计划

9#、10#墩 4 处墩、梁，采用同步交叉平行流水方式组织生产，在资源配置上分为两个工作面。各工序（支架、立模、预压、钢筋及预应力设置、灌注混凝土、张拉作业、拆模等）平行交叉使用人员和机械配置，以最大化的利用率、最低的投入和最短的工期，完成这一关键重要的分部工程。节点工期见表 19-5。

表 19-5 节点完成工期表

部位	9#		10#	
	左	右	左	右
墩座混凝土	2007-6-23	2007-6-30	2007-6-26	2007-7-3
斜腿混凝土	2007-7-3	2007-7-10	2007-7-6	2007-7-13
0#段混凝土	2007-8-2	2007-8-9	2007-8-5	2007-8-12
0#段拆模	2007-8-12	2007-8-19	2007-8-15	2007-8-22

19.3.3 材料、机械设备计划

材料、机械设备计划见表 19-6。

表 19-6 材料、机械设备计划

工程名称	模板	履带起重机	200kW 发电机	泵车	罐车	钢筋设备	张拉设备
V形墩及0#段	4套	2台	2台	2台	6台	2套	1套

19.4 施工方案

19.4.1 模板及支架

（1）墩身竖直部分采用常规支撑方式，底部支立于承台顶，侧向支撑于施工围堰内，并以内拉筋辅助受力。

（2）斜腿施工，由于斜腿悬出承台宽度，斜腿模板支立于墩座模板外侧的型钢斜梁，斜梁用型钢牛腿支立在V形墩直腿与斜腿交界处，型钢斜梁与直腿部分顶部设置的倒三角形支架用拉杆拉紧，形成模板支撑系统。

（3）0#段施工，采用倒梯形钢管、型钢构成的桁架结构受力，主梁端部支撑于承台、中间支撑于已灌注的V形墩竖直部分顶部。

（4）V形墩及箱梁0#段模板采用定型钢模和大块胶合板制作。模板带采用L75角钢制作。模板与支架之间采用分配梁、碗扣脚手架和可调垫板传递混凝土自重和施工荷载。

1. V形墩直段部分支架及模板

V形墩直段模板支架结构如图 19-3 所示。

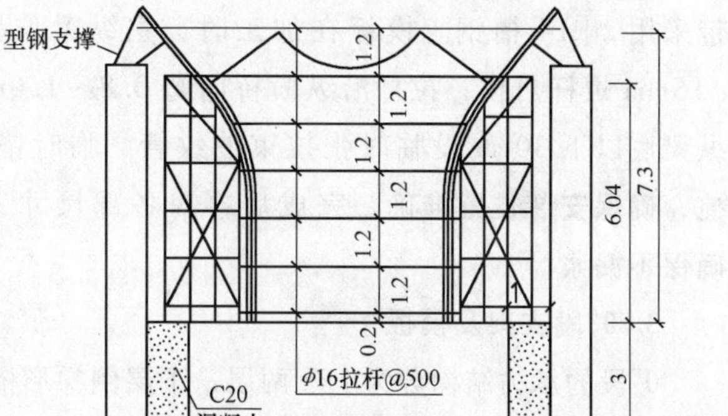

图 19-3 V形墩直段模板支架结构（尺寸单位：m）

V形墩直段部分模板由专门模板生产厂家厂内生产，面板采用6mm厚钢板制作，横带肋用[10槽钢，间距0.30m，竖带采用2[12槽钢，间距1m。模板安装定位采用ϕ16mm螺杆对拉，拉杆沿纵横桥向每0.8～1.0m间距设置一根，竖向每1.2m布设一层。在外模板弧段中点开始，搭设碗扣钢管支架，支架与围堰钻孔桩间顶紧。

模板采用16t起重机安装，色拉油作脱模剂，模板位置微调时采用小型千斤顶和捯链。

2. 斜腿部分支架及模板

斜腿部分模板支架结构如图19-4所示。

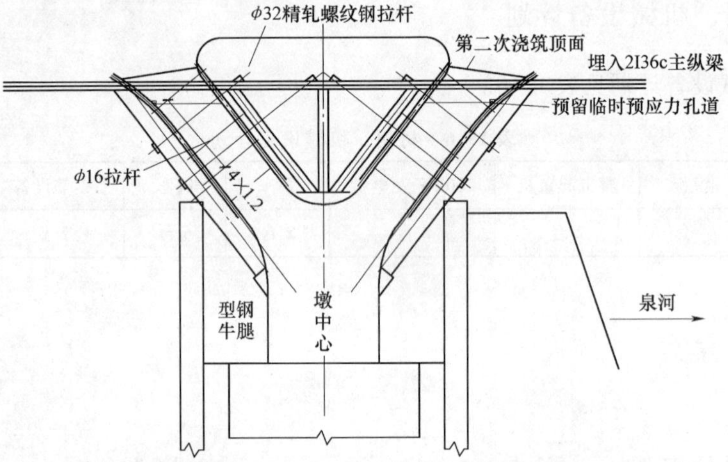

图19-4 V形墩斜腿部分模板支架结构

斜腿部分支架采用桁架式悬拉结构。在墩身竖直部分施工时，在墩高3.3m处设置预留焊接牛腿的钢板。直腿部分施工完成后，支立0#块倒三角支架，倒三角支架与纵向布置的工字钢相连。在0#块支架纵梁上加设两个吊点各2根ϕ32mm精轧螺纹钢吊杆，吊住支撑模板的I32a工字钢。工字钢下端支撑在V形墩座预埋的牛腿上，上端与主纵梁连接。吊杆垂直于工字钢。

模板采用定型网格型钢模，模板面板采用6mm厚钢板制作，横带肋用[10槽钢，竖带采用2[14槽钢。模板在加工时，主纵梁位置预留槽口。斜腿侧壁间及横向均采用ϕ16mm螺杆对拉，拉杆沿纵横桥向每0.8～1.0m间距设置，竖向每1.2m布设一层。主纵梁底以下30cm设临时张拉束波纹管、临时锚头。安装模板时，技术人员全程测量监控，确保安装位置准确。完成后再对各部尺寸、标高进行复核检查。立模时接缝严密，确保不漏浆。

3. 0#段支架及模板

0#段的承力结构分为上下两层，下层倒梯形桁架由钢管与型钢组成，支于承台顶面及V形墩竖直段顶部之上；上层由碗扣脚手架组成，支承于桁架之上，直接支撑0#段底模和侧模。

（1）下层桁架支撑结构（图19-5）。待斜腿混凝土达到设计强度的90%后，拆除斜腿内模，在 V 形墩两斜腿间临时预应力束对应位置处安装 ϕ406mm×9mm 钢管内撑，在钢管内穿钢绞线，张拉临时水平预应力束，每束加力 600kN，共布 4 束。采用外拉内撑的办法使 V 形墩形成一个稳定的三角形结构。拆除满堂支架及斜腿外模，拆除影响支架搭设的围堰钻孔桩，平均凿除约 3m 高。

斜腿外支架采用 ϕ529mm×8mm 钢管，每侧 5 根，每根钢管长 13.9m，重 1.9t，上下均为斜口，钢管两端焊接 10mm 厚钢板封口。起重机起吊后对准底部预埋钢板位置，先定位焊在预埋钢板上临时定位，钢管顶临时拉在体内劲性骨架上，待角度调整准确后，底部与预埋在承台上的钢板焊接。

完成 V 形墩范围内三道钢管支撑和 V 形墩范围外两道钢管支撑安装，并横向连系后，安装钢管顶部主纵梁，主纵梁长 26.4m，其中 V 形墩范围内 3 道主纵梁采用 2I50a 工字钢。主纵梁两根工字钢间隔 1m，用 2cm 厚钢板横向焊接成一个整体。各节点均采用焊接方式连接，在焊接时选派优秀焊工，严格按照规范要求操作，以保证焊接质量。

（2）上层模板支撑（图 19-6）。主纵梁搭设完毕后，在其上每 60cm 铺设一道 2I25a 工字钢横梁，作为分配梁。2I25a 工字钢上搭设碗扣支架，布置间距纵横均为 0.6m。碗扣上布可调式顶托，顶托上布设 15cm×15cm 方木，15cm×15cm 方木上每 25cm 布设 10cm×10cm 方木，方木上铺设 18mm 厚竹胶板作为 0# 段箱梁底侧模板。

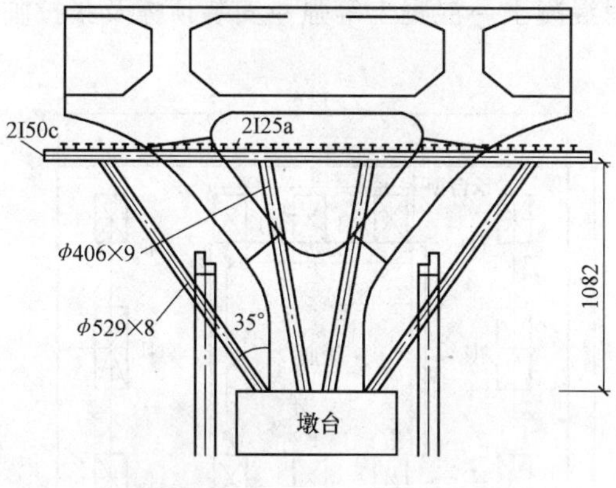

图 19-5　下层桁架支撑结构

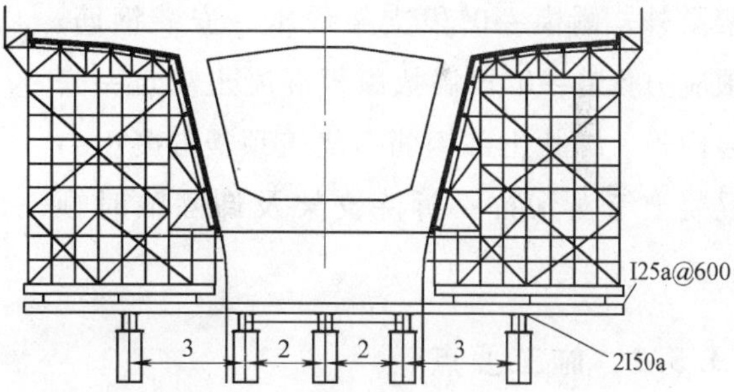

图 19-6　上层模板支撑（尺寸单位：m）

19.4.2　C60 高强混凝土

V 形墩及 0# 段均为 C60 高强度混凝土，0# 段为大体积混凝土，施工工期在 7～8 月份，正值高温期，为避免水化热对混凝土产生裂缝及后期收缩徐变的影响，采取以下措施：

（1）优化配合比设计。

（2）严格控制原材料质量。

（3）采用各项针对性措施，降低混凝土入模温度。

（4）采用现场隔热和通风降温辅助措施。

（5）布置测温元件，监控、反馈温度变化，适时调整。

19.4.3 钢筋和预应力钢绞线

V形墩及0#段钢筋和预应力钢绞线布置较密，且斜向布置，在工程施工中主要采取以下措施：

（1）钢筋连接采用直螺纹接头。

（2）斜腿钢筋及钢绞线采用劲性骨架定位。

（3）钢绞线张拉在混凝土达到设计强度的90%后进行。

（4）增设斜腿上部临时预应力束和支撑，保障V形墩与0#段固结形成稳定结构前的斜腿稳定。

19.5 施工方法

19.5.1 工艺流程

焊接架立墩内劲性骨架→绑扎墩座钢筋、钢绞线P锚挤压安装→支立墩座模板→浇筑墩座混凝土→混凝土等强→拆除墩座模板→绑扎斜腿钢筋、调整钢绞线定位、安装临时预应力孔道及预埋件→安装斜腿支架及模板→浇筑斜腿混凝土→混凝土等强→安装顶撑及张拉临时预应力→拆除斜腿模板→安装0#段施工支架及外、侧模→0#段支架预压→安装钢筋、预应力孔道→0#段底板腹板混凝土浇筑→安装内模、绑扎上部钢筋→浇筑顶板混凝土→混凝土等强张拉→拆除支架及卸除临时预应力。

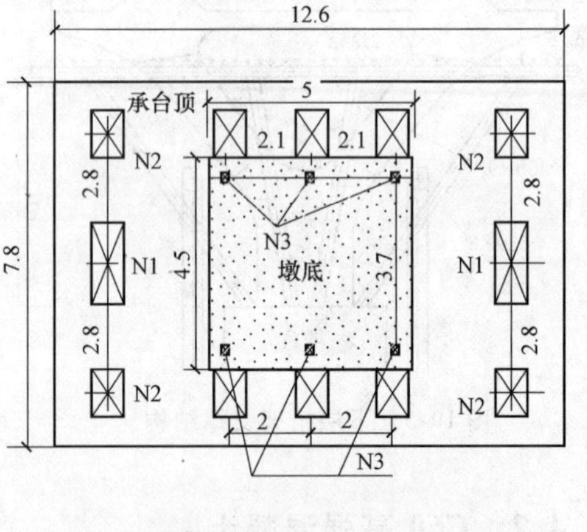

图19-7 0#段支架及劲性骨架预埋件设置位置（尺寸单位：m）

19.5.2 施工要点

1. 墩身竖直部分（墩座）

V形墩混凝土浇筑施工共分为二次进行，第一次施工V形墩竖直部分（墩座），第二次施工V形墩斜腿。V形墩施工时，采用水平分层法施工，并保持两侧混凝土对称浇筑。

（1）预埋件。V形墩承台施工时，做好0#段支撑架预埋件的预埋，预埋件设置位置如图19-7所示，具体数量见表19-7。

（2）施工流程。承台施工完毕后，即可进行墩身施工。其施工顺序如下：

测量放线→接槎混凝土凿毛→架立体内劲性骨架→钢筋、钢绞线安装→立模→浇筑V形竖直部分及斜腿根部混凝土。

表 19-7 $0^{\#}$段支架及劲性骨架预埋件

序号	预埋件	数量	位置	用途	备注
N1	105cm × 180cm × 1cm 钢板	2 块	承台顶	外斜腿钢管预埋连接钢板（V 形墩范围外）	带 φ20mm 钢筋弯钩
N2	100cm × 105cm × 1cm 钢板	10 块	承台顶	内斜腿钢管预埋连接钢板（V 形墩范围外）	
N3	20cm × 20cm × 2cm 钢板	6 块	承台顶	V 形墩体内劲性骨架预埋连接钢板	

（3）准备工作。

1）测量放线：承台完成后，在承台上放样出墩身尺寸线，并每边加大 30cm 作为立模控制线，用墨斗弹出标志线，并用红油漆标示四角控制点。

2）墩座凿毛清理：将承台与墩身接槎部分充分凿毛、进行清理，保证承台表面清洁。

（4）架立劲性骨架（图 19-8）。为不影响墩内钢绞线及钢筋的施工，劲性骨架距离模板边净距离为 40cm，墩座部分体内劲性骨架沿线路纵桥向布设，横桥向共设置三道，间距 2.1m。劲性骨架采用⊏14 和∟63 ×6（∟90 ×6）型钢组成；劲性骨架弦杆用⊏14 制作，墩座处斜杆用∟90 ×6 加工制作，斜腿处斜杆用∟63 ×6 加工制作。劲性骨架下端与预埋在承台上预埋钢板直接焊接，骨架型钢连接全部采用焊接。劲性骨架直接施工至进入 $0^{\#}$段范围内，以便于钢筋绑扎和钢绞线的定位。劲性骨架安装应在技术人员全程监控情况下进行，以保证安装精度。

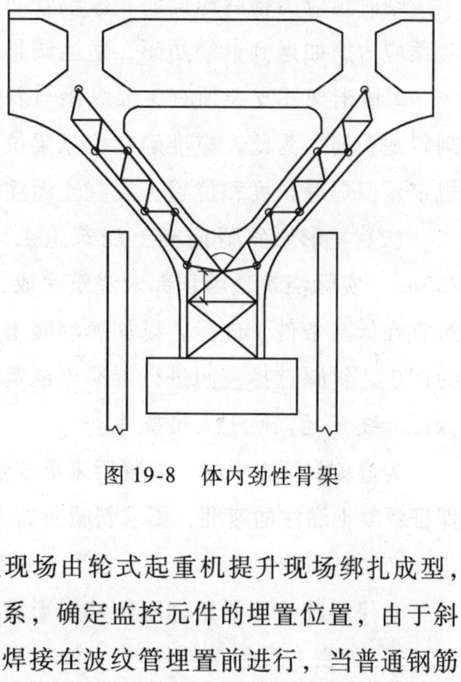

图 19-8 体内劲性骨架

（5）钢筋、钢绞线及预埋件施工。

$9^{\#}$墩共计钢筋 99t，$10^{\#}$墩 94t，其中主筋主要在承台施工时埋入，钢筋由工地集中加工制作，运至现场由轮式起重机提升现场绑扎成型，钢筋、钢绞线及预埋件安装前，先与施工监控单位联系，确定监控元件的埋置位置，由于斜腿内有预埋波纹管，为了不使波纹管损坏，一切钢筋焊接在波纹管埋置前进行，当普通钢筋与波纹管位置发生矛盾时，应适当移动钢筋位置，确保管道位置准确。钢筋绑扎位置主要根据劲性骨架确定，在进行钢筋绑扎前由测量人员复测劲性骨架的空间位置，确保准确后方进行钢筋绑扎。

钢筋定位主要靠劲性骨架承担，钢筋连接处的连接方法及连接长度满足设计及规范要求。V 形斜腿内主筋尽量在墩座施工时一次架立，对于纵向主筋为避免一次成型导致悬臂太远、太高，可适当留接口，采用直螺纹套筒等强接头的形式。完成后挤压并安装预应力锚固端（包括垫板、锚固螺母及锚下螺旋筋），波纹管的安装采用 U 形钢筋焊接在体内劲性骨架上定位。内部钢筋、钢绞线全部安装完成后，安装墩身防裂钢筋网片，固定在主筋上。

为使保护层厚度准确，保护层垫块不被压坏，箱梁施工垫块采用定型塑料垫块，支垫密度为 4 个/m^2。

（6）混凝土施工。混凝土采用搅拌站集中拌和，混凝土罐车运输到现场，泵送入模。每个墩座约150m^3。V形墩混凝土配合比在设计时，通过选择合适的水泥品种，使用优质减水剂、粉煤灰、矿粉，降低水泥用量，控制灌注速度和拌合物入模温度来控制混凝土内外温差。

2. 斜腿施工

（1）钢筋钢绞线施工。V形斜腿内的钢筋和预应力钢筋在施工墩身竖直段时，主筋及预应力筋均预埋在墩座内，因此在施工斜腿时应接长并调整好主筋及钢绞线位置，绑扎安装箍筋。对斜腿内的钢绞线位置进行复查。完成钢筋及钢绞线安装后，安装防裂钢筋网片。

由于钢筋为沿斜腿方向斜向布置，增加钢筋与斜腿外侧模板面的塑料垫块数量，按每30cm设置一个控制。

临时预应力锚后螺旋筋、波纹管必须定位准确，谨防挠曲变形，开孔穿过斜腿模板，临时预应力筋如遇到钢筋妨碍，适当调整位置避开结构钢筋。

0#段桁架式支架顶有3根纵梁与斜腿相交，每根纵梁为2根I36c工字钢，尽量避免切割斜腿主筋。为此，应准确定位纵梁位置，埋入斜腿内纵梁。若不可避免可先切断主筋，按规定预留焊缝长度和位置。混凝土灌注时注意密封孔洞及模板开口处，以防漏浆。

（2）V形墩斜腿混凝土浇筑施工。9#墩斜腿C60混凝土为215m^3，10#墩C60混凝土200m^3。实际浇筑量因顶部未浇筑完成，实际斜腿部分混凝土浇筑量约为130m^3，混凝土浇筑宜在低温条件下进行，以加速混凝土水化热的散发，降低混凝土表面温度，减少收缩裂纹的产生，斜腿选择夜间进行混凝土浇筑，施工照明外部利用碘钨灯，模内采用施工灯，必须保证光线充足，便于人员操作。

为避免斜腿在混凝土终凝后未形成强度之前，因自重产生拉应力造成根部内侧裂缝，必须保证混凝土灌注的速度，要求斜腿所需全部混凝土在8h内灌注完毕。混凝土配置时掺用缓凝剂，初凝时间控制在10~12h之间，使支架和拉杆的弹性和非弹性变形在混凝土初凝前完成。

确保斜腿支架的整体刚度和变形满足要求，采用的措施为：

1）加密布设斜向拉杆。

2）内侧模板均与直腿顶部设立的钢管支架连接支撑，保证受力均衡。

3）对称平衡灌注斜腿混凝土，斜腿两侧混凝土数量偏差不大于2.0m^3，灌注标高差不超过15cm。

由于斜腿斜长13.8m，与竖直轴间夹角为38°，混凝土泵车出料口应伸入模板内，距灌注面应不大于1m，斜向伸进内侧，防止混凝土离析和冲击预应力筋管道。混凝土捣固采用ϕ25mm振动棒振捣，分层厚度控制在0.3m内。混凝土振捣务求密实，绝对禁止漏振、少振。并在浇筑过程中注意观察斜腿模板的变形情况，结合监控单位提供的数据指导浇筑施工。同时在设计的临时预应力位置，做好预留孔道及对称预留钢板。浇筑至混凝土顶面时，在主纵梁位置，留尺寸为40cm×40cm的槽口。

混凝土浇筑后即覆盖土工布保温养护，养护时间不少于14d。

（3）斜腿上部临时预应力及支撑施工。斜腿混凝土强度达到设计强度的90%后，穿临时预应力束，先在对应位置安装临时钢管支撑，钢管支撑在预埋的2cm厚钢板上，再对称张拉预应力，一个V形斜腿上共设4束临时预应力，采用钢绞线作为预应力筋，每束张拉力600kN，预应力从上游向下游依次编号为1、2、3、4，预应力水平临时束张拉时按1→4→2→3的顺序交错进行，使斜腿板发生均匀变形。张拉完成后，拆除斜腿模型，完成V形斜腿的施工。临时预应力束设置情况如图19-9所示。

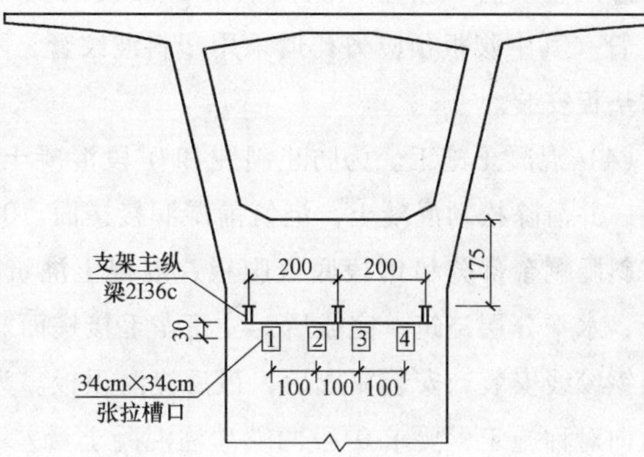

图19-9　主纵梁与临时预应力位置

3. 0#段箱梁施工

（1）搭设支架及立模。箱梁0#段与V形墩构成稳固的倒三角结构，因此箱梁0#段的施工就是V构的合龙。

V形墩混凝土达到90%设计强度后，施加临时预应力，形成临时稳定结构，搭设0#段施工支架。铺设主纵梁上的横向分配梁，在横向分配梁上搭立碗扣支架，铺设模板完成0#段的模板系统。0#块支撑系统由两部分组成：已经施工完成并预拉的V形墩和0#段支架系统。V形墩考虑其承受墩顶以上部分的荷载。独立的支架系统则承担0#段大部分模板、上部碗扣支撑、钢筋及混凝土荷载。考虑到0#段为大体积混凝土，分为两次浇筑，第一次浇筑0#段底板和腹板，第二次浇筑0#段顶板。

（2）支架预压。在支架搭设完毕，箱梁底模板安装好后，对首先施工的9#墩左幅进行预压，预压荷载为该孔段箱梁自重加施工荷载的1.05～1.15倍，以检验支架的安全性，排除非弹性变形。并测出其弹性变形量，作为箱梁施工预拱度设置的依据。具体设置情况以预压分析结果进行调整。

具体方案为：采用沙袋作为预压重，0#段梁体跨宽15m，跨长24.4m，每个方量499.6m^3，自重近1250t，预压重取1.15倍，预压沙袋重不小于1437t。在预压过程中，注意做好沉降观测，在预压前、预压中和预压后做好记录，预压应至少进行7d，控制指标为最后3d内沉降值不大于3mm，并根据结果进行箱梁的施工标高控制。完成预压施工后，清理模板杂物，调整模板标高，并根据预压结果预留适当的预抛高值。由于0#块支架直接支撑在主墩承台上，对首先施工的9#墩左幅0#块预压，预压过程中注意收集沉降数据，以指导其他0#块施工。

（3）钢筋及预应力管道。0#块钢筋种类多、数量大，构造复杂。施工前对所有的钢筋大样进行复核使之与箱梁的尺寸相对应。0#块集中了该桥大部分纵向顶板束管道，管道预埋时每隔50cm以ϕ8mm定位钢筋焊于梁体钢筋骨架上，以保证管道定位准确牢固。为防止水泥浆渗入波纹管，堵塞预应力管道，混凝土浇筑前在纵向管道内插入略小于管道直径的PVC管（其中腹板预应力孔道采用塑料波纹管，不需要）。同时注意V形墩预应力位置调整和锚垫板安装。

（4）混凝土施工。为防止斜腿和0#段混凝土接楂面出现收缩裂纹，接楂面一定要充分凿毛，并清除松动混凝土，浇筑前湿润接楂面。0#块浇筑顺序为由中间向两侧对称浇筑，先施工斜腿剩余部分和0#段底板腹板，混凝土浇筑时先对称浇筑腹板根部，再纵向分段浇灌腹板，水平分层浇筑，完成后，注意凿毛接楂面。等混凝土达到一定强度后，开始进行顶板钢筋钢绞线安装，安装完成后，最后浇灌顶板。为保证支架纵向受力平衡，混凝土灌注严格按纵向对称施工，要求0#段两端灌注混凝土量差不超过$10m^3$，灌注混凝土端面与中线距离差不超过1.5m。

在混凝土施工中注意预留挂篮后锚孔。施工过程中，振捣及时、到位，特别是接头处更应注意振动棒的插入深度和连续性。确保混凝土密实。拆模后，用土工布覆盖加强养生，始终保持混凝土湿润状态，养生时间不少于14d。

0#段第二次浇筑混凝土达到设计值的90%以后，张拉箱梁预应力，并压浆。完成V构的合龙施工，之后拆除现浇支架，卸除临时预应力筋及内撑杆，采用同强度等级混凝土填实锚垫板和主纵梁处预留口。

由于在V形墩及0#段混凝土的施工分四次，共有3道施工缝，在进行下次混凝土浇筑前，必须对先浇的混凝土进行以下处理：

1）在已硬化的混凝土表面上继续浇筑混凝土前，先清除表面的垃圾、浮浆及松动的砂石和软弱的混凝土层，同时应充分凿毛，并用水冲洗干净和湿润，残留在混凝土表面的积水应清除。

2）施工缝位置附近的钢筋，不得随意弯曲，以免松动混凝土，钢筋上的水泥砂浆、油污及浮锈等应清除。

3）在浇筑前，水平施工缝先铺上一层10~15mm厚的水泥砂浆，其配合比与混凝土内的砂浆相同。

4）下料时避免直接靠近缝边直接下料，向施工缝处逐渐推进，并加强对施工缝接缝的捣实工作，使其紧密结合。

4. 混凝土施工降低温差、防止裂缝的措施

（1）混凝土升温的危害性。V形墩和0#段为超静定结构，结构复杂、应力集中，尤其是0#段为大体积高强度混凝土。在混凝土灌注后强度增长之前尚未施加预应力，难以承受拉应力，由于养护期水化热大量释放，造成体内温度升高，过大的温差形成的温度应力将造成混凝土开裂，成为质量隐患，降低桥梁的使用寿命，严重时工程报废，不能使用。

（2）温控指标。根据规范要求，在混凝土强度增长期，混凝土内外温差不得超过25℃。

（3）温度控制的主要途径。V形墩及0#段混凝土设计强度高，水泥等胶凝材料用量大，一次浇筑混凝土数量大，厚度大，降温条件差，内部钢筋、孔道密布，难以布设内部降温循环水管路。控制温度应力，从以下几个方面分别采取相应措施：

1）主要控制水化热总量。

2）消减水化热产生速率峰值，加快内部热量散发。

3）隔断外部热量来源。

4）实施温度监控等，适时采取相应措施。

（4）温度控制措施。

1）要控制好水化热总量，从原材料选择和优化配合比设计入手。

①应优先考虑采用早期水化热低的水泥并尽可能降低水泥用量，经比较，采用P. O52. 5水泥。

②在混凝土中掺入高效复合减水剂及粉煤灰，改善混凝土和易性，降低水灰比，以达到减少水泥用量，降低水化热总量和散发速率的目的。

③原材料控制：细骨料选用细度模数较大的中、粗砂；在满足泵送要求的前提下尽量增加石子粒径，且选用级配良好的石子；严格控制粗、细骨料的含泥量；对骨料喷冷水雾进行预冷，降低混凝土入模温度。

④优化混凝土配合比设计。为了提高混凝土的耐久性，改善混凝土的抗裂性能，实现降低混凝土绝热温升和内部最高温度的目的。在设计C60混凝土配合比时，通过多次反复对比试配，以确定最佳的胶凝材料总量和外掺料粉煤灰、矿粉的掺量。

⑤浇筑工艺。$0^{\#}$段施工分为两次浇筑，减小混凝土一次浇筑厚度，加快混凝土内的热量散发。

2）消减水化热产生速率峰值，加快内部热量散发。从优化浇筑工艺考虑，加快内部热量散发，浇筑混凝土时，采用薄层连续浇筑法，使水化热在浇筑时尽量多散发。混凝土浇筑后，及时覆盖，遮挡阳光，避免阳光直射，影响散热速度。在$0^{\#}$段内孔设通风机，加速空气流通，迅速带走内部的水化热量。

3）隔断外部热量来源，要从拌和、运输及现场施工同时控制。

①搅拌站。搅拌站降温措施主要有：

a. 集料仓，搭设遮阳棚，以避免阳光暴晒；砂石料堆，采用搭设遮阳棚、喷洒冷水等方法降低集料温度。

b. 胶凝材料（水泥、矿粉、粉煤灰）储存仓，夏季白天温度高时，通过设置自动喷水装置来降低罐体温度。控制水泥、矿粉、粉煤灰进入搅拌机的温度不大于40℃。

c. 搅拌站储水箱、皮带运输机采取遮阳措施。在混凝土满足工作性的前提下，尽量缩短搅拌时间。

d. 必要时拌和水加冰块，使拌合物的温度控制在20℃以下。

②运输。混凝土运输，夏季应对混凝土运输车身浇洒冷水以避免车身热量传入混凝土导致混凝土温度升高。

③现场控制。

a. 钢筋、模板。炎热天气下灌注混凝土，应尽量避免模板和新浇混凝土受阳光暴晒。混凝土入模前，通过浇洒冷却水来降低钢筋、模板温度，控制模板和钢筋的温度不超过40℃。但浇筑前必须清除模板内积水。

b. 入模控制。选择合适的灌注时间，夏季一般安排在下午16：00～18：00之间开始浇筑，第二天早晨8：00前完成浇筑工作。不宜在早晨浇筑以免白天温度上升时加剧混凝土的内部温升。控制混凝土入模温度不高于30℃。

c. 浇筑。浇筑时，控制混凝土的浇筑速度，以利于利用梁体截面面积大的特点，通过混凝土自身散热，降低混凝土内部温度。通过斜向、水平方向分层浇筑来控制混凝土的浇筑速度。混凝土浇筑速度控制在30m^3/h左右，最大浇筑厚度不大于400mm。

d. 养护。收浆抹面后要及时洒水并采用土工布覆盖进行潮湿养护，防止水分蒸发产生收缩裂纹，结合本地区历年气象条件，夏季混凝土潮湿养护时间不少于7d。养护时，注意控制养护水的温度与混凝土表面温度差，不得大于15℃。

19.6 安全、质量措施

19.6.1 安全措施

（1）建立健全安全生产责任制，责任落实到人，各项经济承包有明确的安全指标和包括奖励办法内的保证措施，签订安全协议书。

（2）特殊工种应掌握本工种的操作技能，并定期培训，持证上岗。

（3）主墩作业区划出明显标志线，禁止非工作人员进入施工现场。

（4）支架系统施工必须严格按照施工技术交底和安全交底进行，并经安全员验收后方可正式使用。

（5）在基坑四周设置防护栏杆，使用ϕ48mm×3.5mm钢管，高度不低于1.2m，夜间设置警示灯。

（6）施工过程中做好对支架和已施工部位的观测检查，设置变形观测点，每日测量并记录。发现明显的沉降或变形超过计算值时，及时停止作业，查明原因，没有问题后再继续施工。

（7）加强对临时用电的管理，编制专门的临时用电施工组织设计，并制定安全用电技术措施。

（8）V形墩及0#块施工属高空作业，高空作业必须戴好个人防护用品，不准往下或向上抛掷材料和工具等。由于V形墩模板为斜模板，尤其是在雨期施工时，采取防滑措施。

（9）严禁施工人员酗酒进入施工现场。

（10）加强安全检查制度。有时间，有要求，明确重点部位、危险岗位。安全检查必须有准确记录，对不符合安全要求的严格执行处罚。

(11) 针对施工期度汛的安排：与泉河上下闸口、气象部门联系，同时测量组随时监测水位变化情况，如有水位急剧变化，停止墩身施工。及时撤离人员和设备，并对已施工部分采用相应的保全措施。

19.6.2 质量措施

(1) 加强质量意识教育，教育全员要认清V形墩和0#块是本项目的施工重点，抓住重点保证施工质量。

(2) 明确质量管理目标责任制：在质量管理上，项目总工统管全盘，全面负责现场施工，领工员、现场技术员分工负责保证施工质量，安质部长、质检员负责对所负责的情况及时反映。

(3) 健全全系统的质量管理制度：制定各项质量管理办法，对施工质量管理中各项工作做明确规定，把工程质量管理纳入规范化轨道；加强质量跟踪监督检察，对监察情况及时召开分析会，研究制定改进措施。

(4) 针对V形墩和0#块施工的难度和特点，成立以总工牵头，工程部长为主管，全体技术人员及班组业务骨干参加的QC活动小组，积极开展QC活动，进行技术攻关，加强现场技术指导。

(5) 技术保证。

1) 重视测量工作，选派技术水平高、操作熟练的技术人员组成强干的队伍，加强对V形墩和0#块施工的过程监测和变形观测，保证施工部位的准确。

2) 选派精干的试验人员。装备精良的试验仪器，建立能满足各项试验要求的试验室，加强现场试验频率，以温度控制为重点，做好对C60混凝土的优选和施工控制工作，确保混凝土质量，避免开裂。

3) 认真贯彻标准，实行施工技术、测量、试验、计量全过程管理，做到技术标准、质量标准、管理标准相统一。

4) 针对支架、立模、钢筋、预应力、混凝土施工认真做好技术交底。

5) 重点对0#段支架、劲性骨架、临时预应力体系施工设计进一步优化，补充细部结构设计，认真复核，确保准确无误。

19.7 施工设计计算书

0#块及V形墩施工计算采用整体建模，由MIDAS/Civil 2006进行空间结构分析（略）。

外墙悬挑脚手架施工方案

职晓云

河南省第一建筑工程集团有限责任公司

20.1　工程概况

武警河南省总队营房分队楼工程位于郑州市熊儿河路和东风东路交叉口。该工程总建筑面积 15994m^2；设计地下 1 层、地上 14 层，室内外高差为 1m，1 层层高 5m，2 ~ 13 层层高均为 3.5m，14 层层高 4m，建筑设计总高度 52m。本工程基础结构形式为筏板基础，上部结构形式为框架剪力墙结构。标准层结构平面如图 20-1 所示。

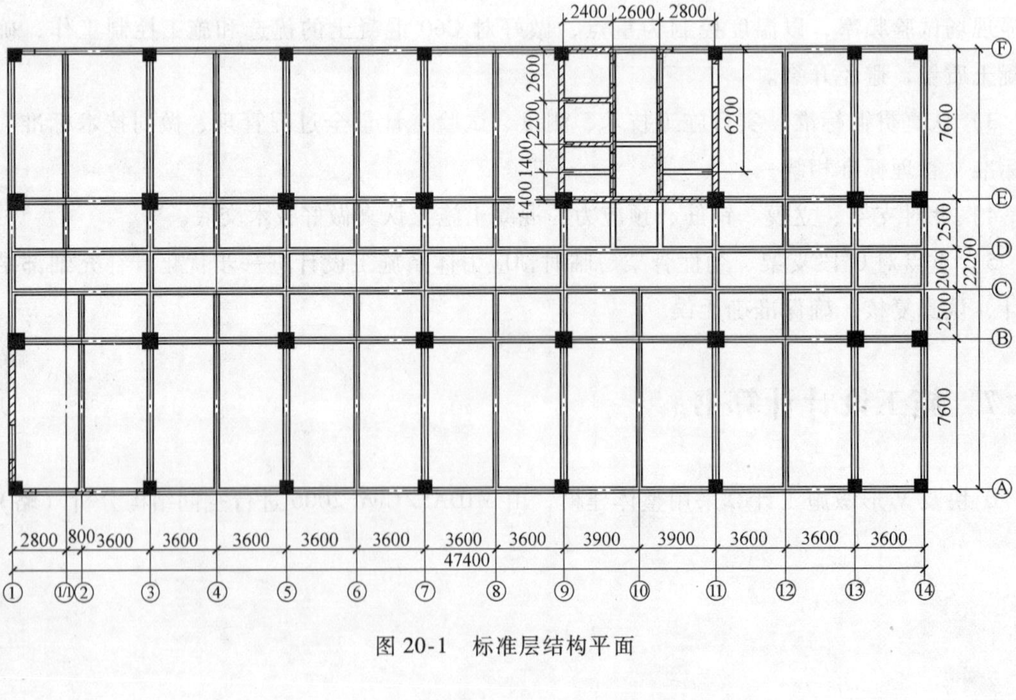

图 20-1　标准层结构平面

20.2 编制依据

（1）营房分队楼工程施工图样。

（2）《建筑工程施工质量验收统一标准》（GB 50300—2013）。

（3）《建筑结构荷载规范》（GB 50009—2012）。

（4）《建筑施工模板安全技术规范》（JGJ 162—2008）。

（5）《建筑施工扣件式钢管脚手架安全技术规范》（JGJ 130—2011）。

（6）《混凝土结构工程施工质量验收规范》（GB 50204—2002）（2011 版）。

（7）《建筑工程冬期施工规范》（JGJ/T 104—2011）。

（8）《钢结构焊接规范》（GB 50661—2011）。

（9）《建筑施工安全检查标准》（JGJ 59—2011）。

（10）《施工现场临时用电安全技术规范》（JGJ 46—2005）。

（11）《危险性较大的分部分项工程安全管理办法》建质［2009］87号。

20.3 施工管理机构

（1）本工程外墙脚手架工程设项目经理领导下的现场施工管理机构，管理机构成员由生产部、质量安全部、材料部组成。

（2）职责分工。

1）生产部：主要负责生产调度、现场管理、施工技术、质量监控等工作。

2）质量安全部：主要负责工程安全生产、消防、质量管理、验收等监督控制和管理工作。

3）材料部：主要负责各类材料的供、管、用，机械设备和周转材料及料具管理等工作。

20.4 脚手架搭设方案

本工程外墙脚手架选择挑拉式双排钢管扣件悬挑脚手架。悬挑脚手架构造如图 20-2 所示，使用Ⅰ16工字钢作为悬挑梁，ϕ17mm 钢丝绳作斜拉杆。自 2 层顶开始悬挑，总体分两段悬挑，第一段悬挑 2 层底～8 层顶，悬挑高度为 24m，第二段悬挑为 9 层底～屋面层，超出屋面高度 1.5m，悬挑高度为 23m。悬挑梁平面布置图如图 20-3 所示。

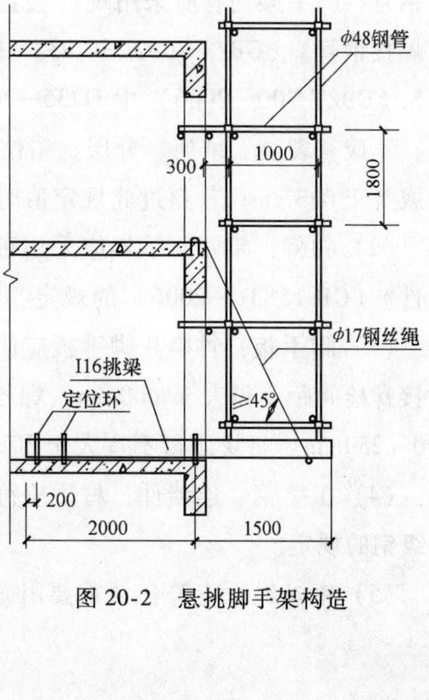

图 20-2 悬挑脚手架构造

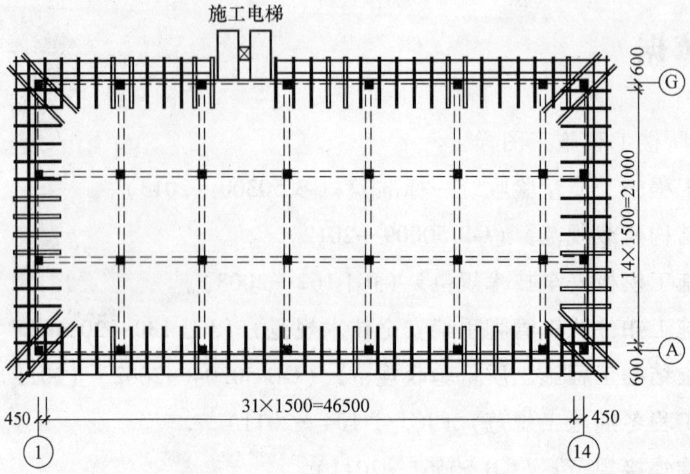

图 20-3 悬挑梁平面布置图

I 16 工字钢悬挑梁通过定位环固定在楼板上，间距 1.50m，悬挑梁外端使用钢丝绳固定在上层楼板上；双排 ϕ48mm × 3mm 钢管立于悬挑梁上，内外排间距 1.00m，ϕ48mm × 3mm 钢管纵向水平杆间距 1.80m；ϕ48mm × 3mm 钢管横向水平杆间距应小于 0.75m，每块脚手板下不应少于 3 根横杆；连墙锚固点设置在主体上，连墙件竖向最大间距 4.50m，水平间距 4.50m，脚手架顶端每排立杆均设连墙件。连墙锚固件为刚性连接。

20.5 悬挑钢管脚手架搭设工艺

1. 材料性能要求

(1) 钢管：脚手架的立杆、纵向水平杆、横向水平杆、斜杆等均采用 ϕ48mm × 3.5mm 的钢管，脚手架钢管应采用现行《直缝电焊钢管》(GB/T 13793—2008) 或《低压流体输送用焊接钢管》(GB/T 3092—1993) 中规定的 3 号普通钢管，其质量应符合现行《碳素结构钢》(GB/T 700—2006) 中 Q235—A 级钢的规定。钢管上严禁打孔，钢管表面应平直、光滑，不应有裂纹、结疤、分层、错位、硬弯等缺陷；若使用旧钢管，其外表面锈蚀深度应小于或等于 0.3mm；若超过此规定值时，严禁使用。钢管表面应涂刷防锈漆。

(2) 扣件：钢管脚手架应采用可锻铸铁制作的扣件，其材质应符合现行《钢管脚手架扣件》(GB 15831—2006) 的规定，扣件螺栓拧紧的扭力矩达 65N · m 时，不得发生破坏。

(3) 脚手板：竹串片脚手板应使用由毛竹或楠竹制作的每片宽度不小于 50mm 的竹片，拼接螺栓间距不得大于 600mm，螺栓孔径与螺栓 ϕ8 ~ ϕ10mm 应紧密配合，离板端部留出 200 ~ 250mm。每块质量不宜大于 30kg。

(4) 工字钢、连墙件：材质应符合现行《碳素结构钢》(GB/T 700—2006) 中 Q235—A 级钢的规定。

(5) 钢丝绳：应符合《重要用途钢丝绳》(GB 8918—2006) 的规定。

（6）安全网：应符合《安全网》（GB 5725—2009）的规定。

2. 主要机具与设备

（1）垂直运输设备：塔式起重机、人货电梯。

（2）搭设工具：活动扳手、力矩扳手。

（3）检测工具：钢直尺、游标卡尺、水平尺、角尺、卷尺。

3. 作业条件

（1）悬挑脚手架专项施工组织设计已审批。

（2）悬挑脚手架材料坚持检查合格。

（3）主体结构已具备搭设条件。

4. 工艺流程

挑梁加工→预埋件埋设→安装挑梁→搭设脚手架→安装连墙件→铺设脚手板→挂设安全网。

5. 施工要点

（1）挑梁加工（图 20-4）：挑梁采用Ⅰ16 工字钢，长度 3.50m。图中 *A* 点是结构外边沿，*B* 点是定位环位置。在图示位置焊装 ϕ25mm 钢筋，用于固定脚手架立管；外端部 ϕ25mm 钢筋下打一个 ϕ20mm 孔，用于固定钢丝绳。

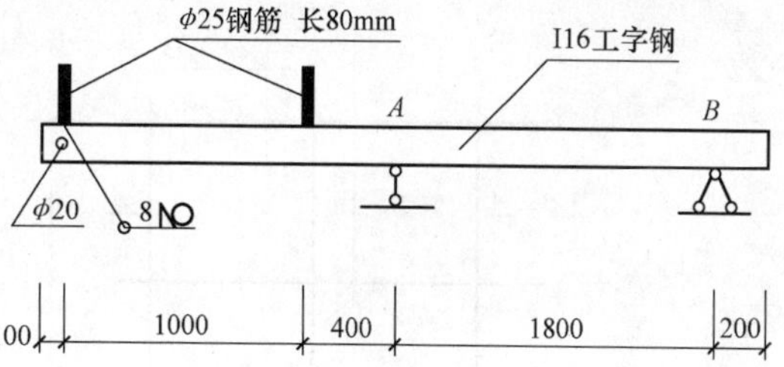

图 20-4 挑梁加工示意

（2）预埋件埋设：

1）在挑梁安装平面结构混凝土施工时，在挑梁安装位置埋设 2ϕ20mm 定位环，定位环距结构外边沿 1800mm 和 2000mm，埋设构造如图 20-5 所示。

2）在挑梁安装平面上层结构混凝土施工时，在对应安装挑梁位置埋设 ϕ20mm 钢丝绳吊环，埋设构造如图 20-6 所示。

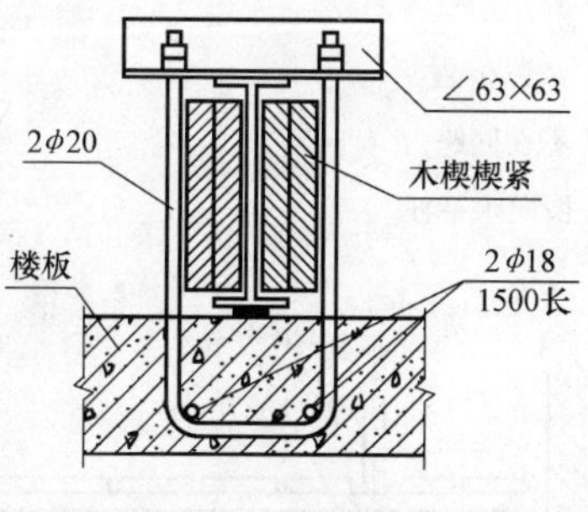

图 20-5 挑梁定位环埋设构造

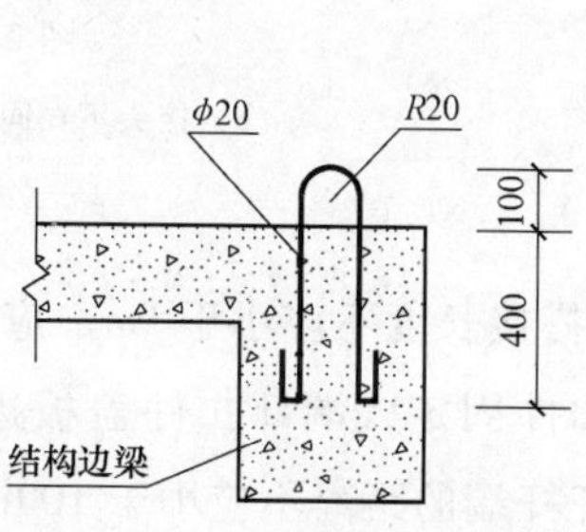

图 20-6 钢丝绳吊环埋设构造

3）每层对应设置脚手架连墙件的边梁位置，埋设 ϕ48mm × 3mm 钢管一根，埋深 400mm，外露 200mm。

（3）挑梁安装：埋设 ϕ20mm 钢丝绳吊环处边梁混凝土强度达到 C20 后，可以安装挑梁。先将挑梁穿入 ϕ20mm 定位环，挂好 ϕ17mm 钢丝绳（钢丝绳扣节处长度不小于 500mm，并不少于 3 个钢丝绳扣。钢丝绳不得与硬角直接接触）。然后将挑梁推出结构外 1500mm，在挑梁定位环处用木楔固定。立杆必须及时用连墙件与建筑物可靠连接。

（4）放置立杆：立杆插放在挑梁的 ϕ25mm 定位钢筋上，立杆必须采用对接扣件连接，两根相邻立杆的接头不应设置在同一步内，高度方向错开的不宜小于 1500mm，各接头中心至主节点的距离不宜大于步距的 1/3。立杆顶端宜高出结构高度 1.50m。

纵向扫地杆应采用直角扣件固定在距底座上皮不大于 100mm 处的立杆上。

立杆必须用连墙件与建筑物可靠连接，连墙件布置间距为竖向最大间距 4.50m，水平间距 4.50m。脚手架顶端并排立杆均设置连墙件。

（5）水平杆搭设：纵向水平杆间距 1.80m，水平杆的构造应符合下列规定：

1）纵向水平杆宜设置在立杆内侧其长度不宜小于 3 跨。

2）纵向水平杆接长宜采用对接扣件连接，也可采用搭接。

3）纵向水平杆的对接扣件应交错布置：两根相邻纵向水平杆的接头不宜设置在同步或同跨内；不同步或不同跨两个相邻接头在水平方向错开的距离不应小于 500mm；各接头中心至最近主节点的距离不宜大于纵距的 1/3（图 20-7）。

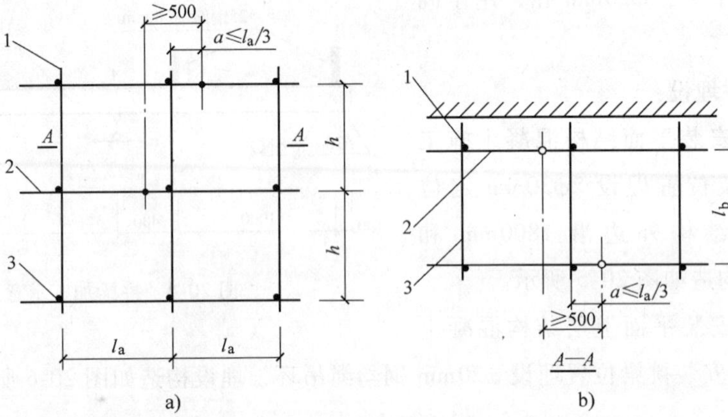

图 20-7 纵向水平杆对接接头布置

a）接头不在同步内（立面） b）接头不在同跨内（平面）

1—立杆 2—纵向水平杆 3—横向水平杆

4）搭接长度不应小于 1m，应等间距设置 3 个旋转扣件固定，端部扣件盖板边缘至搭接纵向水平杆杆端的距离不应小于 100mm。

5）纵向水平杆应作为横向水平杆的支座，用直角扣件固定在立杆上（图 20-8）。主节点处必须设置一根横向水平杆，在脚手架使用期间用直角扣件扣接且严禁拆除。

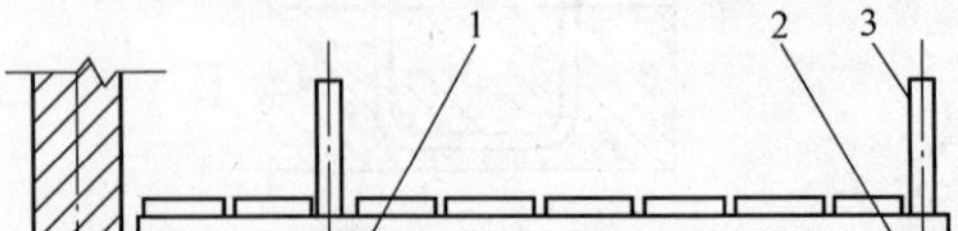

图 20-8 铺脚手板时纵向水平杆的构造

1—横向水平杆 2—纵向水平杆 3—立杆

6）同一步纵向水平杆必须四周交圈，用直角扣件与内、外角柱固定。

7）横向水平杆间距应小于0.75m，每块脚手板下不应少于3根横杆。

8）脚手架的横向水平杆靠墙一端至墙装饰面的距离不应大于100mm。

（6）脚手板的铺设应符合下列规定：

1）脚手板应铺满、铺稳，离开墙面120~150mm。

2）脚手板应设置在三根横向水平杆上。当脚手板长度小于2m时，可采用两根横向水平杆支承，但应将脚手板两端与其可靠固定，严防倾翻。脚手板的铺设可采用对接平铺，亦可采用搭接铺设。脚手板对接平铺时，接头处必须设两根横向水平杆，脚手板外伸长度应取130~150mm，两块脚手板外伸长度的总和不应大于300mm（图20-9a）；脚手板搭接铺设时，接头必须支在横向水平杆上，搭接长度应大于200mm，其伸出横向水平杆的长度不应小于100mm（图20-9b）。

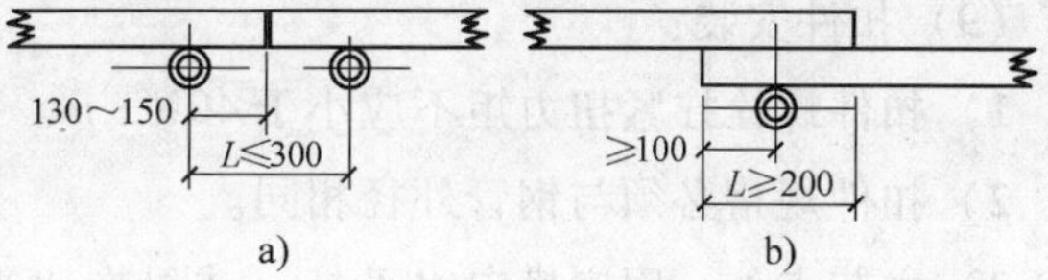

图20-9 脚手板对接、搭接构造

a）脚手板对接 b）脚手板搭接

3）作业层端部脚手板探头长度应取150mm，其板长两端均应与支承杆可靠地固定。

4）在拐角、斜道平台口处的脚手板，应与横向水平杆可靠连接，防止滑动。

5）自顶层作业层的脚手板往下计，宜每隔12m满铺一层脚手板。

（7）栏杆和挡脚板的搭设应符合下列规定（图20-10）：

1）栏杆和挡脚板均应搭设在外立杆的内侧。

2）上栏杆上皮高度应为1.2m。

3）挡脚板高度不应小于180mm。

4）中栏杆应居中设置。

（8）剪刀撑、横向斜撑搭设：

1）剪刀撑、横向斜撑应随立柱、纵横向水平杆等同步搭设。

2）剪刀撑搭设布置如图20-11所示，每道剪刀撑宽度为4跨（6m），斜杆与地面的倾角

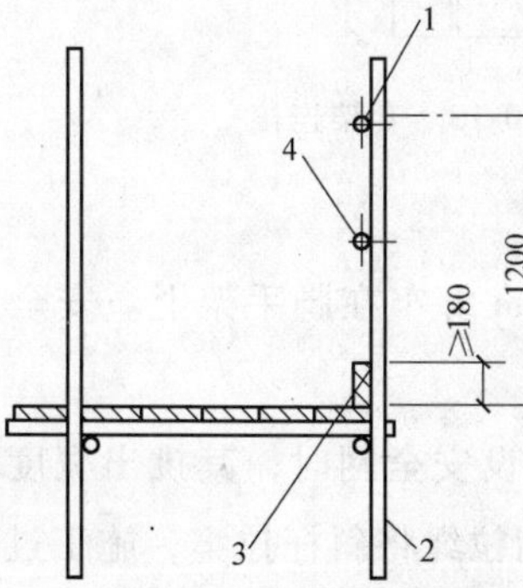

图20-10 栏杆与挡脚板构造

1—上栏杆 2—外立杆 3—挡脚板 4—中栏杆

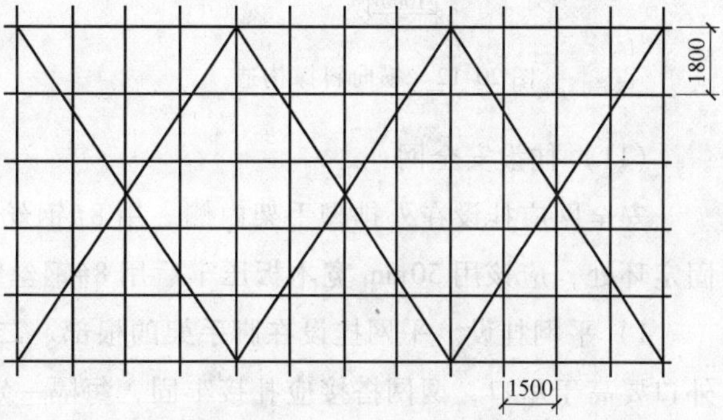

图20-11 剪刀撑搭设布置

在45°~60°之间。

3）剪刀撑斜杆应用旋转扣件固定在与之相交的横向水平杆的伸出端或立杆上，旋转扣件中心线至主节点的距离不宜大于150mm。

4）横向斜撑除在拐角处设置外，中间每隔6跨（9m）设置一道（图20-12）。横向斜撑在同一节内，由底层至顶层呈“之”字形连续布置，斜腹杆应采用旋转扣件固定在与之相交的横向水平杆的伸出端上，旋转扣件中心线至主节点的距离不宜大于150mm。

（9）扣件安装：

1）扣件螺栓拧紧扭力矩不应小于40N·m。

2）扣件规格必须与钢管外径相同。

3）主节点处，固定横向水平杆（或纵向水平杆）、剪刀撑、横向支撑等扣件的中心线距主节点的距离不应大于150mm。

4）对接扣件的开口应朝上或朝内。

5）各杆件端头伸出扣件盖板边缘的长度不应小于100mm。

（10）连墙件安装：

1）脚手架与结构上预埋的连墙锚固钢管用扣件连接牢固。

2）连墙件宜靠近立杆主节点呈水平设置，偏离主节点的距离不应大于300mm；当不能水平设置时，连墙锚固钢管与脚手架连接可以采用套架连接，如图20-13所示。

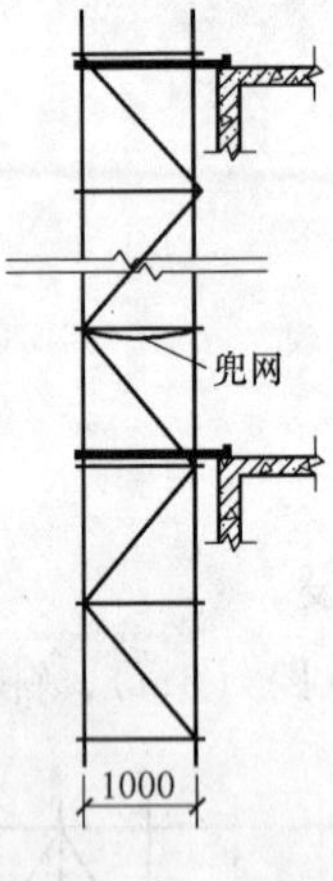

图20-12 横向斜撑构造

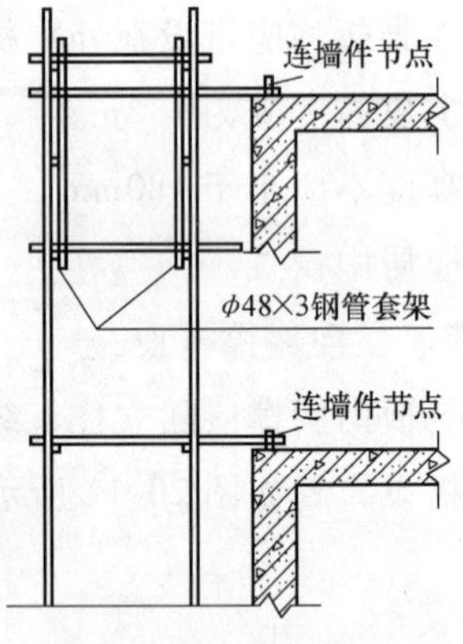

图20-13 套架连接

（11）挂设安全网：

安全网应挂设在外排脚手架内侧。用8#钢丝间隔1.50m绑牢在脚手架上。安全网没有固定环处，应该用50mm宽木板压牢后用8#钢丝绑牢固定。

1）平网挂设。平网挂设在脚手架的根部、二层顶，架设安全网时，其挑出宽度为6m，外口要高于里口，两网搭接应扎接牢固，每隔一定距离应用拉绳将斜杆拉牢，施工过程中要经常对安全网进行检查和维修，严禁向安全网内扔木料和其他杂物。

脚手架内部作业层的脚手板下平挂安全网，要随楼层施工进度逐步上升，除一道逐步上升的安全网外，下面每隔2层（或不大于10m）的部位加设一道水平安全兜网（图20-12）。

内立杆与墙体间应设置平网或铺设脚手板。

2）外立网挂设。在脚手架的外表面满挂密目式安全网，实现全封闭，不得出现漏洞等现象。

（12）搭设安全要求。

1）脚手架搭设人员必须是经过按《特种作业人员安全技术考核管理规则》（GB 5306—1985）考核合格的专业架子工。定期体检合格者方可持证上岗。

2）搭设脚手架人员必须戴安全帽系安全带穿防滑鞋。

3）脚手架的构配件质量与搭设质量应按规定进行检查验收合格后方准使用。

4）作业层上的施工荷载应符合设计要求，不得超载。不得将模板支架、缆风绳、泵送混凝土和砂浆的输送管等固定在脚手架上，严禁悬挂起重设备。

5）五级以上大风和雾、雨、雪天气时应停止脚手架搭设与拆除作业。雨、雪后上架作业应有防滑措施，并应扫除积雪。

6）脚手架的安全检查与维护应按规定进行，安全网应按有关规定搭设或拆除。

7）在脚手架使用期间严禁拆除主节点处的纵、横向水平杆和纵、横向扫地杆。

8）临街搭设脚手架时，外侧应有防止坠物伤人的防护措施。

9）在脚手架上进行电、气焊作业时，必须有防火措施和专人看守。

10）工地临时用电线路的架设及脚手架接地、避雷措施等，应按现行《施工现场临时用电安全技术规范》（JGJ 46—2012）的有关规定执行。

11）搭拆脚手架时，地面应设围栏和警戒标志，并派专人看守，严禁非操作人员入内。

20.6 质量控制与检验标准

（1）脚手架搭设的技术要求允许偏差见表20-1。

表20-1 脚手架搭设的技术要求、允许偏差与检验方法

项次	项目			技术要求	允许偏差/mm	检查方法与工具
1	立杆垂直度	搭设中检查偏差的高度/m	$H=2$ $H=10$ $H=20$ $H=30$	— — — —	±7 ±33 ±66 ±100	用经纬仪或吊线和钢卷尺
		中间档次用插入法				
2	间距		步距 纵距 横距	—	±20 ±50 ±20	钢直尺
3	双排脚手架横向水平杆外伸长度偏差			外伸200mm	-30	钢直尺

（续）

项次	项目		技术要求	允许偏差/mm	检查方法与工具
4	纵向水平杆高差	一根杆的两端	—	±20	水平仪或水平尺
		同跨内两根纵向水平杆高差	—	±10	
5	扣件安装	主节点处各扣件中心点相互距离	$a \leqslant 150mm$	—	钢直尺
		同步立杆上两个相隔对接扣件的高差	$a \geqslant 500mm$	—	钢卷尺
		立杆上的对接扣件至主节点的距离	$a \leqslant h/3$	—	钢卷尺
		纵向水平杆上的对接扣件至主节点的距离	$a \leqslant l_a/3$	—	钢卷尺
		扣件螺栓拧紧扭力矩	≥40N·m	—	扭力扳手
6	剪刀撑斜杆与地面的倾角		45°~60°	—	角尺
7	脚手板外伸长度	对接	$a = 130 \sim 150mm$ $l \leqslant 300mm$	—	钢卷尺
		搭接	$a \geqslant 100mm$ $l \geqslant 200mm$	—	钢卷尺

（2）脚手架应在下列阶段进行检查与验收：

1）作业层上施加荷载前。

2）每搭设完10~13m高度后。

3）达到设计高度后。

4）遇有六级大风与大雨后寒冷地区开冻后。

5）停用超过一个月。

（3）进行脚手架检查验收时应根据下列技术文件：

1）施工组织设计及变更文件。

2）技术交底文件。

（4）脚手架使用中，应定期检查下列项目：

1）杆件的设置和连接连墙件支撑门洞桁架等的构造是否符合要求。

2）地基是否积水，底座是否松动，立杆是否悬空。

3）扣件螺栓是否松动。

4）安全防护措施是否符合要求。

5）是否超载。

20.7 脚手架的使用要求

1）作业层面的施工荷载不得超过设计荷载，结构脚手架的设计荷载为$3kN/m^2$，装饰脚手架的设计荷载为 $2kN/m^2$。

2）在架板上堆放的标准砖不得多于单排立码 3 层；砂浆和容器总重不得大于 1.5kN；施工设备单重不得大于 1kN，使用人力在架上搬运和安装的构件的自重不得大于 2.5kN。

3）在架面上设置的材料应码放整齐稳固，不影响施工操作和人员通行。

4）作业人员在架上的最大作业高度应以可进行正常操作为度，禁止在架板上加垫器物或单块脚手板以增加操作高度。

5）在作业中，禁止随意拆除脚手架的基本构架杆件、整体性杆件、连接紧固件和连墙件。

6）工人在架上作业时，应注意自我安全保护和他人的安全，避免发生碰撞、闪失和落物。严禁在架上嬉闹或坐在栏杆上等不安全处休息。

7）严禁攀缘脚手架上下。

8）五级以上大风和雾、雨、雪天气时应停止脚手架搭设与拆除作业。雨、雪后上架作业应有防滑措施，并应扫除积雪。

20.8 脚手架拆除

（1）应全面检查脚手架的扣件连接、连墙件、支撑体系等是否符合构造要求。

（2）应根据检查结果补充完善施工组织设计中的拆除顺序和措施，经主管部门批准后方可实施。

（3）应由单位工程负责人进行拆除安全技术交底。

（4）应清除脚手架上杂物及地面障碍物。

（5）拆除作业必须由上而下逐层进行，严禁上下同时作业。

（6）连墙件必须随脚手架逐层拆除，严禁先将连墙件整层或数层拆除后再拆脚手架；分段拆除高差不应大于 2 步，如高差大于 2 步则应增设连墙件加固。

（7）当脚手架拆至下部最后一根长立杆的高度（约 6.5m）时，应先在适当位置搭设临时拉结加固后，再拆除连墙件。

（8）各构配件严禁抛掷至地面。

（9）运至地面的构配件应及时检查、整修与保养并按品种规格随时码堆存放。

20.9 悬挑脚手架计算书

1. 架体材料技术参数

悬挑脚手架使用的钢管和工字钢技术参数见表 20-2、表 20-3。

钢丝绳：采用 $\phi17$，$6\times19+1$ 绳，钢丝强度 $1550N/mm^2$，钢丝破断拉力总和为 167.5kN。

表 20-2 钢管 $\phi48\times3.0$ 技术参数

序号	技术参数名称	数值
1	Q235 钢抗弯强度设计值(f)	$205N/mm^2$
2	截面面积(A)	$423.9mm^2$
3	回转半径(i)	15.5mm
4	惯性矩(I)	$1.078\times10^5mm^4$
5	截面模量(W)	$4500mm^3$
6	每米长重量	≈0.034kN/m
7	弹性模量(E)	$2.06\times10^5N/mm^2$
8	直角扣件、旋转扣件抗滑承载力设计值	8.00kN
9	底座竖向承载力	40kN

表 20-3 I 60 工字钢技术参数

序号	技术参数名称	数值
1	Q235 钢抗弯强度设计值(f)	$205N/mm^2$
2	截面面积(A)	$2611mm^2$
3	回转半径(i)	65.7mm
4	腹板厚度(t_W)	6mm
5	面积矩(S)	$8.08\times10^4mm^3$
6	惯性矩(I)	$11.27\times10^6mm^4$
7	弹性模量(E)	$2.06\times10^5N/mm^2$
8	截面模量(W)	$14.09\times10^4mm^3$
9	每米长质量	20.5kg/m

2. 荷载标准值

（1）永久荷载标准值。

1）脚手架自重：$P_1=0.1295kN/m^2$

2）钢管自重：$P_2=0.034kN/m^2$

3）脚手板自重：$P_3=0.35kN/m^2$

4）安全网自重：$P_4=0.01kN/m^2$

（2）施工均布活荷载标准值：见表 20-4。

表 20-4 施工均布活荷载标准值

类　别	标准值/(kN/m^2)
装修脚手架	2.0
结构脚手架	3.0

（3）风荷载标准值：

$h=60m$：$w_k=\mu_z\cdot\mu_s\cdot w_0=1.77\times0.116\times0.30=0.065kN/m^2$

$h=40m$：$w_k=\mu_z\cdot\mu_s\cdot w_0=1.56\times0.116\times0.30=0.057kN/m^2$

式中 w_0——基本风压（kN/m^2）按照《建筑结构荷载规范》（GB 50009—2012）的规定采用：$w_0=0.30(kN/m^2)$；

μ_z——风荷载高度变化系数，按照《建筑结构荷载规范》（GB 50009—2012）的规定采用。根据本工程情况：计算上段挑架底部立杆时，$h=40m$，取 $\mu_z=1.52$；进行连墙杆计算时，$h=60m$，取 $\mu_z=1.71$；

μ_s——风荷载体型系数：$\mu_s=1.3\varphi$（$\varphi=0.09$）$=1.3\times0.09=0.117$。

3. 横向水平杆的计算（图 20-14）

横向水平杆在纵向水平杆的上面（间距 0.75m），横向水平杆上面的脚手板和活荷载视作均布荷载。横向水平杆按照简支梁进行强度和挠度验算。

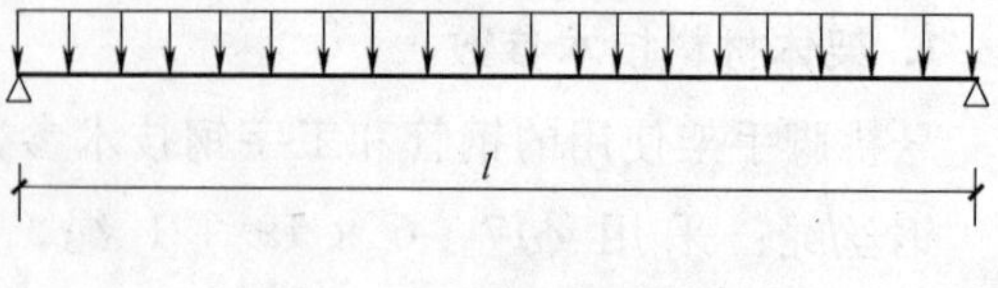

图 20-14 横向水平杆计算简图

（1）均布荷载值计算

横向水平杆的自重标准值　$P_1 = 0.034\text{kN/m}^2$

脚手板的荷载标准值　$P_2 = 0.35 \times 0.75\text{kN/m} = 0.263\text{kN/m}^2$

活荷载标准值　$Q = 3.0 \times 0.75\text{kN/m} = 2.25\text{kN/m}^2$

荷载的计算值　$q = 1.2 \times 0.034 + 1.2 \times 0.263 + 1.4 \times 2.25\text{kN/m} = 3.51\text{kN/m}^2$

（2）强度计算

$M = M_{q\max} = ql^2/8 = 3.51 \times 1^2/8\text{kN}\cdot\text{m} = 0.44\text{kN}\cdot\text{m}$

$\sigma = M/W = 0.44 \times 10^6/4500 = 97.78\text{N/mm}^2 < f = 205\text{N/mm}^2$ 安全。

（3）挠度计算

最大挠度考虑为简支梁均布荷载作用下的挠度

计算公式如下：

$$v = V_{q\max} = 5ql^4/384EI$$
$$= 5 \times 3.51 \times 1000^4/(384 \times 2.06 \times 10^5 \times 2.45 \times 10^6)$$
$$= 2.5\text{mm} < [v] = l/150 = 1000/150 = 6.7\text{mm}\ \text{安全。}$$

4. 纵向水平杆的计算（图 20-15）

（1）横向水平杆在纵向水平杆的上面（设每两根立杆之间有 2 根横向水平杆，立杆处有 1 根横向水平杆，横向水平杆间距 0.5m）。纵向水平杆按照三跨连续梁进行强度和挠度验算。

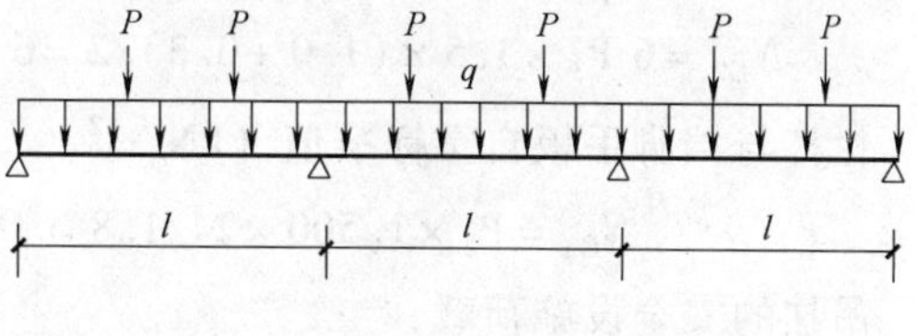

图 20-15　纵向水平杆计算简图

载值计算

横向水平杆的自重标准值　$P_1 = 0.034 \times 1.0 = 0.034\text{kN/m}^2$

脚手板的荷载标准值　$P_2 = 0.350 \times 1.0 \times 0.5 = 0.175\text{kN/m}^2$

活荷载标准值　$Q = 3.000 \times 1.0 \times 0.5 = 1.50\text{kN/m}^2$

纵向水平杆自重荷载的计算值　$q = 1.2 \times 0.034 = 0.041\text{kN/m}^2$

纵向水平杆上荷载的计算值　$P = (1.2P_2 + 1.2P_3 + 1.4Q)/2$

$$= (1.2 \times 0.040 + 1.2 \times 0.175 + 1.4 \times 1.50)/2 = 1.18\text{kN/m}^2$$

（2）强度计算。

$$M = 0.1ql^2 + 0.267Pl = 0.1 \times 0.041 \times 1.5^4 + 0.267 \times 1.18 \times 1.5 = 0.48\text{kN}\cdot\text{m}$$

$$\sigma = M/W = 0.48 \times 10^6/4500 = 106.67\text{N/mm}^2 < f = 205\text{N/mm}^2\ \text{安全。}$$

（3）挠度计算

$$v = 0.677\frac{ql^4}{100EI} + 1.883 \times \frac{Pl^3}{100EI}$$
$$= (0.677 \times 0.041 \times 1500^4 + 1.883 \times 1.18 \times 10^3 \times 1500^3)/100 \times 2.06 \times 10^5 \times 121900.000)$$
$$= 3.98\text{mm} < [v] = l/150 = 1500/150 = 10\text{mm}\ \text{安全。}$$

5. 扣件抗滑承载力计算（纵向水平杆与立杆）

（1）荷载值计算

横杆的自重标准值 $P_2 = 0.034 \times (1.5 + 0.5) = 0.068\text{kN/m}^2$

脚手板的荷载标准值 $P_3 = 0.350 \times 0.5 \times 1.500 = 0.262\text{kN/m}^2$

活荷载标准值 $Q = 3.000 \times 0.5 \times 1.500 = 2.25\text{kN/m}^2$

荷载的计算值 $R = 1.2 \times 0.068 + 1.2 \times 0.262 + 1.4 \times 2.25$

（2）扣件抗滑承载力 $R = 3.55\text{kN} \leqslant R_C = 8\text{kN/m}^2$

单扣件抗滑承载力的设计计算满足要求。

6. 立杆计算

（1）脚手架荷载标准值：

作用于脚手架的荷载包括静荷载、活荷载和风荷载。

1）静荷载标准值计算：

每根立杆承受的架体自重标准值（kN/m^2）（设架体高度：$H = 24\text{m}$）：

$$N_{G1} = \text{H} \cdot \text{P}_1 = 24 \times 0.1295 = 3.11\text{kN}$$

脚手板的自重标准值（kN/m^2）（每段架铺6层脚手板）：

$$N_{G2} = 6\text{ P}_3 \times 1.5 \times (1.0 + 0.3)/2 = 6 \times 0.35 \times 1.5 \times (1.0 + 0.3)/2 = 2.05\text{kN}$$

栏杆与挡脚手板自重标准值（kN/m^2）（每步2根钢管栏杆）：

$$N_{G3} = \text{P}_2 \times 1.500 \times 24/1.8 = 0.034 \times 1.500 \times 24/1.8 = 0.68\text{kN}$$

吊挂的安全设施荷载：

$$N_{G4} = \text{P}_4 \times 1.5 \times 24 = 0.01 \times 1.5 \times 24 = 0.36\text{kN}$$

经计算得到，静荷载标准值 $N_G = N_{G1} + N_{G2} + N_{G3} + N_{G4} = 6.2\text{kN}$。

2）活荷载标准值计算：（取1层结构施工荷载或2层装饰施工荷载的大者）

设每段架内有2层结构施工荷载，每根立杆承受的活荷载标准值

$$N_Q = 2.000 \times 2 \times 1.500/2 = 3.0\text{kN}$$

3）风荷载

（2）不考虑风荷载时，立杆稳定性计算

$$N = 1.2N_G + 1.4N_Q = 1.2 \times 6.2 + 1.4 \times 3 = 11.64\text{kN}$$

$\sigma = N/\varphi A = 11.64 \times 10^3/(0.157 \times 423.9) = 174.9\text{N/mm}^2 < f = 205\text{N/mm}^2$ 安全。

式中 N——立杆的轴心压力设计值，$N = 11.64\text{kN}$；

φ——轴心受压立杆的稳定系数，由 $l_0/i = 215$ 的结果查《建筑施工扣件式钢管脚手架安全技术规范》JGJ 130—2011附表C得到0.157；

i——计算立杆的截面回转半径，$i = 15.5\text{mm}$；

l_0——计算长度，由 $l_0 = kuh = 1.155 \times 1.6 \times 1.8 = 3330\text{mm}$；

k——计算长度附加系数，取1.155；

u——计算长度系数，连墙件二步三跨布置，$u = 1.60$；

A——立杆截面面积（mm^2）。

（3）考虑风荷载时，立杆稳定性计算

$$N = 1.2N_G + 0.9 \times 1.4N_Q = 1.2 \times 6.2 + 0.9 \times 1.4 \times 3 = 11.22\ kN$$

$$M_{wk} = 0.9 \times 1.4w_0 l_a h^2/10 = 0.9 \times 1.4 \times 0.057 \times 1.5 \times 1.8^2/10 = 0.034kN \cdot m$$

$$\sigma = N/\varphi A + M_{wk}/W = 11.22 \times 10^3/(0.157 \times 423.9) + 0.034 \times 10^6/4500$$

$$= 166.64 + 7.33 = 176.15N/mm^2 < f = 205N/mm^2$$ 安全。

7. 连墙件的计算

（1）连墙件轴向力计算：

$N_1 = N_{1w} + N_0 = 1.638 + 3 = 4.638KN < Rc = 8kN$ 安全。

式中 N_1——连墙件轴向力轴向力计算值（kN）；

N_{1w}——风荷载产生的连墙件轴向力设计值（kN），

$$N_{1w} = 1.4 \cdot w_k \cdot A_w = 1.4 \times 0.065 \times 4 \times 4.50 = 1.638kN;$$

N_0——连墙件约束脚手架平面外变形所产生的轴向力（kN），$N_0 = 3.0$；

A_w——每个连墙件的覆盖面积内脚手架外侧的迎风面积（m^2）；

Rc——扣件抗滑承载力计算值（kN）。

（2）连墙杆计算（图 20-16）：

连墙杆轴向力设计值 $N_f = N_1 = 4.638kN$

$\sigma = N_f/\varphi A = 4638/(0.93 \times 423.9) = 11.876N/mm^2 < f = 205N/mm^2$ 安全。

式中 N_f——连墙件轴向力设计值（kN）；

φ——轴心受压立杆的稳定系数，由 $l_0/i = 400/15.5 = 25.8$ 查表得到 0.93；

A——连墙杆截面面积（mm^2）。

8. 悬挑部分的计算（图 20-17）

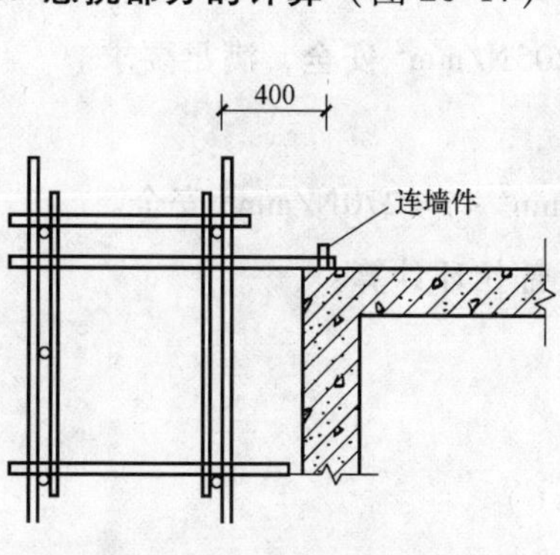

图 20-16 连墙杆计算简图

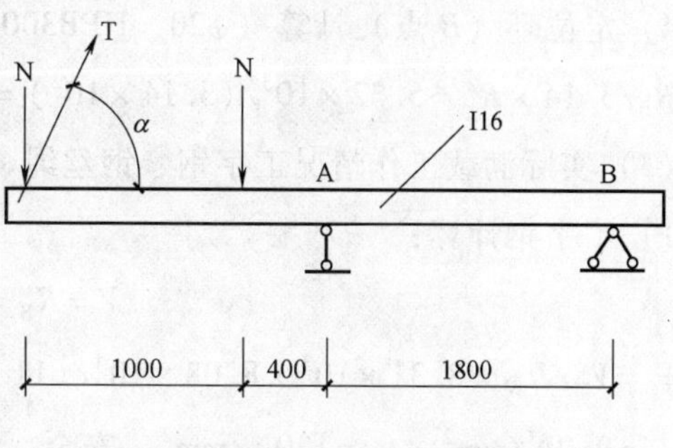

图 20-17 悬挑梁受力简图

（1）根据工程的实际情况，每根立杆下面设置一根工字钢悬挑梁（工字钢长 3.5m），Ⅰ16 工字钢悬挑梁通过定位环固定在楼板上，间距 1.50m，悬挑梁外端使用钢丝绳固定在上层楼板上，计算图如下：

$\alpha = \arctg(3.5/1.3) = 69.6°$

$N = 11.64\text{kN}(\downarrow)$

由 $\sum MA = 0$ $11.64 \times 1.4 + 11.64 \times 0.4 = \text{T} \sin 69.6° \times 1.4$

$\text{T} = 15.97\text{kN}(\uparrow)$

$\text{RB} = 2\text{N} - \text{T}\sin 69.6° = 2 \times 11.64 - 15.97 \times \sin 69.6° = 8.31\text{kN}$

（2）考虑到在工程施工过程中，在设置工字钢的上一层施工时无法悬挂钢丝绳施加拉力时，有可能利用工字钢纯悬挑两层脚手架，此时应验算工字钢抗弯能力和工字钢后面拉环（B点）的承载力（图20-18）：

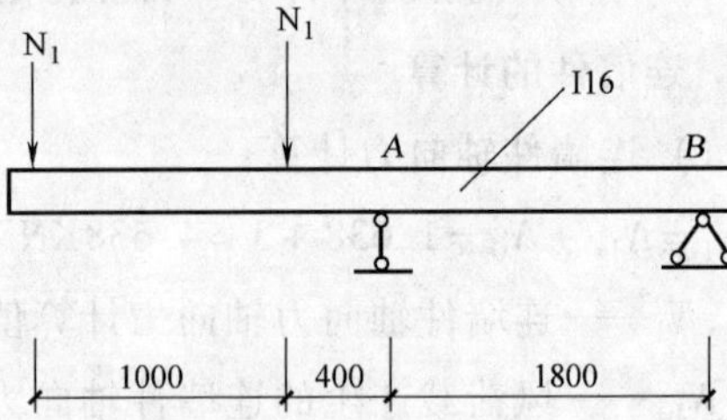

图20-18 纯悬挑梁受力简图

1）作用于脚手架的荷载包括静荷载和活荷载。

静荷载标准值为每根立杆承担的7m高脚手架自重

$$N_{1G} = 1.2N_G \times 7/24 = 1.2 \times 6.2 \times 7/24 = 2.17\text{kN}$$

活荷载标准值取1层结构施工荷载计算

$$N_{1Q} = 1.4N_Q = 1.4 \times 3 \times 1.500/2 = 3.15\text{kN}$$

$$N_1 = N_{1G} + N_{1Q} = 2.17 + 3.15 = 5.34\text{kN}$$

2）工字钢在 A 点的弯矩和在 B 点的拉力分别为

$$M_A = 5.32 \times 1.4 + 5.32 \times 0.4 = 9.58\text{kN} \cdot \text{m}$$

$$R_B = M\text{A}/1.8 = 5.32\text{kN}$$

3）工字钢抗弯承载力验算：

$M_A/W = 9.61 \times 10^6/14.09 \times 10^4 = 68.2\text{N/mm}^2 < f = 205\text{N/mm}^2$ 安全，满足要求。

4）定位环（B 点）计算（$\phi 20$，HPB300钢筋）：

$R_B/3.14 \times R^2 = 5.32 \times 10^3/(3.14 \times 10^2) = 18.71\text{N/mm}^2 < f = 270\text{N/mm}^2$ 安全。

（3）实际满载工作情况工字钢、钢丝绳、钢丝绳上部拉环计算：

1）工字钢计算：

$$V = R_B = 8.31\text{kN}$$

$$\tau = VS/It_W = 8.31 \times 10^3 \times 8.08 \times 10^4/(11.27 \times 10^6 \times 6)$$

$$= 9.9\text{N/mm}^2 < f_V = 120\text{N/mm}^2 \quad \text{安全。}$$

2）钢丝绳计算：

钢丝绳采用 $\phi 17$，6×19+1绳，钢丝抗拉强度为1550N/mm²，钢丝破断拉力为167.5kN，钢丝绳穿过拉环后通过绳卡锁紧，为单钢丝绳受力。

钢丝绳的钢丝破断拉力总和：

$F_g = T = 15.97kN < \alpha\ [F_g]\ /K = 0.85 \times 138.5/7 = 20.34kN$ 安全。

式中 $[F_g]$——钢丝绳的允许拉力（kN）；

F_g——钢丝绳的钢丝破断拉力总和（kN）；

K——钢丝绳使用安全系数，做吊索，取7；

α——考虑钢丝绳之间荷载不均匀系数，对 6×19 丝绳取0.85。

3）钢丝绳上部拉环计算（$\phi20$，HPB300 钢筋）：

$T/3.14R^2 = 16.08 \times 10^3/(3.14 \times 10^2) = 51.2N/mm^2 < f_V = 150N/mm^2$ 安全。

综合楼钢筋工程施工方案

邱　峙

河南省第一建筑工程集团有限责任公司

21.1　工程概况

郑州宇通客车股份有限公司综合楼工程位于宇通工业园区内，总建筑面积20960.3m^2。东西长120m，南北宽50m，地下1层，地上22层，总高度89.9m（图21-1）。其中地下1层为停车场、水泵间和变电所，地上3层裙房为汽车展示厅，4~20层为办公室，21层以上为设备用房。建筑物外围护墙采用200mm厚加气混凝土砌块砌筑，内隔墙为GRC轻质墙板。地下室防水等级采用一道4mm厚SBS改性沥青卷材加设2mm聚氨酯防水层。屋面采用一道4mm厚SBS改性沥青卷材防水。卫生间、开水间、厨房采用1.5mm厚聚氨酯防水。

本工程为框架剪力墙结构体系。地下室采用钢筋混凝土箱形结构，底板厚1200mm，-0.050m以下采用C40级混凝土，抗渗等级S8。框架柱、抗震墙连梁及梁板的强度等级分别为C30~C50。钢筋采用HPB300级、HRB335级、HRB400级，冷轧带肋钢筋LL550级。型钢及钢板均采用Q235B。焊条：HPB300级和HRB335级钢筋采用E4303型焊条焊接，HRB400级钢筋采用E5003型焊条焊接。

设计对钢筋连接形式的要求是：主楼直径大于或等于16mm的钢筋全部采用剥肋滚轧直螺纹连接，裙房直径大于等于或16mm的钢筋采用电渣压焊，其他钢筋视使用部位的不同采用搭接或焊接连接形式。

21.2　编制依据

（1）郑州宇通客车股份有限公司综合楼工程施工图。

（2）《建筑工程施工质量验收统一标准》（GB 50300—2013）。

（3）《混凝土结构工程施工质量验收规范》（GB 50204—2002）（2011版）。

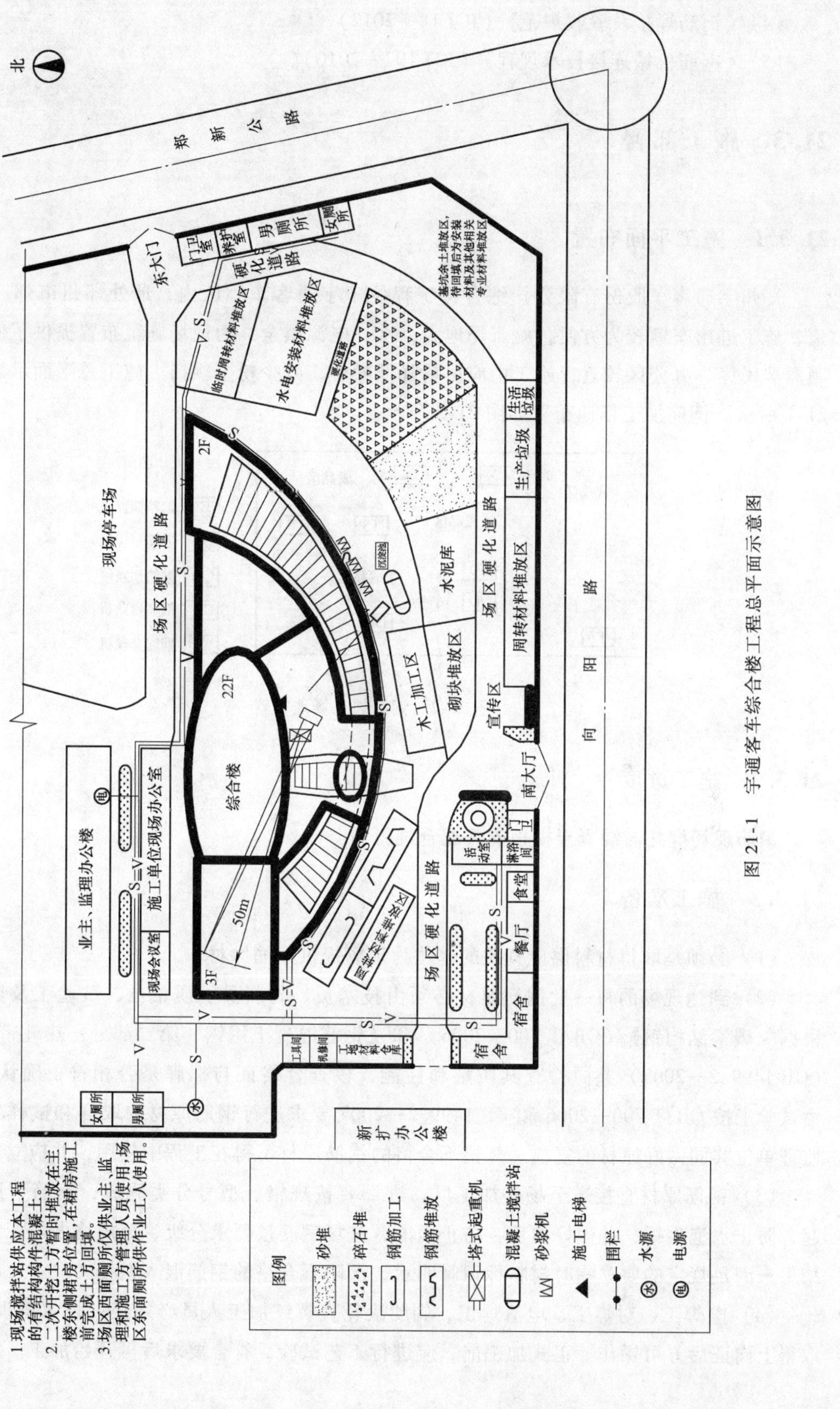

说明：
1.现场搅拌站供应本工程的有结构构件混凝土。
2.二次开挖土方暂时堆放在主楼东侧裙房位置，在裙房施工前完成土方回填。
3.场区西面厕所仅供业主、监理和施工方管理人员使用，场区东面厕所供作业工人使用。

图 21-1 宇通客车综合楼工程总平面示意图

(4)《钢筋焊接及验收规范》(JGJ 18—2012)。

(5)《钢筋机械连接技术规程》(JGJ 107—2010)。

21.3 施工部署

21.3.1 施工平面布置

郑州宇通客车股份有限公司综合楼工程位于宇通客车厂区内，地处郑州市郊区主要干道，施工进出车辆较为方便，施工场地大，水、电源俱全，为现场施工布置提供了便利。但距离居民区、办公区较近，施工中应尽量降低噪声，减少粉尘飘扬。施工总平面示意图如图21-1所示。钢筋加工场地布置如图21-2所示。

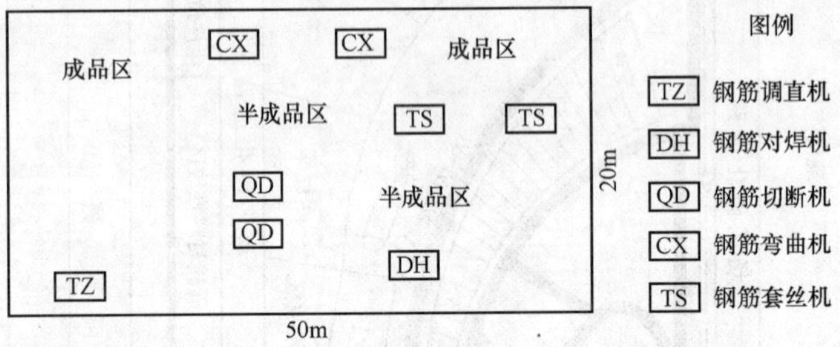

图21-2 钢筋加工场地布置

21.3.2 施工进度

钢筋现场绑扎与混凝土模板安装配合进行。

21.3.3 施工准备

(1) 必须是取得材料供应资质的单位为现场提供钢筋原材。

(2) 到达现场的每一批钢筋原材必须由技术员、材料员、质量员、试验工及监理单位根据《碳素结构钢》(GB/T 700—2006) 和《钢筋混凝土用钢　第二部分：热轧带肋钢筋》(GB 1499.2—2007) 共同检查其质量和性能，核查合格证与标牌是否相符，确认无误后，由试验工按GB/T 700—2006和GB 1499.2—2007要求进行钢筋原材的取样和试样工作，与监理单位共同做好原材的复检。复检不合格的钢筋原材不得在工程中使用，并应立即退场。

(3) 钢筋原材直接送至场外加工厂，进场要按规格、型号分类码放，钢筋下用木方垫起，防止水泡生锈，并做好覆盖，防止雨淋，进场钢筋按要求分级、分规格做好标识，复检结果未满足规定的要立临时材料标识牌明示，严防不合格的钢筋混入料场。

(4) 电焊工、对焊工、电渣焊工、剥肋滚轧直螺纹加工人员必须经过技术培训、考核，取得上岗证后方可操作。正式加工前，应进行工艺试验，符合要求后再开始加工。

（5）钢筋工程开始施工前，应按施工图要求认真进行钢筋翻样。

21.3.4 施工机具计划（表21-1）

表21-1 钢筋施工阶段设备

设备名称	型号	数量/台	用电量/（kW/台）	设备名称	型号	数量/台	用电量/（kW/台）
塔式起重机	QT80	1	55.5	钢筋切断机	FGQ40B	2	7.0
电焊机	BS1—300	4	21.0	钢筋弯曲机	WG40	2	3.0
钢筋对焊机	UN160	1	160.0	钢筋调直机	GJ4—14	1	3.5
电渣压焊机	JZF750	4	52.5	灭火器	—	10	—
钢筋套丝机	SZ40B	2	7.5				

21.3.5 劳动组织

为缩短工期，基础和主体工程阶段钢筋加工、现场安装和绑扎钢筋按两班制作业，装饰工程阶段按单班制作业，每班8h。各阶段工种人员计划详见表21-2。

表21-2 劳动力计划

序号	工种	基础工程	主体工程	装饰工程	序号	工种	基础工程	主体工程	装饰工程
1	钢筋工	75	60	10	4	电焊工	10	10	—
2	对焊工	5	5	—	5	套丝工	5	5	—
3	电渣焊工	16	16	—					

21.4 施工方法

21.4.1 钢筋加工

（1）工艺流程：钢筋除锈→钢筋调直→钢筋切断→钢筋弯曲成型。

（2）钢筋断料长度需严格与加工图样所示下料长度相等。断料时必须使用切断机断料，不得使用电气焊。

（3）不同直径钢筋成型时需按相应的弯曲半径加工。钢筋弯曲时要保证弯曲角度和平段长度符合要求。HPB300级钢筋作板筋使用时末端做180°弯钩，弯曲直径等于2.5倍的钢筋直径，平直段长度等于3倍的钢筋直径，如图21-3所示。

HRB335级和HRB400级钢筋使用在梁、柱内作纵向受力主筋时末端需做90°弯折，弯曲直径如图21-4所示。

HPB300级钢筋在梁、柱内作箍筋使用时按抗震要求末端做135°弯钩，弯曲直径大于受力主筋直径且大于等于2.5倍的箍筋直径，平直段长度按抗震要求为10倍的钢筋直径，如

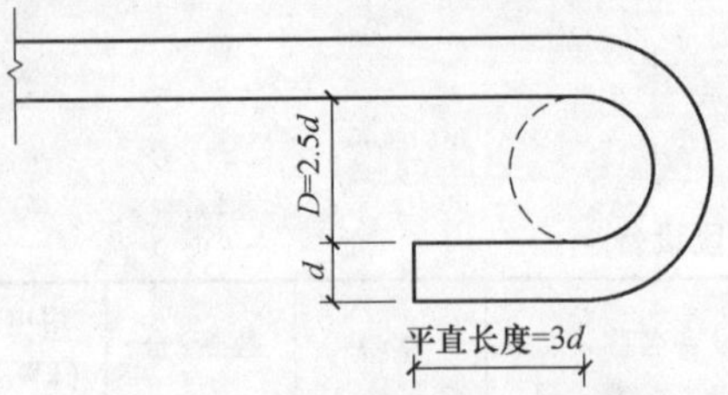

图 21-3 HPB300 级钢筋 180°弯曲

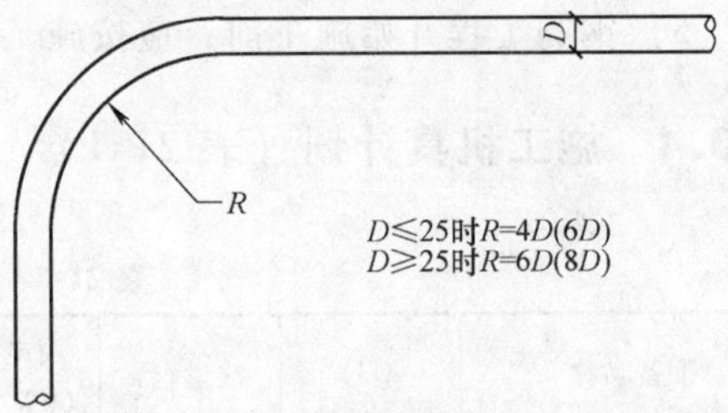

图 21-4 HRB335 级、HRB400 级钢筋 90°弯曲

注：括号内为结构顶层边节点要求。

图 21-5 所示。

（4）加工后的半成品、成品均按级别、直径、尺寸分类编号码放。

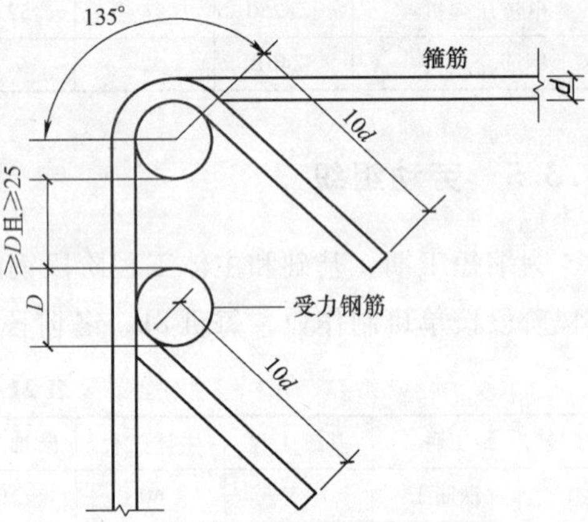

图 21-5 HPB300 级钢筋作箍筋

21.4.2 钢筋闪光对焊连接

（1）工艺流程：检查设备→选择焊接工艺及参数→试焊、做模拟试件→送试→确定焊接参数→焊接→质量检验。

连续闪光对焊工艺过程：闭合电路→闪光（两钢筋端面轻微接触）→连续闪光加热到将近熔点（两钢筋端面徐徐移动接触）→带电顶锻→无电顶锻。

预热闪光对焊工艺过程：闭合电路→断续闪光预热（两钢筋端面交替接触和分开）→连续闪光加热到将近熔点（两钢筋端面徐徐移动接触）→带电顶锻→无电顶锻。

闪光—预热闪光对焊工艺过程：闭合电路→一次闪光闪平端面（两钢筋端面轻微徐徐接触）→连续闪光预热（两钢筋端面交替接触和分开）→二次连续闪光加热到将近熔点（两钢筋端面徐徐移动接触）→带电顶锻→无电顶锻。

（2）焊接工艺方法选择：采用连续闪光焊所能焊接的最大钢筋直径应符合《钢筋焊接及验收规程》（JGJ 18—2012）的规定。当钢筋直径较大，端面较平整，宜采用预热闪光焊；当端面不够平整，则应采用闪光—预热—闪光焊。

（3）焊接参数选择：闪光对焊时，应合理选择调伸长度、烧化留量、顶锻留量以及变压器级数等焊接参数。

（4）试焊、做班前试件：在每班正式焊接前，应按选择的焊接参数焊接6个试件（3个作拉力试验，3个作冷弯试验）。经试验合格后，方可按确定的焊接参数，成批生产。

（5）对焊焊接操作。

1）连续闪光焊：通电后，应借助操作杆使两钢筋端面轻微接触，使其产生电阻热，并使钢筋端面的凸出部分互相熔化，并将熔化的金属微粒向外喷射形成火光闪光，再徐徐不断地移动钢筋形成连续闪光，待预定的烧化留量消失后，以适当压力迅速进行顶锻，即完成整个连续闪光焊接。

2）预热闪光焊：通电后，应使两根钢筋端面交替接触和分开，使钢筋端面之间发生断续闪光，形成烧化预热过程。当预热过程完成时，应立即转入连续闪光和顶锻。

3）闪光一预热闪光焊：通电后，应首先进行闪光，当钢筋端面已平整时，应立即进行预热、闪光及顶锻过程。

（6）质量检查：在钢筋对焊生产中，焊工应认真进行自检，若发现偏心、弯折、烧伤、裂纹等缺陷，应切除接头重焊，并查找原因，及时消除。

21.4.3 钢筋电渣压焊连接

（1）工艺流程：钢筋下料→钢筋卡装→焊前准备→引弧过程→电弧过程→顶压过程→保温、降温→拆装机具→敲掉焊剂包→检查外观。

（2）操作要点。

引弧过程：待焊的上、下钢筋施加焊接电压后，将上钢筋迅速提起，使两端头之间的距离为2~4mm，以便产生电弧。

电弧过程：局部电弧燃烧后，保持上下钢筋被施加的电压在35~45V，使电弧稳定燃烧。钢筋和焊剂在电弧高温下熔化，熔化的钢液被焊剂托住，形成渣池。

电渣过程：当渣池形成一定深度后，将上钢筋逐步下送，直接深入到渣池之中，这时电弧熄灭，开始电渣过程，由电渣熔炼钢筋端部。

顶压过程：当上、下钢筋在电渣过程中各熔化15~20mm后，迅速把上钢筋送下，使上钢筋端头压入渣池，大部分熔化的钢液被挤出端部，再施加一定的顶压力同时断电，被挤出的钢液包在上、下钢筋端头周围，熔渣也包在周围，未熔焊剂包覆在外围，形成焊包。冷却后，敲去渣壳，露出焊包。

（3）工艺参数见表21-3。

表21-3 工艺参数

钢筋直径/mm	焊接电流/A	焊接电压/V		焊接时间/s
		电弧过程	电渣过程	
16	250~300	40~45	25~30	20~22
18	300~350	40~45	25~30	22~24
20	350~400	40~45	25~30	24~26
22	400~450	40~45	25~30	26~28
25	400~450	40~45	25~30	28~31
28	400~450	40~45	25~30	31~34

（4）施工注意事项：

准确了解钢筋的化学成分，用于电渣压焊钢筋的碳当量不得大于0.52%。

HJ431 焊剂要避免受潮，受潮焊剂焊接前必须进行烘烤。

焊接前应对准备焊接的钢筋进行试焊，并作拉伸试验，以便确定焊接参数。

钢筋焊接完成后，应及时进行焊接接头外观检查，外观检查不合格的接头，应切除重焊。

21.4.4 钢筋剥肋滚轧直螺纹连接

(1) 钢筋丝头加工工艺流程：钢筋端面平头→剥肋滚压螺纹→丝头质量检验→带帽保护。

(2) 钢筋连接工艺流程：钢筋就位→拧下钢筋保护帽和套筒保护盖→接头拧紧→做标记→施工检验。

(3) 每加工10个丝头要求用通规、止规检查一次（标准见表21-4)。经自检合格的丝头，应由质量检查员随机抽样检验。以一个工作班内生产的丝头为一个验收批，随机抽样10%，且不得少于10个。当合格率小于95%时，应加倍抽检，复检中合格率仍小于95%时，应对全部钢筋丝头进行逐个检查，切去不合格丝头，并重新加工螺纹。

表21-4 剥肋丝头加工检验标准

规格	剥肋直径/mm	螺纹尺寸/mm	丝头长度/mm	完整螺扣圈数
16	15.5±0.2	M16.5×2	22.5	≥8
18	16.9±0.2	M19×2.5	27.5	≥7
20	18.1±0.2	M21×2.5	30.0	≥8
22	20.8±0.2	M23×2.5	32.5	≥9
25	23.7±0.2	M26×3	35.0	≥9
28	26.6±0.2	M29×3	40.0	≥10
32	30.5±0.2	M33×3	45.0	≥11
36	34.5±0.2	M37×3.5	49.0	≥9
40	38.1±0.2	M41×3.5	52.5	≥10

(4) 钢筋连接质量要求。连接套规格必须与钢筋规格一致，并保证连接套的内螺纹干净、无损。

要尽量保证两根相连接的钢筋端面在连接套内的中间位置对顶，并尽力拧紧接头。

连接完成的钢筋接头，套管每侧不得外露超过2个完整螺扣。

采用预埋接头时，连接套的位置、规格和质量应符合设计要求，待连接钢筋上的连接套应固定，且连接套的外露端应有密封盖。

21.4.5 钢筋电弧焊连接

(1) 在剥肋滚轧直螺纹连接和电渣压焊连接不能使用，又不得采用搭接的部位，使用帮条焊或搭接焊。HPB300 级和 HRB335 级钢筋采用 E4303 型焊条焊接，HRB400 级钢筋采用 E5003 型焊条焊接。

（2）工艺流程：检查设备→选择焊接工艺及参数→试焊、做模拟试件→送试→确定焊接参数→焊接→质量检验。

（3）操作要点如下：

先将主筋和帮条（主筋）间用四点（两点）定位焊固定，离端部约 20mm，主筋间隙留 2～5mm。

施焊应在帮条（主筋）内侧开始打弧，收弧时弧坑应填满，并向帮条（主筋）一侧拉出灭弧。

尽量施水平焊，需多层焊时，第一层焊的电流可以稍大，以增加焙化深度，焊完一层之后，应将焊渣清除干净。

当需要立焊时，焊接电流应比平焊减少 10%～15%。

当不能进行双面焊时，可采用单面焊接，但帮条（搭接）长度要比双面焊加大一倍。

21.4.6 钢筋绑扎

（1）准备工作。

1）核对成品钢筋的钢号、直径、形状、尺寸和数量等是否与料单、料牌相符。如有错漏，应纠正增补。

2）准备绑扎钢筋用的钢丝、绑扎工具、绑扎架等。

3）准备控制混凝土保护层用的水泥砂浆垫块或塑料卡。

4）画出钢筋位置线。

（2）柱子钢筋绑扎。

1）工艺流程：搭设柱筋支撑脚手架→套柱子箍筋→焊接或绑扎竖向受力筋→画箍筋间距线→绑箍筋。

2）本工程柱箍筋端头应弯成 135°，平直长度不小于 10d（d 为箍筋直径）。

3）主楼柱子竖向钢筋直径大于 16mm 时，现场连接全部采用剥肋滚轧直螺纹连接；裙房柱子竖向钢筋直径大于 16mm 时，现场连接全部采用电渣压焊。接头位置如图 21-6 所示。

4）在柱子竖向钢筋上用粉笔画出箍筋间距，然后将已套好的箍筋往上移动。箍筋的接头（135°弯钩叠合处）应交错布置在四角纵向钢筋上。箍筋与主筋要垂直，箍筋转角与主筋交点必须全部用套扣绑扎。主筋与箍筋非转角部分的相交点用缠扣绑扎且绑扣方向成梅花交错，并可间隔扎牢。

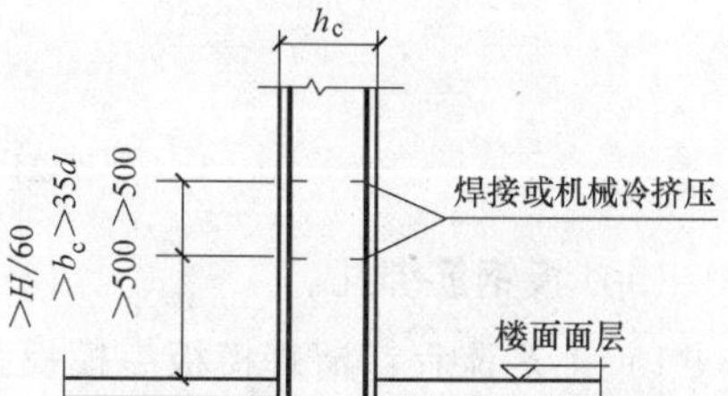

图 21-6 框架柱纵筋接头位置

5）柱上、下两端箍筋加密区长度及箍筋的间距均应符合设计要求。

6）绑扎柱钢筋时，应预埋附加贴模箍，用以与填充墙通长拉结筋及隔墙水平筋焊接。

7）墙柱筋保护层采用塑料卡卡在外竖筋上。

（3）梁钢筋绑扎。

1）工艺流程：画主、次梁箍筋间距→放主、次梁箍筋→穿主梁底层纵筋并与箍筋固定→穿次梁底层纵筋并与箍筋固定住→穿主梁上层纵向架立筋及弯起钢筋按箍筋间距绑扎牢→绑主梁底层纵向筋→穿次梁上层纵向筋→按箍筋间距绑牢。

2）在模板上画箍筋间距后摆放箍筋。

3）穿梁的上、下部纵向受力筋，先绑上部横筋，再绑下部纵筋。

4）绑梁上部纵向筋的箍筋宜用套扣法绑扎。箍筋弯钩叠合处，在梁中应交错绑扎，箍筋弯钩为135°，平直长度为10d。

5）梁端第一个箍筋设置在距离柱节点边缘50mm处。梁端与柱交接处箍筋加密，其间距及加密区长度要符合设计要求。

6）梁下部纵向筋为双排时，用ϕ25mm短钢筋垫在两层钢筋之间，钢筋排距应符合设计要求。

7）主、次梁交接处的绑扎如图21-7所示。

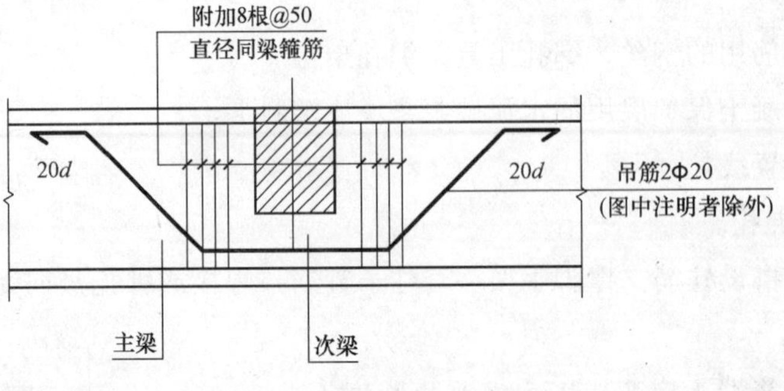

图21-7 主、次梁交接处的绑扎

（4）板钢筋绑扎。

1）工艺流程：清理模板→模板上画线→绑板下部受力钢筋→绑上层（负弯矩）钢筋。

2）清扫模板上刨花、碎木、电线管头等杂物。用粉笔在模板上画好主筋、分布筋间距。

3）按画好的间距，先摆受力主筋，后放分布筋。预埋件、电线管、预留孔等及时配合安装。

4）绑扎采用八字扣。单向板的下层钢筋除外围两根筋的相交点全部绑扎外，其余各点可交错绑扎；而双向板的下层钢筋相交点须全部绑扎。上层钢筋每个扣均要绑扎。

5）基础底板在绑完下层钢筋后，应摆放支撑上层钢筋网片的支架，支架钢筋为Φ20，支架的形式如图21-8所示。支架布置间距以1m左右一个为宜，梅花形排列，在支架上摆放纵横两个方向定位钢筋。

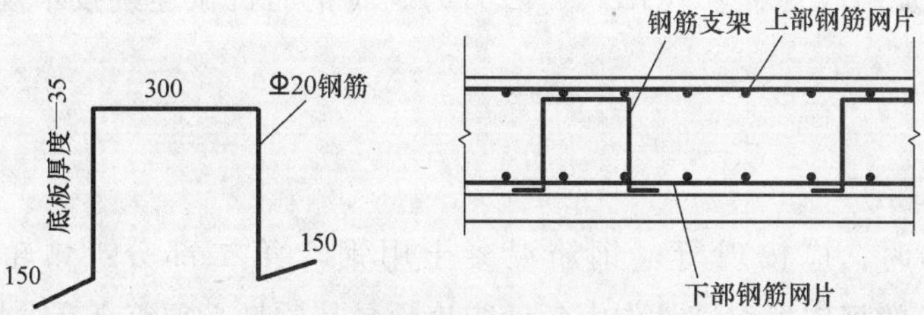

图 21-8 底板钢筋支架

（5）剪力墙钢筋绑扎。

1）工艺流程：摆放并固定好墙筋脚手架→绑扎竖向梯子筋→绑扎横向梯子筋→绑扎竖筋→绑扎横筋。

2）摆放并固定好墙筋脚手架：在绑扎钢筋前，在已画好的线的两侧各摆放并固定好墙筋脚手架，脚手架上的防护栏杆满挂防护网。

3）绑扎并调整梯子筋位置：在伸出混凝土面的钢筋上绑扎竖向梯子筋，根据第一排横筋标高调整竖向梯子筋的位置。

4）绑扎横向梯子筋：在竖向梯子筋及柱筋上绑扎横向梯子筋。

5）墙的垂直钢筋每段长度不宜超过 4m（钢筋直径小于或等于 12mm）或 6m（钢筋直径大于 12mm），水平钢筋每段不宜超过 8m，以利绑扎。

6）钢筋网的绑扎，四周两行钢筋交叉点应每点扎牢，中间部分交叉点可相隔交错扎牢，但必须保证受力钢筋不移位，绑扎时应注意相邻绑扎点的钢丝扣要成八字形，以免网片歪斜变形。

7）双层钢筋网应在两层钢筋间设置撑铁，以固定钢筋间距，撑铁用 $\phi6\sim\phi10$mm 钢筋制成，间距为 1m，相互错开排列。

8）墙的钢筋，可在基础钢筋绑扎之后，浇筑混凝土之前插入基础内。

9）墙钢筋的绑扎，应在模板安装之前进行。

（6）楼梯钢筋绑扎。

1）工艺流程：画位置线→绑扎梁钢筋→绑扎板主筋→绑扎板分布筋。

2）绑扎前，应在地模上画出梁箍筋、板主筋和分布筋的位置线。

3）根据设计图样主筋、分布筋的方向，先绑梁，后绑板筋；绑板筋时，先绑扎主筋，后绑扎分部筋，板筋要固定到梁内。每个交点均应绑扎。

21.5 质量控制

21.5.1 质量标准

质量验收与控制参照《混凝土结构工程施工质量验收规范》（GB 50204—2002）（2011

版)、《钢筋焊接及验收规程》（JGJ 18—2012)、《钢筋机械连接技术规程》（JGJ 107—2010）执行。

1. 原材料

（1）主控项目。

1）钢筋进场时，应按现行《钢筋混凝土用钢　第二部分：热轧带肋钢筋》（GB 1499.2—2007）等的规定抽取试件作力学性能检验，其质量必须符合有关标准的规定。

2）对有抗震设防要求的框架结构，其纵向受力钢筋的强度应满足设计要求；当设计无具体要求时，对一、二级抗震等级，检验所得的强度实测值应符合下列规定：

①钢筋的拉伸强度实测值与屈服强度实测值的比值不应小于1.25。

②钢筋的屈服强度实测值与强度标准值的比值不应大于1.3。

3）当发现钢筋脆断、焊接性能不良或力学性能显著不正常等现象时，应对该批钢筋进行化学成分检验或其他专项检验。

（2）一般项目。钢筋应平直、无损伤，表面不得有裂纹、油污、颗粒状或片状老锈。

2. 钢筋加工

（1）主控项目

1）受力钢筋的弯钩和弯折应符合下列规定：

① HPB300级钢筋末端应做180°弯钩，其弯弧内直径不应小于钢筋直径的2.5倍，弯钩的弯后平直部分长度不应小于钢筋直径的3倍。

② 当设计要求钢筋末端需做135°弯钩时，HRB335级、HRB400级钢筋的弯弧内直径不应小于钢筋直径的4倍，弯钩的弯后平直部分长度应符合设计要求。

③ 钢筋做不大于90°的弯折时，弯折处的弯弧内直径不应小于钢筋直径的5倍。

2）除焊接封闭环式箍筋外，箍筋的末端应做弯钩，弯钩形式应符合设计要求；当设计无具体要求时应符合下列规定：

① 箍筋弯钩的弯弧内直径除应满足上条的规定外，且应不小于受力钢筋直径。

② 箍筋弯钩的弯折角度：对一般结构不应小于90°，对有抗震等要求的结构应为135°。

③ 箍筋弯后平直部分长度：对一般结构不宜小于箍筋直径的5倍，对有抗震等要求的结构不应小于箍筋直径的10倍。

（2）一般项目

1）钢筋调直宜采用机械方法，也可采用冷拉方法；当采用冷拉方法调直钢筋时，HPB300级钢筋的冷拉率不宜大于4%；HRB335级、HRB400级和RRB400级钢筋的冷拉率不宜大于1%。

2）钢筋加工的形状、尺寸应符合设计要求，其偏差应符合表21-5的规定。

3. 钢筋连接

（1）主控项目

1）纵向受力钢筋的连接方式应符合设计要求。

表 21-5 钢筋加工的允许偏差

项目	允许偏差/mm
受力钢筋长度方向全长的净尺寸	±10
弯起钢筋的弯折位置	±20
箍筋内净尺寸	±5

2）在施工现场应按现行《钢筋机械连接技术规程》（JGJ 107—2007）、《钢筋焊接及验收规程》（JGJ 18—2012）的规定，抽取钢筋机械连接接头、焊接接头试件作力学性能检验，其质量应符合有关规程的规定。

（2）一般项目

1）钢筋的接头宜设置在受力较小处。同一纵向受力钢筋不宜设置两个或两个以上接头。接头末端至钢筋弯起点的距离不应小于钢筋直径的10倍。

2）在施工现场应按现行《钢筋机械连接技术规程》（JGJ 107—2007）、《钢筋焊接及验收规程》（JGJ 18—2012）的规定，对钢筋机械连接接头、焊接接头的外观进行检查，其质量应符合有关规程的规定。

3）当受力钢筋采用机械连接接头或焊接接头时，设置在同一构件内的接头宜相互错开。

纵向受力钢筋机械连接接头及焊接接头连接区段的长度为35d（d为纵向受力钢筋的较大直径）且不小于500mm，凡接头中点位于该连接区段长度内的接头，均属于同一连接区段。同一连接区段内，纵向受力钢筋机械连接及焊接的接头面积百分率为该区段内有接头的纵向受力钢筋截面面积与全部纵向受力钢筋截面面积的比值。

同一连接区段内，纵向受力钢筋的接头面积百分率应符合设计要求；当设计无具体要求时，应符合下列规定：

① 在受压区不宜大于50%。

② 接头不宜设置在有抗震设防要求的框架梁端、柱端的箍筋加密区；当无法避开时，对等强度高质量机械连接接头，不应大于50%。

③ 在直接承受动力荷载的结构构件中，不宜采用焊接接头；当采用机械连接接头时，不应大于50%。

4）同一构件中相邻纵向受力钢筋的绑扎搭接接头宜相互错开。绑扎搭接接头中钢筋的横向净距不应小于钢筋直径，且不应小于25mm。

钢筋绑扎搭接接头连接区段的长度为$1.3l_a$（l_a为搭接长度），凡搭接接头中点位于该连接区段长度内的搭接接头均属于同一连接区段。同一连接区段内，纵向钢筋搭接接头面积百分率为该区段内有搭接接头的纵向受力钢筋截面面积与全部纵向受力钢筋截面面积的比值（图21-9）。

同一连接区段内，纵向受拉钢筋搭接接头面积百分率应符合设计要求；当设计无具体要求时，应符合下列规定：

① 对梁类、板类及墙类构件不宜大于25%。

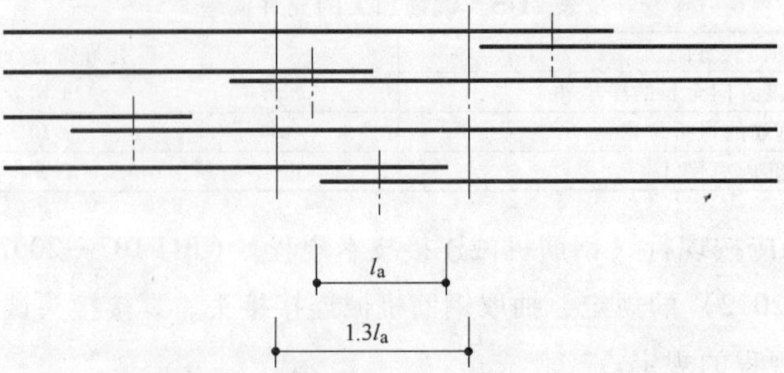

图 21-9 钢筋绑扎搭接接头连接区段及接头面积百分率

注：图中所示搭接接头同一连接区段内的搭接钢筋为两根，

当各钢筋直径相同时，接头面积百分率为50%。

② 对柱类构件不宜大于50%。

③ 当工程中确有必要增大接头面积百分率时，对梁类构件不应大于50%，对其他构件可根据实际情况放宽。

纵向受力钢筋绑扎搭接接头的最小搭接长度应符合下列的规定：

① 当纵向受拉钢筋的绑扎搭接接头面积百分率不大于25%时，其最小搭接长度应符合表21-6的规定。

表 21-6 纵向受拉钢筋的最小搭接长度

钢筋类型		混凝土强度等级				
		C20	C25	C30	C40	C50
光圆钢筋	HPB300	48d	41d	37d	31d	28d
带肋钢筋	HRB335	46d	40d	36d	30d	27d
	HRB400	—	48d	43d	36d	33d

② 当纵向受拉钢筋搭接接头面积百分率大于25%，但不大于50%时，其最小搭接长度应按表21-6中的数值乘以系数1.2取用，当接头面积百分率大于50%时，应按表21-6中的数值乘以系数1.35取用。

③ 当符合下列条件时，纵向受拉钢筋的最小搭接长度，应根据上两条确定后，按以下六条规定进行修正：

a. 当带肋钢筋的直径大于25mm时，其最小搭接长度应按相应数值乘以系数1.1取用。

b. 对环氧树脂涂层的带钢筋，其最小搭接长度应按相应数值乘以系数1.25取用。

c. 当在混凝土凝固过程中受力钢筋易受扰动时（如滑模施工），其最小搭接长度应按相应数值乘以系数1.1取用。

d. 对末端采用机械锚固措施的带肋钢筋，其最小搭接长度可按相应数值乘以系数0.7取用。

e. 当带肋钢筋的混凝土保护层厚度大于搭接钢筋直径的3倍且配有箍筋时，其最小搭接长度可按相应数值乘以系数 0.8 取用。

f. 对有抗震设防要求的结构构件，其受力钢筋的最小搭接长度对一二级抗震等级应按相应数值乘以系数 1.15 采用，对三级抗震等级应按相应数值乘以系数 1.05 采用，在任何情况下受拉钢筋的搭接长度不应小于 300mm。

5）纵向受压钢筋搭接时，其最小搭接长度应根据上面第① ~ ③条的规定确定相应数值后乘以系数 0.7 取用，在任何情况下受压钢筋的搭接长度不应小于 200mm。

6）在梁、柱类构件的纵向受力钢筋搭接长度范围内，应按设计要求配置箍筋。当设计无具体要求时，应符合下列规定：

① 箍筋直径不应小于搭接钢筋较大直径的 0.25 倍。

② 受拉搭接区段的箍筋间距不应大于搭接钢筋较小直径的 5 倍，且不应大于 100mm。

③ 受压搭接区段的箍筋间距不应大于搭接钢筋较小直径的 10 倍，且不应大于 200mm。

④ 当柱中纵向受力钢筋直径大于 25mm 时，应在搭接接头两个端面外 100mm 范围内各设置两个箍筋，其间距宜为 50mm。

4. 钢筋安装

（1）主控项目。钢筋安装时，受力钢筋的品种、级别、规格和数量必须符合设计要求。

（2）一般项目。钢筋安装位置的偏差应符合表 21-7 的规定。

表 21-7 钢筋安装位置的允许偏差和检验方法

项目			允许偏差/mm	检验方法
绑扎钢筋网	长、宽		±10	钢直尺检查
	网眼尺寸		±20	钢直尺量连续三档，取最大值
绑扎钢筋骨架	长		±10	钢直尺检查
	宽、高		±5	钢直尺检查
受力钢筋	间距		±10	钢直尺量两端、中间，各一点，取最大值
	排距		±5	
	保护层厚度	基础	±10	钢直尺检查
		柱、梁	±5	钢直尺检查
		板、墙、壳	±3	钢直尺检查
绑扎箍筋、横向钢筋间距			±20	钢直尺量连续三档，取最大值
钢筋弯起点位置			20	钢直尺检查
预埋件	中心线位置		5	钢直尺检查
	水平高差		+3，0	钢直尺和塞尺检查

注：1. 检查预埋件中心线位置时，应沿纵、横两个方向量测，并取其中的较大值。

2. 表中梁类、板类构件上部纵向受力钢筋保护层厚度的合格点率应达到 90% 及以上，且不得有超过表中数值 1.5 倍的尺寸偏差。

21.5.2 质量保证措施

（1）钢筋施工前，工长应认真审查图样，对查出的问题及时找技术人员解决，并对施工班组进行认真详细的书面交底。

（2）成型钢筋应按指定地点堆放，用垫木垫放整齐。防止钢筋变形、锈蚀、油污。

（3）对焊机及配套装置、冷却水、压缩空气等应符合要求。电源应符合要求，当电源电压下降大于5%，小于8%时，应采取适当提高焊接变压器级数的措施；大于8%时，不得进行焊接。

（4）对焊和电渣压焊焊接过程中，钢筋端头120mm范围内的铁锈、油污，必须清除干净，黏附在电极上的氧化铁要随时清除干净。焊接后稍冷却才能松开电极钳口，取出钢筋时必须平稳以免接头弯折。

（5）剥肋滚轧直螺纹连接时钢筋端头如有起弯或成“马蹄”形则不得套丝，必须切除。现场外露的螺扣应及时带帽保护。

（6）钢筋绑扎时，钢筋工长必须按着施工规范及图样要求严格检查，特别注意钢筋的品种、规格、数量、间距、标高、搭接倍数、保护层厚度是否符合图样及规范的要求。钢筋绑扎完成后，应由班组自行检查，自检完成后由工长组织技术员、质检员、监理对钢筋进行隐检验收，并办理隐检手续，同时填写钢筋分项评定纪录，同时与下道工序工长办理好交接检手续。

（7）模板刷隔离剂时，严禁污染钢筋。钢筋验收后严禁对钢筋进行踩踏。在浇筑混凝土的施工当中应派专人对钢筋进行看护，防止发生钢筋移位等现象，影响施工质量。

21.6 安全保证措施

（1）在技术交底同时，必须作好安全交底。

（2）结构施工外架必须设置防护栏杆、满挂安全网，“四口”设安全拦网，进入施工现场人员一律戴安全帽。

（3）现场电源必须按施工平面布置图设置，严禁乱拉乱接电线。所有电线不得乱拉或乱挂在钢筋上。电气设备、架空线等安拆工作，必须是持证电工才可操作。所有机电设备必须安装触电保护装置。施工现场实行24小时电工值班制度，防止各类用电事故的发生。

（4）断料、弯料等工作应在地面机械上进行，禁止在高空脚手架上操作；弯钢筋时，应注意其刚度和柔性，以防折断或回弹伤人。

（5）水平或垂直运输钢筋时，要捆扎结实，防止碰人撞物。高空吊运时，要注意不要接触脚手架、模板支撑及其他临时结构物体。周围有电线时，应事先采取可靠措施，确保安全作业。

（6）加强夜间施工照明管理，确保施工部位的规定照度。

（7）高处绑扎和安装钢筋时，各类架子必须经安全技术人员验收合格后方可交付使用。不要在脚手架、模板上放置超过必要数量的钢筋，特别是悬臂构件，更要检查顶撑是否稳固。绑扎柱子钢筋时，应搭设施工平台，并围栏杆；绑扎结束后，钢筋四角应设法固定。绑扎板墙钢筋和进入基坑操作时，应用脚手架，禁止在模板支撑上攀登上下。

(8) 使用钢筋机械时，电源应有保护措施，避免操作不慎使钢筋和电源接触，发生触电事故。

(9) 钢筋焊接人员需配戴防护罩、鞋盖、手套和工作帽，防止眼伤和皮肤灼伤。高处焊接要系安全带。钢筋焊接的工作场地应配备灭火器，电弧焊作业时应配备接火盆。

(10) 遇雷雨天气时，必须停止露天高空作业，以防雷击钢筋伤人。

21.7 文明施工、环保措施

(1) 施工材料堆放整齐，并立牌注明，严禁影响交通及行人的通行，保证道路通畅。

(2) 废钢筋应集中堆放，统一处理。

(3) 钢筋绑扎完成后，应将工作场地的多余钢筋清理干净，并送往钢筋加工厂。

(4) 现场料场在施工期间，应适当洒水防尘；施工完成后，应清理干净，以免对现场土壤造成污染。

(5) 办公区域及职工住宿搞好卫生工作，生活垃圾由专人清理打扫，保持环境卫生。进场职工遵守工地管理规章。

(6) 做好员工食品防腐和饮食卫生工作。

21.8 突发事件处理预案

(1) 停电应急预案：为保证施工现场正常供电，减少因停电造成的工程进度延误，应加强施工用电线路的检查和维护，及时更换不安全线路，确保正常、安全输电。

(2) 火灾应急预案：施工现场发生火灾时，应及时用灭火器进行扑救。若火势过大，应立即拨打119寻求救援，并派专人在主要道路上迎接消防车。

(3) 机械应急预案：现场按机械设备计划配置完好的施工机械设备，并准备一定数量的机械易损部件，设专人对施工机械设备进行保养与维护。

(4) 施工人员受伤处理预案：施工现场设计医疗点，配备日常所需药品及包扎止血绷带等。若发生重伤和食物中毒事件，应立即通知“120”急救，并派专人在主要道路上迎接救护车。

盾构机吊装专项方案

邹 超

中国中铁一局集团第四工程有限公司

22.1 工程概况

郑州市轨道工程1号线一期土建工程02合同段，共三站两区间（郑州大学站、碧沙岗站、桐柏路站）。采用两台复合式土压平衡盾构机进行掘进施工，掘进的总体筹划为：郑州大学站西端头始发井作为盾构机到场吊装下井、组装、始发场地，两台盾构机自郑州大学站相错1个月始发，向西掘进至碧沙岗站，过站后继续向西掘进至桐柏路站吊出（图22-1）。

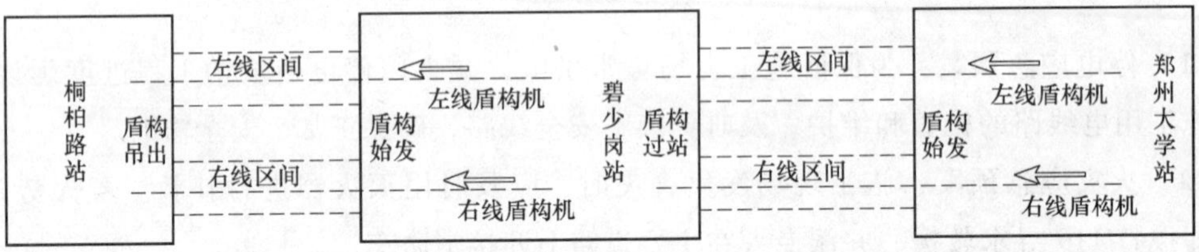

图22-1 盾构机掘进路线

22.1.1 盾构机组成与主要参数

本工程采用中国中铁制造的土压平衡盾构机（CTE6250，图22-2）进行施工。

盾构机设备总重量约为500t，盾体长度为9152mm（含刀盘长度），包括后配套设备总长75.5m，分为盾构机主机和后配套设备两大部分，后配套设备分别安装在6节后续台车上，具体尺寸、重量见表22-1。

22.1.2 地面场地情况

盾构组装吊装井位于中原东路快车道上郑州大学站施工场地中（图22-3），地势平坦，场地开阔，围挡范围内宽度为32m，可供下井吊装用的长度为36m，且上方没有线杆等障碍

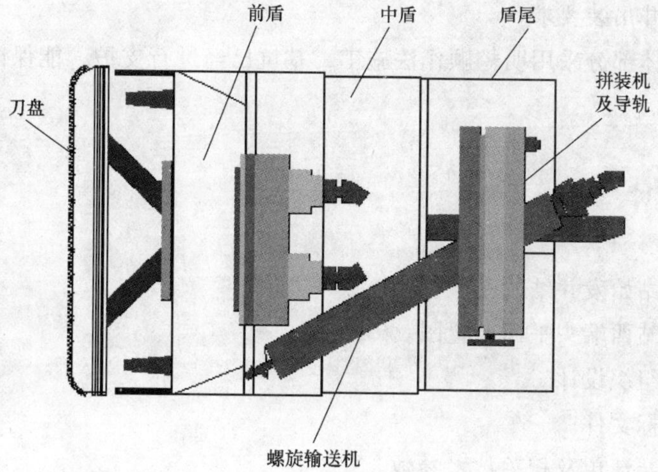

图 22-2 盾构机盾体组成

表 22-1 盾构机设备重量与尺寸

序号	名称	数量	直径/mm	长/mm	宽/mm	高/mm	体积/m^3	重量/t
1	刀盘(含刀)	1	6270	6270	6270	1364	54	28
2	前盾(含刀盘驱动)	1	6260	6260	6260	3882	152	100
3	中盾(含主推进液压缸、铰接液压缸、人仓及安装机米字梁)	1	6240	6240	6240	3165	123	87
4	盾尾(含尾刷)	1	6230	6230	6230	3812	148	22
5	管片安装机(含安装机梁)	1	—	5700	3740	3573	76	25
6	螺旋输送机	1	—	11386	2462	1221	34	17
7	设备桥	1	—	12635	3390	2400	103	8
8	1#拖车	1	—	10000	3790	3694	140	26
9	2#拖车	1	—	10000	3790	3694	140	38
10	3#拖车	1	—	10000	3790	3694	140	20
11	4#拖车	1	—	10000	3790	3694	140	30
12	5#拖车	1	—	10000	3790	3694	140	18
13	6#拖车	1	—	5400	3790	3694	76	8
14	管片运输小车	1	—	5380	1300	460	3	5

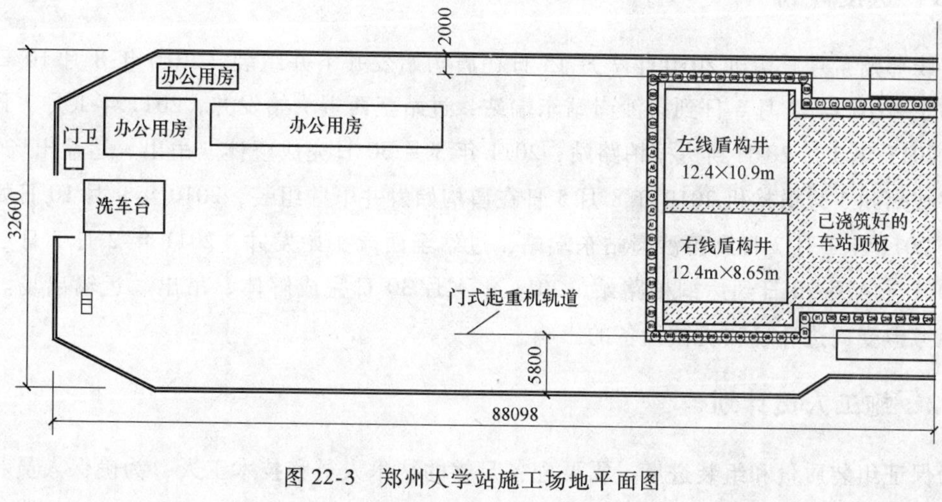

图 22-3 郑州大学站施工场地平面图

物，能满足组装下井吊装要求。

郑州大学站主体部分采用明挖顺作法施工，基坑已经进行支护，能保证周边建筑物、地下管线和交通安全。

22.2 编制依据

(1) 郑州大学站始发井结构图。

(2) 郑州大学站西端头平面布置图。

(3) 总体施工组织设计。

(4) 合同及招标文件。

(5) 盾构机吊装清单及相关技术参数。

(6)《危险性较大的分部分项工程安全管理办法》建质［2009］87号。

(7)《建筑施工起重吊装工程安全技术规范》(JGJ 276—2012)。

(8)《建筑机械使用安全技术规程》(JGJ 33—2012)。

(9)《城市轨道交通技术规范》(GB 50490—2009)。

(10)《地下铁道工程施工及验收规范》(GB 50299—1999)(2003版)。

(11)《城市轨道交通地下工程建设风险管理规范》(GB 50652—2011)。

(12)《钢结构焊接规范》(GB 50661—2011)。

(13)《建筑施工安全检查标准》(JGJ 59—2011)。

(14)《施工现场临时用电安全技术规范》(JGJ 46—2005)。

(15) 中联牌QUY260t履带起重机、徐工QAY200t与100t汽车起重机使用说明书。

22.3 施工计划

22.3.1 进度计划

左线郑州4号盾构机2010年7月15日在盾构始发井下井组装，2010年8月10日始发推进，于2010年12月6日到碧沙岗站东端站，过站至西端头始发井，2011年1月7日二次始发，2011年3月20日到达桐柏路站，2011年3月30日完成解体、吊出、运输出场。

右线郑州5号盾构机2010年8月5日在盾构始发井下井组装，2010年9月10日始发推进，于2011年1月7日到碧沙岗站东端站，过站至西端头始发井，2011年2月7日二次始发，2011年4月20日到达桐柏路站，2011年4月30日完成解体、吊出、运输出场。以上时间不考虑受周边环境和机械设备的影响。

22.3.2 施工人员计划

为保证组装质量和组装进度，需要配备足够的技术人员和技术工人，为确保人员和设备的安全，盾构组装过程中，只安排白班进行吊装作业，夜班只进行相关配套设备的安装作业，其人员配备总计为35人（表22-2～表22-5）。

表22-2 地面人员配置

序号	工种	人数	职责
1	起重机司机	2	执行信号工发出的指令
2	信号指挥人员	2	向起重机司机发出指令，并与井下信号工沟通
3	司索工	4	负责吊装件的挂/摘钩
4	装配技术人员	2	吊装过程的质量控制及人员组织
5	安全员	1	严格执行"十不吊"的规定，全程安全监督

表22-3 井下人员配置

序号	工种	人数	职责
1	信号工	1	与地面信号工沟通，指挥部件就位
2	装配技术人员	2	吊装过程的质量控制及人员组织
3	安全员	1	严格执行"十不吊"的规定，全程安全监督
4	司索工	2	负责吊装件的挂/摘钩
5	电动车驾驶员	2	操作电动车
6	电工	2	负责盾构机的电气线路的连接
7	液压装配工	4	负责盾构机的液压管路的连接
8	杂工	10	负责盾构机其他系统的安装

表22-4 施工负责人员

序号	职位	姓名	职责
1	项目经理	孔凡强	施工总体部署
2	副经理	石银生	现场人员设备总调度
3	总工程师	邹　超	整个拆组装过程总技术指导
4	技术负责	贺强/周琦	现场技术负责

表22-5 特种作业人员

序号	职　务	姓　名	证书编号	序号	职　务	姓　名	证书编号
1	总指挥	赵传余	TS6FJZY02769	5	司　机	王　斌	TS6FCG006681
2	副指挥	陈占军	TS6FJZY02766	6	司　机	金　阳	TS6FCG006682
3	指　挥	霍兴阳	TS6FJZY02768	7	司　机	张京智	TS6FTA104319
4	司　机	徐开林	TS6FJZY05551	8	司　机	杨茂才	TS6FTA103193

22.3.3 设备、工具计划

施工设备计划见表22-6。

施工工具计划见表22-7。

表 22-6 施工设备计划

序号	设备名称	规格	数量	用 途
1	履带起重机	中联牌 QUY260	1台	盾体及刀盘的吊装
2	汽车起重机	徐工 QAY200	1台	辅助吊装、台车的吊装
3	平板运输车	150t 的全液压	1台	盾体运输
4	平板运输车	30t	1台	盾构部件运输
5	电动车	45t	1台	台车的移动就位
6	千斤顶	20/100t	2台	盾体的移动
7	电焊机	ZX400	2台	局部的焊接作业
8	液压泵站	150t	1套	

表 22-7 施工工具计划

序号	名 称	型 号	单位	数量
1	电烤箱	400W	台	1
2	拉伸预紧扳手		把	1
3	液压扭力扳手		把	1
4	手动式电锯		把	1
5	对讲机		部	6
6	台式砂轮机		台	1
7	电动空压机	V—0.6/7	台	2
8	台虎钳		台	1
9	磁力钻		台	1
10	电工工具		套	2
11	活动人梯		架	4
12	升降梯		台	1
13	氧气乙炔割具		套	2
14	吊篮		个	1
15	起吊链条	32t	副	1
16	棘轮扳手	1/2in(1in = 0.0254m)	把	2
17	套筒		套	1
18	重型套筒		套	1
19	内六角扳手	英制	套	1
20	内六角扳手	十件套	套	2
21	呆扳手	<42mm		2
22	呆扳手	≥42mm		1
23	梅花扳手	<42mm		2
24	梅花扳手	≥42mm		1
25	呆扳手	英制		1
26	敲击呆扳手	36mm、41mm、42mm、46mm、50mm、55mm、60mm、65mm、70mm		1

（续）

序号	名　称	型　　号	单位	数量
27	敲击梅花扳手	36mm、41mm、42mm、46mm、50mm、55mm、60mm、65mm、70mm		1
28	管钳		把	2
29	链条管子钳	A 型 300、B 型 900		各 1
30	丝锥			1
31	板牙			1
32	手拉葫芦	3t、5t、10t、		各 2
33	4m 扁平吊带	5t		2
34	8m 扁平吊带	15t		2
35	卸扣	5t、17t、25t、55t		各 4
36	油压千斤顶	5t、10t、16t、50t		各 2
37	螺旋千斤顶	50t	个	2
38	喷火炬		套	1
39	起道器	20t	个	2
40	角磨机	SI—180B、SIM—125	把	各 2
41	钢丝绳	ϕ62mm × 12m、ϕ52mm × 12m	根	各 4
42	钢丝绳	ϕ28mm × 7m	根	4
43	钢丝绳	ϕ22mm × 4m	根	4
44	撬棍		根	4
45	气割设备		套	2
46	刀片		盒	6
47	气动扳手		个	2
48	路基钢板	δ = 30mm，6m × 2.2m	块	2

22.4　吊装施工工艺

22.4.1　起吊场地准备和布置

起吊场地的布置如图 22-4 所示。起吊场地准备时应该注意：

（1）吊装前 3d 应检查起重机工作位置的地基承载力，必要时采取加固或铺设钢板的措施。

（2）确保井口到井底的空间，四周井壁有足够的空间。

（3）各构件应加焊吊耳（按盾构机生产厂家的要求及图纸确保吊耳的质量满足要求）。

（4）施工吊装场应在井口四周安装固定的防护栏及安全网。

（5）在盾构机组装期间应设置施工禁区，其他无关人员不得入内。

（6）卸车点不够宽的地方将采取临时拆除围挡做加宽处理。

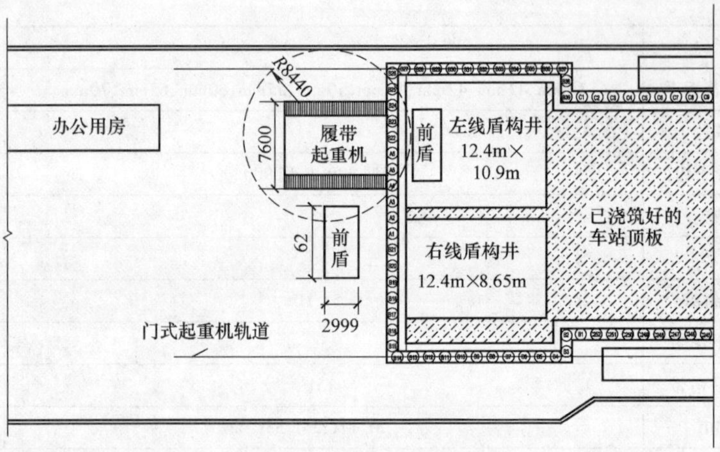

图 22-4 起吊场地的布置

(7) 拆除郑州大学站西南角约15m范围的临时围挡，满足吊装车辆进场与吊装需要。

(8) 盾构吊装井口左线长12.4m，宽10.9m，右线长12.4m，宽8.65m（盾构机最大件刀盘宽度6.27m，最长件设备桥长12.635m，斜插吊装），满足盾构机体及后配套吊装需要。

22.4.2 吊装前的技术准备工作

(1) 认真阅读与安装、拆卸方案有关的技术资料，核对构件的空间就位尺寸和相互的关系，掌握待吊结构的长度、宽度、高度、重量、型号、数量等，主要构件的重量及构件间的连接方法。

(2) 掌握吊装场地范围内的地面、地下、高空及周边的环境情况。

(3) 了解已选定的起重、运输及其他机械设备的性能及使用要求。

(4) 技术人员应细致、认真、全面地对现场施工人员进行安全技术交底。

(5) 顺序组织施工人员、机械设备、材料进场，并对主要吊装设备进行必要的检查、维修、试车。

(6) 准备吊装用的绳索、吊具及常用的起重工具的检查，确保承载能力满足要求。

22.4.3 盾构机下井

1. 盾构机和后配套吊装顺序（图22-5）

2. 试吊

试吊的目的是检验吊装机械、索具的安全性、可靠性。本次试吊分空载试吊和满载两种情况进行。

(1) 空载试吊：按设计好的吊装参数（高度、回转半径）空载试验一次，看看吊装是否会受到干扰，角度是否能满足要求。下列各试验动作须重复进行不少于3次：吊臂、吊钩达到起落、升降到规定的极限位置；回转机构向左右各回转360°；前进、后退，在原地向

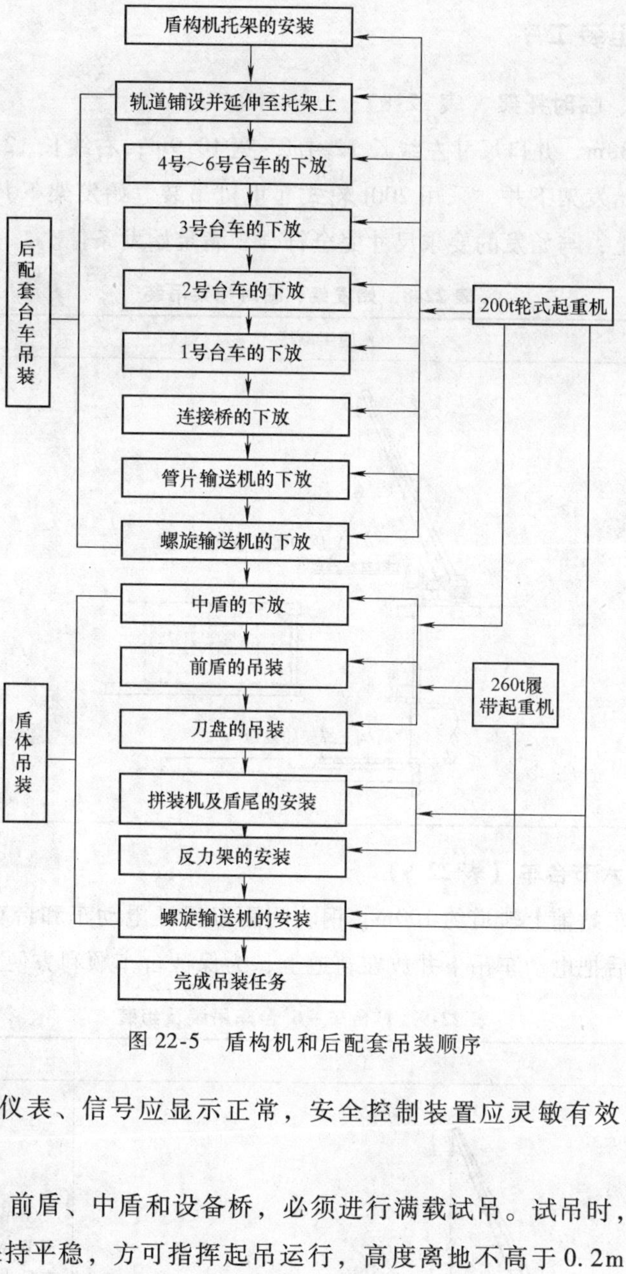

图 22-5　盾构机和后配套吊装顺序

左右各 90°转弯；各仪表、信号应显示正常，安全控制装置应灵敏有效，运转部位应无异响、过热现象。

（2）满载试吊：前盾、中盾和设备桥，必须进行满载试吊。试吊时，经检查确认稳妥，并用围绳牵住吊物保持平稳，方可指挥起吊运行，高度离地不高于 0.2m。要求试吊 3 次无异常方可正式吊装。

（3）起吊物件应有专人负责，统一指挥。指挥时不准戴手套，手势要清楚，信号要明确，不得远距离指挥吊物。

（4）大型物件及分段翻身吊运前，应划出警戒区，检查各点受力情况及吊耳的焊接质量，并经试吊，确认安全可靠，方可指挥起吊翻身。

（5）吊运物上的零星物件必须清除，防止吊运中坠落伤人。

（6）试吊安全无任何隐患的情况下，由负责人下令开吊。

22.4.4 吊装及组装工序

1. 吊装始发架、临时托架（表22-8）

始发架长10.438m，井口尺寸左线长12.4m，宽10.9m；右线长12.4m，宽8.65m。井口的尺寸可以满足始发架下井，采用200t轮式起重机吊装。始发架下井后的中心与钢环的中心在同一条直线上，与始发的要求尺寸完全符合，满足始发条件。

表22-8 始发架、临时托架吊装

工序	步骤	施工顺序	说　明
1	组装始发架、临时托架	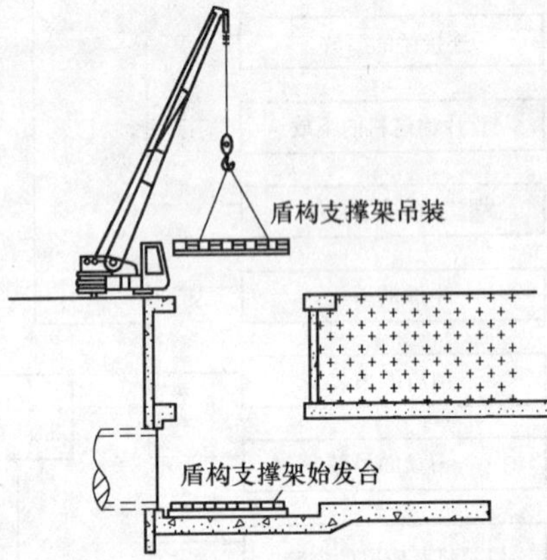	①盾构运输到施工场地吊入始发架 ②组装第六节台车，临时托架吊入井内

2. 吊装及组装六节台车（表22-9）

在始发架上及车站铺上轨道约100m，钢轨间距以保证电动车和台车可以在上面顺利运行为宜，轨道铺好后把电动车吊下井放在轨道上，为保证台车顺利方便后移提供动力。

表22-9 1#台车～6#台车吊装及组装

工序	步骤	施工顺序	说明
2	组装六节台车	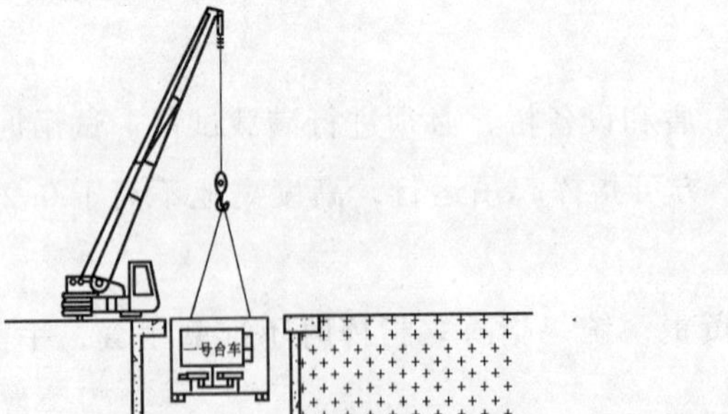	①吊第六节台车同时组装第五节台车并送到井口；第五节台车吊入井内同时组装第四节台车并送到井口；将第四节台车吊入井内同时完成第三节台车的组装及井内第四、五、六节台车的连接 ②依此类推完成六节台车的组装下井及连接

$1^{\#}$台车 ~$6^{\#}$台车采用 200t 轮式起重机吊装。台车的体积大，存在在空中的摆渡大、抖动大的问题。用 4 根长度相等的钢丝绳将台车自带的四个吊耳吊起，在起吊时应该试吊一下，保证绝对安全才起吊，起吊后的台车应呈水平状态。台车与钢丝绳线夹角约 70°，起重机通过旋转和起落臂杆缓慢移动到井口。起重机缓慢下钩，使台车就位，当台车与路轨接触后用电动车把它后移到需要的位置，用防滑楔楔住。接着把第五号台车吊下井，用电动车后移到六号台车旁的位置并把第五号台车与第六号台车用连接杆连接好，吊入和连接第四号台车、第三号台车、第二号台车及第一号台车的工序与第五号台车和第六号台车一样。

3. 设备桥的吊装

设备桥外形尺寸为 12635mm × 3390mm × 2400mm。桥架吊装下井，保证桥架后移，桥架后移与第一号台车连接，见表 22-10。

表 22-10 设备桥吊装

工序	步骤	施工顺序	说明
3	吊装 桥架	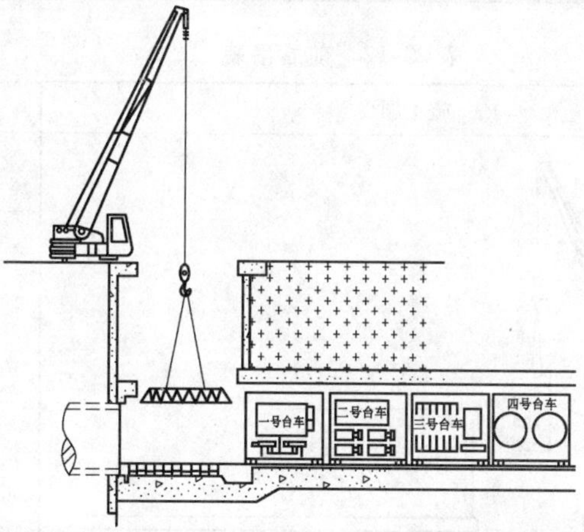	①第一节台车吊入井内的同时对桥架进行组装 ②桥架吊入井内

4. 中盾吊装（表 22-11）

中盾外形尺寸为 6240mm × 6240mm × 3165mm，重 87t。吊装机型选用 260t 履带起重机和 200t 的轮式起重机，当平板车把中盾运到工地，停放到吊装最佳位置时，中盾是竖直放在平板车上的，选择合适的位置系上两条起吊平衡索，先用 260t 履带起重机把盾构部件微微吊起，然后将平板车开走，再提升 260t 履带起重机一侧的 4 个吊点，慢慢放下 200t 轮式起重机一侧的 2 个翻身吊点，使部件翻至水平位置，260t 履带起重机通过旋转、起落臂杆把中盾缓缓吊到距始发井 1m 处停止，此时一定要保证中盾的水平和垂直及满足始发条件参数，缓慢放在始发架上。在盾体两侧上焊接牛腿，在拖架上装上活动牛腿，用备好的 100t 的分离式液压千斤顶向前推到前盾现场要求的位置。

5. 前盾吊装（表 22-12）

前盾包括刀盘驱动、人闸、螺旋输送机接头，前盾外形尺寸为 6260mm × 6260mm × 3882mm，重 100t。选用 260t 履带起重机把前盾缓缓吊到距始发井 1m 处停止，此时一定要保证前盾的水平和垂直及满足始发条件参数，缓慢放在始发架上。

表 22-11 中盾吊装

工序	步骤	施工顺序	说明
4	中盾吊装	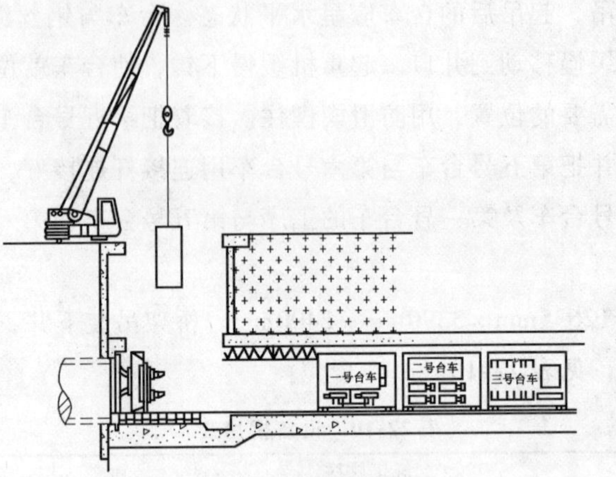	中盾吊入井内与前盾连接

表 22-12 前盾吊装

工序	步骤	施工顺序	说明
5	前盾吊装	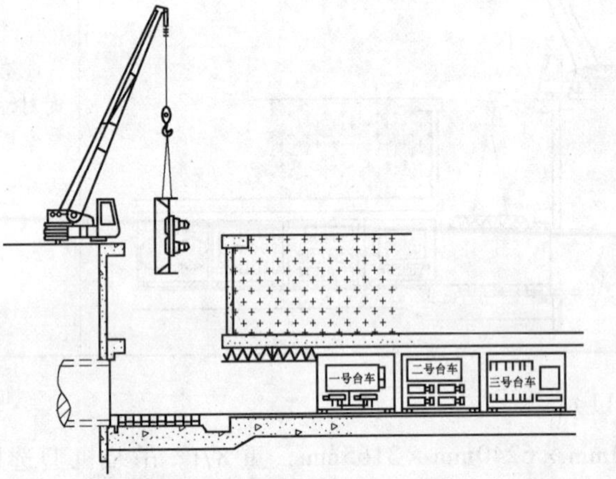	前盾吊入井内

6. 刀盘吊装（表 22-13）

刀盘包括刀具和回转接头，外形尺寸为6270mm×6270mm×1364mm，重28t。刀盘起吊需采用抬吊方式翻转刀盘。选用一台260t汽车履带起重机将刀盘竖直吊稳，刀盘下井后，将其慢慢靠向前盾，回转接头穿过主轴承，在土舱里焊接两个耳环，用两个2t的导链拉住刀盘，把前盾和刀盘的螺栓孔位及定位销（机械装备图要求尺寸）完全对准后，再穿入拉伸预紧螺栓，按拉伸力由低到高分两次预紧螺栓（组装螺栓必须按装配图规定检测其扭矩），预紧完毕后，再用预紧专用工具（液压扭矩扳手）复紧一遍。

7. 盾尾部分吊装（表 22-14）

盾尾部分外形尺寸为6230mm×6230mm×3812mm，重22t。选用一台260t汽车履带起重机吊装。

表 22-13 刀盘吊装

工序	步骤	施工顺序	说明
6	刀盘吊装	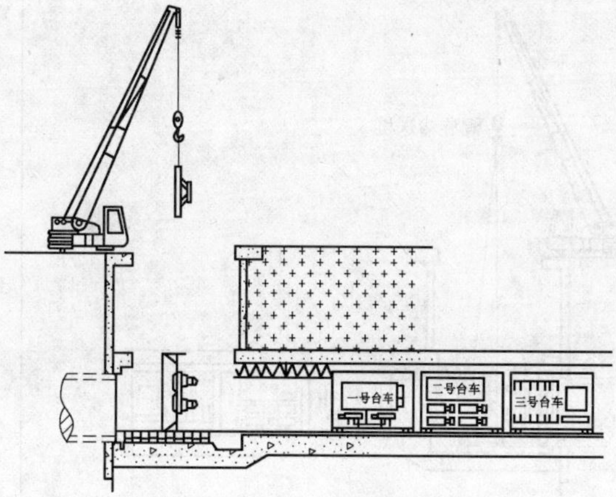	刀盘吊入井内与前盾连接

表 22-14 盾尾部分吊装

工序	步骤	施工顺序	说明
7	盾尾部分吊装	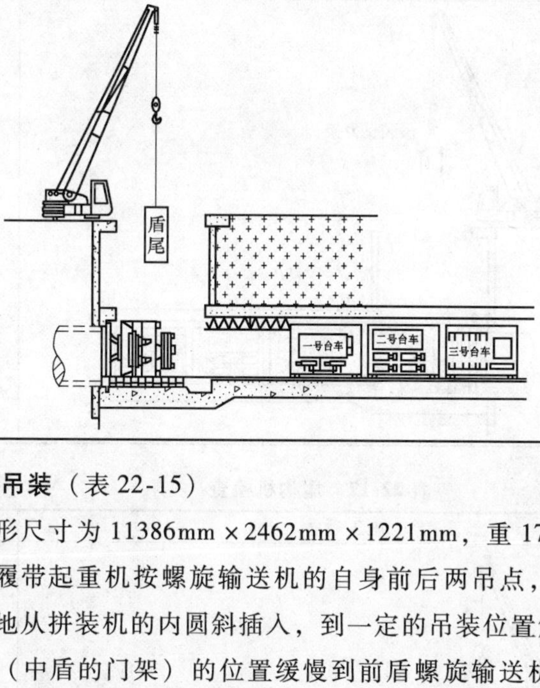	①盾构机连接及前移 ②盾尾部分吊入井内

8. 螺旋输送机吊装（表 22-15）

螺旋输送机外形尺寸为 11386mm×2462mm×1221mm，重 17t。先把螺旋输送机推到需要吊点位置，260t 履带起重机按螺旋输送机的自身前后两吊点，基本按螺旋输送机组装的角度吊起来，缓慢地从拼装机的内圆斜插入，到一定的吊装位置解掉前吊点，再用导链吊住螺旋输送机的前端（中盾的门架）的位置缓慢到前盾螺旋输送机法兰，把螺旋输送机的法兰和前盾的法兰螺栓孔位及定位销（机械装备图要求尺寸）完全对准后，再穿入拉伸预紧螺栓，按拉伸力由低到高分两次预紧螺栓（组装螺栓必须按装配图规定检测其扭矩），预紧完毕后，再用预紧专用工具（液压扭矩扳手）复紧一遍。

9. 反力架吊装（表 22-16）

反力架对盾构机部件来说是小件，按照组装程序吊装。

10. 盾构机检查

当反力架组装完毕后，全面进行盾构机及反力架的检查，检查完毕准备始发（表 22-17）。

表 22-15 螺旋输送机吊装

工序	步骤	施工顺序	说明
8	螺旋输送机吊装	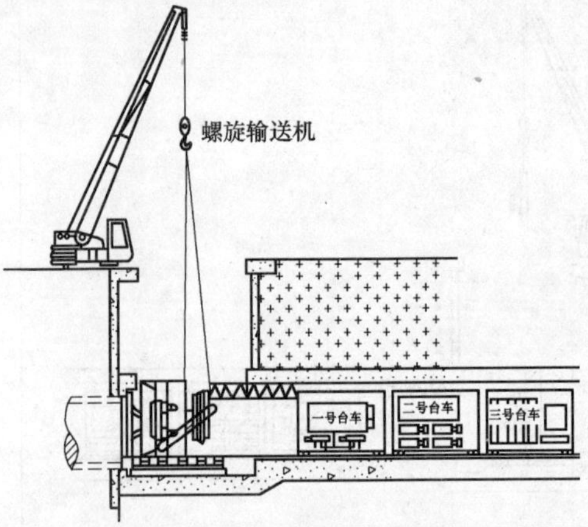	①螺旋输送机前移 ②螺旋输送机吊起及组装

表 22-16 反力架吊装

工序	步骤	施工顺序	说明
9	反力架吊装	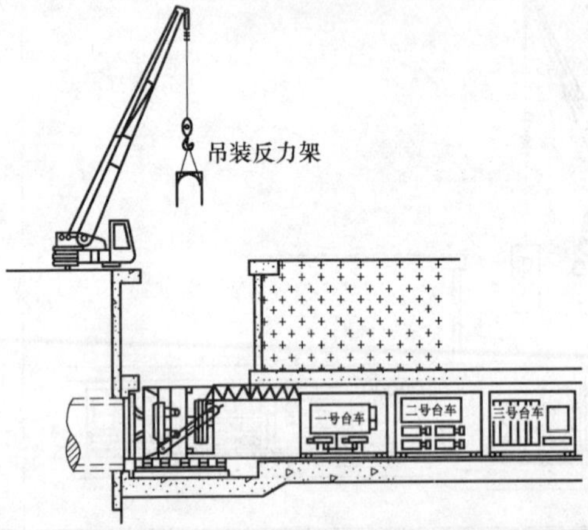	①盾构机设备的连接 ②反力架吊入井内 ③安装反力架

表 22-17 盾构机检查

工序	步骤	施工顺序	说明
10	盾构机检查	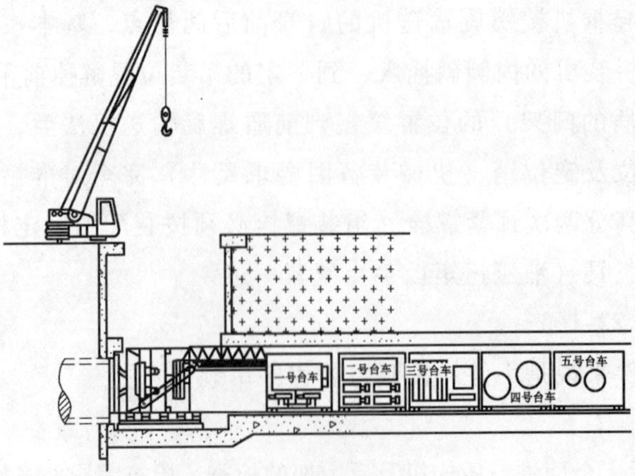	①完成组装 ②盾构机检查，准备始发

22.5 盾构机调试

盾构机的调试工作主要是对液压系统、电气系统、泡沫系统、循环水路系统和注脂注浆系统依次进行调试，使盾构机达到良好的工作状态。

22.5.1 盾构机调试的重点

(1) 确认各液压泵组的电气控制系统是否安全可靠。

(2) 盾构机各液压缸动作是否正常，实际的行程和显示值是否一致。

(3) 管片拼装系统的真空系统是否安全可靠，操作系统是否灵活。

(4) 刀盘的正反转是否正常，各个驱动电动机的工作状态是否正常。

(5) 盾构机各种传感器的功用是否正常，数值显示没有超限误差。

(6) PLC 的硬件控制和软件控制是否符合现场实际操作情况。

22.5.2 液压系统调试

液压系统调试的主要作用是测试各液压泵、各液压缸、各阀块工作是否正常，液压管路是否畅通，液压驱动的各执行机构是否正常工作。在测试前将液压系统油箱内的液压油加注到要求的高度，在加油的同时起动各执行元件，使管路和液压缸内的空气排空。盾构机有左右两个油箱，右边的大油箱主要为推进系统、管片拼装系统、注浆系统和辅助系统提供液压油；左边的小油箱主要为碎石机系统和超挖刀系统提供液压油。每个油箱的中间都有一个隔板，加注液压油时要从液位观察透明管路的另一侧加油，保证两个油箱都注满液压油。

(1) 推力液压缸调试。推力液压缸的最大行程为 2200mm，当两组推力液压缸同时伸出或缩回时，所需要的时间远远超过单组液压缸动作时所用的时间，用秒表测算其实际伸出或回缩速度是否与理论值相符（最大掘进速度为 80mm/min，最大回缩速度为 1600mm/min）。由于在液压油管路中存在少量的空气，导致压力上升或下降过程中不均衡、不协调，压力变化不稳定。故每组的两个液压缸在伸出或缩回时均不同步，且有爬行现象。而且某一组液压缸在缩回过程中，相临处于静止状态的液压缸有伸出的现象（该液压缸没有处于完全伸出状态）。因此使液压缸反复伸缩，在油压作用下即可将空气排出管路。

(2) 管片拼装机的调试。管片拼装机具有六个自由度，左右旋转为 ±200°，红、蓝液压缸的伸缩行程为 1200mm，整个拼装机前后移动的行程为 2000mm，其最大起吊重量为 4t。管片拼装机的调试主要是对拼装机的起吊能力及千斤顶伸缩的同步性、灵敏性进行检查，确保在管片拼装过程中，系统具有较高的可靠性。

(3) 注浆系统的调试。注浆系统的两台注浆泵为液压驱动，其型号为 KBY7/10—11，每台泵的最大注浆量为 $10m^3/h$，其出口沿盾尾布置有四个，管路直径为 *DN*50。注浆系统调试的重点主要是确认注浆泵柱塞是否可以反方向操作，注浆的速度是否可调，当某一管路的压力超出注浆的设定值时，其泵是否会自动停止。

(4) 泡沫系统的调试。为减少刀盘的磨损及增加土体的和易性，掘进过程中要不断向掌子面注入泡沫或膨润土，泡沫系统的调试是盾构机调试的重要环节。首先向泡沫剂箱中加入泡沫剂，打开泡沫剂输送泵及添加剂注入装置，同时打开水泵，将稀释后的泡沫剂注入输送管道，在泡沫发生器位置向泡沫管路中注入水和压缩空气，检查生成的泡沫是否能从螺旋输送机、刀盘、密封仓隔板等位置顺利排出。

(5) 辅助系统的调试。辅助液压系统主要为喂片机、管路延伸、刀盘制动和四个液压阀提供动力，调试的重点为：系统的动力源、控制单元及执行元件是否工作灵敏可靠。

(6) 喂片机的调试。确认其润滑系统是否正常工作，将一块管片放在喂片机的尾部，操控控制器将其运输到拼装机的下方，整个过程是否流畅。

(7) 刀盘制动的调试。起动刀盘到一定的转速，当运行稳定时迅速停止刀盘，确认刀盘是否可以在较短时间内停止转动。

22.5.3 电气系统的调试

电气系统的调试主要是测试传感器工作是否正常，控制液压系统的电气件的灵敏度是否符合检验要求或者是满足工作要求。其庞大的电气硬件系统的调试是靠检测软件来检测的，通过检测测试盾构机的控制系统是否能够满足实际工作的要求，若不符合要求，可以根据软件显示的部位准确查找电气系统的硬件故障。刀盘驱动电动机为八台75kW 的变频电机，在工作过程中要确保八台电动机的电流和扭矩相似，在某个电动机因故障停止工作时，其他电动机可继续工作。首先要设定电动机软起动的各项参数，以便发挥它的最大功率。然后起动电动机确认其可左右旋转，运转一段时间后检查其冷却系统工作是否正常，齿轮油润滑系统是否正常工作。

22.5.4 空气压缩系统的调试

此系统的调试主要是测试两台空压机、气动盾尾注脂泵和人仓压力调节系统是否可以正常工作。起动各个气动油脂泵，查看每个气路的压力是否正常，泵送的油脂是否连续。空气调节系统的调试主要是确认气垫仓是否可以给掌子面提供足够的压力，前仓和后仓的隔板密封是否完好，不可有空气泄漏到掌子面。调节气垫仓的压力使气垫仓和开挖仓的压力在较短的时间内达到平衡，在当前系统和备用系统间切换时，气垫仓的压力不应有太大的波动。

22.5.5 冷却系统的调试

冷却系统的作用是将盾构上易发热部件的热量带走，使之工作的环境温度维持在允许的范围内。需要冷却的部分主要有：空压机、液压油箱、主配电柜内的电气元件、泥浆泵驱动电动机、主驱动齿轮油及驱动电动机。通过安装在每个冷却部件管路上的温度表确认每个系统是否达到了要求的冷却效果。为了保证整个系统功能可靠，避免因冷却水质量不达标损害冷却系统，必须使用符合要求的冷却水，不合适的脱钙材料或清洁材料可能会对盾构机组件造成严重的损坏。盾构机具有一个内部冷却回路，必须填充30%防冻剂和防腐剂，避免在温度过低时管路内结冰及长时间运行产生水垢堵塞管路。

22.6 盾构机拆卸与吊装

盾构机掘进至终到站后，将解体起吊上井。

22.6.1 拆卸项目

从起吊、运输转场和盾构机本身结构等方面考虑，盾构机在起吊上井前必须被解体为以下几个部分：

（1）刀盘。

（2）前盾（包括刀盘驱动装置、人闸）。

（3）中盾。

（4）盾尾。

（5）螺旋输送机。

（6）中心平台。

（7）双梁。

（8）一号台车。

（9）二号台车。

（10）三号台车。

（11）四号台车。

（12）五号台车。

（13）六号台车。

22.6.2 拆卸与吊装步骤

考虑到刀盘维修及换刀需要时间，拆机时可以考虑先拆刀盘，将刀盘吊到会展中心站进行维修，拆机顺序如下：

履带起重机就位→托架安装→皮带→盾体与双梁分离→螺旋输送机→盾尾部分→中盾→刀盘→前盾→台车与双梁分离→一号台车→二号台车→三号台车→四号台车→五号台车→六号台车。

拆卸要点如下：

（1）焊接吊装吊耳。盾体完全上接收托架后，分两批人分别焊接前盾（4个）、中盾

(4个)、尾盾(6个)吊装吊耳，焊接位置及方向，必须参考盾体吊耳焊接说明的有关图纸进行，确保吊耳焊接位置和方向的正确，并进行探伤。在前盾、中盾、盾尾两侧下部焊牛腿。

(2) 双梁与盾体分离。将所有推进液压缸、铰接液压缸完全回缩和将螺旋输送机闸门完全关闭，待所有电动机关闭后，拆除高压电缆(拆除前必须对电缆进行充分放电，放电时间不得小于3min)，拆除双梁与盾体、台车间的连接油管及电缆，同时将双梁前端固定，将双梁与盾体和台车分离并吊出接收井。

(3) 拆除液压管路。考虑到液压管的压力相对较大，在拆除液压管路前，必须对管路充分泄压，不得带压拆卸。

(4) 拆除盾尾。用气割将盾尾上下两半部分分开，拆除上半部分盾尾与中盾的连接螺栓，吊出接收井后，在盾尾内侧焊接槽钢将盾尾固定，防止变形。等螺旋机和中心平台拆除后拆除下半部分盾尾，用槽钢固定。用260t履带起重机吊起将盾尾吊出井口，200t轮式起重机配合将盾尾翻身后用260t履带起重机吊起装车。

(5) 拆除螺旋输送机。螺旋机与盾体分离之前，用起重机将闸门部分拆除。

260t起重机吊住螺旋输送机两个吊点，用两个10t导链拉住螺旋输送机前端，并在螺旋输送机前后两端水平方向各拉一个手动葫芦以控制螺旋输送机的前后晃动，拆卸螺旋输送机的固定销和螺栓，用起重机与手动葫芦配合，将螺旋输送机拆除、吊起放在管片车上推入隧道内。

(6) 拆除双梁和中心平台。双梁与盾体和台车分离时，先断开所有管线，拆除皮带和倾斜部分皮带架，然后拆除双梁前后的连接销，拆除过程中借助在管片车上焊接的支架对双梁进行支撑固定。由于双梁长度较长，计算好钢丝绳长度，使大梁与水平面保持一定角度。用260t履带起重机将中心平台及大梁吊出井口装车。双梁拆完后，用起重机将中心平台吊起，保持水平，工人将平台与中盾连接螺栓拆除，用起重机将中心平台吊出。

(7) 拆除中盾。拆除中盾与前盾的连接螺栓、前盾与中盾的铰接连接销，用100t分离式千斤顶将中盾与前盾分离，并将中盾后移到260t履带起重机吊装半径内，用260t履带起重机将其吊出井口，用200t轮式起重机配合260t履带起重机将其翻身平放于地面，再用260t履带起重机将中盾吊起后装车。

(8) 拆除刀盘。在刀盘上部焊接两个吊耳，同时，拆除刀盘回转接头，用液压扳手拆除刀盘与前盾的连接螺栓(在刀盘上部、两侧和下部各留3个螺栓)，将拆下的螺栓装入木箱内，并在木箱上做好标示，待吊耳焊好后，用260t履带起重机挂钩后起吊，当起重机达到28t力时开始拆卸全部螺栓，并在刀盘内侧两边用3t导链拉住刀盘，以免刀盘离开前盾后晃动。刀盘吊出井口，平放于地面。刀盘拆除后，在刀盘与前盾的连接螺栓孔内及连接面上涂抹黄油，并做好保护。

(9) 起吊前盾。用100t分离式千斤顶将前盾后移到260t履带起重机吊装半径内，用260t履带起重机将其吊出井口，用200t轮式起重机配合260t履带起重机，将其翻身平放于地面，再用260t履带起重机吊起后装车。

（10）拆除六节台车。为防止台车在起吊过程中变形，将台车内侧前后两端各用一根工字钢焊接，将一号台车与二号台车分离推出，计算好钢丝绳长度，使台车与水平面保持一定角度。然后用260t履带起重机将一号台车吊出井口，将台车放在方木上（方木高度能保证台车走行轮离开地面），拆下台车上部风筒和皮带架，将台车吊起装车。依此分别将其他五节台车吊起装车。

22.7 吊装安全措施

22.7.1 作业条件

（1）起重机、吊索具、运输车辆进场工作前进行一次再检查确保完全处于良好状态。

（2）为保证吊装基础的安全在起重机下再垫两块6m×2.2m、30mm厚的钢板。

（3）起重、指挥、操作人员使用统一信号，配有无线对讲机，严格遵守操作规则和安全规范。并且所有机械、人员均持特种作业许可证。

（4）风力大于等于4级时，停止吊装作业。

（5）降雨大于等于10mm的中雨停止作业。

（6）雾能见度小于4m的大雾停止作业。

（7）雷暴天气禁止吊装作业。

（8）工地最少安装两盏投光灯，保证夜间运输时有足够的照明。

（9）运输道路宽度在7m以上，路基必须可靠，路面必须坚固，准许承载力应大于$12t/m^2$，转弯半径大于25m。

（10）有足够的起重机站位面积和回转空间，要确保井口到井底四周有足够的吊装空间。

（11）拆除高压油管时一定要先关掉阀门，必要时操作工人应带防护眼镜，防止高压油喷出伤人。

（12）拆机时，由于有油污存在，构件都比较滑，工人应穿防滑鞋，且禁止抽烟，以防着火。

（13）考虑到吊装风险大，所有参与吊装作业的工人与管理人员，严禁酒后作业。

22.7.2 试吊要求

（1）起吊物件应有专人负责，统一指挥。指挥时不准戴手套，手势要清楚，信号要明确，不得远距离指挥吊物。

（2）本项目在组装及拆卸吊装时，对前盾、中盾及设备桥均必须实行满载试吊，确保吊装安全。

(3) 试吊时同时检查各构件受力情况的工作人员不多于2人。

(4) 每次满载试吊的持续时间不得小于10min，要求必须试吊3次。

(5) 除前盾、中盾及设备桥外，其他部件吊装时应作空载试吊，确保吊装就位准确。

22.7.3 技术要求

(1) 施工前组织有关人员进行熟悉图纸、方案以及进行技术交底。

(2) 构件在运输过程中，运输的支承点应按规定摆放。

(3) 构件在吊装过程中，吊点应按规定不得随意改动。

(4) 构件在吊装过程中，应把构件扶稳后，起重机才能旋转和移动。

(5) 构件在吊装过程中，严禁碰撞其他构件，以免损坏盾构机。

(6) 机械机具使用前应重新检查其机械性能，确保符合使用要求。

(7) 各盾构件的吊装方法均为双机抬吊，因此根据实际情况，采用4点起吊（每台起重机2点），选用的4条钢丝绳长度必须一致，严禁长短不一，以免起吊后造成构件扭曲变形。钢丝绳与构件的夹角应不小于60°，大大减小了构件的压应力。各构件起吊后应呈水平状态。

(8) 各构件移动时应小心，速度应缓慢，以免损坏盾构机。

(9) 防止盾构基座结构破坏，基座必须经过专业工程师的设计验算。检查钢结构尺寸、检查焊点质量。

22.7.4 作业要求

(1) 进入施工现场必须戴安全帽，高空作业人员应佩戴安全带。

(2) 盾构机吊装由具有资历的专业队伍负责起吊。

(3) 拆卸作业班进行盾构机拆卸，指定生产经理负责组织、协调盾构机组装工作。

(4) 每班作业前按起重作业安全操作规程及盾构机制造商的组装技术要求进行班前交底，完全按有关规定执行。

(5) 项目部安质部、工地派出所具体负责大件运输和现场吊装、组装的秩序维护，确保安全。

(6) 施工前安全检查员应组织有关人员进行安全培训及交底，开吊时安全工程师时时进行巡检。

(7) 起重机、拖挂机车行走路线应平整压实，基坑回填的地方应铺设20mm厚的钢板。

(8) 在规定的地点起吊，检查地面是否稳定；检查起吊半径；检查最大的起吊荷载；检查吊臂的长度是否在限制范围内，防止起重机倾覆；每个部件都应该试吊一次。

(9) 双机抬吊时要根据起重机的起重能力进行合理的负荷分配，并在操作时统一指挥，互相密切配合，整个抬吊进程两台吊钩应基本保持垂直状态。

(10) 在轮式起重机操作时，由于吊装方式不正确、地面不稳定、吊具失效等，都会使吊装作业存在风险，因此，挂钩人员必须经过培训，有相关的证书。

（11）开工前应检查工具、机械的性能。防止绳索脱扣、破断。

（12）高空作业人员切勿急于求成，用力过猛，严禁向下丢掷工具。

（13）在井下施工时应设置足够亮的灯光，满足现场施工的需要。

（14）注意井口安全施工，井口铺设安全网。

（15）吊装盾构机时应设置施工禁区，禁区有明显的标示牌。

22.7.5 十不吊原则

（1）超载或被吊物重量不明时不吊。

（2）指挥信号不明确不吊。

（3）捆绑、吊挂不牢或不平衡，可能引起滑动时不吊。

（4）被吊物上有人或浮置物时不吊。

（5）结构或零部件有影响安全工作的缺陷或损伤时不吊。

（6）遇有拉力不清的埋置物件时不吊。

（7）工作场地昏暗，无法看清场地、被吊物和指挥信号时不吊。

（8）被吊物棱角处与捆绑钢绳间未加衬垫时不吊。

（9）歪拉斜吊重物时不吊。

（10）容器内装的物品过满时不吊。

22.8 施工测量与监测

进场后，成立监测小组专职负责整个施工过程的监测工作，以多投入人力、配备先进的监测仪器、科学的监测方法及严谨的监测工作作风确保监测信息及时、可靠。

监测项目报警值：

（1）吊装过程中支护桩顶或墙水平位移报警值5mm。

（2）吊装过程中污水管道或地面沉降报警值2mm。

22.9 盾构吊装安全应急预案

为保证公司、社会及职工生命财产安全，在事故、事件发生时，能迅速做出响应，并能在事故发生后迅速有效地控制、处理，最大限度地降低对人身伤害的程度或可能造成的经济损失，本着“预防为主、自救为主、统一指挥、分工负责”的原则，特制定本预案。

22.9.1 危险性分析

由于本项目施工需要相对专业的人员与设备，当发生安全事故时所造成的经济损失可能超过1000万元，同时会造成较大的社会负面影响，因此在施工前必须制定详细的施工方案及安全预案。

22.9.2 预防措施

（1）特种设备操作人员实行持证上岗制度，严格执行起重吊装“十不吊”规定。

（2）严格执行特种设备使用检验制度，进场特种设备全部实行登记，建立详细的登记台账，经检验合格后方可使用。

（3）加强机械设备日常维修保养，特别是起重机的安全限位装置检查，确保机械设备性能状况良好。

（4）严格执行机械设备交接班制度，认真做好交接班记录。

（5）机械设备实行定人、定机、定岗制度，严禁非操作人员操作机械设备。

（6）吊装前组织大型起重机操作人员技术培训学习，不断提高他们的操作技能。

（7）加强现场安全管理力度，严格落实现场各项安全管理制度。

22.9.3 应急救援机构与职责

针对施工过程的突发事故，项目经理部特成立特种设备事故应急救援领导小组，积极组织协调抢险救援工作，充分调动各方人员力量，全力以赴做好事故抢险救援工作，最大限度减少损失。

1. 应急救援领导小组

组长：孔凡强。

副组长：杜军科、李海生、邹超、石银生。

组员：郑联伟、孙全海、胡正红、高桢、王延行、陈宏立、丁云章、李东海。

应急救援领导小组下设办公室，办公室设在项目部安质部，联系人：高桢，电话：152××××1503。

2. 应急救援领导小组的主要职责

（1）负责事故现场的应急救援指挥。

（2）接到事故报告后，立即启动应急预案，赶赴现场指挥，组织救援。

（3）组织有关部门及人员负责保护现场，并及时上报郑州市轨道交通有限责任公司应急办公室。

（4）组织召开事故现场会，协助政府、轨道公司等有关管理部门做好事故调查处理工作。

（5）组织有关部门做好事故善后处理及恢复生产工作。

（6）组织有关部门做好应急救援联合演练。

（7）事故发生后，应急救援领导小组组长立即启动应急预案，组织抢险，视事故情况拨打119、120，请求社会救援。

（8）派专人到路口接警，消防、救护人员到场后，全力做好救援配合工作。

（9）组织人员制定方案，尽快消除潜在的危险源，恢复生产。

3. 组织及人员分工（略）

22.9.4 事故报告与处置

1. 事故处置

（1）特种设备事故发生后，事故现场第一发现人，应立即电话报告施工现场负责人，施工现场负责人接到电话报告后，立即电话报告应急救援领导小组组长、主管生产的副经理、应急救援领导小组办公室，同时积极开展人员救助工作。

（2）应急救援领导小组组长接到报告后，宣布立即启动应急预案，赶赴现场，积极组织人员进行伤员抢救、事故抢险，救援领导小组办公室高桢立即以电话形式通知预案各相关人员赶赴现场救援，并视事故情况电话报告业主代表、监理、郑州市轨道交通有限公司应急办公室王泽武。

（3）事故现场第一发现人积极进行人员救治，现场其他人员郑联伟、高桢、汪忠武、陈树胜等迅速赶赴现场，抢救伤员并保护事故现场，现场其他管理人员积极配合，郑联伟视事故情况负责拨打119、120，岳小龙负责消防、救护车辆的接应工作。

2. 事故报告

（1）应急救援领导小组办公室高桢根据事故现场情况，及时统计上报事故人员伤亡、财产损失情况。

（2）项目安质部，在事故发生后2h内，以书面形式将事故情况上报上级主管部门，确认为死亡事故，在2h内书面报告业主代表、监理。

（3）事故发生后，项目安质部门应在24h之内填报事故登记表。

（4）事故报告的内容：

1）事故发生的时间、地点、部位。

2）事故的简要经过、伤亡人数及直接经济损失的初步估计。

3）事故发生的初步原因、性质。

4）事故救援处理的情况及采取的措施。

5）事故报告单位、报告人。

22.9.5 救援演练

（1）项目综合部组织救援演练，项目安质部门组织全体管理人员对预案内容进行学习，明确预案人员分工，了解预案反应体系，讲解常见特种设备事故的案例，提高员工应急救援反应能力。

（2）项目综合部聘请专业医务人员讲解机械伤害事故发生后，现场急救方法、急救知识和技巧，对重点人员进行专门培训，掌握基本急救方法和急救要领。

22.10 吊装计算书

22.10.1 钢丝绳验算

选择前盾作为研究对象，共设计四个吊耳，采用4根长12m，公称直径60.5mm的钢丝绳（6×37，$\sigma=1550N/mm^2$）进行吊装，根据吊点的设计，利用力的合成与分解，计算得单根钢丝绳所受拉力$T=248.2kN$。

钢丝绳的钢丝破断拉力总和：

$F_g=T=248.2kN<\alpha[F_g]/K=(0.82\times2115/6)kN=289.05kN$ 安全。

式中 $[F_g]$——钢丝绳的允许拉力（kN）；

F_g——钢丝绳的钢丝破断拉力总和（kN）；

K——钢丝绳使用安全系数，做吊索，取6；

α——考虑钢丝绳之间荷载不均匀系数，对6×37钢丝绳取0.82。

22.10.2 起重机吊装参数选择

幅度的确定：根据前盾（含刀盘驱动）重量100t，直径6260m，高3882mm的基本数据，现确定履带起重机的履带距端头井边沿为1m，则其回转中心距端头井边沿为5.5m，考虑被吊物高度3.88m，取其一半，另考虑吊装物与边墙距离不小于1m的距离，则此时所需的回转半径$R=(5.5+3.88\div2+1)m=8.44m$。

臂长的确定：被吊物直径6260mm，钢丝绳长度12m，吊钩高度考虑1.5m，吊钩上钢丝绳富裕系数考虑2m，吊离地面高度1.5m，则起重机拔杆顶距地面最小高度$H=(6.26+12+1.5+2+1.5-1.46)m=21.8m$。由此计算臂长$L=\sqrt{21.8^2+8.44^2}m=23.4m$。

根据260t履带起重机的主臂起重性能表（表22-18），选择幅度为9m，臂长26m的参数，其起吊能力为133t大于前盾100t的重量，满足规范及施工要求。现场施工时，绘制好起重机停靠线，确保吊装时幅度与臂长满足要求。

表22-18 260t履带起重机主臂起重性能 （单位：t）

幅度/m	臂长/m										
	20	23	26	29	32	35	38	41	44	47	50
5.0	260	216.8									
6.0	227	200.8	19	178							
7.0	190	181	171	167	157	156					
8.0	175	151	146	147	147	141	130	127			
9.0	134	133	133	132	130	128	124	115	110	108	

（续）

幅度/m	臂长/m										
	20	23	26	29	32	35	38	41	44	47	50
10.0	119	115	120	118	117	114	111	103	103	97	100
12.0	95	92	92	92	92	91	90	89.1	85.9	85.1	83
14.0	76.1	74.9	74.2	74.2	73	73	73	73	72.5	71.8	71
16.0	63.7	63.5	63.3	63	61	61	61	60.5	60	60.1	61.1
18.0	54.8	54.5	53.7	53.5	52	52	53	51.7	52.5	51	51.2
20.0		47.6	46.6	46.7	46	46	45	44.8	44.5	44.3	44.5
22.0		44.8	41.6	41.4	41	40	39	39.6	39.4	39.2	39.8
24.0			38	37	37	36	36	35.7	35.1	34.9	34.7
26.0				33.5	33	32	32	35	31.7	31.5	31.1
28.0					30	29	29	28.5	28.4	28.3	28.1
30.0					28	27	27	26.4	26.2	26.1	26.1
32.0						26	25	24.5	24.3	24.2	24.1
34.0							22	22.5	22.4	22.3	22.1
36.0								20.3	20.1	20.2	20.2
38.0									19.2	19.1	18.9
40.0									18	17.3	17.1
42.0										16.2	16.2
44.0											15

22.10.3 地基承载力验算

旋转到支脚最大承重力计算：设备重量 100t + 起重机重量 210t，履带宽度为（$9.6\times1.2\times2$）$m^2=23.04m^2$），吊装时需提供的地基承载力 $F=(100+210)\times1000\times9.8N\div23.04m^2\div1000=131.86kPa$。经触探检查，端头部位地基承载力能达到 210kPa，故无需对吊装区域地面进行地基加固，但考虑到部分区域存在小型管线，吊装时铺垫 30mm 厚的钢板进行分摊过渡。

钢桁架吊装方案

陈汉昌

河南省第一建筑工程集团有限责任公司

23.1 工程概况

郑州东区管理服务中心工程位于郑州市郑东新区金水东路与农业路交叉口，呈回形结构（图23-1），地上十二层，地下二层。在南北楼B、C区的连接部位设5组钢桁架（其中3组钢桁架由5根焊接H型钢主梁组成，用于B、C区间的钢连廊），跨度均为24m（图23-2），钢桁架顶面标高为42.800m、47.000m、50.530m、53.300m、56.930m（图23-3）。

钢桁架构件的相关技术参数见表23-1。

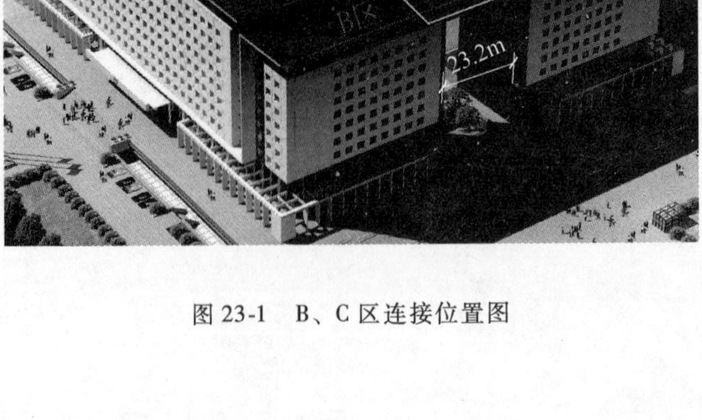

图23-1 B、C区连接位置图

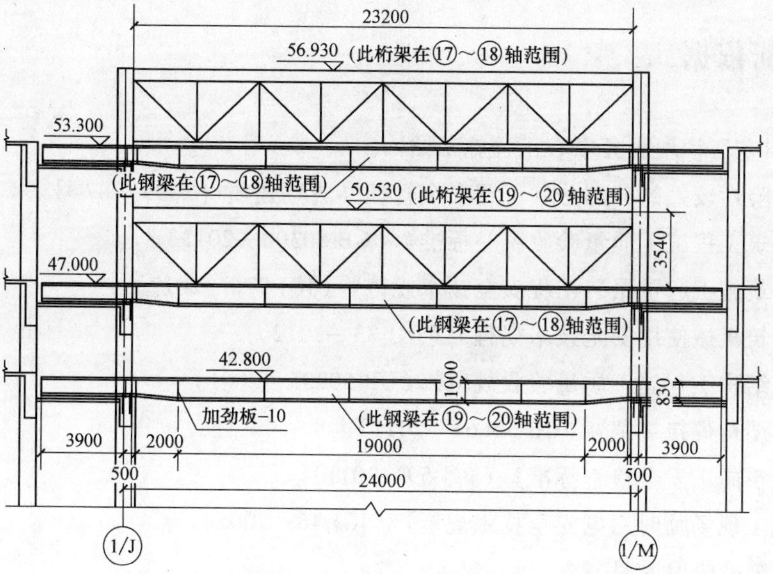

图 23-2 钢连廊东立面图

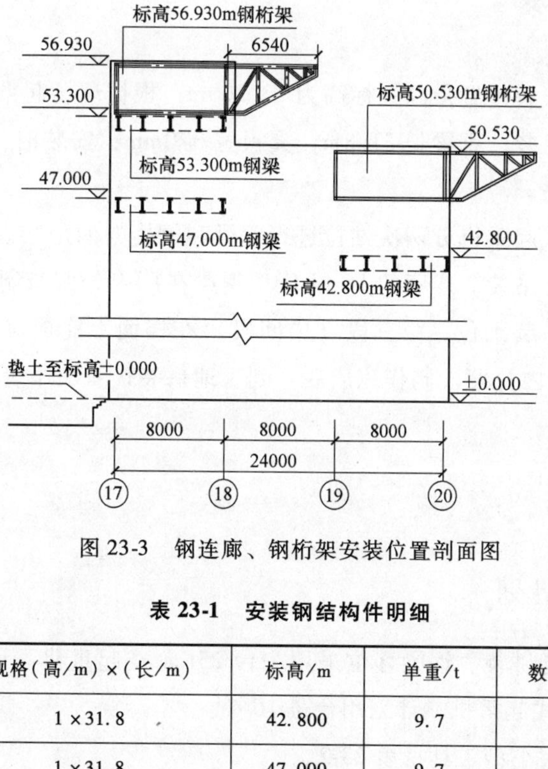

图 23-3 钢连廊、钢桁架安装位置剖面图

表 23-1 安装钢结构件明细

序号	类别	规格(高/m)×(长/m)	标高/m	单重/t	数量/根	备注
1	H 型钢梁	1×31.8	42.800	9.7	5	19～20 轴连廊
2	H 型钢梁	1×31.8	47.000	9.7	5	17～18 轴连廊
3	H 型钢梁	1×31.8	53.300	9.7	5	17～18 轴连廊
4	桁架梁	3.54×23.2	56.930	5.2	2	17～18 轴桁架
5	桁架梁	3.54×23.2	50.530	5.2	2	19～20 轴桁架

23.2 编制依据

(1) 郑州东区管理服务中心工程施工图。

(2)《危险性较大的分部分项工程安全管理办法》建质［2009］87号。

(3)《建筑工程施工质量验收统一标准》(GB 50300—2013)。

(4)《建筑施工起重吊装工程安全技术规范》(JGJ 276—2012)。

(5)《建筑机械使用安全技术规程》(JGJ 33—2012)。

(6)《钢结构工程施工质量验收规范》(GB 50205—2001)。

(7)《钢结构焊接规范》(GB 50661—2011)。

(8)《建筑施工安全检查标准》(JGJ 59—2011)。

(9)《施工现场临时用电安全技术规范》(JGJ 46—2005)。

(10) 汽车吊使用说明书。

23.3 吊装安装方案

钢梁单根重9.7t，安装位置最高处标高为53.300m，根据现场起重机可站位情况，采用160t汽车式起重机进行吊装；钢梁长31.8m，翼板宽370mm，安装时，采用分段安装方法，钢桁架采用整榀安装方法。

安装时，160t汽车式起重机分两次站位进行钢梁和钢桁架的吊装。由一台25t汽车式起重机负责现场拼装和配合吊装。连廊的15根H型钢梁在厂内分四节制作成型，在现场拼接成三段，两个端节段先吊装到位，第三段（中间段）在楼面上完成对接拼装。钢桁架（高3.54m×长23.2m）在厂内分两段制作完成后，到工地拼装，一次吊装到位。

23.4 施工准备

23.4.1 材料与设备计划

钢结构件卸车和现场拼装、钢梁移位采用一台25t轮式起重机，计划用台班10个，安装采用一台QAR160t轮式起重机，计划用台班16个。

钢结构件吊装计划用小型工具见表23-2。

表23-2 钢构件吊装用小型工具

序号	品名	规格	单位	数量	用途
1	6×61钢丝绳	ϕ30.5mm×1m	根	2	钢梁吊装
2	卡环	10t	个	4	钢梁吊装

（续）

序号	品　　名	规　　格	单位	数量	用　　途
3	白棕绳	ϕ12mm×100m	根	2	钢梁吊装缆风绳
4	白棕绳	ϕ16mm×30m	根	15	钢梁吊装安全绳
5	钢丝绳	ϕ20mm×1.5m	根	4	钢桁架吊装
6	卡环	5t	个	10	次构件吊装
7	钢丝绳	ϕ12mm	根	6	次构件吊装
8	对讲机	—	个	4	起重指挥
9	安全带	—	套	22	高空作业
10	千斤顶	5t	个	2	钢梁校正
11	千斤顶	10t	个	2	安装调整
12	工具袋	—	个	10	安装、焊接
13	钢水平尺	1.5m	把	4	钢梁就位
14	安装吊篮	—	个	2	钢梁安装
15	作业平台	—	个	2	钢梁安装
16	钢板	$\delta=20$mm	m^2	20	钢梁吊装
17	枕木	—	根	50	钢梁吊装
18	捯链	5t	个	2	钢梁拼接、次梁安装

钢结构件安装计划用焊接工具见表23-3。

表 23-3　钢构件安装用焊接工具

序号	名　称	型号	容量	单位	数量	用途
1	电焊机	BX1—330	21kV·A	台	4	钢构件焊接
2	碳弧气刨	—	52kV·A	台	1	返修清根
3	氧气乙炔烤枪	—	—	把	8	预热、后热
4	焊条干燥箱	YZH2—100	7.6kV·A	台	1	烘干焊接材料
5	电动角向磨光机	—	—	台	6	修磨清渣
6	电热保温筒	—	5kg	个	6	焊条保温
7	放大镜	—	5倍	个	5	焊缝检查
8	高压氧气管	ϕ8mm	—	m	400	—
9	乙炔气管	ϕ8mm	—	m	400	—
10	电焊铜缆线	$50mm^2$	—	m	500	手工电弧焊专用
11	电焊铝缆线	$50mm^2$	—	m	500	手工电弧焊专用
12	电缆线	—	—	m	500	主电缆供焊机用
13	配电箱	—	—	个	4	—

钢结构件安装计划用测量设备见表23-4。

表 23-4　钢构件安装用测量设备

编号	设备名称	精度指标	数　量	用　途
1	电子经纬仪	2″	6	施工放样
2	水准仪	2mm	3	标高控制
3	50m 钢卷尺	1mm	3	施工放样
4	铅垂仪	1/20000	1	内控点竖向传递

23.4.2 劳动力计划（表23-5、表23-6）

表23-5 吊装施工中主要管理人员计划

序号	职责	人数	备注	序号	职责	人数	备注
1	总指挥	1	—	4	质量检查员	2	持证上岗
2	副指挥	1	—	5	安全员	2	持证上岗
3	技术管理	2	—	6	测量人员	2	持证上岗

表23-6 吊装施工劳动力计划

工　种	人数	工作内容
起重司机	4	起重机操作
起重工	6	负责钢构件的起吊、挂钩
安装工(吊装)	9	负责钢构件的拼装、安装、校正、倒运
安装工(卸车)	4	负责钢构件的夜间卸车
电工	2	负责现场机械设备接电和电气检修
电焊工	4	现场焊接、气割
安全防护人员	2	负责安全防护
油漆工	2	油漆补刷
机械工(修理工)	1	起重机的保养、检修

23.4.3 施工进度计划

本工程钢构件运输、安装计划工期45d，见表23-7。

表23-7 施工进度

序号	工作内容	第1月						第2月		
		5	10	15	20	25	30	35	40	45
1	支座放线，植筋安装56.930m钢牛腿	━━								
2	构件进场、卸车、拼装		━━	━						
3	安装三个标高连廊的端节钢梁			━						
4	从低到高依次安装中间段钢梁和连系桁架				━━	━━	━━			
5	安装钢连廊的次梁，连廊、桁架的附属杆件							━━		
6	焊接、固定、补刷油漆								━━	
7	清理现场及交工验收									━━

23.4.4 技术准备

(1) 组织施工人员仔细熟悉、审查施工图纸及有关技术资料，做好图纸会审记录，熟悉有关规范、操作规程，使每位参加人员清晰认识制作和安装的质量标准和要求。

（2）组织钢结构件吊装、制作和运输的相关人员到现场实地了解情况，实际测量复核各相关数据，确定钢结构件生产与到场时间，确保运输、卸车、就位和二次搬运、吊装等各项作业能安全、有序、高质量地进行。

23.5 施工工艺

23.5.1 作业条件

与钢结构件安装相关的土建主体结构施工已完成并验收合格，混凝土强度等级达到设计要求，所有预埋件均按图样埋设到位。场区内已清理干净，起重机、运输车行驶、站位以及拼装、卸车等区域已分层回填压实，密实度达到96%，符合承载力要求。起重机行走和站位处、地下室顶板需加固支撑处已支撑加固完成。

23.5.2 工艺流程

支座位置放线→植筋→安装56.930m标高处桁架两端支座钢牛腿→起重机行走路面垫土、加固→25t轮式起重机、构件进场→钢构件拼装→160t起重机进场→钢桁架、钢梁按吊装次序就位→安装标高42.800m、47.000m、53.300m标高处钢连廊端节段钢梁→安装⑲~⑳轴标高42.800m标高处钢连廊中间段钢梁、50.530m标高处钢桁架→安装⑰~⑱轴标高47.000m、53.300m标高处钢连廊中间段钢梁、56.930m标高处钢桁架→起重机加副杆安装⑰~⑱轴标高56.930m处桁架连系梁→起重机加副杆安装⑲~⑳轴标高50.530m处桁架连系梁→固定连廊钢梁、钢桁架→安装次梁→焊接、固定、补刷油漆→清理现场→交工验收。

23.5.3 施工要点

1. 钢梁吊装分段

钢梁构造及安装就位情况如图23-4所示，钢梁为H型钢，长31.8m，安装于B、C楼之间，净跨为23m，两端各深入到支座内4.4m，中间段矢高（腹板）1000mm，两端矢高为830mm，翼板宽均为370mm。

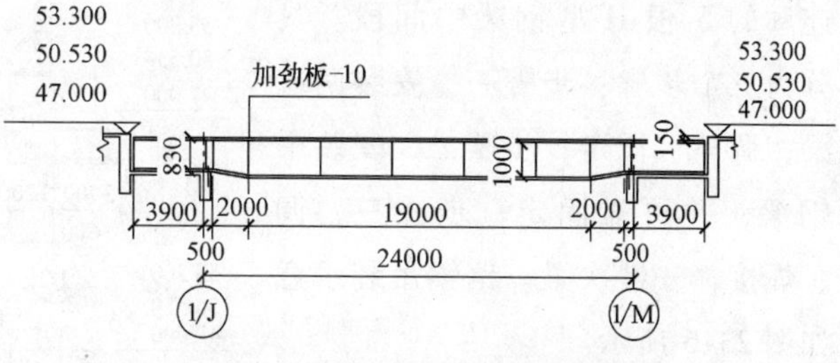

图23-4 钢梁构造及安装就位情况

为保证安装质量，钢梁吊装分段依照以下原则进行：

（1）各分段应为具有一定整体性和刚度的空间实体，以满足吊装时的受力要求。

（2）分段位置应尽量有利于在现场对接时各项作业能安全顺利进行，安装质量易于控制。

（3）分段长度和分段重量满足起重机性能要求。

（4）充分考虑吊装分段的吊装顺序和相互搭接关系，尽量减少高空拼接量，减少分段数量，加快安装进度。

根据以上原则，将钢梁吊装分为三段进行，即在支座附近（Ⓙ、Ⓜ轴线处）分段，分段后的最大重量（中间段）为7.5t，长度为24m，连接接头位于支座上。

2. 吊装作业顺序

（1）160t轮式起重机、25t轮式起重机及运输车由中庭西门进场并就位，如图23-5所示，在构件拼装区内将待安装钢构件按照既定吊装顺序摆放。

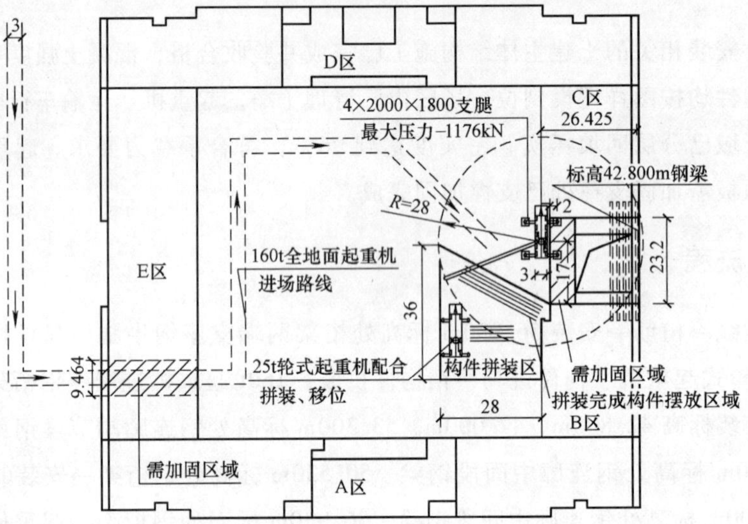

图23-5 160t轮式起重机进场路线及第一次站位示意图

（2）先吊装三组钢连廊（标高42.800m、47.000m和53.300m）的两端头节段（长3.9m段），连廊钢梁两端部吊装就位调整固定后，按由东至西的顺序，吊装标高42.800m处连廊的5根H型钢梁中间段。具体分为三个步骤：步骤一，安装两端钢梁，调整、固定；步骤二，安装中间钢梁，并可靠固定；步骤三，调整、焊接，安装次梁。钢梁吊装示意图如图23-6所示。

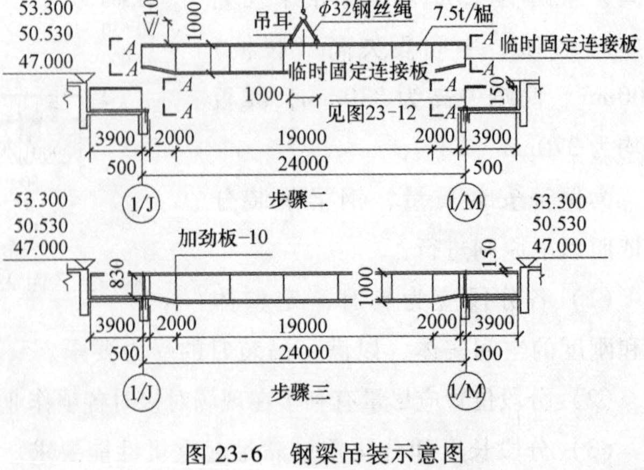

图23-6 钢梁吊装示意图

（3）吊装标高50.530m处桁架梁；起重机第二次站位，如图23-7所示，依次吊装标高47.000m处连廊钢梁中间段；标高53.300m处连

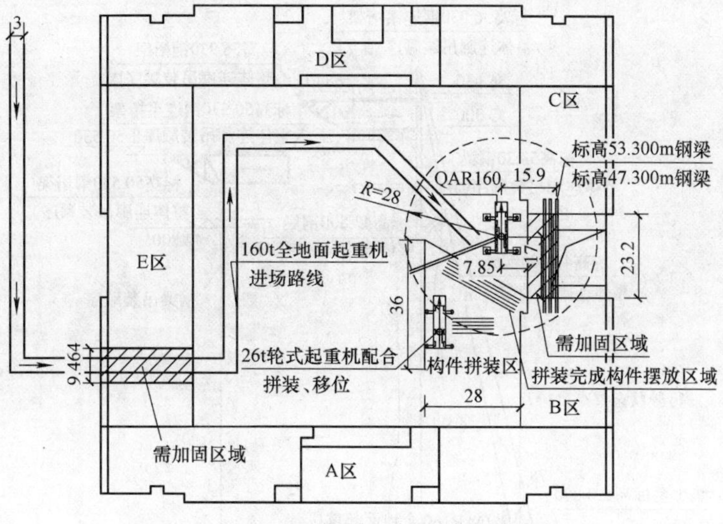

图 23-7 160t 轮式起重机第二次站位示意图

廊钢梁中间段，标高 56.930m 处钢桁架、GHJ、LXHJ，并将连廊及钢桁架连接次梁（小构件）吊到相应标高楼面，临时堆放。吊装示意如图 23-8、图 23-9 所示。

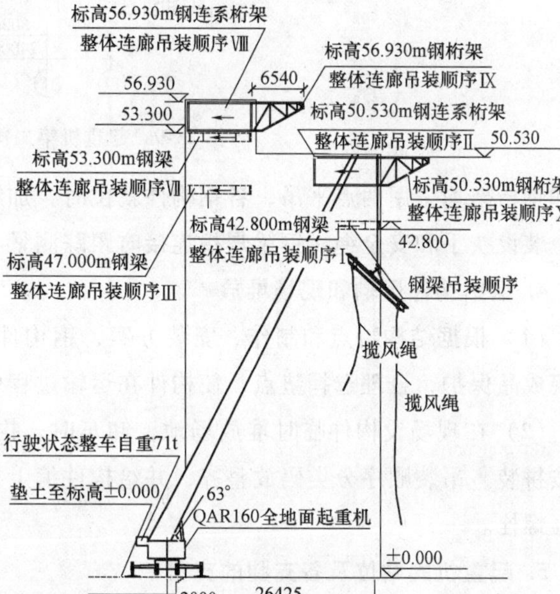

图 23-8 起重机第一次站位吊装

（4）160t 轮式起重机站到 B、C 区间南北朝向路上，接两节副杆吊装连廊及钢桁架连接次梁（小构件）。

（5）所有主钢构件吊装、校正、固定完成后用倒链、电动葫芦安装次梁、支撑等次钢构件，焊接、固定后补刷油漆和增涂一道防火漆。

3. 测量及定位控制

（1）对现场水准点、轴线控制桩进行切实可行的保护。复核安装定位轴线控制点和测量标高基准点。

（2）以设计标高、轴线为基准，以全站仪结合经纬仪、线坠进行测量。

（3）对钢梁分段安装的各支座部位，严格控制标高，使其均在同一水平面上，避免在接头连接处出现错台或产生弯折点，在支座上和钢梁上分别弹出清晰准确的中轴线和纵向定位线，安装就位时，线线对应，纵向保证钢梁安装就位后顺直，横向使先安装就位的两个端节段之间的间距准确，既保证中间段钢梁能顺利就位，又使其连接可靠，形成一个整体。钢

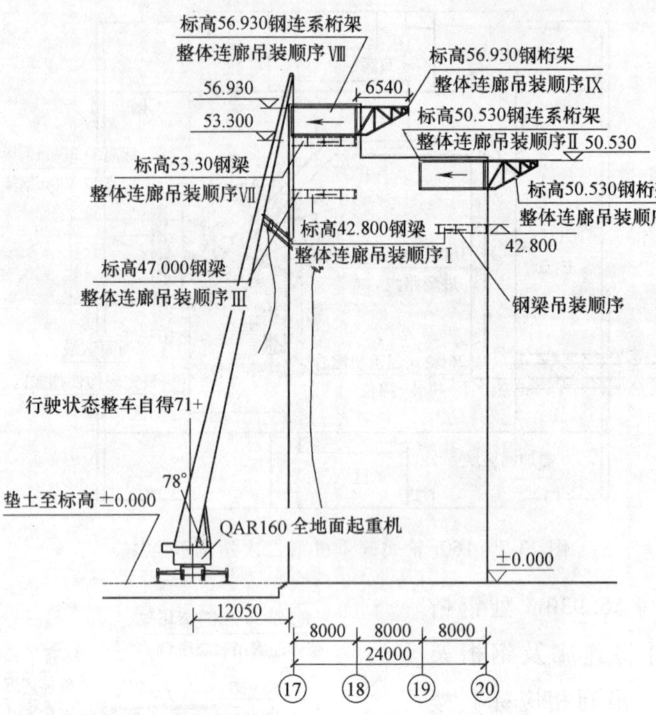

图 23-9 起重机第二次站位吊装

梁和钢桁架均采用两点平吊，各钢构件就位时，加缆风绳，严防与已安装结构碰撞，中间段梁上装设扶手和安全绳，钢梁焊接连接时跟踪测量、监测。

4. 钢结构件运输和现场堆放

（1）根据结构特点和制作、安装方案，钢构件以分段形式运输进场，运输过程中必须重视成品保护，合理选择垫点，使构件在运输过程中不发生变形。

（2）在现场设构件临时堆放场地，卸车时，构件下的垫木位置合理，整齐划一，将构件按拼装、吊装顺序分类码放整齐，并给构件编上拼装、吊装顺序号，配齐构件的连接板和高强螺栓。

5. 起重机的站位及各支腿的支垫

在确定起重机的两次站位位置时，统筹考虑起重量、作业半径以及现场可供站位位置的实际状况，使之成为最佳站位位置。

对起重设备的定位和起吊、落钩等一系列的位置进行细化，桁架和钢梁的卸车、摆放、拼装以就近布置为原则，使其在起重机的指定站位点的作业半径范围内。

QAR160起重机在行驶中自身重量为71t，该起重机所需的配重由一台25t的轮式起重机配合安装。行驶路线按进场路线及站位示意图（图23-5），构件运到场内后，不能集中放置，要分散开进行放置。起重机站位后增加上配重，总重达到160t，由于吊臂回转半径为28m，回转半径较大，当吊起钢梁后，按最不利因素考虑，压在2m×1.8m的单个支腿上的重量约为120t，在此区域的回填土必须分层夯实，支腿处下方铺垫钢板，在钢板上铺设

250mm×250mm×2500mm（高×宽×长）的枕木，共10根，分两层铺设，如图23-10所示。

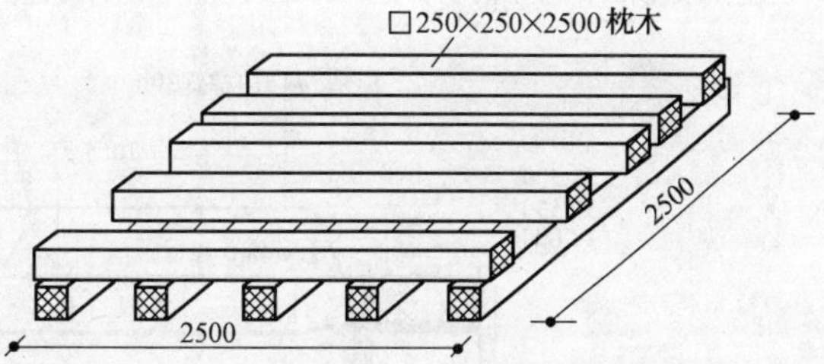

图23-10 支腿支垫图

6. 钢梁的高空连接

在确定吊点和进行钢丝绳配置时，先通过计算准确确定出吊装分段的重心，然后确定吊点并配置钢丝绳，吊装时，保证吊钩位于分段重心的正上方。

为保证吊装安全、高效，24m钢梁制作时加焊两个钢板吊耳（图23-11），材料采用Q235B钢。

当钢连廊24m钢梁和两端3.9m钢梁在楼面连接时，在钢梁的两连接面加焊临时安装连接板，如图23-12所示，用6M20（10.9级）高强螺栓连接并焊接钢梁上下翼缘对接焊缝，待钢梁全部吊装完成并校正就位后再调整、固定。

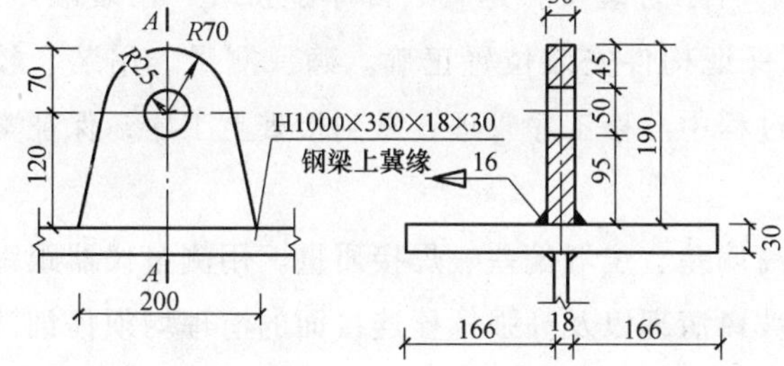

图23-11 吊耳示意图

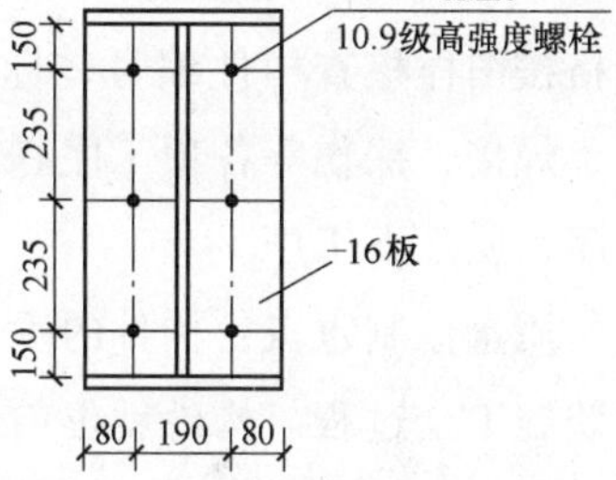

图23-12 安装连接板示意图

在钢梁与植筋埋件中间增加−20mm×350mm×500mm过渡板，过渡板先用螺栓与钢梁连接固定，到位后再和原植筋埋件焊接，如图23-13所示。

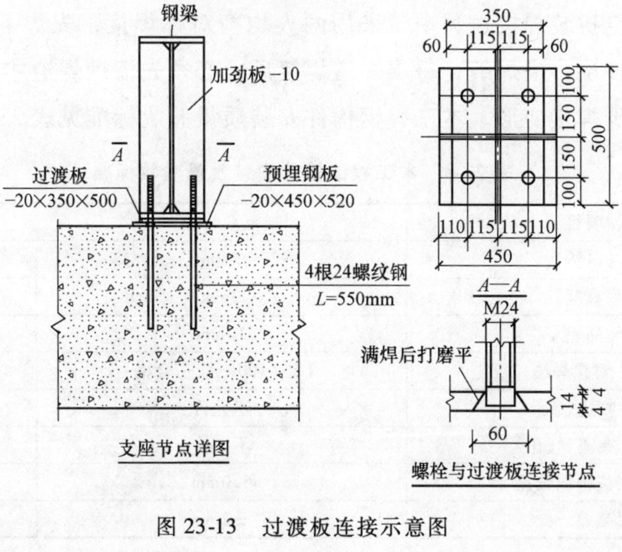

图23-13 过渡板连接示意图

连廊钢梁吊装去钩示意图如图 23-14 所示。

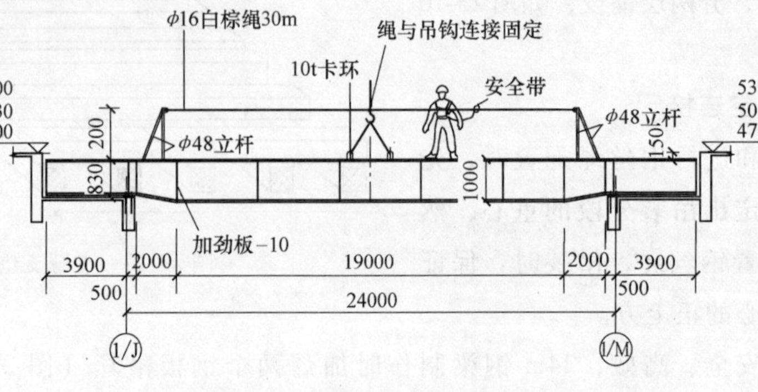

图 23-14 连廊钢梁吊装去钩示意图

23.6 质量控制

严格按照安装施工方案和技术交底实施。科学合理安排运输、卸车、拼装、吊装顺序，严格按图样核查构件编号，标明安装方向，保证构件安装位置正确。确保测量、吊装、校正、焊接、探伤等各项工序有序进行。安装过程中严格工序管理，做到检查上工序，保证本工序，服务下工序。

质量控制重点：构件的垂直度偏差、标高偏差、位置偏差、焊接质量。用测量仪器跟踪安装施工全过程。构件就位前对构件清理和坡口清理以及高强螺栓连接面的清理均须仔细认真进行。

构件安装前重点检查构件的外形尺寸、螺栓孔间距、焊接坡口的角度以及有特殊要求的构件。检查构件的资料是否满足技术文件的要求。

安装就位保证坡口尺寸，使坡口偏差在规范允许范围内。通过控制焊接工艺来控制安装精度，在钢梁的高空拼装焊接过程中，采用两人均衡对称焊接，先焊下翼缘，后焊上翼缘，再焊接腹板，采用多层多道焊缝，每层焊道焊接后，必须先清理焊渣才能进行下道焊缝的焊接，最大限度地减少焊接变形。本工程钢构件安装质量验收标准见表 23-8。

表 23-8 本工程钢构件安装质量验收标准

检查验收项目		规范允许偏差	控制目标
钢梁连接对口错边		2mm	1mm
梁跨中垂直度		2mm	1mm
梁端顶面高差		10mm	7mm
焊接	对接焊缝	Ⅰ级(100%探伤合格)	Ⅰ级
	咬边、裂纹	不允许	不允许
	夹渣、气孔	不允许	不允许
支座中心对定位轴线偏差		5.0mm	3.0mm
梁表面高差		±2mm	±2mm

23.7 施工安全保障措施

（1）建立完整的施工安全保证体系，安全保障组织体系如图23-15所示。

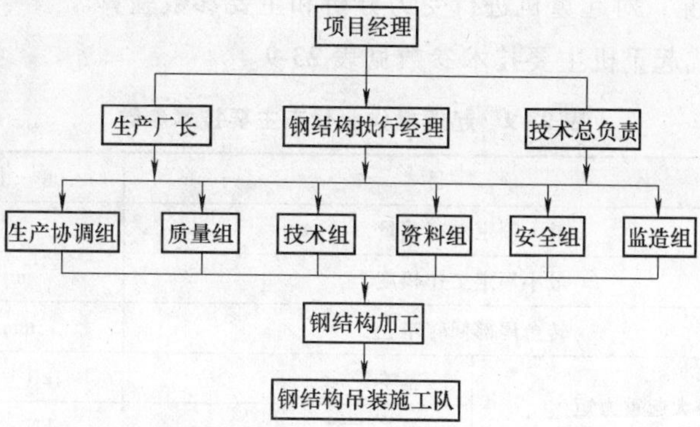

图23-15 安全保障组织体系

（2）严格遵守《建筑施工高处作业安全技术规范》JGJ 80—1991、《建筑施工安全检查标准》JGJ 59—2011，建立并落实安全技术交底制度，各级交底必须履行签字手续。

（3）施工现场一切临时电源必须按照《施工现场临时用电安全技术规范》JGJ 46—2005施工，施工用的电源线必须是胶皮电缆线，对现场使用的所有用电设备及电动工具必须装设漏电保护装置。

（4）施工前由项目经理组织全体施工人员进行安全技术教育，牢固树立“安全第一”的思想，做到“三不”，即不伤害别人、不伤害自己、不被别人伤害，工长负责向班组进行安全技术交底，并做好记录。

（5）切实做好“四口”、“五临边”的安全保护工作，并设置醒目标志，防止失足或坠物伤人事故发生。

（6）坚持安全“三宝”使用，进入施工现场必须戴安全帽，高空作业必须系好安全带，工具随手放入工具包，禁止抛掷物件。

（7）非吊装作业人员不得进入吊装区域，并用醒目的警戒线划出安全区，挂上警示牌。

（8）吊装作业应统一指挥，起重机吊起满载构件时，先吊起离地面20~50cm，检查起重机的稳定性、制动的可靠性和绑扎的牢固性，确认可靠后，才能继续起吊作业。吊装过程之中被吊物体未固定不得松钩，作业人员不得擅离职守。

（9）吊装钢梁前应严格检查吊索、机具，无异常方可使用。

（10）钢丝绳与钢梁、构件接触处须用胶皮或木棒保护。

（11）起重机在吊装作业时，臂杆的起落与车体的回转不得同时操作，在吊装过程中，臂杆与钢构件的空间距离应不小于0.2m。

（12）电焊工、气焊工、起重工、电工必须持证上岗。

（13）五级以上大风、雨、浓雾等恶劣天气，严禁吊装作业。

23.8 附件：起重机的选用

根据现场实际情况，对起重机进行受力分析和主要参数验算。

QAY160 型汽车式起重机主要技术参数见表 23-9。

表 23-9 起重机作业状态主要技术参数

<table>
<tr><th>类别</th><th colspan="2">项 目</th><th>单 位</th><th>参 数</th></tr>
<tr><td rowspan="14">主要性能参数</td><td colspan="2">最大额定总起重量</td><td>t</td><td>160</td></tr>
<tr><td colspan="2">最小额定工作幅度</td><td>m</td><td>3</td></tr>
<tr><td colspan="2">转台尾部回转半径</td><td>mm</td><td>4850</td></tr>
<tr><td rowspan="2">最大起重力矩</td><td>基本臂</td><td>kN · m</td><td>5282</td></tr>
<tr><td>最长主臂</td><td>kN · m</td><td>2140</td></tr>
<tr><td rowspan="2">支腿距离</td><td>纵向</td><td>m</td><td>9.62</td></tr>
<tr><td>横向</td><td>m</td><td>8.7(6.5)</td></tr>
<tr><td rowspan="3">起重臂高度</td><td>基本臂</td><td>m</td><td>14.3</td></tr>
<tr><td>最长主臂</td><td>m</td><td>56.3</td></tr>
<tr><td>最长主臂 + 副臂</td><td>m</td><td>79</td></tr>
<tr><td rowspan="3">起重臂长度</td><td>基本臂</td><td>m</td><td>13.6</td></tr>
<tr><td>最长主臂</td><td>m</td><td>60</td></tr>
<tr><td>最长主臂 + 副臂</td><td>m</td><td>80</td></tr>
<tr><td style="display:none"></td></tr>
<tr><td rowspan="4">工作速度参数</td><td>起重臂变幅时间</td><td>起臂</td><td>s</td><td>90</td></tr>
<tr><td rowspan="2">起重臂伸缩时间</td><td>全伸</td><td>s</td><td>600</td></tr>
<tr><td>全缩</td><td>s</td><td>600</td></tr>
<tr><td colspan="2">最大回转速度</td><td>r/min</td><td>2</td></tr>
</table>

（1）起重机的起重量验算。起重机的起重量，必须大于所安装构件的重量与索具重量之和，即

$$Q \geqslant Q_1 + Q_2$$

式中 Q——起重机的起重量（kN），$Q = 97\text{kN}$；

Q_1——构件的重量（kN），$Q_1 = 7.5 \times 9.8\text{kN} = 73.5\text{kN}$；

Q_2——索具的重量（kN），$Q_2 = 0.2 \times 9.8\text{kN} = 1.96\text{kN}$。

经计算，$97\text{kN} \geqslant 73.5\text{kN} + 1.96\text{kN} = 75.4\text{kN}$ 满足要求。

在起重机幅度 22m 范围内，最大臂长 60m（不含副杆），所能吊起的最重构件为 97kN，分段后构件的最大重量（中间段）为 73.5kN，满足要求。

（2）起重高度验算。起重机的起重高度，必须满足所吊装的构件的安装高度要求，如图 23-16 所示，即

$$H \geqslant H_1 + H_2 + H_3 + H_4$$

式中 H——起重机的起重高度（m），从停机面算起至吊钩中心；

H_1——安装支座表面高度（m），从停机面算起；

H_2——安装间隙，视具体情况而定，但不小于 0.2m；

H_3——绑扎点至起吊后构件底面的距离（m）；

H_4——索具高度（m），自绑扎点至吊钩中心的距离，视具体情况而定。

经计算，安装就位时，回转半径为 15.925m，$H = 57.84\text{m} \geqslant 52.3\text{m} + 0.2\text{m} + 1.1\text{m} + 0.9\text{m} = 54.5\text{m}$ 满足要求。

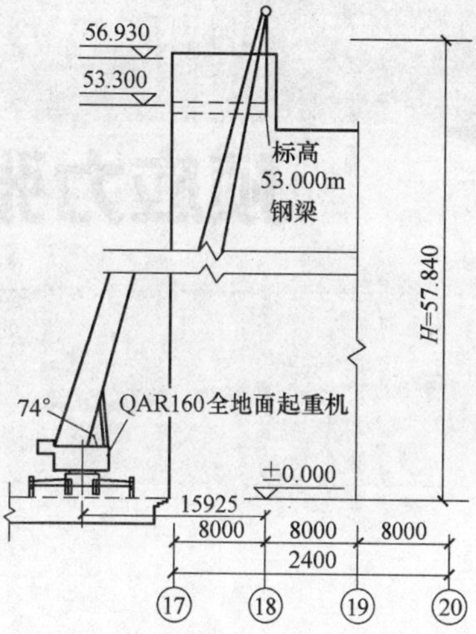

图 23-16 起重高度计算简图

（安装最高连廊钢梁）

（3）起重半径验算。本工程使用 QAR 160t 全地面（汽车式）起重机，根据现场第二次站位情况，钢梁重量为 7.5t，起重高度为 57.84m，160t 起重机的起重半径 $R = 15.93\text{m}$、臂长 58m，吊臂仰角为 74°，起吊能力为 132kN，能满足吊装要求。

（4）吊索验算。连廊钢梁吊装时吊索的拉力按下式计算，吊索计算简图如图 23-17 所示。

$$P = Q/2\sin\alpha = 76.44\text{kN}/(2\sin 60°) = 44.134\text{kN}$$

式中 P——每根吊索的拉力（kN）；

Q——吊装构件的重量（kN）；

α——吊索与水平线的夹角。

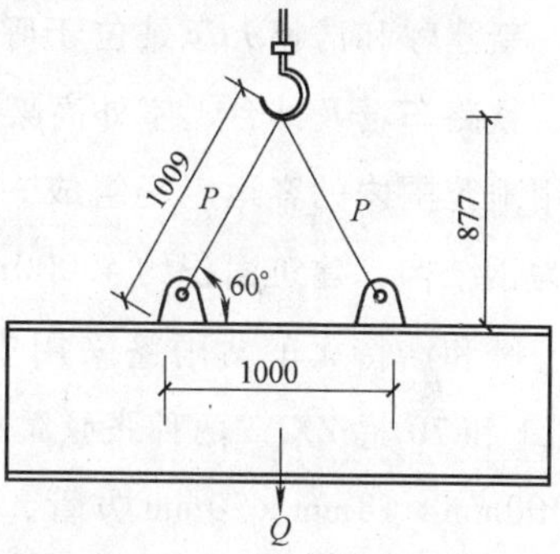

图 23-17 吊索计算简图

钢丝绳选用 $\phi 30.5\text{mm}$（6×61，$\sigma = 1400\text{N/mm}^2$）。

允许拉力

$$\alpha[F_g]/K = (0.80 \times 4865/8)\text{kN} = 486.5\text{kN} \geqslant F_g = 51.634\text{kN}$$

钢丝绳能满足安全使用要求。

式中 $[F_g]$——钢丝绳的允许拉力（kN）；

F_g——钢丝绳的破断拉力总和（kN），$F_g = P + G = (44.134 + 7.5)\text{kN} = 51.634\text{kN}$；

α——钢丝绳的破断拉力折算系数，$6 \times 61 + 1$ 钢丝绳 $\alpha = 0.80$；

K——钢丝绳的安全系数，值取 $K = 8$；

G——吊具重量（kN）。

预应力张弦梁专项施工方案

陶长君　李维滨

东南大学

24.1 工程概况

新建呼和浩特火车站位于呼和浩特主城区东侧。车站为客运站，由客运站房、站台雨篷、铁路车场及站台、室外高架人行平台、站前高架公路桥、站场下人行通道和停车场及铁路用地范围内的客运广场组成。站房总体建筑长约 315m、宽约 80m、最高约 45m，主体部分为钢结构，建筑面积约 49000m²。本工程为火车站站台雨篷预应力钢屋架张弦梁的施工。

呼和浩特火车站雨篷采用空间张弦梁结构形式，总面积约为 39000m²，主要由 22 榀 ZXL1 和 70 榀 ZXL2 两种张弦梁组成（图 24-1），其中 ZXL1 跨度为 54m，上弦采用□700mm ×300mm ×18mm ×20mm 方管，两端柱顶标高为 12.263m 和 14.200m，ZXL2 跨度为 48.5m，

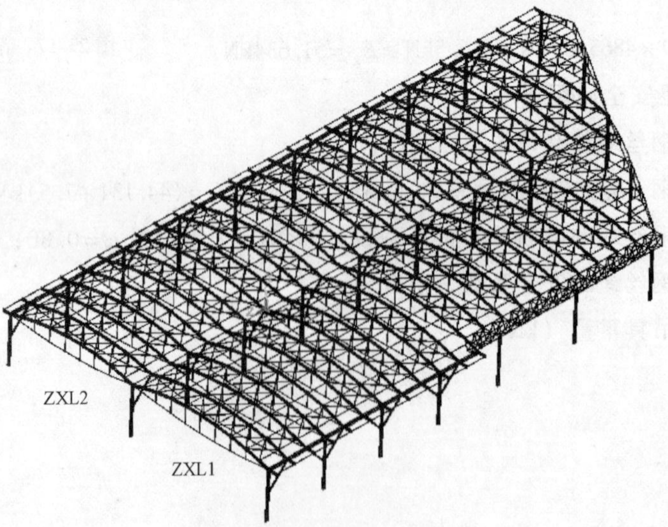

图 24-1　屋盖结构三维模型

上弦采用□650mm×300mm×18mm×20mm 方管，两端柱顶标高均为 14.200m（图 24-2）。支撑杆最大矢高约 5.5m，采用 ϕ273mm×8mm 无缝钢管。下弦采用 1670MPa 级 121ϕ5mm 半平行钢丝束拉索，曲线形式为圆弧，固定端张拉端索头均采用热铸锚，索皮为双层 PE。张弦梁钢屋架由下弦索张拉成型，拉索、撑杆和上弦方管形成结构体系承受荷载，通过柱传给下部结构。在使用阶段，张弦梁支座与下部结构之间铰接固定。

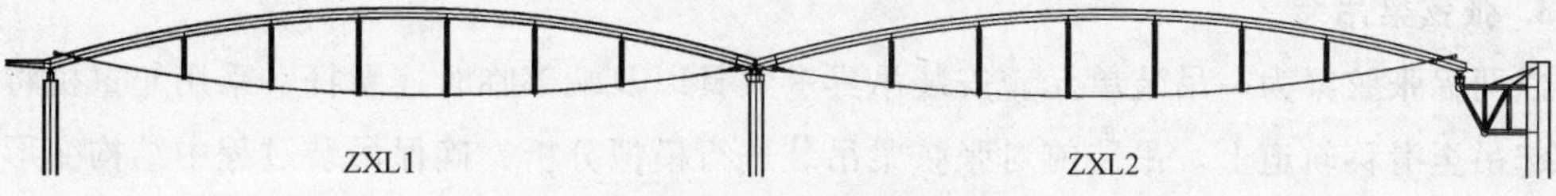

图 24-2 屋盖张弦梁立面

24.2 编制依据

（1）《建筑工程施工质量验收统一标准》（GB 50300—2013）。
（2）《建筑抗震设计规范》（GB 50011—2010）。
（3）《钢结构设计规范》（GB 50017—2003）。
（4）《钢结构高强度螺栓连接技术规程》（JGJ 82—2011）。
（5）《钢结构焊接规范》（GB 50661—2011）。
（6）《钢结构工程施工质量验收规范》（GB 50205—2001）。
（7）《碳素结构钢》（GB/T 700—2006）。
（8）《预应力钢结构技术规程》（CECS 212：2006）。
（9）《建筑施工扣件式钢管脚手架安全技术规范》（JGJ 130—2011）。
（10）《钢筋焊接及验收规程》（JGJ 18—2012）。
（11）《钢筋机械连接技术规程》（JGJ 107—2010）。
（12）《建筑施工起重吊装工程安全技术规范》（JGJ 276—2012）。
（13）呼和浩特火车站施工图。

24.3 施工方案

24.3.1 施工步骤

本工程的张弦梁采用两榀张拉、滑移的施工方法。拉索的安装穿插在钢构件的安装过程中。待两榀张弦梁的钢构件和拉索在胎架上安装完毕且连接水平系杆后，在胎架上张拉完毕然后吊装至滑移轨道滑移就位。滑移完毕后在上弦管内灌注水泥砂浆，最后安装屋面系统。

拉索施工的步骤为：

1. 张弦梁拼装

在屋盖中部的地面或楼面上搭设拼装胎架，需对胎架进行高精度的定位测量。在胎架上拼装张弦梁的上弦，并安装撑杆和拉索及两榀张弦梁之间的水平连系杆和中间的剪刀撑。

2. 拉索张拉

两榀为一张拉单元进行双端同步分级张拉。张拉过程中逐渐加大张拉力，逐级监控。

3. 张弦梁吊装

以两榀张弦梁为一吊装单元，安装吊具、索具以及端部临时连系杆，采用起重机将吊装单元起吊至滑移轨道上。吊装前对张弦梁吊装进行模拟分析，确保吊装过程中结构变形内力满足要求。

4. 结构滑移就位

以两榀张弦梁为一滑移单元，两端同步滑移至设计位置。安装滑移单元之间的水平连系杆、剪刀撑及张弦梁端部悬挑构件等。

24.3.2 施工技术措施

（1）施工过程控制。本工程采用两榀张弦梁为一施工单元进行张拉、起吊、滑移的一体化施工方法，即将两榀张弦梁联结形成空间结构而后两榀同时张拉，在地面张拉完毕后起吊至滑移轨道就位。

张弦梁张拉分为多步加载，在每一阶段过程中，其自身都要经历一个自适应过程，经过自平衡而使内力重分布，形状也随之改变。张弦梁施工应严格控制预应力索的张拉过程，保证两榀梁变形一致，张拉至初始预应力态后变形应力均达到设计要求，起吊后能精确就位。为此，对构件张拉过程的监控十分重要。

同时张弦梁本身长度较长、刚度较弱，需考虑如何避免在吊装过程中两榀梁产生错动及扭曲从而导致的永久变形等不利因素。在滑移过程中还需采用必要的措施保证结构同步推进，同步控制是滑移施工的关键。

（2）模拟施工过程内力变形分析，控制结构变形。张弦梁结构是由撑杆连接抗弯受压构件和抗拉构件，并通过在抗拉构件上施加预拉力以减轻压弯构件负担而形成的自平衡体系，是一种半柔性结构，由拱梁、预应力索以及撑杆组合而成，下弦拉索张拉成型后，其结构体系才能形成。张弦梁结构体系的张拉施工工艺是保证其工作性态的必要条件，对其变形、内力要求较高。因此需对预应力施工过程结构的内力和变形进行模拟分析，为保证施工过程中结构的安全性提供数据参考，确定合理的张拉方案，进而保证竣工时的索力满足设计要求。张弦梁结构体系施工过程中需要以变形控制为主，内力控制为辅。

（3）施工过程中注意减小误差影响。张弦梁设计给出“零应力状态”及“初始预应力状态”，而设计中并未考虑结构存在的几何缺陷。实际梁及索的制作过程中精度难以保证，必然存在一定程度的加工误差。在运输、安装时也可能造成一定程度的变形，这样实际结构施工必然存在几何缺陷。同时施工过程中的测量读数均有误差的均在。这一系列的误差需在施工过程中通过相关的技术手段进行弥补。

（4）注意形变对建筑效果的影响。屋盖张拉后不仅要满足结构受力的要求，更要满足建筑效果的要求。在屋盖施工完成后，必须保证所有撑杆垂直于地面。如果撑杆垂直度不统一，将会严重影响站台钢屋盖的建筑效果。撑杆的垂直度主要受张拉力的精度、下节点初始位置、张拉伸长值3个因素影响。为了控制撑杆的垂直度，通过有限元分析计算出整个张拉过程中每个撑杆下节点的位移。在安装钢索和撑杆下节点时根据理论计算的数据给撑杆预留出偏移量。当钢索索力达到设计的张拉力时撑杆就可以保证垂直。同时采用两榀两端同步张拉，可以保证钢索两端的伸长值一致，能够避免撑杆统一地向一个方向偏移。

（5）合理选择起重机。施工现场位于呼和浩特市，重型起重机难以找到，土建现场仅有65t汽车式起重机可用。吊装单元为两榀桁架梁及其中连系杆件，重约60t，需起吊至15m滑移轨道，吊装机械起重能力覆盖范围相对较小。同时吊装过程中需保证两榀梁之间受力一致，不能发生错动，避免梁间系杆及斜杆产生破坏。

24.4 工艺流程

预应力张弦梁施工工艺流程如下：

地面胎架上拼装主梁→安装撑杆→安装两榀梁之间斜撑及连系杆件形成两榀张拉单元→安装钢索→张拉钢索至设计值→两榀梁整体吊装至轨道→滑移就位。

24.5 施工要点

24.5.1 张弦梁拼装成形

张弦梁型钢上弦主梁分为多段制作，必须待其各段均吊装就位校验无误后方可进行焊接，需控制梁的直线度、水平度、起拱度等，误差均不得超过规范要求。

在规划位置设置拼装胎架，胎架底部采用斜撑连接形成整体，避免在张拉过程中产生移动，导致梁的变形（图24-3）。将焊接成形的上弦主梁吊至拼装胎架，而后安装支撑以及两榀张弦梁之间的水平连系杆件。

图24-3 张弦梁胎架模型

胎架是张拉前张弦梁的承重结构，是张弦梁找形的第一步，胎架高度及轴线位置应严格按照设计要求，保证张弦梁各部分安装完成后其几何形状与“零应力状态”保持一致。共设两座端部胎架及一座中间胎架，胎架均采用立式胎架，不得采用卧式胎架，上端须设置调节装置，便于调整桁架安装节点标高，且便于落架。胎架高度须保证张弦梁拉索最低点离地面至少500mm，以便于拉索及工装的安装。

胎架两端张弦梁搁置支座处必须采用有效措施，张弦梁临时支座滑移端下安装聚四氟乙烯垫或铺设圆钢，确保张拉过程中张弦梁一端固定，一端滑动。同时胎架两端的支架须保证能承受整个结构自重，另外必须具有较大的刚度，胎架底部连接形成整体，以确保拉索张拉时胎架不随张弦梁一起变形。

张弦梁在胎架上拼装完成后，其几何形状应与零应力状态保持一致。两榀张弦梁各节点的位置误差，在张弦梁高度方向不大于2mm，在张弦梁长度方向不大于5mm。

张拉前使用全站仪测量校核。

24.5.2 拉索制作

拉索采用专业公司生产的成品拉索，其钢索采用121ϕ5mm半平行预应力钢索，钢丝为1670MPa级镀锌钢丝，单根钢丝直径5mm，二级松弛，外包PE。拉索的长度应根据设计图以及锚具和张拉的伸缩量综合确定，制作时应采取“应力”下料，消除一些非弹性因素对钢索长度的影响。拉索出厂前放平拉直，并按要求张力下的要求尺寸在索体表面标明索球位置，拉索生产误差累积到调节端。

拉索张拉端、固定端均采用热铸锚。所有索头和索球应进行热镀锌，最小厚度50μm。拉索生产单位须保证索头及其连接件的强度不低于索体标称破断力的95%。索锚具与索轴及各节点的销轴孔应具有H12的精度，孔壁表面粗糙度不应大于12μm。

拉索的索头如图24-4所示。

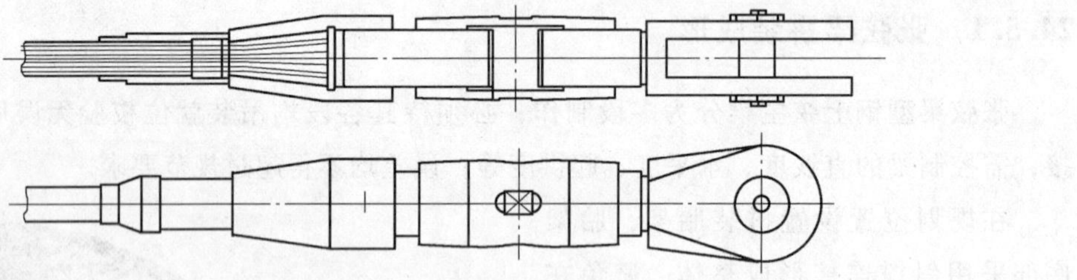

图24-4 可调索头（热铸锚）

24.5.3 预应力材料的防腐

对于预应力钢结构，其耐久性主要由钢材的耐久性以及预应力体系的耐久性决定。因此需提高预应力材料的自身防腐性能，同时做好防腐措施以提高结构的耐久性。

预应力索外皮具有较好的防腐蚀性能，但是PE被破坏后钢丝还是会被腐蚀，因此应注意在运输、贮存、施工中不能破坏PE。钢索的外包装应对在装运时可能发生的机械损伤采取良好的保护措施。张拉端和固定端锚具在张拉施工完成后需用油脂封锚。对重要结构应经常管养，检查结构构件锈蚀情况，及时进行再次防腐处理或者更换。

钢索宜贮存在库房中，露天存放时宜加盖遮蔽物。选择合理的厂家发货时间，在具备拉索施工工作面前7d拉索运至现场，减少现场存放时间。成卷拉索只能水平堆放，可以叠置，逐层间加垫木，叠置高度不超过1.5m。预应力拉索材料如图24-5所示。

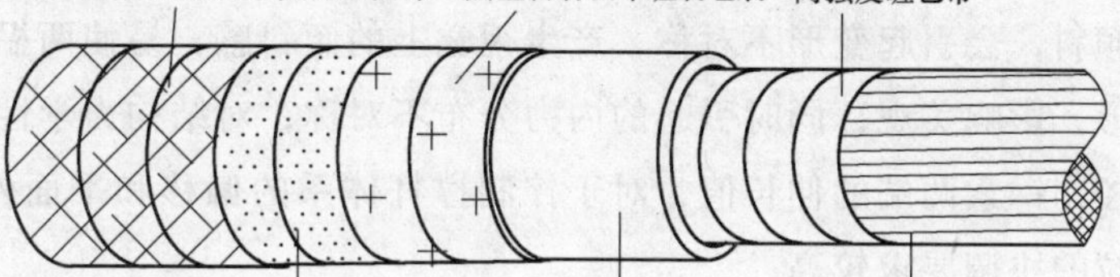

图 24-5 预应力拉索材料

24.5.4 拉索安装

根据预应力钢屋盖结构总体施工的程序，预应力拉索安装都在地面上进行。

1. 放索及索球安装

由于拉索索长为54m左右，采用起重机在张弦梁的安装胎架另一端进行牵引，徐徐将索放出。

在索运至胎架内，平置于已拼装成形的拱架下后，将索球运至各相应的撑杆节点下，组织施工人员按索球位置标识在索体上安装索球。索球与拉索应夹紧，拧紧索球螺母，用指示式扭力扳手监控拧紧力矩。因为索体在安装和张拉时有变形，索球螺栓会变松，需在张拉结束及屋盖结构形成后再各拧紧1次。

2. 拉索安装就位

张弦梁的拉索长而重，外形呈鱼腹状。放索后，拉索平铺于张弦梁下。在张弦梁两端及中间部位，在撑杆上端位置设置若干吊点，采用手拉葫芦提升拉索，提升的过程中，利用起重机将拉索索头插入铸钢支座传束孔，用插销锚固。

24.5.5 预应力张拉

1. 张拉方法

预应力拉索在地面拼装胎架上张拉，一次张拉到位。地面一次张拉到位减少了高空张拉的工作量，避免了屋盖形成整体后单榀索拱张拉索力的增加较大，以及后张拉的索对前张拉的索拱的内力重分布的影响，且张拉设备转移方便，施工速度大大加快，便于后期工序衔接。

为避免地面张拉产生平面外变形，将两榀张弦梁联结形成空间结构整体受力。但两榀张拉前需连接两榀梁之间的系杆及少部分斜支撑以形成整体结构，而预应力张拉会引起支撑两端点间弦长的变化、张弦梁的侧向位移以及两榀张弦梁不同步变形，会给斜支撑带来一定附加内力。在本工程中，考虑到张拉力未超过400kN，且张拉前仅安装了最中间的斜撑，影响不会很大，因此，仍采用两榀整体张拉方法。

对单榀张弦梁，张拉方式可以分为单端张拉和双端同步张拉。单端张拉的优点在于设备人员数量需求较少，施工组织协调方便。但是单端张拉会使竖直腹杆转动变形大，全部腹杆向非张拉端一侧倾斜，会引起变形不对称，产生视觉上的倾斜感，易使两榀的张拉单元产生张拉平面外的变形，影响美观，同时引起的内力分布不对称，对结构力学性能产生影响。双端张拉可以随时控制钢索两端的伸长值，对于控制撑杆体系的偏移和平面外变形比较有利，但对双端同步张拉的协调要求较高。

本工程采用双端同步分级张拉的方案。

2. 张拉原则及注意要点

张弦梁临时支座滑移端下安装聚四氟乙烯垫或铺设圆钢，确保张拉过程中张弦梁一端固定，一端滑动，以保证张拉过程中张弦梁变形自由，张拉完成之后索力达到设计值。

张拉时保证两榀梁两端张拉的同步性，即四个张拉点的同步张拉。

拉索拉力达到解决梁自重要求后，当张弦梁没有脱离胎架时，应将张弦梁与胎架脱离，使张弦梁仅受自重的作用。并根据上述的控制值，对索的内力进行调整后再张拉。拉索预应力张拉施工，在满足设计预加力值同时，保证张弦梁构件不变形，是张拉全过程控制的重要指标。

张拉过程中实施双控，以变形控制为主，索力控制为辅。将跨度及跨中节点矢高作为首要变形控制参数。张拉时逐渐加大张拉力，逐级监控。出现变形或内力较大情况应立即停止张拉查找原因。

3. 张拉设备

根据设计要求，本钢结构预应力钢绞线的设计张拉力为370kN和340kN。张拉设备采用4台预应力钢结构专用YCW60B穿心式千斤顶和配套液压泵、油压传感器、读数仪。根据设计和预应力工艺要求的实际张拉力对液压泵、油压传感器及读数仪进行配套标定。

张拉工装的设计如图24-6所示。

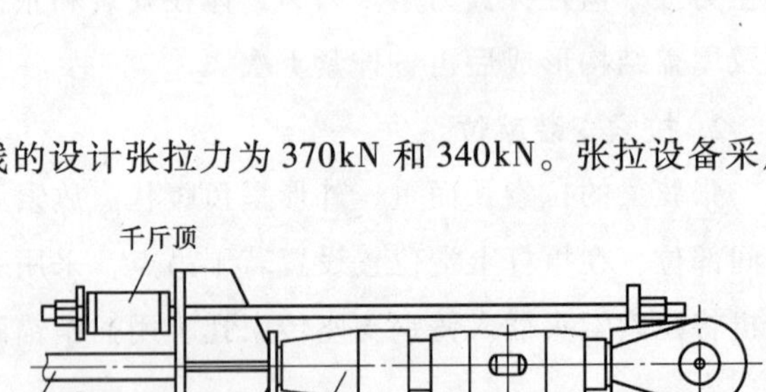

图24-6 张拉工装

4. 试验张拉

采用四台千斤顶对两榀梁分为两级同步进行张拉。共设置了4个张拉点，每次张拉2榀钢索，分五级张拉。第1级张拉到控制应力的20%，以后每级递增20%，第5级张拉到控制应力的100%，即初步达到设计要求的预应力状态。五级张拉之后，对全部的索力及张弦梁变形进行检测。考虑到张拉过程中张弦梁的滑动产生一定的反向摩擦，以及张拉时支座可能发生的跨度方向或横向移动导致部分索力损耗和张弦梁的制作误差产生的影响，在张拉过程中应根据检测情况对索力进行适当的增加，以消除以上因素造成的索力减小。

选择第 1、2 榀张弦梁整体结构做试验，施工前用有限元仿真模拟张拉工况，以此作为指导试张拉的依据。试张拉完成后，整理出各张拉技术参数的控制指标值，形成技术文件，用于指导正式张拉。

5. 正式张拉

待两榀张弦梁之间的水平连系杆以及最中间的剪刀撑安装后，进行拉索的正式张拉。

液压泵起动供油正常后，四台同时开始加压，当压力达到钢索设计拉力时，以张弦梁跨度为主要控制标准进行调整，然后停止加压，完成预应力钢索张拉。

张拉分 5 级：0→20%→40%→60%→80%→100%。

张拉时，以控制张弦梁跨度为主，以控制索力和矢高为辅。

张拉完毕后，安装两榀张弦梁之间的其余剪刀撑，然后进行吊装工作。

6. 施工过程控制

为保证预应力拉索施工质量，在拉索张拉过程中进行结构应力和变形控制。

过程控制内容有：

（1）各级张拉过程中，控制两榀梁预应力索自身张拉应力变化及索力之间的相互影响。保证在张拉过程中两榀梁索力同步增加。

（2）控制上弦梁各测点竖向位移及张弦梁跨度变化，保证两榀梁变形一致。

24.5.6 张拉过程监测

为保证预应力拉索施工质量，在拉索张拉过程中进行结构应力和变形监测。包括拉索自身张拉应力变化、索力之间的相互影响、结构变形以及其他钢构件的内力影响。

1. 施工监测内容

（1）张弦梁的形状。是否满足建筑要求的结构外形是工程验收的主要内容。张弦梁的外形分为多种情况：胎架拼装时、张弦梁就位、张拉结束、灌注水泥砂浆、形成整体结构（屋面施工结束）。

（2）张拉力应满足设计要求，并能保证张弦梁顺利起吊和就位。索力主要是由结构刚度和荷载决定的，施工张拉力所占比例较小，因为在屋面荷载未作用前，施工张拉值过大会引起过大的反拱，会造成水平方向过大的内缩，导致张弦梁无法就位。同时张拉力又不能过小，过小的索力会导致张弦梁刚度过小，甚至在使用过程中在某些工况下松弛。

（3）索力与变形双控，以控制结构跨度为主。本工程张弦梁的上弦仅为两根箱形梁，竖向平面内的刚度较小，且撑杆较多，张拉施工时结构的跨度和矢高变化对索力非常敏感，较小的索力变化会引起结构跨度和矢高的较大变化。

考虑到本工程张弦梁在拉索张拉后吊装就位，并便于各榀张弦梁之间支撑和檩条的安装，本工程拉索张拉控制应以控制结构跨度为主，同时参考索力和矢高。

（4）各阶段相邻杆件的内力应在安全范围内。在张拉、起吊、就位、使用等各阶段应保证杆件的安全。

2. 监测方法

（1）应力钢索的受拉应力监测采用电测法和千斤顶油压表测试法。

（2）结构的变形监测采用全站仪观测挠度和位移的方法进行测量。

3. 监测点布置

（1）位移监测点布置。竖向位移监测点布置在张弦梁上弦跨中及跨度三等分点，总计3个竖向位移监测点位。水平位移监测点布置在张弦梁支座处，共4个监测点，监测跨度及两榀梁支座对角线长度。竖向和水平位移监测点位置如图24-7所示。

（2）钢结构应力监测点布置。在上弦梁跨中应力较大位置布置振弦应变计，监测张拉过程中钢结构应力变化。

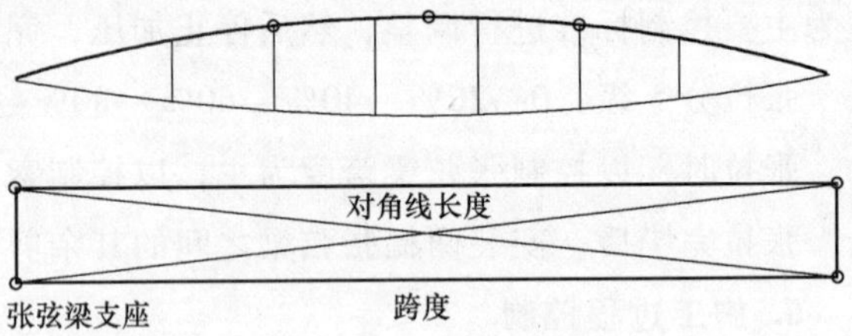

图24-7 竖向和水平位移监测点位置

4. 监测结果比对

分级张拉过程中及张拉完成后都需对监测点都进行监测，对测试结果进行统计，并同模拟分析理论值进行比对；实测钢结构应力值、起拱值应与理论计算值相近，钢结构应力和整体结构变形均应满足相关规范要求。

施工中，如发现索力或形变误差较大，超出分析值的10%时，应与设计、监理单位沟通，查明原因，及时纠正，尽量使两者均符合要求。

各张弦梁的张拉力及相应结构变形的部分理论值见表24-1。

表24-1 模拟计算理论值

编号	索规格	张拉力/kN	零状态跨度/mm	零状态矢高/mm	初始预应力态跨度/mm	初始预应力态矢高/mm
ZXL1	121ϕ5mm	370	54271	3684	54000	4316
ZXL2	121ϕ5mm	340	48723	2867	48500	3448

24.5.7 张弦梁吊升、滑移

结合施工现场条件限制，仅在现场中部有安装及吊装场地，因此本工程采用两榀吊装、滑移安装方案。

以相邻两榀梁为一个吊装滑移单元，地面张拉完成后，以两榀张弦梁为一吊装单元，安装吊具、索具以及端部临时连系杆，采用起重机将吊装单元起吊至滑移轨道上，两端同步滑移至设计位置。地面张拉、吊装和滑移形成流水作业，施工布局合理，周期安排得当，工期及质量可以得到保证。

1. 起吊、滑移施工原则及注意点

本工程以两榀张弦梁为吊装滑移单元，单元吊升滑移应注意以下几点：

（1）张弦梁本身长度较长、刚度较弱，起吊时需保证两榀梁变形一致，滑移过程中需保证两榀梁滑移同步，避免在吊装滑移过程中使两榀梁产生错动及扭曲从而导致永久变形等不利因素。

（2）吊点选取的原则是保证整体结构受力合理，确保吊装单元在提升过程中的稳定性。尽量选取原结构支承点或节点作为提升点，可以保证提升点的布置与结构的刚度分布相一致，使提升状态的结构受力情况与实际使用状态的结构受力情况基本吻合。本工程中吊点应布置于张弦梁端部附近。

（3）滑移轨道安装直线段必须符合规范要求，轨道梁与框架柱固定牢靠，以免滑移时产生的侧向力使其倾覆或移位。

2. 吊升方法

吊装单元为两榀桁架梁及连系杆件，重约60t，需起吊至17m高滑移轨道，土建现场仅有65t汽车式起重机可用。需四台吊机同时工作方能保证安全起吊。

本工程选择了采用吊具辅助起吊的技术方案（图24-8）。吊装应尽量选取原结构支承点作为提升点，可以保证提升点的布置与结构的刚度分布相一致，使提升状态的结构受力情况与实际使用状态的结构受力情况基本吻合。

为保证两榀张弦梁同步起吊，减小对中间连系杆及撑杆的影响，采用三脚架扁担梁辅助，四台起重机同步对八个点起吊。扁担梁是由H型钢主梁及两根斜杆构成的三角体系。下部设置四根吊带连接位于张弦梁端部及最靠近两端的撑杆上部的吊点。

起吊时由两台起重机同时起吊扁担梁H型钢主梁的两端。起吊过程中，扁担梁与吊带之间为铰接，即使起重机提升高度不一致也能保证起重机、吊带受力均匀，从而保证两榀梁之间内力变形一致。

由于采用吊带及吊具辅助，起重机的最大起升高度增大至约30m。两榀张弦梁及其两榀间连系构件的总重约60t。根据QY65K型汽车起重机工作性能参数，起重臂变幅角度为80°时，最大起重量为15.5t，工作半径为8m，满足施工要求。

3. 吊升辅助设备

为保证两榀张弦梁同步起吊，减小对中间连系杆及撑杆的影响，控制梁的竖向变形，四台起重机同步对八个点起吊。采用三脚架扁担梁吊具辅助起吊。吊具由H型钢主梁及两根斜杆构成。主梁为H300mm×250mm×10mm×14mm焊接型钢，斜杆采用H250mm×200mm×5mm×8mm焊接型钢，材质均为Q235。斜杆下端部设置吊耳板连接四条吊带。

张弦梁吊点处增设抱箍，中间连接临时水平连系杆，以平衡索具的水平分力（图24-9）。临时水平连系杆采用ϕ273mm×8mm钢管，材质为Q235。梁上弦吊点处设置吊耳固定吊带。

4. 吊升步骤

（1）胎架上张拉完毕，拆除张拉设备。安装抱箍及临时连杆。起重机停机就位，将扁担梁吊具吊至吊点上方连接吊带。确认连接可靠，准备起吊。

（2）断开张弦梁与胎架的任何连接部位，进行试验起吊。四台起重机统一指挥，同时

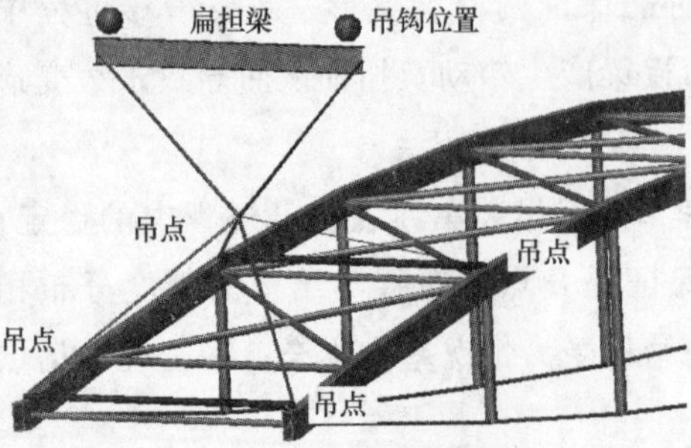

图 24-8 吊具辅助起吊

图 24-9 抱箍及临时连杆

起吊，使张弦梁脱离胎架即可，停滞10min，期间对设备以及张弦梁的变形情况进行实时监测，所有情况正常后，才可继续起吊。起吊过程中保证起重机稳步协调吊升。

（3）张弦梁整体吊装至滑移轨道上方，梁端部安装滑移支座，利用千斤顶对跨度进行微调后于滑移轨道就位，准备滑移。

5. 滑移平台设计

本工程张弦梁滑行方向均为直线型，滑行过程无上下坡，结构滑移过程较为简单。

滑轨采用直径36mm圆钢，通长布置于纵向平台上，临时焊接牢固，在整个过程中起到承重导向和限制横向水平位移的作用。为保证滑轨的水平度，降低滑动摩擦系数，滑轨支撑纵梁上表面必须保证光顺平整，焊接接头处焊缝需打磨平整，确保在滑移过程中稳定，防止跳动。保证滑轨安装精度，滑轨中线与纵向梁轴线偏移度控制在3mm以内，一个柱距内，标高偏差控制在5mm以内。

一个张弦梁滑移单元设置四个滑移支座，每个支座设置两个滑轮在滑轨上移动。

6. 滑移步骤

（1）吊装就位后对张弦梁、滑轨体系的稳定性和滑移系统的可靠性进行认真检查确认。确认滑移过程监测设备安装完成。

（2）结构正式滑移前，先试滑移500mm，试滑移过程中注意观测设备系统的压力、荷载变化情况、滑移单元在滑移过程中的结构稳定性等，确保滑移过程中无任何异常情况后进行正式滑移。

（3）滑移开始前，进行缓慢起动，过程中滑移速度控制在8~12m/h。滑移过程中，在轨道边设置刻度尺作为同步滑移的辅助控制，最小单位为5cm，测量人员应通过激光测距仪及钢卷尺配合测量各滑移点位移的准确数值，从而控制两榀梁的同步滑移。滑移单元自身为稳定结构体系，宽度仅为7.794m，其滑移过程中的自身稳定性较易控制，但其下部耳板与滑移支座连接处间隙较大，为保证张弦梁在起动和滑移过程中不产生相对位移，耳板处间隙用木塞填充。

（4）张弦梁通过滑动摩擦力进行制动，最终停止位置与设计位置必然存在偏差，落架前需通过千斤顶进行微调，安装落梁反力架，利用四台50t千斤顶顶升梁，拆除滑轨，置换支座后落架于设计位置，焊接支座。

24.5.8 预应力拉索施工与其他专业施工的协作配合

预应力施工及其他专业施工之间应互相配合、紧密协作，为共同完成本工程的施工任务而积极主动地为对方创造有利的施工条件。

（1）基层道砟夯实，面层抄平，以便于拉索索盘存放及拉索的展开。

（2）拉索张拉设备张拉时供电需有保证，并配备电箱。

（3）为便于拉索穿束、索球安装、张拉设备就位、拉索张拉及张拉调整等工序施工，需搭设必要的操作平台。

（4）屋盖普通钢结构安装完成后及时清理杂物，以便于拉索的顺利安装和张拉。

24.6 质量保证措施

（1）成立施工监控小组，主持索力和结构变形的工程控制。

（2）认真计算、优化并制定完善的施工方案，严格按设计及施工工艺规定的各项要求施工。

（3）在屋盖钢结构拼装时，应严格保证精度，限制误差（按设计、监理要求）。

（4）拉索穿束过程中加强定位索夹及张拉端的保护，同时保护索体不受损坏。

（5）拉索张拉时，服从统一指挥，按张拉给定的控制技术参数进行精确控制张拉，整个张拉工程由专人统一指挥，用对讲机与各施工点联系，所有施工人员发现问题及时反馈到现场负责人处，由负责人发出指令确定下道工序如何施工；施工前，要对所有人员进行详细的技术交底，使每个施工人员对自己所做的工作有一个完整的认识，并做好交底记录；每道工序完成及时报验监理验收，做好验收记录；张拉过程中液压泵操作人员要做好张拉记录。

（6）机械设备数量满足实际施工要求，并配专人负责维护和保养，使之始终处于良好状态。张拉设备在使用前严格进行标定，并在施工中定期校正。

（7）劳务素质需保证。现场配备技术熟练程度很高、实践经验丰富技术工人。

24.7 预应力拉索施工人员安排

预应力拉索的施工穿插在钢结构施工中，须配合屋盖结构的拼装，确保工程的总体施工进度。

1. 拉索的安装

张弦梁有 2 跨拉索，每跨安排 5 人安装拉索，需 10 个拉索安装人员。

2. 拉索的张拉

每个张拉端安排 4 个人员，考虑 2 组人员，需 8 个拉索张拉人员。

3. 拉索张拉监测

安排2人监控拉索张拉过程中结构的变形。

本工程预应力拉索施工共需20人。

24.8 安全措施

（1）现场成立安全领导小组由项目副经理负责主抓现场的安全及文明施工。

（2）现场设专职安全员负责日常的安全检查与巡视，发现安全隐患及时解决。

（3）现场应有专职的电工负责预应力施工用电。

（4）现场设设备管理员，负责设备的保养，确保设备使用的安全可靠。

（5）加强安全教育，定期开展质量及安全施工竞赛。

（6）预应力拉索安装和张拉时应搭设牢固的操作平台，平台上应满铺脚手板。

（7）安装时，张拉操作人员应严格遵照操作规程，以免发生工程事故。

（8）高空作业时防止高空坠落。

24.9 施工全过程仿真模拟分析计算

24.9.1 结构分析的一般原则

张弦梁结构在初状态几何形态和尺寸由设计给定，在施加预应力的过程中，张弦梁由零状态逐渐变形向初状态接近，待变形达到初状态的几何要求时，预应力应达到设计要求。

为指导施工，从给定某个预拉力范围的初状态几何形态利用通用有限元软件编程反复迭代逆算出零状态几何形态，并进一步从零状态算到初状态以确定结构在初状态的内力、应力分布。

张弦梁结构的刚性构件在跨度较大时一般刚度较小，属于半刚性结构体系。张弦梁结构分析时，结构的内力和位移分析应采用非线性分析方法。

24.9.2 有限元模型建立

选用美国ANSYS公司出品的大型有限元软件Ansys进行计算。考虑拉索在受力上大变形及刚度强化等因素。

考虑到张弦梁撑杆和上、下弦的铰接性质，在建立Ansys有限元计算模型时，张弦梁上弦与支座竖杆采用Beam188单元，撑杆采用可释放部分转动自由度Beam44单元，下弦高强度钢索采用Link10单元（仅拉不压型），两榀梁之间的水平系杆及斜撑采用Link8单元，与上弦钢梁铰接。

钢材的弹性模量按 $2.06\times10^5\text{N/mm}^2$ 计算，拉索由于有较小的扭角，在计算时其弹性模

量按照规范取 $1.95\times10^5\text{N/mm}^2$，钢材的密度为 $7.8\times10^3\text{kg/m}^3$，所有杆件和节点的定位均根据设计院提供的结构图文件，按计算轴线在 CAD 中描绘完成，通过数据接口输入计算程序。

起吊过程中需对辅助吊具进行分析，杆件采用 Beam44 单元模拟。

由于张拉过程中索的变形对张拉力影响很大，在分析中考虑索的几何非线性，采用大变形分析对结构进行几何非线性有限元分析。张弦梁张拉后刚度变化较大，考虑应力刚化效应。

为保证计算过程的连续性，采用等效降温法（对下弦钢索施加温度荷载的方法）来模拟张拉作用。张拉模拟使用两个荷载步，第一步施加重力荷载，第二步施加预应力进行张拉。每个荷载步中取较多的子步数进行求解，以充分体现结构的非线性性质。

24.9.3 施工全过程模拟

为保证过程模拟的连续性，采用生死单元法来模拟张弦梁多阶段工况连续进程。

张拉阶段模拟，杀死结构上未安装部分斜撑、联系杆件及端部临时连杆，分两个荷载步施加自重及温度变化。固定端支座采用固定支座，滑移端释放自由滑动方向自由度。

起吊阶段取吊动升力系数 1.5，激活所有构件形成完整吊装结构，模拟水平吊升和倾斜吊升状态；滑移阶段滑移起动瞬间考虑瞬间水平加速度，取值为 $0.1g$。滑移轨道一条固定、一条可活动，释放滑移方向自由度。

24.9.4 分析结果

施工仿真模拟主要计算了地面张拉过程中五级加载张拉、起吊瞬时、起吊一端倾斜状态、滑移起动瞬时等工况下的结构变形、钢梁应力等。模拟分析中结构对称，两榀梁的变形和内力完全一致。

以 ZXL1 为例，列举部分分析结论，见表 24-2。

表 24-2 模拟计算结构

工况	张拉一级	张拉二级	张拉三级	张拉四级	张拉五级	起吊瞬时	一端倾斜	滑移起动
索力/kN	74	148	222	296	370	450	459	422
跨中竖向位移/mm	68	210	355	498	626	630	643	625
跨度/mm	-8	48	75	205	271	265	—	270
梁上最大应力/MPa	20	47	75	89	119	153	171	136
斜撑最大轴力/kN	4	6	8	10	13	13	18	15
吊带最大拉力/kN	—	—	—	—	—	200	290	—

可以看出，拉索张拉至20%后，张弦梁脱离胎架，跨中竖向位移和跨度随五级张拉力均匀变化；整个施工过程中水平系杆轴力变化很小，主梁、斜撑轴力不断增大；在起吊过程

中跨中竖向位移变大，跨度减小，但在滑移轨道上就位，结构变为两端支撑后变形即可恢复，对后续滑移工序无影响；同时，起吊及滑移起动瞬时，张弦梁上应力急剧增加，但均在安全范围之内。三个施工阶段内力变形相差不大，主要是由于张弦梁吊点与原设计支座基本吻合，约束变化很小，对内力影响很小，结构体系不致由于施工过程中的阶段转换而受到破坏。整个施工过程中，两榀梁结构杆件应力的变化始终在允许应力控制范围内，结构在施工成形过程中应力满足强度要求，变形满足设计要求。

实际张拉中，由于梁与胎架制作时产生的误差缺陷以及张拉过程中不可避免的摩擦损耗，导致实际张拉结果与理论分析存在一定的差异。

仿真分析使用的是理想对称模型，实际施工中两榀梁之间差异所产生的变形无法模拟，因此需在中间胎架设置限位杆件限制梁的平面外变形。实际工程中由于梁与胎架制作时产生的误差缺陷以及张拉过程中不可避免的摩擦损耗，导致实际张拉结果与理论分析存在一定的差异，两榀梁之间的变形与内力也确存在差异，为使两榀梁跨度满足预应力态设计要求，在经过调节后两榀梁索力与起拱不完全相等。

悬挑罩棚钢桁架施工方案

周观根

浙江东南网架股份有限公司

25.1 工程概况

南昌国际体育中心体育场占地面积 67248m^2，总建筑面积 82742m^2，观众席约 6 万个。体育场为一座圆形建筑，顶棚线条流畅，宛如旋转的水流星，鸟瞰犹如一个太极图，因此被赋予了“中国极”的美称（图 25-1～图 25-4）。

图 25-1　体育场效果图

图 25-2　体育场罩棚结构模型图

图 25-3 西立面

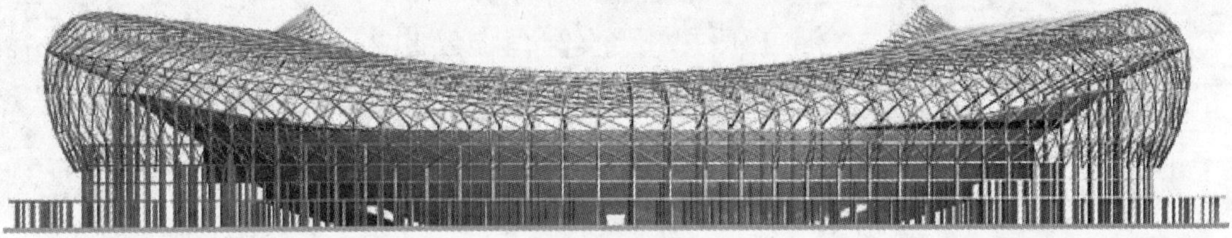

图 25-4 南立面

体育场钢结构屋盖罩棚平面投影为环形，外环呈圆形，内环呈椭圆形，南北方向呈马鞍形，结构为双轴对称。外环直径为287.8m，内环长向（南北向，*Y*轴）为212m，短向（东西向，*X*轴）141.7m，建筑最高点标高为51.850m。

体育场罩棚钢结构采用96榀径向主桁架、5榀环桁架、部分收边桁架、V形支撑和单向斜撑、192只铸钢件节点等组成的空间管桁架结构（图25-5），桁架杆件为圆钢管，最大杆件截面为ϕ450mm×16mm，最小杆件截面为ϕ159mm×8mm，材质主要为Q345B，整个体育场钢结构用钢量约为8000t。

25.1.1 工程特点

（1）结构悬挑大。东西向径向桁架最大悬挑达47m，最大宽度为7m，最小宽度为2m（图25-6），南北向径向桁架悬挑长度达27m，屋盖结构通过V形支撑柱支撑。

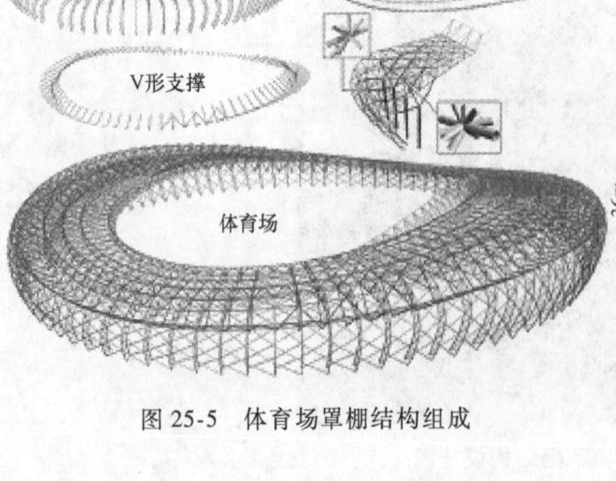

图 25-5 体育场罩棚结构组成

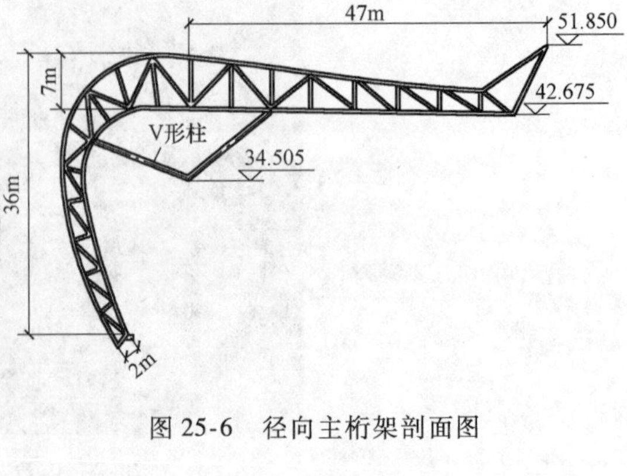

图 25-6 径向主桁架剖面图

（2）结构高度高。主体育场结构高度高，最高点标高为51.850m，最低点标高35.000m。

（3）体型圆润，曲线流畅。南昌国际体育中心体育场罩棚钢桁架顶棚线条流畅，宛如旋转的水流星，要体现这一建筑效果，保证钢结构外形曲线平滑是本工程的关键技术之一。

（4）大环形封闭结构。罩棚钢结构是由96榀径向主桁架和5榀环向连系桁架组成的封闭式结构，全周长约为800m，且顶棚桁架上下弦间斜撑单向布置。在施工过程中，应充分考虑环形结构安装偏差的累积以及适时设置施工合龙缝。

25.1.2 施工难点

该体育场大悬挑、大跨度、单向斜撑组成空间管桁架的结构特点，给工程施工技术提出了高要求和高水平，通过对各种施工方案对比分析，选用高空分块吊装法进行施工。结构施工难点主要包括以下几个方面：

（1）罩棚钢桁架结构悬挑跨度大，竖向变形大，为保证结构外形尺寸线条流畅，需对结构进行预起拱设计。

（2）根据所选的高空分块吊装方案，本工程的一个最大特点是地面拼装量大，地面的拼装量约占整个工程的75%，因此，地面拼装精度保证是工程的重点。

（3）结构高度高，吊装分块重量大，吊装时结构稳定性控制难，对临时支撑的要求高。

（4）分块构件安装就位前的变形控制难，测量定位困难，容易影响安装精度。

（5）该结构连续长度长且又为全封闭，要充分考虑环形结构安装误差的累积，同时钢结构罩棚与下部混凝土柱采用支座固定，结构整体如果不设置合龙缝，施工过程中温差变化会对安装精度和结构使用阶段的安全性不利，因此罩棚合龙缝及合龙温度控制至关重要。

（6）支撑架的拆除难度大，要求高。大悬挑结构自重作用下结构的变形大，支撑架拆除不当会造成结构和支撑架的破坏，为了使罩棚结构逐渐进入设计受力状态，支撑架拆除需要分步、分级进行，因此支撑架拆除过程的施工仿真分析是本工程的施工控制关键。

25.2 编制依据

（1）《建筑结构荷载规范》（GB 50009—2012）。

（2）《建筑抗震设计规范》（GB 50011—2010）。

（3）《钢结构设计规范》（GB 50017—2003）。

（4）《混凝土结构设计规范》（GB 50010—2010）。

（5）《建筑工程施工质量验收统一标准》（GB 50300—2013）。

（6）《钢结构工程施工质量验收规范》（GB 50205—2001）。

（7）《冷弯薄壁型钢结构技术规范》（GB 50018—2002）。

（8）《钢桁架质量标准》（JG8—1999）。

(9)《钢结构焊接规范》(GB 50661—2011)。

(10)《钢结构防火涂料应用技术规范》(CECS 24：1990)。

(11)《铸钢节点应用技术规程》(CECS 235：2008)。

(12) 本工程招标、投标文件。

(13) 本工程施工图。

(14) 现场实际勘察资料。

25.3 施工计划

计划开工日期：2010 年 3 月 1 日，计划竣工日期：2010 年 7 月 30 日。

25.3.1 关键节点工期控制

(1) 2009 年 10 月 16 日 ~2009 年 12 月 31 日：施工准备阶段。

1) 2009 年 11 月 5 日 ~2009 年 12 月 15 日，配合土建进行 192 只预埋件的安装。

2) 施工方案的编制、细化，其中 2009 年 11 月 20 日前完成整个施工方案的编制及公司内部的审核，2009 年 11 月 20 日正式方案汇报业主，后根据业主意见进行补充完善，2009 年 12 月初邀请专家进行论证评审，2009 年 12 月 15 日前根据专家意见修改完善后正式按程序报审。其间，包括吊装专项方案、安全专项方案（包括事故处理应急预案）、支撑架搭设及拆除方案等一系列专项方案也同时完成。

3) 2009 年 12 月 15 日前完成深化设计图样，2009 年 12 月 20 日前完成深化设计图样的确认工作，同时将图样下发生产部门进行工艺翻样、加工准备。

4) 材料采购在 2010 年 1 月 31 日前完成。

5) 根据施工方案，进行拼装胎架、支撑架等材料准备和发货。

6) 组织部分安装人员（50 人左右）进场，做开工前的准备工作。

7) 现场构件堆放场地、桁架拼装场地的准备。

(2) 2010 年 1 月 1 日 ~2010 年 2 月 28 日：构件加工、现场拼装阶段。

1) 2010 年 1 月 1 日生产部门开始构件加工，加工顺序按照施工方案确定的安装顺序按轴线进行，每条轴线、每榀桁架、每根杆件均应做好编号，发货时按桁架的拼装、安装顺序进行发货，现场按此顺序进行卸货堆放，为确保构件加工、发货按现场的施工顺序进行，现场项目部安排专人与工厂进行协调配合，第一批构件的发货时间为 2010 年 1 月 20 日（由于考虑到 2010 年 2 月 15 日为春节，会对工程进度造成影响，因此将构件加工发货、现场桁架拼装的时间提前至 2010 年 1 月下旬)。

2) 现场在 2010 年 1 月 24 日前完成拼装胎架的搭设，2010 年 1 月 25 日根据安装顺序开始进行第一榀桁架的拼装，2010 年 2 月 28 日前至少完成 5 ~6 榀组合桁架的拼装（共96 榀主桁架，每2榀组成一个组合桁架拼装单元，每榀组合桁架根据现场实际情况分段进行拼装和吊装)。

3）按安装顺序进行工作面的移交、现场测量放线、支撑架的搭设等配合工作。

此阶段现场主要进行桁架拼装、支撑架搭设及其他配合工作，人员计划达到100人左右。

（3）2010年3月1日~2010年7月20日：钢结构安装阶段，在此阶段，桁架的地面拼装仍是现场进度工作的重点，各分区示意如图25-7所示。

1）2010年3月1日~2010年5月5日，分两个工作面进行1区、2区钢结构安装。

2）2010年5月6日~2010年7月10日，分两个工作面进行3区、4区钢结构安装。

3）2010年7月11日~2010年7月15日，钢结构合龙。

4）2010年7月16日~2010年7月20日，临时支撑拆除。

此阶段，包括桁架地面拼装、吊装、油漆等现场施工人员将达到250~300人。

施工总体进度计划网络图（略）。

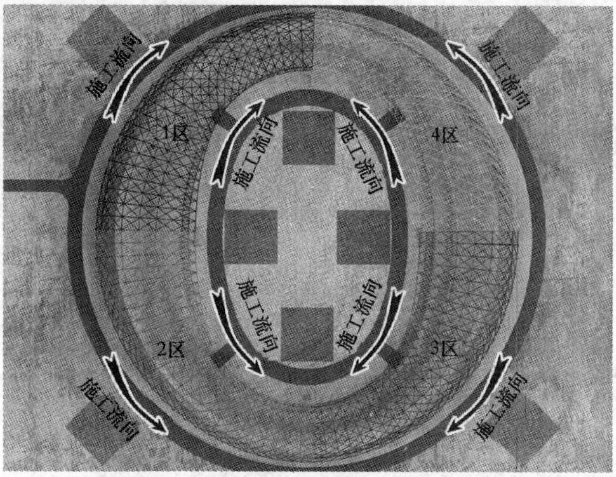

图25-7　钢结构施工段划分平面图

25.3.2　关键阶段施工进度计划及保证措施

（1）材料采购进度计划及保证措施。

1）材料采购进度计划见表25-1。

表25-1　材料采购进度计划

采购批次	采购周期	采购时间	采购量
第一批	2009年12月1日~2009年12月30日	30d	4000t
第二批	2010年1月1日~2010年1月31日	31d	4000t

2）材料采购进度保证措施。

①从公司最高层面上统一思想，充分调动公司所有的资源，从人力、物力、财力全面支持。

②成立项目总指挥部，对工程的材料采购和加工制作进行一元化管理，从而高效、统一

地开展各项工作，有效杜绝各种扯皮的现象。

③由项目总指挥部领导的材料设备部全面负责材料和设备的采购，合约财务部及时提供专项资金支持，综合办公室负责材料的运输等事务。

④由材料设备部协同计划科制订详细的采购和运输方案及到货进度计划，并经指挥部论证后，认真执行。

⑤项目总指挥部每天对材料采购工作进展情况进行总结并通报，对过程中出现的各种问题及时协调和解决；对未能达到进度要求的各子项，认真调查原因，及时处理。

⑥实行“第一工程，第一保障”的财务管理制度，对南昌国际体育中心体育场钢结构工程钢材采购和设备购置资金实行最高级别的保障准则，并实行专款专用。

⑦材料采购，提前和供应厂家达成供货协议，提前锁定资源。

⑧对签订供货合同的厂家，及时掌握材料的生产状况、监控质量标准，确保到场的材料符合各种采购指标。

⑨及时和设计院、业主、监理方沟通，确保各方面信息顺畅，保证不误购、不欠购等。

⑩根据材料计划，进行各项物资的国内、国际市场调研。请建设、设计、监理单位共同考察供货厂家，实行采购招标，做到货比三家，确保质量好、服务好、价格合理，有足够的供货能力。

（2）工厂加工制作进度计划及保证措施。工厂加工制作及构件运输进度主要根据现场安装规划进行编排，施工中严格执行。根据本工程钢结构现场安装施工进度计划，钢结构构件工厂加工制作工期计划见表25-2。

表25-2 工厂加工制作进度计划

加工制作批次	加工制作周期	加工制作时间	工程量
第一批（预埋件）	2009年11月10日~2009年11月25日	15d	约60t
第二批（体育场2区钢结构构件）	2010年1月1日~2010年2月15日	46d	约3000t
第三批（体育场1区钢结构构件）	2010年2月16日~2010年3月31日	43d	约2500t
第四批（体育场3区钢结构构件）	2010年4月1日~2010年4月30日	30d	约1500t
第五批（体育场4区钢结构构件）	2010年5月1日~2010年5月30日	30d	约1000t

构件运输工作根据工厂加工制作情况以及现场构件堆放场地库存构件情况进行调配，一般现场需进行安装施工的构件于安装前一周运输到现场进行堆放，其余构件在工厂加工成型后堆放于指定位置。由于构件运输时间比较灵活，所以对于构件运输不单独编制进度计划。

（3）预埋件安装进度计划及保证措施。

1）预埋件安装进度计划。本工程预埋件主要指钢结构斜支撑柱底以及桁架端部与楼面连接处埋件的安装施工，由于这部分钢结构的安装施工主要根据总包方土建施工进度进行施工，所以其深化设计、材料采购以及加工制作工作均需提前完成，构件加工成型后运输到现场仓库进行储存，在现场具备安装条件时及时进行安装。

2）预埋件安装进度保证措施。

① 预埋件材料提前进行采购、构件工厂加工制作提前安排，确保预埋构件在现场需进行安装施工前完成。

② 预埋件安装需要根据总包单位施工进度进行安装，确保预埋件提前到货。

③ 预埋件安装施工过程中积极与总包协调配合，安排专业施工人员进驻现场配合土建施工，及时校核预埋件安装位置。

（4）钢结构安装施工进度及保证措施。

1）罩棚钢结构施工任务量大，构件材料需提前进行采购，构件工厂加工按现场施工总体进度安排分批提前加工制作，确保每批钢结构构件在现场安装前完成。

2）根据总体施工进度安排，提前进行体育场罩棚钢桁架安装用操作架及支撑胎架搭设，确保体育场罩棚钢结构安装顺利进行。

3）由于本工程钢结构施工的重点在于体育场罩棚主体钢结构的安装，这部分的安装对于本工程施工工期的控制占据主导地位，施工中应予以重点控制，确保当天的施工任务当天完成。

4）由于屋盖钢结构安装任务较重，施工内容较多，现场施工阶段需进行合理规划，通过合理安排施工顺序，组织现场施工队伍进行流水作业，确保现场施工顺利进行，施工进度得到可靠保证。

25.4 施工工艺技术

根据结构特点、现场实际情况和尽量减少高空焊接的要求，确定采用桁架组合、分段吊装（又称分块吊装）的安装方案，即采取每两榀径向主桁架进行组合，96 榀主桁架分成 48 个大的组合单元，每个组合单元再分段吊装的方法进行施工。

25.4.1 钢结构安装总体思路

根据土建主体结构的施工分区，钢结构施工按照轴对称分成 1 区、2 区、3 区和 4 区，共 4 个施工区域。

根据结构设计特点，按照轴对称分区后，每个区钢结构的安装量大致相等，钢结构施工分区如图 25-7 所示。

本工程所有构件都是以散件形式发至现场，在地面拼装成吊装分块：场内悬挑桁架、肩部桁架、场外墙面桁架，选择 300t、200t 和 100t 履带起重机各一台进行场内、场外吊装。安装整体顺序为 2 区、1 区→3 区、4 区，如图 25-7 所示。钢结构安装总体原则为由外到内、从中间向两端以及由高到低依次进行施工。

为减小温度应力对结构的影响，在罩棚结构南北两端的标高最低点处预留两条合龙缝。罩棚合龙后，采用整体同步分级的方式拆除支撑架。

25.4.2 桁架分段

桁架分段需考虑以下因素：结构本身的特性；分块单元的地面拼装及构件在吊装过程中

受力稳定情况；所选起重机的起吊能力；减少高空对接；经济、安全等因素。

该体育场钢结构由96榀径向主桁架组成，为了保证吊装分块在吊装过程中的整体稳定性以及变形情况，以每两榀主桁架为一组装单元，同时为了降低地面拼装时拼装高度和减少拼装胎架，每一组装单元根据吊装重量以及构件多少分为三段（即墙面、肩部和悬挑桁架，图25-8）、两段（即墙面和悬挑桁架，如图25-9所示）分块单元，另外支撑钢管柱独立吊装，墙面和悬挑分块单元通过两榀径向桁架与之间的环桁架组合为吊装单元，肩部桁架单榀吊装。吊装单元两侧的斜腹杆、撑杆均采取高空散件拼装。

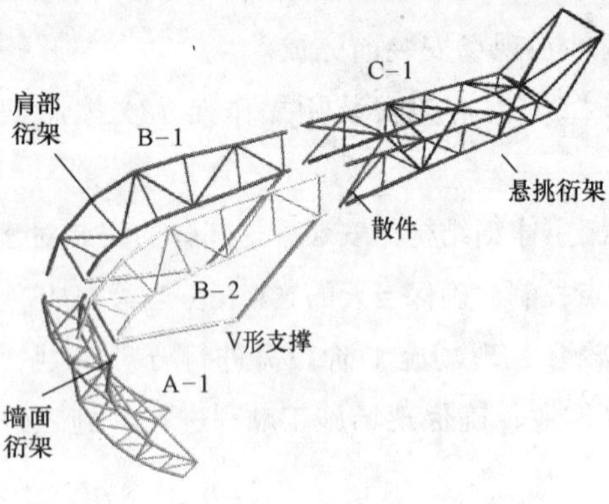

图25-8 分块示意1

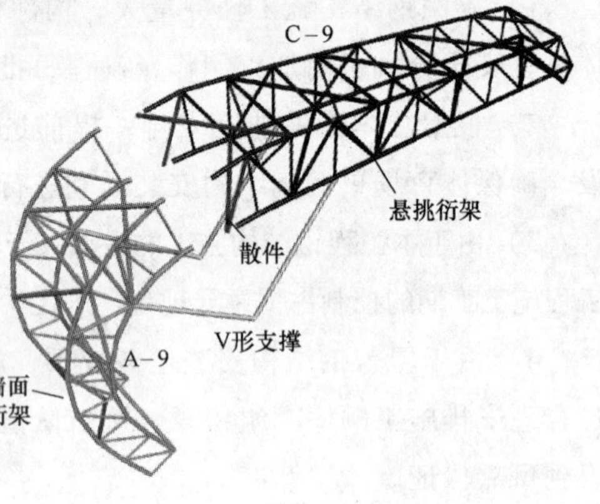

图25-9 分块示意2

按照上述分段方法，一个区的罩棚钢结构分块单元共有38吊，加上V形支撑，一个区的主钢结构吊装达到60吊。分块单元的最大重量约为36.19t，单榀吊装桁架的最大重量约为12t。

25.4.3 桁架地面拼装

本工程的一个重点难点就是现场的拼装焊接量大，地面拼装量约占整个工程的75%，是后续钢结构安装得以顺利进行的重要前提和保障。因此针对本工程钢结构的特点，桁架拼装须做好以下几方面：

（1）场地设置。拼装场地的设置须满足构件拼装、起重机和货车通行的要求。拼装场地布置合理与否，将直接关系施工进度的快慢和安全文明施工管理水平的高低。

（2）拼装场地内机械配置。构件主要是以散件形式运至现场，拼装场内的机械主要用于装卸和构件地面拼装，根据构件的重量和分段特征，采用4台50t履带起重机和4台25t轮式起重机进行垂直、水平运输，另再设2台30t平板车作为水平运输机械。50t履带起重机根据不同吊装时段主要用在场外拼装场地。

（3）拼装胎架的设置。拼装胎架设置主要要满足强度、稳定性、方便现场拼装及通用性等几个原则。根据构件体形特征设置不同的拼装胎架，经分析，本工程主要拼装胎架共有五种形式：场外组合单元拼装胎架、临时搁置胎架、场外平面桁架拼装胎架、场内组合单元拼装胎架及临时搁置胎架。拼装胎架设置后应根据施工图核对胎架的位置、弧度、角度等情况，复测后才能进行构件拼装。外环组合单元拼装胎架制作难度最大，如图25-10所示。

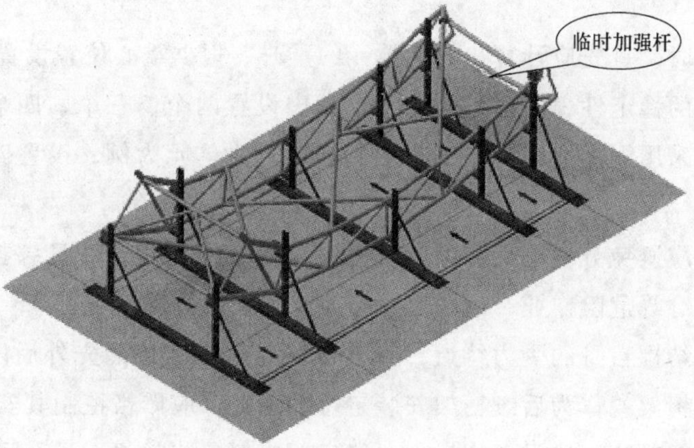

图 25-10 桁架地面拼装

（4）桁架现场拼装流程。按照先下弦、上弦、腹杆，最后两榀平面桁架间次桁架及系杆的顺序安装，为减小吊装过程中桁架的变形及保护母材，在桁架端部以抱箍的形式设置临时加强杆（图 25-10）。并在组对定位时采用全站仪对桁架各个节点的坐标进行精确定位。拼装完成后，解除桁架上的所有临时固定装置，使桁架处于自由状态，并在此状态下测量桁架的各项尺寸，进行分段验收。

（5）拼装检测。首先利用水平仪和全站仪，检测拼装胎架测量控制点的标高和垂直度，标高误差小于或等于 ±3.0mm，垂直度小于或等于 $h/1000$，且不大于 5mm。拼装单元的检测内容有：跨距、中心线、位移、标高以及起拱度，其中定位点的标高为主要控制对象。

25.4.4 高空分块吊装

高空分块吊装法普遍适用于现代钢结构施工中，其优点有：

（1）钢构件地面拼装，减少了高空作业量以及高空操作脚手架用量，提高了施工质量、工作效率及施工安全性，有利于文明施工，并便于发现问题和处理问题。

（2）扩大了钢结构主体施工面，提高了机械的使用效率，加快施工进度。

高空分块吊装法的缺点有：

1）分割吊装分块时，必须保证分块单元是几何不变体系。

2）吊装分块在施工过程中，要进行多次坐标转换。

3）增加了吊装难度，由于吊装分块杆件多，重心难以把握，对吊点位置、数量、绑扎方式以及吊索尺寸等必须通

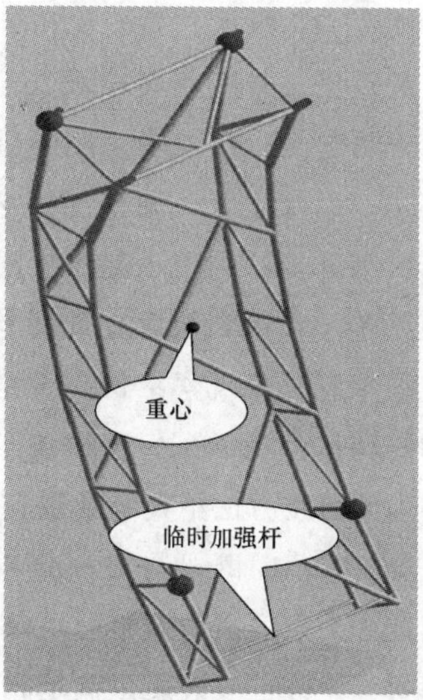

图 25-11 墙面桁架吊点设置示意

过计算才能确定。

高空分块吊装时，首先应计算出分块单元的重心，根据重心位置设置吊点。为保证分块单元在吊装过程中的稳定性，根据不同的情况考虑设置两个、三个、四个甚至更多个吊点，钢丝绳绑扎点形式采用绳圈捆绑。该工程中以外环分块单元为例，设置四个吊点进行吊装，如图 25-11 所示。

设置吊点时，应避免分块单元在吊装过程中与钢丝绳相碰，并且绑扎点不设置吊耳板，避免高空割除、打磨等危险作业，而是在每个捆扎点设置绳圈，如图 25-12 所示。

结合本工程钢结构自身的受力特点，48 个大的组合单元按照先外后内的施工顺序施工。首先安装场外墙面桁架，作为后续桁架安装定位的基准，应严格控制其安装的稳定性和定位精度，在每一榀桁架对应位置设置支撑架，待肩部桁架安装就位，且其间环桁架、系杆补缺完毕后，方可拆除该支撑架，因此墙面桁架支撑架可重复循环使用；肩部桁架安装可利用结构自身 V 形支撑进行定位；场内悬挑桁架安装，在其端部设置支撑架。

图 25-12 墙面桁架捆扎点示意图

吊装最复杂的是第一单元墙面桁架，其空间尺寸宽 8m，高 28m，重量 22t，吊绳按最不利工况设置四个吊点。采用有限元软件 MIDAS/GEN 分析计算，结果表明，吊装单元在起吊过程中最大应力 $76.4\mathrm{N/mm^2}$ 远远小于允许应力 $310\mathrm{N/mm^2}$，说明分块单元在吊装过程中处于弹性变形阶段，满足应力要求，结构安全。吊装过程中需采取措施保证吊装单元安全、准确的定位。现以第一吊装单元墙面桁架为例说明，如图 25-13 所示。第一步，分块单元脱胎前，详细检查是否有拼装过程中的固定挡块未割除的现象，并在四周拉设安全警戒线，非施工人员不得进入，待一切准备工作全部就绪后方可起吊；第二步，脱胎后静止 3～5min，详细观察钢构件的吊装状态，保证安全；第三步，原地立直，调整至安装状态；第四步，起重机行走、构件安装就位，并拉设缆风绳；第五步，利用小起重机配合安装 V 形斜撑杆，在 200t 起重机的配合下对构件进行精确调整，调整到位后立即对构件与支座连接部位进行焊接，焊接完毕逐步松钩。在松钩过程中应时刻观察结构是否稳定，确保已安装结构的安全。待安装多榀桁架而形成稳定的结构体系后，可一次松钩。

此吊装方法给安装带来一定的困难，尤其是图 25-14 中的第二吊装单元（即肩部桁架）在高空定位时既要与第一分块单元对接，又要和其下的 V 形柱连接，可能产生错口现象，因此必须采取措施调整分块单元自由端的位置偏差，保证杆件高空定位的精确度，方便定位焊接，使杆件安装质量满足相关质量验收规范要求。为达到最好的安装效果，所有分块单元吊装过程中采用倒链辅助控制，以及所有第一吊装单元在初步安装后增设揽风绳的措施，从而减小变形，提高安装精度。

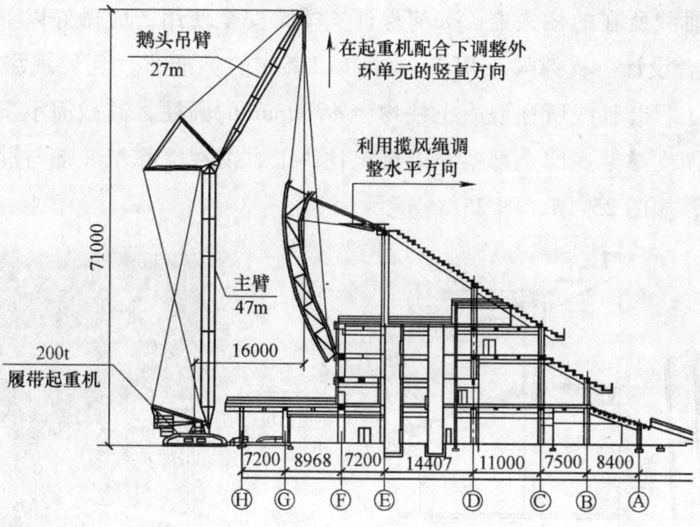

图 25-13　墙面桁架吊装示意图

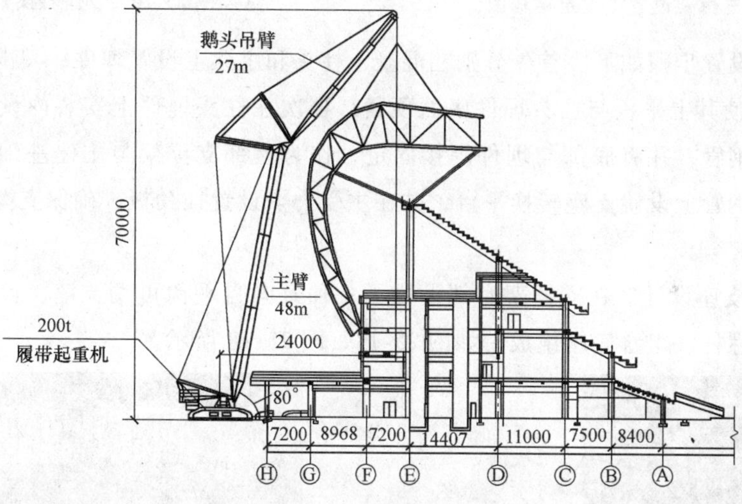

图 25-14　肩部桁架吊装示意图

根据上述分段，场外桁架（即墙面和肩部桁架）主要吊装设备为 200t 履带起重机，场内桁架（即悬挑桁架）主要吊装设备为 300t 履带起重机。经分析本工程钢结构安装总体顺序为：1 区、2 区同步先行施工，3 区和 4 区后续施工。

25.4.5　支撑架设计

支撑架的设计与布置主要考虑两方面因素，一是结构吊装过程的安全因素及支撑架拆除时所承受的最不利工况，二是应结合土建现场情况进行布置，应尽量设置在混凝土柱头上。

综合以上钢结构安装分段和结构受力特点，在每榀主桁架场内悬挑端的底部均设置支撑架（共 96 个），支撑架选择专利产品“装配式格构承重支架的标准节”，并将所有支撑架底座统一设置在Ⓑ轴线所在的柱头上。如何保证支撑架安全使用，应做好以下几方面。

（1）转换平台设计。支撑架采用1m×1m×1.5m的标准节，且经现场实地勘察，并结合建筑图样，本工程Ⓑ轴线所在混凝土柱均为ϕ900mm的圆柱，其截面小于本工程所选支撑架截面，因此为使支撑架底部全部落在混凝土柱头上，需在支撑架底部与混凝土柱头之间设置一个转换平台，如图25-15、图25-16所示。

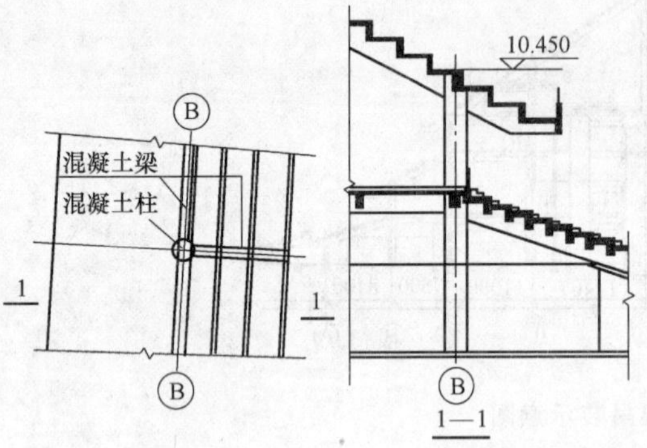

图25-15 支撑架设置点建筑结构图

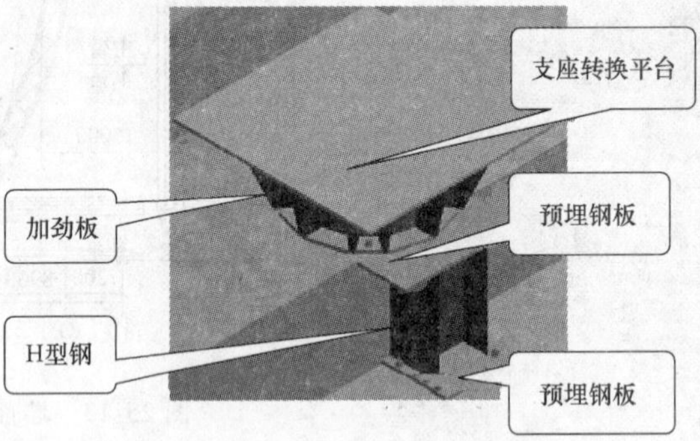

图25-16 支座转换平台

转换平台设置步骤如下：首先分别在混凝土柱头和主梁上设置埋件；其次在主梁埋件上设置H型钢，使其上平板与柱头埋件底面顶紧；再次在柱头埋件上安装内设井字形加肋板的转换支撑短钢管，并将底部与埋件焊接固定，作为上部支撑架与土建基础间主要传力杆件；最后在短钢管上设置支座转换平台，并在主受力点设置加劲板，确保支撑架转换结构的强度和稳定性。

（2）可调支座设计。在支撑架底部设置了一种万向自平衡可调支座。该新型支座由组合螺母、组合螺杆、组合底座组成，如图25-17、图25-18所示。

图25-17 可调支座设置

图25-18 可调支座限位设置

该支座可以自动找平，适应施工现场场地不平的要求，解决了螺杆的垂直偏心问题，并符合螺杆承受的压力大于拉力的要求，同时既能承受压力又能承受拉力，且可在垂直方向上下移动一定距离，安全可靠，结构简单，操作方便。

现场支撑架采用可调式支座，桁架拼装的平面度得到保证。当支撑架调整完毕后，分别在四个可调支座的底座处设置固定挡块，对支座进行限位固定，如图25-18所示，防止其水平方向的移动。

（3）装配式格构承重支架的标准节。装配式格构承重支架的标准节（图25-19），其基本单元（图25-20）是由螺栓连接构成的框形骨架。基本单元由垂直承重钢管、连接钢管及节点（图25-21）组成。

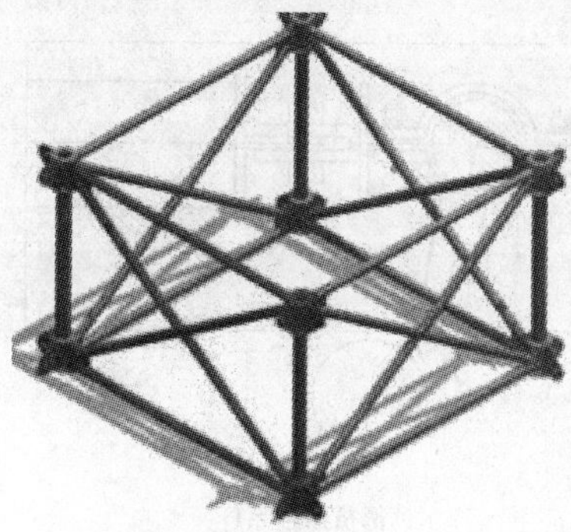

图25-19　标准节示意图

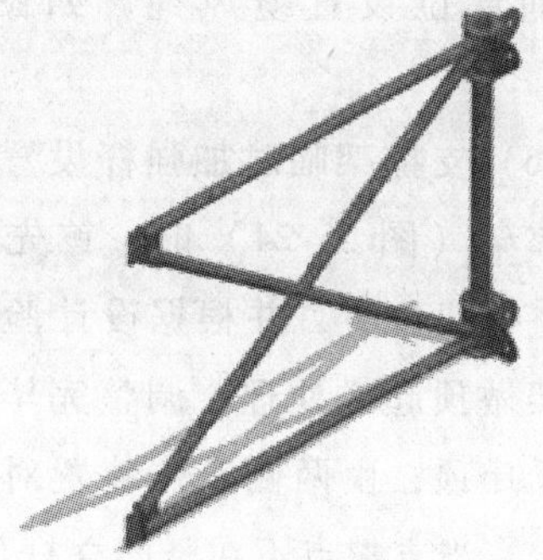

图25-20　基本单元示意图

该承重支架具有以下优点：

1）不存在轴线偏心问题，克服了附加弯矩的影响。

2）传力方式为螺栓和焊缝传力，传力可靠，安全度高。

3）基本单元均在工厂采用模具定制，且下部设置万向自平衡可调支座，垂直度容易保证。

4）格构支架承载力较高，基本单元之间及标准节之间均为螺栓连接，且基本单元均为平面结构，在承受同样的荷载的情况下，安装、拆卸及运输工作量小。

5）安装、拆卸及运输方便。

6）成本较低，使用成本只占传统支架的30%。

本工程支撑架标准节规格采用1000mm×1000mm×1500mm，材质为Q235B，竖向承重圆钢管采用ϕ89mm×4mm，连接钢管采用ϕ60mm×3.5mm。支撑架拼接后单根最重约5t，最高安装高度约40m。

（4）刚性转换层设计。在支撑架的顶部设置刚性转换层，转换层采用十字交叉H型钢，同时兼作罩棚桁架现场拼接的操作面，其上放置构件调整装置，如图25-22所示。

图25-21　连接节点示意图

图25-22　刚性转换层示意图

（5）稳定体系设计。为提高支撑架的整体稳定性，在支撑架顶部设置贯通的连系杆，并每间隔3~4档在相邻支撑架间设置剪刀撑，同时在支撑架的顶部和中间部位设置缆风绳，如图25-23所示。

（6）支撑架临时加强杆设置。使用该支撑架（图25-24）时，首先用千斤顶调整桁架位置，并根据设计验算对内环桁架做预起拱处理，调整完毕后，可抽出千斤顶，由两侧定位装置对桁架进行固定，当支撑点不在竖向立杆位置时，应加设临时加强杆（图25-25）。体育场主体钢结构安装、合龙完成后，方可拆除支撑架。

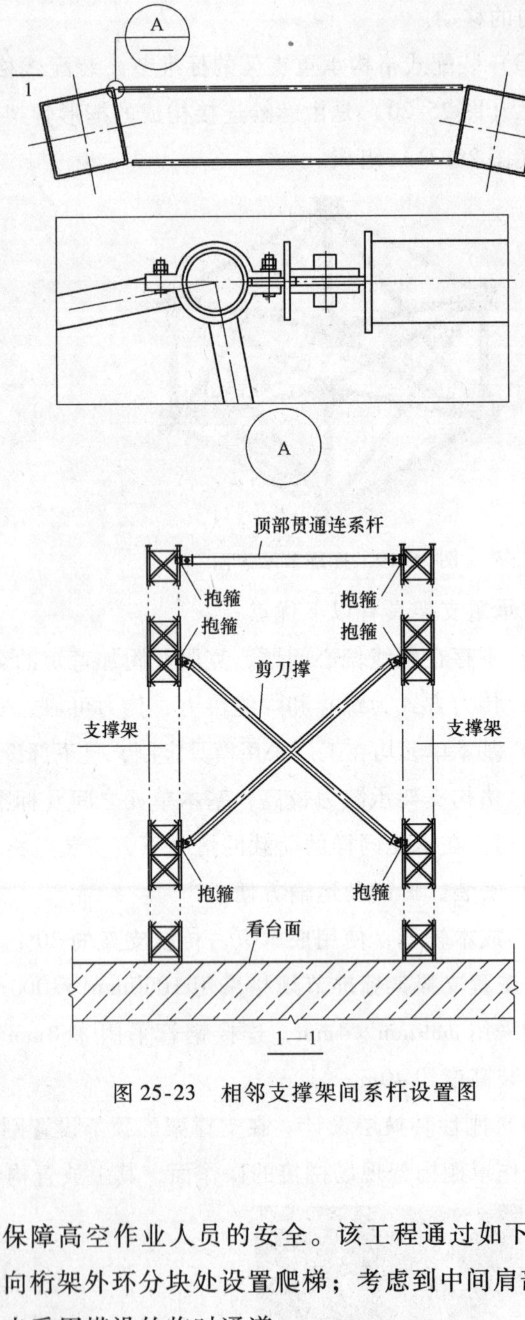

图25-23 相邻支撑架间系杆设置图

25.4.6 补缺杆件安装

本工程钢结构施工采用桁架组合、分段吊装的施工方案，在施工过程中必然存在各个分段单元对接口补缺和相邻吊装单元之间的补缺。补缺部位主要位于对接口处以及组合单元间环桁架和上下弦连系杆处。由于补缺杆件重量较轻，一般单根连系杆重约0.6t，最重约2t，采用CC200型50t履带式起重机进行补缺杆件的吊装。

补缺杆件安装的重点和关键在于如何保障高空作业人员的安全。该工程通过如下措施，确保高空操作人员的生命安全：在每榀径向桁架外环分块处设置爬梯；考虑到中间肩部桁架及内环组合单元相对较平，人员登高、行走采用搭设的临时通道。

25.4.7 结构合龙

根据钢结构吊装总体施工顺序，罩棚钢结构吊装时，采用从中间向南北两端（即从东西向的结构最大标高位置向南北向的结构最低标高方向）的施工顺序，罩棚钢结构连续长度约为800m，且场内悬挑，罩棚最大宽度64m，最大悬挑47m，结构连续长度大且又为全封闭，同时钢结构罩棚与下部混凝土柱采用支座固定，如果结构整体施工不设置合龙缝，施

图 25-24 支撑架（1）

图 25-25 支撑架（2）

工过程中温差变化会对安装精度和结构使用阶段的安全性不利。

本工程罩棚钢结构合龙缝共设置两条，如图 25-26 所示，设置在结构南北向的标高最低点，根据计算该处杆件的应力相对较小，合龙温度控制在 20～25℃之间。

25.4.8 支撑架拆除

支撑架拆除过程是一个结构体系转换的过程，结构变形及内力重新分配，支撑架的支点反力也会随着拆除方案及拆除顺序不同而发生变化，为了使结构逐渐进入设计受力状态及支撑架在拆除过程中不发生破坏，必须选择合理的拆撑顺序和拆撑分级，并对拆撑阶段结构的安全性进行计算分析。拆撑的原则是：以结构计算为依据，以结构和支撑架安全为宗旨，以变形协调为核心，以实时监测为手段。根据这一原则，通过计算确定拆撑方法。拆撑方法分为等比法和等距法。可采用液压千斤顶、螺旋千斤顶、气垫等实现。

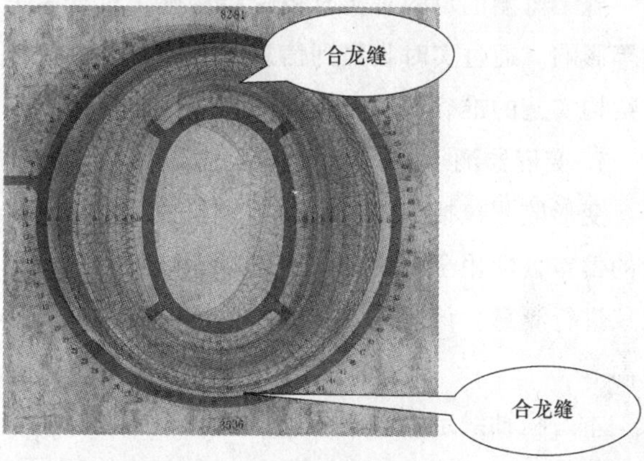

图 25-26 南北合龙缝设置示意图

体育场罩棚钢结构在吊装时采用每一径向主桁架下设置支撑架支承，在罩棚钢结构合龙且完成所有的焊接工作后，对支撑架进行整体同步分级拆除。

图 25-27 利用千斤顶拆除支撑架

拆撑的分级大小根据计算机仿真计算得出的位移数值，确定支撑架支撑点下降次数和每次的下降量，确保结构稳定成型，避免支撑架的内力或结构体系的杆件内力过大而出现破坏现象。根据有限元软件 MIDAS/GEN 对拆撑过程进行仿真分析得知，结构最大竖向位移为 66mm，发生在内环短向端的支撑架处，内环长向端支撑架处的竖向位移相对较小，仅 28mm。本工程利用千斤顶采用等距法进行拆撑（图 25-27），按照规定的 10mm/次的下降量，96 个千斤顶同时进行下降。通过分析可以看出，结构在拆撑过程中变形逐步发展，结构受力状态逐步转变。

本工程支撑架均设置在Ⓑ轴线混凝土柱头上，支撑架的支座反力远小于混凝土柱头设计承载力，满足混凝土结构受力要求，保证结构在整个拆撑过程中安全、可靠。

整体同步拆撑原则为：统一指挥、分步有序、实时反馈。当千斤顶行程不够时，利用两边固定装置进行转换，重复以上过程，直到桁架底面与千斤顶和两侧固定装置全部脱离开来，拆撑完成。

25.4.9 施工监测

施工监测的目的是实时跟踪结构施工过程中关键部位的变形、应力变化，以及振动、温度等影响。通过实时收集到信息，判断原有的预期和实际发生的是否一致，以便及时调整，使结构实施的准确性和安全性得到保证。

1. 变形监测

变形监测包括轴线和标高监测。轴线监测是观测已施工结构轴线位置相对于预定轴线位置的偏差，使用全站仪进行测量。标高监测是观察结构高度是否达到设计标高，采用精密水准仪进行测量。该体育场顶棚线条流畅，且存在大量的多管相贯节点，因此安装精度要求极高。

本工程轴线定位监测分平面控制和局部控制两部分，测量遵循“由整体到局部”的原则，其总体思路为：

（1）平面控制网的测放。根据现场通视条件，先测设主控制轴线，然后在此基础上加密各建筑轴线。

（2）采用坐标法测量控制。

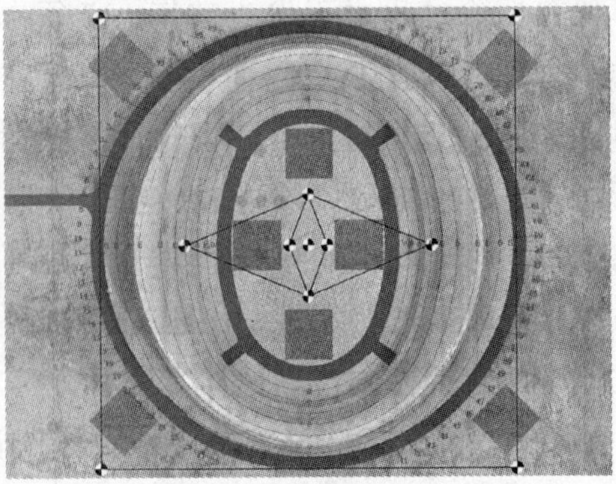

图 25-28 钢结构安装主控点布置

根据本工程的特点，主要采用“内、外结合控制法”进行施工，分别以 11 个点作为测量主控点（图 25-28），在这些点上架设仪器，采用导线测设的方法观测边长和水平角，经平差计算得到主控点坐标，根据现场实际情况加密控制网格，测量方法主要采用往返观测，并以方格网的基线为基准，对各轴线的位置进行复测。

测量高程控制，首先根据基准点，引测出建筑物的±0.000m，然后将基准标高标在不易沉降的固定物体上，再根据现场需要做一个四等水准网，按规范要求进行复测，精度达到国家规范四等水准要求，以此控制建筑物的标高。在引测水准点的过程中要进行闭合验算，最后平差报验。经复测，数据符合要求后，用水准仪将标高引测至+1.000m的混凝土柱上，分三个地方测量并设标志，便于各点间相互复核检查，同时也作为向上引测高程的起始点。

施工监测中，要求建筑物定位轴线允许偏离理论轴线量为 *L/20000*（*L* 为定位轴线长），且不应大于3.0mm，纵横向桁架高度允许偏差±10mm，跨中垂直度偏差允许值为±10mm（相对误差）。

2. 应力监测

应力监测是施工监测中非常重要的内容，其目的是掌握施工过程中关键构件应力变化情况，并及时发现问题，采取措施，使关键部位构件应变不超过规定数值，保证结构安全。应力监测部位一般设置在最大应力点、应力变化最大点、施工关键节点和体现环境特征的点。本工程在支撑架拆除过程中，结构体系转换，受力复杂，由于结构对称性特点，仅需考察结构标高最高处及最低处的2根杆件在拆撑过程中应力变化情况，通过分析实测应变数据，保证拆撑过程的安全。

3. 关键施工工艺的监测控制

（1）地面拼装过程的监测控制。地面拼装过程的测量包括拼装胎架预埋件的定位测量、构件在地面上的投射线放样、构件拼装完成后的校正测量。

为保证拼装过程中胎架的定位准确，并为后续构件投射线和构件拼装校正复测提供可靠依据，在拼装工作开始前，首先在每块拼装场地内设置2个平面控制点和1个水准点，其次在胎架预埋板上划“十”字线作为胎架定位点。胎架定位测量时，根据已有平面控制点的位置计算出胎架预埋板定位点的相对坐标，然后利用全站仪测出该点位置，并在地面上做好标记。

胎架安装完成后首先在地面上放样待拼装构件的轮廓线，同时利用水准仪校正胎架上所有控制点构件顶面高度，确保同一构件下部与所有胎架顶平。

构件拼装完成后，其水平位置以线垂与地面投射线进行校正。首先在构件上确立合适数量的控制点作为构件拼装质量检测的依据，然后再利用仪器检测构件的位置等，如发现构件的相对位置偏差超出允许误差，则需及时校正。

（2）支撑架的监测控制。根据支撑架预埋件的设计位置，首先根据已有平面控制点、水准点的位置计算出支撑架预埋板中心点的相对坐标，然后利用全站仪测出该点位置，并在地面上做好标记。

每搭设一定高度的支撑架即用全站仪进行垂直度和水平度的测量校正，当搭设完毕后，在桁架吊装前进行校核，并做好记录。当桁架吊装就位后，支撑架由于受到桁架作用而发生变形，因此须对支撑架的垂直度和水平度进行定期测量，并根据测量结果采取调整措施，以确保支撑架结构安全、稳定、有效。

(3) 桁架的安装监测控制。

1) 直线度的控制：由于桁架下弦杆中心线在水平面上投影为一直线，故直线度的控制以下弦为主。

2) 下弦中心线的投测：在六个已准确测定的激光控制点上分别架设激光垂准仪，垂直向上引测激光控制点至事先铺设好的平台上，并做好点位标记，然后在平台上经全站仪进行角度和距离闭合，距离允许偏差 $h/30000$（h 为地面控制点到平台上点标记的距离），角度允许偏差 6″。

3) 下弦控制节点的投测：由于桁架采取分块吊装，故每一分块单元必须做好节点控制，参照土建楼层建筑轴线网，以定位轴线作为控制基线，在此基线上通过解析法得到控制节点的投影，然后分别将这些交点投测到平台上，并与下弦杆中心投射线相交，即得到下弦控制节点在水平面上的投影点。从而每榀桁架直线度控制就以测量平台上所测设下弦中心线为依据，通过吊线锤的方法来完成，直线度控制目标为 10mm。

4) 桁架标高的控制：当支撑架在承重后且沉降稳定后，进行高程测量。通过在地面上架设水准仪，后视水准基点，采用钢塔尺配 S3 水准仪，将标高传送至支撑架上，作好点位标记，并将分块单元下弦控制节点投影在桁架中心投射线上，做好节点标志，采用全站仪进行三角高程测量测出节点高差，并与设计节点标高比较，标注于平台上投射节点附近，以此作千斤顶调节标高的依据。纵横向桁架高度允许偏差 +10mm。

5) 桁架垂直度监测：桁架标高、直线度校核完毕后，即采用平移法对桁架垂直度监测。将激光投测点向同一侧平移约 1.5m，得两平移点后，在一平移点上架设经纬仪，后视另一平移点，同时在桁架中间起拱处设立塔尺，由经纬仪读数并与平移值比较，以此确定桁架跨中垂直度，跨中垂直度偏差允许值为 +10mm（相对误差）。

6) 在垂直度观测过程中，还应观测桁架起拱处的横向偏差，以保证横向相邻桁架间距偏差允许值小于 +10mm，观测方法采用垂直线法，将横向相邻起拱处中点投影到混凝土柱上，测量两投影点距离并与设计值比较。

7) 下挠变形观测：通过对主桁架脱离胎架前、后若干节点标高变化的观测，测定主桁架下挠变形情况。

25.5 施工安全保证措施

25.5.1 安全管理组织机构

施工现场安全生产管理体系的建立不仅是为了满足工程项目自身安全生产的要求，同时也是为了满足相关方对施工现场安全生产管理体系的持续改善和安全生产保证能力的信任。以项目经理为首，由项目副经理、专业安全工程师，各施工队及各施工班组等各方面的管理人员组成本工程的安全管理组织机构，如图 25-29 所示。

25.5.2 安全生产、文明施工管理措施

认真贯彻执行国家有关安全生产法规、建筑施工安全规程。结合本工程特点，制定安全生产制度并认真执行。

用好安全“三件宝”，所有进入现场人员必须戴安全帽，高空作业人员必须系好安全带。“四口”和“五临边”设警戒标识牌。施工场地的出入口设置安全通道，并挂吊装警示牌。

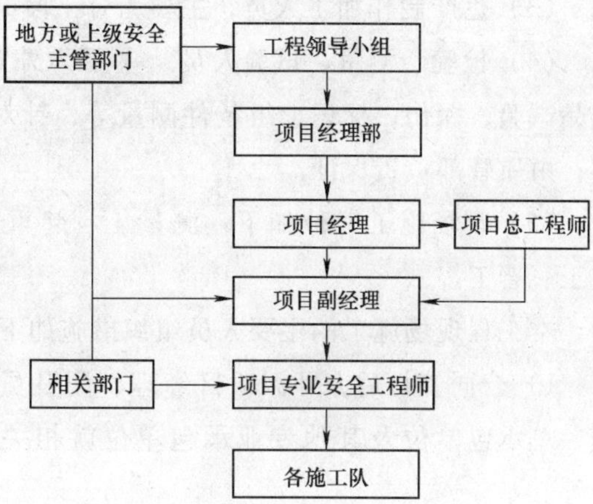

图 25-29 安全管理组织机构

现场吊装施工作业区域拉设安全警示带，构件分块吊装的吊臂下方不得站人，安全员旁站监督。吊装前，在地面将爬梯和人行通道构件绑扎在主杆件上，桁架分块吊装时随主结构安装就位，桁架吊装就位后及时将分段桁架上设置的操作平台连成整体，以利于后续施工阶段操作工人方便通行，便于钢结构构件拼接。桁架分块拼接接头以及散件安装，采用挂设吊篮的方式进行安装，并在构件就位下部逐步拉设水平安全兜网，水平兜网采用90mm×90mm 大眼安全网，确保安装人员施工安全。吊装较长的主杆件设铁扁担，其承载力经设计计算，确保吊装过程的安全。桁架分块在地面起吊后调整好就位姿态，避免在高空调整倒链长度。桁架分块吊装就位后，采用千斤顶顶紧受力，并固定在支撑架上，保证桁架分段安装就位后的稳定性。主杆件吊装就位后及时安装相关次杆件，尽快形成稳定结构体系。同时在桁架分块与散件构件安装连接的焊接操作平台上铺设石棉布，做好防火措施。

现场设置“五牌二图”；并根据施工组织设计平面布置图设置机械、设备、机具、材料、废料、拼装场地等。施工现场场地要求：整平，无障碍物，无坑洼和凹凸不平；具有良好的排水系统，雨季不积水；做到整洁、干净、节约、安全、施工秩序良好。

25.6 劳动力计划

25.6.1 劳动力准备

本工程钢结构施工人员安排如下：

（1）管理和协调人员，主要是各部门及车间主要负责人，按总体部署分工及职责要求落实，具体由项目领导小组控制。

（2）设计人员、工艺人员、技术保证人员，主要工作是加工图设计、组装拼接方法设计和胎具设计、工艺文件（含焊接）设计，由总工程师亲自组织和管理。

(3) 生产制作加工人员，主要为各工段岗位工人，由生产部及各车间主任保证。

(4) 检验、测量、试验人员，主要为外观检查，几何尺寸检验，原材料化验和试验，成品试验，探伤，标识，组装件测量等，针对本工程的检测人员，应进行一次针对性的培训，由质管部负责保证。

(5) 现场施工工种如下：测量工、起重工、安装工、铆工、焊工、架子工、油漆工、电工、普工。

本工程现场施工的主要人员组织措施如下：

1) 合同签订后，即派项目经理、测量员及部分施工人员进驻现场，与建设单位、监理、总承包单位及其他专业承包单位就相关事宜进行对接，搭建临时设施、工程测量放线等。

2) 针对本工程钢结构施工任务重、施工工期短的作业特点，选派施工经验丰富、技术熟练程度高、安全意识强等综合素质较高的作业人员进场，钢结构现场安装阶段施工高峰期投入施工人员300人，其中现场安装焊工80人。

3) 根据现场埋件预埋阶段、钢结构拼装阶段、钢结构安装阶段等计划工期，由公司总部提前30d做好劳动力的调配计划，随施工展开逐步进场，安装技工、普工、焊工、电工、起重工等工种人员将陆续进入现场。

4) 项目部每周做好劳动力报表，随时掌控现场劳动力动态变化，根据现场施工进度，编制项目劳动力计划，并在单位内进行平衡调配。

5) 项目综合部定期对各工种人员进行素质培训及相关职业健康知识培训。

6) 劳动力基本要求：遵纪守法、身体健康、年龄在50周岁以下；经过专门技术培训，经考核合格；特种作业人员持有相关部门颁发的上岗证。

25.6.2 现场施工劳动力计划

按照总进度计划，本工程计划工期在2010年3月~2010年7月之间，现场安装施工的高峰期为2010年4月~2010年6月，高峰期人数达到300人。本工程劳动力投入的总体计划见表25-3。

表25-3 现场施工劳动力投入计划 (单位：人)

工种	按工程施工阶段投入劳动力情况				
	2010年3月	2010年4月	2010年5月	2010年6月	2010年7月
管理人员	10	20	20	20	10
起重工	16	20	20	20	16
安装工	20	30	30	30	20
焊　工	50	80	80	80	50
铆　工	30	50	50	50	30
测量工	12	16	16	16	12
架子工	12	20	20	20	12

（续）

工种	按工程施工阶段投入劳动力情况				
	2010 年 3 月	2010 年 4 月	2010 年 5 月	2010 年 6 月	2010 年 7 月
电工	8	12	12	12	8
架子工	12	20	20	20	12
检验工	10	12	12	12	10
普工	14	16	16	16	14
汽车驾驶员	8	8	8	8	8
涂装工	10	16	16	16	10
合计	200	300	300	300	200

25.6.3 劳动力投入保证措施

为了保证整个施工阶段劳动力的数量及质量满足施工要求，需采用以下措施。

（1）组织保证措施：成立以安装公司领导为首的劳动力调配机构，针对本工程的人力资源管理机构和人员安排，指派专人调配劳动力。

（2）人员数量保证措施：保证充足的劳动力资源，满足本工程钢结构的现场拼装、安装需要。

（3）人员素质保证措施：优选经验丰富，具有大型复杂钢结构工程施工经验的安装队伍；定时对钢结构施工人员进行专业技术培训、考核，全面提高员工的综合素质；特殊工种持有相应的上岗操作证；定时对企业员工进行专业技术培训、考核。

（4）其他保证措施：准备充足的资金，及时支付用工费用；做好施工人员生活后勤保障，全面考虑职工的衣、食、住、行、医等，充分调动职工的生产积极性。

25.7 计算书

为了保证施工过程的安全性，采用有限元软件 MIDAS/GEN 7.30 对分块吊装、支撑架拆除全过程进行仿真分析。计算内容包括：支撑架底部支座、支撑架、分块吊装单元、安装过程以及拆撑过程等计算分析（略）。

屋面扭曲梁钢结构制作方案

宗友发

上海中远川崎重工钢结构有限公司

26.1 工程概况

屋面扭曲梁是阿拉伯某国中心城市轻轨车站钢结构屋面的一部分。该轻轨车站是该城市市政工程，第一阶段包括红、绿两条路线。本公司承建绿线。规划中的绿线总长约 30km，跨越宽阔的市区主河道，呈“U”字形，建成后连接河道两岸的城市主城区。全部的车站中有 12 个为钢结构构造的车站，钢结构重量约为 13400 余 t。其中扭曲梁重量（含扭曲梁附带构件）约为 1200t。车站总平面图如图 26-1 所示。

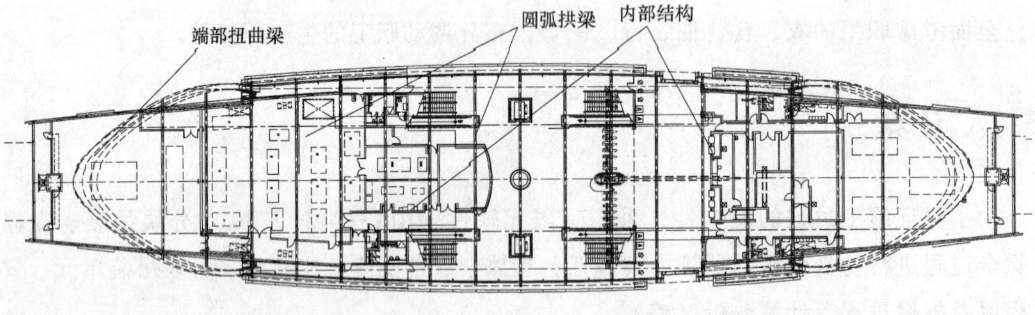

图 26-1　车站总平面图

该项目由英国某设计公司设计，钢结构屋面整体为双向圆弧拱形结构，即在平行于轻轨轨道走向的平面内和垂直于轻轨轨道走向的平面内两个方向均为圆弧拱形。由于各车站的位置和功能的原因，屋面拱形有正圆弧、椭圆形和其他类型的区分，典型的正圆弧构造如图 26-2和图 26-3 所示。

平行于轨道平面内的圆弧拱通过变换结构的不同断面高度获得；垂直于轨道平面内的圆弧拱采用圆弧箱形结构。端部悬挑部分的双向拱形必须与其余构件的圆弧拱形一致，满足设计尺寸要求，如图 26-4 所示。而构件的底部轴线必须与车站整体轴线形成正交，

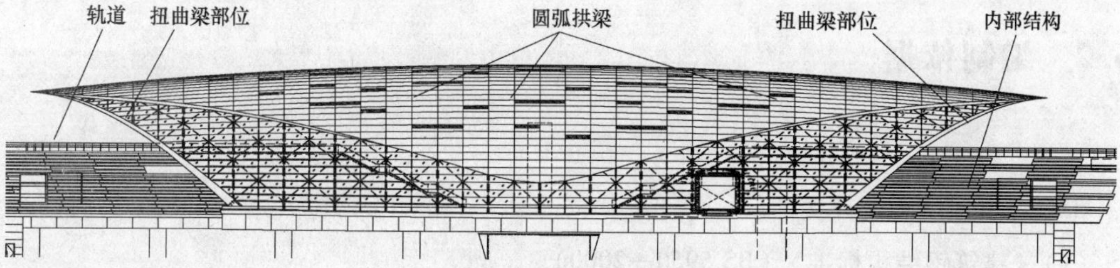

图 26-2　车站立面图（平行于轨道方向）

又由于构件外侧需装设幕墙，构件外侧板必须始终垂直于大地，因此形成扭曲外形，称之为扭曲梁。

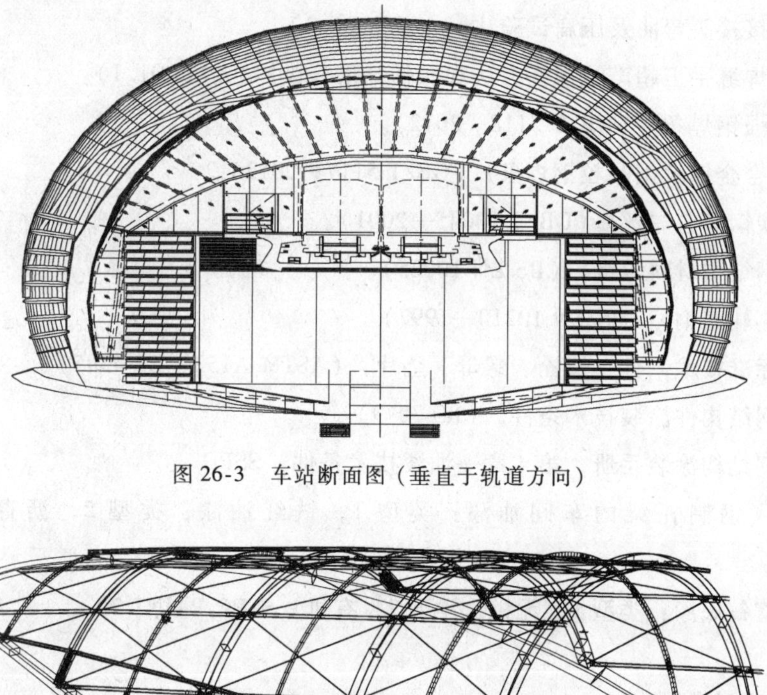

图 26-3　车站断面图（垂直于轨道方向）

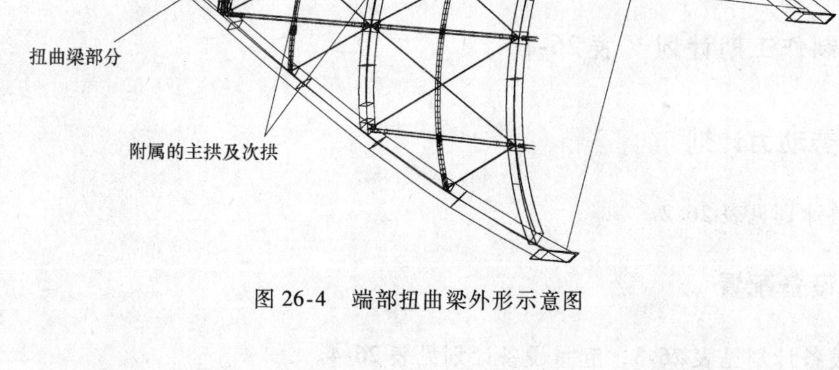

图 26-4　端部扭曲梁外形示意图

26.2 编制依据

本工程施工图和设计文件。

(1)《建筑钢结构标准》(BS 5950—2000)。

(2)《钢结构焊接规范》(AWS D1.1/D1.1M：2008)。

(3)《埋弧焊用碳钢焊丝和焊剂》(GB/T 5293—1999)。

(4)《气体保护焊用碳钢、低合金钢焊丝》(GB/T 8110—2008)。

(5)《焊接接头冲击试验方法》和《焊接接头拉伸试验方法》(AWS D1.1)。

(6)《焊接接头弯曲及压扁试验法》(AWS D1.1)。

(7)《钢焊缝手工超声波探伤方法和探伤结果分级》(AWS D1.1)。

(8)《热强钢焊条》(GB/T 5118—2012)。

(9)《非合金钢及细晶粒钢焊条》(GB/T 5117—2012)。

(10)《碳钢药芯焊丝》(GB/T 10045—2001)。

(11)《钢结构材料等级》(BS EN 10025)。

(12)《热轧型钢》(BS EN 10210—1997)。

(13)《标准技术条件：螺栓、螺母、垫片》(ASTM A153、BS 4395)。

(14)《钢结构件涂装技术条件》(BS 7079)。

(15)《钢结构涂装手册，第4章—油漆技术条件》SSPC。

(16)《钢制托梁的车间油漆：类型1，铁红油漆；类型2，沥青涂层》SSPC PAINT 15。

(17)《富锌底漆：类型1，无机；类型2，有机》SSPC PAINT 20。

26.3 施工计划

26.3.1 制作工期计划（表26-1）

26.3.2 劳动力计划

劳动力计划见表26-2。

26.3.3 设备配置

制作设备计划见表26-3，起重设备计划见表26-4。

表 26-1 制作工期计划

工作内容	计划工期/d	开始日期	完成日期	第1个月 1~10	第1个月 11~20	第1个月 21~30	第2个月 1~10	第2个月 11~20	第2个月 21~30	第3个月 1~10	第3个月 11~20	第3个月 21~30	第4个月 1~10	第4个月 11~20	第4个月 21~30
工艺审图	10														
详图绘制	21														
材料采购	50														
工艺要领书	10														
工艺评定	25														
放样	7														
制作胎架	10														
第1组下料	5														
第1组构件制作	14														
第1组焊接(含矫正)	14														
第1组预组装	8														
第2组下料	5														
第2组构件制作	14														
第2组焊接(含矫正)	14														
第2组预组装	8														
第3组下料	5														
第3组构件制作	14														
第3组焊接(含矫正)	14														
第3组预组装	8														
第4组下料	5														
第4组构件制作	14														
第4组焊接(含矫正)	14														
第4组预组装	8														
包装发运	30														

表 26-2 劳动力计划

人 员	数 量	备 注	人 员	数 量	备 注
项目经理	1人		切割工	4人	
项目副经理	1人	主管扭曲梁制作	油压机操作工	3人	
总工程师	1人		、 装配工	12人	
主管工艺师	2人	其中：1人主管扭曲梁	CO_2 气保焊工	12人	
详图绘制	3人		埋弧焊工	8人	
质量工程师	2人		校正工	4人	
质检员	2人		起重工	3人	
无损检测	2人		行车工	3人	
安全工程师	3人	其中：主管内场制作2人，1人主管预组装	涂装工	6人	
			辅助工	4人	
放样员	3人		设备点检员	2人	
测量员	2人		电工	1人	

表 26-3 制作设备计划

序号	设备名称	型号	数量	主要参数
1	门式火焰切割机	MG—5500	2	5500mm×24000mm
2	空气等离子切割机	N/C	1	N/C
3	仿形切割机	1K—2000	1	1K—2000
4	数控平面钻床	S—COM	1	SD1H2000BA
5	摇臂钻床	Z3050×16/1	4	ϕ50mm×1600mm
6	龙门焊接机	LHE	1	BX1500
7	电渣焊机	BX1—1250	6	BX1—1250
8	门式埋弧焊机	K—1500	2	K—1500
9	端面铣床	MFS2537	1	1500mm×3500mm
10	卷板机	W11STNS610T	1	610TONS×3600
11	油压机	300t	1	300t
12	油压机	2000t	1	2000t
13	CO_2 焊接机	XC—500	20	350A

表 26-4 起重设备计划

序号	设备名称	型号	数量	主要参数
1	10t 电磁起重机	10t	3	10t
2	10t 起重机	10t	5	10t
3	5t 门式起重机	LD5t	8	5t
4	32t 双梁起重机	S32t	3	32/5t
5	20t 双梁起重机	S20t	1	20t

26.4 制作工艺

26.4.1 扭曲梁特点

1. 变截面

图 26-1 ~ 图 26-3 表明，扭曲梁位于屋面两端的悬挑部分，悬臂长度约为 24m。其主结构断面为箱形，自地脚部分向上直至顶端，截面不断变化，形成变截面扭曲体。接近扭曲梁底部，箱形构件的腹板和翼板均为双向扭曲，其余位置处自底部向上的箱形体两侧柱体腹板垂直于地面。箱体在柱底脚处截面为 1000mm × 850mm，向上逐渐变小，柱顶处箱体截面为 350mm × 350mm。扭曲度柱脚处最大，逐渐过渡到柱顶仅腹板为弯曲截面而其余面基本无扭曲。

2. 不规则扭曲

自扭曲梁底部开始，向上直至梁顶端，扭曲度逐渐变化，每一点上的扭曲情况都是不同的；而箱形截面则越来越小，因此构件本体扭曲为不规则扭曲。

3. 与附带构件的装配

设计图中给出的扭曲梁不是孤立的构件，还必须与附带的主拱、次拱、水平支撑等构件在空间连接。主拱和次拱均为圆弧梁，可以在垂直于地面的平面内展开，但是与扭曲梁主体的连接是空间的，每 1 个节点处的角度和位置都不相同。

4. 材质和板厚

扭曲梁采用 S355 钢材，扭曲面板厚为 25 ~ 35mm。

5. 投影图

扭曲梁俯视图如图 26-5 所示，扭曲梁立面图如图 26-6 所示。图中除了支座间距离、悬挑长度和构件高度为真实尺寸外，其余部分不能反映扭曲梁的真实外形。均为投影图。

26.4.2 制作、定位要求

1. 制作详图和板材展开图

由于设计图样反映的是扭曲梁构件的投影，不能反映其真实外形，必须依据设计给定的相关节点三维坐标参数绘制制作详图，在详图中还必须包括厂内制作分段和现场拼接口的设置。

从设计图样和节点坐标看，没有一个平面可以反映构件的真实尺寸，因此分段后的板材展开只能是近似展开。还需要绘制板材的展开图。

2. 现场用螺栓连接

主拱、次拱与扭曲梁的现场连接采用高强度螺栓连接。即在厂内先做出牛腿，焊接在扭曲梁的相应节点位置，到现场后将主拱、次拱用高强度螺栓与牛腿连接。扭曲梁牛腿节点位置如图 26-7所示。节点的方向和定位是制作难点之一。

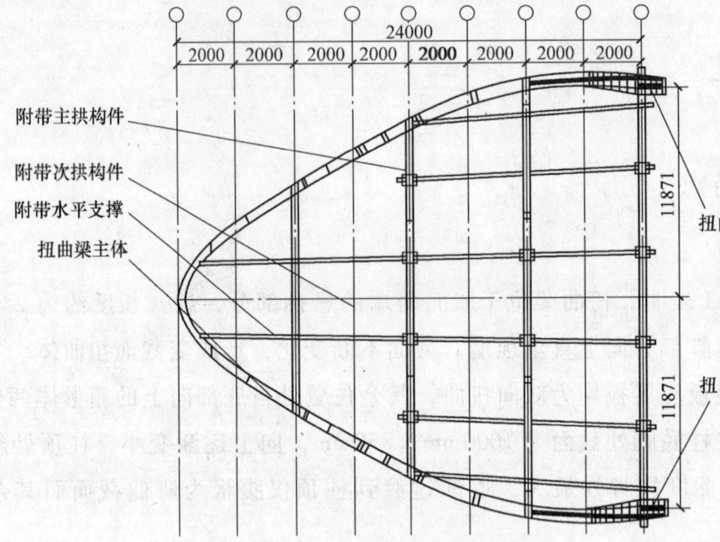

图 26-5 扭曲梁俯视图

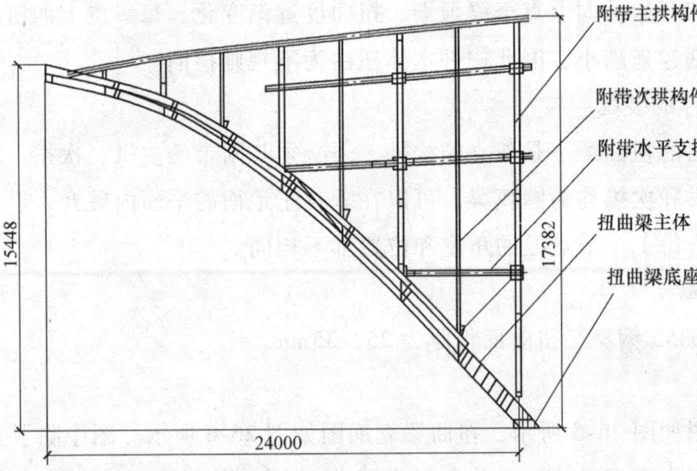

图 26-6 扭曲梁立面图

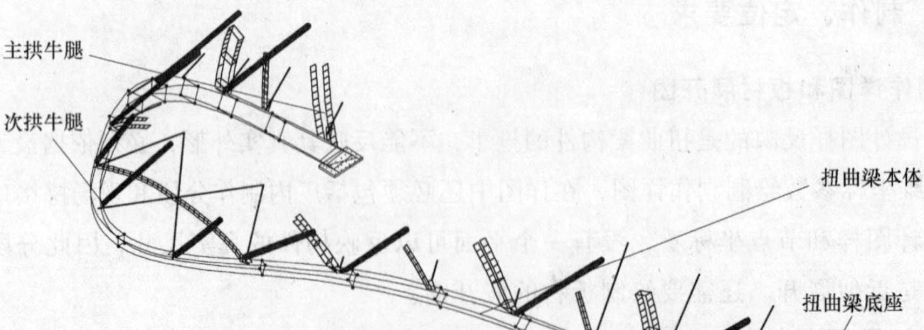

图 26-7 扭曲梁牛腿位置示意图

26.4.3 作业条件

1. 段节划分和控制点

考虑厂内制作、运输条件、现场吊装等因素，初步确定整个扭曲梁分作16段出厂，每个段节分段制作。图26-8所示为模拟各段节在空间的位置进行牛腿定位。

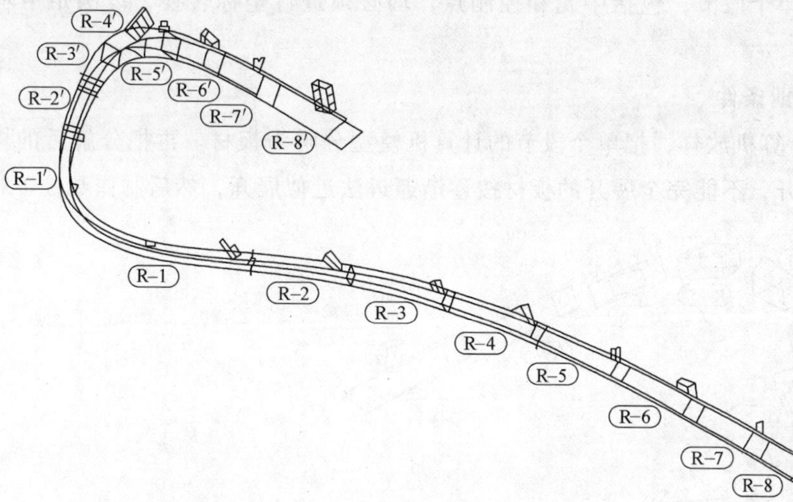

图26-8 扭曲梁分段位置示意图

依据设计图纸，在施工详图上沿扭曲梁实际走向每隔500~800mm设置1处控制点，给出各控制点所在箱形断面的4个角的点坐标，下料、组装和总体预组装均以控制点作为检验依据。

2. 施工要领书

依据设计要求和本工艺方案，应编制下列要领书：

（1）扭曲梁制作要领书。内容包括板材放样、数控切割及下料、板材弯曲部位及要求、单个段节的组装胎架、组装要求及检验要领、端铣胎架、余量切割方法及要求、成品出厂编号及要求等。

（2）焊接工艺评定要领书。与本工程其他类型构件及焊接方法进行比较，列出可覆盖焊接工艺评定的内容及清单。超出现有焊接工艺评定内容覆盖范围的，需重新进行评定。

（3）焊接要领书。内容包括焊材选用、预热、后热要求及实施方法、焊缝焊接和检验要求、焊缝外观要求及处理方法等。

（4）涂装要领书。内容包括抛丸要求、现场焊接部位的处理、油漆种类、涂装方法、间隔时间、湿漆膜或干漆膜厚度、检验方法等。

（5）预组装要领书。内容包括预组装胎架设计、预组装过程及检验要求、检验控制点的设置等。

3. 计算机模型

依据施工详图和给定的设计图建立扭曲梁的计算机模型，并确定段节划分部位以及牛腿部位和方向。然后针对每个段节的不同位置和角度在计算机上进行段节拆分，把每个段节分别旋转到一个可以近似展开的平面，该段节附带的牛腿同时参与旋转。即将1个完整的扭曲梁模型拆分为16段单件模型（图26-9）。制作时将牛腿与段节分别制作，在整体预组装时进行定位。

4. 坐标转换

旋转后的单个段节，包括牛腿和控制点，均必须进行坐标转换，以满足下料和制作的要求。

5. 放样作业条件

1）采用计算机放样，把单个段节的计算机模型分解为板材。再把分解后的构件板材在平面内完全展开，不能完全展开的板材按逐渐逼近法近似展开，然后制作数控下料程序。

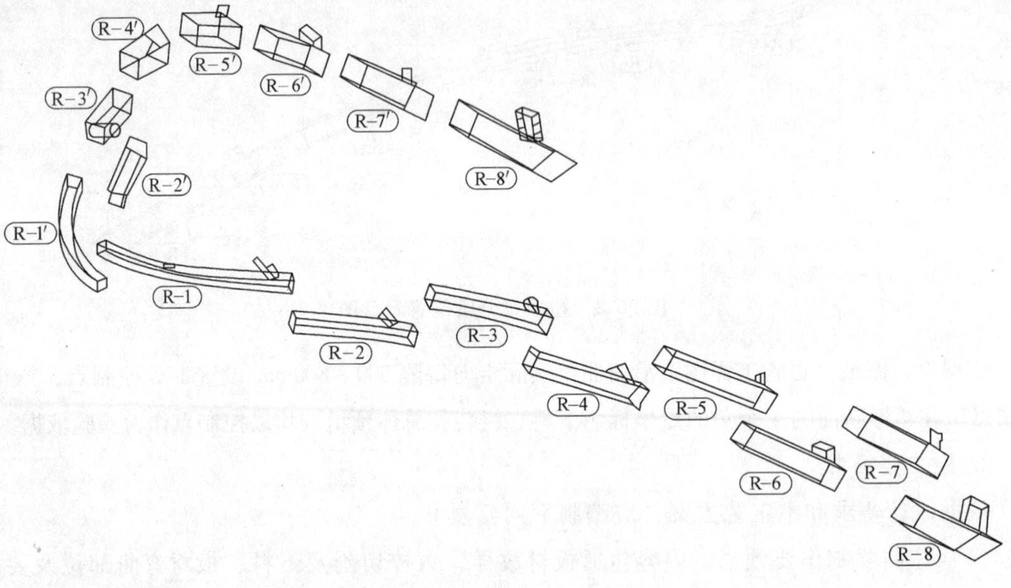

图26-9 扭曲梁分段制作示意图

2）单个段节的长度加放焊接收缩、端铣和二次切割的余量，考虑制作和预组装误差，余量确定为50mm。

3）下料程序中应包含检验控制点，标出各控制点之间的相对坐标。

6. 数控下料

全部板材采用数控下料，下料后检验各控制点的坐标位置，误差控制在2mm范围内。

7. 板材成型

依据放样展开数据，在下料后的钢板表面找出控制点位置，根据成型要求作出需要轧圆的圆弧中心线，采用油压机对圆弧部分进行初轧，双向弯曲的部位在初轧后用火焰成型法进行校正。典型板材成型如图26-10所示。

8. 组装胎架和保持板

单个段节的组装采用外侧和内侧同时定位的方法，外侧定位采用组装胎架，内侧定位采

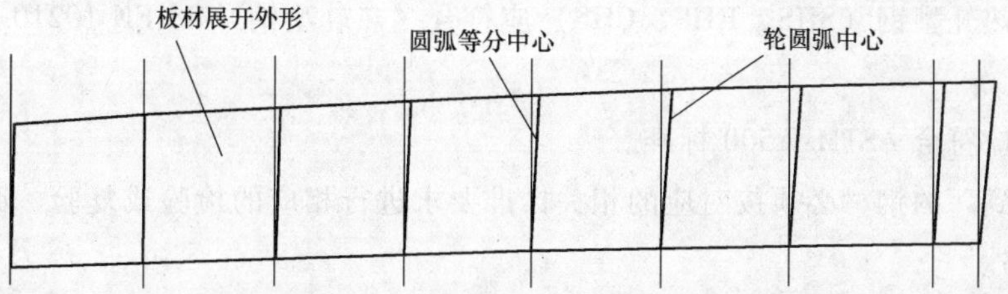

图 26-10　典型板材轧圆弧示意图

用保持板。保持板外形按控制点部位扣除板厚的坐标值制作，起着内部骨架的作用，当箱形段节的外板与保持板完全贴合时，段节的外形即可满足设计要求。典型扭曲梁胎架和保持板如图 26-11 所示。

9. 焊接作业条件

外侧主焊缝采用 CO_2 气体保护焊和埋弧焊。由于外侧为不规则圆弧，埋弧焊焊接比较困难。因此必须制作焊接胎架，将出厂段节放置到相对平整的位置进行焊接，弯曲面较大的单个段节可分作 2 次焊接，但必须保证接头处交叉过渡。

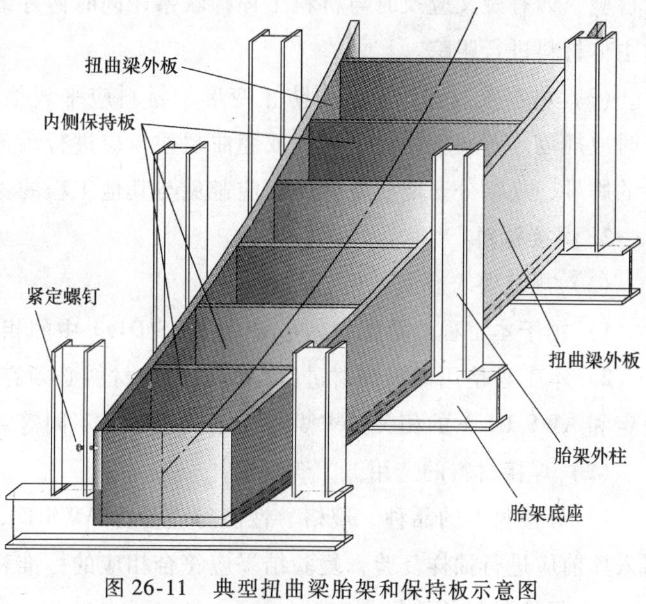

图 26-11　典型扭曲梁胎架和保持板示意图

10. 总体预组装和出厂段节

1）单件制作后的段节放置在组装胎架上进行检验，确定端铣和余量切割位置，端铣和余量切割后在厂内进行总体预组装。

2）附带的主拱和次拱构件及其牛腿同时参与预组装，在预组装时进行牛腿的定位和焊接。

3）总体预组装时保证控制点的坐标，位置调节完成后进行全位置测量，符合设计要求后用钢印和样冲作出现场定位标记。

4）做好预组装记录，抛丸涂装后扭曲梁按 16 段出厂，附带的主拱、次拱和水平支撑构件分别单独包装发运。

26.4.4　材料性能要求

1. 钢材

（1）选用及采购要求。

1）用于本工程的所有钢材必须根据规范及设计图要求进行选用。

2）所有的钢材除另有说明外必须按对应的《钢结构材料等级》（BS EN 10025）标准选用。

3）中空热轧型钢（SHS、RHS、CHS）应符合《热轧型钢》BS EN 10210—1997（公制尺寸）。

4）管材应符合 ASTM-A500 标准。

5）运送到厂的钢材必须按对应的相关标准要求进行相应的检验或复验。必须附带有效的质量保证书。

6）按照合同规定，所有用于制作本工程的材料都必须经第三方确认。因此在钢材到厂后，应立即通知相关人员到场见证，并随即进行相应的取样、复验、确认等工作。

（2）原材料管理及检验。材料流转或驳运时，应采取必要的措施避免损伤母材。原材料进库必须由专职材料检验员核对材质保证书，技监部门对材料的牌号、规格、表面质量等进行检验，如有疑义应及时与材料工程师联系，同时做好记录和编号，并依据质保体系对构件的主体材料进行跟踪。

（3）材料堆放和标识。为防止变形，材料应平放垫平，有序堆放并进行标识。吊运操作时应规范。若发现钢板平整度或翘曲超差，应进行矫正处理。经切割下料后的余料应按材料的牌号、规格分开堆放并标识。应避免与其他工程的材料相混。

2. 焊接材料

（1）规范要求。

1）用于本工程的焊接材料应符合 AWS D1.1 中的相关规定。

2）本工程使用低氢焊材进行焊接。焊接材料必须存储于防潮包装内，并按材料说明书规定和 AWS D1.1 的相关要求烘焙，不同型号、不同等级的焊材应清晰标记并分开放置。

（2）焊接材料的选用。

1）焊接材料的品种、规格、性能等应符合 AWS D1.1 要求并附有质量保证书，焊接材料入库前应进行抽样复验，复验结果应符合相应的标准和要求。

2）焊接材料的选择。

手工电弧焊用焊接材料要求见表 26-5。

CO_2 气保焊用焊接材料要求见表 26-6。

埋弧焊用焊接材料要求见表 26-7。

表 26-5 手工电弧焊用焊接材料要求（SMAW）

钢材牌号	焊材型号	焊材牌号	直径	生产厂家	使用场所
S355—J0 S355—J2	AWS E7015 GB E5015	CHE 507	3.2mm	大西洋	定位焊 返修补焊

表 26-6 CO_2 气保焊用焊接材料要求（GMAW、FCAW）

钢材牌号	焊材型号	焊材牌号	直径	生产厂家	使用场所
S355—J0 S355—J2	AWS E71T—1 GB 501T—11	TWE—711	1.2mm	天泰	主结构
S355—J0 S355—J2	GB ER50—6 AWS ER70S—6	CHW—50C6 WH50—6	1.2mm	大西洋 铁锚	主结构

表 26-7 埋弧焊用焊接材料要求（SAW）

钢材牌号	焊材型号	焊材牌号	直径	生产厂家	使用场所
S355—J0 S355—J2	GB H10Mn2 AWS F7A2—EH14	CHW—S3 焊剂 CHF101	4.8mm	大西洋	主结构， 板拼接

3. 材料的检验和复验

（1）钢板、型钢的表面直线度、平整度应满足相应的国家标准。钢材进场后按业主要求的相应标准条款进行复验，复验结果报监理工程师认可。

（2）焊接材料的规格、性能应符合国家现行产品标准和设计要求。

（3）制作、焊接过程中发现材料有裂纹等缺陷时，按业主要求的相应标准条款和国家相关标准处理。

26.4.5 工艺流程

扭曲梁制作工艺流程如图 26-12 所示。

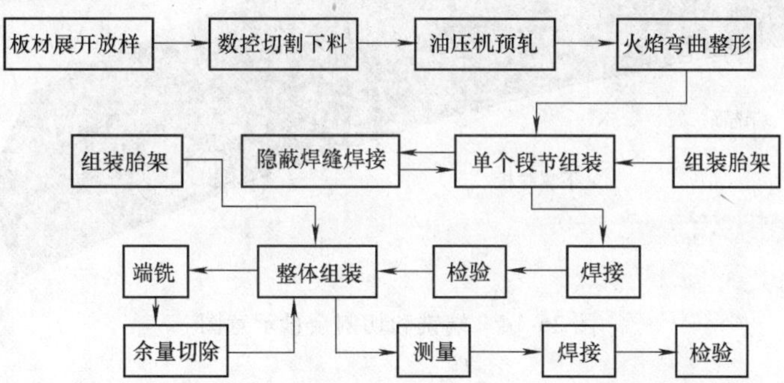

图 26-12 制作工艺流程

26.4.6 制作要点

1. 放样

（1）板材放样。依据施工详图进行构件放样。包括组成箱形断面的 4 块主板，由于每一块板的坐标均不相同，应分别展开。板材放样主要有 2 项工作：

1）确定板材展开后的下料尺寸，编制数控下料程序。

2）确定板材成型的弯曲部位和弯曲半径。

由于扭曲梁是空间扭曲，每一点的弯曲半径不尽相同，因此应按逐点展开法近似逼近展开，确定先按每间隔 500mm 为 1 个测量点。当某些测量点在相邻的数点变化不太明显时，可以放宽至 1000mm 为 1 个测量点，反之则应该在 500～1000mm 之间插值。

板材的弯曲一般都是近似的，但数控下料可以做到较高的精度，因此放样的检验主要检验下料周边外形。可通过检验数控下料程序和用型板纸检验实际下料的板材获得数据。

用数控无法下料的钢板，按1∶1作型板纸，在钢板上划线、下料。自检合格后用半自动切割机开出焊接坡口并打磨切割边。

(2) 焊接坡口设置。为在制作时进行区分，将上、下面板定义为翼缘板，两侧板定义为腹板。焊接坡口开在腹板外侧，采用单侧焊接坡口，内衬焊接垫板。焊接坡口如图26-13所示。

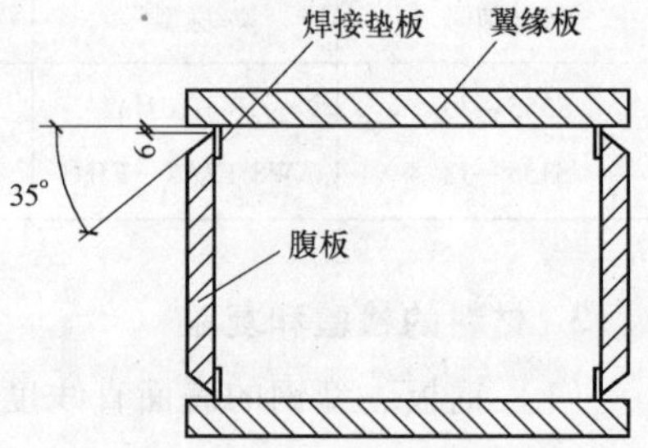

图26-13 焊接坡口示意图

(3) 钢板中径坐标换算。由于设计给定均为箱形断面的外表面的坐标，展开时应注意将外侧坐标换算成钢板中径的坐标。

(4) 端铣和余量规定。端铣和切割余量如图26-14所示，按各段节在空间的实际位置，上端加放5mm端铣余量，下端加放45mm二次切割余量。

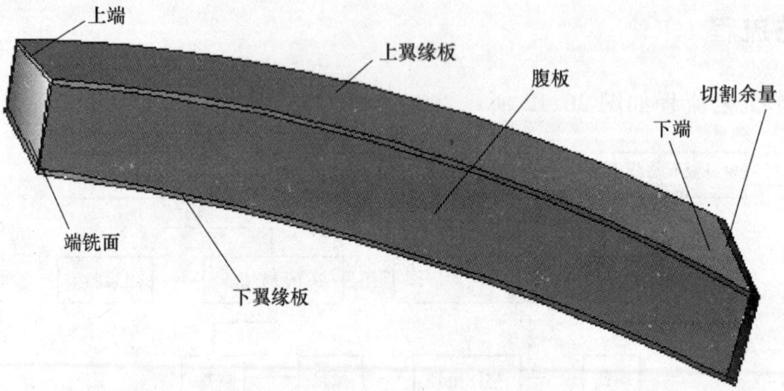

图26-14 端铣和切割余量示意图

2. 面板弯曲

依据板材放样数据，用油压机进行初轧，然后对样板进行检验。由于面板的最终成型依据翼缘板和腹板边缘数控切割的外形保证，因此弯曲部位与样板之间允许有不大于5mm的不贴合，但是不得出现明显拐点。

3. 扭曲梁的分段制作

(1) 组装平台准备。在本公司生产场地选定钢组装平台用作扭曲梁制作。清理平台表面的焊疤和杂物，并用砂轮进行打磨。然后整体测量平台表面的水平情况，做好测量记录。

(2) 划线。依据施工详图和相关的放样数据，确定胎架位置、划线及制作基准，然后在平台上用钢划针和石笔做出构件的基准线、中心线的投射线、构件一侧外形的投射线，确定

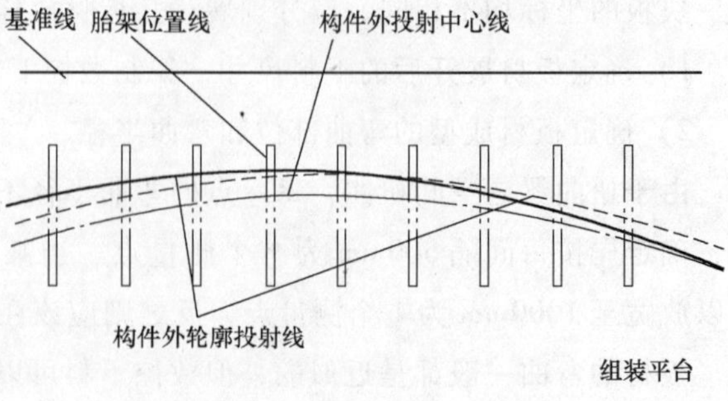

图26-15 划线及组装平台示意图

胎架的位置线，如图 26-15 所示。控制点的位置用红色笔圈出，做出标记。

（3）胎架。用型钢制作胎架。型钢上表面用水平仪调整后，胎架底部与组装平台焊接固定，如图 26-16 所示。

由于构件底面为曲面，每一处高度不尽相同，依据各控制点的高度设置底面定位板。

侧面依据投射线设置定位板。然后汇总胎架数据进行检验，满足详图要求，误差控制在 -2 ~2mm 范围内。

（4）组装下翼缘板。选定下翼缘作为组装基准，依据控制点的坐标，把下翼缘板在胎架上进行组装，侧面和端面依据定位板定位，误差控制在 2mm 以内。

（5）组装腹板和保持板。从定位板一侧开始，借助定位板和千斤顶等辅助工具，依次把一块腹板、保持板和另一块腹板与下翼缘板组装就位。

由于板材外形仅为初轧，需要借助于底部翼缘板的边缘校正腹板外形，定位后再以腹板边缘校正翼缘板外形。定位校正一般采用火焰校正法，配合相应的定位工具。定位后用直尺、角尺和垂线检验各定位点，误差控制在 2mm 范围内。

（6）外侧定位。为保证多次使用胎架时定位一致，在设置胎架定位板的一侧的构件腹板处，加装临时定位板（靠山），定位焊在腹板上，用记号笔做好标记。

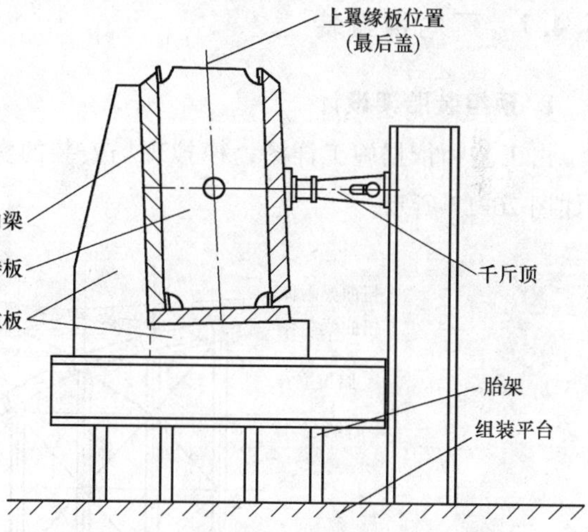

图 26-16 典型箱形断面扭曲梁组装示意图

（7）隐蔽焊缝的焊接。把组装后的构件吊下胎架，焊接箱形内部的焊缝。采用 CO_2 气体保护焊，焊接后按设计要求进行检验，凡规定全熔透的焊缝均需作 UT 探伤。不合格焊缝按相关规定进行返修，并应按规定程序进行确认。

（8）组装上翼缘板。待内部隐蔽焊缝完成后，把构件重新吊上胎架，检查焊接后的构件变形情况，进行必要的矫正，以火焰矫正为主。然后组装上翼缘板。依据地面投射线检验组装尺寸。

（9）主焊缝的焊接。外侧 4 条主焊缝为全熔透焊缝。采用单面焊接，内侧为钢衬垫板。第一、第二道采用 CO_2 气体保护焊，以上各道采用埋弧焊。

焊接前尽量使焊道处于水平位置或略有坡度的近似水平位置，同时将构件完全垫实，按照构件外形制作埋弧焊焊接胎架。

（10）矫正和检验。用火焰矫正焊接变形，局部变形超差较大时可采用油压机整体矫正，但必须自制矫正工装，此工装由主管工艺师设计。按本工程相关规定进行焊缝无损检测和尺寸检验。

4. 端部余量的处理

（1）把检验合格后的扭曲梁单个段节再次吊上组装胎架，检查焊接后的长度收缩情况。利用组装平台上控制点的投影，检验各点坐标。然后连接4个面的各个控制点，确定上端的铣削加工线和下端的余量切割线，并在铣削线和切割线的后方作检验线。

（2）利用端铣机床，加工段节上端面，用检验线检验。

（3）段节下端面用火焰切割切除余量，开现场焊接坡口。用检验线检验。

5. 涂装

单个段节分别进行抛丸和涂装，按设计施工图要求另行编制涂装要领书。

26.4.7 厂内预组装

1. 预组装胎架设计

由工艺师依据施工详图，模拟现场安装的实际情况，设计预组装胎架。预组装胎架示意图如图26-17所示。

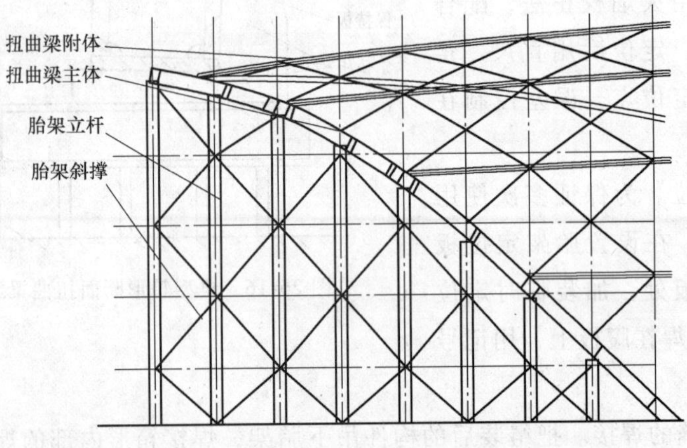

图26-17 扭曲梁预组装胎架示意图

2. 预组装场地布置

（1）预组装场地设置在长度为30m、宽度为28m的组装平台上。进行底面清理，清除焊疤、垃圾和杂物，保证底面平整，并且可以固定胎架脚。

（2）预组装场地的起重机起重能力不小于20t，吊钩至地面的高度应大于18m。

3. 预组装胎架定位

（1）地面投射线。依据施工详图，先在预组装场地地面按1:1的比例作扭曲梁俯视图的投射线，包括中心线、内轮廓线、外轮廓线和节点位置线。重点应保证底部用螺栓与现场基础连接的尺寸，在底部两个脚的位置下方，模拟现场基础，放置事先制作的定位孔板，该孔板的全部螺栓孔均与底板相同，并保证两个脚之间的尺寸满足设计要求，误差控制在

2mm 范围内。

（2）胎架立杆位置。确定胎架立杆设置在控制节点部位，在地面俯视图上找出立杆位置，作出记号。然后依据胎架设计图将胎架立杆安放就位。胎架立杆之间用水平撑和斜撑刚性固定。

（3）胎架立杆顶部定位点。用全站仪测量各胎架立杆的顶部标高，与施工详图比较，依据扭曲梁各控制点的实际标高修正各胎架立杆顶部坐标点。

4. 预组装

（1）底部构件的就位。自下向上进行预组装，先把底部段节就位，保证底板的孔位与投影图的孔位重合。由于底部构件的外形尺寸较大，扭曲度也较大，事先焊接的底板会有一定的误差，可以考虑底部段节与底板的焊接在预组装时进行，当底部相关控制点的误差较大时，适当进行调整，调整方法和误差控制由主管工艺师编制专用的预组装要领书进行规定。

（2）上部构件的就位。自下向上逐段进行扭曲梁段节的定位，坐标点的控制原则为：

1）标高控制误差小于 2mm。

2）地面投影位置引出的垂直线与实际控制点误差小于 2mm。

（3）附件定位。把扭曲梁的相关附件（主拱、次拱、水平撑等）同时预组装到位，由主管工艺师编制预组装构件清单。连接部位采用普通螺栓连接。

（4）组装标记。全部段节预组装到位后，用钢制样冲打出定位标记，作好预组装记录，尤其需详细记载误差部位、误差数值、调整或矫正的方向和方法。

（5）解体。按照预组装的顺序，最后组装的构件最先拆除，自上向下逐段解体。检查表面油漆损坏情况，进行油漆修补。

26.4.8 包装和运输

初步确定采用集装箱海运，由主管工艺师绘制装箱图，依据装箱图制作运输底座，将段节固定在底座上，装入集装箱发运。

26.5 质量控制和检查

26.5.1 质量控制

（1）按本方案要求，由主管工艺师依据本公司相关标准和本工程具体要求，编制质量控制实施细则，从放样、下料、组装、焊接、矫正、预组装、涂装等各环节入手，控制每道工序的制作质量，除本方案规定可以由下道工序完成的工作外，各工序不合格品不得流入下道工序。

（2）质控部编制本工程的质量检查实施细则，按本公司相关质量制度对质量情况进行管理。

26.5.2 质量检查

1. 构件的一般检查

按本公司《钢结构制作检查标准》、《钢结构焊接检查标准》、《钢结构涂装检查标准》以及本工程相关要求执行。

2. 构件的重点检查

（1）构件放样后，重点检查放样展开尺寸。

（2）构件端铣前，重点检查划线尺寸，控制现场安装误差。

（3）预组装时，重点检查底板与基础孔板螺孔的错位情况。

3. 会检

首件段节制作完成后以及首个构件预组装后，由项目主管经理和工艺师分别组织生产部、质控部、现场安装代表会同驻厂监理进行总体检验，各方签字确认。

从第二件/个开始，仅对构件预组装后进行各方会检。

26.6 安全保证措施

26.6.1 劳动防护

全体进入生产车间和生产区域的人员，必须按本公司有关安全防护的规定，戴好安全帽，穿着工作服和专用工作皮鞋，电焊工必须佩戴防护面具。任何人进入作业区都必须听从安全值班人员的指挥。

无关人员未经允许不得随意进入生产场所，因工作需要而进入下料、制作场地的人员，必须按本公司规定经过安全教育，穿戴安全防护用品，并由本项目的相关人员带领，方可进入。

26.6.2 设备安全

（1）按本公司规章制度，定期对设备和吊索具进行安全检查。

（2）开工前全面检查需要使用的设备，做好点检记录。

（3）需要添置的设备，在添置后由设备管理人员进行调试，确定安全后方可移交给生产车间使用。

26.6.3 生产过程中的安全

（1）按本公司相关规定和安全生产制度，定期进行安全检查和安全活动。本项目开工前，应针对具体制作工艺，制定相应的安全保证措施和实施细则，由主管工艺师编入工艺要领书中，在进行制作工艺交底时，同时进行安全措施交底。

（2）确定制作全过程的安全责任人员和安全检查人员，按实施细则进行安全责任检查。

（3）主管工艺师依据制作详图设计吊运和翻身用夹具和吊耳，需要焊接到构件上的吊耳应按相关标准对焊缝及用材进行详细计算，保证有足够的强度。此类吊耳应保存到构件出厂前，最后一次吊运后，方可拆除。

（4）一般构件吊运和翻身时，必须由持证起重人员指挥，按指定路线、规定高度吊运；需翻身时，在车间指定区域翻身。选用的吊具和索具必须满足本公司关于安全生产的相关规定。

（5）大型构件吊运和翻身时，除按上述要求执行外，还必须由公司专职安全工程师到场进行监督。

（6）预组装场地外周 5m 范围内，用彩色安全旗围出安全区，无关人员不得进入该区域。

张弦梁屋盖安装方案

陈灿

河南省第一建筑工程集团有限责任公司

27.1 工程概况

河南省体育中心游泳跳水馆位于河南省郑州市北四环路南，长兴路东，省体育中心院内。建筑面积28910 m^2，地下一层，地上三层，建筑物总高22.95m。地下和主体为框架剪力墙结构，屋盖为预应力张弦梁结构（图27-1）。

图27-1 游泳跳水馆鸟瞰

整个屋盖体系由上部组合梁结构、下部空间索杆体系、玻璃顶结构、悬挑结构组成。钢屋盖主体结构为11榀张弦梁（图27-2），南部7榀为高跨（跨度68.8m，图27-3），北部4榀为低跨（跨度55.9m，图27-4），单榀拱架最大自重约43t。

单榀张弦梁空间透视图如图27-5所示。梁的上弦杆截面高为750mm，由2根ϕ325mm×16mm钢管和T型钢板焊接的曲梁组成（图27-6），张拉弦的矢高为4.5m。梁下弦为

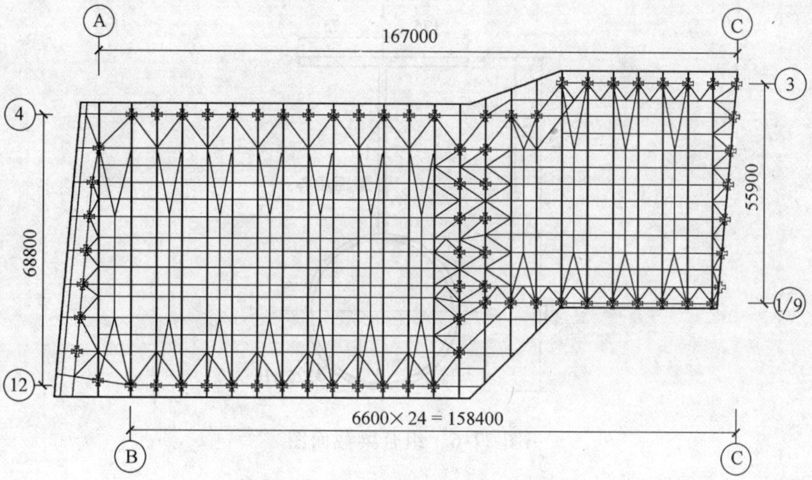

图 27-2　游泳跳水馆屋盖平面

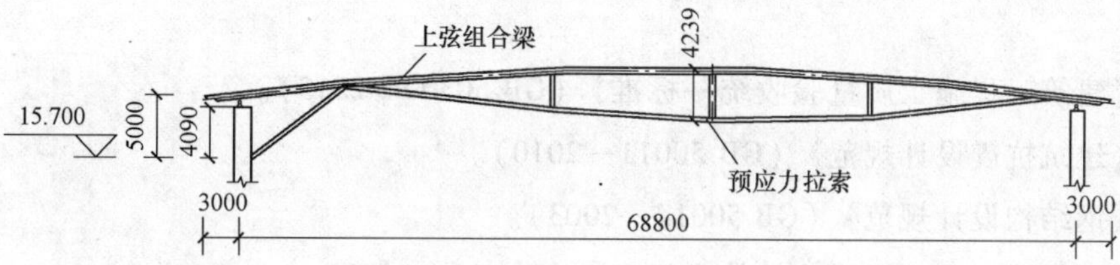

图 27-3　高跨张弦梁示意图

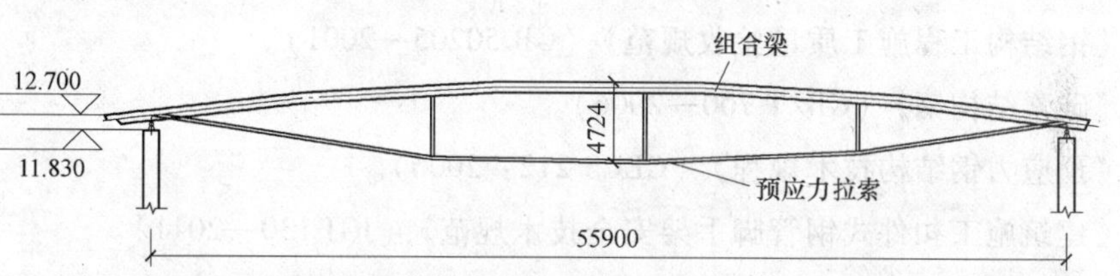

图 27-4　低跨张弦梁示意图

PES 7—187 和 PES 5—151 两种规格的预应力钢索，钢丝为 1670MPa 级镀锌，外包 PE。张弦梁之间采用系杆及支撑连接，并传递屋面板传来的荷载。

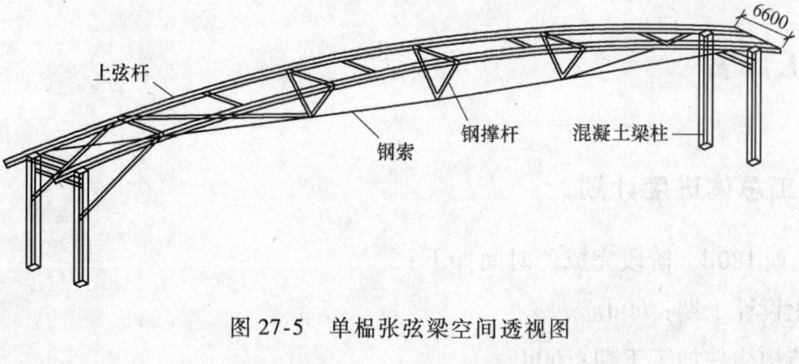

图 27-5　单榀张弦梁空间透视图

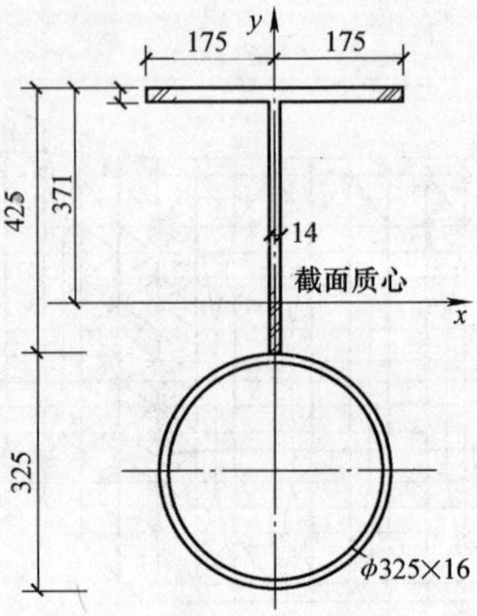

图 27-6 组合梁截面图

27.2 编制依据

(1)《建筑工程施工质量验收统一标准》(GB 50300—2013)。

(2)《建筑抗震设计规范》(GB 50011—2010)。

(3)《钢结构设计规范》(GB 50017—2003)。

(4)《钢结构高强度螺栓连接技术规程》(JGJ 82—2011)。

(5)《钢结构焊接规范》(GB 50661—2011)。

(6)《钢结构工程施工质量验收规范》(GB 50205—2001)。

(7)《碳素结构钢》(GB/T 700—2006)。

(8)《预应力钢结构技术规程》(CECS 212：2006)。

(9)《建筑施工扣件式钢管脚手架安全技术规范》(JGJ 130—2011)。

(10)《钢筋焊接及验收规程》(JGJ 18—2012)。

(11)《钢筋机械连接技术规程》(JGJ 107—2010)。

(12)《建筑施工起重吊装工程安全技术规范》(JGJ 276—2012)。

(13) 河南省体育中心游泳跳水馆施工图。

27.3 施工部署

27.3.1 施工总体进度计划

总控制工期 180d，阶段完成的时间如下：

(1) 深化设计工期：60d。

(2) 钢结构构件加工工期：60d。

（3）钢结构安装工期：60d。具体进度安排见表 27-1。

表 27-1 钢结构安装进度计划

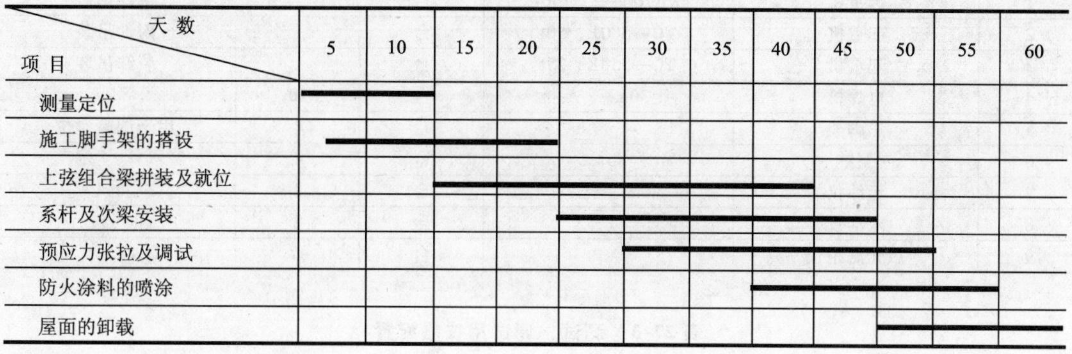

27.3.2 施工平面布置

屋盖曲梁采用轮式起重机垂直吊至脚手架搭设的胎架上，进行高空拼装，根据场地情况，决定在屋盖的东西两侧各使用轮式起重机由南向北进行吊装，如图 27-7 所示。

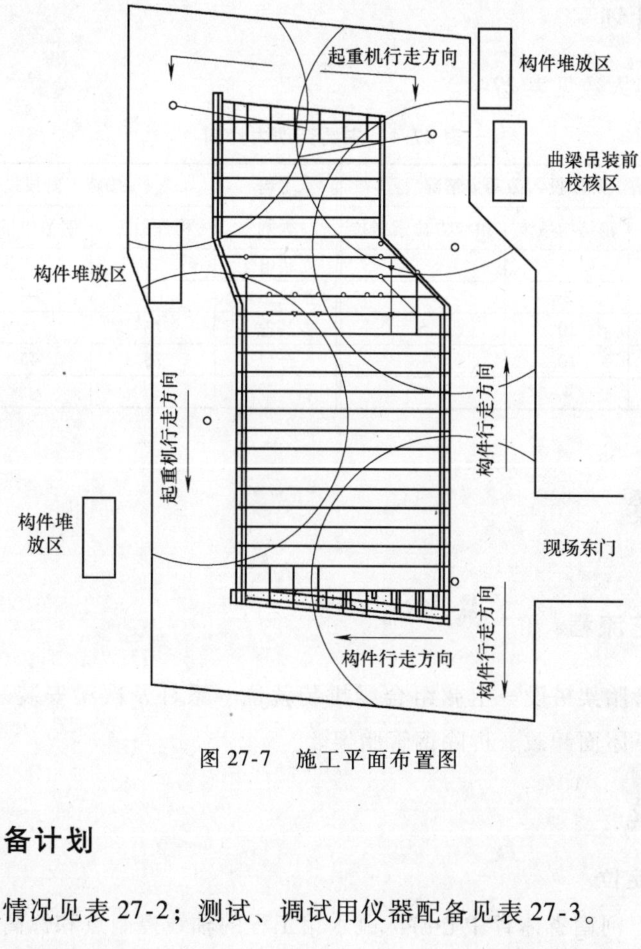

图 27-7 施工平面布置图

27.3.3 机械设备计划

主要机械投入情况见表 27-2；测试、调试用仪器配备见表 27-3。

表 27-2 主要设备配置

序号	设备名称	规 格	单位	数量	备注
1	起重机	KH700—2，150t	台	1	主件吊装
2	起重机	TG—500E，50t	台	1	附件吊装
3	起重机	TG—250E，25t	台	1	装卸吊装
4	电焊机	30KV · A	台	10	
5	三脚架		台	4	用于调整对位
6	倒链	5t	台	4	
7	经纬仪		台	2	
8	水准仪		台	2	
9	激光测距仪		台	1	

表 27-3 测试、调试用仪器配置

序号	仪器、仪表名称	单位	数量	序号	仪器、仪表名称	单位	数量
1	绝缘电阻表	个	4	5	全站仪	台	2
2	万用表	个	4	6	超声波探测仪	台	2
3	水平仪	个	3	7	对讲机	对	10
4	水准仪	台	2				

27.3.4 劳动力计划

各施工阶段施工人数见表 27-4。

表 27-4 主要劳动力计划

工程	按施工阶段投入劳动力情况			工程	按施工阶段投入劳动力情况		
级别	构件加工	钢结构吊装	预应力拉索张拉	级别	构件加工	钢结构吊装	预应力拉索张拉
下料工人	5	—	—	安装电工	2	3	3
切割工人	5	3	—	张拉工人	—	—	16
电焊工	8	10	5	其他	16	15	15
架子工	—	10	—	合计	38	45	39
起重工	2	4	—				

27.4 安装方案

27.4.1 安装工艺流程

测量定位→钢管胎架搭设→上弦组合梁拼装就位→系杆及次梁安装→预应力张拉及调试→防火涂料喷涂→屋面卸载、拆除钢管胎架。

27.4.2 测量定位

1. 轴线、标高定位

（1）定位依据。河南省体育中心游泳跳水馆工程的轴线控制点和标高控制点。

（2）定位放线。根据轴线控制点和现场实际情况，利用全站仪或经纬仪进行平面控制网放线，把轴线放到混凝土柱顶支撑面上。

根据标高控制点，利用水准仪和钢塔尺测量的方法将混凝土柱顶控制标高引测到混凝土柱侧面。

（3）验线。定位放线及标高引测完成后，报甲方和监理验线。

2. 主要施工项目测量及校核

（1）支座位置校核。预埋件埋设位置（轴线位置、标高）、型号对混凝土施工单位进行交底。在相关部位隐蔽前对预埋件的数量、位置、型号进行复验；在混凝土浇筑时，安排专人对埋件位置进行监控，发现问题及时纠正偏差；在相关部位拆除模板后，在柱顶架设全站仪校核柱顶支座埋件的轴线位置、标高，校核数字轴方向相临两柱之间、字母轴方向相对两柱之间的支座埋件间距，将测量结果汇总成表，如有超出允许偏差范围的，则应会同甲方、设计、监理、总包提出处理方案，经各方确认后将测量结果提供设计进行设计、制图。预埋件埋设允许误差见表27-5。

表27-5 预埋件埋设允许误差

项目	允许偏差/mm	检查方法	项目	允许偏差/mm	检查方法
柱顶的定位轴线	1.0	经纬仪、钢塔尺	支撑面水平度	1/1000	水平尺
支撑面标高	±3.0	水准仪			

根据控制轴线在柱顶预埋件上弹出支座外边线，以便控制支座安装位置。

（2）钢结构主梁吊装位置的测量。钢管胎架完成后，在胎架立杆上端用全站仪抄测出曲梁下平标高（未进行预应力索张拉前的标高），以便控制曲梁安装位置。

（3）张拉点距离及主梁拱高的校核。张弦梁吊装拼接完成后，预应力索张拉前、张拉过程中、张拉后使用全站仪、水准仪、钢卷尺对单根主梁的张拉点距离及主梁拱高进行测量，以便控制梁的变形。

3. 验线工作的管理

验线工作应遵守以下几项基本原则：

（1）验线工作要主动。从审核测量放线方案开始，在各主要施工阶段前，均应对施工测量工作提出预防性的要求，认真做到防患于未然。

（2）验线的依据要原始、正确、有效。设计图纸、变更洽商和起测点位（如红线桩、水准点）及其已知数据（如坐标、标高）均要原始资料，因为这些是测量放线的基本依据。若其中有错，在测量放线中多是难以发现的，其后果不堪设想。

（3）验线用的仪器和钢卷尺必须按计量法有关规定进行检定和验校。

（4）验线的精度应符合规范要求。

（5）必须独立验线，验线工作应尽量与放线工作不相关。

（6）验线部位要选择关键环节与最弱点位。

(7) 必须要有合适的验线方法与误差处理手段。

(8) 钢卷尺量距要远离电焊机等机电设备，标高测量使用铝质塔尺时，要防止碰撞架空电线等，以防止触电事故的发生。

(9) 仪器不得安置在光滑的水泥地面上，三脚架脚尖要插入土中，以防仪器滑倒；司仪者不得远离仪器；在强光或安全网下作业时要打伞防护。

27.4.3 钢管胎架搭设

为配合预应力张弦梁分段拼装施工，在预应力张弦梁下部沿梁轴线搭设钢管胎架(图27-8)。

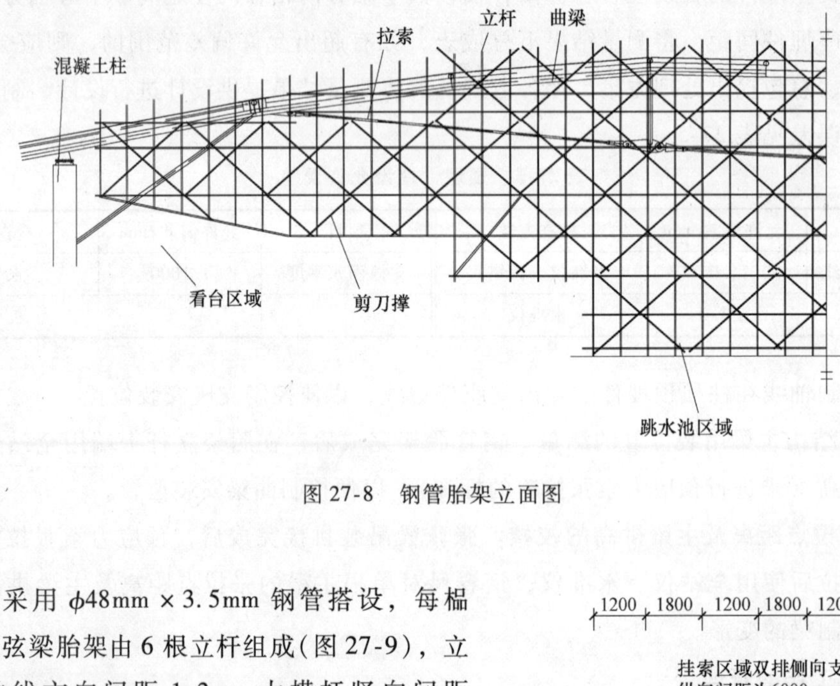

图27-8 钢管胎架立面图

胎架采用 ϕ48mm × 3.5mm 钢管搭设，每榀预应力张弦梁胎架由6根立杆组成(图27-9)，立杆沿梁轴线方向间距1.2m；大横杆竖向间距1.5m，小横杆水平间距0.8m。立杆顶端高出曲梁上弦上平1.2m，由于上弦主梁为曲面梁，因此立杆顶端高度应随之进行调整，同时最上层小横杆要紧贴曲梁下平。

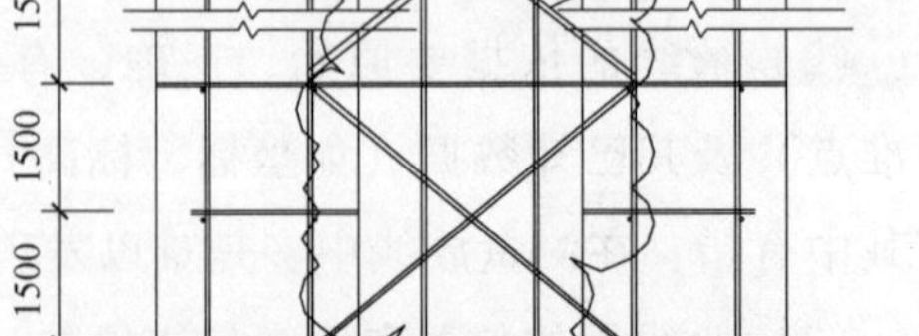

图27-9 钢管胎架剖面图

胎架上的工作区域满铺竹串片脚手板，脚手板设置在三根横向水平杆上，并在两端8cm处用 ϕ1.2mm 的镀锌钢丝箍绕2~3圈固定。

沿梁轴线方向胎架外侧满设垂直剪刀撑，剪刀撑间距小于6m；垂直梁轴线方向设由下至上垂直剪刀撑（图27-9），间距小于6m；水平剪刀撑间距小于4m，由胎架底部向上均匀设置。

胎架两端必须沿架高方向每步设置一道箍柱式拉杆与框架柱拉结牢固。

每组胎架之间沿高度方向不超过6m设置一道钢管水平支撑（图27-10）。

索头与铸钢件相连部位和铸钢节点下竖杆全部采用双立杆，且大横杆、小横杆均为双横杆，如图27-11所示。

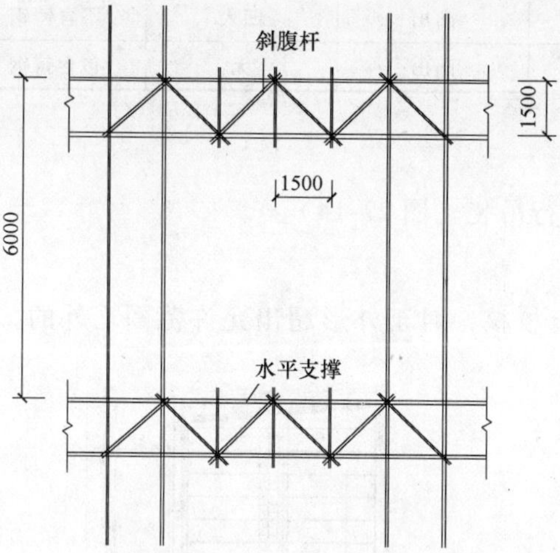

图27-10　胎架间水平支撑

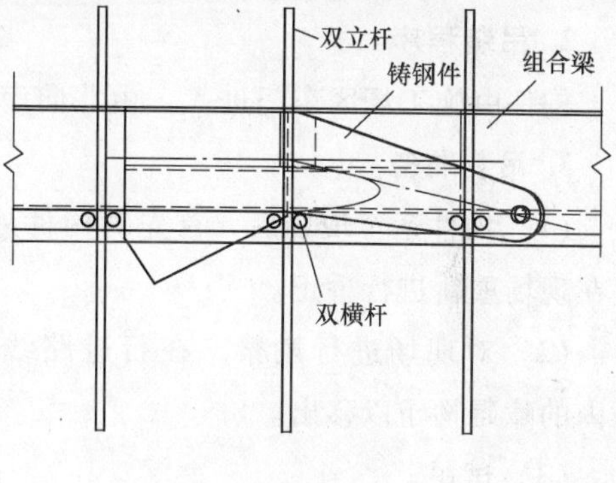

图27-11　胎架局部加强

27.4.4　吊装作业

1. 吊装分段

低跨曲梁（跨度为55.9m）分为四段（图27-12）；将高跨曲梁（跨度为68.8m）分为五段（图27-13）。

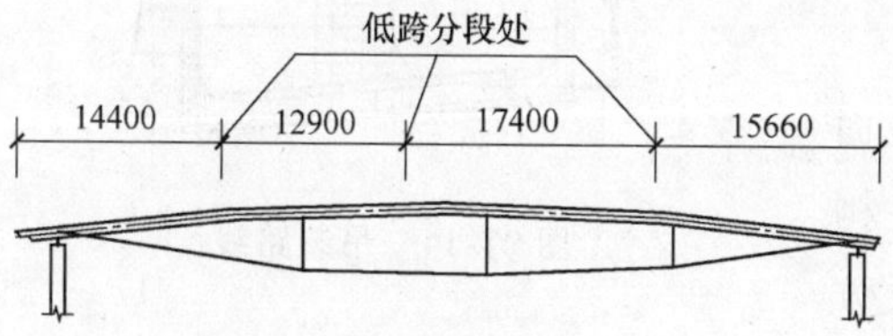

图27-12　低跨分段

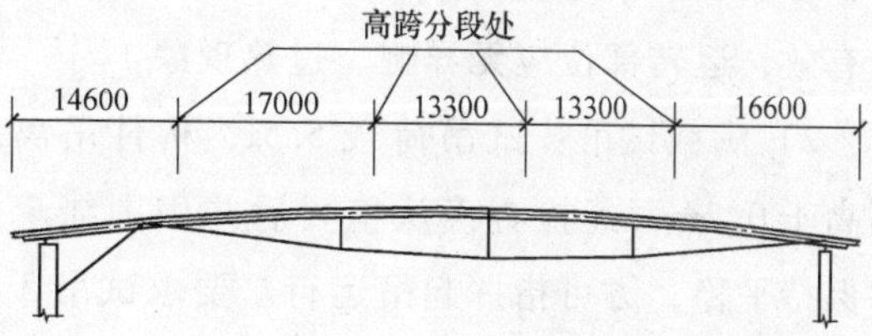

图27-13　高跨分段

分段后各段重量及节点编号见表27-6。

表27-6　分段曲梁重量

部位	分段编号	长度/mm	重量/t	左节点	右节点	备注
高跨	1	14660	5.37	无	凹入	包含铸钢
	2	17200	3.80	凸出	凹入	不含铸钢
	3	12900	2.85	凸出	凹入	不含铸钢

（续）

部位	分段编号	长度/mm	重量/t	左节点	右节点	备注
高跨	4	13300	2.94	凸出	凹入	不含铸钢
	5	16660	4.75	凸出	无	包含铸钢
低跨	1	14400	4.78	无	凹入	包含铸钢
	2	12900	2.85	凸出	凹入	不含铸钢
	3	17400	3.85	凸出	凹入	不含铸钢
	4	15700	3.47	凸出	无	包含铸钢

2. 吊装程序

构件由施工场区东门进入，由北向南方向进行吊装（图27-14）。

3. 吊装准备

（1）构件运至现场后，首先对构件外形进行校核，对于外形超出允许范围之外的，需要在现场重新进行矫正。

（2）对现场进行勘察，在行进路线及回旋半径内的障碍物予以移出。

（3）试吊。

1）空载试吊：为了保证吊装的顺利进行，吊装重物前先按设计好的吊装参数试验一次，看看吊装是否会受到干扰，角度是否能满足要求。下列各试验动作须重复进行不少于3次：吊臂、吊钩达到起落、起降的给定的极限位置；回转机构向左右各回转360°；前进、后退，在原地向左右各90°转弯；各仪表、信号应显示正常，安全控制装置应灵敏有效，运转部位应无异响、过热现象。

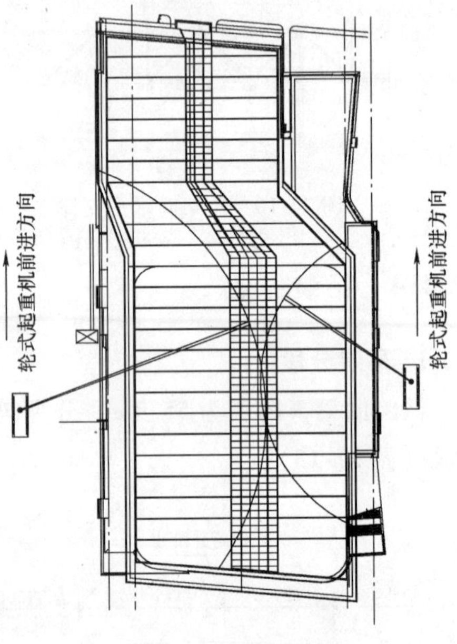

图27-14 吊装路线

2）满载试吊：试吊荷载5.5t，构件吊离地面不高于0.2m，经检查确认稳妥后并用围绳牵住构件保持平稳，方可指挥起吊运行。要求试吊3次方可正常吊装。

3）起吊构件应有专人负责，统一指挥。指挥时不准戴手套，手势要清楚，信号要明确，不得远距离指挥吊物。

4）构件吊运前，应划出警戒区，检查各点受力情况及吊耳的焊接质量，并经试吊，确认安全可靠，方可指挥起吊翻身。

4. 吊装

（1）起重机通过钢扁担吊装曲梁（图27-15）。钢扁担采用H250mm×250mm的型钢，长度为10m，钢丝绳采用ϕ21.5mm。

起吊时先将构件吊离地面到空中由指挥人员按指定位置就位到距安装点 50cm 左右处，使构件中心对准安装位置中心，通过溜绳旋转构件使其对准安装位置后落钩就位。落钩时应缓慢进行，并在构件刚接触安装位置时即制动对准支座销孔，并将销轴穿入孔内，初作临时固定，最终校正后进行固定，中间构件按此就位安装对接。各构件垂直度用挂线锤检查。对接完成后进行焊接。

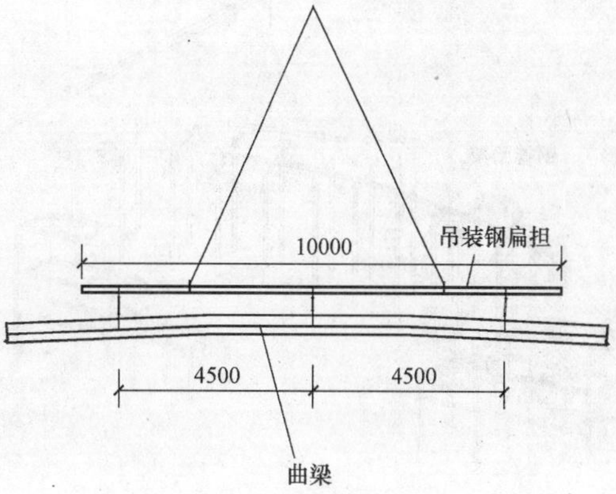

图 27-15 吊装曲梁方法

（2）吊装顺序及工艺（低跨）：

1）吊装第 1 榀曲梁第 1 段，曲梁吊装时要平稳地放置在脚手架搭设的支撑胎架上面，并校核其侧向偏转及横向轴线位置，如图 27-16 所示。

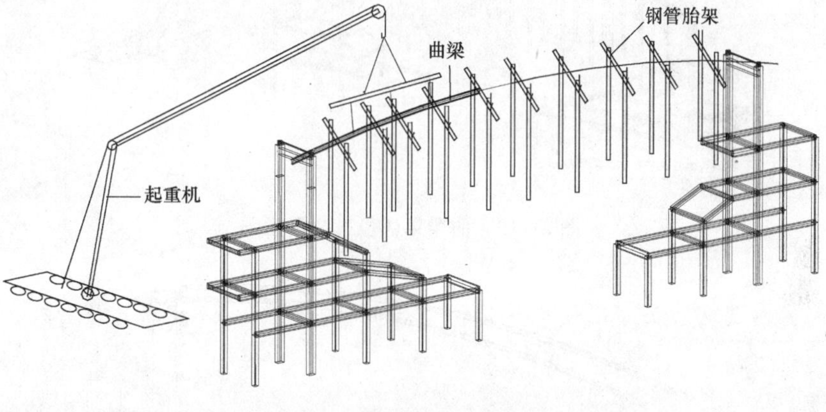

图 27-16 曲梁第 1 段吊装示意图

2）吊装第 1 榀曲梁中间段，曲梁吊装时也要平稳地放置在脚手架搭设的支撑胎架上面（图 27-17），并校核其侧向偏转及横向轴线位置，然后使曲梁圆管套入限位圆管处（图 27-18）。

3）吊装第 1 榀曲梁第 4 段，曲梁吊装时也要平稳地放置在脚手架搭设的支撑胎架上面，并校核其侧向偏转及横向轴线位置，然后使曲梁圆管套入中间曲梁的限位圆管外，如图 27-19 所示。

4）吊装第 2 榀曲梁，吊装过程同第 1 榀曲梁，如图 27-20 所示。

5）放置预应力拉索（图 27-21），使用起重机将预应力拉索放置在两榀曲梁中间的脚手架上。脚手架上的支撑横杆要使用软布及类似的物品进行包裹，以免硌伤预应力拉索的外套。

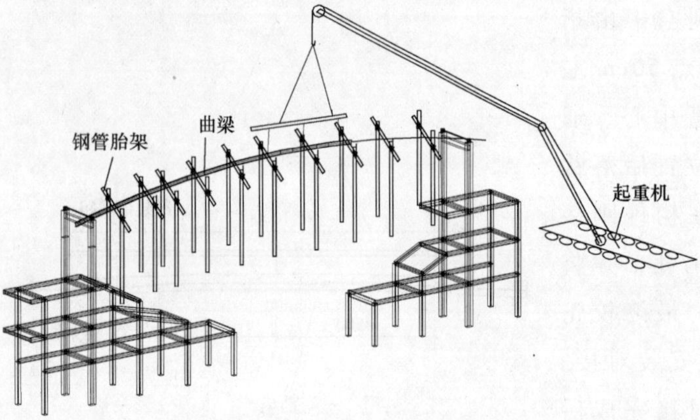

图 27-17 曲梁中间段吊装示意图

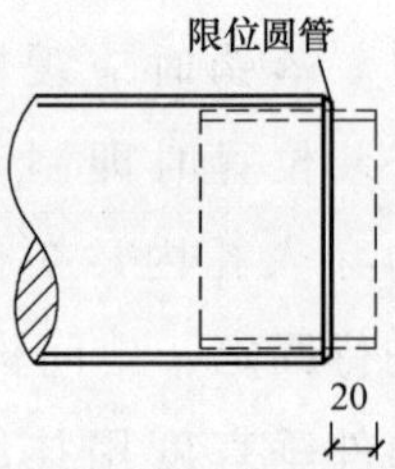

图 27-18 限位圆管示意图

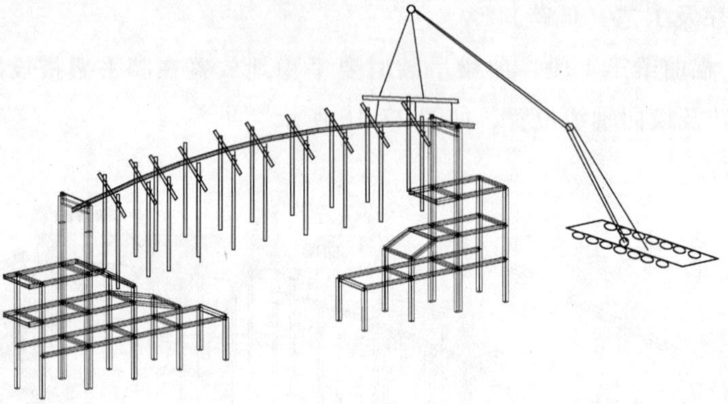

图 27-19 曲梁第 4 段吊装示意图

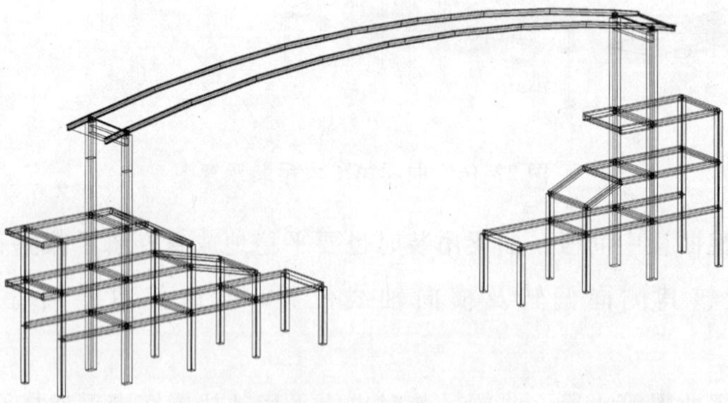

图 27-20 第四步吊装示意图

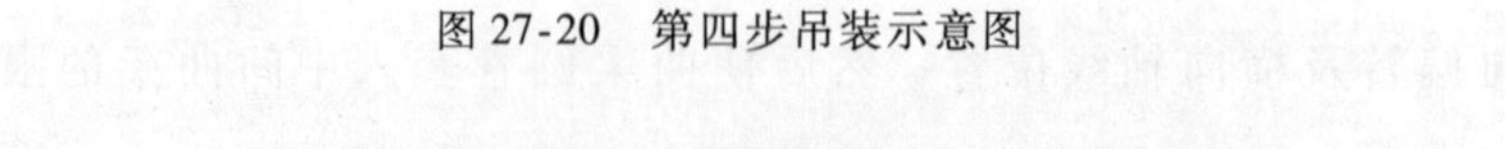

图 27-21 预应力拉索放置

6）安装预应力拉索撑杆，对于包含铸钢的拉索撑杆，使用起重机进行吊装、焊接。需要对铸钢件、螺栓球进行高度调整，可以在曲梁顶挂倒链或通过胎架进行局部顶撑。撑杆安装后如图 27-22 所示。

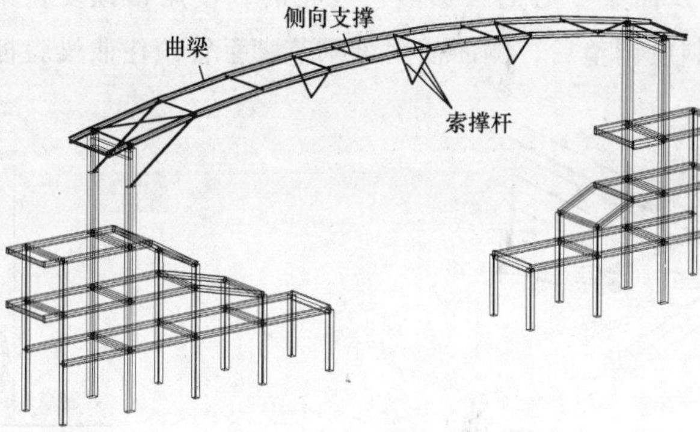

图 27-22 撑杆安装后示意图

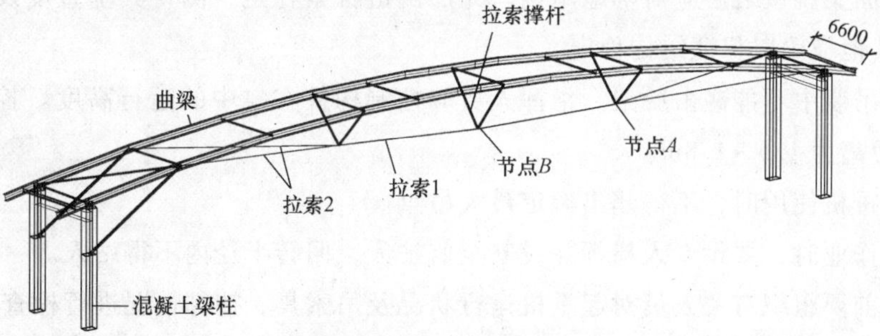

图 27-23 预应力拉索安装

7）安装预应力拉索（图 27-23），使用起重机进行吊装就位。

预应力拉索安装顺序如下：

①安装拉索 1。首先安装节点 *A*，将拉索 1 固定在 *A* 节点上，如图 27-24 所示。

安装 *B* 节点，将拉索 1 穿过 *B* 节点，如图 27-25 所示。

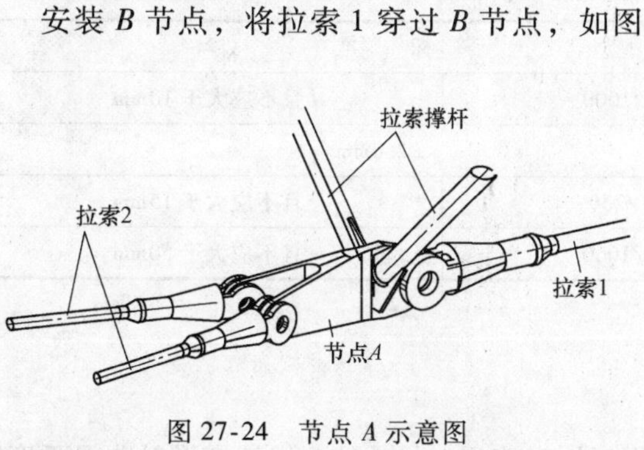

图 27-24 节点 *A* 示意图

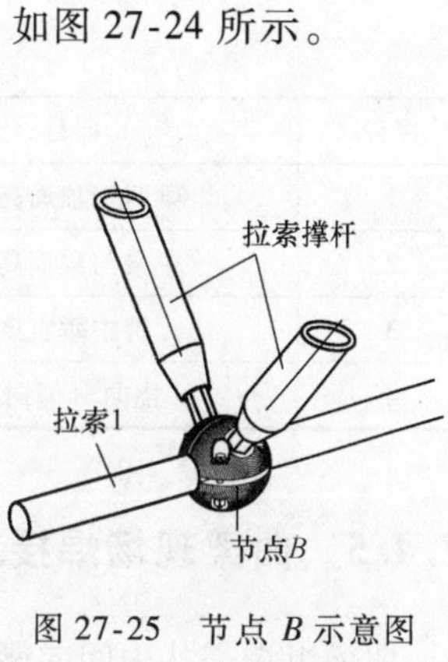

图 27-25 节点 *B* 示意图

②安装拉索2。首先将拉索固定在节点 A 上，然后固定在节点 C 上，如图27-26所示。

当一榀的预应力拉索安装完毕后，将套筒调节到设计位置，为下一步的张拉做准备。

(3) 吊装注意事项。

1) 曲梁倾斜度校正。曲梁在吊装前需要在支撑横杆上放线，定位出控制点，分别为曲梁上翼缘梁侧的投影点及曲梁中心的投影点，校正时，使用铅锤复核梁翼缘边控制点，如图27-27所示。曲梁倾斜度调整后，侧面使用可调节脚手管顶住曲梁腹板并固定。

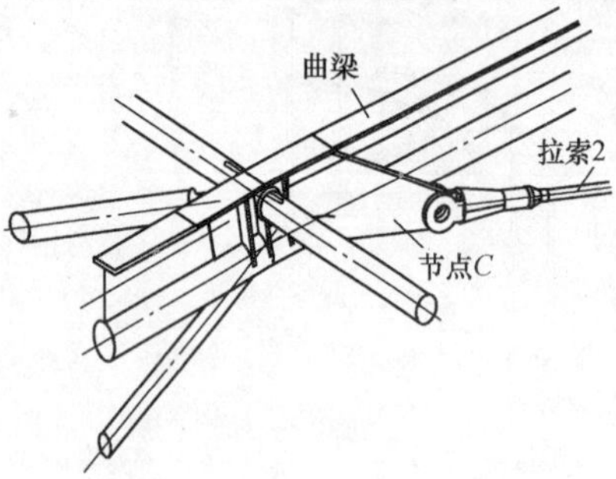

图27-26 节点 C 示意图

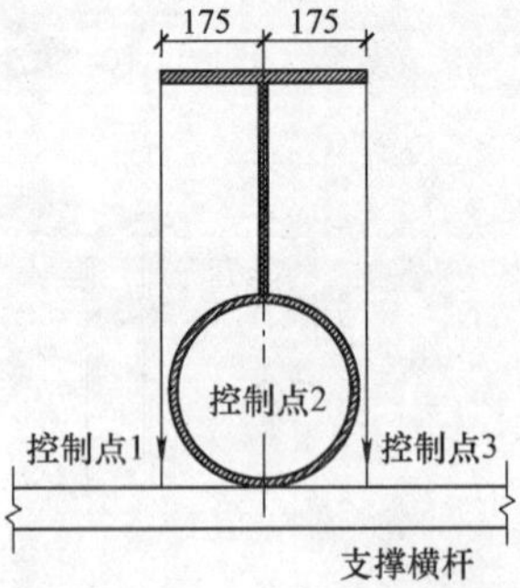

图27-27 曲梁放线控制点

2) 每榀曲梁就位之后应对称地用钢丝绳加倒链拉紧稳定，测得其垂直度及两榀的间距后及时连接其他横梁以保证结构稳定。

3) 构件吊装中不能碰击胎架。指挥人员应控制构件在空中的运行高度。控制的高度应与胎架竖向距离为1.5~1.8m。

4) 在起重机使用时，不得超出额定最大吊重。

5) 吊装作业时，要设专人指挥并设安全监护人，回转半径内不得站人。

6) 吊装前要组织有关人员对起重机运行状况及吊索具、捆绑情况进行检查。

7) 指挥起重机、传递信号必须由持有有效特殊作业证件的起重工进行，且信号规范、清晰、明确。起重机应安装灵敏可靠的安全装置，如高度限制器、幅度限制器、重量限制器、力矩限制器、防脱钩装置。

(4) 曲梁安装允许误差见表27-7。

表27-7 曲梁安装允许误差

序号	项目	标准	
1	梁两端顶面高差	$L/1000$	且不应大于10mm
2	主梁与梁面高差	±2.0mm	
3	跨中垂直度	$L/250$	且不应大于15mm
4	挠曲（侧向）	$L/1000$	且不应大于50mm

27.4.5 曲梁现场焊接工艺

曲梁组焊需从中间向梁侧进行，左右两个焊工同时施焊，尽量减少焊接变形对曲梁弧度造成的影响。每榀曲梁高空组装后有两道坡口，焊接形式为 V 形坡口熔透焊。圆管管壁厚度为 16mm，在工厂需要开坡口，现场采用手工二氧化碳气体保护焊。焊接顺序如图 27-28 所示。

1）焊接圆管，由于圆管内部有内衬管，因此对于圆管可以直接使用气保焊，焊接分层进行，焊接完一层后，对焊缝进行处理后即刻进行第二层施焊，共分三次完成焊接。

2）焊接中间腹板，腹板一侧开坡口。焊接时先从一层进行焊接，待焊接完成后，从另一侧使用气刨清根，然后进行另一侧焊接。

3）焊接上翼缘板，待圆管与腹板焊接完成后，进行翼缘焊接，焊接仍然分三层进行。

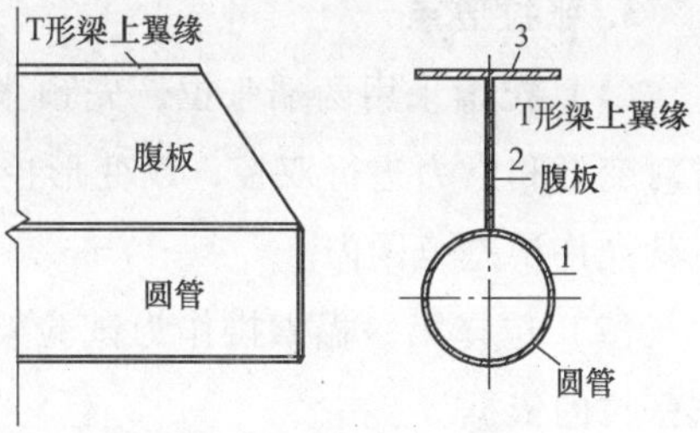

图 27-28　曲梁焊接顺序

高空焊接注意事项：

1）焊接作业区风速当手工电弧焊超过 8m/s，气体保护电弧焊超过 2m/s 时，应设防风棚或采取其他防风措施。

2）焊接作业区的相对湿度不得大于 90%。

3）焊接工作区环境温度低于 0℃时，应将构件焊接区各方向大于等于二倍钢板厚度且不小于 100mm 范围内的母材，加热到 20℃以上方可施焊，且在焊接过程中均不应低于这一温度。

4）不应在焊缝以外的母材上打火、引弧。

5）分层施焊时，每一焊道完成后应及时清理焊渣及表面飞溅物，发现影响焊接质量的缺陷时，应清除后方可再焊。在连续焊接过程中应控制焊接区母材温度，使层间温度的上、下限符合工艺文件要求。遇有中断施焊的情况，应采取适当的加热、保温措施，再次施焊时重新预热温度应高于初始预热温度。

6）焊接完成后，应用火焰切割去除引弧板和引出板，并修磨平整。不得用锤击落引弧板和引出板。

27.4.6　预应力张拉及调试

当索体安装就位后，可以进行张拉工装的组装，组装结果如图 27-29 所示。

1. 张拉准备

（1）张拉设备的选用。选用 8 台 YCQ30、2 台 YCQ85 的千斤顶。

（2）张拉设备标定：张拉前，需要对张拉设计进行标定，标定日期不能超过 6 个月，根据标定资料上的张拉油表上的读数与实际张拉力的关系，换算出本工程需要张拉的仪表读数，并将此读数对工人详细交底，以保证张拉力的准确性。

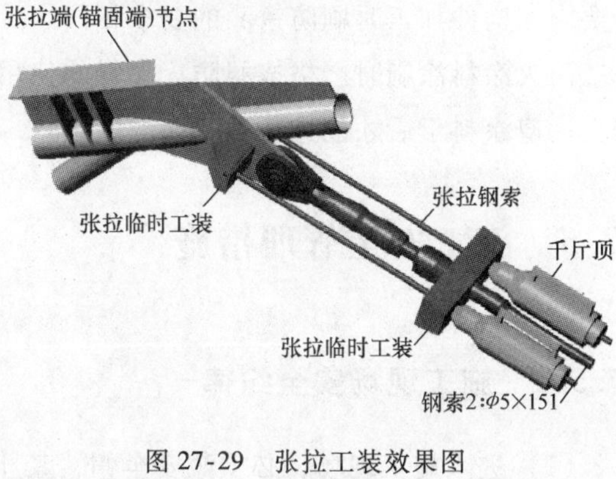

图 27-29　张拉工装效果图

（3）测定各个张拉点之间的位移关系：各个张拉耳板之间的空间位移，对于索体能否张拉到预定张拉力有着至关重要的影响，因此，在张拉前需要用全站仪对空间位移进行校核，核查无误后，方可进行张拉。

2. 张拉程序

安装千斤顶支架→安装工具拉杆和钢支脚→安装千斤顶，测量读数→张拉至 $0.3\sigma_{con}$，测量读数→张拉至 $0.65\sigma_{con}$，测量读数→张拉至 $1.0\sigma_{con}$，测量读数→必要时个别调整张拉。

3. 张拉要点

（1）拉索采用两端张拉，先预张拉，待下段的撑杆安装完成后再进行正式张拉。张拉时对变形和索力进行双控，以变形控制为主，达到结构说明中节点位移和杆件内力要求，并在其允许误差范围内。

（2）选择第一榀索拱作为试验架，施工前用计算机仿真模拟张拉工况，以此作为指导试张拉的依据。

（3）试张拉完成后，整理出各张拉技术参数的控制指标值，形成技术文件，用于指导正式张拉。

（4）张拉设备在试验机上进行标定。液压泵的油压表全部选用精度为0.4级的精密压力表，千斤顶与油压表配套校验，并作主被动标定。

（5）张拉时，服从统一指挥，按张拉给定的控制技术参数进行精确控制张拉。

（6）张弦梁施工完成后的形状应符合设计要求，且拉索的应力应在设计要求的范围内，其他各杆件的应力应在安全范围内，这是施工控制的基本原则。根据本工程的特点，应以控制张弦梁的变形（形状）为主，控制索力为辅。

（7）施工中，如发现索力误差较大，超出分析值的10%，应与设计、监理单位沟通，查明原因，及时纠正，尽量使两者均符合要求。

27.4.7 防火涂料喷涂

构件安装全部完毕，结构经过监理验收后补刷防锈漆。先将焊缝处的焊渣和其他杂物清理干净，再用磨光机对需要补刷防锈漆的位置除锈。满足要求后才能刷防锈漆。补刷防锈漆的要求和构件加工时刷防锈漆的要求相同。

防火涂料涂刷时严格按照防火涂料的使用说明书上的操作步骤和注意事项涂刷，必须等到上一遍涂料干后才能进行下一遍的涂刷。

27.5 施工安全管理措施

27.5.1 施工现场安全纪律

（1）进入施工现场，必须戴安全帽，禁止吸烟，禁止酒后作业。

（2）施工时必须严格执行交底中规定的安全技术措施，未经交底严禁作业。

（3）从事特种作业人员必须持有特种作业操作证，无证人员禁止操作。

（4）管理人员严禁违章指挥。

（5）施工人员必须服从现场管理人员的指挥和管理。

（6）禁止攀爬各类架子，跨越防护栏杆，穿行有禁行标志的出入口。

（7）高空作业（高度超过2m）必须正确使用安全带。

（8）楼层上施工人员禁止向下投掷物品、抛撒材料和垃圾。

（9）禁止挪移、拆改安全防护设施、警告、警示、提示标牌。

（10）明火作业必须开具用火证，并有防火措施。

（11）非电工禁止动用配电线路和设施。

（12）禁止私自拉设电线、电缆，使用电炉等用电设备。

（13）禁止在结构内居住。

（14）禁止外部人员留宿。

27.5.2 现场安全管理标识

（1）施工现场管理、施工人员统一安全帽和着装，经理部管理人员一律佩带白色安全帽，穿统一的工作服；外施单位的管理人员、班组长一律佩带蓝色安全帽，施工人员一律佩带黄色安全帽，穿统一制式的马甲；塔式起重机信号工统一穿特制的黄色工作服。

（2）外架子管，立管、水平管为黄色，剪刀撑为蓝色。

（3）配电箱为黄色，消火栓箱为红色。

（4）临边防护栏杆，电缆保护木盒刷成红白相间。

27.5.3 现场安全管理

（1）建立健全安全生产教育和培训制度，坚决贯彻“预防为主，安全第一”的方针，严格执行安全生产制度。

（2）进入现场的作业人员必须先参加安全教育培训，考试合格后方可上岗作业，未经培训或考试不合格者，不得上岗作业。

（3）经理部设专人负责包工队的安全生产管理，进入施工现场的所有施工人员，用工手续必须齐全，并熟悉本岗位、本工种安全技术操作规程，考试合格后方准上岗作业，特种作业人员必须持有效证件上岗操作和具有相适应的文化程度。

（4）从事特种工种作业的人员，必须进行身体检查，无妨碍从事本工种的疾病。

（5）正确使用个人防护用具和防护设施。进入现场必须按规定戴好安全帽，禁止穿拖鞋或赤脚，在缺乏防护的高处作业必须系安全带。

（6）施工现场悬挂醒目的安全标语，危险部位设警示标志。

（7）施工现场建立责任区制度，指定负责人，设立标牌。

(8) 作业人员严格做到干活脚下清，下班后要对作业区清查一遍，确认安全无误后方可离开现场。

(9) 立体交叉作业或出入口，应搭设防护棚或采取隔离措施，高空作业必须设护身栏、栏板或搭设安全网。

(10) 使用煤油、松香水、丙酮、稀料等易燃物品时，应配用必须防护用品，并妥善保管，禁止存放在结构内。严禁明火，已沾过油等易燃品的棉纱、破布等应存放在有盖的金属容器内，及时处理。

(11) 高处作业时严禁投掷物料。清理楼层时，应使用容器送至地面。手持工具或零星物料随手放入工具袋。

(12) 定期检修机械设备，防止带病运转，禁止超性能使用，保护装置必须灵敏有效。

(13) 一切施工人员要严守安全纪律，正确使用防护用品，严禁违章指挥、违章作业。

(14) 职工违章作业造成不良后果时，按有关规定处理。

(15) 在领导违规指挥或安全防护不良的条件下，职工有权拒绝作业，停止作业的时间不得扣发工资。

27.5.4 现场安全防护要点

1. 脚手架搭设与拆除

(1) 架子方案中必须有平面布置图和立面图，标明施工人员上下马道的位置和人行通道的位置，有搭设（拆除）的安全技术措施，并规定架体与结构拉结和卸荷的作业和位置。

(2) 结构施工的模板支撑体系与架子体系必须分离。提升架、卸料平台、人员上下马道架从设计到搭设均应与架子分设。

(3) 架子验收必须分步、分层进行，并履行手续。

(4) 吊篮架要按规定进行荷载试验。

2. 孔洞防护

(1) 结构施工中的各种预留孔洞按有关标准进行防护，并进行编号登记管理。

(2) 结构后浇带按孔洞要求进行盖板封闭防护。

(3) 定期对孔洞的防护情况进行检查，对出现的问题及时整改。

3. 高处作业

(1) 高处作业必须按规定采取安全防护措施。

(2) 高处作业要重点监督在作业层上的梁、柱作业面的防护和临边、孔洞边的作业防护，不仅要对作业层作业人员有防护措施，还要注意在高处作业下方的作业人员和人行通道的安全。要避免上下交叉作业，必要时下方作业采取施工停工和封挡等防护措施。

(3) 高处作业人员使用工具袋携带工具，或使用绳具拴牢工具，防止工具脱落。

4. 安全用电管理措施

（1）保证正确可靠的接地与接零。必须按设计要求设置接地与接零，杜绝疏漏。所有接地、接零处必须保证可靠的电气连接。保护线 PE 必须采用绿/黄双色线，严格与相线、工作零线相区别，杜绝混用。

（2）施工现场临时用电设备的设置、安装、防护、使用、操作、维修及维修人员都必须符合《施工现场临时用电安全技术规范》（JGJ 46—2012）的要求。

（3）本现场的所有供电线路均按 TN－S 接零保护系统敷设，保护零线的设置应符合 JGJ 46—1988 的要求。

（4）电气设备的正常情况下不带电的金属外壳、框架、部件、管道、轨道、金属操作台以及靠近带电部分的金属围栏、金属门等均应作保护接零，接地电阻不大于 4Ω。

（5）各种配电箱、开关箱至少配置两级漏电保护器，剩余电流断路器的额定漏电动作电流不大于 30mA，动作时间不大于 0.1s。

（6）漏电保护器的使用接线应与基本保护系统相适应、相配合，在任何情况下，漏电保护器（其剩余电流互感器）只能通过工作线，而不能通过保护线。

（7）末端配电箱、移动开关箱实行一机一闸制，不允许一个开关带两台及两台以上的用电设备。

（8）开关电器及电气装置必须完好无损，装设端正、牢固，不得拖地放置。带电导线与导线之间的接头必须绝缘包扎，严禁搭、挂、压其他物体。电气装置的电源进线端必须作固定连接。

（9）配电箱、开关箱应作名称、用途、分路标记，箱门必须加锁。

（10）配电箱及其周围不得堆放杂物及施工材料。电气装置内部及其周围邻近区域不得有杂物、灌木和杂草等。

（11）电气装置应定期检修，检修时应停电，悬挂停电标志牌，挂接必要的接地线；检修时应有统一的组织和指挥，由相应级别的专业电工检修，检修时应穿戴绝缘鞋和手套，使用电工绝缘工具。

5. 机械设备安全和防护

（1）所有设备的带传动、链传动和开式轮传动等都必须有防护罩，并固定牢固。

（2）不准带电对机械设备进行保养，不允许接触设备的转动部位。女工操作时必须戴好工作帽。

（3）用电做动力的中、小型机具设备，要求将保护零线引出，并紧固在设备的明显部位，保护零线不允许有接头，也不允许用单股线做保护零线。

（4）蛙式灯夯机必须使用定向开关，严禁使用倒顺开关。

（5）机械、设备的操作工操作设备时，都必须严格遵守操作规程，做到持证上岗。

（6）机械、设备和机械、设备的钢丝绳，应定期进行检查、保养。经检查对已达到报废标准的钢丝绳时应及时报废更换，安装新钢丝绳应符合要求。

27.5.5 安全监督、检查

1. 公司安全检查

(1) 公司每月对施工项目进行一次检查，对重点工程、重点部位或专业随时进行抽查。

(2) 对每次检查都要有检查记录，对发现的问题要逐条、逐点讲清；问题单位（或经理部）要针对问题定人、定时、定措施进行整改。

(3) 公司对每次检查出现问题的现象照片或录像、整改措施、整改效果照片或录像，编制成册，下发到全公司各个项目上，使各项目对照检查，避免重复发生类似安全问题。

(4) 公司制定安全奖罚制度，奖励安全生产中做出突出成绩或避免发生重大事故的单位和个人。对违章指挥、违章作业事件，对造成安全隐患或出现的安全事故的单位和个人进行通报批评和罚款处理。

2. 经理部安全检查

(1) 项目经理部每月上旬由值班领导组织对工地进行一次全面检查。每周对工地安全情况进行一次检查，并做好检查记录。

(2) 专职安全员对工地随时检查。各类检查与劳动竞赛和月综合评比检查相结合。

(3) 经理部结合工程特点制定安全生产奖罚办法，根据检查情况对奖罚的单位、金额当场宣布，及时兑现。

27.6 消防管理措施

27.6.1 消防管理制度

1. 消防安全制度

(1) 消防工作实行“预防为主，防消结合”的方针。现场有明显的防火标志。

(2) 施工现场实行逐级防火责任制，设专职干部一名，全面负责消防安全工作。

(3) 施工现场组成一支20人的消防队，并建立值班、汇报、学习、训练制度，发现问题及时纠正解决。

(4) 新到的工人必须经过防火安全教育后，方能上岗作业。

(5) 消防设施，任何人不得私自挪用。

(6) 贯彻执行消防法规、规章和消防技术规范。

(7) 在职工中开展防火安全的宣传教育，定期进行防火知识教育和灭火技术训练。

(8) 进行经常性的防火安全检查，及时制止、纠正违法、违章行为，防止和消除火险隐患。对暂时难以消除的火险隐患，必须采取应急措施，确保安全。

2. 现场消防检查制度

(1) 消防保卫人员每天都应对施工场所、仓储区、用火用电等情况进行巡查，每旬参加一次文明施工检查，做到掌握工程进展情况，问题认定准确，隐患整改及时。

（2）开用火证的人员，在开用火证之前，应对施焊、用火地点周围、上下进行检查。

（3）检查应采取“听”、“看”、“问”、“摸”、“试”、“对照”的方法。检查时应视情节轻重，填写消防治安检查记录，发重大火险隐患通知书，做到责任明确。

3. 电气防火管理制度

（1）建立易燃、易爆物和强腐蚀介质管理制度。

（2）建立电气防火责任制，加强电气防火重点场所烟火管制，并设置禁止烟火标志。

（3）建立电气防火教育制度，经常进行电气防火知识教育和宣传，提高各类用电人员电气防火自觉性。

（4）建立电气防火检查制度，发现问题，及时处置。

（5）强化电气防火领导体制，建立电气防火队伍。

4. 人员管理

（1）进场后，和安保部门办理有关安全协议，并办理施工人员进出凭证，做到人手一份。

（2）施工人员进场前，必须进行遵纪守法教育。进入现场后要定期进行遵纪守法教育。

（3）现场管理人员、施工人员一律佩戴胸卡。

（4）现场实行封闭式管理，禁止施工人员随意出入。

27.6.2 消防管理措施

1. 施工现场防火管理

（1）施工现场严格执行施工组织设计和消防平面布置，不得随意改动。

（2）在现场出入口设一个“进入现场严禁吸烟、严禁烟火”的大型宣传牌。

（3）现场按消防平面图配置足够的消防器材，并经常维护、保养，冬季做好防冻措施。

（4）现场所有临设的搭设均符合消防要求，不使用易燃和可燃材料。

（5）施工作业用火，必须持有防火安全技术交底，经现场消防干部审查批准，领取用火证后方可作业。用火证只限于指定地点和规定时间内有效。

（6）施工材料的存放、保管符合防火安全的要求，易燃材料设专库保存，专人负责。

（7）不在施工现场内设立仓库，不存放易燃材料。

（8）任何人不得在施工现场建筑内住宿。

（9）施工现场在适当的位置设置吸烟室，并设专人管理。

（10）消防泵房用红机砖砌筑，屋顶设防砸棚。

2. 办公区、生活区、宿舍区防火管理

（1）办公区、生活区及宿舍区内严禁存放易燃易爆物品。

（2）室内不准使用电炉、电热器具取暖、做饭。

（3）室内严禁用汽油和化工燃料烧炉火取暖、做饭。

(4) 严禁躺在床上吸烟。

(5) 严禁在室内随意拉扯电线。

3. 易燃易爆化学物品管理

(1) 建筑工程冬期施工采用不燃或难燃材料进行保温，油漆、化工材料的防风防雨设施，采用阻燃材料。

(2) 建筑工程不准作为仓库储存易燃、可燃材料，施工材料应按施工进度和作业计划分期分批进退场并制定可靠的防范措施。

(3) 凡使用易燃、易爆化学危险品的作业，必须制定防火安全措施和灭火方案，在下达生产任务的同时进行有针对性的书面防火安全技术交底。贯彻“谁施工、谁负责”的原则。

(4) 施工中采用新型（高分子）材料、新工艺时，生产、技术、材料、消防保卫部门及施工人员应进行教育学习，必须按照责任制了解材料的防火性能、规格、配比、运输、保管和使用过程中的消防要求，在不了解时应禁止使用。

(5) 易燃、剧毒物品应分类专库管理，严格进出库手续。进行易燃、易爆化学物品操作时，应根据施工计划限额领料，禁止在施工现场储存及进行分装与调料。

(6) 进行易燃、易爆化学危险品操作时，必须保证通风良好，严禁明火及可能产生的火花。施工人员不得携带火柴、打火机等火种进入该场所，不得穿化纤服装。使用易燃、易爆化学危险品数量或面积较大或在地下室等通风不良场所操作时，必须采取强制排风措施。防止可燃、易燃气体在局部达到爆炸极限。

(7) 施工场所不宜安装电气设备和照明灯，必须安装时，采用防爆等级与现场相适应的电气设备和照明灯。

(8) 易燃、易爆化学物品作业，禁止与电、气焊等明火作业上下、周围交叉操作。

(9) 施工过程中，应根据易燃、易爆气体挥发程度、密度，分别将施工现场周围上下的孔洞、地沟、管道井等封堵，防止易燃、易爆气体扩散。

4. 电、气焊及用火用电管理

(1) 电、气焊工必须经过专门培训，掌握焊割消防安全技术，并经考试合格后，持本、证进行操作。禁止非焊工进行作业。

(2) 进行电、气焊作业前，必须由现场消防保卫人员或防火负责人指定的专人办理用火审批手续，用火地点变更时，应重新办理用火审批手续。用火证当日有效。

(3) 进行电、气焊作业时，要选择安全地点，认真落实有针对性的防火措施。必须派专人进行监视，随身携带灭火用具。

(4) 地下室、人防工程内不宜使用乙炔、氧气瓶。

(5) 乙炔气瓶、液化石油气瓶与氧气瓶的工作间距不小于5m，乙炔气瓶、氧气瓶与电、气焊用火地点的距离不得小于10m。

(6) 氧气瓶、乙炔瓶不得接近热源、夏季不宜在日光下曝晒，搬运时禁止滚动、撞击。

氧气瓶不得接近油脂。

(7) 电、气焊停止作业时，应切断电、气源。焊钳、焊枪使用完，不得放在可燃物上及周围。焊条头不得随便乱扔。

(8) 电、气焊禁止与木工、油漆、防水等工种同时间、同部位、上下交叉作业。遇有五级以上大风时，应停止露天及高空的焊割作业。

(9) 禁止在“严禁明火”的部位及其周围进行焊割。禁止焊割未经清洗的可、易燃气、液体及喷漆用过的容器和设备。

(10) 防水作业使用喷灯时，不得在操作场所内添加油料，火焰不应调得过量，火焰距防水卷材不应小于20cm。且作业区域内必须放置灭火器。

(11) 用电管理执行施工现场安全用电实施细则。使用电热器具，必须经过批准，设专人负责管理。冬期施工保温、取暖大面积采用电热设备时，应制定详细方案，报消防保卫部门备案。

(12) 施工现场内根据情况设置一定数量的吸烟室。贴有明显管理要求和标志，配备烟头容器和灭火器材，吸烟应到吸烟室，现场禁止吸烟，违者罚款。

5. 临设支搭、料库管理

(1) 临设支搭必须符合施工组织设计要求，经消防保卫部门审查批复后，方准支搭。施工现场的值班、加工、仓储、办公区与在施工区域分开设置。

(2) 油漆稀料、可燃材料库、油漆调料间、水泵房、变配电室、机（木）加工和修理间等应使用不燃材料支搭。

(3) 施工现场严禁采用可燃材料做临设（如木板活动房）。

(4) 在施工程内不宜入住、办公，禁止储存易燃、可燃材料，确因条件有限，在工程内入住、办公、加工等，应制定防火措施，经上一级保卫部门批准后方可使用。

(5) 施工现场内禁止家属及非施工人员居住。

(6) 存放现金、票证、贵重物品、稀有材料等的重点部位的位置选择要适当，房屋、门窗要安全牢固，必须有防护窗栏、防盗门、保险柜、报警器等防护措施。

(7) 露天存放物品应分类、分垛，留出必要的防火间距，高压线下方水平距离6m以内不准存放易燃、可燃材料。

(8) 料库内储存物品应分类、分垛，垛与垛、墙、梁、柱应留有足够防火间距并留有主要通道。

(9) 各种材料应按其性质、火灾危险程度分类分库存放，严禁自燃物品，可燃易燃气体、液体等危险物品与一般物品混存。乙炔瓶与氧气瓶要分开存放。

(10) 料库内照明灯具不应超过60W，禁止使用荧光灯和碘钨灯等高温照明灯具，灯具不应安装在货架、物品上方，开关应设在料库外，料库内不得使用明火并禁止吸烟。

(11) 料库内不准设办公室、休息室，不准住人，禁止用可燃材料搭建隔层及隔墙，严禁进行修理和加工。

6. 电气防火管理

(1) 施工现场所有电气、电路安装、拆除，电源的架设、维修等，必须由有电工本的合格电工操作，并按用电技术规范进行。

(2) 各种设备的安装、使用、管理，必须符合郑州市电业局的管理规定。

(3) 合理配置、整定、更换各种保护电器，对电路和设备的过载、短路故障进行可靠的保护。

(4) 各种易燃建筑内，安装电气设备防火安全规定。临设施工棚内电气设备与易燃材料保持20cm以上的安全距离。

(5) 使用固定式或移动式电气设备，设专人管理，定期检查维修。

(6) 各种电闸箱的安装符合安全规定，箱内不得有杂物。

(7) 架空电线设牢固的固定点，严禁绑扎在树木和脚手架上。碘钨灯安装可靠，与可燃物保持5m以上的距离。

(8) 电动机和各种线路，不准超负荷使用。

(9) 电焊机不准带病作业，防护要齐全，线路符合安全规定，使之保持安全状态。

(10) 各种电气设备要有防雨设施，合理设置防雷装置。

(11) 在电气装置和线路周围不堆放易燃、易爆和强腐蚀介质；不使用火源。在电气装置相对集中的场所（如变电所、配电室、发电机室等）配置绝缘灭火器材等，并禁止烟火。

(12) 加强电气设备相间和相与地间绝缘，防止闪烁。

机械顶管施工方案

吴纪东　光军伟
郑州市市政工程总公司

28.1　工程概况

本工程为马头岗污水主干管系统，设计管径 d2800，管线沿中州大道中东 43m 布设，管道埋深 12 ~ 15m。本标段桩号为 5 +730 ~ 8 +857.97，南起北绕城公路，北至马头岗污水泵站，全长约 3127m（图 28-1）。工程地质以砂土和粉土为主，部分地区为纯砂，地下水位埋深 2.0m 左右，工程施工须考虑降水措施，工程施工场地宽阔，道路交通条件良好，可利用中州大道运送材料及施工机具。

28.2　编制依据

（1）郑州市马头岗污水干管工程施工图。

（2）《给水排水管道工程施工及验收规范》（GB 50268—2008）。

（3）《给水排水构筑物工程施工及验收规范》（GB 50141—2008）。

（4）《给水排水工程钢筋混凝土沉井结构设计规程》（CECS 137—2002）。

（5）《给水排水工程顶管技术规程》（CECS 246—2008）。

（6）《工程测量规范》（GB 50026—2007）。

（7）《混凝土和钢筋混凝土排水管》（GB/T 11836—2009）。

（8）《顶进施工法用钢筋混凝土排水管》

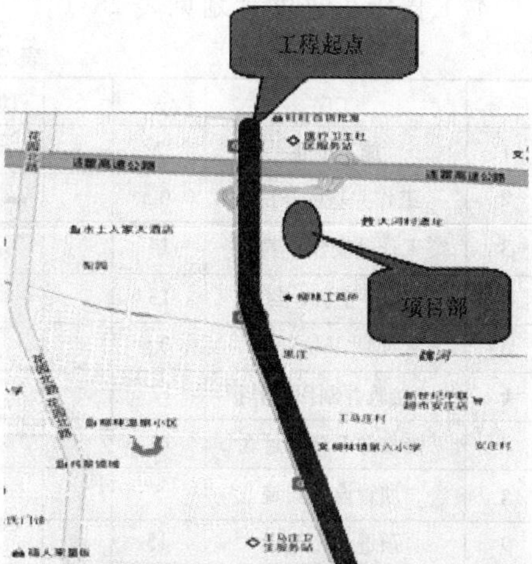

图 28-1　施工现场位置及现场平面布置图

(JC/T 640—2010)。

(9)《混凝土结构工程施工质量验收规范》(GB 50204—2002)(2011版)。

(10)《砌体工程施工质量验收规范》(GB 50203—2011)。

(11)《施工现场临时用电安全技术规范》(JGJ 46—2005)。

(12)《建筑施工起重吊装工程安全技术规范》(JGJ 276—2012)。

(13)《建筑机械使用安全技术规程》(JGJ 33—2012)。

(14)《建筑施工安全技术统一规范》(GB 50870—2013)。

(15)《建筑施工安全检查标准》(JGJ 59—2011)。

(16)《建筑施工现场环境与卫生标准》(JGJ 146—2013)。

(17)《市政基础设施工程技术文件管理规定》建城(2002)221号。

(18)《建设部关于印发<危险性较大的分部分项工程安全管理办法>的通知》建质[2009]87号。

28.3 施工部署

28.3.1 施工技术选用

本工程采用钢筋混凝土沉井作为工作井和接收井，土压平衡法机械顶管施工工艺，部分预留支管采用人工掘进顶管的施工工艺，污水管道采用F形柔性接口钢筋混凝土管材。

28.3.2 施工进度计划

本工程施工进度计划见表28-1。

表28-1 施工进度计划

序号	工序	天	5	10	15	20	25	30	35	40	45	50	55	60
1	施工准备	7												
2	工作井基坑开挖	0.5												
3	工作井制作、养护	14												
4	工作井下沉、封底	13												
5	接收井基坑开挖	0.5												
6	接收井制作、养护	12												
7	接收井下沉、封底	10												
8	顶管设备安装	5												
9	顶进(150m)	15												
10	内封处理	4												
11	检查井、流槽制作	2												
12	闭水试验	2												
备注		本计划只示意一个井距的施工计划，顶管工作工序一样，不同的只是根据井距长度顶进时间有差别，施工过程中根据工期要求适当调整作业队的数量并做好流水施工，保证工程按期完工。一般顶进距离为10m/d												

28.3.3 材料计划

本工程施工材料计划见表 28-2。

表 28-2 材料计划

序号	项目名称	单位	数量	序号	项目名称	单位	数量
1	d2800 管材	m	3128	6	425#水泥	t	582.97
2	d1600 管材	m	1810	7	中继间	个	9
3	φ10mm 以下钢筋	t	59.1	8	膨润土成品	kg	26288.343
4	φ10mm 以上钢筋	t	244.5	9	楔形圈	个	544.400
5	型钢槽形钢板桩	kg	1185	10	木垫板	套	544.4

28.3.4 设备计划

本工程施工设备计划见表 28-3。

表 28-3 设备计划

序号	名称	规格、型号	需用量	
			单位	数量
1	大刀盘土压平衡掘进机	DK2800	台	3
2	主顶液压动力站	—	台	4
3	主顶推力液压缸	200t	台	16
4	中继间液压动力站	—	台	4
5	中继间液压缸	100t	台	120
6	基坑导轨	—	副	4
7	弧形顶铁	F 形	只	9
8	主顶油泵架	—	台	4
9	螺杆泵	$2\sim8kgf/cm^2$	台	8
10	装载机	ZL50	台	3
11	自卸车	4.5t	台	20
12	发电机组	50~120kW	台	2
13	轮式起重机	200t	台	1
14	潜水泵	—	台	30

注：$1kgf/cm^2 = 0.0980665MPa$。

28.4 施工技术

28.4.1 作业条件

（1）施工现场的进场道路，临时用电、用水管线，通信线路都已经畅通，且具备进场施工条件。

（2）施工占地范围内拆迁到位，地下管线已查明，并采取改移或加固措施，地上、地下障碍物清理完毕。

（3）各种顶管设备已经进行了校核，材料已经试验合格。

（4）工作井、接收井的沉井工作已经到位，具备接收、顶进的条件。

28.4.2 技术准备

（1）测量交接桩完成，并对控制点、坐标点、水准点进行校核，拴桩、补桩等工作已完成。

（2）各种设备检修、校验完毕。

（3）各类人员的资质证书、特殊工种作业证等已经到位。

（4）顶管施工前，已认真审核图纸，组织图纸会审。编制施工方案，报有关单位审批，并做好技术交底。

28.4.3 材料性能要求

1. 管材

（1）管材选用：采用F形钢筋混凝土管，管材混凝土强度等级不低于C40，管道抗渗性能检验压力试验合格，抗裂性能达到抗裂检验压力指标要求。

（2）管材外观检验合格。重点检查管道接口处是否平顺，承、插口尺寸是否匹配，有无损坏现象，如有损坏修正合格后方可使用，损坏严重的不得使用。

（3）管体外表面应注明管材型号、出厂水压试验的结果、制造及出厂日期、厂质检部门签章，管材应有出厂合格证。

2. 楔形密封橡胶圈

（1）橡胶圈应采用耐腐蚀的专用橡胶材料制成。密封圈使用前必须逐个检查，不得有割裂、破损、气泡、飞边等缺陷。其硬度、压缩率、抗拉力、几何尺寸等均应符合有关规范及设计规定。

（2）密封圈应有出厂检验质量合格的检验报告。产品到达现场后，抽检5%的密封橡胶圈的硬度、压缩率和抗拉力，其值不应小于出厂合格标准，检验要求见表28-4。

表28-4 橡胶圈检验要求

项目		单位	硬度（邵尔）			
			30	40	50	60
公差		邵尔	+5	+5	+5	+5
拉伸强度	天然	MPa	14	14	13	12
	合成		9	9	9	9
拉断伸长率		%	450	400	375	300
压缩永久变形（23±2）℃条件下70h		%	12	12	12	12
70℃×168h热空气老化	硬度变化	邵尔A	>-5	>-5	>-5	>-5
	拉伸强度变化	%	-20	-20	-20	-20
	拉断伸长率变化	%	-30 ~ +10			
低温脆性-25℃			试样不断裂			
耐液体70℃×7d		%	0 ~ +8			

3. 其他材料

满足相关规范的要求，且必须有出厂合格证。

28.4.4 施工工艺流程

施工准备→场地清理及地面设备安装→管线放样→掘进机井内就位及辅助设备安装→掘进机穿墙出洞→管道顶进、管节拼装→掘进机进洞→洞口封堵处理→管缝处理→工作井流槽砌筑→闭水检验→工作井盖板安放→检查井砌筑→回填土。

28.4.5 施工要点

1. 测量放线

（1）总平面控制。对设计部门提供的控制桩进行复核。设置直线控制桩，控制桩设在稳定可靠、便于施工期间保存及使用方便的位置，最好设在横断面上快车道边及红线处。

（2）管线放样。顶管管线放线，就是将工作井出洞口和接收井进洞口的坐标正确引入工作井内，指导顶管顶进的方向和距离。一般将管道中心线及管内底标高引至工作井井壁上，并做出明显标志。

1）直线放样。根据顶管工作井出洞口的中线和接收井进洞口的中线，用经纬仪在工作井后反复瞄准这两根中线直至重合，确定顶管管线，并将其引入工作井内，如图 28-2 所示。

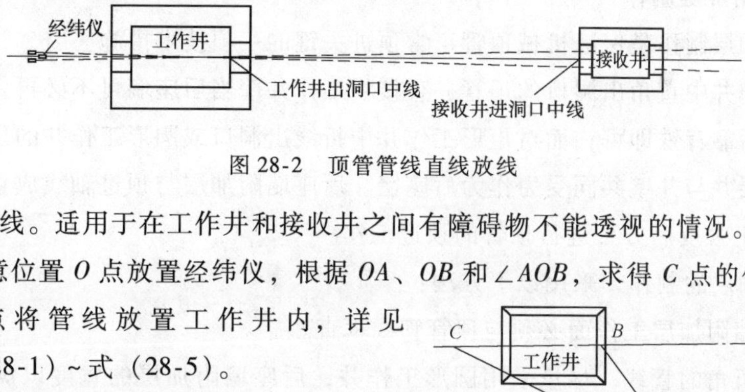

图 28-2 顶管管线直线放线

2）三角放线。适用于在工作井和接收井之间有障碍物不能透视的情况。即在工作井和接收井之间任意位置 O 点放置经纬仪，根据 OA、OB 和 $\angle AOB$，求得 C 点的位置和 AB 段的长度，在 C 点将管线放置工作井内，详见图 28-3和式（28-1）~式（28-5）。

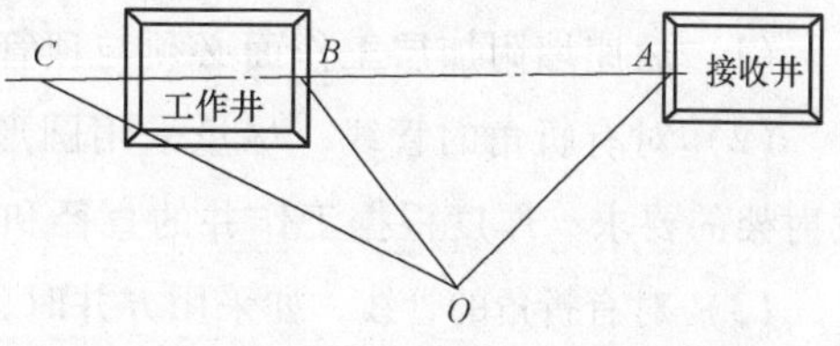

图 28-3 三角放线示意图

图中 点 A——接收井进洞口中点；

点 B——工作井出洞口中点；

点 C——AB 延长线上一点（引桩），通常 C 点在工作井另一侧，距离 BC 为方便放线的假定值。

计算公式

$$AB = (OA^2 + OB^2 - 2OA \cdot OB\cos\angle AOB)^{1/2} \tag{28-1}$$

$$AC = AB + BC \tag{28-2}$$

$$\angle OAB = \arcsin\ (OB\sin\angle AOB/AB) \tag{28-3}$$

$$OC=(OA^2+AC^2-2OA\cdot AC\cos\angle OAB)^{1/2} \tag{28-4}$$

$$\angle AOC=\arcsin\ (AC\sin\angle OAB/OC) \tag{28-5}$$

为确保放线准确，O 点必须放置在 2 个位置进行校核，同时每次视角必须用经纬仪左右盘进行读数，消除误差。

3）在工作井上用钢丝将测量完毕的管线轴线拉出来，上吊 2 个线坠将管线轴线引至坑底，用以确定管线顶进轴线。

（3）施工测量。

1）顶管过程中中线和高程原始点的复测不得少于四次，进出洞前和过程中不得少于两次，保证顶管的顺利进行。

2）顶进过程中，初始顶进每 20cm 或出土一次测量一次，正常情况下每顶进一支管测量一次，若遇偏差较大和接近接收井时，要至少每 20cm 测量一次。

3）顶进完成后及时用水准仪测量每个管端高程并详细记录。整个工程完工后重新对以上点位进行复测分析沉降情况。

4）一旦发生偏差，需及时起动纠偏系统在顶进中纠偏。纠偏时要做到勤测、微纠，要求对应测量的两组纠偏千斤顶行程的差值不能大于 50mm，角度最大不超过 2°。

（4）竣工测量。每个顶程结束后（即贯通）必须全线复测，绘制管道顶进轨迹图（含高程、方向、顶力曲线）并由现场监理工程师检查复核签证。

2. 后座墙附加层制作

后座墙附加层制作是保证机械顶管正常顶进关键的一项技术措施。

对矩形工作井中直角出洞口的顶管，直接将工作井壁当后座墙可不必再作附加层，仅靠井壁位置放置后靠背铁即可；而对矩形工作井中折线出洞口或圆形工作井的顶管，必须先浇筑混凝土附加层并与井壁共同受力作为后座墙。后座墙附加层与顶进轴线成直角，待其混凝土达到 75% 以上强度后方可进行顶管的顶进工作。

后座墙附加层的制作，采用以下方法：

（1）后座墙附加层工作面必须与顶管管线垂直。

（2）对有折角的管线，尽量采用圆形工作井，后座墙附加层的宽度以满足主顶液压缸发射架的要求，厚度根据工作井的直径和后靠背铁的宽度而定。

（3）对有折角的管线，如采用方井时，后座墙附加层的厚度当工作井有加劲肋时，应保证最厚处大于或等于工作井加劲肋的厚度，若无加劲肋时可根据使用要求确定；其宽度满足发射架的要求，如图 28-4 所示。

（4）后座墙附加层严禁采用方木，宜采用钢筋混凝土，强度等级在 C20 以上，当后座墙附加层覆盖洞口时，应在洞口处用型钢加固。

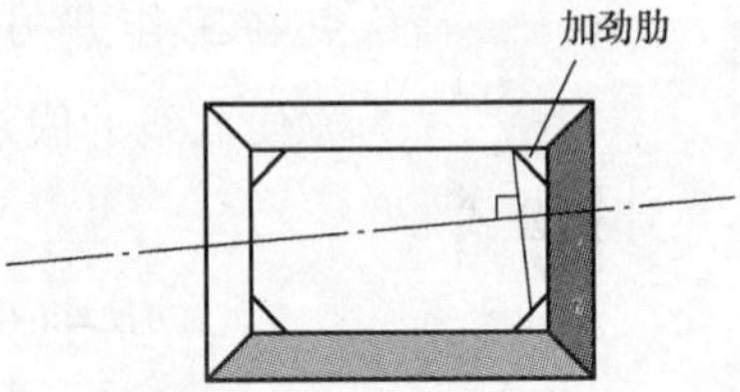

图 28-4 顶管后座墙安放位置

3. 地面设备安装

（1）在井周两侧架设门式起重机的轨道，安装门式起重机。

（2）注、拌浆设备安装，拌浆池设置防雨措施。

（3）临时材料工棚安装。

4. 顶进设备安装

（1）导轨安装：工程导轨采用38 kg/m 钢轨，轨底和型钢焊接成一体。安装时和工作井底板预埋钢板焊牢，并用型钢支撑或用混凝土围牢。导轨定位后必须稳固、正确，在顶进中承受各种负荷时不移位、不变形、不沉降。

（2）后靠背安装：采用钢筋混凝土沉井壁作承压壁，对有折角的工作井应用混凝土制作后靠背附加层，然后安装2块2.0m×4.0m×0.3m的钢靠背。

（3）主顶千斤顶安装：主顶设备采用6台液压缸，液压缸行程1500mm，每个液压缸推力200t，总推力1200t，6台液压缸固定在拼装式液压缸架上，安装在液压缸架上的液压缸水平误差控制在5mm以内。

（4）供主顶液压动力站、操作员及测量仪器工作的平台，供工人上下井用的钢制扶梯，出泥用的运土斗车等辅助设备安装。

5. 掘进机进出洞

（1）洞口止水。在工作井出洞口预制的钢法兰上焊接螺栓，安装16mm厚橡胶法兰，用10mm厚钢压板压紧，如图28-5所示。

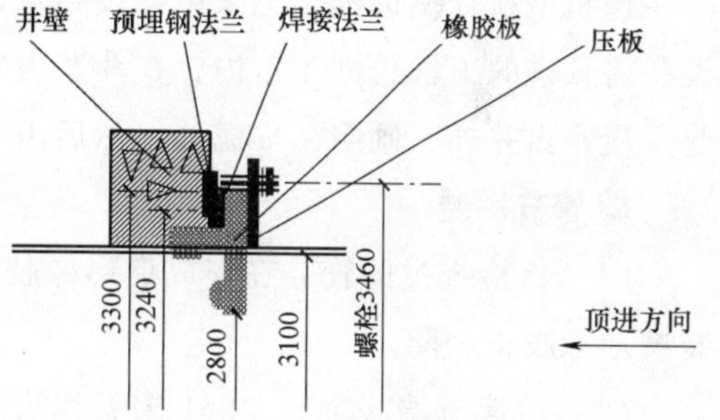

图28-5 机械顶管出洞口橡胶止水装置

对圆形工作井，需在出洞口处做一弓形的止水墙，以便将洞口止水装置安装在平面上。止水墙的混凝土强度等级同工作井混凝土强度等级，宽度满足法兰安装要求。

（2）穿墙出洞。打开封门将掘进机顶出工作井外，这一过程称为穿墙。穿墙时，首先要防止井外的泥水大量涌入井内，严防塌方和流沙；其次要使管道不偏离轴线，顶进方向要准确。

1）防止井外泥水涌入井内的措施：为防止井外泥水涌入井内，在沉井下沉时首先在洞口处砌挡土墙，同时在井壁外侧预埋钢板桩随同沉井一起下沉（钢板桩吊钩应露出自然地面）。当沉井下沉时，要注意防止沉井周围建筑垃圾（如钢筋、碎砖石等）随沉井一同下沉，必须将其清理干净，否则当掘进机出洞时，钢筋等杂物将进入铰笼，损坏铰刀，致使顶管不能正常顶进。

2）若土质较软或有流沙，则必须在管子顶进方向距离工作井边一定范围，对整个土体进行改良或加固，视情况一般采用井点降水、注浆、旋喷桩、深层搅拌幕墙等措施，以提高这部分土体的强度，防止掘进机出洞时塌方。

3）当掘进机准备出洞时，应先破除砖封门并将杂物清理干净，将掘进机顶进工作井井壁中，当止水橡胶法兰与掘进机充分结合后，拔除钢板桩。钢板桩拔除数量一定要与实际数量相符，否则将导致顶管掘进机的损坏，在工程实际中也出现过这样的实例，这里不再赘述。

4）顶管出洞时，掘进机水平位置要调零。

5）为防止管节飘移，应将前3节管体与顶管机连成一体。

6）防止掘进机穿墙时下跌的措施：土体加固、加延伸导轨、保留洞口下部预留缝隙的砖墙、顶力合力中心低于管中心（约 $R/5 \sim R/4$）或将前部管子（一般3节左右）同掘进机用连接件连接成整体，同时掘进机头亦可抬高一些。

7）防止掘进机和前几节管子后退的措施：在主顶液压缸回缩前，用螺旋出土机出部分土适当卸压，或在洞口两侧安装手拉葫芦拉住，或用木（钢）柱将管子顶住，使其不向后退。

6. 顶进出土

该机型顶管掘进机出土采用铺设导轨，在导轨上安装运土斗车，由掘进机头部螺旋出土设备将顶进的土输送进斗车内，在斗车内装满泥浆后由双滚筒卷扬机拖至工作井内，由门式起重机吊出井外，倾倒在堆泥处，然后由装载机装入自卸汽车中运到弃泥点。

7. 管节拼装

（1）将检查过的管节在安放楔形橡胶圈位置一周涂上“851聚氨酯涂膜橡胶”，然后安装楔形橡胶止水圈。

（2）在管节端部涂上“851聚氨酯涂膜橡胶”后，安装木衬板。

（3）用门式起重机将管节平稳卸入井底轨道上。

（4）安装注浆管、电缆等设备。

（5）安装环形顶铁。

8. 顶进减阻措施

（1）顶进阻力计算

$$N = \frac{\text{表盘读数}}{31.5} nT \quad (28\text{-}6)$$

式中 N——顶进阻力（kN）；

n——顶进液压缸数量（个）；

T——单根顶镐的允许顶力（kN）。

（2）减阻增长措施。为了减少顶进阻力，确保后座墙稳定安全，增加顶进长度，提高顶进质量，减少地表变形，施工中采取如下措施：

1）对机头前部注浆，增加被开挖土体的黏度和和易性来改善开挖面的状况。

2）对于机身和管节注浆，利用触变泥浆减小管道外壁与其周围土层的摩擦系数以降低阻力，从而达到大幅度降低顶力的效果，同时注浆及时充填了土壁与管壁间的孔隙还起到控制地面沉降的作用。前部切削面注浆是通过主轴中心孔进行注浆，管道注浆分同步注浆和补浆两部分，各设独立管路。

3）对机头尾端的注浆要紧随管道顶进同步注浆。在每次顶进中必须对顶管掘进机后的第一个注浆面上压注足够的泥浆，以使其形成完整的泥浆套。

4）其他断面则按顺序作定压量的跟踪补浆。补浆每班不少于 2 次循环。

5）机头后的连续 3 根管子均设注浆孔，以后根据土质情况一间一或一间二设注浆孔。

6）注浆用浆液的比例依据土质条件和注浆位置不同而定。如机头尾部同步压浆材料要求黏滞度高、失水量小、稳定性好，对管道补浆则要求黏滞度较小、流动性较大，以适于补充管道外周泥浆的损失。

7）注浆材料要经过加水搅拌，在泥浆池静停 24h 以上才能使用。

8）注浆量为建筑空隙的 1.5 ~2 倍；注浆压力大于地下水压力。

9）压浆机具设专人操作并详细填写压浆的原始记录和当班工作情况。

10）顶进施工应连续作业，减少中间停顿时间。

11）进行信息化施工，合理选用施工的管理参数，调整处理好正面压力和排土量、顶进速度和顶力、机头纠偏量和偏转角、压浆的压力（位置、数量）和时间的相互关系。

9. 中继间安、拆

（1）中继间的形式：采用钢结构形式。

（2）中继间安放和启用时间。

1）安放：第一组中继间的安放时间为总控顶力达到 60% 时，第二组以后的安放时间为总控顶力达到 70% 时。

2）启用：当总控顶力达到 80% 时就要起动中继间。

3）中继间的拆卸：掘进机头进洞后，中继间应从第一组起逐组拆卸千斤顶，并在中继间空挡内将管节碰拢前安装止水材料或浇筑填充钢筋混凝土。

10. 控制地面隆起、沉降措施

（1）造成地面隆起的原因主要是：土仓压力大于挖掘工作面土压力。土仓压力与顶进速度、螺旋输送机排泥速度、排泥量等因素有关，因此在顶进中要根据情况及时调整掘进机参数，尽量使切土量和排土量相近。

（2）造成地面沉降的原因主要是：土仓压力小于挖掘工作面压力、管壁间环形空隙、大口井降水等因素，主要采用修正掘进机参数、注浆稳定等措施控制。

（3）针对机械顶管施工路线，管道底以 45° 角放线，沿线对顶管上面的路基或地面进行沉降观测，如图 28-6 所示。

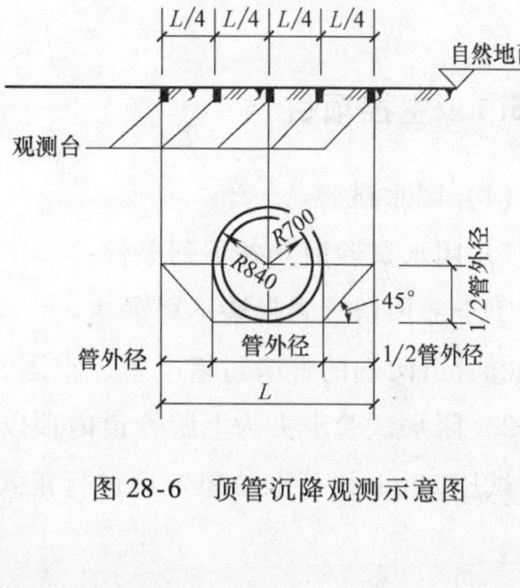

图 28-6　顶管沉降观测示意图

11. 长距离顶管的通风、照明和通信措施

（1）通风：采用地面安装的轴流通风机经送风管道送风至机头处，送风管采用可折叠的帆布加橡胶通风管悬挂于管节顶端，若距离过长，宜再安装通风设备，以使管道内空气尽快置换。

（2）照明：在机头的测量靶处和机头内主控制室处采用LED灯，管道内每隔10m设一个低压灯泡，现场和井内照明采用LED灯。

（3）通信：采用对讲机联络，在机头控制室和办公室各设一部。采用鼓风机进行顶管工程的送风。

12. 掘进机头进洞

（1）通过水位观测检查接收井洞口外段的降水效果是否达到要求。

（2）机头进洞前，接收井底预先安置枕木或滚筒。

（3）当机头接近封门板时严禁水冲或挤压。

（4）当机头前部接近接收井外边时，拆除封门并清理干净。

（5）当管节顶进接收井后，计算出工作井和接收井各留出的管节长度。

（6）尽量避免敲、拆钢筋混凝土管。

（7）露出的管段应小于管长的1/3，以使管节重心继续留在土层中。

13. 检查井、流槽施工

（1）采用机制普通黏土砖，其强度等级不低于MU10，并符合规范的规定。

（2）砌筑流槽，流槽砌筑与上下游管道底部接顺，根据图样要求设置脚窝；流槽两侧与工作井之间的缝隙采用砂石回填，要求其压实度不小于96%。

（3）流槽砌筑完毕，在工作井上口预留槽口内安装钢筋混凝土预制板。槽口内要坐浆饱满，板缝要按设计规定勾缝。

（4）在预制板预留口处砌砖墙，所有砖要洇透水。砌筑时满铺满挤，上下搭砌，水平灰缝厚度和竖向灰缝宽度应均匀，并不得有竖向通缝。

（5）检查井内壁抹面，分两道抹成，第一道抹成后刮平并使表面形成粗糙纹，第二道砂浆抹干后，分两次压实抹光。

（6）砂浆与基层各层间黏结紧密牢固，不得有空鼓及裂纹等现象。

28.5 质量检验标准

28.5.1 主控项目

（1）闭水试验。

1）闭水试验前具备下列条件：

①全部预留管洞封堵不得漏水。

②管道两端的管堵封堵严密、牢固，可用砖砌堵头。

2）闭水试验水头为上游管道内顶以上2m，先在管道预先充满水24h后，再按水头高度加水试压20min，待水位稳定后进行正式闭水试验，观测管道24h的渗漏量。根据《给水排水管道工程施工及验收规范》（GB 50268—1997）规范要求，计算渗水量。

（2）接口橡胶圈安装位置正确，无移位、脱落现象。

检查方法：逐个接口观察。

（3）管道的管底坡度无明显反坡现象；曲线顶管的实际曲率半径符合设计要求。

检查方法：观察；检查顶进施工记录、测量记录。

（4）管道接口端部应无破损、顶裂现象，接口处无滴漏。

检查方法：逐节观察，其中渗漏水程度检查按《给水排水管道工程施工及验收规范》（GB 50268—1997）执行。

28.5.2 一般项目

（1）管道内应线形平顺、无突变、变形现象；一般缺陷部位，应修补密实、表面光洁；管道无明显渗水和水珠现象。

检查方法：按《给水排水管道工程施工及验收规范》（GB 50268—1997）的规定逐节观察。

（2）管道与工作井出、进洞口的间隙连接牢固，洞口无渗漏水。

检查方法：观察每个洞口。

（3）管道内应清洁，无杂物、油污。

检查方法：观察。

（4）顶管施工贯通后管道的允许偏差应符合表 28-5 的规定。

表 28-5 顶管施工贯通后管道的允许偏差

<table>
<tr><th colspan="4" rowspan="2">检 查 项 目</th><th rowspan="2">允许偏差/mm</th><th colspan="2">检查数量</th></tr>
<tr><th>范围</th><th>点数</th></tr>
<tr><td rowspan="2">1</td><td rowspan="2">直线顶管
水平轴线</td><td colspan="2">顶进长度 < 300m</td><td>50</td><td rowspan="6">每管节</td><td rowspan="6">1 点</td></tr>
<tr><td colspan="2">300m ≤ 顶进长度 < 1000m</td><td>100</td></tr>
<tr><td rowspan="3">2</td><td rowspan="3">直线顶管
内底高程</td><td rowspan="2">顶进长度
< 300m</td><td>$D_i < 1500$</td><td>+30，−40</td></tr>
<tr><td>$D_i \geq 1500$</td><td>+40，−50</td></tr>
<tr><td colspan="2">300m ≤ 顶进长度 < 1000m</td><td>+60，−80</td></tr>
<tr><td colspan="2">相邻管间错口</td><td colspan="2">钢筋混凝土管</td><td>15% 壁厚且 ≤ 20</td></tr>
</table>

注：D_i 为管道内径（mm）。

28.6 施工安全保证措施

28.6.1 组织保障

（1）施工中组建安全施工领导小组。由项目经理任组长，项目副经理、技术负责人、各个岗位负责人担任副组长，安全员、材料员、测量员、质检员、电工（根据需要）等项目部和施工队相关负责人为组员，明确岗位责任，奖罚兑现。

（2）结合工地实际情况，制定工地安全生产、文明施工制度的奖罚办法。

（3）凡安全防护措施不齐备，存在严重隐患，或管理人员盲目指挥，安全无保证时，安全员有权令其停工。

（4）工地重大施工工艺的更改，牵涉安全方面的，由项目经理决策，并通知各个方面，确保施工安全。

（5）安全员负责施工现场巡视，发现问题及时汇报，施工过程中如发现问题，应在第一时间通知项目经理或项目部相关人员，由项目经理作出决策是否启动应急预案。

28.6.2 技术措施

1. 一般规定

（1）施工前，对员工进行安全生产教育，树立安全第一的思想，落实安全生产责任制。

（2）加强安全生产的宣传教育，工人报到后，按在册人数开会宣传有关法规、规章制度，由项目经理与每个施工队签订《安全生产合同书》，未经项目部进行安全教育的人员不准上岗作业，其教育需由本人签字，以示慎重，敲响警钟。

（3）每个分部分项工程，视具体情况由项目经理、项目副经理、技术负责人、安全员向班组做安全交底，交底要求具体、明确，要有正式的书面记录和签字。

（4）安全员和班组长向班组安全讲话；检查安全准备工作；紧跟生产制度，进行监护；对违章作业，及时纠正；对冒险作业，坚决制止。

（5）特殊工种，如电工、起重工、机械工等必须持证上岗，无证人员不准进行操作，同时要求其上岗前进行岗前检验。

（6）机械设备有漏电保护装置和接零接地，施工电线架空搭设，不准电线拖在地上，工地用电符合“一机、一闸、一箱、一漏”的标准，并由电工专职管理。

（7）经常对机械设备进行检查维护保养，每天上班试运行后才能进入施工操作，严禁起重机等机械设备带病作业。

2. 顶管工作中的安全防护措施

（1）顶管作业必须执行交接班制度。

（2）每班起动机械设备前，应检查电气、液压系统和管路，确认连接正确、无漏电、无渗漏油后，方可进行顶进作业。

（3）顶进中发现塌方、后背变形、顶铁扭翘、顶力突变等情况，必须立即停顿，采取措施，确认安全后方可继续作业。

（4）管道中的预埋压浆管、接头管应密封完整；管道接头处的防渗措施必须准备到位。

（5）为防止雨水灌入工作坑内，在工作坑四周做好围堰，工作坑顶安装防雨棚架。

（6）在工作坑、接收井外缘四周安双横杆护栏，下道护栏距地面0.6m，上道护栏距地面1.2m。护栏用黄、黑双色涂刷。

（7）井口出车平台用木板或钢板铺设，安装牢固不留孔缝。

（8）顶进中注意压力表指示值的变化，当发现压力上升时，要立即停止顶进，检查原因，防止发生意外。

（9）控制千斤顶活塞杆的外伸长度，不要超过临界冲程，以免损坏设备。

（10）后背顶铁与管口之间衬垫缓冲的材料，保护已顶入管道的接口不受损伤。

（11）顶进中应有防毒、防燃、防爆、防水淹的措施，顶进长度超60m时，应有预防缺氧、窒息的措施。

（12）顶进中容易发生的事故：

1）后背破坏。顶进中会发生后靠背满足不了顶力作用的现象。

2）管节破坏。在顶进中发现管子着力地方灰屑脱落、管节出现裂纹现象，这是管节开裂破坏的先兆；应停止顶进，等待事故处理后方可继续施工。

3）由于机械顶管的顶力较大，经常出现液压泵车的油管崩裂、顶稿移位等现象，施工过程中严密观测，防止伤人。

3. 施工用电安全

（1）工地用电采用TN-S系统。

（2）现场照明：照明电线用绝缘子固定，导线不得随地拖拉或绑在脚手架上。照明灯具的金属外壳必须接地或接零。室外照明灯具距地不低于3m，室内距地面不低于2.4m。

（3）管内照明线路及其他设施必须紧靠管壁装设。

（4）配电箱、开关箱：使用BD型标准电箱，电箱内开关电器必须完整无损，接线正确，电箱内设置漏电保护器，选用合理的额定漏电动作电流进行分级匹配。配电箱设总熔丝、分开关、零排地排齐全，动力和照明分别设置；金属外壳电箱作接地或接零保护。开关箱与用电设备实行一机一闸保险。

（5）架空线：架空线必须设在专用电杆（水泥杆、木杆）上，严禁架设在树或脚手架上，架空线安装设横担和绝缘子。架空线离地4m以上，机动车道为6m以上。

（6）接地接零：接地体采用角钢，其截面不小于48mm^2，一组二根接地体的间距不小于2.5m，入土深度不小于2.5m，接地电极符合规定，电杆转角杆、终端杆及总箱、分配电箱必须有重复接地。

（7）用电管理：安装、维修或拆除临时用电工程，必须由电工完成，电工必须持有效上岗证，实行定期检查制度，并做好检查记录。

（8）顶管管内照明用电采用低压36V。

4. 中继间使用安全措施

（1）安装中继间设备时必须设专人指挥，作业人员分工明确，协调配合。

（2）顶进作业时，必须设专人协调指挥主顶压站与中继间的顶进作业，并统一联系信号。

（3）中继间开始顶进时，千斤顶应与前后管道连接牢固，工作坑主顶压站与管道应处于顶紧状态。

(4) 顶进中作业人员不得在中继间内操作和停留，且不得在安装油路的一侧操作。

(5) 中继间每一循环顶进完成后，工作坑主顶压站开始下一个循环顶进前，中继间千斤顶必须卸压，使其处于自由回程状态。工作坑主顶压站每一循环顶进的长度不得大于紧前中继间千斤顶的行程。

(6) 多级中继间作业时，前中继间的一个行程完全顶完后，千斤顶必须卸压处于自由回程状态，后中继间方可开始顶进。

(7) 顶进作业时，中继间及紧前中继间必须安排专人监视千斤顶顶出和回缩的终端位置，其量不得超过预设的控制值。

(8) 拆除时应遵守下列安全要求。

1) 必须卸除油压，切断电源。

2) 管径大于1800mm时，应支搭操作平台。

3) 专人指挥，自下而上拆除。传递、搬运拆除的设备、部件时，作业人员应精神集中，协调配合。

4) 设计为推拢结构时，设备拆除及空档推拢应在2h内完成。

5) 及时清理遗洒的油料和杂物，并运至指定地点。

5. 注浆安全措施

(1) 制浆和注浆前，应检查空气压缩机、压浆罐、注浆泵的压力表、安全阀及管路等状况，确认正常后方可作业。

(2) 注浆前应封堵掌子面与管道间空隙，加固顶进入口处的工作坑壁，并安装注浆管嘴。

(3) 作业时，必须设专人指挥，明确联络信号及人员分工，作业人员协调配合。

(4) 作业时，必须按规定的要求控制压力，补浆必须由工作坑向顶进方向依次推进。

(5) 检修作业前，必须停机、卸压、切断电源。

(6) 配备通信设备，规定联络方式，随时掌握冲洗情况。

28.7 环境保护措施

28.7.1 施工现场控制噪声和灰尘

(1) 施工通道土质干燥易造成尘土飞扬，造成环境污染。因此应注意用洒水车洒水灭尘，保护环境，净化空气，并保持施工通道畅通。

(2) 安排夜间施工尽量采用机械噪声较小或安排无噪声、低噪声设备施工，防止噪声扰民。

(3) 建筑垃圾、生活垃圾处理

1) 建筑垃圾、生活垃圾应集中存放或集中加以遮挡，妥善处理，保持场容整洁。

2) 建筑垃圾、生活垃圾日产日清，外运时装车不易过满，注意车后门要关好，运输时要用彩条布覆盖，以免洒落、乱飞造成环境污染。

28.7.2 对地下管线、构筑物、文物设施保护

（1）首先根据地面测量放线范围对施工区域内地面建筑物进行调查、摸底，及时和甲方取得联系，并标注在图样上。

（2）依据设计文件和甲方提供的资料，进一步调查落实施工区内管线分部情况，必要时挖开探明，明确地下管线的管径、材质、高程、走向等情况后，针对情况制定保护措施。

（3）向甲方提出管线监护的书面要求，办妥地下管线监护交底手续。

（4）对施工人员交代管线分布情况，要在不影响施工的管线上方设置明显的标志，以免施工时机械无意之间造成的破坏，挖出后应立即采取加固和保护措施。发现管线损坏事故，立即向甲方汇报，不能擅自处理。

（5）在沉井四周和顶管沿线设沉降观测点，每天用测量仪器观测一次，并做好记录。

28.8 应急预案

针对本工程主要防范的为顶管路面坍塌、隆起，顶管碰撞各种管线而引发的事故，因此将此作为重点制定应急预案。

28.8.1 一般规定

（1）当施工现场的监控人员发现塌方、坠落等安全事故，应立即报告给应急救援领导小组组长，并立即下令停止作业，并组织施工人员快速撤离到安全地点。

（2）应急救援领导小组全员上岗，除应立即逐级报告给主管部门之外，还应保护好现场，在确认不会再次发生同类事故的前提下，立即组织人员抢救受伤人员。

（3）当造成较大事故时，应及时上报，同时项目部应急小组立即投入抢险。

（4）被抢救出来的伤员，要等待急救中心救护人员进行救护，用担架把伤员抬到救护车上，对伤势严重的人员要立即进行吸氧和输液，到医院后组织医务人员全力救治伤员。

（5）当核实所有人员获救后，将受伤人员的位置进行拍照或录像，禁止无关人员进入事故现场，等待事故调查组进行调查处理。

28.8.2 坍塌事故应急救援领导小组

应急救援小组组长：项目经理。

副组长：常务项目副经理、技术负责人、安全负责人。

成员：质检员、安全员、电工、司机、民工队领班、民工队成员。

主要职责是负责事故现场的警戒，阻止非抢险救援人员进入现场，负责抢险现场车辆疏通，维持治安秩序，负责保卫抢险人员人身安全。

应急救援小组成员应分工明确，一旦发生事故，立即按照预定的方案投入抢险工程中。

28.8.3 坍塌事故的预防及其应急预案

(1) 本方案所称坍塌是指顶管过程中，沿其轴线及周围发生的路面坍塌等。

(2) 防止坍塌事故的基本安全要求：

1) 按安全技术措施要求进行施工，防止土方坍塌。

2) 施工中，严格控制顶管的顶进速度，确保土压的平衡。

3) 顶管施工过程中，加强监控。

(3) 发生坍塌事故的应急措施：

1) 当施工现场的监控人员发现塌方等安全事故，应立即报告给应急救援领导小组组长，并立即下令停止作业，并组织对施工现场进行隔离。

2) 应急救援领导小组全员上岗，除应立即逐级报告给主管部门之外，还应保护好现场，在确认不会再次发生同类事故的前提下，立即组织人员抢救受伤人员。

3) 当造成较大事故时，应及时上报，同时项目部应急小组立即投入抢险。采用起重机、挖掘机等大型设备进行抢救，现场要有指挥并监护，防止机械伤及被埋或被压人。

28.9 机械顶管计算书

28.9.1 顶进阻力计算

计算应按当地的经验公式，参考规范中的公式计算。

$$F_p = \pi D_g L f + N_F \tag{28-7}$$

式中 F_p——顶力（kN）；

D_g——管道的外径（m）；

L——管道设计顶进长度（m）；

f——管道外壁与土的单位面积平均摩阻力（kN/m^2），通过试验确定；对于采用触变泥浆减阻技术的宜按表28-6选用；

N_F——顶管机的迎面阻力（kN），$N_F = \frac{\pi}{4} D_g{}^2 P$；

P——控制土压力（按被动土压力计算）。

表28-6 采用触变泥浆的管外壁单位面积平均摩擦阻力 f （单位：kN/m^2）

土类 / 管材	黏性土	粉土	粉、细砂土	中、粗砂土
钢筋混凝土管	3.0~5.0	5.0~8.0	8.0~11.0	11.0~16.0
钢管	3.0~4.0	4.0~7.0	7.0~10.0	10.0~13.0

本工程管内径为2.8m，工程所处地区为粉土土质，内摩擦角 $\varphi=26°$，黏聚力 $c=15\text{kN}$，土的重度 $\gamma=18\text{kN/m}^3$，顶管埋深 $H=11\text{m}$，顶管外径 $D_g=3.36\text{m}$，单向顶进长度 $L=120\text{m}$，则

$$N_F=\frac{\pi}{4}D_g{}^2P=5608\text{kN}$$

$$F_p=\pi D_g Lf+N_F$$

$$F_p=(3.14\times3.36\times120\times5+5608)\text{kN}=11938\text{kN}$$

由计算所得，理论顶力 $F_p=11938\text{kN}$，取理论顶力的1.2倍作为总顶力，即为14326kN。

选择后背顶镐为6根3000kN千斤顶。

F形Ⅱ级钢筋混凝土管强度为C40，即40MPa，能满足顶力顶进要求。

28.9.2 中继间的安放计算书

如上顶管允许顶力按18000kN计，混凝土管的综合摩擦系数为5，则：

主顶允许顶进长度 $L=[18000/(3.14\times3.36\times5)]\text{m}=341\text{m}$。

无须安放中继间。

人工顶管施工方案

吴纪东　陈波

郑州市市政工程总公司

29.1　工程概况

29.1.1　概况

本工程为郑州市京广路拓宽改造及地下隧道工程（Ⅰ标）段污水工程，施工范围为：航海路至永安东街。管位：西侧 0 + 085 ~ 1 + 219.627 在中西 20m，1 + 270 ~ 1 + 495.334 在中西 16.5m；东侧0 + 115 ~ 0 + 331.56 在中东 20m，0 + 370 ~ 1 + 222.017 在中东 21m，1 + 270 ~ 1 + 510.751 在中东 14.5m。污水向北汇至永安街现状 d1000 污水管向东排放。

工程施工采用人工顶管施工工艺，顶管管材采用 D800mm 的 F 形接口Ⅱ级钢筋混凝土管。

工程位于郑州市老城区，施工现场原状道路路幅宽窄不一，其中陇海路以南至航海路段现状为三幅路形式，红线宽 35m，机动车道宽 10m，非机动车道宽 5m；陇海路至中原路段为单幅路，车行道宽 18m，红线宽 35m；中原路以北段车行道宽 8m。施工现场位置及现场平面布置如图 29-1 所示。

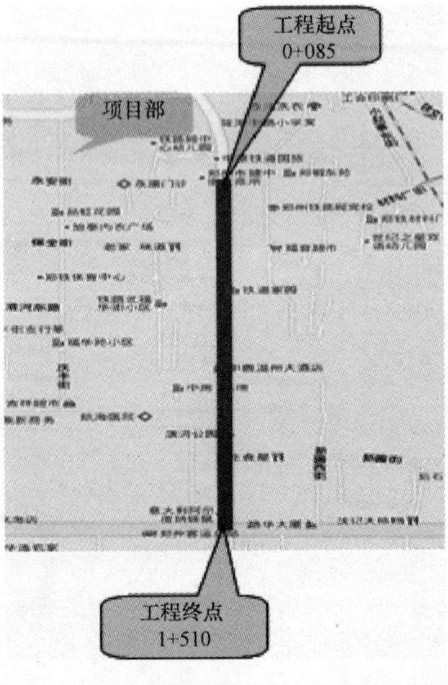

图 29-1　施工现场位置及现场平面布置

工程沿线管线相对较多，主要有军用光缆、通信、电力、燃气、路灯、排水管线等，部分对施工影响大的管线需要改迁。

29.1.2 场地土层参数

拟建场地地层主要由杂填土、粉土构成。主要地质情况为：

第（1）层（Q4ml）：层底埋深0.8~3.8m，表层主要为柏油苯巴比妥、灰土垫层和人工堆填土，其下含少量砖块、灰土等建筑垃圾。层底标高98.050~104.660m，层厚0.8~3.8m。

第（2）层（Q3ml）：粉土，层底埋深2.0~6.2m，层底标高95.540~102.320m，层厚0.5~4.9m。黄褐色，稍湿，中密、密实。含少量蜗牛壳碎片和黑色腐殖质斑点。

第（3）层（Q3al）：粉土，层底埋深2.0~6.2m，层底高程93.250~88.280m，层厚0.9~5.8m。地层呈褐黄色、灰黄色，稍湿，密实，局部有砂感，含蜗牛壳碎片及钙质结核。粒径一般为5~20mm，局部含量大。

第（4）层（Q3al）：粉土，层底埋深6.0~14.0m，层底高程88.550~97.320m，层厚0.5~8.8m。地层呈褐黄色，稍湿，密实。含少量蜗牛壳碎片，见少量粒径一般在10mm左右的钙质结核。

第（5）层（Q3al）：粉砂、粉土，层底埋深8.8~17.0m，层底高程85.210~94.520m，层厚1.7~7.0m。地层呈褐黄色，稍湿，密实。主要矿物成分为长石、石英，含少量云母碎片。分选性较差。局部夹粉土，湿，密实，含少量蜗牛壳碎片及钙质结核。

第（6）层（Q3al）：粉土夹粉质黏土，层底埋深14.2~27.0m，层底高程75.260~89.120m，层厚1.8~12.5m。地层呈褐黄色，稍湿，密实。含少量蜗牛壳碎片和较多粒径10~30mm的钙质结核。本层局部发育有(6)-1亚层钙质结核层，含大量钙质结核，呈散块状或半胶结状，岩心呈块状或短柱状，厚度分布不均，呈透镜体状产出，局部钙质胶结似基岩，钻进困难。局部夹粉质黏土，褐黄色。

第（7）层（Q2al）：粉质黏土，层底埋深19.6~37.1m，层底高程65.160~82.290m，层厚1.5~3.5m。地层呈棕红色、棕黄色，可塑。含少量黑色铁锰质斑点和少量直径5~30mm的钙质结核。局部发育有(7)-1亚层钙质结核层，坚硬，岩心呈短柱状、柱状，钻进困难。

第（8）层（Q2al）：粉质黏土夹粉土，层底埋深26.8~45.2m，层底高程57.060~75.090m，层厚4~15m。地层呈黄褐色，可塑。含少量黑色铁锰质斑点和少量直径5~30mm的钙质结核。局部发育有(8)-1亚层钙质结核层，坚硬，岩心呈短柱状、柱状，钻进困难。本层局部褐黄色，密实，湿。

第（9）层（Q2al）：粉质黏土，层底埋深41.8~58.0m，层底高程44.080~60.480m，层厚3.3~17m。地层呈黄褐色、棕黄色，可塑、硬塑。含少量黑色铁锰质斑点和少量直径5~30mm的钙质结核。局部发育有（9)-1亚层钙质结核层，坚硬，岩心呈短柱状、柱状，钻进困难。

第（10）层（Q2al）：粉质黏土，层底埋深53.0~66.0m，层底高程32.360~49.390m，层厚8~16.2m。地层呈浅黄色、棕黄色，湿，可塑、硬塑。含大量黑色铁锰氧化物和较多粒径10~30mm的钙质结核，富集成层。局部钙质胶结似基岩，钻进困难。

第（11）层（Q2al）：细砂，地层呈黄褐色，密实、饱和，矿物成分以石英、长石为主。本层局部含卵石，粒径1~4cm不等，钻进困难。局部夹粉质黏土。

本工程场地沿线地下水位埋深11.8~15.7m（高程89.000m左右），近五年最高水位埋深约10.0m，勘探75.0m深度内的地下水主要为松散岩类空隙潜水。水源补给主要来自大气降水，场地地下水对混凝土无腐蚀性，对钢筋混凝土中的钢筋具弱腐蚀性。故工程施工不考虑降水问题。

29.2 编制依据

(1)《建筑施工安全技术统一规范》(GB 50870—2013)。

(2)《给水排水管道工程施工及验收规范》(GB 50268—2008)。

(3)《给水排水构筑物工程施工及验收规范》(GB 50141—2008)。

(4)《工程测量规范》(GB 50026—2007)。

(5)《混凝土和钢筋混凝土排水管》(GB/T 11836—2009)。

(6)《混凝土结构工程施工质量验收规范》(GB 50204—2002)(2011版)。

(7)《砌体工程施工质量验收规范》(GB 50203—2011)。

(8)《施工现场临时用电安全技术规范》(JGJ 46—2005)。

(9)《建筑基坑支护技术规程》(JGJ 120—2012)。

(10)《建筑基坑工程监测技术规范》(GB 50497—2009)。

(11)《建筑深基坑工程施工安全技术规范》(JGJ 311—2013)。

(12)《建筑施工起重吊装工程安全技术规范》(JGJ 276—2012)。

(13)《建筑机械使用安全技术规程》(JGJ 33—2012)。

(14)《建筑施工安全检查标准》(JGJ 59—2011)。

(15)《建筑施工现场环境与卫生标准》(JGJ 146—2004)。

(16)《市政基础设施工程技术文件管理规定》建城[2002]221号。

(17)《危险性较大的分部分项工程安全管理办法》建质[2009]87号。

29.3 工程计划安排

29.3.1 施工进度计划（表29-1）

表29-1 施工进度计划

序号	工序	天	1	3	5	7	9	11	13	15	17	19	21	23	25	27	29
1	施工准备	7															
2	工作井开挖	2															
3	基坑清理	1															

（续）

序号	工序	天	1	3	5	7	9	11	13	15	17	19	21	23	25	27	29
4	顶管设备安装	2						▬									
5	顶进（100m）	10							▬	▬	▬	▬	▬				
6	接收井开挖	2											▬				
7	内封处理	4												▬	▬		
8	检查井制作	2													▬		
9	闭水试验	2														▬	
10	井周围回填土	2															▬
备注		本计划只示意一个井距的施工计划，顶管工作工序一样，不同的只是根据井距长度不同顶进时间有差别，施工过程中根据工期要求适当调整作业队的数量，保证工程按期完工。一般顶进距离为10m/d															

29.3.2 材料计划（表29-2）

表29-2 材料计划

序号	项目名称	单位	数量	备注	序号	项目名称	单位	数量	备注
1	D800F型承插口管	m	2700		4	砖	m^3	260	
2	鸟型圈	根	1000		5	水泥	kg	373800	
3	木垫板	套	1000		6	碎石	m^3	653200	

29.3.3 设备计划（表29-3）

表29-3 设备计划

序号	机械名称	型号规格	数量	用途	备注	序号	机械名称	型号规格	数量	用途	备注
1	反铲挖掘机		2辆	挖土		7	高压泵		2台	注浆	
2	自卸汽车		5辆	土方外运		8	照明设备		3套	照明	
3	门式起重机		2台	下管、支撑吊装		9	全站仪		1台	顶管全过程	
4	顶镐	200t	4台	顶进		10	经纬仪		3台	顶管全过程	
5	顶铁		2套	顶进		11	水准仪		3台	顶管全过程	
6	手推车		2辆	出土							

29.4 施工工艺技术

29.4.1 作业条件

（1）施工现场的进场道路，临时用电、用水管线，通信线路，施工现场内的场地等都已经畅通，且具备进场施工条件。

(2) 施工占地范围内拆迁到位，地下管线已查明，并采取改移或加固措施，地上、地下障碍物清理完毕。

(3) 各种顶管设备已经进行了校核，材料已经试验合格。

29.4.2 技术准备

(1) 测量交接桩完成，并对控制点、坐标点、水准点进行校核，拴桩、补桩等工作已完成。

(2) 各类人员的资质证书、特殊工种作业证等已经到位。

(3) 顶管施工前，已认真审核图样，组织图样会审。编制施工方案，报有关单位审批，并做好技术交底。

29.4.3 材料性能要求

1. 管材要求

(1) 管材选用：采用F形钢筋混凝土管，管材混凝土强度等级不得低于C40，管道抗渗性能检验压力试验合格，抗裂性能达到抗裂检验压力指标要求。

(2) 管材外观检验合格。

(3) 管体外表面应注明管材型号、出厂试验结果、制造及出厂日期、厂质检部门签章。

(4) 管材有出厂合格证。

2. 楔形橡胶密封圈

(1) 密封圈应采用耐腐蚀的专用橡胶材料制成。密封圈使用前必须逐个检查，不得有割裂、破损、气泡、飞边等缺陷。其硬度、压缩率、抗拉力、几何尺寸等均应符合有关规范及设计规定。

(2) 密封圈应有出厂检验质量合格的检验报告。产品到达现场后，应抽检5%的密封圈的硬度、压缩率和抗拉力，其值不应小于出厂合格标准。密封圈性能、质量要求见表29-4。

表 29-4 密封圈检验要求

项目		单位	硬度（邵尔）			
			30	40	50	60
公差		邵尔	+5	+5	+5	+5
拉伸强度	天然	MPa	14	14	13	12
	合成		9	9	9	9
拉断伸长率		%	450	400	375	300
压缩永久变形 (23±2)℃条件下70h		%	12	12	12	12

（续）

项目		单位	硬度（邵尔）			
			30	40	50	60
70℃ ×168h 热空气老化	硬度变化	邵尔 A	> -5	> -5	> -5	> -5
	拉伸强度变化	%	-20	-20	-20	-20
	拉断伸长率变化	%	-30 ~ +10			
低温脆性 -25℃			试样不断裂			
耐液体 70℃ ×7d		%	0 ~ +8			

29.4.4 施工工艺流程

测量放线→开挖工作井→人工清理→撑板支撑→搭建工作平台→安装起吊设备→安装顶进设备及导轨→下管顶进→掏土运土→内缝处理。

29.4.5 施工要点

1. 测量放线

（1）复核设计部门提供的控制桩，设置直线控制桩。

（2）依据设计图纸进行测量放线，做好测量所需各项数据内业的收集、计算、复核工作。

（3）施工过程测量重点。

1）顶管工作井平面控制。

2）顶管工作井高程控制。

3）顶管轴线控制。

4）顶管高程控制。

2. 工作井的选位与开挖

（1）选位。

1）工作井选择在设计检查井且地下管线较少的位置。

2）工作井处应便于设备、材料运输及下管、出土、排水、接电并具备少量堆放管材及暂存土的场地。

3）工作井距道路路线、建筑物较近时，必须保证足够的安全距离或具备安全可靠的加固措施。

4）单向顶进，顶管段两端条件相近时，工作井宜选在管线下游。

（2）开挖。

1）工作井的开挖断面，应根据工作面宽度、现场环境、土质、挖深、地下水位及支撑材料规格、管径、管长、顶管机具设备规格、顶力、下管及出土方法等条件确定。

2）工作井参数：坑底尺寸一般按下式计算：

底宽 $$B = D + (2.4 \sim 3.2)\ \text{m} \tag{29-1}$$

底长 $$L = L_1 + L_2 + L_3 + L_4 + L_5 = 5.0\text{m} \tag{29-2}$$

式中 D——顶管的外管径；

L_1——管节顶进后，尾端压在导轨上的长度（一般在0.3~0.5m），取0.5m；

L_2——管节长度，取2m；

L_3——顶铁长度（按组计算），取0.5m；

L_4——顶镐长度，取1.5m；

L_5——后背构造所占工作井长度（一般为0.5m）。

确定：工作井底宽4m，底长5m，深4~6m，混凝土基础的厚度20cm，宽度2m。

3）开挖应考虑的负面影响。垂直开挖施工期间道路上动载等因素引起地面过度沉降；支撑体系的稳定性；由于顶管造成顶管坑后背受挤压产生变形对基坑土体稳定性的影响。

4）开挖前先挖3m探坑，探明地下各类管线和构筑物情况，以免挖断高压供电电缆、天然气管道等造成安全事故。将探明的施工区域内及其周围的地下管线（给水、排水、天然气、电缆、光缆）标注在图纸上，并协助业主会同其产权、维修单位共同确认并及时与产权单位签订拆迁协议，及早拆迁。需保留的地下管线和建筑物，采取吊、撑、顶等保护措施，保证其完整无损。

5）当工作井开挖深度超过3m时，应分层开挖，每层深度不宜大于2.0m，两层之间台阶宽度为0.8m，工作井垂直于顶管方向采用支撑开挖。开挖基坑时在设计坑底高程以上保留30cm用人工清底，边开挖边打支撑。

6）工作井的支撑根据开挖断面、挖深、土质条件、地下水位状况及总顶力等进行施工设计，确定支撑形式。

7）工作井深度应满足顶管机导轨安装、导轨基础厚度、洞口防水处理、管接口连接等要求；顶混凝土管时，洞圈最低处距底板顶面距离不宜小于600mm。

3. 顶管工作井设备安装

（1）后背墙安装。后背墙宜采用土基背墙加固的方式，即先把后背土壁铲修平整，紧直靠紧土壁横排方木，方木前安放立铁，立铁前横向叠放横铁。顶管后背墙平面与掘进轴线应保持垂直，表面应坚实平整，能有效地传递作用力。

顶管工作井及设备允许偏差应符合表29-5的规定。

（2）导轨安装。采用钢制导轨，为保证坑基稳定，坑底设20cm厚混凝土垫层。两导轨顺直、平行、等高，其纵坡与管道设计坡度一致。导轨安装牢固，在使用中不产生位移，并经常检查校核。

一般导轨高程同设计管内底高程，实际导轨高程也应适当提高2~3cm，以避免管头下沉。

导轨间距L（图29-2）的确定，按式（29-3）进行计算。

表 29-5 顶管工作井及设备允许偏差

项目		允许偏差
工作井每侧	宽度	不小于施工设计规定
	长度	
工作井后背墙	垂直度	0.1H% （H为装配式后背墙高度）
	水平扭转度	0.1L% （L为装配式后背墙长度）

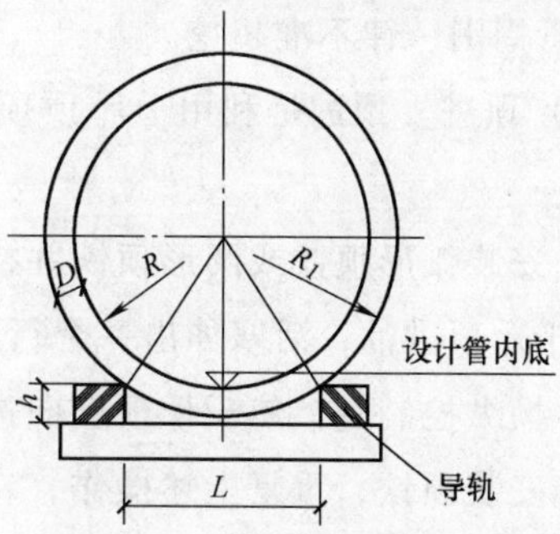

图 29-2 顶管导轨安装示意图

$$L = 2\sqrt{R_1^2 - R^2} = 0.53\text{m} \tag{29-3}$$

式中 L——导轨间距（m）；

R_1——管材外圆半径（m）；

R——管材内圆半径（m）。

导轨安装允许偏差：轴线位置，3mm；顶面高程，0～+3mm；两轨内距，±2mm；导轨高差，2mm。

（3）顶镐安装。

1）采用液压千斤顶，液压泵开关设于坑口附近，设专人操作，操作员能观察到坑内顶进情况。

2）千斤顶固定在支架上，并与管道中心的垂线对称，其合力的中心作用点在管道中心的垂线上。

3）当千斤顶多于一台时，取偶数，规格相同，行程同步，对称布置。

4）千斤顶的油路并联，每台千斤顶有进油、退油的控制系统。

（4）顶铁安装及使用规定。

1）顶铁与管口之间采用缓冲材料衬垫，管端采用弧形顶铁。

2）安装后的顶铁轴线与管道轴线平行、对称，顶铁与导轨和顶铁之间的接触面不得有泥土或油污。

3）更换顶铁时，先使用最长的顶铁。

4）顶铁截面尺寸为 20cm×30cm，单行顺向使用长度为 1.5m；双行长度不得大于 2.5m，且在中间加横向顶铁相连。

4. 下管、顶进及挖土

（1）采用工作平台上的起重机下管。

（2）顶进时遵照“先挖后顶，随挖随顶”的原则，要连续作业，尽量避免中途停止。当端管接触土层后，自上而下分层开挖，在土质良好的地段，一般管端超挖 30～50cm。在允许超挖的稳定土层中正常顶进时，管顶以上超挖量不得大于 1.5cm；管下部 135°范围内不得超挖，保持管壁与土壁相平，也可以留 10mm 厚土层不挖，在管子顶进时切去，防止管端下沉。管周围一律不准超挖。

（3）顶进。顶进是利用千斤顶顶镐在后背不动的情况下，将管子推入土中，其操作过程如下：

1）安装弧形顶铁或圆形顶铁并挤牢，待管前挖土满足要求后，起动液压泵，操纵控制阀，使千斤顶进油，活塞伸出一个行程，将管子推进一段距离。

2）操纵控制阀，使千斤顶反向进油，活塞回缩。

3）安装顶铁，重复上述操作，直到管端与千斤顶之间可以放下一节管子为止。

4）卸下顶铁，下管，在混凝土管接口处放橡胶圈或其他柔性材料，管口内侧留有10~20mm的间隙，以利接口处应力均匀。

5）重新装好弧形顶铁或环形顶铁，重复上述操作。

（4）掘进长度视土质情况酌情增减（由现场施工员和技术负责人现场确定），严禁长距离掘进，以避免安全事故的发生。顶进前及顶进过程中测量员及时测量其高程和中线偏差情况，发现有偏差超限值趋势时及时通知施工员等进行纠正，保证管道的顶进质量。

（5）出土使用出土车，靠卷扬机或人工倒运到坑边，再倒运到卸土场。

（6）全段顶完后，在每个管节接口处测量其轴线位置和高程，有错口时测出相对高差并作详细记录。

（7）严格按图纸和规范处理内缝，砌筑检查井，回填工作井。

5. 顶进测量

（1）在工作井底设置高程、导线后视点，并预留后备校核观测点。

（2）顶管开始前对工作井进行高程、平面位置复测，合格后方可继续施工。

（3）基础、后背、导轨安装时的测量工作。

（4）顶进中的测量。第一节管子顶进是保证整段顶管质量的关键，第一节管子每顶进30cm测量一次，后续管每顶进50cm测量一次，出现误差纠偏时增加测量次数（高程及中线测量误差范围：上3cm，下4cm，左右5cm）。

（5）每次测量都要作详细记录，包括顶进长度、顶力数值、管位纠偏情况等，为下一班提供数据。

6. 顶管施工纠偏

纠偏的整体原则是在顶进中进行纠正，增加测量次数，小角度渐进纠偏，具体方法如下：

（1）挖土校正法。偏差1~2cm时可采用此法，运用不同部位增减挖土量，使管子局部受力扭头或仰俯。

（2）强制校正法。

1）衬垫法。在首节管外侧管口位置，支垫刃板（钢板或木板），造成局部阻力，迫使管子转向。

2）支顶法。用圆木在偏向设计中心的一侧内口上支顶，两头皆垫木垫板，支设牢固后利用顶进时支顶分力，使管子得到校正。

3）顶镐法。顶距在15m以内，利用顶铁造成一侧受力，使管子转向。

顶管误差校正方法根据具体情况而定，但一次纠偏不宜急于到位，只能使管子逐渐移位走上正确方向。

7. 工作井内排管

（1）由于工作井开挖长度较长，顶管完成后需对工作井内进行排管对接，排管的管道基础、接口形式按照设计施工。

（2）施工工艺参照《给水排水管道工程施工及验收规范》（GB 50268—2008）中的开槽施工管道工艺进行质量控制。

8. 检查井施工

（1）采用砌体检查井。砌筑时，砌块要放平，砂浆饱满，特别要注意管头下部及管子周围必须砌筑密实。检查井的流槽在井壁砌到管顶以下即行砌筑，并用砂浆分层压实抹光。

（2）井的各部位尺寸均符合设计要求，踏步按设计放平，上下对正，砂浆密实，砖要压紧，砂浆在凝固前，不得碰撞，更不允许受力，以免造成松动。

（3）井砌好后及时安装井盖，井盖坐浆放正，注意井盖开启方向，各井一致。

（4）预留支管：预留支管的管径、方向、标高符合设计要求，管与井壁衔接处严密不得漏水，预留支管外端按设计要求砌筑检查井。

9. 注浆

在每一顶段完成后，对该顶段注水泥浆，注水泥浆及时充填了土壁与管壁间的孔隙，起到控制地面沉降的作用。

（1）每两根管子设一道注浆孔。

（2）注浆量为建筑空隙的1.5~2倍。

（3）压浆机械：用螺杆泵通过“F”管的压浆孔向管子外周压浆。

（4）压浆机具设专人操作并详细填写压浆的原始记录和当班工作情况。

（5）每1m注浆量计算：$V = 2\pi DtL = 3.14 \times 0.96 \times 0.01 \times 1 \times 2\text{m}^3 = 0.060\text{m}^3$。

10. 基坑回填土

（1）填料要求。

选用除纯黏土、淤泥、粉砂、杂土、有机质含量大于8%的腐殖土、过湿土、冻土和粒径大于150mm的石块外的其他合格填料进行回填。

（2）施工方法。

1）回填土前分别取样测定其最大干密度和最佳含水量并作压实试验，确定填料含水量控制范围、铺土厚度和压实遍数等参数。

2）基坑必须在管座强度达到5MPa后回填，回填前将坑内积水、杂物清理干净，符合回填的虚土压实，并经隐蔽检查合格后方可回填。

3）检查井周围50cm范围内用水泥、石灰、土（4:12:84）分层夯实回填至路床标高。

4）回填土时不得将土直接砸在抹带接口上。回填时夯机不得碰撞管道和检查井。

5）回填土压实度符合规范要求。

6）管道两侧同时回填夯实，以防管道移位。井室等附属构筑物回填土四周同时进行。

29.5 质量检验

29.5.1 施工质量控制

（1）每顶完一个井位，沿管道作全面测量，主要是管头、管中和管内底高程。

（2）将测量结果记录汇总，反映顶管质量。

（3）监测管道沿线地面变化情况。

（4）管内不得有泥土、石子、砂浆、砖块、木块等杂物。

29.5.2 主控项目

（1）管节及附件等工程材料的产品质量应符合国家有关标准的规定和设计要求。

检查方法：检查产品质量合格证明书、各项性能检验报告；检查产品制造原材料质量保证资料；检查产品进场验收记录。

（2）接口橡胶圈安装位置正确，无移位、脱落现象。

检查方法：逐个接口观察；检查钢管接口焊接检验报告。

（3）无压管道的管底坡度无明显反坡现象；曲线顶管的实际曲率半径符合设计要求。

检查方法：观察；检查顶进施工记录、测量记录。

（4）管道接口端部应无破损、顶裂现象，接口处无滴漏。

检查方法：逐节观察。

（5）闭水试验合格。闭水试验水头为上游管道内顶以上2m，先在管道预先充满水24h，再按水头高度加水试压20min，待水位稳定后进行正式闭水试验，观测管道24h的渗漏量。本工程渗水量为35.35m^3/（24h·km）。

29.5.3 一般项目

（1）管道内应线形平顺，无突变、变形现象；一般缺陷部位，应修补密实、表面光洁；管道无明显渗水和水珠现象。

检查方法：按《给水排水管道工程施工及验收规范》（GB 50268—2008）附录F第F.0.3条、附录G的规定逐节观察。

（2）管道与工作井出、进洞口的间隙连接牢固，洞口无渗漏水。

检查方法：观察每个洞口。

（3）管道内应清洁，无杂物、油污。

检查方法：观察。

（4）顶管施工贯通后管道的允许偏差应符合表29-6的规定。

表29-6 顶管施工贯通后管道的允许偏差

检查项目		允许偏差/mm	检查数量	
			范围	点数
1	水平轴线	50	每管节	1
2	管内底高程	+30 −40		
3	相邻管间错口	15%壁厚且≤20		
4	对顶时两端错口	50		

29.5.4 质量记录

（1）钢筋混凝土管、橡胶圈的合格证及进场检验记录。

（2）工程定位、测量记录。

（3）原材料的检验、试验记录。

（4）顶管工作井工程质量评定表。

（5）顶管工程顶进记录。

（6）顶管工程质量评定表。

（7）检查井工程质量评定表。

（8）回填土密实度试验记录、砂垫层密实度试验记录。

（9）闭水试验记录。

（10）单位工程质量评定表、工程部位质量评定表和工序质量评定表。

29.6 施工安全保证措施

29.6.1 组织保障

（1）施工中组建安全施工领导小组，由项目经理任组长，项目副经理、技术负责人担任副组长，安全员、材料员、测量员、质检员、电工（根据需要）等项目部和施工队相关负责人为组员，明确岗位责任，奖罚兑现。

（2）制定工地安全生产、文明施工的奖罚办法。

（3）凡安全防护措施不齐备，存在严重隐患，或管理人员盲目指挥，安全无保证时，安全员有权令其停工。工地重大施工工艺的更改，牵涉安全方面的，由项目经理决策，并通知各个方面，确保施工安全。

（4）安全员负责施工现场巡视，发现问题及时汇报，施工过程中如发现问题，应在第一时间通知项目经理或项目部相关人员，由项目经理作出决策是否启动应急预案。

29.6.2 技术措施

1. 一般规定

(1) 施工前，施工单位对员工进行安全生产教育，树立安全第一的思想，落实安全生产责任制。

(2) 雨天严禁基坑开挖、顶进作业工程的施工。

(3) 加强安全生产的宣传教育，工人报到后，按在册人数开会，宣传有关法规、规章制度，由项目经理与每个施工队签订《安全生产合同书》，未经项目部进行安全教育的人员不准上岗作业。其教育需由本人签字，以示慎重，敲响警钟。

(4) 每个分部（分项）工程，视具体情况由项目经理、项目副经理、技术负责人、安全员向班组作安全交底，交底要求要具体、明确，要有正式的书面记录和签字。

(5) 安全员和班组长向班组成员作安全讲话；检查安全准备工作；对违章作业及时纠正；对冒险作业坚决制止。

(6) 特殊工种，如电工、起重工、机械工等必须持证上岗，无证人员不准进行操作，同时要求其上岗前进行岗前检验。

(7) 机械设备有漏电保护装置和接零接地，施工电线架空搭设，不准电线拖在地上，工地用电符合“一机、一闸、一箱、一漏”的标准，并由电工专职管理。

(8) 经常对机械设备进行检查维护保养，每天上班试运行后才能进入施工操作，严禁起重机等机械设备带病作业。

2. 工作井开挖及顶进中的安全措施

(1) 开挖时土方外翻，弃土距离沟边要大于2.0m。

(2) 工作井支撑采用板撑，按计算要求支设，且板撑须紧靠坡体，横撑不得妨碍下管和稳管。

(3) 人员上下基坑必须使用扶梯或采用梯子，严禁工作人员攀爬撑木板。

(4) 为防止雨水灌入工作井内，在工作井四周做好土堰，工作井井顶安装防雨棚架。

(5) 下管时工作井下方严禁站人。

(6) 在工作井、接收井外缘四周安装双横杆护栏，下道护栏距地面0.6m，上道护栏距地面1.2m。护栏用黄、黑双色涂刷。

(7) 井口出车平台用木板或钢板铺设，安装牢固不留孔缝。

(8) 定时、定期检查工作井、接收井坑的支护情况，周围土体的变化情况，一旦发现隐患及时通知项目经理和安全负责人。

(9) 顶进中注意压力表指示值的变化，当发现压力上升时，要立即停止顶进，检查原因，防止发生意外。

(10) 控制千斤顶活塞杆的外伸长度，不要超过临界冲程，以免损坏设备。

（11）后背顶铁与管口之间衬垫缓冲材料，保护已顶入管道的接口不受损伤。

（12）随挖随顶进，以防止拱变动，甚至出现塌方。

（13）顶进中，人员离开顶铁，以防崩铁伤人。

（14）管口密实且内缝要处理，抹内缝。

3. 支撑拆除安全

（1）拆除支撑前对基坑两侧的槽壁进行安全检查，并制定相应的拆除细则和安全措施。

（2）支撑拆除与回填土的填筑高度配合进行，且在拆除后及时回填。

（3）支撑拆除待下层回填完成后再拆除上层支撑。

（4）拆除支撑时先回填至下层横撑底面，再拆除下层横撑，待回填至半槽以上，再拆除上层横撑。当一次拆除有危险时，采取替换拆撑法进行拆除。

4. 施工用电安全

（1）现场照明。照明电线用绝缘子固定，导线不得随地拖拉或绑在脚手架上。照明灯具的金属外壳必须接地或接零，室外照明灯具距地面不低于3m。

（2）配电箱、开关箱。使用标准配电箱。配电箱内开关电器必须完整无损，接线正确，配电箱内设置漏电保护器，选用合理的额定漏电动作电流进行分级匹配。配电箱设总熔丝、分开关、零排地排齐全，动力和照明分别设置。金属外壳配电箱作接地或接零保护。开关箱与用电设备实行一机一闸保险。同一移动开关箱严禁有380V和220V两种电压等级。

（3）架空线。架空线必须设在专用电杆（水泥杆、木杆）上，严禁架设在树或脚手架上，架空线安装设横担和绝缘子。架空线离地面4m以上，机动车道为6m以上。

（4）接地接零。接地体采用角钢、圆钢或钢管，其截面面积不小于$48mm^2$，一组两根接地体的间距不小于2.5m，入土深度不小于2.5m，接地电极符合规定，电杆转角杆、终端杆及总箱、分配电箱必须有重复接地。

（5）用电管理。安装、维修或拆除临时用电工程，必须由电工完成，电工必须持有效证件上岗，实行定期检查制度，并作好检查记录。

（6）顶管管内照明用电采用低压36V。

5. 机械设备安全

（1）挖掘机、起重机的保险、限位装置必须齐全有效。

（2）驾驶、指挥人员必须持有效证件上岗，驾驶员做好例行记录。

（3）各类安全（包括制动）装置的防护罩、盖齐全可靠。

（4）机械与输电线路（垂直、水平方向）按规定保持距离。

（5）作业时，机械停放尽可能稳固，臂杆幅度指示器灵敏可靠。

（6）电缆线绝缘良好，不得有接头，不得乱拖乱拉。

（7）各类机械持技术性能牌和上岗操作牌。

（8）必须严格执行定期保养制度，做好操作前、操作中和操作后设备的清洁润滑、紧固、调整和防腐工作。

(9) 机械设备夜间作业必须有充足的照明。

6. 防火安全管理

(1) 建立防火管理领导小组和防火安全保证体系。

(2) 执行“施工现场防火管理规定”“防火重点部位管理规定”和“掘进作业防火安全管理”等有关条例。

(3) 重点部位（仓库、木工间）配置相应的消防器材，一般部位（职工宿舍、食堂等处）设常规消防器材。

(4) 焊、割作业与氧气瓶、乙炔瓶等危险物品的距离不小于10m，与易燃易爆物品的距离不小于30m。

(5) 施工现场用电，严格执行有关规定，加强电源管理，防止发生电气火灾。

29.7 监测监控

29.7.1 施工监测要求

基坑监测项目的监控报警值根据有关规范及支护结构设计要求确定。各监测项目在基坑开挖前须测得观测值，且不得少于2次。各项监测的时间间隔根据施工进度确定，当变形超过报警值或监测结果变化速率较大时，加密观测次数；当有事故征兆时，须连续监测，并根据监测信息修改调整施工方法。

29.7.2 监测组织机构与流程

1. 监测组织机构

项目经理部成立专业监测小组，以项目技术负责人为直接领导，监测小组人员组成见表29-7。

表29-7 监测小组人员组成

序号	人员	职务	主要职责
1	×××	技术负责人	负责监测筹划、数据分析工作
2	×××	施工负责人	全面监测管理工作
3	×××	主管测量	负责监测数据整理工作
4	×××	测量员	负责监测方案实施，监测数据的分析

2. 监测组主要职责

(1) 技术负责人负责监测方案和监测计划的制订；负责监测数据的收集、整理和分析。

(2) 测量组长负责方案的实施，包括量测断面选择、测点埋设、日常量测、资料管理等。

（3）测量员负责监测仪器的选择和调试、仪器保养维修工作，负责量测值的计算和绘制图表，并快速、及时、准确地将信息（量测结果）反馈到施工现场，以指导施工。

（4）测量员在每次量测结束后，及时进行数据计算和分析，当天将监测结果和可能出现的问题通知主管工程师，并协助主管工程师制定相应措施。

（5）现场监控量测，按监测方案认真组织实施，并与其他环节紧密配合，不得中断施工。

（6）预埋测点牢固可靠，并易于识别和妥善保护，不任意撤换和人为破坏。

（7）监测的实施按测点布设、量测和资料报告整理三个阶段组织进行。

（8）由监测小组及时向监理工程师报告监测成果。

3. 施工监测流程

信息化施工监测流程如图 29-3 所示。

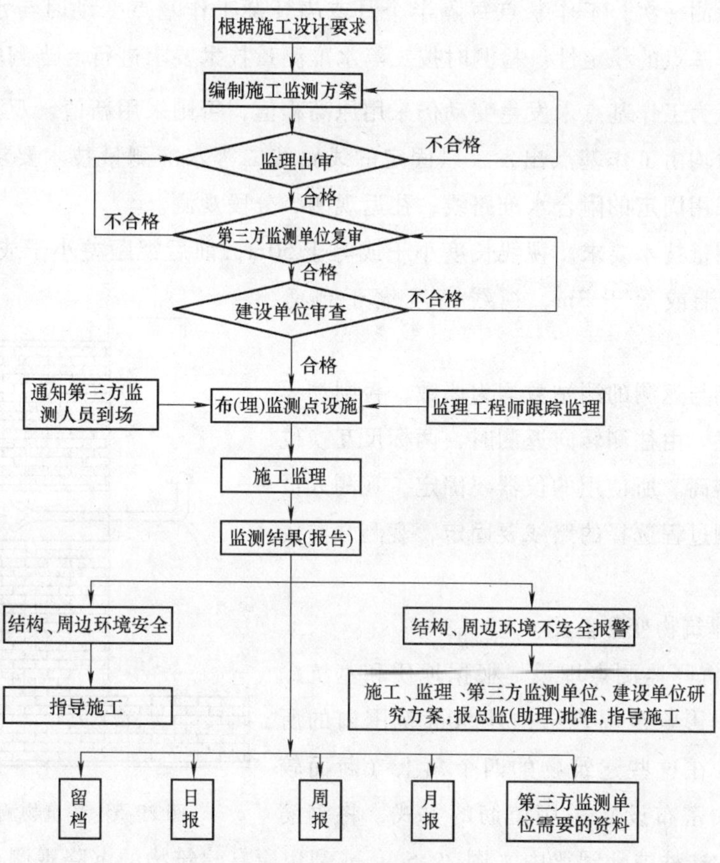

图 29-3　施工监测流程

4. 各监测项目的监测方法

（1）地表沉降监测。

1）测点埋设。在平行于管道的方向，距围护结构 5m、8m 处用 ϕ103mm 的钻机将地面硬化层钻透，随即打入作为监测点的钢筋，使钢筋与土体结为整体。为了避免车辆对测点的破坏，打入的钢筋要低于路面5~10cm，如图29-4所示，周围砌筑240mm厚砖墙或浇筑15cm厚C20混凝土，上面加盖2cm厚钢盖板，保护测点。

2）监测方法。地表沉降的测量原理同水准测量。根据设计要求及现场情况，高程控制网按二级变形测量等级布设。水准基点布设在远离基坑的地表，采用混凝土基本标石。工作基点布设在距基坑40m以外的建筑物上，在建筑物上埋设混凝土标石。工作基点与水准基点间设联系点标识，用于工作基点与水准基点的检测，共同构成附合水准路线。工作基点埋设完成15d后，按二等水准测量技术要求进行工作基点的高程引测，引测时应往返观测。水准基点每一个月检测一次，工作基点每隔半个月或当怀疑工作基点变动时与水准基点联测一次，以检测工作基点的稳定性。检测时按二等水准测量技术要求进行。当测段高差小于或等于$1.5\sqrt{n}$时，认为工作基点未发生变动仍采用原高程值，否则采用新值。观测点的初始值量取及沉降观测时均由工作基点出发，以固定的线路按二等水准测量技术要求进行观测点观测，水准线路采用固定的附合水准路线，往返观测、分段观测。

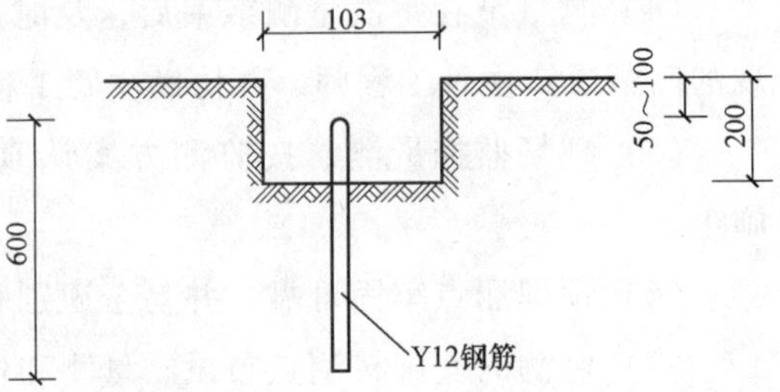

图29-4 地表沉降测点剖面图

二等水准测量技术要求。视线长度小于或等于50m，前后视距差小于或等于1m，前后视距累积差小于或等于3m，视线高度大于或等于0.3m。

每测段往测与返测的测站数均为偶数，否则加入标尺零点差改正。由往测转向返测时，两标尺互换位置，并变换仪器高。所使用的仪器要固定，观测人员要固定，在观测过程选择的路线要固定，观测方向要固定。

(2) 周边建筑物变形监测。

1）建筑物沉降监测点埋设。根据地质和基坑深度等确定的施工影响范围是结构外50m范围内的所有地面建筑物。在这些建筑物的四个角上（断面较长的需在中间加密布设）采用植筋的方式，将钢筋植入建筑物的构造柱或地圈梁中（图29-5），或利用原有建筑物的沉降观测点。监测点必须埋设牢固，并待其稳固后方可使用。沉降观测点的埋设特别注意保证在点上垂直置尺和良好的通视条件，并且测点高度控制在离地面不超过80cm的范围内，以方便立尺。

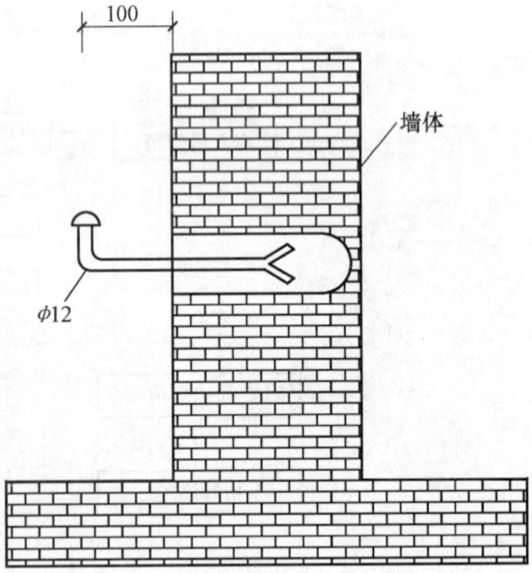

图29-5 建筑物测点剖面图

2）建筑物沉降监测方法。观测方法同地表沉降观测。高程控制网与地表沉降监测共用，观测方法及要求同地表沉降观测。

3）建筑物倾斜监测。建筑物倾斜监测，因全线隧道影响范围内建筑物均为整体刚度较大的建筑物，用差异沉降法推算建筑物倾斜的方法既能反映建筑物的倾斜变化情况又切实可行。

$$\alpha = \arctan\ (h/L)$$

式中 α——推算的倾斜度；

h——相对沉降差；

L——两监测点水平距离。

AB 为变形前两监测点的相对位置，当建筑物发生倾斜时，B 点将变化到 B'点位置，由此即可按上式推算建筑物倾斜度 α 和判断倾斜方向。相对沉降差 h 与沉降监测结果相结合。

两监测点水平距离 L 用经鉴定的钢卷尺丈量两次，量距相对中误差不大于1/2000。

29.7.3 监测控制标准和预警值

施工中监测的数据及时进行分析处理和信息反馈，确保围护结构、地面建筑物的稳定和安全，工程的监控量测控制标准。

根据施工具体情况，会同设计规定和相关规范要求，当发现异常情况时，及时报告现场经理和监理工程师。并将情况通报给业主和有关部门，共同研究控制措施。监控量测变形控制标准见表29-8。

表29-8 监控量测变形控制标准

监测项目	限值	报警值
周围建筑物变形	沉降限值0.1%H，倾斜不超过0.1%	沉降0.08%H
周围地下管线变形	变形限值按有关规范执行	
基坑周围地表沉降	最大限值0.15%H	0.08%H
围护结构水平位移	最大限值0.15%H且不大于30mm	25mm或0.10%H中的最小值

注：H为基坑深度。

29.7.4 数据处理

将原始的数据通过科学、合理的方法，用频率分布的形式把数据分布情况显示出来，进行数据的数值特征计算，舍掉离群数据。

汇总后向建设单位、监理单位、项目经理部进行汇报，如出现问题则应立即按照报警的原则逐级通知，并组织人员进行停工抢险。

29.8 应急预案

针对本工程主要防范的为基坑坍塌、地面塌方等土体坍塌，挖断各种管线而引发的事故，因此将此作为重点制定应急预案。

29.8.1 坍塌事故应急救援领导小组

应急救援小组组长：项目经理×××。

副组长：项目副经理×××，技术负责人×××，安全负责人×××。

成员：质检员、安全员、电工、司机、民工队领班、民工队成员。

应急救援小组成员应分工明确，一旦发生事故，立即按照预定的方案投入抢险工程中。

29.8.2 坍塌事故的应急预案

坍塌是指施工基坑坍塌、边坡坍塌、撑板支撑系统失稳坍塌及施工现场临时建筑（包括施工围墙）倒塌等。发生坍塌事故的应急措施如下。

（1）当施工现场的监控人员发现塌方、坠落等安全事故时，应立即报告应急救援领导小组组长，并立即下令停止作业，并组织施工人员快速撤离到安全地点。

（2）应急救援领导小组全员上岗，除应立即逐级报告主管部门之外，还应保护好现场，在确认不会再次发生同类事故的前提下，立即组织人员抢救受伤人员。

（3）当造成较大事故时，应及时上报，同时项目部应急救援小组立即投入抢险。采用起重机、挖掘机等大型设备进行抢救，现场要有指挥并监护，防止机械伤及被埋或被压人员。

（4）被抢救出来的伤员，急救人员应立即进行基本救援后再等待急救中心救护人员进行救护，用担架把伤员抬到救护车上，对伤势严重的人员要立即进行吸氧和输液，到医院后组织医务人员全力救治伤员。

（5）当核实所有人员获救后，将受伤人员的位置进行拍照或录像，禁止无关人员进入事故现场，等待事故调查组进行调查处理。

29.8.3 施工机械设备挖断各种管线所引发的事故的应急措施

在基坑开挖过程中，由于地下管线的隐蔽性，如果施工不加注意，容易挖断、碰伤各种管线，从而引发燃气、自来水泄漏或者电力、通信中断等事故。挖断管线事故的应急措施如下。

（1）立即停止施工，疏散相关人员，报告施工负责人，拨打119、120急救电话，同时做好现场警戒工作，阻止无关人员进入事故现场。

（2）对于较小突发事故或在能确保人身、财产安全的前提下，项目部应急救援小组立即投入事故抢险中，阻止事故进一步发展；对于较大突发事故或在不能确保抢险人员人身安全、财产安全的前提下，立即上报公司应急救援小组，同时拨打119、120急救电话求助外界应急组织。

（3）排险前，弄清管线类别以及危险特征。对于电力管线，要穿戴好劳保防护用品，防止触电；对于燃气、煤气管道，要防止事故现场出现明火，同时要防止人员中毒；对于自来水管道，要堵塞或关闭阀门开关，减少资源损失；热力管道要防止蒸汽烫伤抢险人员。

（4）针对不同管线事故，应急救援小组要采取不同的抢险方法，以确保方法有效。

（5）事故得到控制后，要立即清理事故现场，残留物要按环保要求分类收集，统一收回处理。

（6）被抢救出来的伤员，项目部急救人员应立即进行基本救援后再等待急救中心救护人员进行救护，用担架把伤员抬到救护车上，对伤势严重的人员要立即进行吸氧和输液，到医院后组织医务人员全力救治伤员。

29.9 人工顶管计算书

29.9.1 顶管工作井的定位及开挖断面计算

顶管工作井断面如图 29-6 所示。

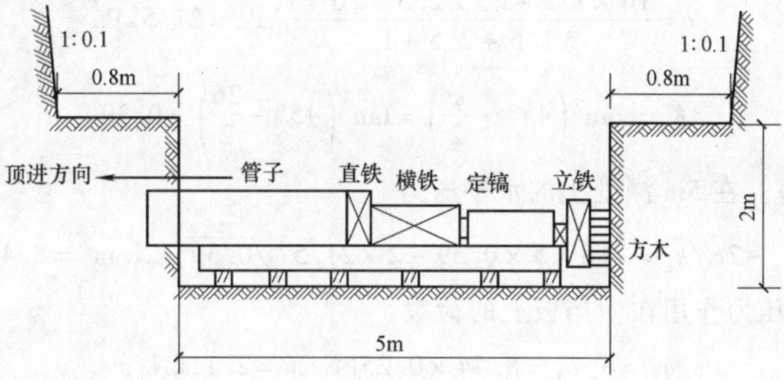

图 29-6　顶管工作井断面

坑底尺寸一般按下式计算：

$$底宽 = D + (2.4 \sim 3.2)\text{m}$$

$$底长 = L_1 + L_2 + L_3 + L_4 + L_5$$

式中　D——顶管的外管径，$D = 0.98\text{m}$；

L_1——管节顶进后，尾端压在导轨上的长度（一般在 0.3 ~ 0.5m），取 0.4m；

L_2——管节长度，取 2m；

L_3——顶铁长度（按组计算），取 0.5m；

L_4——顶镐长度，取 1.5m；

L_5——后背构造所占工作井长度（一般为 0.5m）。

经计算，工作井底宽 4m，底长 5m，深 5m。混凝土基础的厚度 20cm，宽度 2m，在检查井位时不小于井基础宽。

29.9.2 基坑支撑计算

根据地质报告，土层参数见表 29-9。

表 29-9 工作井处土层参数

序号	土类名称	厚度/m	重度 γ/(kN/m³)	内摩擦角 φ/(°)	黏聚力 c/kPa
1	杂填土	1.5	17.9	15	16
2	粉质黏土	2.5	18	29	23
3	粉质黏土	4	18	35	26

工作井最深5m，长5m，宽4m，地质构造见表29-9。用连续水平板式支撑，板宽 $b_1=250\text{mm}$；竖楞间距 $L=2\text{m}$，板宽 $b_2=120\text{mm}$；水平木支撑间距 $l_1=2\text{m}$。方木、圆木均取红白松，顺纹抗压强度设计值 $f_c=10\text{N/mm}^2$，弯曲强度设计值 $f_m=13\text{N/mm}^2$。

土的重度平均值 $$\gamma=\frac{17.9\times1.5+18\times2.5+18\times1}{1.5+2.5+1}\text{kN/m}^3=18\text{kN/m}^3$$

内摩擦角平均值 $$\varphi=\frac{15°\times1.5+29°\times2.5+35°\times1}{1.5+2.5+1}=26°$$

黏聚力平均值 $$c=\frac{16\times1.5+23\times2.5+26\times1}{1.5+2.5+1}\text{kPa}=21.5\text{kPa}$$

主动土压力系数 $$K_a=\tan^2\left(45°-\frac{\varphi}{2}\right)=\tan^2\left(45°-\frac{26}{2}\right)=0.39$$

（1）横板计算。在5m深处土的水平压力

$$p_a=\gamma hk_a-2c\sqrt{k_a}=(18\times5\times0.39-2\times21.5\sqrt{0.39})\text{kN/m}^2=8.44\text{kN/m}^2$$

在5m深处土压力作用在横挡板上的荷载

$$q_1=p_a b_1=8.44\times0.25\text{kN/m}=2.11\text{kN/m}$$

最大弯矩 $$M_{max}=\frac{1}{8}q_1l_1^2=\frac{2.11\times2^2}{8}\text{kN}\cdot\text{m}=1.055\text{kN}\cdot\text{m}$$

$$W=\frac{M_{max}}{f_m}=\frac{1.055\times10^6}{13}\text{mm}^3=81153.9\text{mm}^3$$

需用木挡板的厚度 d 为

$$d=\sqrt{\frac{6W}{b_1}}=\sqrt{\frac{6\times35769}{250}}\text{mm}=44.1\text{mm}$$

根据规范要求，取板厚 $d=50\text{mm}$。

（2）竖楞计算。竖楞为承受三角形荷载的连续梁，按多跨简支梁计算，本基坑考虑设置上下两道横撑木，撑木间距按 $l_1=2\text{m}$ 考虑，竖楞间距 $L=2\text{m}$，则下端支点处主动土压力的荷载为

$$q_2=p_a L=8.44\times2\text{kN/m}=16.88\text{kN/m}$$

则下端支点反力 $$R_a=\frac{q_2\ l_1}{3}=\frac{16.88\times2}{3}\text{kN}=11.25\text{kN}$$

上端支点反力 $$R_b=\frac{q_2\ l_1}{6}=\frac{16.88\times2}{6}\text{kN}=5.63\text{kN}$$

最大弯矩 $M_{max}=0.064q_2l_1^2=0.064\times16.88\times2^2\text{kN}\cdot\text{m}=4.32\text{kN}\cdot\text{m}$

$$W=\frac{M_{max}}{f_m}=\frac{4.32\times10^6}{13}\text{mm}^3=332307.7\text{mm}^3$$

需用竖楞的厚度 d_1 为

$$d_1=\sqrt{\frac{6W}{b_1}}=\sqrt{\frac{6\times332307.7}{120}}\text{mm}=129\text{mm}$$

取竖楞厚 $d_1=150\text{mm}$。

(3) 支撑木计算。支撑木长度

$$l=(5-0.05\times2-0.15\times2)\text{ m}=4.6\text{m}$$

$$R_a=\frac{q_2\ l_1}{3}=\frac{16.88\times2}{3}\text{kN}=11.25\text{kN}$$

取支撑木为 ϕ120mm 原木，则

$$A_0=\frac{1}{4}\pi d^2=\frac{120^2\pi}{4}\text{mm}^2=11310\text{mm}^2$$

最小回转半径 $i_{max}=0.25d=0.25\times120\text{mm}=30\text{mm}$

截面惯性矩 $I=0.0491d^4=0.0491\times120^4\text{mm}^4=10181376\text{mm}^4$

$$\lambda=\frac{l_0}{i}=\frac{4600}{30}=153$$

$$\varphi=\frac{2800}{\lambda^2}=0.12$$

则支撑木轴心受压力

$$N=\varphi A_0f_c=0.12\times11310\times10\text{N}=13.57\text{kN}>R_a=11.25\text{kN}$$

满足要求。

29.9.3 顶进顶力计算

本工程顶管采用敞开式人工掘进顶管，计算公式依据《给水排水管道工程施工及验收规范》(GB 50268—2008) 进行计算。

顶进阻力的理论计算：

$$F_p=\pi D_0Lf_k+N_F$$

式中 F_p——顶进阻力 (kN)；

D_0——管道的外径 (m)；

L——管道设计顶进长度 (m)；

f_k——管道外壁与土的单位面积平均摩阻力 (kN/m²)；

N_F——顶管机的迎面阻力 (kN)，按 $N_F=\pi(D_0-t)tR$ 计算；

t——工具管刃脚厚度 (m)；

R——挤压阻力 (kN/m²)，$R=300\sim500\text{kN/m}^2$。

根据本工程实际情况，计算如下：$t=0.008\text{m}$，$D_0=0.96\text{m}$，$R=300\text{kN/m}^2$，$L_{max}=30\text{m}$，$f_k=8\text{kN/m}^2$。

$$N_F=3.14\times(0.96-0.008)\times0.008\times300\text{kN}=7.17\text{kN}$$

$$F_p=3.14\times0.96\times30\times8\text{kN}+7.17\text{kN}=731\text{kN}$$

由计算所得，理论顶力 $F_p=731\text{kN}$，取理论顶力的1.2倍作为总顶力，即为877kN，根据实际情况，顶力是通过液压泵的压力来控制的，选用200t液压缸，千斤顶的总顶力即为2000kN，能满足顶进距离的要求，无须增加额外的顶进系统。

F形Ⅱ级钢筋混凝土管强度为C40，即40MPa，能满足顶力顶进要求。

29.9.4 后背稳定性验算

$$P\geqslant KF_p$$

如上所述，$F_p=731\text{kN}$。

工作井开挖深度 $h=5\text{m}$，后背支撑宽度取 $B=2\text{m}$，本工程土质按粉状黏土考虑，则黏聚力 $c=35\text{kN/m}^2$，内摩擦角 $\varphi=15°$，后背土的重度取 $\gamma=18\text{kN/m}^3$。

土的被动土压力系数

$$K_p=\tan^2(45°+\varphi/2)=1.7$$

$$\begin{aligned}P&=B(0.5\gamma h^2K_p+2ch\sqrt{K_p})=2\times(0.5\times18\times5\times5\times1.7+2\times35\times5\times1.3)\text{kN}\\&=1675\text{kN}\geqslant1.4\times731\text{kN}=1023\text{kN}\end{aligned}$$

式中 P——总被动土压力（kN）；

K——安全系数，一般取1.4；

γ——后背土的重度（kN/m^3）；

h——工作井深度（m）；

K_p——被动土压力系数；

C——后背土的黏聚力（kN/m^2）。

经计算，工作井后背满足顶管施工要求。

彩色透水性混凝土路面施工方案

职晓云

河南省第一建筑工程有限责任公司

30.1 工程概况

郑州国际会展中心停车场工程位于郑州市郑东新区，工程面积 17000m^2。路面构造如图 30-1 所示，基层采用 180mm 厚级配碎石，底层为 150mm 原色透水混凝土（弯拉强度大于或等于 4MPa），面层为 40mm 的橄榄绿彩色透水混凝土（弯拉强度大于或等于 4MPa，透水系数 1mm/s）。彩色透水混凝土面层分层设计的目的是为了降低建造成本。

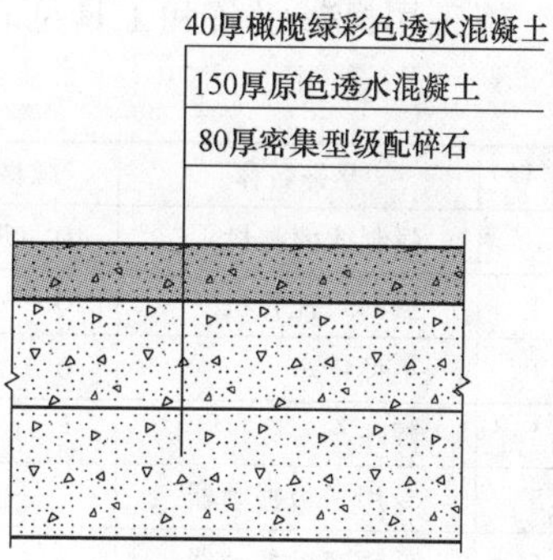

图 30-1　路面构造

30.2 编制依据

（1）郑州国际会展中心停车场工程施工图。

（2）《城镇道路工程施工与质量验收规范》（CJJ 1—2008）。

（3）《透水水泥混凝土路面技术规程》（CJJ/T 135—2009）。

（4）《彩色透水性混凝土路面施工工法》（EJG F06—2011）。

30.3 施工部署

30.3.1 施工平面布置

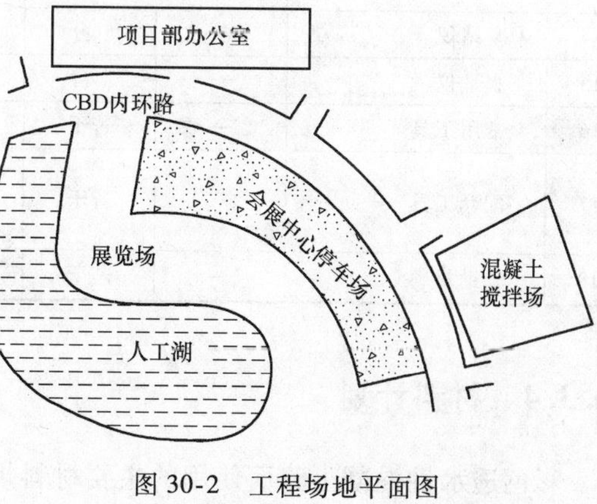

图 30-2　工程场地平面图

施工平面布置如图 30-2 所示，在工程周边空地上设置800m^2的混凝土搅拌场，300m^2的办公用房。

30.3.2 施工进度计划

郑州国际会展中心停车场工程进度计划见表30-1，施工周期60d（计划2010年9月20日开工）。

表30-1 施工进度计划

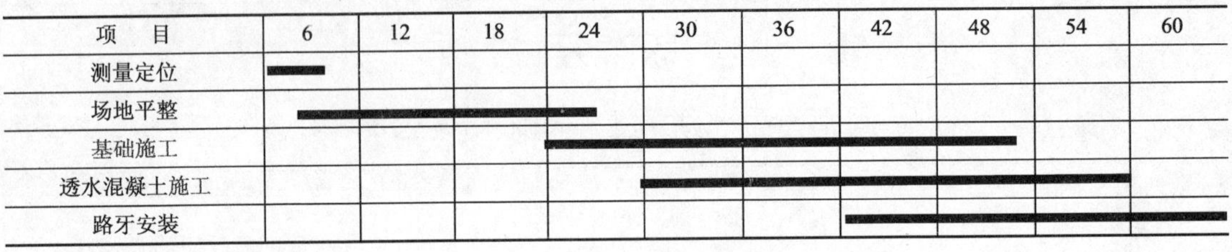

30.3.3 机械设备

施工用机械设备和工具见表30-2。

表30-2 施工用机械设备和工具

序号	设备名称	规格	数量	用 途
1	强制式搅拌机	JQ—500	1台	底层混凝土搅拌
2	强制式搅拌机	JQ—350	1台	面层混凝土搅拌
3	小型铲车	0.5m^3	1台	搅拌机上石料
4	翻斗车	1t	3台	运输混凝土
5	专用平板振动器	—	1套	底层施工用
6	低频滚动振动器	—	1台	面层施工用
7	电动抹平机	—	2台	面层施工用
8	小推车	—	5台	施工辅助用
9	柴油发电机	100kW	1台	停电时备用
10	空气压缩机	0.5m^3/h	1台	清理道路分隔缝
11	路面切割机	—	1台	切割道路分隔缝
12	面层保护剂喷枪	—	1台	道路分隔缝打胶
13	灭火器	—	10台	防火
14	全站仪	—	1台	测量放线
15	水平仪	—	1台	抄平
16	常用工具	—	若干	磅秤、铁锹、平锹、耙子、笤帚、混凝土抗压试模等
17	配套工具	—	若干	弹线盒、滚筒、剪刀、刷子、刮板、50m卷尺、电钻、钻头、水桶、钢丝钳、灯管、灯架等
18	辅助材料	—	若干	彩条布，塑料薄膜，填缝胶，填泡沫条等必需的辅助材料

30.3.4 材料计划

彩色透水性混凝土路面使用的主要材料规格及数量见表30-3。

表 30-3 材料规格及数量

序号	名称	规格	单位	数量	序号	名称	规格	单位	数量
1	水泥	PO42.5	t	1400	4	增强料	原色	t	18.9
2	碎石	粒径 5～10mm	t	1100	5	增强料	橄榄绿色	t	5.5
3	碎石	粒径 10～20mm	t	4400					

30.3.5 劳动力计划（表 30-4）

表 30-4 劳动力计划

序号	工种	人数	负责项目或工作内容	备注	序号	工种	人数	负责项目或工作内容	备注
1	混凝土搅拌工	9	混凝土搅拌		5	机电工	2	机械维修、水电保障	
2	翻斗车驾驶员	3	混凝土运输		7	管理人员	3	生产指挥	
3	摊铺工	8	混凝土摊铺		6	辅助工	4	切缝、填胶、保养	
4	面层处理工	16	面层整平						

30.3.6 透水性混凝土配合比

原材料规格：

（1）水泥。PO42.5 普通硅酸盐水泥。

（2）骨料。碎石（20% 粒径 5～10mm；80% 粒径 10～20mm）。

（3）增强料。标美彩石产品。

（4）水。自来水。

底层原色透水性混凝土配合比（按质量计）：

原色增强料∶水泥∶骨料∶水 =8∶400∶1600∶120。

面层彩色透水性混凝土配合比（按质量计）：

橄榄绿色增强料∶水泥∶骨料∶水 =8∶400∶1600∶120。

30.4 施工工艺

30.4.1 施工工艺流程

透水性混凝土路面施工工艺流程如下：

测量放样→立模→浇筑底层普通透水混凝土→底层普通透水混凝土振动找平→浇筑面层彩色透水混凝土→振动、找平、面层处理→养护→切割伸缩缝→面层保护剂。

30.4.2 作业条件

现场具备下列条件后可以开始彩色透水性混凝土面层施工：

（1）基层180mm厚级配碎石的质量已验收合格。

（2）原材料经见证取样检验合格。

（3）混凝土施工配合比已获监理工程师批准。

（4）施工场地周边设置排水沟，能及时将路基里的积水排走，确保路基上无积水。

（5）施工用水、用电已经接通，搅拌站经试运转，确认合格。

（6）临时施工道路满足施工机械调运和行车安全要求，且不得妨碍施工。

（7）已对作业层队伍进行全面技术、安全、质量、环保内容的交底。

（8）混凝土摊铺、成型、养护等机具试运行合格。

（9）无雨、雪天气，环境气温高于5℃。

30.4.3 施工要点

1. 测量放样

支立模板前在基层上进行模板安装及摊铺位置的测量放样，按设计规定划分混凝土板块，板块划分应从路口开始，必须避免出现锐角。曲线段分块，应使横向分块线与该点法线方向一致。直线段分块线应与面层胀、缩缝结合，分块距离宜均匀。分块线距检查井盖的边缘，宜大于1m。每10m布设中桩和边桩；每100m布设临时水准点；核对路面高程、面板分块、胀缝和构造物位置。测量放样的质量要求和允许偏差符合相应测量规范的规定，并不能超出对模板安装精确度的要求。

2. 模板安装

（1）模板应符合下列规定：

1）模板高度应为混凝土板设计厚度。

2）钢模板应直顺、平整，每1m设置1处支撑装置。

3）木模板直线部分板厚不宜小于5cm，每0.8~1m设1处支撑装置；弯道部分板厚宜为1.5~3cm，每0.5~0.8m设1处支撑装置，模板与混凝土接触面及模板顶面应刨光。

4）模板制作允许偏差应符合表30-5的规定。

表30-5 模板制作允许偏差

施工方法 / 检测项目	三辊轴机组	施工方法 / 检测项目	三辊轴机组
高度/mm	±1	顶面平整度/mm	±1
局部变形/mm	±2	侧面平整度/mm	±2
两垂直边夹角/（°）	±2	纵向直顺度/mm	±2

（2）模板安装：

1）支模前应核对路面标高、面板分块、胀缝和构造物位置。

2）模板安装的平面位置和高度通过拉线绳进行控制；模板垂直度通过垫木楔方法调

整；底部的空隙用砂浆封堵；模板之间采用螺栓连接，模板的固定采用背部焊接钢筋固定支架，支架间距在1m以内，用钢钎固定；模板内侧与混凝土接触表面涂脱模剂。模板安装稳固、顺直、平整、无扭曲，相邻模板连接紧密平顺，模板底部不得有漏浆、前后错楼、高低错台等现象。模板能承受摊铺、振捣、整平等设备的冲击和振动而不变形、不移位。

3）严禁在基层上挖槽嵌入模板。

4）模板安装完毕，应进行检验，合格后方可使用。其安装允许偏差应符合表30-6的规定。

表30-6 模板安装允许偏差

检测项目	允许偏差	检验频率		检验方法
		范围	点数	
中线偏位/mm	≤10	100m	2	用经纬仪、钢塔尺量
宽度/mm	≤10	20m	1	用钢卷尺量
顶面高程/mm	±5	20m	1	用水准仪测量
横坡（%）	±0.10	20m	1	用钢卷尺量
相邻板高差/mm	≤1	每缝	1	用水平尺、塞尺量
模板接缝宽度/mm	≤3	每缝	1	用钢卷尺量
侧面垂直度/mm	≤3	20m	1	用水平尺、卡尺量
纵向顺直度/mm	≤3	40m	1	用20m线和钢卷尺量
顶面平整度/mm	≤1.5	每两缝间	1	用3m直尺、塞尺量

5）模板的拆除。

混凝土抗压强度达8.0MPa及以上方可拆模。当缺乏强度实测数据时，侧模允许最早拆模时间宜符合表30-7的规定。

表30-7 混凝土侧模的允许最早拆模时间 （单位：h）

昼夜平均气温/℃	-5	0	5	10	15	20	25	≥30
硅酸盐水泥、R型水泥	240	120	60	36	34	28	24	18
道路、普通硅酸盐水泥	360	168	72	48	36	30	24	18
矿渣硅酸盐水泥	—	—	120	60	50	45	36	24

注：允许最早拆侧模时间从混凝土面板经整成型后开始计算。

拆模时不允许采用大锤强击拆模，可使用专用的工具，不能损坏板边、板角周围的混凝土，同时不能损坏模板；拆下的模板及时清除砂浆等物，并矫正变形和修理局部损坏。

3. 彩色透水水泥混凝土搅拌

（1）彩色透水水泥混凝土宜采用强制性搅拌机进行搅拌，搅拌机的容量应根据工程量大小、施工进度、施工顺序和运输工具等参数选择。

（2）进入搅拌机的原材料必须计量准确。

1）袋装水泥应抽查其袋重是否准确。

2）每台班拌制前应精确测定骨料的含水率，根据骨料的含水率，调整透水水泥混凝土配比中的用水量，由施工现场试验确定施工配合比。

3）透水水泥混凝土原材料（按质量计）的允许误差，不应超过下列规定：

水泥 ±1%；骨料 ±2%；着色增强料 ±1%；水 ±1%；外加剂 ±1%。

（3）混凝土坍落度宜控制在 10～30mm。

（4）彩色透水水泥混凝土搅拌应符合下列规定：

1）彩色透水水泥混凝土的拌制宜先将骨料和 50% 用水量加入搅拌机拌和 30s，再加入水泥、增强料、外加剂拌和 40s，最后加入剩余用水量拌和 50s 以上。

2）外加剂宜提前 1d 稀释成溶液，均匀加入进行搅拌。并每隔一段时间清除池底沉淀。

3）混凝土应搅拌均匀。按规范要求检验混凝土的各项指标，预留抗弯拉强度和抗压强度试件，控制混凝土出厂温度在 10～35℃之间。混凝土拌合物均匀一致，每盘料之间的坍落度允许误差为 10mm。

4）应采用不同搅拌机分别搅拌不同色彩的混凝土。

4. 混凝土运输

（1）施工中应根据运距、混凝土搅拌能力、摊铺能力确定运输车辆的数量与配置。

（2）彩色透水水泥混凝土拌合物运输时要防止振动造成离析，应注意保持拌合物的湿度，必要时采取遮盖等措施。

（3）彩色透水水泥混凝土拌合物从搅拌机出料后，运至施工地点进行摊铺、压实直至铺筑完毕的允许最长时间，由实验室根据水泥初凝时间及施工气温确定，并应符合表 30-8 的规定。

表 30-8 混凝土出料到混凝土运输、铺筑完毕允许最长时间 （单位：h）

施工气温/℃	到运输完毕允许最长时间	到铺筑完毕允许最长时间
5～9	0.5	2.0
10～19	0.5	1.5
20～32	0.5	1.0

（4）运送混凝土的车辆，装车前，要冲洗干净车厢并洒水湿润，但不允许积水。在装卸混凝土时应防止混凝土离析。驾驶员要了解混凝土运输允许的最长时间。运输过程中要防止漏浆、漏料，避免污染路面，应遮盖混合物表面避免水分散失。

5. 摊铺

（1）摊铺前应确保下列项目：

1）基层或砂垫层表面、模板位置、高程等符合设计要求。模板支撑接缝严密、模内洁净、隔离剂涂刷均匀。

2）预埋胀缝板的位置正确。

3）混凝土搅拌、运输与摊铺设备，状况良好。

项目合格后，将基层清扫干净，并洒水润湿。

（2）必须有专人指挥车辆均匀卸料，在摊铺宽度范围内，宜分多堆卸料。一般用人工进行摊铺，在有条件情况下可配备装载机或挖掘机摊铺。采用人工摊铺时，尽量防止在整平过的混凝土表面留下踩踏的脚印，还要防止将泥土踩踏入路面中。摊铺速度与振捣、整平速度相适应，并不宜低于30m/h。

(3) 透水混凝土拌合物摊铺时，应均匀摊铺。基层原色混凝土的松铺厚度控制在160～180mm之间，面层彩色透水混凝土的松铺厚度控制在45～50mm之间。坍落度大时，取高值；坍落度小时，取低值。

面层彩色透水混凝土应与基层原色混凝土同步浇筑，同一施工段的透水混凝土应连续浇筑，并应在基层原色透水混凝土初凝之前（未初凝，上人无明显脚印）将面层彩色透水混凝土浇筑完毕，两层摊铺时间间隔不得超过2h。2～4h浇筑间隔时应对基层采取保水措施。如间隔时间超过4h应在浇筑面层前做界面处理以利于面层与基层的黏结。

6. 振捣、整平

(1) 当基层原色透水混凝土摊铺长度大于10m时，可以开始振捣作业。基层原色透水混凝土用平板振动器振动，使之有良好的均匀度和密实度。振捣后应再次测量预留高度，留足面层彩色透水混凝土的施工厚度。

(2) 浇筑面层彩色透水混凝土后，先将彩色透水混凝土铺开推匀找平后，用专用低频滚动振动器振动拉平，不平处要补料抹平，做到大面平整、均匀、无坑洞，达到面层平整，整体返水按设计要求。

振捣、整平时施工人员应穿上减压鞋进行操作。振捣速度宜匀速缓慢连续不间断地进行，其作业速度以拌合物表面不露粗骨料，也不得泛出水泥浆为准。

7. 收面

(1) 彩色透水水泥混凝土压实后，宜使用电动抹平机对透水水泥混凝土面层进行收面，必要时配合人工拍实、整平。整平时必须保持模板顶面整洁，接缝处板面平整。

(2) 混凝土抹面不宜少于4次，先找平抹平，待混凝土表面无泌水时再抹面，并依据水泥品种与气温控制抹面间隔时间。

(3) 现场应采取防风、防晒等措施；抹面拉毛等应在跳板上进行，抹面时严禁在板面上洒水、撒水泥粉。

8. 养护

(1) 水泥混凝土面层成活后，应及时养护。在收面作业完成后覆盖塑料薄膜养护。养护期21d，养护期间，每天浇水4次，浇水后将塑料薄膜覆盖严密。

(2) 养护期间应封闭交通，不应堆放重物；养护终结，应及时清除面层养护材料。

(3) 在面层混凝土弯拉强度达到设计强度，且填缝完成前，不得开放交通。

(4) 开放交通后，不得在透水混凝土面层上撒砂或灰渣，也不允许可能破坏路面透水功能的车辆通行。

9. 切缝

(1) 横向缩缝、纵向缩缝、施工缝上部的槽口均采用切缝法施工。切缝时间可根据环境温度在施工后 200℃·d 或混凝土强度达到 7.5MPa 时进行。

（2）胀缝间距应符合设计规定，缝宽宜为 20mm。在与道路交叉处应设胀缝。胀缝上部的预留填缝空隙，宜用提缝板留置。提缝板应直顺，与胀缝板密合、垂直于面层。

（3）缩缝应垂直板面，宽度宜为 4～6mm。切缝深度：设传力杆时，不应小于面层厚的 1/3，且不得小于 70mm；不设传力杆时不应小于面层厚的 1/4，且不应小于 60mm。

（4）横向缩缝间距按设计要求（5m），要求与中线垂直，每隔 10～20m 跳切，之后再按 5m 切，以减少断板率。纵缝切缝尺寸与横缝相同，要求与路线平行，且线形顺直、圆滑。切缝完成后，立即用高压水枪将残余砂浆冲洗干净。

10. 填缝

填缝应符合下列规定：

（1）混凝土板养护期满后应及时填缝。填缝前，采用高压水和压缩空气彻底清除接缝中的砂石及其他污染物，确保缝壁内部清洁、干燥。必要时先用 3～4mm 宽单锯片补切，把不易冲洗干净的杂物清除出来。

（2）用滚轮将多孔泡沫塑料柔性垫条挤压到规定深度，一般是 20～30mm，保证所灌填的缩缝材料深度均匀、一致。缩缝填料形状系数控制在 2～4 之间。按规定比例把不同种类的聚氨酯混合到一起，充分摇匀，并应随拌随用，不要配制过多，以免造成浪费。将配制好的材料倒入专用灌壶中，均匀灌入已压好背衬条的缩缝中，由于路面存在横坡，呈液体状的材料因自重流向低处，这样高处内就会发生缺料现象，此时应隔 20min 后重新填缝一次，靠近中央分隔带部分约长 100mm 范围内，应灌满整个缝深，以封闭中央分隔带的路表渗水。

（3）浇筑填缝料必须在缝槽干燥状态下进行，填缝料应与混凝土缝壁黏附紧密，不渗水。

（4）填缝料的充满度应根据施工季节而定，夏天宜与板平，冬天应低于板面 10～20mm。填缝必须饱满、均匀、连续贯通，与缝壁粘接充分，不开裂、不渗水。

11. 季节性施工

郑州国际会展中心停车场工程计划 2010 年 9 月 20 日开工，施工周期约 60d。秋季处于多雨或季风期，应该做好防雨、防风措施。

（1）雨期施工。

1）搅拌站应具有良好的防水条件与防雨措施。

2）雨期施工前应准备好防雨棚、塑料薄膜等防雨设施。

3）根据天气变化情况及时测定砂石含水量，准确控制混凝土的水灰比。

4）雨天运输混凝土时，车辆必须采取防雨措施。

5）摊铺过程遭遇降雨时，应立即使用防雨设施完成对已铺筑混凝土的振实成型，不应再开新作业段，并应采用覆盖等措施保护尚未硬化的混凝土面层。

6）已被雨水轻微冲刷过的路面，平整度和微观抗滑构造满足要求者，宏观抗滑构造应刻槽恢复。

7）对被暴风雨冲刷后，路面平整度严重劣化的部分，尽早铲除重铺。

（2）季风期施工。采取措施防止路面发生塑性收缩开裂，大于6级风时停止施工。

30.5 质量控制

30.5.1 质量标准

质量验收与控制参照《透水水泥混凝土路面技术规程》（CJJ/T 135—2009）执行。

1. 主控项目

（1）原材料质量应符合下列要求。

1）水泥品种、级别、质量、包装、贮存，应符合国家现行有关标准的规定。

检查数量：按同一生产厂家、同一等级、同一品种、同一批号且连续进场的水泥，袋装水泥不超过200t为一批，散装水泥不超过500t为一批，每批抽样1次。

水泥出厂超过三个月时，应进行复验，复验合格后方可使用。

检验方法：检查产品合格证、出厂检验报告，进场复验报告。

2）混凝土中掺加外加剂的质量应符合《混凝土外加剂》（GB 8076—2008）和《混凝土外加剂应用技术规范》（GB 50119—2003）的规定。

检查数量：按进场批次和产品抽样检验方法确定。每批不少于1次。

检验方法：检查产品合格证、出厂检验报告和进场复验报告。

3）骨料应采用质地坚硬、耐久、洁净的碎石、砾石、破碎砾石，并应符合表30-9的规定。

表30-9 骨料的性能指标

项目	计量单位	指标	项目	计量单位	指标
压碎值	%	<15.0	表观密度	kg/m^3	>2500
针片状颗粒含量（按质量计）	%	<15.0	紧密堆积密度	kg/m^3	>1350
含泥量（按质量计）	%	<1.0	堆积孔隙率	%	<47.0

检查数量：同产地、同品种、同规格且连续进场的骨料，每$400m^3$为一批，不足$400m^3$按一批计，每批抽检1次。

检验方法：检查出厂合格证和抽检报告。

4）着色增强料的颜色应符合设计要求，其技术指标符合表30-10的规定。

表30-10 增强料的技术指标

聚合物乳液	含固量（%）	延伸率（%）	极限拉伸强度/MPa
	40~50	≥150	≥1.0
活性SiO_2	SiO_2含量应大于85%		

检查数量：按进场批次和产品抽样检验方法确定。每批不少于1次。

检验方法：检查产品合格证、出厂检验报告和进场复验报告。

（2）透水混凝土路面面层质量应符合设计要求。

1）透水混凝土路面弯拉强度应符合设计规定。

检查数量：每$100m^3$同配合比的透水混凝土，取样1次；不足$100m^3$时按1次计。每次取样应至少留置1组标准养护试件。同条件养护试件的留置组数应根据实际需要确定，最少1组。

检验方法：检查试件强度试验报告。

2）透水混凝土路面抗压强度应符合设计规定。

检查数量：每$100m^3$同配合比的透水混凝土，取样1次；不足$100m^3$时按1次计。每次取样应至少留置1组标准养护试件。同条件养护试件的留置组数应根据实际需要确定，最少1组。

检验方法：检查试件强度试验报告。

3）透水混凝土路面面层透水系数应达到设计要求。

检查数量：每$500m^2$抽测1点。

检验方法：检查试验报告、复测报告。

4）透水混凝土路面面层厚度应符合设计规定，允许误差±5mm。

检查数量：每$500m^2$抽测1点。

检验方法：检查试验报告、复测报告。

2. 一般项目

（1）透水混凝土路面面层板面应平整，边角应整齐、无裂缝，不应有石子脱落现象。

检查数量：全数检查。

检验方法：观察、量测。

（2）路面伸缩缝应垂直、直顺，缝内不应有杂物。伸缩缝在规定的深度和宽度范围应全部贯通。

检查数量：全数检查。

检验方法：观察。

（3）透水混凝土路面面层允许偏差应符合表30-11的规定。

表30-11 透水混凝土路面面层允许偏差

项目		允许偏差		检验范围		检验点数	检验方法
		道路	广场	道路	广场		
高程/mm		±15	±10	20m	施工单元①	1	用水准仪测量
中线偏位/mm		≤20	—	100m	—	1	用经纬仪测量
平整度	最大间隙/mm	≤5	≤7	20m	10m×10m	1	用3m直尺和塞尺连续测量两次，取较大值
宽度/mm		0；-20		40m	40m②	1	用钢卷尺量

（续）

项目	允许偏差		检验范围		检验点数	检验方法
	道路	广场	道路	广场		
横坡（%）	±0.30%且不反坡		20m		1	用水准仪测量
井框与路面高差/mm	≤3	≤5	每座		1	十字法，用直尺和塞尺量，取最大值
相邻板高差/mm	≤5		20m	10m×10m	1	用钢直尺和塞尺量
纵缝直顺度/mm	≤10		100m	40m×40m	1	用20m线和钢直尺量
横缝直顺度/mm	≤10		40m	40m×40m		

①在每一单位工程中，以40m×40m定方格网，进行编号，作为量测检查的基本施工单元，不足40m×40m的部分以一个单元计。在基本施工单元中再以10m×10m或20m×20m为子单元，每基本施工单元范围内只抽一个子单元检查；检查方法为随机取样，即基本施工单元在室内确定，子单元在现场确定，量取3点取最大值计为检查频率中的1个点。

②适用于矩形广场与停车场。

30.5.2 质量保证措施

（1）原材料的品种、质量应满足设计及有关标准的要求。进场所有批次的材料都必须抽样检验，并要求材料供应方提供材料合格证及检验报告。

（2）查阅施工季节同期历年的温度及雨水天气情况，关注施工期间未来7d的天气变化，提前调整工程预期应对计划。

（3）彩色透水混凝土的强度、空隙率、透水系数、抗冻融性等必须符合设计要求，并在施工时按照标准要求留置制作的试块待检。

（4）模板水平，尺寸、高度、位置准确，支撑稳固。施工接缝处理得当。

（5）严格掌握基层普通透水性混凝土与面层彩色透水性混凝土的浇筑间隔时间，保证面层彩色透水性混凝土与基层普通透水性混凝土在终凝前结合成整体。

（6）彩色透水混凝土质量控制要求严格执行《透水水泥混凝土路面技术规程》（CJJ/T 135—2009）。

30.6 安全措施

（1）项目经理组织实施现场文明施工安全生产等各项制度，做到分块落实，责任到人，公司负责监督检查，工地接受所在区域范围主管部门及建设单位的安全施工监督检查。

（2）现场机械操作、运行必须服从指挥。施工中机械行走的通道上严禁站人。

（3）电气设备、架空线等安拆工作，必须是持证电工才可操作。所有机电设备必须安装触电保护装置。施工现场实行24h电工值班制度，防止各类用电事故的发生。

（4）施工人员进入现场必须戴好安全帽和其他必要的防护用品，重要部位设置醒目的安全警示牌。

（5）施工现场和其他有危险的地方要设明显的警示标志，基坑和沟槽四周要设护栏和隔离措施，晚间要红灯示警。夜间施工，现场要有足够的灯光照明。

（6）仓库、料场及生活区应设置灭火器等临时灭火装置。

30.7 文明施工、环保措施

（1）施工材料堆放整齐，并立牌注明，严禁影响交通及行人的通行，保证道路通畅。

（2）做好废材料集中堆放，统一处理。透水性混凝土拌制废水、养护余水应经过沉淀后，才能排至市政污水排水管网，保证生产场地无明显积水。

（3）现场料场在施工期间，应适当洒水防尘；施工完成后，应清理干净，以免对现场土壤造成污染。

（4）办公及职工住宿区域搞好卫生工作，生活垃圾由专人清理打扫，保持环境卫生。进场职工遵守工地管理规章。

（5）做好员工食品防腐和饮食卫生工作。

（6）对已经施工完成的路牙和其他铺装地面进行塑料薄膜遮挡，并做到工程完成路面不留残留物。

30.8 突发事件处理预案

（1）水应急预案。现场配备 $100m^3$ 应急贮水池，应对临时停水，保证施工正常进行。

（2）电应急预案。为保证施工现场正常供电，减少因停电造成的工程进度延误，应加强施工用电线路的检查和维护，及时更换不安全线路，确保正常、安全输电。现场配备的发电机应定期检查，避免需要发电时因故障不能工作，影响正常施工。

（3）机械应急预案。现场按机械设备计划配置完好的施工机械设备，并准备一定数量的机械易损部件，设专人对施工机械设备进行保养与维护。

（4）施工人员受伤处理预案。施工现场设置医疗点，配备日常所需药品及包扎止血绷带等。若发生重伤和食物中毒事件，就近通知河南省人民医院进行急救。

参考文献

[1] 中华人民共和国住房和城乡建设部．危险性较大的分部分项工程安全管理办法［R］．2009.

[2] 中国建筑技术集团有限公司．GB/T 50502—2009 建筑施工组织设计规范［S］．北京：中国建筑工业出版社，2009.

[3] 中国建筑科学研究院．GB 50300—2013 建筑工程施工质量验收统一标准［S］．北京：中国建筑工业出版社，2013.

[4] 中国建筑科学研究院．GB 50009—2001 建筑结构荷载规范（2006 年版）［S］．北京：中国建筑工业出版社，2012.

[5] 中国有色金属工业协会．GB 50026—2007 工程测量规范［S］．北京：中国建筑工业出版社，2007.

[6] 北京钢铁设计研究总院．GB 50017—2003 钢结构设计规范［S］．北京：中国建筑工业出版社，2004.

[7] 上海市基础工程公司．GB 50202—2002 建筑地基基础工程施工质量验收规范［S］．北京：中国计划出版社，2002.

[8] 原国家冶金工业局．GB 50086—2001 锚杆喷射混凝土支护技术规范［S］．北京：中国建筑工业出版社，2011.

[9] 重庆市建设委员会．GB 50330—2013 建筑边坡工程技术规范［S］．北京：中国建筑工业出版社，2013.

[10] 中国建筑科学研究院．JGJ 79—2012 建筑地基处理技术规范［S］．北京：中国建筑工业出版社，2012.

[11] 中国建筑科学研究院．JGJ 94—2008 建筑桩基技术规范［S］．北京：中国建筑工业出版社，2008.

[12] 中国建筑科学研究院．JGJ 120—2012 建筑基坑支护技术规程［S］．北京：中国建筑工业出版社，2012.

[13] 黑龙江省寒地建筑科学研究院．JGJ/T 104—2011 建筑工程冬期施工规范［S］．北京：中国建筑工业出版社，2011.

[14] 中国建筑科学研究院．GB 50204—2002（2011 版）混凝土结构工程施工质量验收规范［S］．北京：中国建筑工业出版社，2011.

[15] 中国建筑科学研究院．JGJ 130—2011 建筑施工扣件式钢管脚手架安全技术规范［S］．北京：中国建筑工业出版社，2011.

[16] 沈阳建筑大学．JGJ 162—2008 建筑施工模板安全技术规范［S］．北京：中国建筑工业出版社，2008.

[17] 中国建筑金属结构协会建筑模板脚手架委员会．JGJ 166—2008 建筑施工碗扣式钢管脚手架安全技术规范［S］．北京：中国建筑工业出版社，2009.

[18] 宏润建设集团股份有限公司．JGJ/T 194—2009 钢管满堂支架预压技术规程．建筑施工组织设计规范［S］．北京：中国建筑工业出版社，2010.

[19] 陕西省建筑科学研究院．JGJ 18—2012 钢筋焊接及验收规程［S］．北京：中国建筑工业出版社，2012.

[20] 中国建筑科学研究院．JGJ 107—2010 钢筋机械连接通用技术规程［S］．北京：中国建筑工业出版

社，2010.

[21] 中冶集团建筑研究总院. GB 50661—2011 钢结构焊接规范［S］. 北京：中国建筑工业出版社，2011.

[22] 冶金工业部建筑研究总院. GB 50205—2001 钢结构工程施工质量验收规范［S］. 北京：中国建筑工业出版社，2005.

[23] 中国建筑科学研究院. JGJ 85—2010 预应力筋用锚具、夹具和连接器应用技术规程［S］. 北京：中国建筑工业出版社，2010.

[24] 天津市第一预应力钢丝有限公司. GB/T 5224—2003 预应力混凝土用钢绞线［S］. 北京：中国标准出版社，2003.

[25] 天津市第一预应力钢丝有限公司. GB/T 5223—2002 预应力混凝土用钢丝［S］. 北京：中国标准出版社，2002.

[26] 中国建筑科学研究院. JGJ/T 92—2004 无黏结预应力混凝土结构技术规程［S］. 北京：中国建筑工业出版社，2005.

[27] 中国建筑科学研究院. JGJ/T 10—2011 混凝土泵送施工技术规程［S］. 北京：中国建筑工业出版社，2011.

[28] 沈阳建筑大学. JGJ 46—2005 施工现场临时用电安全技术规范［S］. 北京：中国建筑工业出版社，2005.

[29] 甘肃省建筑划等号总公司. JGJ 33—2012 建筑机械使用安全技术规程［S］. 北京：中国建筑工业出版社，2012.

[30] 建设部综合勘察研究设计院. JGJ/T 111—1998 建筑与市政降水工程技术规范［M］. 北京：中国建筑工业出版社，2005.

[31] 建筑业10项新技术（2010）应用指南编委会. 建筑业10项新技术（2010）应用指南［M］. 北京：中国建筑工业出版社，2005.

[32] 江正荣主编. 建筑施工计算手册［M］. 2版. 北京：中国建筑工业出版社，2007.

[33] 杜晓玲 廖小建主编. 危险性较大工程安全专项施工方案编制与实例精选［M］. 北京：中国建筑工业出版社，2007.

[34] 赵西安著. 幕墙工程手册［M］. 北京：中国建筑工业出版社，1996.

[35] 陈建东主编. 玻璃幕墙工程技术规范应用手册［M］. 北京：中国建筑工业出版社，1996.

[36] 彭圣浩主编. 建筑工程施工组织设计实例应用手册［M］. 3版. 北京：中国建筑工业出版社，2008.

[37] 建筑施工手册（第四版）编写组. 建筑施工手册［M］. 4版. 北京：中国建筑工业出版社，2003.

[38] 江正荣主编. 建筑分项施工工艺标准手册［M］. 2版. 北京：中国建筑工业出版社，2004.

[39] 彭圣浩主编. 建筑工程质量通病防治手册［M］. 4版. 北京：中国建筑工业出版社，2014.

[40] 《结构工程师实务手册》编写组. 结构工程师实务手册［M］. 北京：机械工业出版社，2006.

[41] 《地基处理手册》编写委员会. 地基处理手册［M］. 北京：中国建筑工业出版社，1998.

[42] 杨嗣信主编. 建筑工程模板施工手册［M］. 北京：中国建筑工业出版社，1997.

[43] 尉希成 周美玲编著. 支挡结构设计手册［M］. 2版. 北京：中国建筑工业出版社，2004.

[44] 余宗明编著. 新型脚手架的结构原理及安全应用［M］. 北京：中国铁道出版社，2001.

[45] 蒋泽汉编著. 预应力混凝土实用施工手册 [M]. 成都：四川科学技术出版社，2000.
[46] 张琨主编. 钢结构工程施工工艺标准 [M]. 北京：中国建筑工业出版社，2003.
[47] 程良愧 杨志银编著. 喷射混凝土与土钉墙 [M]. 北京：中国建筑工业出版社，1998.
[48] 杨嗣信、侯君伟主编. 高层建筑施工手册 [M]. 2 版. 北京：中国建筑工业出版社，2001.
[49] 施岚青 陈嵘编著. 预应力混凝土实用技术 [M]. 北京：中国建筑工业出版社，2004.
[50] 曾宪明 黄久松 王作民编著. 土钉支护设计与施工手册 [M]. 北京：中国建筑工业出版社，2000.
[51] 江正荣主编. 基坑工程便携手册 [M]. 北京：机械工业出版社，2004.
[52] 曹照平编著. 钢筋工程便携手册 [M]. 北京：机械工业出版社，2005.
[53] 江正荣主编. 地基处理便携手册 [M]. 北京：机械工业出版社，2004.